Qt 应用编程系列丛书

Qt Creator 快速入门(第 4 版)

霍亚飞　编著

北京航空航天大学出版社

内容简介

本书是基于 Qt Creator 集成开发环境的入门书籍，讲解了经典的桌面端 C++ Widgets 编程和 Qt Creator 开发环境的使用。本书内容主要包括 Qt 的基本应用，以及 Qt 在图形动画、影音媒体、数据处理和网络通信方面的应用内容。与第 3 版相比，本书使用 Qt 6.2.3 和 Qt Creator 6.0.2 进行了全书修订，主要添加了第 18 章 Qt 图表和数据可视化内容，重写了第 7 章正则表达式部分和第 13、14 章多媒体应用的大部分内容。

本书内容全面、实用，讲解通俗易懂，适合没有 Qt 编程基础、有 Qt 编程基础但是没有形成知识框架以及想学习 Qt 某一方面应用的读者，也适合想从 Qt 5 跨入 Qt 6 编程的读者。对于想学习 QML 及 Qt Quick 编程的读者，可以关注即将出版的《QML 和 Qt Quick 快速入门》一书；想进一步学习 Qt 开发实例的读者，可以关注即将出版的《Qt Widgets 及 Qt Quick 开发实战精解》一书。

图书在版编目(CIP)数据

Qt Creator 快速入门 / 霍亚飞编著. -- 4 版. -- 北京：北京航空航天大学出版社，2022.6

ISBN 978-7-5124-3822-4

Ⅰ. ①Q… Ⅱ. ①霍… Ⅲ. ①软件工具—程序设计 Ⅳ. ①TP311.561

中国版本图书馆 CIP 数据核字(2022)第 096038 号

Qt Creator 快速入门(第 4 版)

霍亚飞 编著

责任编辑 董立娟

*

北京航空航天大学出版社出版发行

北京市海淀区学院路 37 号(邮编 100191) http://www.buaapress.com.cn

发行部电话：(010)82317024 传真：(010)82328026

读者信箱：emsbook@buaacm.com.cn 邮购电话：(010)82316936

北京一鑫印务有限责任公司印装 各地书店经销

*

开本：710×1 000 1/16 印张：30.25 字数：681 千字

2022 年 9 月第 4 版 2025 年 01 月第 3 次印刷 印数：6 000 册

ISBN 978-7-5124-3822-4 定价：98.00 元

前　言

2020年12月，Qt 6.0发布。Qt 6是Qt一个新的重大版本，被重新设计为面向未来的生产力平台，提供了更强大、更灵活、更精简的下一代用户体验以及无限的可扩展性。之所以迟迟没有将本书更新到Qt 6，是因为它缺乏Qt 5.15提供的一些常用功能。直到2021年9月Qt推出了6.2版本，作为Qt 6系列中第一个长周期支持版本，包含了Qt 5.15中的所有常用功能以及为Qt 6添加的新功能。作者感觉是时候将本书进行全面更新，引领读者进入Qt 6时代了。

这次改版基于Qt 6.2.3对全书进行修订。因为使用了全新的版本和系统环境（Windows 10系统），为了确保所有内容得到更新，对每一段讲解、每一个示例、每一张图片都进行了修正，整个流程近似于重写全书。其中较大的改动是添加了第18章Qt图表和数据可视化内容，重写了第7章正则表达式部分和第13、14章多媒体应用的大部分内容。

Qt应用编程系列丛书

本系列丛书现在包括3本：《Qt Creator快速入门（第4版）》《Qt 5编程入门（第2版）》和《Qt及Qt Quick开发实战精解》。由于历史原因，这些书名可能无法全面表述其内容。我们希望通过这次改版以及后期对另外两本进行改版，进一步明确这3本书的定位，下面简单说明，以方便读者的选购和学习。

《Qt Creator快速入门（第4版）》基于Qt 6.2.3，讲解了经典的桌面端C++ Widgets编程和Qt Creator的使用，包含了Qt最基础、最核心的内容，也是Qt开发入门必学的内容。学习本书需要读者具备必要的C++基础，对于没有基础的读者，也可以在学习本书的同时来学习C++基础知识。

《Qt 5编程入门（第2版）》讲解了QML语言、Qt Quick编程和移动开发的相关内容，主要用于为移动设备等开发动态触摸式界面。鉴于该书书名和内容关联不明显，计划在今年下半年基于Qt 6对该书进行重写，并更改书名为《QML和Qt Quick快速入门》。

QML和Qt Quick虽然是全新的语言和内容，但是直接包含在Qt框架之中，很多机制和理念都与经典的C++ Widgets编程一致，所以建议读者先学习《Qt Creator快速入门（第4版）》，再来学习该书。

《Qt 及 Qt Quick 开发实战精解》的早先版本包括 C++ Widgets 综合实例程序和 Qt Quick 的基础内容。由于已经将 Qt Quick 的基础内容移至《QML 和 Qt Quick 快速入门》，计划在 2023 年基于 Qt 6 对该书进行重写，专注于 C++ Widgets 和 Qt Quick 的综合实例程序，并更名为《Qt Widgets 及 Qt Quick 开发实战精解》。

3 本书都完成更新后，将覆盖 Qt 6 几乎全部基础内容，并提供应用了所有知识点的综合实例程序，读者使用该系列丛书可以轻松入门 Qt 编程世界。

本书特色

与其他相关书籍最大的不同之处在于，本书是基于网络教程的。综合来说，本书主要具有以下特色：

- 最新(截至本书完成时)。本书基于最新的 Qt 6.2.3 和 Qt Creator 6.0.2 版本进行编写，Qt 6.2 是 Qt 6 最新的长期支持版本。
- 基于社区。本书以 Qt 开源社区(www.qter.org)为依托，与社区站长合作完成。读者可以通过论坛、邮件、QQ 群、微信公众号等方式和作者零距离交流。
- 持续更新。本书对应的网络教程是持续更新的，后期还会在微信公众号和社区网站同步更新最新的咨讯和教程资源。
- 全新风格。本书力求以全新的视角，引领开发者进行程序代码的编写和升级。同时以初学者的角度进行叙述，每个小知识点都通过从头编写一个完整的程序来讲解，让读者看到整个示例的创建过程。尽量避免晦涩难懂的术语，使用初学者易于理解的平白的语言编写，目标是与读者对话，让初学者在快乐中掌握知识。
- 授之以渔。整书都是在向读者传授一种学习方法，告诉读者怎样发现问题、解决问题，怎样获取知识，而不是向读者灌输知识。本书的编写基于 Qt 参考文档，所讲解的知识点多数是 Qt 参考文档中的相关内容，读者学习时一定要多参考 Qt 帮助文档。本套书籍讲解的所有知识点和示例程序中，都明确标出了其在 Qt 帮助中对应的关键字，从而让读者对书中的内容有迹可循。

书中使用的 Qt 版本的说明

本书主要基于 Windows 平台 Qt 6.2.3 和 Qt Creator 6.0.2 版本，它们是本书完稿时的最新版本。为了避免读者使用不同的操作系统而产生不必要的问题，本书采用了常用的 Windows 10 操作系统。这里要向对 Qt 版本不是很了解的读者说明一下，对于 Qt 程序开发，只要没有平台相关的代码，无论是在 Windows 系统下进行开发，还是在 Linux 系统下进行开发；无论是进行桌面程序开发，还是进行移动平台或者嵌入式平台的开发，都可以做到编写一次代码，然后分别进行编译。这也是 Qt 最大的特点，即所谓的“一次编写，随处编译”。当然，这一特点要求没有平台相关代码，在实际应用中，由于种种原因(主要是性能以及平台特色)，做到这一点并不容易。不过，对于本书讲述的这些基本内容，读者只需要学好知识，然后编写代码，在不同系统使用不同的 Qt 版本进行移植、编译即可。

学习本书时，推荐读者使用指定的 Qt 和 Qt Creator 版本，因为对于初学者来说，任何微小的差异都可能导致错误的理解。当然，这不是必需的。

使用本书

本书共 21 章，根据内容分为基本应用篇、图形动画篇、影音媒体篇、数据处理篇及网络通信篇。其中，第 1 篇为基本应用篇，包括第 1～9 章，讲解了 Qt 最基本的内容，包含对 Qt Creator 开发环境的详细介绍和 Qt 编程中基本的术语、概念以及窗口部件的使用方法等内容。对于初学者，建议学习完基本应用篇（至少学习完前 6 章和第 7 章的信号和槽部分）再学习后面的内容；对于有 Qt 编程基础的读者，可以根据需要进行选择性学习。

在学习过程中，建议读者多动手，尽量自己按照步骤编写代码。只有遇到自己无法解决的问题时，再去参考本书提供的源代码。每学习一个知识点时，书中都会给出 Qt 帮助中的关键字，建议读者详细阅读 Qt 帮助文档，看下英文原文是如何描述的。不要害怕阅读英文文档，因为很难在网上找到所有文档的中文翻译；有时即使有中文翻译，也可能偏离原意，所以最终还是要自己去读原始文档。Qt 文档非常详细，学会查看参考文档是入门 Qt 编程的重要一步。不要说自己英文不好，只要坚持，掌握了一些英文术语和关键词以后，阅读英文文档是不成问题的。

致　谢

首先要感谢北京航空航天大学出版社，是他们的鼓励和支持，才让我们更有信心继续前行，使得 Qt 应用编程系列丛书更加丰富。

感谢那些关注和支持 Qt 开源社区的朋友们，是他们的支持和肯定，才让我们有了无穷的动力。感谢曾对本书出版做出贡献的周慧宗（hzzhou）、董世明、刘柏燊（紫侠）、白建平（XChinux）、吴迪（wd007）、程梁（豆子）和 Joey_Chan 等的大力支持。是众多好友的共同努力，才使本书可以在最短的时间内以较高的质量呈现给广大读者，这里一并对他们表示感谢。

由于作者技术水平有限，Qt 6 中又是全新的技术和概念，并且没有统一的中文术语参考，所以书中难免有各种理解不当和代码设计问题，恳请读者批评指正。读者可以到 Qt 开源社区（www. qter. org）下载本书的源码，查看与本书对应的不断更新的系列教程，也可以与作者进行在线交流和沟通，我们在 Qt 开源社区等待大家。

编　者

2022 年 3 月

目　录

第1篇　基本应用篇

第 2 篇　图形动画篇

第3篇 影音媒体篇

第4篇 数据处理篇

第5篇 网络通信篇

第1篇　基本应用篇

第1章　Qt Creator 简介
第2章　Hello World
第3章　窗口部件
第4章　布局管理
第5章　应用程序主窗口
第6章　事件系统
第7章　Qt 对象模型与容器类
第8章　界面外观
第9章　国际化、帮助系统和 Qt 插件

第1章

Qt Creator 简介

Qt Creator 是一个跨平台的、完整的 Qt 集成开发环境(IDE),其中包括了高级 C++代码编辑器、项目和生成管理工具、集成的上下文相关的帮助系统、图形化调试器、代码管理和浏览工具等。这一章先对 Qt Creator 的下载安装和界面环境进行简单介绍,然后打开并运行一个 Qt 示例程序来使读者了解 Qt Creator 的基本使用方法,其中会重点介绍帮助模式的使用。Qt Creator 其他功能介绍可以参考 Qt 开源社区(www.qter.org)书籍页面相应的网络教程。这一章没有涉及代码的编写。

1.1 软件的下载与安装

下面从 Qt 和 Qt Creator 的下载与安装讲起,正式带读者开始 Qt 的学习之旅。需要说明的是,本书使用的开发平台是 Windows 10 桌面平台,主要讲解 Windows 版本的 Qt 6,使用其他平台的读者可以参照学习。

为了避免由于开发环境的版本差异而产生不必要的问题,建议在学习本书前下载和本书相同的软件版本。本书使用 Qt 6.2.3 版本,其中包含了 Qt Creator 6.0.2。

安装 Qt 和 Qt Creator 时需要下载 Qt Online Installer 进行在线安装,读者可以到 Qt 官网(www.qt.io)下载,并且选择下载开源版(Downloads for open source users);也可以直接到下载站点进行下载,网址为 https://download.qt.io/official_releases/online_installers/,下载 qt-unified-windows-x86-online.exe 文件。

下载完成后双击 qt-unified-windows-x86-4.2.0-online.exe,首先出现的是欢迎界面,这里需要登录 Qt 账户,如果没有,可以单击下面的"Sign up"进行注册,当然也可以到 Qt 官网进行注册。在安装目录选择界面,读者可以指定安装的路径,注意路径中不能包含中文。在选择组件界面可以选择安装一些模块,单击一个组件,则可以弹出该组件的简单介绍。这里主要选择了 MinGW 版本的 Qt 6.2.3 和一些附加库,建议初学者使用相同的选择,如图 1-1 所示(注意,读者可以直接安装最新版本,如果想安装和本书相同的版本,则可以选中右侧的 Archive 复选框并单击下面的"筛选(Filter)"按钮后

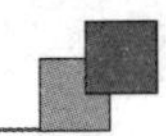

进行查找。后期还可以使用 Qt 安装目录里的 MaintenanceTool. exe 工具安装新的组件或者删除已安装的组件,如附录 A 使用这种方法安装 MSVC 版本 Qt)。后面的过程按照默认设置即可。

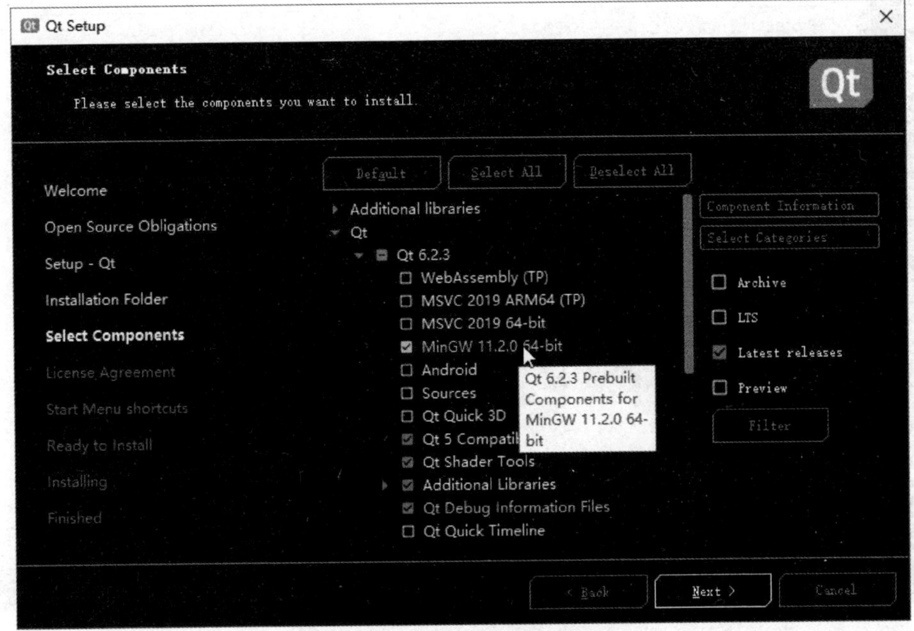

图 1-1　Qt 安装选择组件界面

下载程序中的 MinGW 表明该版本 Qt 使用了 MinGW 作为编译器。MinGW 即 Minimalist GNU For Windows,是将 GNU 开发工具移植到 Win32 平台下的产物,是一套 Windows 上的 GNU 工具集,用其开发的程序不需要额外的第三方 DLL 支持就可以直接在 Windows 下运行。更多内容可查看 https://www.mingw-w64.org。在 Windows 系统中还可以使用 MSVC 版本 Qt,需要使用 Visual C++ 作为编译器,其安装步骤可以参考附录 A。

1.2　Qt Creator 环境介绍

下面先简单介绍 Qt Creator 的界面组成,然后演示一个示例程序,并简单介绍 Qt Creator 的环境。

打开 Qt Creator,界面如图 1-2 所示。它主要由主窗口区、菜单栏、模式选择器、构建套件选择器、定位器和输出窗口等部分组成。

1. 菜单栏(Menu Bar)

这里有 9 个菜单选项,包含了常用的功能菜单:

➢ 文件菜单,包含新建、打开和关闭项目和文件、打印文件和退出等基本功能菜单。

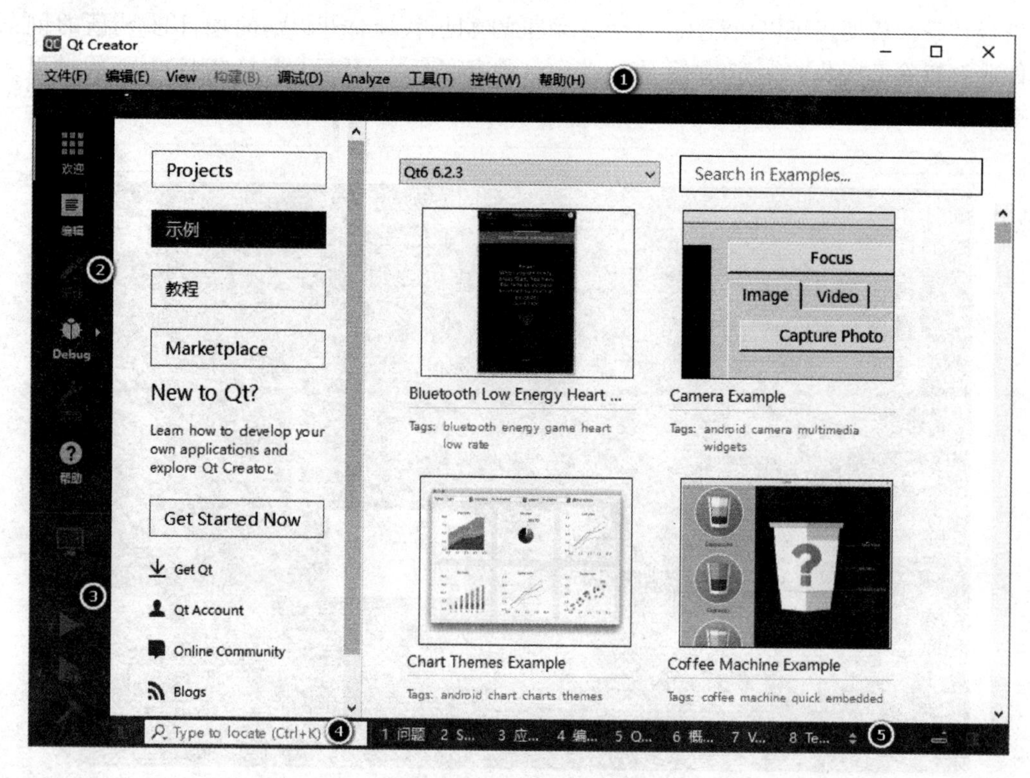

图 1-2 Qt Creator 界面

➢ 编辑菜单,这里有撤销、剪切、复制、查找和选择编码等常用功能菜单,高级菜单中还有标示空白符、折叠代码、改变字体大小和使用 vim 风格编辑等功能菜单。

➢ View 菜单,包含控制侧边栏和输出窗口显示等相关菜单。

➢ 构建菜单,包含构建和运行项目等相关的菜单。

➢ 调试菜单,包含调试程序等相关的功能菜单。

➢ Analyze 菜单,包含 QML 分析器、Valgrind 内存和功能分析器等相关菜单。

➢ 工具菜单,这里提供了快速定位菜单、外部工具菜单等。这里的选项菜单中包含了 Qt Creator 各个方面的设置选项:环境设置、文本编辑器设置、帮助设置、构建和运行设置、调试器设置和版本控制设置等。在环境设置的 Interface 页面可以将主题 Theme 设置为 Classic,这样就可以使用以前的经典 Qt Creator 主题了。

➢ 控件菜单,包含设置全屏显示、分栏和新窗口打开文件等一些菜单。

➢ 帮助菜单,包含 Qt 帮助、Qt Creator 版本信息、报告 bug 和插件管理等菜单。

2. 模式选择器(Mode Selector)

Qt Creator 包含欢迎、编辑、设计、调试(Debug)、项目和帮助 6 个模式,各个模式完成不同的功能,也可以使用快捷键来更换模式,各自对应的快捷键依次是 Ctrl+数字 1~6。

➢ 欢迎模式。图 1-2 就是欢迎模式,主要提供了一些功能的快捷入口,如打开帮

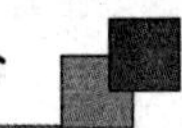

助教程、打开示例程序、打开项目、新建项目、快速打开以前的项目和会话、联网查看 Qt 官方论坛和博客等。Projects 页面显示了最近打开的项目列表，在这里也可以创建一个新项目或者打开一个已有项目；示例页面显示了 Qt 自带的大量示例程序，并提供了搜索栏从而实现快速查找；教程页面提供了一些基础的教程资源；Marketplace 页面分类展示了 Qt 市场的一些内容，如 Qt 库、Qt Creator 插件和马克杯及 T 恤等商品。

- 编辑模式。其主要用来查看和编辑程序代码，管理项目文件。Qt Creator 中的编辑器具有关键字特殊颜色显示、代码自动补全、声明定义间快捷切换、函数原型提示、F1 键快速打开相关帮助和全项目中进行查找等功能。也可以在"工具→选项"菜单项中对编辑器进行设置。
- 设计模式。这里整合了 Qt 设计师的功能。可以设计图形界面，进行部件属性设置、信号和槽设置、布局设置等操作。可以在"工具→选项"菜单项中对设计师进行设置。设计模式在第 2 章会讲到。
- 调试模式。支持设置断点、单步调试和远程调试等功能，包含局部变量和监视器、断点、线程等查看窗口。可以在"工具→选项"菜单项中设置调试器的相关选项。调试模式在第 3 章会讲到。
- 项目模式。包含对特定项目的构建设置、运行设置、编辑器设置、代码风格设置和依赖关系等页面。构建设置中可以对项目的版本、使用的 Qt 版本和编译步骤进行设置；编辑器设置中可以设置文件的默认编码和缩进等；在代码风格设置中可以设置自己的代码风格。项目模式在第 2 章会讲到。
- 帮助模式。在帮助模式中将 Qt 助手整合了进来，包含目录、索引、查找和书签等几个导航模式，可以在帮助中查看和学习 Qt 和 Qt Creator 的各方面信息。可以在"工具→选项"菜单项中对帮助进行相关设置。

3. 构建套件选择器(Kit Selector)

构建套件选择器包含了目标选择器(Target selector)、运行按钮(Run)、调试按钮(Debug)和构建按钮(Building)4 个图标。目标选择器用来选择要构建哪个项目、使用哪个 Qt 库，这对于多个 Qt 库的项目很有用。还可以选择编译项目的 Debug 版本或是 Release 版本。运行按钮可以实现项目的构建和运行；调试按钮可以进入调试模式，开始调试程序；构建按钮完成项目的构建。

4. 定位器(Locator)

Qt Creator 中可以使用定位器来快速定位项目、文件、类、方法、帮助文档以及文件系统。可以使用过滤器来更加准确地定位要查找的结果。定位器在第 4 章会讲到。

5. 输出窗口(Output panes)

这里包含了问题、搜索结果(Search Results)、应用程序输出、编译输出、QML Debugger Console、概要信息、版本控制(Version Control)、Test Results 这 8 个选项，它

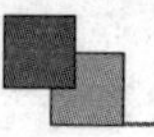

们分别对应一个输出窗口，相应的快捷键依次是 Alt＋数字 1～8。问题窗口显示程序编译时的错误和警告信息，搜索结果窗口显示执行了搜索操作后的结果信息，应用程序输出窗口显示在应用程序运行过程中输出的所有信息，编译输出窗口显示程序编译过程输出的相关信息，版本控制窗口显示版本控制的相关输出信息。本书中也经常将这些输出窗口称为输出栏，如应用程序输出栏。

1.2.1 运行一个示例程序

安装好 Qt 6.2.3 以后，Qt Creator 与 Qt 库已经进行了自动连接，也就是说，无须进行任何设置就可以进行程序开发了。下面先来看一下 Qt Creator 与 Qt 的关联设置，选择“工具→选项”菜单项，然后选择“Kits”项，就可以看到构建套件中已经自动检测到了 Qt 版本、编译器和调试器，如图 1－3 所示。如果以后需要添加其他版本的 Qt，则可以在这里先添加编译器，然后添加 Qt 版本，最后添加构建套件。

图 1－3 设置构建套件

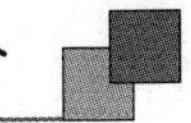

下面关闭选项对话框，回到欢迎界面。示例页面提供的示例程序几乎涉及了 Qt 支持的所有功能，可以在搜索栏进行示例程序的查找，比如要查找所有和对话框相关的例子，则可以输入“dialog”关键字，结果如图 1－4 所示。

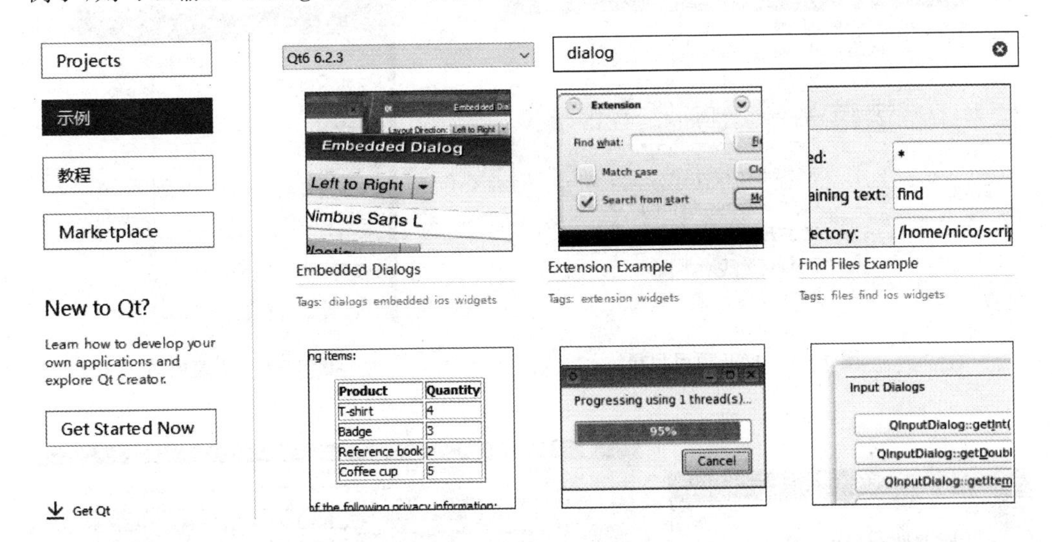

图 1－4 查找示例程序

下面选择 Embedded Dialogs 示例程序，这时会跳转到项目模式进行套件选择，因为这里只有一个 Desktop Qt 6.2.3 MinGW 64 bit 构建套件，所以直接单击 Configure Project 按钮即可。下面便进入了编辑模式。每当打开一个示例程序，Qt Creator 会自动打开该程序的项目文件，然后进入编辑模式，并且打开该示例的帮助文档。可以在项目树形视图中查看该示例的源代码。现在单击左下角的▶运行按钮或者按下 Ctrl＋R 快捷键，则程序开始编译运行，在下面的“应用程序输出”栏会显示程序的运行信息和调试输出信息。

注意，最好不要在示例程序中直接修改代码。如果想按照自己的想法更改，则应该先对项目目录进行备份。可以在项目树形视图中任意文件上右击再在 Explorer 中显示，例如，在 embeddeddialogs.pro 文件上右击，在弹出的菜单中选择“在 Explorer 中显示”，如图 1－5 所示。这样就会在新窗口中打开该项目目录了。可以先将该目录进行备份，然后再运行备份程序进行修改等操作。

编辑模式提供了多个快捷视图，默认显示的是项目视图和打开文档视图，另外还有书签视图、文件系统视图、类视图、大纲视图、类型层次视图等，如图 1－6 所示。例如，大纲视图可以显示已打开文件中的所有类、函数和变量，并且可以进行快速定位，如图 1－7 所示。当“与编辑器同步”图标被选中时，编辑器定位到一个函数体时列表中会自动定位到该函数。其实，也可以使用编辑器上方的“选择符号”下拉列表框来定位文件中的函数和变量，如图 1－8 所示。这个功能对于浏览或者编辑代码都很有用，希望读者掌握。还有一个功能就是在打开了多个文件后，可以在打开文档下拉列表框中进行切换,更方便的是使用 Ctrl+Tab 快捷键,可以在多个打开的文档间进行切换。当然,编辑器还有很多功能,后面章节会逐个讲到。

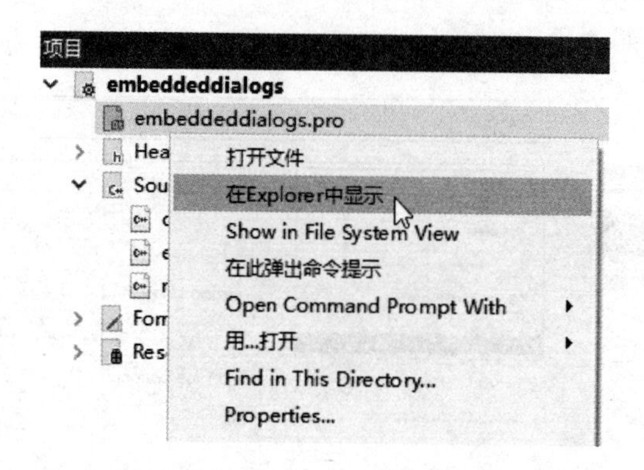

图 1-5 打开项目目录

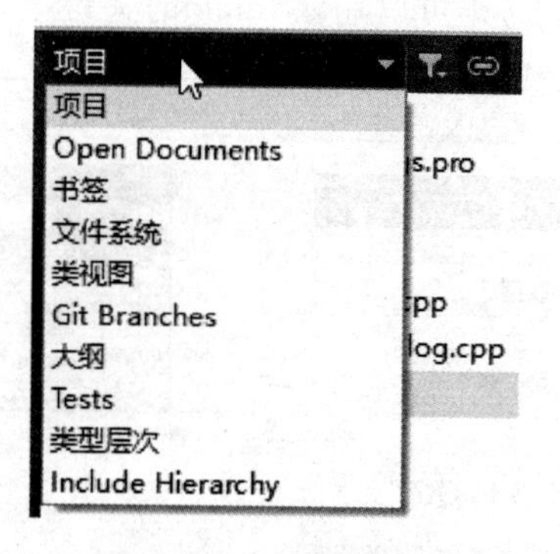

图 1-6 快捷视图

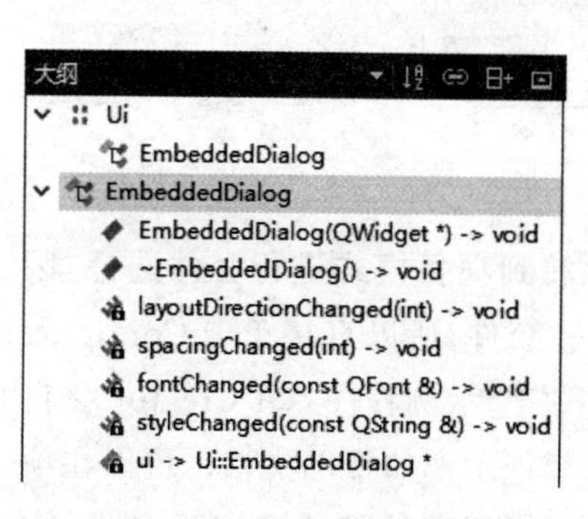

图 1-7 大纲视图

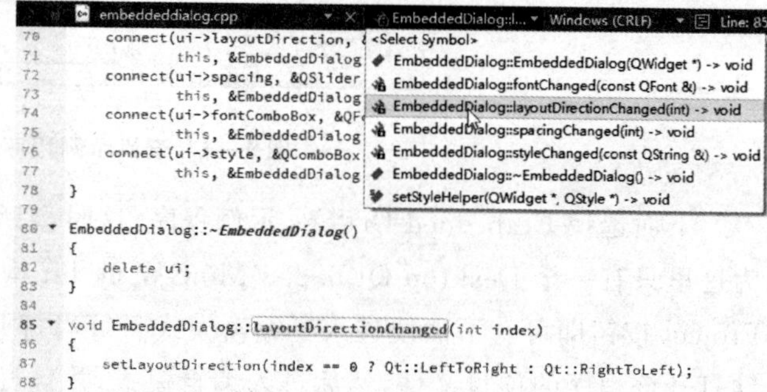

图 1-8 选择符号

1.2.2 帮助模式

初学一个软件,无法马上掌握其全部功能,而且可能对某些功能很不理解,这时软件的帮助文档就很有用了,学习 Qt 也是如此。虽然 Qt 的帮助文档目前还是全英文的,但是读者必须要掌握它,毕竟这才是“原生”的东西;而网上的一些中文版本是广大爱好者翻译的,效果差强人意,再说,如果要深入学习,以后接触到的也以英文文档居多。

按下 Ctrl+6 组合键(也可以直接单击“帮助”图标)进入帮助模式。读者可以从这里了解到 Qt Creator 更详细的使用和设置方法,包含了开始使用(Getting Started)、项目管理(Managing Projects)、用户界面设计(Designing User Interface)、代码编辑(Coding))、构建和运行(Building and Running)、测试(Testing)、高级用法(Advanced Use)、获取帮助(Getting Help)等几部分。

在左上方的目录栏中单击 Qt 6.2.3 Reference Documentation 打开 Qt 参考文档

页面，这里的分类几乎涵盖了 Qt 的全部内容，如图 1－9 所示。下面对其中比较重要的内容进行说明。

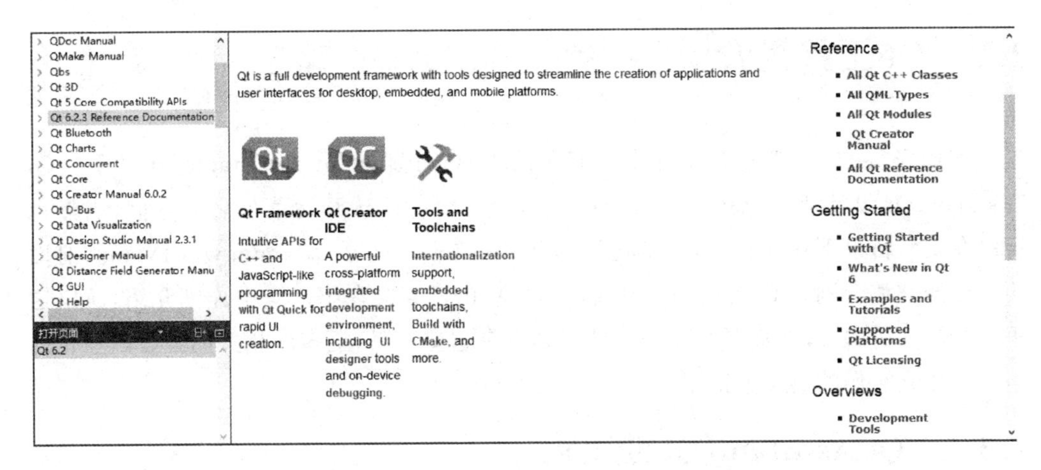

图 1－9　Qt 参考文档

Reference 分类中列举了所有的 C＋＋ 类、QML 类型、Qt 模块和 Qt 参考文档，这里是整个 Qt 框架的索引。在 Getting Started 分类中，Getting Started with Qt 包含了初学者开始 Qt 学习的入门介绍；What's New in Qt 6 罗列了 Qt 6 中的新特性；Examples and Tutorials 包含了 Qt 所有的示例程序和入门教程，以此帮助初学者进行 Qt 开发；Supported Platforms 通过表格形式展示了 Qt 对各个系统平台和编译器的支持情况；Qt Licensing 中详细介绍了 Qt 各个模块的授权方式。在 Overviews 分类中，分领域介绍了 Qt 最重要的内容，如开发工具、用户界面、核心机制、数据存储、网络连接、图形、移动开发、QML 应用等，学习或者使用某方面内容，可以从这里进入。

查看帮助时可能想为某一页面添加书签，以便以后再次查看，则可以按下快捷键 Ctrl＋M，或者单击界面上方边栏图标。打开帮助模式时默认是目录视图，其实帮助的工具窗口中还提供了“索引”“查找”和“书签”3 种方式对文档进行导航，如图 1－10 所示。在书签方式下，可以看到以前添加的书签；在查找方式下，可以输入关键字进行全文检索，就是在整个文档的所有文章中进行查找；在索引方式下，只要输入关键字就

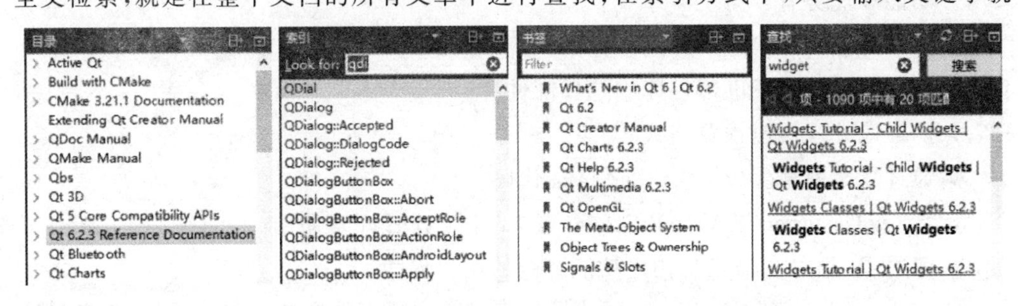

图 1－10　帮助导航模式

可以罗列出相关的内容。本书后面所有章节中涉及的关键字查找,如果没有特别说明,都是指在索引方式下进行查找。

1.3 Qt 工具简介

前面安装的 Qt 中包含了几个很有用的工具,分别是 Qt Assistant(Qt 助手)、Qt Designer(Qt 设计师)和 Qt Linguist(Qt 语言家)。可以从开始菜单启动它们,当然也可以在安装目录下找到它们,笔者这里的路径是 C:\Qt\6.2.3\mingw_64\bin。前面两个已经被整合到了 Qt Creator 中,剩下的 Qt 语言家会在第 9 章中详细介绍,所以这里不会深入讲解,现在提及只是想让读者知道有这些工具,更多的相关内容可以在帮助索引中搜索它们的英文关键字。

1.3.1 Qt Assistant(Qt 助手)

Qt Assistant 是可配置且可重新发布的文档阅读器,可以方便地进行定制,并与 Qt 应用程序一起重新发布。Qt Assistant 已经被整合进 Qt Creator,就是前面介绍的 Qt 帮助。它的功能有:

- 定制 Qt Assistant 并与应用程序一起重新发布。
- 快速查找关键词、全文本搜索、生成索引和书签。
- 同时为多个帮助文档集合建立索引并进行搜索。
- 在本地存放文档或在应用程序中提供在线帮助。

Qt Assistant 的定制和重新发布会在第 9 章中讲到。

1.3.2 Qt Designer(Qt 设计师)

Qt Designer 是强大的跨平台 GUI 布局和格式构建器。由于使用了与应用程序中将要使用的相同的部件,可以使用屏幕上的格式快速设计、创建部件以及对话框。使用 Qt Designer 创建的界面样式功能齐全并可以进行预览,这样就可确保其外观完全符合要求。功能和优势有:

- 使用拖放功能快速设计用户界面。
- 定制部件或从标准部件库中选择部件。
- 以本地外观快速预览格式。
- 通过界面原型生成 C++ 或 Java 代码。
- 将 Qt Designer 与 Visual Studio 或 Eclipse IDE 配合使用。
- 使用 Qt 信号和槽机制构建功能齐全的用户界面。

Qt Designer 或者说 Qt Creator 的设计模式会在后面的章节中经常使用,且已经被整合到了 Qt Creator 中。前面所说的设计模式就是使用的 Qt Designer,这会在下一章

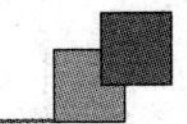

中讲到。这里要说明的是本书中 Qt 设计器和 Qt 设计模式均指集成在 Qt Creator 中的 Qt Designer，而 Qt 设计师指单独的 Qt Designer。

1.3.3 Qt Linguist(Qt 语言家)

Qt Linguist 提供了一套加速应用程序翻译和国际化的工具。Qt 使用单一的源码树和单一的应用程序二进制包就可同时支持多个语言和书写系统，主要功能有：

- 收集所有 UI 文本，并通过简单的应用程序提供给翻译人员。
- 语言和字体感知外观。
- 通过智能的合并工具快速为现有应用程序增加新的语言。
- Unicode 编码支持世界上大多数字母。
- 运行时可切换从左向右或从右向左的语言。
- 在一个文档中混合多种语言。

可以使用 Qt Linguist 来使应用程序支持多种语言，这将会在后面的第 9 章中具体介绍。

1.4 关于本书源码的使用

本书每个示例开始都明确注明了项目源码的路径，因为编写代码过程中难免出现这样或那样的问题，所以最好的办法就是先下载本书的源码，出错了再和下载的源码对比，找出错误原因。在以后的章节中，由于程序源码过长或者有些代码重复出现，就会使用省略部分代码的方法，这样下载源码就更加必要了。读者可以到 Qt 开源社区(www.qter.org)的下载页面下载本书源码。所有源码都放在 src 文件夹中，可以根据书中的提示找到对应的源码目录。注意，书中有的地方会使用例如"8-2 程序"这样的方式来指定一个例子，这表示项目源码路径为"src\08\8-2\"下的程序。

找到对应的源码后，建议先将这个例程的整个源码目录复制出去，但路径中一定不要有中文。然后直接双击.pro 文件在 Qt Creator 中打开项目，也可以使用 Qt Creator 的"文件→打开文件或项目"菜单项打开源码中的.pro 项目文件，还可以直接将源码目录中的.pro 文件拖入 Qt Creator 界面来打开，打开后在项目模式重新选择构建套件。要关闭一个项目时，可以使用"文件→关闭项目"菜单项实现；对于已经打开的文件，则可以使用关闭文件菜单来实现。

1.5 小 结

本章简单介绍了 Qt 及 Qt Creator 的下载、安装以及 Qt 示例程序的运行。最重要的是要掌握 Qt 帮助的使用，因为后面的章节里几乎每个知识点都要使用 Qt 的帮助索

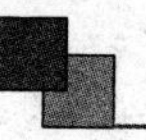

引来查找关键字,目的不仅是要读者掌握一个知识,更是要告诉读者一种学习方法、告诉这个知识点应该怎样学习,所以使用帮助就显得格外重要了。

读者现在对 Qt Creator 可能还很陌生,所以这一章只是对其主要部件做了简单介绍,并没有涉及具体的使用,我们将详细介绍分散到后面几个章节来讲,让读者可以在具体的使用中熟练掌握。其他一些应用则放到了网络教程中进行讲解,读者可以到 Qt 开源社区(www. qter. org)的书籍页面查看。

第2章

Hello World

这章将从一个 Hello World 程序讲起，先讲述一个 Qt Widgets 项目的创建、运行和发布的过程；然后再将整个项目分解，从单一的主函数文件，到使用图形界面.ui 文件，再到自定义 C++ 类和 Qt 图形界面类，一步一步分析解释每行代码，并从命令行编译运行，让读者清楚地看到 Qt Creator 创建、管理、编译和运行项目的内部实现。学完本章，读者就能够掌握 Qt 项目建立、编译、运行和发布的整个过程。

2.1 编写 Hello World 程序

Hello World 程序就是让应用程序显示 Hello World 字符串。这是最简单的应用，但却包含了一个应用程序的基本要素，所以一般使用它来演示程序的创建过程。本节要讲的就是在 Qt Creator 中创建一个图形用户界面的项目，从而生成一个可以显示 Hello World 字符串的程序。

2.1.1 新建 Qt Widgets 应用

（本小节采用的项目源码路径：src\02\2-1\helloworld）首先运行 Qt Creator，然后通过下面的步骤创建 Qt Widgets 项目：

第一步，选择项目模板。选择“文件→新建文件或项目”菜单项（也可以直接按下 Ctrl+N 快捷键，或者单击欢迎模式中的 New Project 按钮），在选择模板页面选择 Application(Qt)中的 Qt Widgets Application 项，然后单击 Choose 按钮，如图 2-1 所示。

第二步，输入项目信息。在项目位置页面输入项目的名称为 helloworld，然后单击创建路径右边的“浏览”按钮来选择源码路径，比如这里是“E:\app\src\02\2-1”（注意：项目名和路径中都不能出现中文）。如果选中了这里的“设为默认的项目路径”，那么以后创建的项目会默认使用该目录。单击“下一步”进入下个页面。

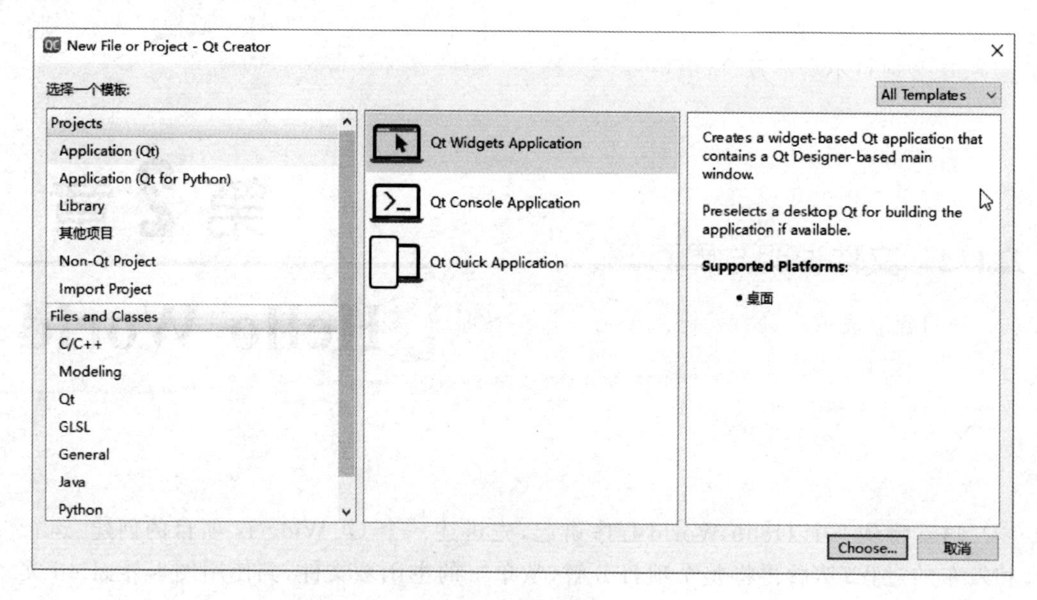

图 2-1 选择模板

第三步,选择构建系统。这里使用默认的 qmake 即可,直接单击"下一步"按钮。

第四步,输入类信息。在"类信息"页面中创建一个自定义类。这里设定类名为 HelloDialog,基类选择 QDialog,表明该类继承自 QDialog 类,使用这个类可以生成一个对话框界面。这时下面的头文件、源文件和界面文件都会自动生成,保持默认即可,如图 2-2 所示,然后单击"下一步"按钮。

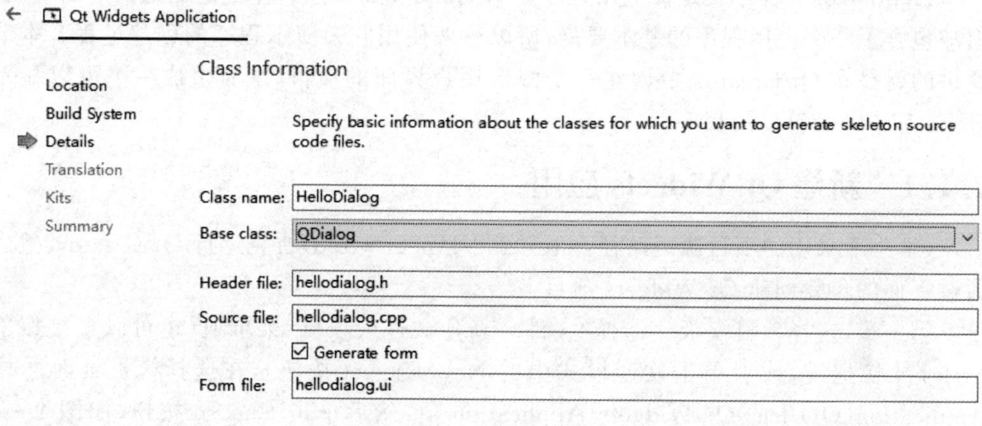

Qt Widgets Application
Class Information
Location
Build System
Details
Translation
Kits
Summary
Specify basic information about the classes for which you want to generate skeleton source code files.
Class name: HelloDialog
Base class: QDialog
Header file: hellodialog.h
Source file: hellodialog.cpp
Generate form
Form file: hellodialog.ui

图 2-2 类信息

第五步,选择翻译文件。因为现在不需要进行界面翻译,所以直接单击"下一步"按钮。

第六步,选择构建套件。这里显示的 Desktop Qt 6.2.3 MinGW 64 bit 就是在第 1 章看到的构建套件,下面默认为 Debug 等版本分别设置了不同的目录,然后单击"下一步"按钮。

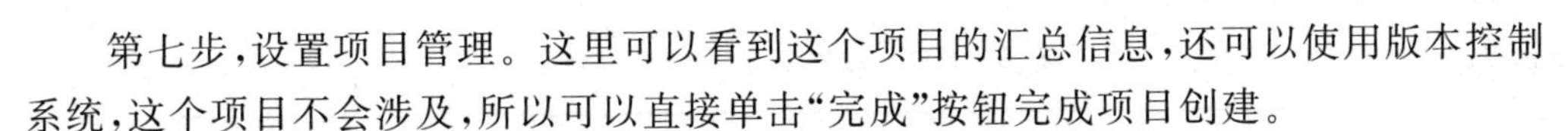

第七步，设置项目管理。这里可以看到这个项目的汇总信息，还可以使用版本控制系统，这个项目不会涉及，所以可以直接单击“完成”按钮完成项目创建。

注意：本书将“工程”“项目”和“应用”作为同义词，都指某个项目；“目录”与“文件夹”也作为同义词。关于本节内容，读者还可以在帮助索引中通过 Creating Projects 关键字查看更多相关知识。

2.1.2 文件说明与界面设计

项目建立完成后会直接进入编辑模式。界面的右边是编辑器，可以阅读和编辑代码。如果觉得字体太小，则可以使用快捷键 Ctrl+“+”(即同时按下 Ctrl 键和+号键)来放大字体，使用 Ctrl+“－”(减号)来缩小字体，或者使用 Ctrl 键+鼠标滚轮同样可以实现缩放，Ctrl+0(数字)使字体还原到默认大小。再来看左边侧边栏，其中罗列了项目中的所有文件，如图 2－3 所示。下面打开项目目录(笔者这里是 E:\app\src\02\2-1\helloworld)可以看到，现在只有一个 helloworld 文件夹，其中包括了 6 个文件，各个文件的说明如表 2－1 所列。这些文件的具体内容和用途会在后面的内容中详细讲解。

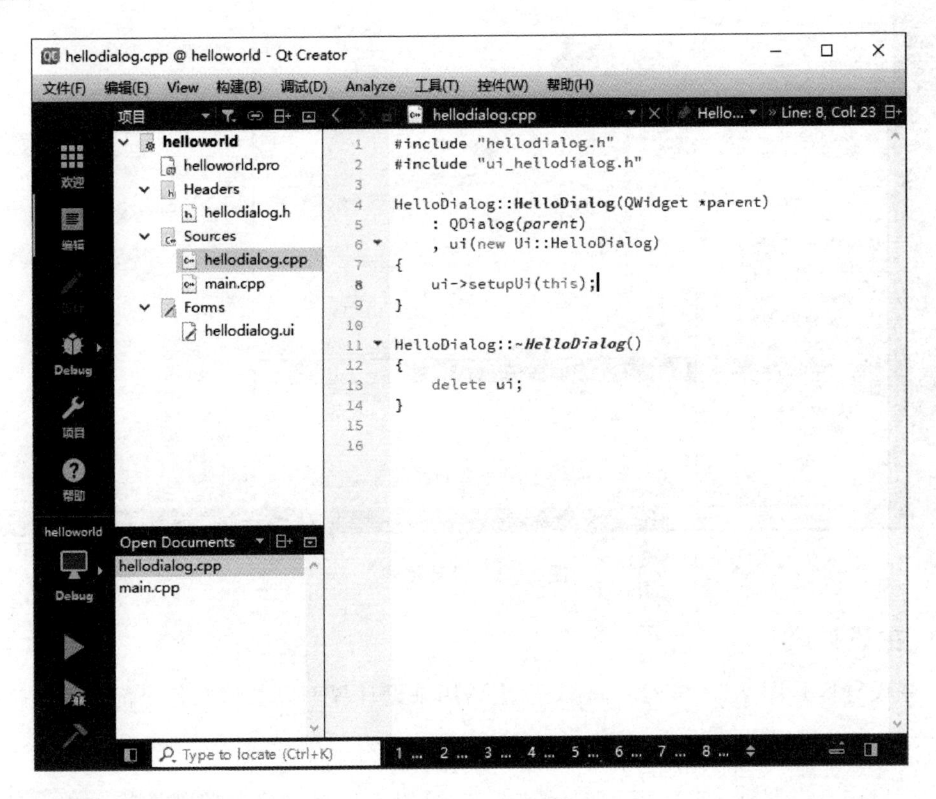

图 2－3 编辑模式

表 2-1　项目目录中各个文件说明

文　件	说　明
helloworld. pro	该文件是项目文件,其中包含了项目相关信息
helloworld. pro. user	该文件中包含了与用户有关的项目信息
hellodialog. h	该文件是新建的 HelloDialog 类的头文件
hellodialog. cpp	该文件是新建的 HelloDialog 类的源文件
main. cpp	该文件中包含了 main()主函数
hellodialog. ui	该文件是设计师设计的界面对应的界面文件

在 Qt Creator 的编辑模式下双击项目树形视图中界面文件分类下的 hellodialog. ui 文件,这时便进入了设计模式,如图 2-4 所示。可以看到,设计模式由以下几部分构成:

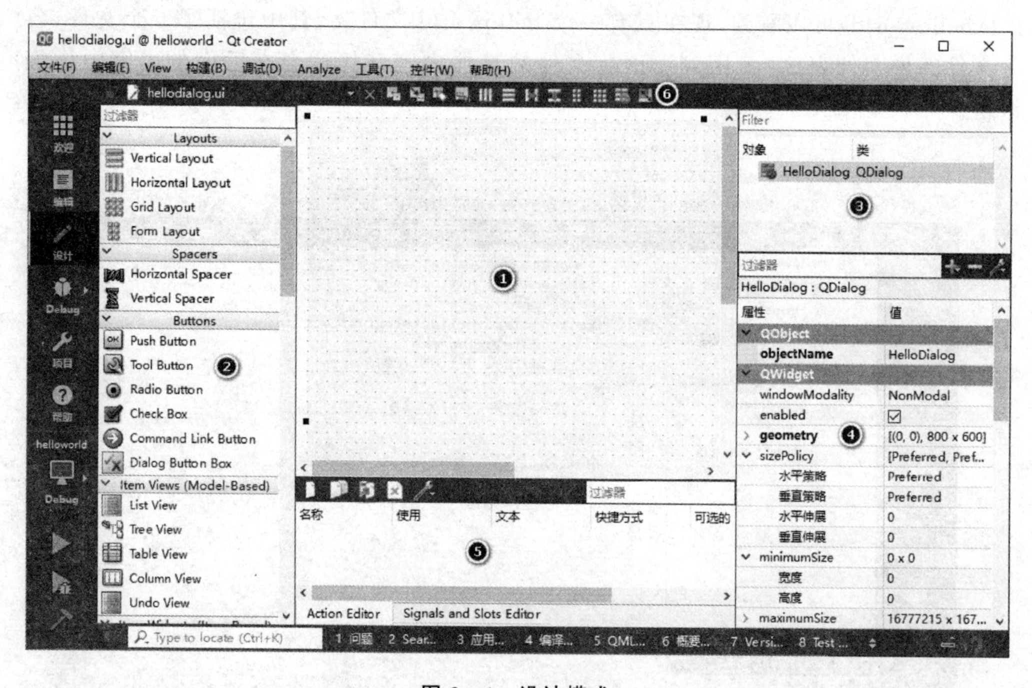

图 2-4　设计模式

1. 主设计区

主设计区是图 2-4 中的中间部分,主要用来设计界面以及编辑各个部件的属性。

2. 部件列表窗口(Widget Box)

窗口中分类罗列了各种常用的标准部件,可以使用鼠标将这些部件拖入主设计区中,放到主设计区中的界面上。本书中也经常称之为“部件栏”。

3. 对象查看器(Object Inspector)

查看器列出了界面上所有部件的对象名称和父类，而且以树形结构显示了各个部件的所属关系。可以在这里单击对象来选中该部件。

4. 属性编辑器(Property Editor)

编辑器显示了各个部件的常用属性信息，可以更改部件的一些属性，如大小、位置等。这些属性按照从祖先继承的属性、从父类继承的属性和自己属性的顺序进行了分类。本书也经常称之为“属性栏”。

5. 动作(Action)编辑器与信号和槽编辑器

两个编辑器可以对相应的对象内容进行编辑。因为现在还没有涉及这些内容，所以放到以后使用时再介绍。

6. 常用功能图标

单击最上面侧边栏中的前4个图标可以进入相应的模式，分别是窗口部件编辑模式(这是默认模式)、信号/槽编辑模式、伙伴编辑模式和Tab顺序编辑模式。后面的几个图标用来实现添加布局管理器以及调整大小等功能。

下面从部件列表中找到Label(标签)部件，然后按住鼠标左键将它拖到主设计区的界面上，再双击它进入编辑状态后输入“Hello World！你好Qt！”字符串。Qt Creator的设计模式中有几个过滤器，就是写着“Filter”的行输入框。例如，在部件列表窗口上的过滤器中输入“Label”就快速定位到Label部件，不用自己再去查找。其他几个过滤器作用也是这样。还可以使用“工具→Form Editor”菜单项来实现预览设计效果、设置界面上的栅格间距、在设计部件与其对应的源文件间进行切换等操作。这部分内容可以在帮助索引中通过Getting to Know Qt Designer关键字查看。

2.2　程序的运行与发布

2.2.1　程序的运行

1. 编译运行程序

可以使用快捷键Ctrl+R或者通过按下左下角的运行按钮来运行程序。如果是第一次使用，则会弹出“保存修改”对话框，这是因为刚才在设计模式更改了界面，而hellodialog.ui文件被修改了但是还没有保存。现在要编译运行该程序，就要先保存所有文件。可以选中“构建之前总是先保存文件”选项，则以后再运行程序时就可以自动保存文件了。

2. 查看构建项目生成的文件

再看一下项目目录中的文件可以发现，E:\app\src\02\2-1目录下又多了一个

build-helloworld-Desktop_Qt_6_2_3_MinGW_64_bit-Debug 文件夹,这是默认的构建目录。也就是说,Qt Creator 将项目源文件和编译生成的文件进行了分类存放,helloworld 文件夹中是项目源文件,这个文件夹存放的是编译后生成的文件。进入该文件夹可以看到,这里有 3 个 Makefile 文件、一个 ui_hellodialog. h 和一个. qmake. stash 文件,还有两个目录 debug 和 release,如图 2-5 所示。release 文件夹是空的,进入 debug 文件夹,这里有 3 个. o 文件、一个. cpp 和一个. h 文件,它们是编译时生成的中间文件,可以不必管它,而剩下的一个 helloworld. exe 文件便是生成的可执行文件。

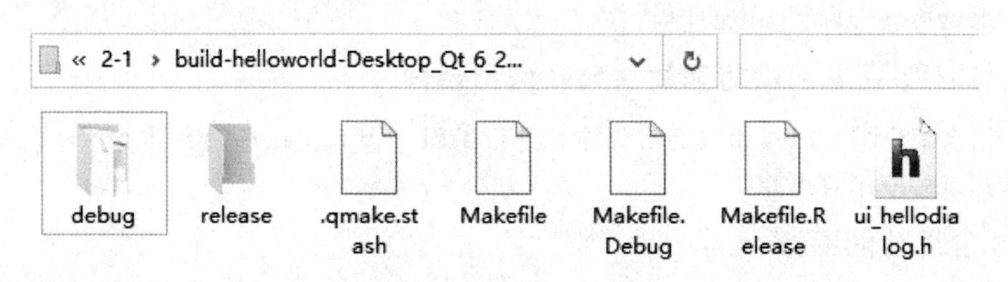

图 2-5 build-helloworld-Desktop_Qt_6_2_3_MinGW_64_bit-Debug 目录

3. 直接运行生成的可执行文件

双击运行 helloworld. exe,则会弹出警告对话框,提示缺少 Qt6Widgets. dll 文件,可以想到应用程序运行是需要 dll 动态链接库的,所以应该去 Qt 的安装目录下寻找该文件。在 Qt 安装目录的 bin 目录(笔者这里的路径是 C:\Qt\6. 2. 3\mingw_64\bin)中找到该文件,把这里的 Qt6Widgets. dll 文件复制到 debug 文件夹中。这时运行程序又会提示缺少其他的文件,可以依次将它们复制过来。当提示缺少"Qt platform plugin"时,需要将插件目录(笔者这里的路径是 C:\Qt\6. 2. 3\mingw_64\plugins)中的 platforms 文件夹复制过来,里面只须保留 qwindows. dll 文件即可。再次运行程序发现已经没有问题了。

那么有没有别的办法,不需要移动 dll 文件就可以直接运行程序呢?其实可以直接将 Qt 的 bin 目录路径加入到系统 Path 环境变量中去,这样程序运行时就可以自动找到 bin 目录中的 dll 文件了。具体做法是在系统桌面上右击"此电脑",在弹出的级联菜单中选择"属性",然后在弹出的系统对话框中选择"高级系统设置"一项,如图 2-6 所示。单击"环境变量"按钮进入环境变量设置界面,在"系统变量"栏中找到 Path 变量,单击"编辑"弹出编辑环境变量对话框,单击"新建"按钮,然后添加自己 Qt 的安装路径,笔者这里是 C:\Qt\6. 2. 3\mingw_64\bin,最后单击"确定"即可,如图 2-7 所示。

现在删除那些复制过来的文件,再次运行 helloworld. exe 文件,则发现已经可以正常运行了。

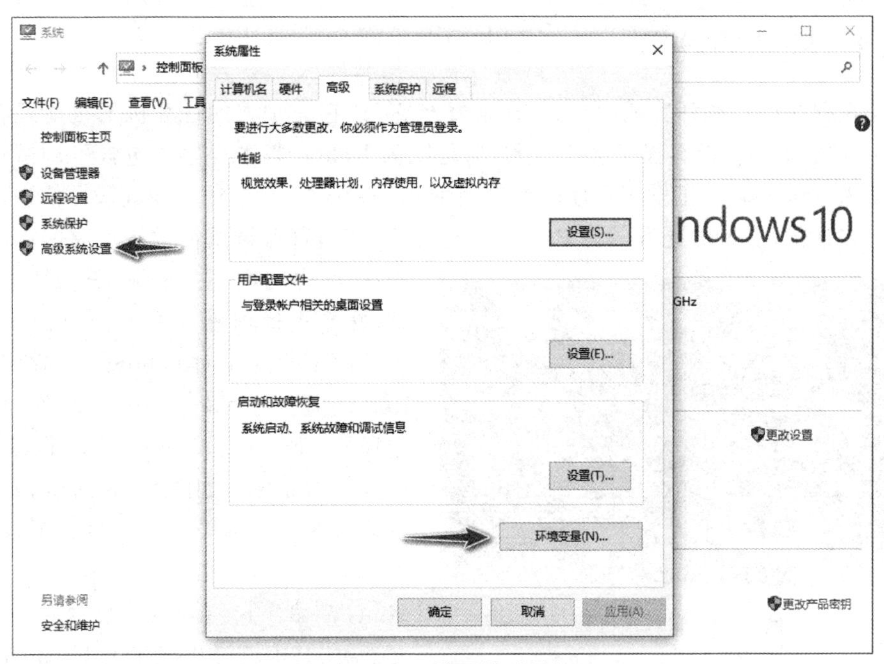

图 2－6　系统属性对话框

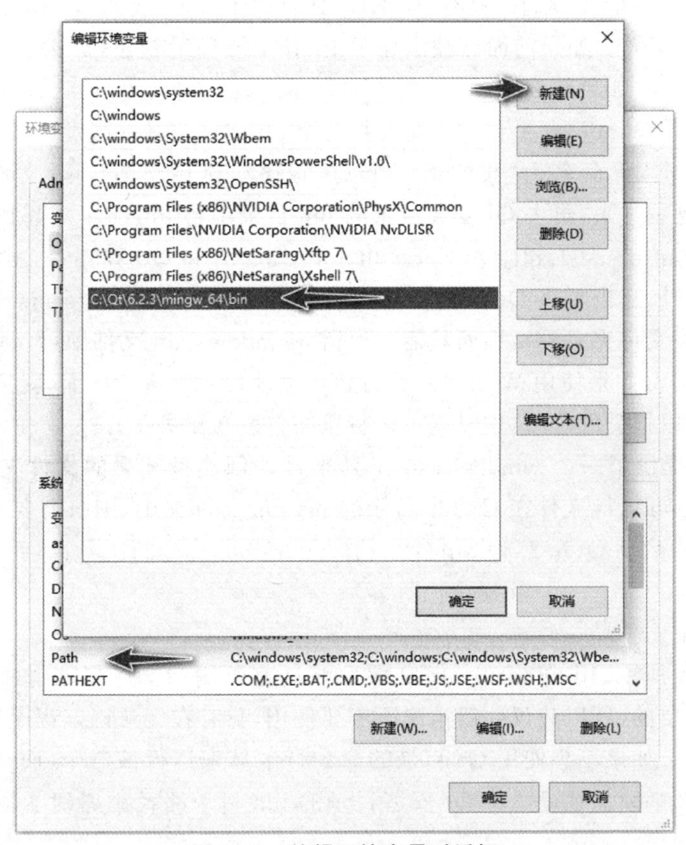

图 2－7　编辑环境变量对话框

2.2.2 程序的发布

现在程序已经编译完成,那么怎样来发布它,让它在别人的计算机上也能运行呢?前面生成的 Debug 版本程序文件很大,那是因为 Debug 版本程序中包含了调试信息,可以用来调试。而真正发布程序时要使用 Release 版本,不带任何调试符号信息,并且进行了多种优化;另外还有一种 Profile 概述版本,带有部分调试符号信息,在 Debug 和 Release 之间取一个平衡,兼顾性能和调试,性能更优但是又方便调试。下面回到 Qt Creator 中对 helloworld 程序进行 Release 版本的编译。在左下角的目标选择器(Target selector)中将构建目标设置为 Release,如图 2-8 所示,然后单击运行图标。编译完成后再看项目目录中 build-helloworld-Desktop_Qt_6_2_3_MinGW_64_bit-Release 目录的 release 文件夹,其中已经生成了 helloworld.exe 文件。可以看一下它的大小,只有 24 KB,而前面 Debug 版的 helloworld.exe 却有 1.41 MB,相差很大。如果前面已经添加了 Path 系统环境变量,那么现在就可以直接双击运行该程序。如果要使 Release 版本的程序可以在别人的计算机上运行(当然,对方计算机也要是 Windows 平台),还需要将几个 dll 文件与其一起发布。可以在桌面上新建一个文件夹,重命名为"我的第一个 Qt 程序",然后将 release 文件夹中的 helloworld.exe 复制过来,再去 Qt 安装目录的 bin 目录中将 libgcc_s_seh-1.dll、libstdc++-6.dll、libwinpthread-1.dll、Qt6Core.dll、Qt6Gui.dll 和 Qt6Widgets.dll 这 6 个文件复制过来。另外,还需要将 Qt 安装目录的 plugins 目录中的 platforms 文件夹复制过来(不要修改该文件夹名称),里面只需要保留 qwindows.dll 文件即可。现在整个文件夹一共有 24 MB,如果使用 WinRAR 等打包压缩软件对它进行压缩,就只有 9 MB 了,已经到达了可以接受的程度,这时就可以将压缩包发布出去了。

图 2-8 目标选择器

另外,Qt 提供了一个 windeployqt 工具来自动创建可部署的文件夹。例如,生成的 release 版本可执行文件在 C 盘根目录的 myapp 文件夹中,则只需要在系统开始菜单的 Qt 菜单中启动 Qt 6.2.3 (MinGW 11.2.0 64-bit)命令行工具,然后输入下面命令即可:

```
windeployqt c:\myapp
```

如图 2-9 所示,用 windeployqt 工具会将所有可用的文件都复制过来,有些可能是现在并不需要的,所以建议一般情况下不要使用,只有在无法确定程序依赖的文件时再使用该工具。如果不想使用 Qt 自带的命令行工具来运行该命令,而是用 cmd 命令行提示符,那么必须保证已经将 Qt 安装目录的 bin 目录路径添加到了系统 PATH 环境变量中。

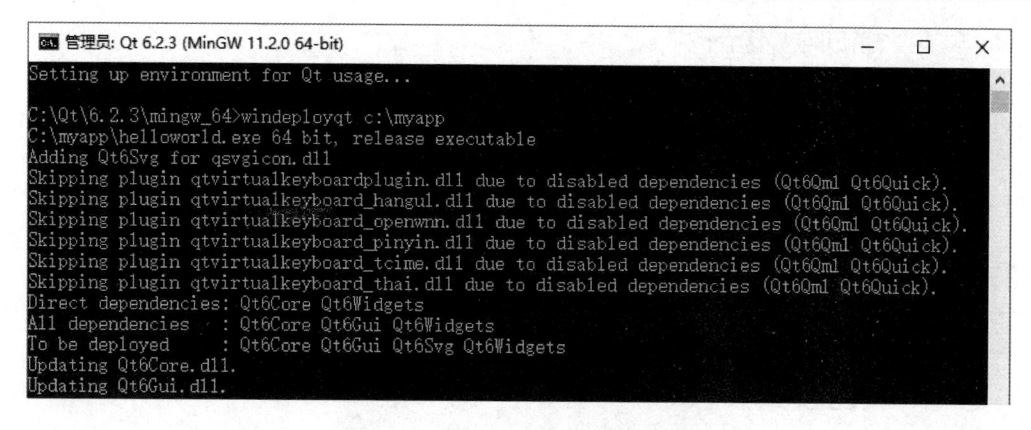

图 2-9　windeployqt 工具运行效果

Tips　若程序中使用了 png 以外格式的图片，则发布程序时就要将 Qt 安装目录下的 plugins 目录中的 imageformats 文件夹复制到发布程序文件夹中，其中只要保留自己用到的文件格式的 dll 文件即可。例如用到了 gif 文件，那么只需要保留 qgif.dll。如果程序中使用了其他的模块，比如数据库，那么就要将 plugins 目录中的 sqldrivers 文件夹复制过来，里面只须保留用到的数据库 dll 文件。

到这里就已经完成了开发一个应用程序最基本的流程。下面再来看一个经常被提到的概念：静态编译。静态编译是相对于前面讲到的动态编译而言的。就像前面看到的一样，在 Qt Creator 默认的情况下，编译的程序要想发布就需要包含 dll 文件，这种编译方式被称为动态编译。而静态编译就是将 Qt 的库进行重新编译，用静态编译的 Qt 库来链接程序，这样生成的目标文件就可以直接运行，而不再需要 dll 文件的支持。不过这样生成的可执行文件也就很大了，有好几 MB，而且静态编译缺乏灵活性，也不能部署插件。从前面的介绍可以看到，其实发布程序时带几个 dll 文件并不是很复杂的事情，而且如果要同时发布多个应用程序还可以共用 dll 文件，所以使用默认的方式就可以了。想了解更多 Qt 发布的知识和静态编译的方法，可以在 Qt Creator 帮助的索引方式下通过 Deploying Qt Applications 关键字查看，Windows 平台发布程序对应的关键字是 Qt for Windows-Deployment。

2.2.3　设置应用程序图标

若发布程序时想使.exe 文件有一个漂亮的图标，则可以在 Qt Creator 的帮助索引中查找 Setting the Application Icon 关键字。这里列出了在不同系统上设置应用程序图标的方法，在 Windows 系统上的步骤如下：

第一步，创建.ico 文件。可以直接在网上生成，完成后将.ico 图标文件复制到项目目录的 helloworld 源码目录中，然后重命名，如 myico.ico。

第二步，修改项目文件。在 Qt Creator 中的编辑模式双击 helloworld.pro 文件，在最后面添加下面一行代码：

```
RC_ICONS = myico.ico
```

第三步,运行程序。可以看到,窗口左上角的图标已经更换了。然后查看一下 release 文件夹中的文件,可以看到,helloworld.exe 文件已经更换了新的图标。

现在只需要将这里的 helloworld.exe 复制到程序发布文件夹中,就可以得到一个完整而且漂亮的应用程序。这就是程序从创建到发布的整个过程。

2.3 项目模式和项目文件介绍

2.3.1 项目模式

按下快捷键 Ctrl+5,或者单击"项目"图标,都可以进入项目模式。如果现在没有打开任何项目,项目模式是不可用的。项目模式分为构建和运行(Build & Run)、编辑器、代码风格、依赖关系等多个设置页面。如果当前打开了多个项目,那么最上面会分别列出这些项目,可以选择自己要设置的项目。

在构建和运行页面可以设置要构建的版本,如 Debug 版或是 Release 版本。这里有一个 Shadow build 选项,就是所谓的"影子构建",作用是将项目的源码和编译生成的文件分别存放;就像 2.2.1 小节讲到的,helloworld 项目编译后会生成 build-helloworld-Desktop_Qt_6_2_3_MinGW_64_bit-Debug 文件夹,里面放着编译生成的所有文件。将编译输出与源代码分别存放是个很好的习惯,尤其是在使用多个 Qt 版本进行编译时更是如此。Shadow build 选项默认是选中的,如果想让源码和编译生成的文件放在一个目录下,那么也可以将这个选项去掉。"构建步骤""清除步骤"和"构建环境"等选项下一节还会提及相关内容,如果对编译命令不是很熟悉,这里保持默认就可以了,不用修改。

在编辑器设置中可以设置默认的文件编码、制表符和缩进、鼠标和键盘的相关功能,这些都是默认的全局设置,一般不建议修改,当然也可以按照自己的习惯进行自定义设置。在代码风格设置页面可以自定义代码风格,还可以将代码风格文件导出或者导入,这里默认使用了 Qt 的代码风格。在依赖关系中,如果同时打开了多个项目,可以设置它们之间的依赖关系。Qt Creator 集成的 Clang Tools 可以通过静态分析来发现 C、C++ 和 Objective-C 代码中的问题,具体使用方法可以在帮助中索引 Using Clang Tools 关键字查看。这些选项一般都不需要更改,这里不再过多介绍。

2.3.2 项目文件

下面来看一下 2.1 节中建立的 helloworld 项目的 helloworld.pro 文件的内容:

```
1   QT       += core gui
2
3   greaterThan(QT_MAJOR_VERSION, 4): QT += widgets
4
5   CONFIG += c++11
```

```
6
7   # You can make your code fail to compile if it uses deprecated APIs.
8   # In order to do so, uncomment the following line.
9   #DEFINES += QT_DISABLE_DEPRECATED_BEFORE = 0x060000
10
11  SOURCES += \
12      main.cpp \
13      hellodialog.cpp
14
15  HEADERS += \
16      hellodialog.h
17
18  FORMS += \
19      hellodialog.ui
20
21  RC_ICONS = myico.ico
```

第一行表明了这个项目使用的模块。core 模块包含了 Qt 的核心功能，其他所有模块都依赖于这个模块；gui 模块提供了窗口系统集成、事件处理、OpenGL 和 OpenGL ES 集成、2D 图形、基本图像、字体和文本等功能。当使用 qmake 工具来构建项目时，core 模块和 gui 模块是被默认包含的，也就是说编写项目文件时不添加这两个模块也是可以编译的。其实，所谓的模块就是很多相关类的集合，读者可以在 Qt 帮助中查看 Qt Core 和 Qt GUI 关键字来查看两个模块相关内容。第 3 行添加了 widgets 模块。这行代码的意思是，如果 Qt 主版本大于 4（也就是说当前使用的是 Qt 5 或者更高版本），则需要添加 widgets 模块。其实，直接使用"QT＋＝widgets"也是可以的，但是为了保持与 Qt 4 的兼容性，建议使用这种方式。Qt Widgets 模块中提供了经典的桌面用户界面的 UI 元素集合，简单来说，所有 C＋＋ 程序用户界面部件都在该模块中。第 5 行开启对 C＋＋11 的支持。第 7～9 行是注释信息，第 7、8 行的意思是取消第 9 行的注释，那么当自己代码中使用了 Qt 6 中已经标记为过时的 API 时，编译就会出错。第 11～19 行分别是项目中包含的源文件、头文件和界面文件。第 21 行就是添加应用程序图标。这些文件都使用了相对路径，因为都在项目目录中，所以只写了文件名。

这里还要提一下那个在项目文件夹中生成的. pro. user 文件，它包含了本地构建信息，即 Qt 版本和构建目录等，可以用记事本或者写字板将这个文件打开查看其内容。使用 Qt Creator 打开一个. pro 文件时会自动生成一个. pro. user 文件。因为读者的系统环境都不太一样，Qt 的安装与设置也不尽相同，所以要将自己的源码公开，则一般不需要包含. user 文件。如果要打开别人的项目文件，但里面包含了. user 文件，则 Qt Creator 弹出提示窗口，询问是否载入特定的环境设置，这时应该选择"否"，然后选择自己的 Qt 套件即可。

2.4　helloworld 程序源码与编译过程详解

对于初学者而言，本节的内容可能有点乱，也可能一遍看不懂，那么可以直接跳过

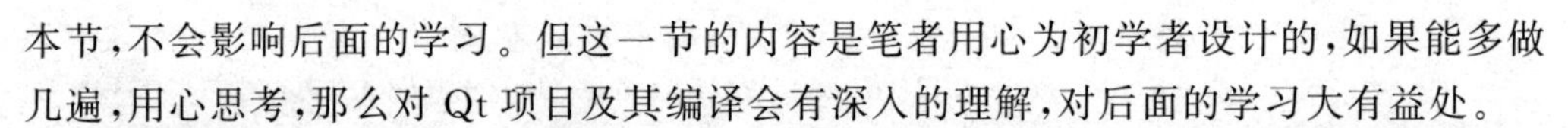

本节,不会影响后面的学习。但这一节的内容是笔者用心为初学者设计的,如果能多做几遍,用心思考,那么对 Qt 项目及其编译会有深入的理解,对后面的学习大有益处。

前面建立了最简单的 helloworld 项目,可以看到,在 Qt Creator 中只需要很简单的几步就可以创建出一个图形用户界面的程序,Qt Creator 已经做好了绝大多数的工作。但是生成的项目目录中的各个文件都是什么?它们有什么作用?相互之间有什么联系?Qt 程序到底是怎么编译运行的?解决这些问题对于学习 Qt 编程至关重要。

下面将分步骤地使用多种方法来创建 helloworld 程序,从最开始的纯代码编写,到使用. ui 文件,再到添加自定义类,最后还原到 2.1 节建立的 helloworld 程序。其中还会使用命令行进行代码编译,让读者清楚地看到 Qt 代码的编译过程。再说明一下,这一节的内容很重要,里面包含了很多知识点,希望初学者可以一步一步地跟着做一遍。

2.4.1 在 Qt Creator 中使用纯代码编写并编译运行程序

(本小节采用的项目源码路径:src\02\2-2\helloworld)首先在 Qt Creator 中使用纯代码编写 helloworld 程序并编译运行(纯代码是相对于后面使用. ui 界面文件而言的),再使用普通文本编辑器编写 helloworld 程序,并在命令行中编译运行。通过对比,读者可以看到 Qt Creator 内部是怎样编译程序的。该部分内容可以在帮助中通过索引 Getting Started with qmake 关键字查看。

第一步,新建空项目。打开 Qt Creator,并新建项目,选择"其他项目"中的 Empty qmake Project,如图 2-10 所示。然后将项目命名为 helloworld 并设置路径,如 E:\app\src\02\2-2。完成后,双击 helloworld. pro 文件,添加一行代码:

```
greaterThan(QT_MAJOR_VERSION, 4): QT += widgets
```

然后按下 Ctrl+S 保存该文件。因为后面程序使用的几个类都包含在 widgets 模块中,所以这里需要添加这行代码。

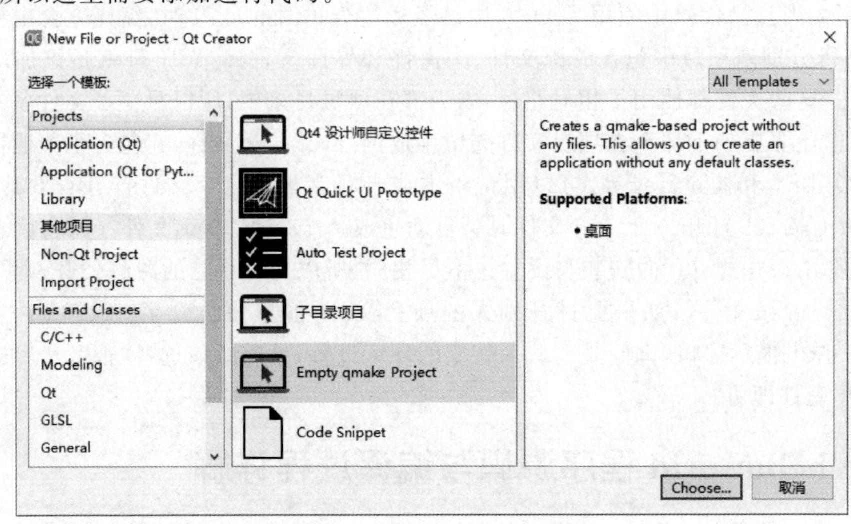

图 2-10 新建空项目

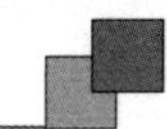

第二步，往项目中添加 main.cpp 文件。在编辑模式左侧项目文件树形视图中的项目文件夹 helloworld 上右击，在弹出的级联菜单中选择“Add New”项（也可以在编辑模式直接按下 Ctrl+N 快捷键），在新建文件对话框选择 C/C++ Source File 模板，名称设置为 main.cpp，路径就是默认的项目目录，后面的选项保持默认即可。

第三步，编写源代码。向新建的 main.cpp 文件中添加如下代码：

```
1   #include <QApplication>
2   #include <QDialog>
3   #include <QLabel>
4   int main(int argc, char *argv[])
5   {
6       QApplication a(argc, argv);
7       QDialog w;
8       QLabel label(&w);
9       label.setText("Hello World! 你好 Qt!");
10      w.show();
11      return a.exec();
12  }
```

前 3 行是头文件包含。Qt 中每一个类都有一个与其同名的头文件，因为后面用到了 QApplication、QDialog 和 QLabel 这 3 个类，所以这里要包含这些类的定义。第 4 行就是在 C++ 中最常见到的 main()函数，它有两个参数，用来接收命令行参数。第 6 行新建了 QApplication 类对象，用于管理应用程序的资源，任何一个 Qt Widgets 程序都要有一个 QApplication 对象。因为 Qt 程序可以接收命令行参数，所以它需要 argc 和 argv 两个参数。第 7 行新建了一个 QDialog 对象，QDialog 类用来实现一个对话框界面。第 8 行新建了一个 QLabel 对象，并将 QDialog 对象作为参数，表明了对话框是它的父窗口，也就是说这个标签放在对话框窗口中。第 9 行给标签设置要显示的字符。第 10 行让对话框显示出来。在默认情况下，新建的可视部件对象都是不可见的，要使用 show()函数让它们显示出来。第 11 行让 QApplication 对象进入事件循环，这样当 Qt 应用程序在运行时便可以接收产生的事件，例如鼠标单击和键盘按下等事件，这一点可以参考一下第 6 章的相关内容。

第四步，编译运行。运行程序查看效果，按下 Alt+4 快捷键，可以显示编译输出信息，如图 2-11 所示。再看运行的程序，发现窗口太小，下面继续更改代码。

第五步，更改代码如下：

```
1   #include <QApplication>
2   #include <QDialog>
3   #include <QLabel>
4   int main(int argc, char *argv[])
5   {
6       QApplication a(argc, argv);
7       QDialog w;
8       w.resize(400, 300);
9       QLabel label(&w);
10      label.move(120, 120);
```

```
11        label.setText(QObject::tr("Hello World! 你好 Qt!"));
12        w.show();
13        return a.exec();
14    }
```

```
编译输出
15:41:52: 为项目helloworld执行步骤 ...
15:41:53: 正在启动 "C:\Qt\6.2.3\mingw_64\bin\qmake.exe" E:\app\src\02\2-2\helloworld\helloworld.pro -spec win32-g++ "CONFIG+=debug" "CONFIG+=qml_debug"

Info: creating stash file E:\app\src\02\2-2\build-helloworld-Desktop_Qt_6_2_3_MinGW_64_bit-Debug\.qmake.stash
15:41:55: 进程"C:\Qt\6.2.3\mingw_64\bin\qmake.exe"正常退出。
15:41:56: 正在启动 "C:\Qt\Tools\mingw900_64\bin\mingw32-make.exe" -f E:/app/src/02/2-2/build-helloworld-Desktop_Qt_6_2_3_MinGW_64_bit-Debug/Makefile qmake_all

mingw32-make: Nothing to be done for 'qmake_all'.
15:41:56: 进程"C:\Qt\Tools\mingw900_64\bin\mingw32-make.exe"正常退出。
15:41:56: 正在启动 "C:\Qt\Tools\mingw900_64\bin\mingw32-make.exe" -j4

C:/Qt/Tools/mingw900_64/bin/mingw32-make -f Makefile.Debug
mingw32-make[1]: Entering directory 'E:/app/src/02/2-2/build-helloworld-Desktop_Qt_6_2_3_MinGW_64_bit-Debug'
g++ -c -fno-keep-inline-dllexport -g -Wall -Wextra -Wextra -fexceptions -mthreads -DUNICODE -D_UNICODE -DWIN32 -DMINGW_HAS_SECURE_API=1 -DQT_QML_DEBUG -DQT_WIDGETS_LIB -DQT_GUI_LIB -DQT_CORE_LIB -DQT_NEEDS_QMAIN -I../helloworld -I. -IC:/Qt/6.2.3/mingw_64/include -IC:/Qt/6.2.3/mingw_64/include/QtWidgets -IC:/Qt/6.2.3/mingw_64/include/QtGui -IC:/Qt/6.2.3/mingw_64/include/QtCore -Idebug -I/include -IC:/Qt/6.2.3/mingw_64/mkspecs/win32-g++  -o debug\main.o ..\helloworld\main.cpp
g++ -Wl,-subsystem,windows -mthreads -o debug\helloworld.exe debug/main.o  C:\Qt\6.2.3\mingw_64\lib\libQt6Widgets.a C:\Qt\6.2.3\mingw_64\lib\libQt6Gui.a C:\Qt\6.2.3\mingw_64\lib\libQt6Core.a -lmingw32 C:\Qt\6.2.3\mingw_64\lib\libQt6EntryPoint.a -lshell32
mingw32-make[1]: Leaving directory 'E:/app/src/02/2-2/build-helloworld-Desktop_Qt_6_2_3_MinGW_64_bit-Debug'
15:42:05: 进程"C:\Qt\Tools\mingw900_64\bin\mingw32-make.exe"正常退出。
15:42:05: Elapsed time: 00:13.
```

图 2-11　编译输出信息

如果想改变对话框的大小,可以使用 QDialog 类中的函数来实现。在第 7 行代码下面另起一行,输入“w.”(注意,w 后面输入一个点“.”),这时会弹出 QDialog 类中所有成员的列表,可以使用键盘的向下方向键来浏览列表。根据字面意思,这里选定了 resize()函数,如图 2-12 所示。这时按下 Enter 键,代码便自动补全,并且显示出了 resize()函数的原型。它有两个重载形式,可以用键盘方向键来查看另外的形式,这里的“int w,int h”应该就是宽和高了,如图 2-13 所示。所以写出了第 8 行代码,设置对话框宽为 400,高为 300(单位是像素)。还要说明的是,编写代码时所有的符号都要用输入法中的英文半角(中文字符串中的除外)。然后在第 10 行代码中设置了 label 在对话框中的位置,默认对话框的左上角是(0, 0)点。

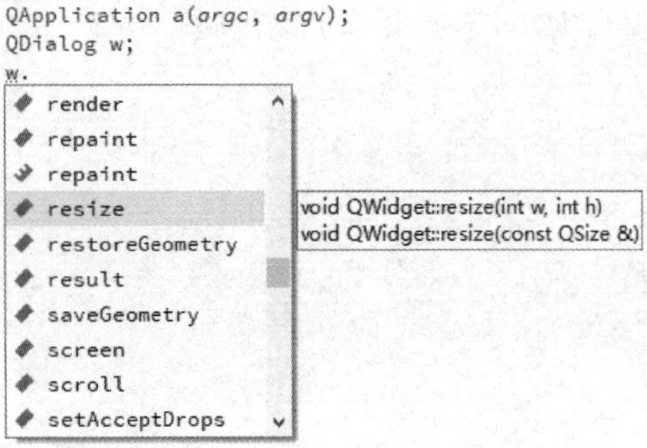

```
QApplication a(argc, argv);
QDialog w;
w.
  render
  repaint
  repaint
  resize          void QWidget::resize(int w, int h)
                  void QWidget::resize(const QSize &)
  restoreGeometry
  result
  saveGeometry
  screen
  scroll
  setAcceptDrops
```

图 2-12　显示成员列表

```
int main(int argc, char *argv[])
{
    QApplication a(argc, argv);
    QDialog w    ▲ 1/2 ▼ void resize(int w, int h)
    w.resize()
    QLabel label(&w);
    label.setText("Hello World! 你好Qt! ");
    w.show();
    return a.exec();
}
```

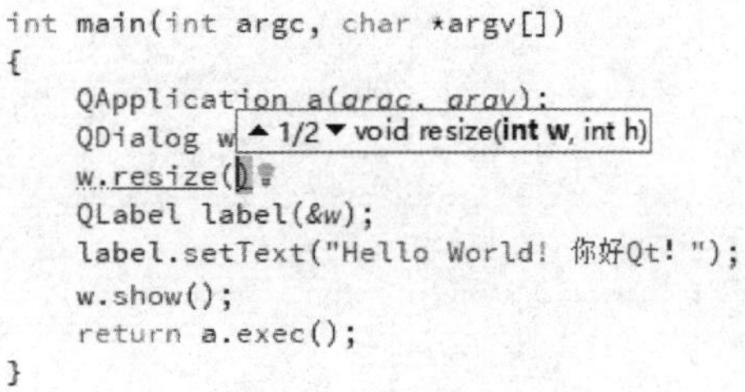

图 2-13　显示函数原型

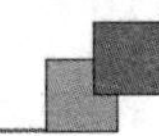

第 11 行添加的 QObject::tr()函数可以实现多语言支持，建议程序中所有要显示到界面上的字符串都使用 tr()函数括起来，这个在第 9 章国际化部分将会讲到。虽然使用这种方法可以很简单地实现中文显示，不过还是建议正规编写代码时全部使用英文，最后使用第 9 章讲到的国际化方式来实现中文显示。现在可以运行程序查看效果。下面介绍两个实用功能。

1. 代码自动补全功能

在编辑器中敲入代码时可以发现，打完开头几个字母后就会出现相关的列表选项，这些选项都是以这些字母开头的。现在要说明的是，如果要输入一个很长的字符，比如 setWindowTitle，那么可以直接输入 swt 这 3 个字母（就是 setWindowTitle 中首字母加其中的大写字母）来快速定位它，然后按下 Enter 按键就可以完成输入，如图 2-14 所示。列表中各个图标都代表一种数据类型，如图 2-15 所示。也可以使用“Ctrl＋空格键”来强制代码补全，注意，它可能与系统输入法的快捷键冲突，这时可以在“工具→选项→环境→键盘→TextEditor”中修改快捷键，或者修改系统输入法的快捷键。可以在帮助索引中通过 Completing Code 关键字查看该部分内容。

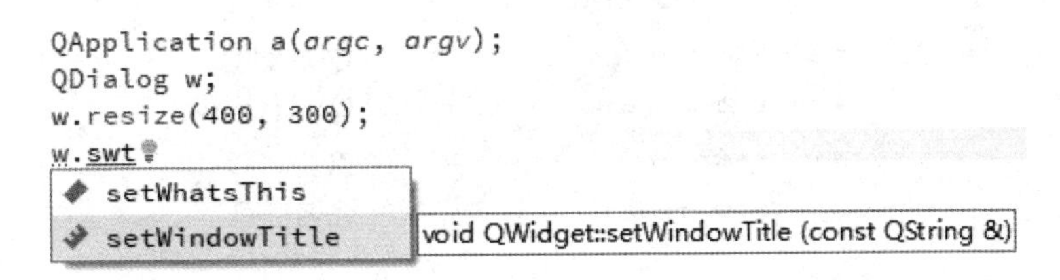

图 2-14 自动补全功能

2. 快速查看帮助

将鼠标指针放到一个类名或函数上，则出现一个提示框显示其简单的介绍。这时按下 F1 键就可以在编辑器右边快速打开其帮助文档。可以单击左上角的 Open in Help Mode 进入帮助模式。

2.4.2 使用其他编辑器纯代码编写程序并在命令行编译运行程序

前面在 Qt Creator 中使用纯代码实现了 2.1 节中的 helloworld 程序。下面不使用 Qt Creator，而是在其他的编辑器（如 Windows 的记事本）中编写源码，然后再到命令行去编译运行该程序，步骤如下：

第一步，新建项目目录。在 Qt 的安装目录（笔者这里是 C:\Qt）中新建文件夹 helloworld，然后在其中新建文本文档，将 2.4.1 小节 main.cpp 文件中的所有内容复制过来，并将文件另存为 main.cpp（保存时要将编码选择为 UTF-8，否则中文可能显示乱码），如图 2-16 所示。

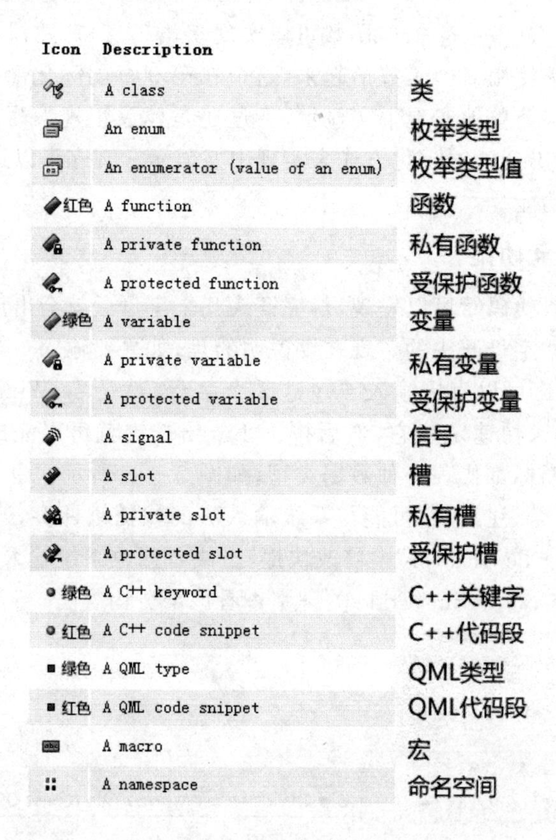

Icon	Description	
	A class	类
	An enum	枚举类型
	An enumerator (value of an enum)	枚举类型值
红色	A function	函数
	A private function	私有函数
	A protected function	受保护函数
绿色	A variable	变量
	A private variable	私有变量
	A protected variable	受保护变量
	A signal	信号
	A slot	槽
	A private slot	私有槽
	A protected slot	受保护槽
绿色	A C++ keyword	C++关键字
红色	A C++ code snippet	C++代码段
绿色	A QML type	QML类型
红色	A QML code snippet	QML代码段
	A macro	宏
	A namespace	命名空间

图 2-15　类型列表

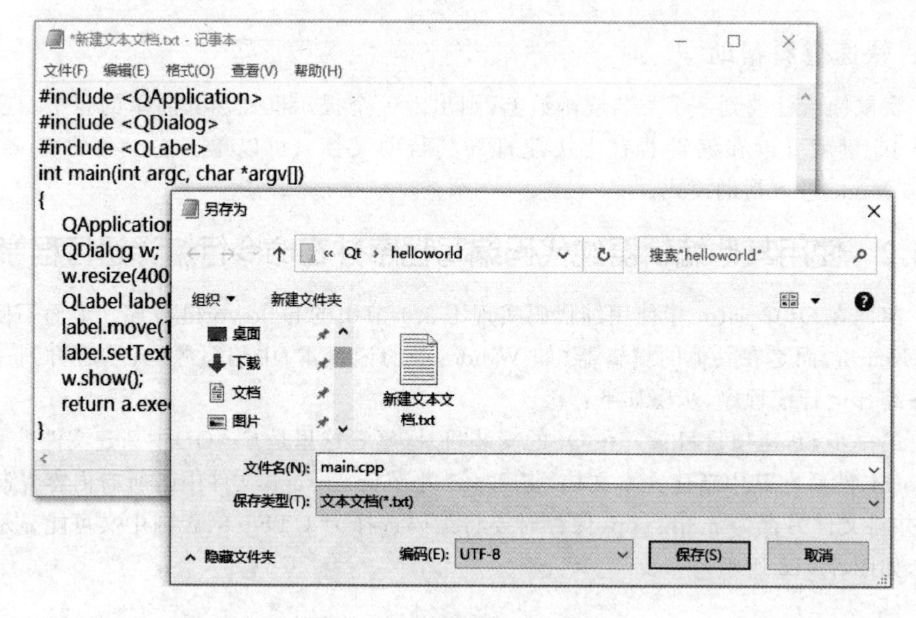

图 2-16　创建 main.cpp 文档

第二步，使用命令编译程序。打开系统开始菜单中 Qt 安装目录下的命令提示符程序 Qt 6.2.3 (MinGW 11.2.0 64-bit)，这里已经配置好了编译环境。现在的默认路径在 C:\Qt\6.2.3\mingw_64 下，输入命令“cd C:\Qt\helloworld”跳转到新建的 helloworld 目录中。然后再输入“qmake -project”命令生成.pro 项目文件，这时可以看到 helloworld 目录中已经生成了 helloworld.pro 文件。下面使用记事本打开该文件，在最后面添加如下一行代码：

```
greaterThan(QT_MAJOR_VERSION, 4): QT += widgets
```

下面输入“qmake”命令来生成用于编译的 Makefile 文件。这时在 helloworld 目录中出现了 Makefile 文件、debug 目录和 release 目录，当然这两个目录现在是空的。最后输入“mingw32-make”命令来编译程序，编译完成后会在 release 目录中出现 helloworld.exe 文件。整个编译过程如图 2-17 所示，看一下编译输出的信息可以发现，其与前面在 Qt Creator 中的编译信息(见图 2-11 所示)是类似的，只是这里默认编译了 release 版本；如果想编译 debug 版本，只需要更改命令参数即可。

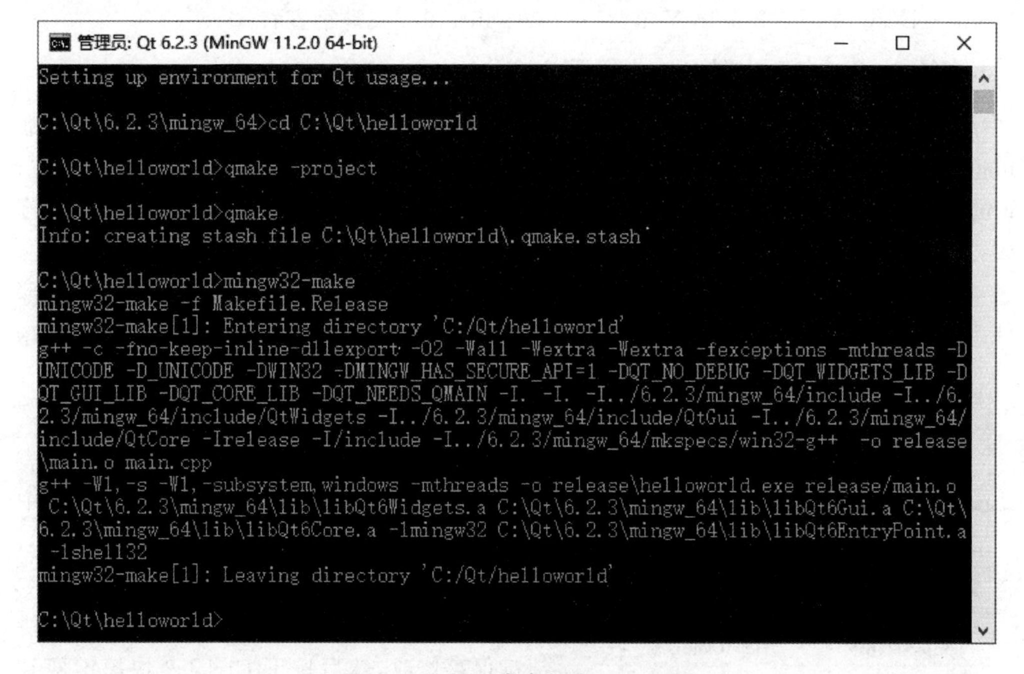

图 2-17　通过命令行编译 Qt 项目

这里对 Qt 程序的编译过程做一个简单的补充。这里使用的 qmake 是 Qt 提供的一个编译工具，它可以生成与平台无关的.pro 文件，然后利用该文件生成与平台相关的 Makefile 文件。Makefile 文件中包含要创建的目标文件或可执行文件、创建目标文件所依赖的文件和创建每个目标文件时需要运行的命令等信息。最后使用 mingw32-make 工具来完成自动编译，mingw32-make 就是通过读入 Makefile 文件的内容来执行编译工作的。使用 mingw32-make 命令时会为每一个源文件生成一个对应的.o 目标文件，最后将这些目标文件进行链接来生成最终的可执行文件。qmake.exe 工具在 Qt

安装目录的 bin 目录中，而 mingw32-make. exe 工具在 MinGW 编译器目录的 bin 目录中，笔者这里的路径是 C:\Qt\Tools\mingw900_64\bin 目录。

第三步，运行程序。在命令行接着输入“cd release”命令，跳转到 release 目录下，然后输入“helloworld. exe”，按下回车键就会运行 helloworld 程序了。

这就是 Qt 程序编辑、编译和运行的整个过程，可以看到，Qt Creator 是将项目目录管理、源代码编辑和程序编译运行等功能集合在了一起，这也就是 IDE(Integrated Development Environment，集成开发环境)的含义。

2.4.3 使用.ui 文件来生成界面

(本小节采用的项目源码路径：src\02\2-3\helloworld)在 Qt Creator 中往前面的 helloworld 项目里添加.ui 文件，使用.ui 文件生成界面来代替前面代码生成的界面，并讲解.ui 文件的作用。然后脱离 Qt Creator，使用命令行再次编译.ui 文件和整个项目。通过对比让读者了解.ui 文件及其编译过程。这部分内容也可以在帮助索引中通过 Using a Designer UI File in Your C++ Application 关键字查看。

1. 在 Qt Creator 中使用.ui 界面文件

第一步，添加.ui 文件。在前面项目 2-2 基础上进行更改，先按照 2.4.1 小节添加 main.cpp 文件那样向项目中继续添加文件。在模板中选择 Qt 分类中的 Qt Designer Form，在选择界面模板时选择 Dialog without Buttons 项。单击“下一步”，将文件名称改为 hellodialog.ui。

第二步，设计界面。生成好文件后便进入了设计模式，在界面上添加一个 Label 部件，并且更改其显示内容为“Hello World! 你好 Qt!”。然后在右侧属性栏的 geometry 属性中更改其坐标位置为“X：120，Y：120”。这样就与那行代码“label.move(120, 120);”起到了相同的作用。接着在右上角的类列表中选择 QDialog 类对象，并且在下面的属性中更改它的对象名 objectName 为 HelloDialog，如图 2-18 所示。

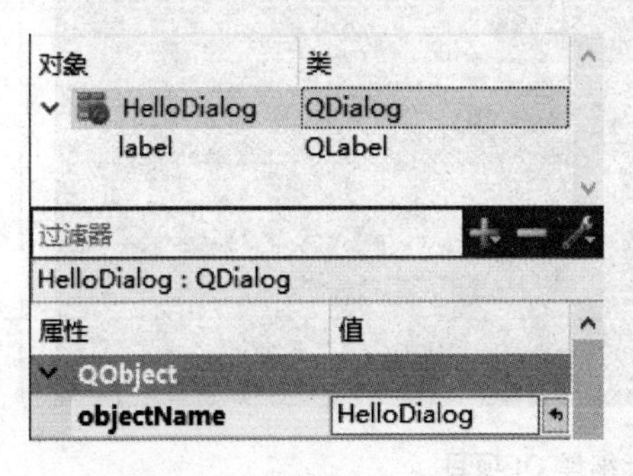

图 2-18 设置 objectName

第三步，生成 ui 头文件。按下 Ctrl+S 快捷键保存修改，然后按下 Ctrl+2 快捷键回到编辑模式，那么就会看到.ui 文件的内容了，它是一个 XML 文件，里面是界面部件的相关信息。使用 Ctrl+Shift+B 快捷键或者左下角的图标来构建项目。然后到本地磁盘的项目目录的 build-helloworld-Desktop_Qt_6_2_3_MinGW_64_bit-Debug 目录中就可以看到由.ui 文件生成的 ui_hellodialog.h 头文件了。下面来看一下这个头文件中的具体内容。

```
1   /****************************************************************
2   ** Form generated from reading UI file 'hellodialog.ui'
3   **
4   ** Created by: Qt User Interface Compiler version 6.2.3
5   **
6   ** WARNING! All changes made in this file will be lost when recompiling UI file!
7   ****************************************************************/
8
9   #ifndef UI_HELLODIALOG_H
10  #define UI_HELLODIALOG_H
11
12  #include <QtCore/QVariant>
13  #include <QtWidgets/QApplication>
14  #include <QtWidgets/QDialog>
15  #include <QtWidgets/QLabel>
16
17  QT_BEGIN_NAMESPACE
18
19  class Ui_HelloDialog
20  {
21  public:
22      QLabel *label;
23
24      void setupUi(QDialog *HelloDialog)
25      {
26          if (HelloDialog->objectName().isEmpty())
27              HelloDialog->setObjectName(QStringLiteral("HelloDialog"));
28          HelloDialog->resize(400, 300);
29          label = new QLabel(HelloDialog);
30          label->setObjectName(QStringLiteral("label"));
31          label->setGeometry(QRect(120, 120, 151, 21));
32
33          retranslateUi(HelloDialog);
34
35          QMetaObject::connectSlotsByName(HelloDialog);
36      } //setupUi
37
38      void retranslateUi(QDialog *HelloDialog)
39      {
40          HelloDialog->setWindowTitle(QApplication::translate("HelloDialog", "Dia-
log", nullptr));
41          label->setText(QApplication::translate("HelloDialog", "HelloWorld! \344\
275\240\345\245\275 Qt\357\274\201", nullptr));
42      } //retranslateUi
43
44  };
45
46  namespace Ui {
47      class HelloDialog: public Ui_HelloDialog {};
48  } //namespace Ui
```

```
49
50  QT_END_NAMESPACE
51
52  #endif //UI_HELLODIALOG_H
```

其中,第 1～7 行是注释信息。第 9、10、52 行是预处理指令,能够防止对这个头文件的多重包含。第 12～15 行包含了几个类的头文件。第 17、50 行是 Qt 的命名空间开始和结束宏。第 19 行定义了一个 Ui_HelloDialog 类,该类名就是在前面更改的对话框类对象的名称前添加了"Ui_"字符,这是默认的名字。第 22 行是一个 QLabel 类对象的指针,这个就是对话框窗口添加的 Label 部件。第 24 行 setupUi()函数用来生成界面,因为当时选择模板时使用的是对话框,所以现在这个函数的参数是 QDialog 类型的,后面会看到这个函数的用法。第 26 和 27 行设置了对话框的对象名称。第 28 行设置了窗口的大小,与之前在 2.4.1 小节中使用代码来设置是一样的。第 29～31 行在对话框上创建了标签对象,并设置了它的对象名称、大小和位置。第 33 行调用了 retranslateUi()函数,这个函数在第 38～42 行进行了定义,实现了对窗口里的字符串进行编码转换的功能。第 35 行调用了 QMetaObject 类的 connectSlotsByName()静态函数,使得窗口中的部件可以实现按对象名进行信号和槽的关联,如 void on_button1_clicked(),这个在第 7 章信号和槽部分还会讲到。第 46～48 行定义了命名空间 Ui,其中定义了一个 HelloDialog 类,继承自 Ui_HelloDialog 类。

可以看到,Qt 中使用.ui 文件生成了相应的头文件,其中代码的作用与 2.4.1 小节纯代码编写程序中代码的作用是相同的。使用 Qt 设计师可以直观地看到设计的界面,而且省去了编写界面代码的过程。这里要说明的是,使用 Qt 设计师设计界面和全部自己用代码生成界面效果是相同的。以后章节中主要的界面都会使用 Qt 设计师来实现,如果想自己用代码来实现,则可以参考它的 ui 头文件,查看具体的代码实现。

第四步,更改 main.cpp 文件。将 main.cpp 文件中的内容更改如下:

```
1   #include "ui_hellodialog.h"
2   int main(int argc, char * argv[])
3   {
4       QApplication a(argc, argv);
5       QDialog w;
6       Ui::HelloDialog ui;
7       ui.setupUi(&w);
8       w.show();
9       return a.exec();
10  }
```

第一行代码是头文件包含。ui_hellodialog.h 中已经包含了其他类的定义,所以这里只需要包含这个文件就可以了。对于头文件的包含,使用"< >"时,系统会到默认目录(编译器及环境变量、项目文件所定义的头文件,包括 Qt 安装的 include 目录,如 C:\Qt\6.2.3\mingw_64\include)查找要包含的文件,这是标准方式;用双引号时,系统先到用户当前目录(即项目目录)中查找要包含的文件,找不到再按标准方式查找。因为 ui_hellodialog.h 文件在自己的项目目录中,所以使用了双引号包含。第 6 行代码

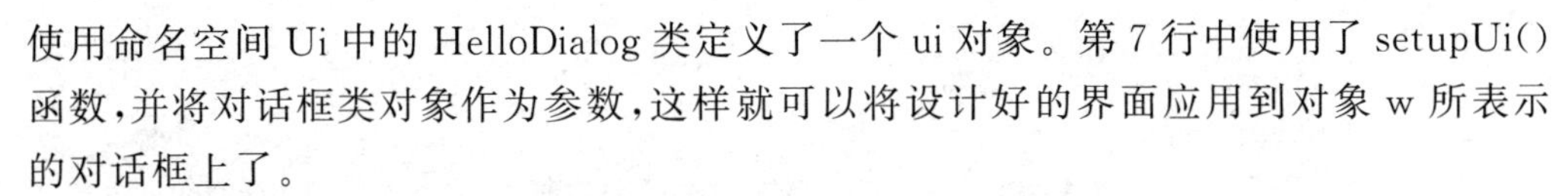

使用命名空间 Ui 中的 HelloDialog 类定义了一个 ui 对象。第 7 行中使用了 setupUi() 函数，并将对话框类对象作为参数，这样就可以将设计好的界面应用到对象 w 所表示的对话框上了。

第五步，运行程序，则可以看到与以前相同的对话框窗口了。

2. 在命令行编译.ui 文件和程序

第一步，新建项目目录。在 C:\Qt 目录中新建文件夹 helloworld_2，然后将上面的项目文件夹 helloworld 目录下的 hellodialog.ui 和 main.cpp 两个文件复制过来。

第二步，编译.ui 文件。打开命令提示符程序 Qt 6.2.3 (MinGW 11.2.0 64 bit)，然后输入“cd C:\Qt\helloworld_2”命令进入 helloworld_2 文件夹中。再使用 uic 编译工具，从.ui 文件生成头文件。具体命令是：

```
uic -o ui_hellodialog.h hellodialog.ui
```

就像前面看到的那样，.ui 文件生成的默认头文件的名称是“ui_”加.ui 文件的名称。这时在 helloworld_2 目录中已经生成了相应的头文件。

第三步，编译运行程序。输入如下命令：

```
qmake -project
```

这时在 helloworld_2.pro 文件中添加“QT+=widgets”，然后依次执行如下命令：

```
qmake
mingw32-make
cd release
helloworld_2.exe
```

这样就完成了整个编译运行过程。可以看到，.ui 文件是使用 uic 编译工具来编译的，这里的 Qt 程序通过调用相应的头文件来使用.ui 界面文件。

2.4.4 自定义 C++ 窗口类

(本小节采用的项目源码路径：src\02\2-4\helloworld)该小节首先新建空项目并且建立自定义的一个 C++ 类，然后再使用上一小节的.ui 文件。通过这一小节的操作，读者可以看到 Qt Creator 中的设计师界面类是如何生成的。

第一步，新建空的 Qt 项目 Empty qmake Project，项目名称为 helloworld。完成后打开 helloworld.pro 文件，添加如下代码并保存该文件：

```
greaterThan(QT_MAJOR_VERSION, 4): QT += widgets
```

第二步，添加文件。向项目中添加新文件，模板选择 C++ Class。类名 Class Name 为 HelloDialog，基类 Base class 选择自定义<Custom>，然后在下面手动填写为 QDialog，其他保持默认，如图 2-19 所示。添加完成后再往项目中添加 main.cpp 文件。

第三步，编写源码。在 main.cpp 中添加如下代码：

```
1  #include <QApplication>
2  #include "hellodialog.h"
3  int main(int argc, char *argv[])
```

```
4  {
5      QApplication a(argc, argv);
6      HelloDialog w;
7      w.show();
8      return a.exec();
9  }
```

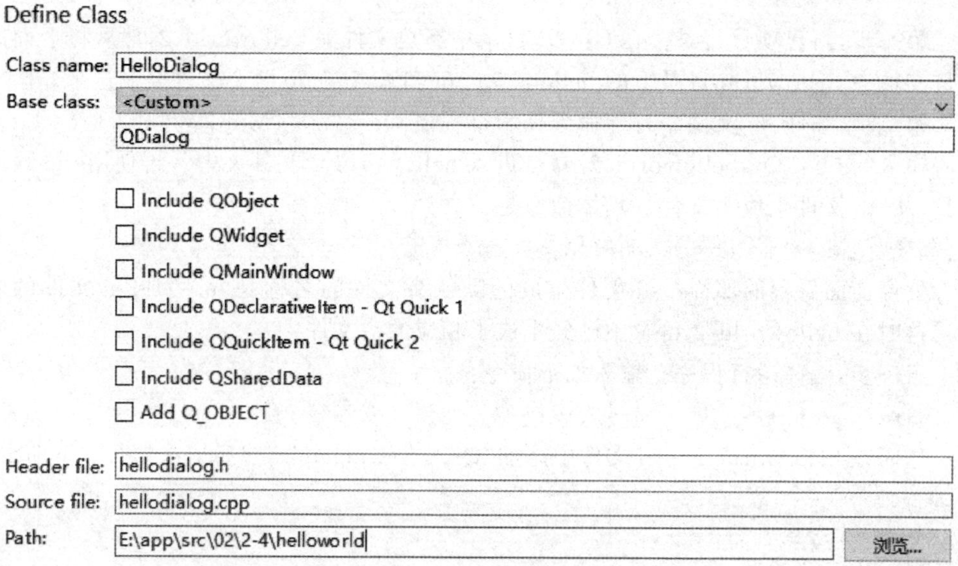

Define Class

Class name: HelloDialog
Base class: <Custom>
QDialog

☐ Include QObject
☐ Include QWidget
☐ Include QMainWindow
☐ Include QDeclarativeItem - Qt Quick 1
☐ Include QQuickItem - Qt Quick 2
☐ Include QSharedData
☐ Add Q_OBJECT

Header file: hellodialog.h
Source file: hellodialog.cpp
Path: E:\app\src\02\2-4\helloworld 浏览...

图 2-19　添加新的 C++ 类

其中,第 2 行包含了新建的 HelloDialog 类的头文件,第 6 行定义了一个该类的对象。

第四步,添加.ui 文件。将上一小节建立的 hellodialog.ui 文件复制到项目目录下(笔者这里的路径是 E:\app\src\02\2-4\helloworld),然后在 Qt Creator 编辑模式左侧的项目树形视图中的项目文件夹 helloworld 上右击,在弹出的级联菜单中选择“添加现有文件”,如图 2-20 所示。然后在弹出的对话框中选择 helloworld.ui 文件,将其添加到项目中。

图 2-20　向项目中添加现有文件

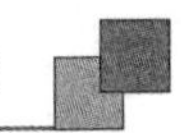

第五步，更改 C++ 类文件。这次不在 main()函数中使用 ui 文件，而是在新建立的 C++ 类中使用。先将头文件 hellodialog.h 修改如下：

```
1    #ifndef HELLODIALOG_H
2    #define HELLODIALOG_H
3
4    #include <QDialog>
5
6    namespace Ui{
7    class HelloDialog;
8    }
9
10   class HelloDialog : public QDialog
11   {
12       Q_OBJECT
13
14   public:
15       explicit HelloDialog(QWidget *parent = nullptr);
16       ~HelloDialog();
17
18   private:
19       Ui::HelloDialog *ui;
20   };
21
22   #endif //HELLODIALOG_H
```

第 1、2 和 22 行是预处理指令，避免该头文件多重包含。第 6～8 行定义了命名空间 Ui，并在其中前置声明了 HelloDialog 类，这个类就是在 ui_hellodialog.h 文件中看到的那个类。因为它与新定义的类同名，所以使用了 Ui 命名空间。而前置声明是为了加快编译速度，也可以避免在一个头文件中随意包含其他头文件而产生错误。因为这里只使用了该类对象的指针（第 19 行），这并不需要该类的完整定义，所以可以使用前置声明。这样就不用在这里添加 ui_hellodialog.h 的头文件包含，而可以将其放到 hellodialog.cpp 文件中进行。第 10 行是新定义的 HelloDialog 类，继承自 QDialog 类。第 12 行使用了 Q_OBJECT 宏，扩展了普通 C++ 类的功能，比如下一章要讲的信号和槽功能，注意必须在类定义最开始的私有部分添加这个宏。第 15 行是显式构造函数，参数是用来指定父窗口的，默认是没有父窗口。第 16 行是析构函数。

程序中涉及的一些 C++ 知识本书中不会详细解释，有疑问可以查阅相关资料。这里推荐《C++ Primer 中文版(第 5 版)》。比如这里提到的预处理指令、前置声明和显式构造函数等内容在本书都有相应的解释。

然后在 hellodialog.cpp 文件中添加代码：

```
1    #include "hellodialog.h"
2    #include "ui_hellodialog.h"
3    HelloDialog::HelloDialog(QWidget *parent) :
```

```
4       QDialog(parent)
5   {
6       ui = new Ui::HelloDialog;
7       ui->setupUi(this);
8   }
9   HelloDialog::~HelloDialog()
10  {
11      delete ui;
12  }
```

第 2 行包含了 ui 头文件，因为 hellodialog. h 文件中只是使用了前置声明，所以头文件在这里添加。第 6 行创建 Ui::HelloDialog 对象。第 7 行设置 setupUi()函数的参数为 this，表示为现在这个类所代表的对话框创建界面。也可以将 ui 的创建代码放到构造函数首部，代码如下：

```
3  HelloDialog::HelloDialog(QWidget * parent) :
4      QDialog(parent),
5      ui(new Ui::HelloDialog)
6  {
7      ui->setupUi(this);
8  }
```

这样与前面的代码效果是相同的，而且是 Qt Creator 生成的默认格式，建议以后使用这种方式。现在已经写出了和 2.1 节中使用 Qt Creator 创建的 helloworld 项目中相同的文件和代码。此时可以再次运行程序。

需要说明的是，这里使用的方法是单继承。还有一种多继承的方法，就是将 HelloDialog 类同时继承自 QDialog 类和 Ui::HelloDialog 类，这样在写程序时就可以直接使用界面上的部件而不用添加 ui 指针的定义了。不过，现在 Qt Creator 默认生成的文件都使用单继承方式，所以这里只讲述了这种方式。也可以使用 QUiLoader 来动态加载 ui 文件，不过这种方式并不常用，这里也就不再介绍。若想了解这些知识，则可以参考 Qt 帮助文档的 Using a Designer UI File in Your Application 文档。

2.4.5 使用现成的 Qt 设计师界面类

(项目源码路径：src\02\2-5\helloworld)再次新建空项目，名称仍为 helloworld。完成后在. pro 项目文件中添加 widgets 模块调用代码，然后向该项目中添加新文件，模板选择 Qt 中的"Qt 设计师界面类"。界面模板依然选择 Dialog without Buttons 项，类名为 HelloDialog。完成后在设计模式往窗口上添加一个 Label，更改显示文本为"Hello World! 你好 Qt!"。最后再往项目中添加 main. cpp 文件，并更改其内容如下：

```
1  #include <QApplication>
2  #include "hellodialog.h"
3  int main(int argc, char *argv[])
4  {
5      QApplication a(argc, argv);
6      HelloDialog w;
```

```
7       w.show();
8       return a.exec();
9   }
```

现在可以运行程序。不过，还要说明一下，如果在建立这个项目时没有关闭上一个项目，Qt Creator 的项目树形视图中应该有两个项目，可以在这个项目的项目文件夹上右击，在弹出的级联菜单中选择“运行”，则本次运行该项目。也可以选择第一项“设置为活动项目”，那么就可以直接按下运行按钮或者使用 Ctrl＋R 快捷键来运行该程序了。

本小节的内容就是将上一小节的内容进行了简化，因为 Qt 设计师界面类就是上一小节的 C＋＋ 类和.ui 文件的结合，它将这两个文件一起生成了，而不用再一个一个地添加。

到这里就把 Qt Creator 自动生成 Qt Widgets 项目进行了分解再综合，一步一步地讲解了整个项目的组成和构建过程，看到了项目中每个文件的作用以及它们之间的联系。可以看到，同一个应用可以有很多编写代码的方式来实现，而 Qt Creator 背后为开发者做了很多事情。不过，读者最好也学会自己建立空项目，然后依次往里面添加各个文件，这种方式更灵活。

2.5　小　结

本章虽然只是讲了一个最简单的 Hello World 程序，但是讲解了 Qt 项目从建立到编译运行，再到发布的全过程，其中还讲解了整个项目的组成与编译过程。而穿插在这些内容之中的是 Qt Creator 的一些基本操作和使用流程，比如建立各种项目、添加各种文件、查看帮助、设计界面和更改属性等，这些都是后面学习的基础，读者一定要动手操作熟练掌握。

第 3 章

窗口部件

本章开始正式接触 Qt 的窗口部件。第 2 章曾看到 Qt Creator 提供的默认基类只有 QMainWindow、QWidget 和 QDialog 这 3 种。这 3 种窗体也是以后用得最多的，QMainWindow 是带有菜单栏和工具栏的主窗口类，QDialog 是各种对话框的基类，而它们全部继承自 QWidget。不仅如此，其实所有的窗口部件都继承自 QWidget，如图 3－1 所示。这一章会讲解 QWidget、QDialog 和一些其他常用部件类，而 QMainWindow 将在第 5 章讲解。本章内容可以在帮助中索引 QWidget 关键字查看。

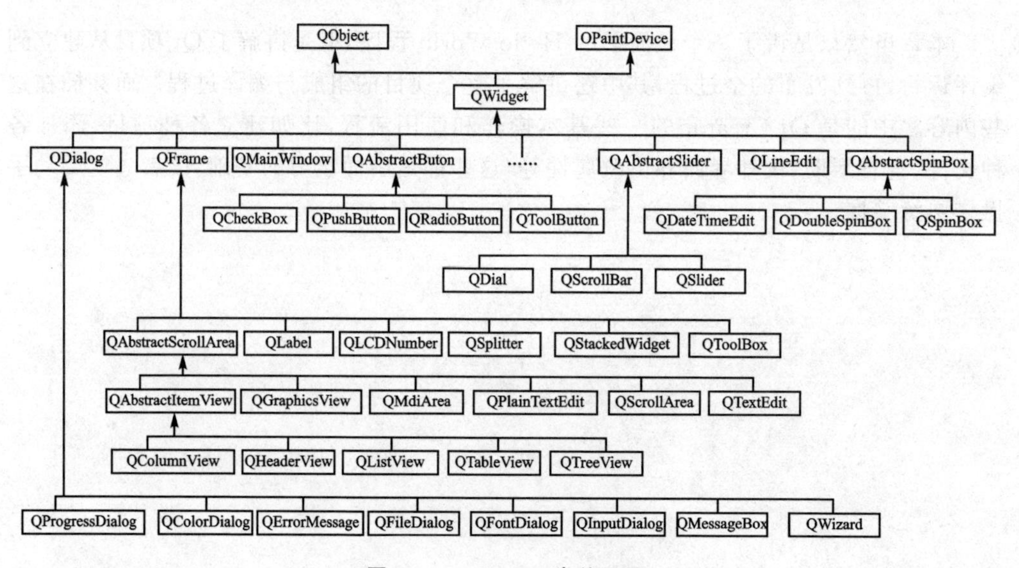

图 3－1 QWidget 类关系图

3.1 基础窗口部件 QWidget

QWidget 类是所有用户界面对象的基类，被称为基础窗口部件。在图 3－1 中可以

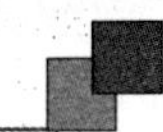

看到，QWidget 继承自 QObject 类和 QPaintDevice 类，其中，QObject 类是所有支持 Qt 对象模型(Qt Object Model)的对象的基类，QPaintDevice 类是所有可以绘制的对象的基类。这一节先讲解 Qt 窗口部件的概念和窗口类型，再讲解 Qt 窗口的几何布局，最后讲解 Qt 程序调试方面的内容。

3.1.1　窗口、子部件以及窗口类型

1. 窗口与子部件

先来看一个例子(项目源码路径：src\03\3-1\mywidget1)。打开 Qt Creator，新建空的 qmake 项目，项目名称为 mywidget1，完成后在 mywidget1.pro 中添加"QT += widgets"。然后往项目中添加 C++ 源文件 main.cpp，并添加以下代码：

```
#include <QtWidgets>
int main(int argc, char *argv[])
{
    QApplication a(argc, argv);
    //新建 QWidget 类对象，默认 parent 参数是 nullptr，所以它是个窗口
    QWidget *widget = new QWidget();
    //设置窗口标题
    widget->setWindowTitle(QObject::tr("我是 widget"));
    //新建 QLabel 对象，默认 parent 参数是 nullptr，所以它是个窗口
    QLabel *label = new QLabel();
    label->setWindowTitle(QObject::tr("我是 label"));
    //设置要显示的信息
    label->setText(QObject::tr("label:我是个窗口"));
    //改变部件大小，以便能显示出完整的内容
    label->resize(180, 20);
    //label2 指定了父窗口为 widget，所以不是窗口
    QLabel *label2 = new QLabel(widget);
    label2->setText(QObject::tr("label2:我不是独立窗口，只是 widget 的子部件"));
    label2->resize(250, 20);
    //在屏幕上显示出来
    label->show();
    widget->show();
    int ret = a.exec();
    delete label;
    delete widget;
    return ret;
}
```

这里包含了头文件 #include <QtWidgets>，因为下面所有要用到的类，如 QApplication、QWidget 等，都包含在 QtWidgets 模块中，为了简便，就只包含了 QtWidgets 的头文件。需要说明，一般的原则是要包含尽可能少的头文件，这里直接包含整个模块，只是为了让读者知道这样用也可以。程序中定义了一个 QWidget 类对象的指针 widget 和两个 QLabel 对象指针 label 与 label2，其中 label 没有父窗口，而 label2 在 widget 中，widget 是其父窗口。

注意：这里使用 new 操作符为 label2 分配了空间，但是并没有使用 delete 进行释放，这是因为在 Qt 中销毁父对象的时候会自动销毁子对象，这里 label2 指定了 parent 为 widget，所以 delete widget 时会自动销毁作为 widget 子对象的 label2。第 7 章对象树部分会对这个问题进行详细讲解。下面运行程序，效果如图 3-2 所示。

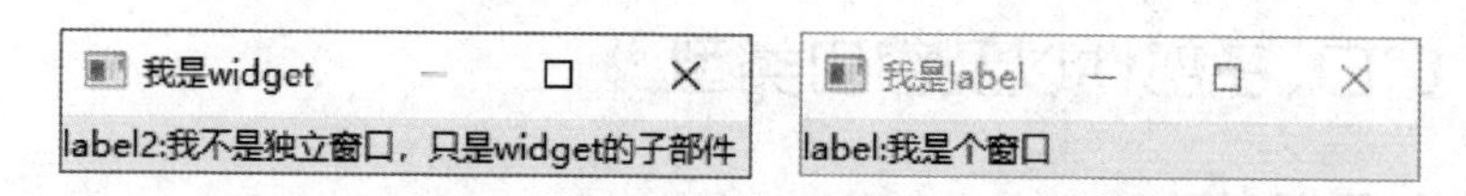

图 3-2　两个窗口运行效果

窗口部件(Widget)这里简称部件，是 Qt 中建立用户界面的主要元素。像主窗口、对话框、标签，还有以后要介绍到的按钮、文本输入框等都是窗口部件。这些部件可以接收用户输入、显示数据和状态信息，并且在屏幕上绘制自己。有些也可以作为一个容器来放置其他部件。Qt 中把没有嵌入到其他部件中的部件称为窗口，一般窗口都有边框和标题栏，就像程序中的 widget 和 label 一样。QMainWindow 和大量的 QDialog 子类是最一般的窗口类型。窗口就是没有父部件的部件，所以又称为顶级部件(top-level widget)。与其相对的是非窗口部件，又称为子部件(child widget)。Qt 中大部分部件被用作子部件，嵌入在别的窗口中，如程序中的 label2。这部分内容可以在帮助中通过索引关键字 Qt Widgets 和 Window and Dialog Widgets 查看。

QWidget 提供了自我绘制和处理用户输入等基本功能，Qt 提供的所有界面元素不是 QWidget 的子类就是与 QWidget 的子类相关联。要设计自己的窗口部件，可以继承自 QWidget 或者是它的子类。

2. 窗口类型

前面讲到窗口一般都有边框和标题栏，其实这也不是必需的。QWidget 的构造函数有两个参数：QWidget * parent＝nullptr 和 Qt::WindowFlags f＝Qt::WindowFlags()，前面的 parent 就是指父窗口部件，默认值为 nullptr，表明没有父窗口；而后面的 f 参数是 Qt::WindowFlags 类型的，是 Qt::WindowType 枚举类型值的或组合。Qt::WindowType 枚举类型用来为部件指定各种窗口系统属性，比如 f＝0 表明窗口类型的值为 Qt::Widget，这是 QWidget 的默认类型；这种类型的部件如果有父窗口，那么它就是子部件，否则就是独立窗口。Qt::WindowType 包括了很多类型，下面演示其中的 Qt::Dialog 和 Qt::SplashScreen，更改程序中的新建对象的那两行代码：

```
QWidget * widget = new QWidget(nullptr, Qt::Dialog);
QLabel * label = new QLabel(nullptr, Qt::SplashScreen);
```

这时运行程序可以看到，更改窗口类型后窗口的样式发生了改变，一个是对话框类型，一个是欢迎窗口类型。而窗口标志 Qt::WindowFlags 可以是多个窗口类型枚举值进行位或操作，下面再次更改那两行代码：

```
QWidget * widget = new QWidget(nullptr, Qt::Dialog | Qt::FramelessWindowHint);
QLabel * label = new QLabel(nullptr, Qt::SplashScreen | Qt::WindowStaysOnTopHint);
```

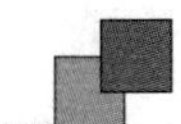

Qt::FramelessWindowHint 用来产生一个没有边框的窗口，而 Qt::Window-StaysOnTopHint 用来使该窗口停留在所有其他窗口上面。这里要提示一点，现在两个窗口都没有了标题栏，那么怎么关闭程序呢？其实可以通过 Alt+3 快捷键打开应用程序输出栏，然后按下那个红色的按钮来强行关闭程序。

这里只列举了两个简单的例子来演示 f 参数的使用，如果还想看其他值的效果，则可以在帮助中索引 Qt::WindowFlags 关键字，然后自己更改代码。Qt 的示例程序中有一个 Window Flags 程序演示了所有窗口类型，可以直接在 Qt Creator 的欢迎模式中打开它。QWidget 中还有一个 setWindowState()函数用来设置窗口的状态，其参数由 Qt::WindowStates 指定，是 Qt::WindowState 枚举类型值的或组合。窗口状态 Qt::WindowState 包括最大化 Qt::WindowMaximized、最小化 Qt::WindowMinimized、全屏显示 Qt::WindowFullScreen 和活动窗口 Qt::WindowActive 等，默认值为正常状态 Qt::WindowNoState。

3.1.2　窗口几何布局

对于一个窗口，往往要设置它的大小和运行时出现的位置，这就是本小节要说的窗口几何布局。在前面的例子中已经看到了，widget 默认的大小就是它所包含的子部件 label2 的大小，而 widget 和 label 出现时在窗口上的位置也是不确定的。对于窗口的大小和位置，根据是否包含边框和标题栏两种情况，要用不同的函数来获取。可以在帮助索引中查看 Window and Dialog Widgets 关键字，文档中显示了窗口的几何布局图，如图 3-3 所示。

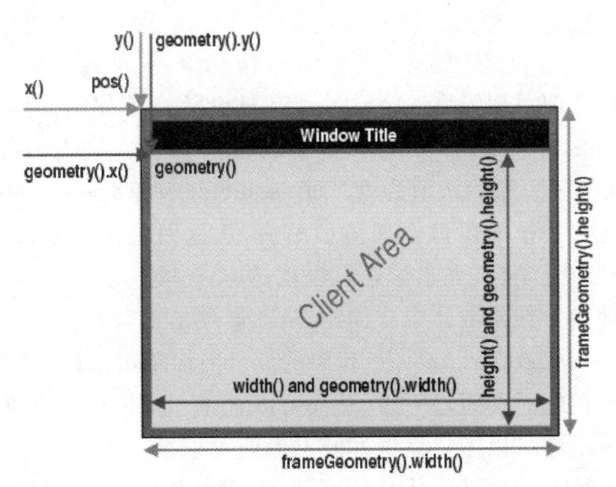

图 3-3　窗口几何布局

这里的函数分为两类，一类是包含框架的，一类是不包含框架的：

- 包含框架：x()、y()、frameGeometry()、pos()和 move()等函数；
- 不包含框架：geometry()、width()、height()、rect()和 size()等函数。

3.1.3 程序调试

下面会在讲解窗口几何布局的几个函数的同时,讲解程序调试方面的内容。这部分内容可以在帮助索引中通过 Interacting with the Debugger 和 Debugging a C++ Example Application 关键字查看。(本小节采用的项目源码路径:src\03\3-2\mywidget2。)

1. 设置断点

在前面程序的基础上进行更改,将主函数内容更改如下:

```
#include <QApplication>
#include <QWidget>
int main(int argc, char *argv[])
{
    QApplication a(argc, argv);
    QWidget widget;
    int x = widget.x();
    int y = widget.y();
    QRect geometry = widget.geometry();
    QRect frame = widget.frameGeometry();

    Q_UNUSED(x);
    Q_UNUSED(y);
    Q_UNUSED(geometry);
    Q_UNUSED(frame);

    return a.exec();
}
```

开始调试程序之前可以先看一下这些函数的介绍。首先将光标定位到函数上,然后按下 F1 键,打开函数的帮助文档。可以看到,x()、y()分别返回部件在其父部件中位置坐标的 x、y 值,它们的默认值为 0。而 geometry()和 frameGeometry()函数分别返回没有边框和包含边框的窗口框架矩形的值,其返回值是 QRect 类型的,就是一个矩形,它的形式是(位置坐标,大小信息),也就是(x,y,宽,高)。Q_UNUSED()可以告知编译器其包含的参数在函数体中未使用,从而避免出现警告。

下面在"int x=widget.x();"一行代码的标号前面单击来设置断点。所谓断点,就是程序运行到该行代码时会暂停下来,从而可以查看一些信息。要取消断点,只要在那个断点上再单击一下就可以了。设置好断点后便可以按下 F5 或者左下角的调试按钮开始调试。这时程序会先进行构建再进入调试模式,这个过程可能需要一些时间。进入调试模式后的效果如图 3-4 所示。

下面对调试模式的几个按钮和窗口进行简单介绍:

① 继续按钮。程序在断点处停了下来,按下继续按钮后,程序便会像正常运行一样,执行后面的代码,直到遇到下一个断点,或者程序结束。

② 停止调试按钮。按下该按钮后结束调试。

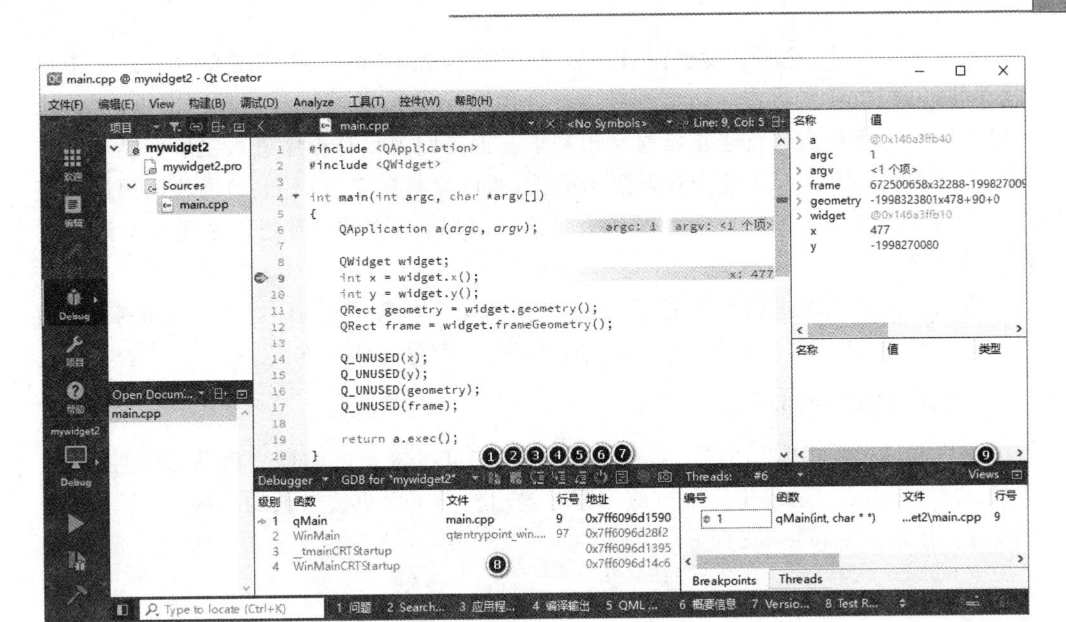

图3-4　调试模式

③ 单步跳过按钮。直接执行本行代码，然后指向下一行代码。

④ 单步进入按钮。进入调用的函数内部。

⑤ 单步跳出按钮。当进入函数内部时，跳出该函数，一般与单步进入配合使用。

⑥ 重新启动调试会话。

⑦ 显示源码对应的汇编指令，并可以单步调试。

⑧ 堆栈视图。这里显示了从程序开始到断点处，所有嵌套调用的函数所在的源文件名和行号。

⑨ 其他视图。这里可以选择多种视图，主要有局部变量（Locals）和表达式（Expressions）视图，用来显示局部变量和它们的类型及数值；断点（Breakpoints）视图用来显示所有的断点，以及添加或者删除断点；线程视图（Threads）用来显示所有的线程和现在所在的线程。

2. 单步调试

一直单击“单步跳过”按钮，单步执行程序并查看右上角局部变量视图中相应变量值的变化情况。等执行到最后一行代码“return a.exec();”时，单击“停止调试”按钮结束调试。从变量监视器中可以看到，x、y、geometry 和 frame 这 4 个变量初始值都是一个随机未知数。等到调试完成后，x、y 的值均为 0，这是它们的默认值。而 geometry 的值为 640×480+0+0，frame 的值为 639×479+0+0。现在对这些值还不是很清楚，不过，为什么 x、y 的值会是 0 呢？读者可能会想到，应该是窗口没有显示的原因，那么下面更改代码，让窗口先显示出来，再看这些值。在“QWidget widget;”一行代码后添加一行代码：

```
widget.show();
```

再次调试程序,这时会发现窗口只显示了一下,先不管它,继续在 Qt Creator 中单击"单步跳过"按钮。将程序运行到最后一行代码"return a.exec();"时再次单击"单步跳过"按钮后,程序窗口终于正常显示出来了。这是因为只有程序进入主事件循环后才能接收事件,而 show()函数会触发显示事件,所以只有在完成 a.exe()函数调用进入消息循环后才能正常显示。这次看到几个变量的值都有了变化,但是这时还是不清楚这些值的含义。

因为使用调试器进行调试要等待一段时间,而且步骤很麻烦,对于初学者来说,如果按错了按钮,还很容易出错。下面将介绍一个更简单的调试方法。

3. 使用 qDebug()函数

程序调试过程中常用的是 qDebug()函数,它可以将调试信息直接输出到控制台,当然,Qt Creator 中是输出到下方应用程序输出栏。下面更改上面的程序:

```
#include <QApplication>
#include <QWidget>
#include <QDebug>
int main(int argc, char *argv[])
{
    QApplication a(argc, argv);
    QWidget widget;
    widget.resize(400, 300);                    //设置窗口大小
    widget.move(200, 100);                      //设置窗口位置
    widget.show();
    int x = widget.x();
    qDebug("x: %d", x);                         //输出 x 的值
    int y = widget.y();
    qDebug("y: %d", y);
    QRect geometry = widget.geometry();
    QRect frame = widget.frameGeometry();
    qDebug() << "geometry: " << geometry << "frame: " << frame;
    return a.exec();
}
```

要使用 qDebug()函数,就要添加#include <QDebug>头文件。这里使用了两种输出方法,一种是直接将字符串当作参数传给 qDebug()函数,如上面使用这种方法输出 x 和 y 的值。另一种方法是使用输出流的方式一次输出多个值,它们的类型可以不同,如程序中输出 geometry 和 frame 的值。如果只使用第一种方法,则就不需要添加<QDebug>头文件。因为第一种方法很麻烦,所以经常使用第二种方法。程序中还添加了设置窗口大小和位置的代码。下面运行程序,在应用程序输出窗口可以看到输出信息,如图 3-5 所示。

从输出信息中可以清楚地看到几个函数的含义。下面来看一下其他几个函数的用法,在"return a.exec();"一行代码前添加如下代码:

```
qDebug() << "pos:" << widget.pos() << Qt::endl << "rect:" << widget.rect()
         << Qt::endl << "size:" << widget.size() << Qt::endl << "width:"
             << widget.width() << Qt::endl << "height:" << widget.height();
```

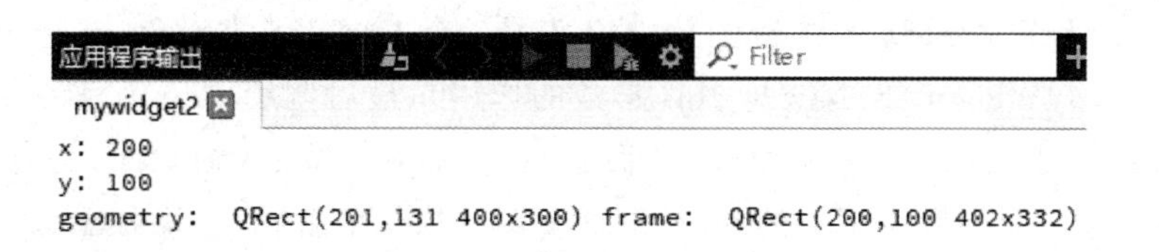

图3-5　程序输出信息

使用qDebug()函数的第二种方法时还可以让输出自动换行，Qt::endl是起换行作用的。根据程序的输出结果可以很明了地看到这些函数的作用。其中，pos()函数返回窗口的位置，是一个坐标值，上面的x()、y()函数返回的就是它的x、y坐标值；rect()函数返回不包含边框的窗口内部矩形，窗口内部左上角是(0, 0)点；size()函数返回不包含边框的窗口大小信息；width()和height()函数分别返回窗口内部的宽和高。从数据可以看到，前面使用的调整窗口大小的resize()函数是设置的不包含边框的窗口大小。

到这里，QWidget的内容就告一段落，其他特性会在后面的章节中涉及。

3.2　对话框QDialog

这一节主要讲述对话框类，先从对话框讲起，然后讲述两种不同类型的对话框，再讲解一个由多个窗口组成并且窗口间可以相互切换的程序，最后介绍Qt提供的几个标准对话框。讲解的过程中还会涉及信号和槽的初步知识。本节的内容可以在帮助索引中通过QDialog和Dialog Windows关键字查看。

3.2.1　模态和非模态对话框

QDialog类是所有对话框窗口类的基类。对话框窗口是一个经常用来完成短小任务或者和用户进行简单交互的顶层窗口。按照运行对话框时是否还可以和该程序的其他窗口进行交互，对话框常被分为两类：模态的(modal)和非模态的(modeless)。关于这两个概念，下面先看一个例子。

(项目源码路径：src\03\3-3\mydialog1)新建Qt Widgets应用，项目名称为mydialog1，基类选择QWidget，类名为MyWidget，然后在mywidget.cpp文件中添加代码：

```
#include "mywidget.h"
#include "ui_mywidget.h"
#include <QDialog>
MyWidget::MyWidget(QWidget * parent) :
    QWidget(parent),
    ui(new Ui::MyWidget)
{
    ui->setupUi(this);
    QDialog dialog(this);
    dialog.show();
}
```

这里在 MyWidget 类的构造函数中定义了一个 QDialog 类对象,还指定了 dialog 的父窗口为 MyWidget 类对象(即 this 参数的作用),最后调用 show()函数让其显示。运行程序会发现一个窗口一闪而过,然后就只显示 MyWidget 窗口了,为什么会这样呢?因为对于一个函数中定义的变量,等这个函数执行结束后,它就会自动释放。也就是说,这里的 dialog 对象只在这个构造函数中有用,等这个构造函数执行完了,dialog 也就消失了。为了不让 dialog 消失,可以将 QDialog 对象的创建代码更改如下:

```
QDialog *dialog = new QDialog(this);
dialog->show();
```

这里使用了 QDialog 对象的指针,并使用 new 运算符开辟了内存空间,再次运行程序就可以正常显示了。需要说明的是,我们说定义一个对象是指"QDialog dialog;"这样的方式,而像"QDialog *dialog;"应该说成定义了一个指向 QDialog 类对象的指针变量。为了方便,后面也会把"QDialog *dialog;"说成是定义了一个 QDialog 对象。再补充一点,这里为 dialog 对象指明了父窗口,所以就没有必要使用 delete 来释放该对象了,原因会在第 7 章详细讲解。

其实,不用指针也可以让对话框显示出来,可以将创建代码更改如下:

```
QDialog dialog(this);
dialog.exec();
```

这时运行程序就会发现对话框弹出来了,但是 MyWidget 窗口并没有出来;当关闭对话框后,MyWidget 窗口才弹出来。这个对话框与前面那个对话框的效果不同,称它为模态对话框,而前面那种对话框称为非模态对话框。

模态对话框就是在没有关闭它之前,不能再与同一个应用程序的其他窗口进行交互,比如新建项目时弹出的对话框。而对于非模态对话框,既可以与它交互,也可以与同一程序中的其他窗口交互,如 Microsoft Word 中的查找替换对话框。就像前面看到的,要想使一个对话框成为模态对话框,则只需要调用它的 exec()函数;而要使其成为非模态对话框,则可以使用 new 操作来创建,然后使用 show()函数来显示。其实使用 show()函数也可以建立模态对话框,只须在其前面使用 setModal()函数即可。例如:

```
QDialog *dialog = new QDialog(this);
dialog->setModal(true);
dialog->show();
```

运行程序后可以看到,生成的对话框是模态的。但是,它与用 exec()函数时的效果是不一样的,因为现在的 MyWidget 窗口也显示出来了。这是因为调用完 show()函数后会立即将控制权交给调用者,程序可以继续往下执行。而调用 exec()函数却不同,只有当对话框被关闭时才会返回。与 setModal()函数相似的还有一个 setWindowModality()函数,它有一个参数来设置模态对话框要阻塞的窗口类型,可以是 Qt::NonModal(不阻塞任何窗口,就是非模态)、Qt::WindowModal(阻塞它的父窗口和所有祖先窗口以及它们的子窗口)或 Qt::ApplicationModal(阻塞整个应用程序的所有窗口)。而 setModal()函数默认设置的是 Qt::ApplicationModal。

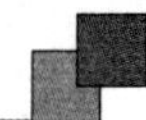

3.2.2　初识信号和槽并实现多窗口切换

下面讲述一个由多个窗口组成且各窗口之间可以切换的程序。在讲解这个程序之前，首先讲述一下信号和槽的初步知识。

1. 认识信号和槽

Qt中使用信号和槽机制来完成对象之间的协同操作。简单来说，信号和槽都是函数，比如单击窗口上的一个按钮后想要弹出一个对话框，那么可以将这个按钮的单击信号和自定义的槽关联起来，在这个槽中创建一个对话框并且显示它。这样，单击这个按钮时就会发射信号，进而执行槽来显示一个对话框。下面来看一个例子。

（本小节采用的项目源码路径：src\03\3-4\mydialog1）继续在前一小节程序的基础上进行更改。双击mywidget.ui文件，在设计模式中往界面上添加一个Label和一个Push Button，在属性栏中将Push Button的objectName改为showChildButton，然后更改Label的显示文本为“我是主界面！”，更改按钮的显示文本为“显示子窗口”。然后回到编辑模式打开mywidget.h文件，在MyWidget类定义的最后添加槽的声明：

```
public slots:
    void showChildDialog();
```

这里自定义了一个槽，槽一般使用slots关键字进行修饰（Qt 4中必须使用，Qt 5以后使用新connect语法时可以不用，为了与一般函数进行区别，这里建议使用），这里使用了public slots，表明这个槽可以在类外被调用。现在到源文件中编写这个槽的实现代码，Qt Creator设计了一个快速添加定义的方法：单击showChildDialog()槽，同时按下Alt＋Enter键（也可以在函数上右击，选择Refactor菜单项），就会弹出如图3-6所示的“在mywidget.cpp添加定义”选项，再次按下回车键Enter，编辑器便会转到mywidget.cpp文件中，并且自动创建showChildDialog()槽的定义，只需要在其中添加代码即可。这种方法也适用于先在源文件中添加定义，然后自动在头文件中添加声明的情况。

```
public slots:
    void showChildDialog();
};

#endif // MYWID
```


图3-6　自动添加定义

在mywidget.cpp文件中将showChildDialog()槽的实现更改如下：

```
void MyWidget::showChildDialog()
{
    QDialog * dialog = new QDialog(this);
    dialog->show();
}
```

这里新建了对话框并让其显示，然后再更改 MyWidget 类的构造函数如下：

```
MyWidget::MyWidget(QWidget * parent) :
    QWidget(parent),
    ui(new Ui::MyWidget)
{
    ui->setupUi(this);
    connect(ui->showChildButton, &QPushButton::clicked,
            this, &MyWidget::showChildDialog);
}
```

这里使用了 connect()函数将按钮的单击信号 clicked()与新建的槽进行关联。clicked()信号在 QPushButton 类中进行了定义，而 connect()是 QObject 类中的函数，因为 MyWidget 类继承自 QObject，所以可以直接使用它。在这个函数中的 4 个参数分别是发射信号的对象、发射的信号、接收信号的对象和要执行的槽。运行程序，然后单击主界面上的按钮就会弹出一个对话框。

其实，对于信号和槽的关联还有一种方法，叫自动关联。前面那种方法叫手动关联。自动关联就是将关联函数整合到槽命名中，比如前面的槽可以重命名为：on_showChildButton_clicked()，就是由字符 on、发射信号的部件对象名和信号名组成。这样就可以去掉那个 connect()关联函数了，具体做法在下面介绍。

(以下采用的项目源码路径：src\03\3-5\mydialog1)打开 mywidget.cpp 文件，在 MyWidget 类的构造函数中删去 connect()函数，然后更改 showChildDialog()槽的名字。Qt Creator 中提供了一个快捷方式来更改所有该函数出现的地方，于是不再需要逐一更改函数名。先在 showChildDialog 上右击，在弹出的级联菜单中选择 Refactor→Rename Symbol Under Cursor，或者直接使用 Ctrl+Shift+R 快捷键，在出现的替换栏中输入 on_showChildButton_clicked，再单击 Replace 就可以了。这时源文件和头文件中相应的函数名都进行了更改。现在运行程序，和前面的效果是一样的。

对于这两种关联方式，后一种形式很简便，用 Qt 设计器直接生成的槽就是使用这种方式。不过，对于不是在 Qt 设计器中往界面上添加的部件，就要在调用 setupUi()函数前定义该部件，而且还要使用 setObjectName()函数指定部件的对象名，这样才可以使用自动关联。编写程序时一般都使用第一种 connect 方式。信号和槽在第 7 章还会深入讲解。

2. 自定义对话框

关于自定义对话框，其实在前面的第一个 helloworld 程序中就已经实现了。这里再自定义一个对话框，给它添加按钮，并在 Qt 设计器中设计信号和槽，然后实现与主界面的切换。(以下采用的项目源码路径：src\03\3-6\mydialog1)步骤如下：

第一步，添加自定义对话框类。依然在前面的项目中更改。首先向该项目中添加 Qt 设计师界面类。界面模板选择 Dialog without Buttons，类名改为 MyDialog。然后在设计模式中向窗口上添加两个 Push Button，并且分别更改其显示文本为“进入主界面”和“退出程序”。

第二步，设计信号和槽。这里使用设计器来实现“退出程序”按钮的信号和槽的关联。单击设计器上方的 Edit Signals/Slots 图标，或者按下快捷键 F4，于是进入了部件的信号和槽的编辑模式。在“退出程序”按钮上按住鼠标左键，然后拖动到窗口界面上，这时松开鼠标左键。在弹出的配置连接对话框中选择“显示从 QWidget 继承的信号和槽”选项，然后在左边的 QPushButton 栏中选择信号 clicked()，在右边的 QDialog 栏中选择对应的槽 close()，完成后单击“确定”按钮，如图 3－7 所示（这里还可以单击“编辑”按钮添加自定义的槽，不过这还需要在 MyDialog 类中实现该槽）。这时“退出程序”按钮的单击信号就和对话框的关闭操作槽进行了关联。要想取消这个关联，只须在信号和槽编辑模式中选择这个关联；当它变为红色时，按下键盘 Delete 键，或者右击选择“删除”。也可以在设计器下方的信号和槽编辑器中看到设置好的关联，当然，直接在信号和槽编辑器中建立关联也是可以的，它与鼠标选择部件进行关联是等效的。设置好关联后按下 F3 键，或者单击“编辑控件”图标，则回到部件编辑模式。关于设计器中信号和槽的详细使用，可以在帮助索引中通过 Qt Designer′s Signals and Slots Editing Mode 关键字查看。

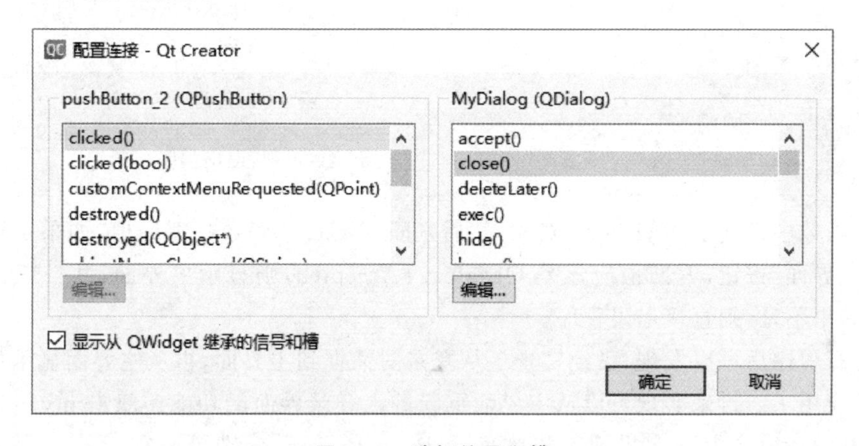

图 3－7　选择信号和槽

现在设置“进入主界面”按钮的信号和槽的关联。在该按钮上右击，在弹出的级联菜单中选择“转到槽”，然后在弹出的对话框中选择 clicked()信号，并单击“确定”按钮。这时便会进入代码编辑模式，并且定位到自动生成的 on_pushButton_clicked()槽中。在其中添加代码：

```
void MyDialog::on_pushButton_clicked()
{
    accept();
}
```

这个 accept()函数是 QDialog 类中的一个槽，对于一个使用 exec()函数实现的模态对话框，执行了这个槽就会隐藏这个模态对话框，并返回 QDialog::Accepted 值，这里就是要使用这个值来判断是哪个按钮被按下了。与其对应的还有一个 reject()槽，它可以返回一个 QDialog::Rejected 值，前面的“退出程序”按钮也可以关联这个槽。

前面讲述了两种关联信号和槽的方法,第一种是直接在设计器中进行,这个更适合在设计器中的部件间进行。第二种方法是在设计器中直接进入相关信号的槽,这个与前面讲到的手写函数是一样的,它用的就是自动关联,这样也会在.h文件中自动添加该槽的声明,我们只须更改其实现代码就可以了。在以后的章节中,如果在设计器中添加的部件要使用信号和槽,那么都会使用第二种方法。

3. 在主界面中使用自定义的对话框

更改 main.cpp 函数内容如下:

```
#include "mywidget.h"
#include <QApplication>
#include "mydialog.h"

int main(int argc, char *argv[])
{
    QApplication a(argc, argv);
    MyDialog dialog;                                 //新建 MyDialog 类对象
    if(dialog.exec() == QDialog::Accepted){          //判断 dialog 执行结果
        MyWidget w;
        w.show();                          //如果是按下了"进入主界面"按钮,则显示主界面
        return a.exec();                             //程序正常运行
    }
    else return 0;                                   //否则,退出程序
}
```

主函数中建立了 MyDialog 对象,然后判断其 exec()函数的返回值,如果是按下了"进入主界面"按钮,返回值应该是 QDialog::Accepted,则显示主界面,并且正常执行程序;如果不是,则直接退出程序。

运行程序后可以发现,已经实现了从登录对话框到主界面,再从主界面显示一个对话框的应用了。再来实现可以从主界面重新进入登录界面的功能。双击 mywidget.ui 文件,在设计模式中再向界面上添加两个 Push Button,分别更改它们的显示文本为"重新登录"和"退出"。然后使用信号和槽模式将"退出"按钮的 clicked()信号和 MyWidget 界面的 close()槽关联。完成后再转到"重新登录"按钮的 clicked()信号的槽,并更改如下:

```
void MyWidget::on_pushButton_clicked()
{
    //先关闭主界面,其实它是隐藏起来了,并没有真正退出,再新建 MyDialog 对象
    close();
    MyDialog dlg;
    //如果按下了"进入主窗口"按钮,则再次显示主界面
    //否则,因为现在已经没有显示的界面了,所以程序将退出
    if(dlg.exec() == QDialog::Accepted) show();
}
```

需要说明的是那个 close()槽,它不一定使程序退出,只有仅剩下最后一个主界面时(就是没有父窗口的界面),这时调用 close()槽,程序才会退出;而其他情况下界面只

是隐藏起来了，并没有被销毁。这里还需要包含 MyDialog 类的头文件 # include “mydialog. h”，最后可以运行程序查看效果。

3.2.3　标准对话框

Qt 提供了一些常用的对话框类型，它们全部继承自 QDialog 类，并增加了自己的特色功能，比如获取颜色、显示特定信息等。下面简单讲解这些对话框，可以在帮助索引中查看 Standard Dialogs 关键字，也可以直接索引相关类的类名。

（本小节采用的项目源码路径：src\03\3-7\mydialog2）这里新建 Qt Widgets 应用，项目名称为 mydialog2，基类选择 QWidget，类名改为 MyWidget。完成后双击 mywidget. ui 文件进入设计模式，在界面上添加一些按钮，如图 3－8 所示。

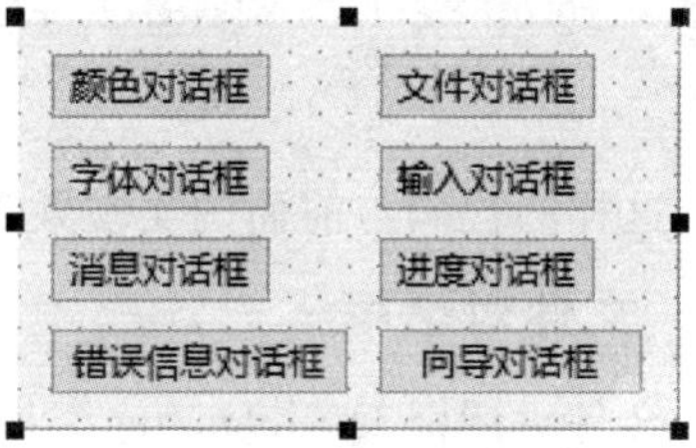

图 3－8　添加完按钮的界面

1. 颜色对话框

颜色对话框类 QColorDialog 提供了一个可以获取指定颜色的对话框部件。下面创建一个颜色对话框。先在 mywidget. cpp 文件中添加 # include ＜QDebug＞和 # include ＜QColorDialog＞头文件，然后从设计模式进入“颜色对话框”按钮的 clicked()单击信号槽。更改如下：

```
void MyWidget::on_pushButton_clicked()
{
    QColor color = QColorDialog::getColor(Qt::red, this, tr("颜色对话框"));
    qDebug() << "color: " << color;
}
```

这里使用了 QColorDialog 的静态函数 getColor()来获取颜色，它的 3 个参数的作用分别是：设置初始颜色、指定父窗口和设置对话框标题。这里的 Qt::red 是 Qt 预定义的颜色对象，可以直接单击该字符串，然后按下 F1 查看其快捷帮助，或者在帮助索引中通过 Qt::GlobalColor 关键字，从而查看到所有的预定义颜色列表。getColor()函数返回一个 QColor 类型数据。现在运行程序，然后单击“颜色对话框”按钮，如果不选择颜色，直接单击 OK 按钮，那么输出信息应该是 QColor(ARGB 1, 1, 0, 0)；这里的 4 个数值分别代表透明度(alpha)、红色(red)、绿色(green)和蓝色(blue)，它们的数值都是从 0.0～1.0，有效数字为 6 位。对于 alpha 来说，1.0 表示完全不透明，这是默认值，而 0.0 表示完全透明。对于三基色红、绿、蓝的数值，还可以使用 0～255 来表示，颜色对话框中就是使用这种方法。其中，0 表示颜色最浅，255 表示颜色最深。在 0～255 与 0.0～1.0 之间可以通过简单的数学运算来对应，其中，0 对应 0.0，255 对应 1.0。在颜色对话框中还可以添加上对 alpha 的设置，就是在 getColor()函数中再使用最后一个参数：

```
QColorDialog::getColor(Qt::red, this, tr("颜色对话框"),
                       QColorDialog::ShowAlphaChannel);
```

这里的 QColorDialog::ShowAlphaChannel 就用来显示 alpha 设置。可以运行程序查看效果。

前面使用了 QColorDialog 类的静态函数来直接显示颜色对话框,好处是不用创建对象。但是如果想要更灵活地设置,则可以先创建对象,然后进行各项设置:

```
void MyWidget::on_pushButton_clicked()
{
    QColorDialog dialog(Qt::red, this);                         //创建对象
    dialog.setOption(QColorDialog::ShowAlphaChannel);           //显示 alpha 选项
    dialog.exec();                                              //以模态方式运行对话框
    QColor color = dialog.currentColor();                       //获取当前颜色
    qDebug() << "color:" << color;                              //输出颜色信息
}
```

这样的代码与前面的实现效果是等效的。

2. 文件对话框

文件对话框 QFileDialog 类提供了一个允许用户选择文件或文件夹的对话框。继续在 mywidget.cpp 中添加 #include <QFileDialog>头文件,然后从设计模式转到"文件对话框"按钮的单击信号槽,并更改如下:

```
void MyWidget::on_pushButton_2_clicked()
{
    QString fileName = QFileDialog::getOpenFileName(this, tr("文件对话框"),
                                          "D:", tr("图片文件(*png *jpg)"));
    qDebug() << "fileName:" << fileName;
}
```

这里使用了 QFileDialog 类中的 getOpenFileName()函数来获取选择的文件名,这个函数会以模态方式运行一个文件对话框。打开后选择一个文件,单击"打开"按钮后,这个函数便可以返回选择的文件的文件名。它的 4 个参数的作用分别是:指定父窗口、设置对话框标题、指定默认打开的目录路径和设置文件类型过滤器。如果不指定文件过滤器,则默认选择所有类型的文件。这里指定了只选择 png 和 jpg 两种格式的图片文件(注意,代码中 *png 和 *jpg 之间需要一个空格),那么在打开的文件对话框中,只能显示目录下这两种格式的文件。还可以设置多个不同类别的过滤器,不同类别间使用两个分号";;"隔开,例如,添加文本文件类型:

```
QString fileName = QFileDialog::getOpenFileName(this, tr("文件对话框"),
                              "D:", tr("图片文件(*png *jpg);;文本文件(*txt)"));
```

这时再次运行程序,就可以在文件对话框的文件类型中选择"文本文件"类型了。前面这个程序只能选择单个文件,要同时选择多个文件,则可以使用 getOpenFileNames()函数,例如:

```
void MyWidget::on_pushButton_2_clicked()
{
    QStringList fileNames = QFileDialog::getOpenFileNames(this, tr("文件对话框"),
                                                  "F:", tr("图片文件(*png *jpg)"));
    qDebug() << "fileNames:" << fileNames;
}
```

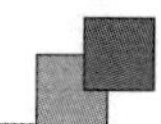

运行程序就可以同时选择多个图片文件了，多个文件名存放在 QStringList 类型变量中。当然也可以不使用这些静态函数，而是建立对话框对象来操作。除了上面的两个函数外，QFileDialog 类还提供了 getSaveFileName()函数来实现保存文件对话框和文件另存为对话框，还有 getExistingDirectory()函数来获取一个已存在的文件夹路径。因为它们的用法与上面的例子类似，这里就不再举例。

3. 字体对话框

字体对话框 QFontDialog 类提供了一个可以选择字体的对话框部件。先添加 #include <QFontDialog>头文件，然后转到"字体对话框"按钮的单击信号槽，更改如下：

```
void MyWidget::on_pushButton_3_clicked()
{
    //ok 用于标记是否按下了 OK 按钮
    bool ok;
    QFont font = QFontDialog::getFont(&ok, this);
    //如果按下 OK 按钮,那么让"字体对话框"按钮使用新字体
    //如果按下 Cancel 按钮,那么输出信息
    if (ok) ui->pushButton_3->setFont(font);
    else qDebug() << tr("没有选择字体!");
}
```

这里使用了 QFileDialog 类的 getFont()静态函数来获取选择的字体。这个函数的第一个参数是 bool 类型变量，用来存放按下的按钮状态，比如在打开的字体对话框中单击了 OK 按钮，那么这里的 ok 就为 true，这样来告诉程序已经选择了字体，可以运行程序测试效果。

4. 输入对话框

输入对话框 QInputDialog 类用来提供一个对话框，可以让用户输入一个单一的数值或字符串。先添加头文件 #include <QInputDialog>，然后进入"输入对话框"按钮的单击信号槽，更改如下：

```
void MyWidget::on_pushButton_4_clicked()
{
    bool ok;
    //获取字符串
    QString string = QInputDialog::getText(this, tr("输入字符串对话框"),
              tr("请输入用户名:"), QLineEdit::Normal,tr("admin"), &ok);
    if(ok) qDebug() << "string:" << string;
    //获取整数
    int value1 = QInputDialog::getInt(this, tr("输入整数对话框"),
              tr("请输入 - 1000 到 1000 之间的数值"), 100, - 1000, 1000, 10, &ok);
    if(ok) qDebug() << "value1:" << value1;
    //获取浮点数
    double value2 = QInputDialog::getDouble(this, tr("输入浮点数对话框"),
            tr("请输入 - 1000 到 1000 之间的数值"), 0.00, - 1000, 1000, 2, &ok);
    if(ok) qDebug() << "value2:" << value2;
    QStringList items;
```

```
    items << tr("条目 1") << tr("条目 2");
    //获取条目
    QString item = QInputDialog::getItem(this, tr("输入条目对话框"),
                              tr("请选择或输入一个条目"), items, 0, true, &ok);
    if(ok) qDebug() << "item:" << item;
}
```

这里一共创建了 4 个不同类型的输入对话框。getText()函数可以提供一个可输入字符串的对话框,各参数的作用分别是指定父窗口、设置窗口标题、设置对话框中的标签的显示文本、设置输入的字符串的显示模式(如密码可以显示成小黑点,这里选择了显示用户输入的实际内容)、设置输入框中的默认字符串和设置获取按下按钮信息的 bool 变量;getInt()函数可以提供一个输入整型数值的对话框,其中的参数 100 表示默认的数值是 100,-1000 表示可输入的最小值是-1000,1000 表示可输入的最大值是 1000,10 表示使用箭头按钮,数值每次变化 10;getDouble()函数可以提供一个输入浮点型数值的对话框,其中的参数 2 表示小数的位数为 2;getItem()函数提供一个可以输入条目的对话框,需要先给它提供一些条目,如这里定义的 QStringList 类型的 items,其中参数 0 表示默认显示列表中的第 0 个条目(0 就是第一个),参数 true 设置条目是否可以被更改,true 就是可以被更改。这里使用了静态函数,不过也可以自己定义对象,然后使用相关的函数进行设置。

5. 消息对话框

消息对话框 QMessageBox 类提供了一个模态的对话框用来通知用户一些信息,或者向用户提出一个问题并且获取答案。先添加头文件#include <QMessageBox>,然后转到“消息对话框”按钮的单击信号槽中,添加如下代码:

```
void MyWidget::on_pushButton_5_clicked()
{
    //问题对话框
    int ret1 = QMessageBox::question(this, tr("问题对话框"),
                       tr("你了解 Qt 吗?"), QMessageBox::Yes, QMessageBox::No);
    if(ret1 == QMessageBox::Yes) qDebug() << tr("问题!");
    //提示对话框
    int ret2 = QMessageBox::information(this, tr("提示对话框"),
                       tr("这是 Qt 书籍!"), QMessageBox::Ok);
    if(ret2 == QMessageBox::Ok) qDebug() << tr("提示!");
    //警告对话框
    int ret3 = QMessageBox::warning(this, tr("警告对话框"),
                                tr("不能提前结束!"), QMessageBox::Abort);
    if(ret3 == QMessageBox::Abort) qDebug() << tr("警告!");
    //错误对话框
    int ret4 = QMessageBox::critical(this, tr("严重错误对话框"),
                tr("发现一个严重错误! 现在要关闭所有文件!"), QMessageBox::YesAll);
    if(ret4 == QMessageBox::YesAll) qDebug() << tr("错误");
    //关于对话框
    QMessageBox::about(this, tr("关于对话框"),
                    tr("yafeilinux 致力于 Qt 及 Qt Creator 的普及工作!"));
}
```

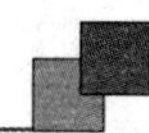

这里创建了4个不同类型的消息对话框，分别拥有不同的图标还有提示音(这个是操作系统设置的)，各参数分别用于设置父窗口、标题栏、显示信息和拥有的按钮。这里使用的按钮都是QMessageBox类提供的标准按钮。这几个静态函数的返回值就是那些标准的按钮，由QMessageBox::StandardButton枚举类型指定，可以使用返回值来判断用户按下了哪个按钮。about()函数没有返回值，因为它默认只有一个按钮，与其相似的还有一个aboutQt()函数，用来显示现在使用的Qt版本等信息。如果想使用自定义的图标和按钮，那么可以创建QMessageBox类对象，然后使用相关函数进行操作。

6. 进度对话框

进度对话框QProgressDialog对一个耗时较长操作的进度提供了反馈。先添加#include <QProgressDialog>头文件，然后转到“进度对话框”按钮的单击信号槽，更改如下：

```
void MyWidget::on_pushButton_6_clicked()
{
    QProgressDialog dialog(tr("文件复制进度"), tr("取消"), 0, 50000, this);
    dialog.setWindowTitle(tr("进度对话框"));            //设置窗口标题
    dialog.setWindowModality(Qt::WindowModal);          //将对话框设置为模态
    dialog.show();
    for(int i = 0; i < 50000; i++) {                    //演示复制进度
        dialog.setValue(i);                             //设置进度条的当前值
        QCoreApplication::processEvents();              //避免界面冻结
        if(dialog.wasCanceled()) break;                 //按下取消按钮则中断
    }
    dialog.setValue(50000);         //这样才能显示100%,因为for循环中少加了一个数
    qDebug() << tr("复制结束!");
}
```

这里首先创建了一个QProgressDialog类对象dialog，构造函数的参数分别用于设置对话框的标签内容、取消按钮的显示文本、最小值、最大值和父窗口。然后将对话框设置为了模态并进行显示。for()循环语句模拟了文件复制过程，setValue()函数使进度条向前推进，为了避免长时间操作使用户界面冻结，必须不断地调用QCoreApplication类的静态函数processEvents()，可以将它放在for()循环语句中。使用QProgressDialog的wasCanceled()函数来判断用户是否按下了“取消”按钮，如果是，则中断复制过程。这里使用了模态对话框，其实QProgressDialog还可以实现非模态对话框，不过它需要定时器等的帮助。

7. 错误信息对话框

错误信息对话框QErrorMessage类提供了一个显示错误信息的对话框。首先打开mywidget.h文件添加类前置声明：

```
class QErrorMessage;
```

然后添加私有对象指针：

```
QErrorMessage *errordlg;
```

下面到 mywidget.cpp 添加头文件 #include <QErrorMessage>,并在构造函数中添加如下代码:

```
errordlg = new QErrorMessage(this);
```

然后从设计模式转到“错误信息对话框”按钮的单击信号槽添加代码:

```
void MyWidget::on_pushButton_7_clicked()
{
    errordlg ->setWindowTitle(tr("错误信息对话框"));
    errordlg ->showMessage(tr("这里是出错信息!"));
}
```

这里首先新建了一个 QErrorMessage 对话框,并且调用它的 showMessage()函数来显示错误信息,调用这个函数时对话框会以非模态的形式显示出来。错误信息对话框中默认有一个 Show this message again 复选框,可以选择以后是否还要显示相同错误信息;为了这个复选框的功能有效,不能像前面几个例子一样在槽中直接创建对话框。读者可以运行程序查看效果。

8. 向导对话框

向导对话框 QWizard 类提供了一个设计向导界面的框架。对于向导对话框,读者应该已经很熟悉了,比如安装软件时的向导和创建项目时的向导。QWizard 之所以被称为框架,是因为它具有设计一个向导全部的功能函数,可以使用它来实现想要的效果。Qt 中包含了 Trivial Wizard、License Wizard 和 Class Wizard 这 3 个示例程序,可以参考一下。

打开 mywidget.h 文件,然后添加头文件 #include <QWizard>,在 MyWidget 类的声明中添加 private 类型函数声明:

```
private:
    Ui::MyWidget *ui;
    QWizardPage *createPage1();                //新添加
    QWizardPage *createPage2();                //新添加
    QWizardPage *createPage3();                //新添加
```

这里声明了 3 个返回值为 QWizardPage 类对象的指针的函数,用来生成 3 个向导页面。然后在 mywidget.cpp 文件中对这 3 个函数进行定义:

```
QWizardPage * MyWidget::createPage1()         //向导页面 1
{
    QWizardPage *page = new QWizardPage;
    page ->setTitle(tr("介绍"));
    return page;
}
QWizardPage * MyWidget::createPage2()         //向导页面 2
{
    QWizardPage *page = new QWizardPage;
    page ->setTitle(tr("用户选择信息"));
    return page;
}
```

```
QWizardPage * MyWidget::createPage3()        //向导页面 3
{
    QWizardPage * page = new QWizardPage;
    page ->setTitle(tr("结束"));
    return page;
}
```

各个函数中分别新建了向导页面,并且设置了它们的标题。下面转到"向导对话框"按钮的单击信号槽中,更改如下:

```
void MyWidget::on_pushButton_8_clicked()
{
    QWizard wizard(this);
    wizard.setWindowTitle(tr("向导对话框"));
    wizard.addPage(createPage1());        //添加向导页面
    wizard.addPage(createPage2());
    wizard.addPage(createPage3());
    wizard.exec();
}
```

这里新建了 QWizard 类对象,然后使用 addPage()函数为其添加了 3 个页面,这里的参数是 QWizardPage 类型的指针,可以直接调用生成向导页面函数。运行程序可以看到,向导页面出现的顺序和添加向导页面的顺序是一致的。

上面程序中的向导页面是线性的,而且什么内容也没有添加。如果想设计自己的向导页面,或添加图片、自定义按钮,或设置向导页面顺序等,那么就需要再多了解一下 QWizard 类和 QWizardPage 类。

3.3 其他窗口部件

下面介绍其他一些常用的窗口部件,这些部件如图 3-1 所示,继承自或者间接继承自 QWidget 类。

3.3.1 QFrame 类族

QFrame 类是带有边框的部件的基类。它的子类包括最常用的标签部件 QLabel,另外还有 QLCDNumber、QSplitter、QStackedWidget、QToolBox 和 QAbstractScrollArea 类。QAbstractScrollArea 类是所有带有滚动区域的部件类的抽象基类,这里需要说明,Qt 中凡是带有 Abstract 字样的类都是抽象基类。抽象基类是不能直接使用的,但是可以继承该类实现自己的类,或者使用它提供的子类。QAbstractScrollArea 的子类中有最常用的文本编辑器 QTextEdit 类和各种项目视图类,这些类会在后面章节中接触到,这里不再讲解。QSplitter 会在第 4 章讲解。

带边框部件最主要的特点就是可以有一个明显的边界框架。QFrame 类的一项主要功能就是用来实现不同的边框效果,这主要是由边框形状(Shape)和边框阴影(Shadow)组合来形成的。QFrame 类中定义的主要边框形状如表 3-1 所列,边框阴影如表

3-2 所列。这里要说明两个名词：lineWidth 和 midLineWidth，其中，lineWidth 是边框边界的线的宽度；而 midLineWidth 是在边框中额外插入的一条线的宽度，这条线的作用是为了形成 3D 效果，并且只在 Box、Hline 和 VLine 表现为凸起或者凹陷时有用。

表 3-1　QFrame 类边框形状的取值

常　量	描　述
QFrame::NoFrame	QFrame 不进行绘制
QFrame::Box	QFrame 在它的内容四周绘制一个边框
QFrame::Panel	QFrame 绘制一个面板，使得内容表现为凸起或者凹陷
QFrame::StyledPanel	绘制一个矩形面板，它的效果依赖于当前的 GUI 样式，可以凸起或凹陷
QFrame::HLine	QFrame 绘制一条水平线，没有任何框架(可以作为分离器)
QFrame::VLine	QFrame 绘制一条垂直线，没有任何框架(可以作为分离器)
QFrame::WinPanel	绘制一个类似于 Windows 2000 中的矩形面板，可以凸起或者凹陷

表 3-2　QFrame 类边框阴影的取值

常　量	描　述
QFrame::Plain	边框和内容没有 3D 效果，与四周界面在同一水平面上
QFrame::Raised	边框和内容表现为凸起，具有 3D 效果
QFrame::Sunken	边框和内容表现为凹陷，具有 3D 效果

下面在程序中演示一下具体效果。(项目源码路径：src\03\3-8\myframe)新建 Qt Widgets 应用，项目名称为 myframe，选择 QWidget 为基类，类名 MyWidget。完成后打开 mywidget.ui 文件，在 Qt 设计器中从部件列表里拖入一个 Frame 到界面上，然后在右下方的属性栏中更改其 frameShape 为 Box，frameShadow 为 Sunken，lineWidth 为 5，midLineWidth 为 10。在属性栏中设置部件的属性，这和在源码中用代码实现是等效的，其实也可以直接在 mywidget.cpp 文件中的 MyWidget 构造函数里使用如下代码来代替：

```
ui->frame->setFrameShape(QFrame::Box);
ui->frame->setFrameShadow(QFrame::Sunken);
//以上两个函数可以使用 setFrameStyle(QFrame::Box | QFrame::Sunken)代替
ui->frame->setLineWidth(5);
ui->frame->setMidLineWidth(10);
```

因为下面要讲的部件大多是 Qt 的标准部件，所以一般会在 Qt 设计器中直接设置其属性。对于能在属性栏中设置的属性，其类中就一定有相应的函数可以使用代码来实现，只要根据名字在类的参考文档中查找一下即可。

对于 QFrame 的子类，它们都继承了 QFrame 的边框设置功能，所以下面对子类的介绍中就不再涉及这方面的内容了，而是讲解各个子类的独有特性。

1. QLabel

标签 QLabel 部件用来显示文本或者图片。在设计器中向界面拖入一个 Label，然

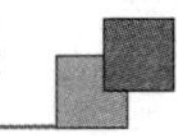

后将其拖大点，并在属性栏中设置其对齐方式 alignment 属性，水平的改为 AlignHCenter，垂直的改为 AlignVCenter，这样 QLabel 中的文本就会在正中间显示。font 属性可以对字体进行设置，也可以通过代码进行设置，下面打开 mywidget.cpp 文件，在构造函数中添加如下代码：

```
QFont font;
font.setFamily("华文行楷");
font.setPointSize(20);
font.setBold(true);
font.setItalic(true);
ui->label->setFont(font);
```

QFont 类提供了对字体的设置，这里使用了“华文行楷”字体族、大小为 20、加粗、斜体，通过 QLabel 的 setFont()函数可以使用新建的字体。

QLabel 属性栏中的 wordWrap 属性可以实现文本的自动换行。如果文本过长时不想自动换行，而是在后面自动省略，那么可以使用 QFontMetrics 类；该类用来计算给定字体的字符或字符串的大小，其中包含了多个实用函数。要使用 QFontMetrics，则可以通过创建对象的方式，或通过 QWidget::fontMetrics()来返回当前部件字体的 QFontMetrics 对象。下面继续在构造函数中添加代码：

```
QString string = tr("标题太长,需要进行省略!");
QString str = ui->label->fontMetrics().elidedText(string, Qt::ElideRight, 180);
ui->label->setText(str);
```

QFontMetrics 类的 elidedText()函数用来进行文本省略，第一个参数用来指定要省略的文本；第二个参数是省略模式，就是“...”省略号出现的位置，包括 Qt::ElideLeft 出现在文本开头、Qt::ElideMiddle 出现在文本中间，以及这里使用的 Qt::ElideRight 出现在文本末尾；第三个参数是文本的长度，单位是像素，只要第一个参数指定的文本的长度超过了这个值，就会进行省略。可以运行程序，调整参数值，查看不同参数的效果。

QLabel 属性栏中的 scaledContents 属性可以实现缩放标签中的内容，比如在标签中放一张较大的图片，则可以选中该属性来显示整个图片。下面来看一下怎么在标签中使用图片。首先在 mywidget.cpp 文件中添加头文件 #include <QPixmap>，然后在构造函数中添加一行代码：

```
ui->label->setPixmap(QPixmap("../logo.png"));
```

这样就可以在标签中显示 logo.png 图片了。显示图片时可以使用图片的绝对路径，如 E:/logo.png，这样需要指明盘符；也可以使用相对路径，比如这里将 logo.png 图片放到了项目目录的 src\03\3-8 文件夹中，而当前目录是 src\03\3-8\build-myframe-Desktop_Qt_6_2_3_MinGW_64_bit-Debug，所以这里使用图片的路径是../logo.png。其实，最好的方法是使用资源管理器将图片放到程序中，这个会在第 5 章讲述。QLabel 中还可以显示 gif 动态图片，在 mywidget.cpp 中添加头文件 #include <QMovie>，然后在 myWidget 的构造函数中继续添加代码：

```
QMovie * movie = new QMovie("../donghua.gif");
ui->label->setMovie(movie);                    //在标签中添加动画
movie->start();                                //开始播放
```

这时运行程序可以看到,新添加的图片会遮盖以前的图片。

2. QLCDNumber

QLCDNumber 部件可以让数码字符显示液晶数字一样的效果。从部件栏中拖入一个 LCD Number 部件到界面上,然后更改其属性:选中 smallDecimalPoint 项,这样可以显示小数点;digitCount 的作用是设置显示的数字的个数,设置为 7,表示要显示 7 个数字;mode 选 Dec 表示显示十进制数值,这里还可以设置显示为十六进制(Hex)、八进制(Oct)和二进制(Bin)数值;segmentStyle 用来设置数码的显示样式,这里提供了 3 种样式,选择 Filled;最后将 value 设置为 456.123,这就是要显示的数值,也可以在代码中使用 display()函数来设置要显示的数值。设置好后,运行程序查看效果。在 QLCDNumber 中可以显示的数码有 0/O、1、2、3、4、5/S、6、7、8、9/g、负号、小数点、A、B、C、D、E、F、h、H、L、o、P、r、u、U、Y、冒号、度符号(输入时使用单引号来代替)和空格。

3. QStackedWidget

QStackedWidget 类提供了一个部件栈,可以有多个界面(称为页面),每个界面可以拥有自己的部件,不过每次只能显示一个界面。这个部件需要使用 QComboBox 或者 QListWidget 来选择它的各个页面。在设计模式中向界面上拖入一个 List Widget 和一个 Stacked Widget。在 List Widget 上右击,在弹出的级联菜单中选择“编辑项目”项,然后在“编辑列表窗口部件”对话框中按下左下角的加号添加两项,并更改名称为“第一页”和“第二页”。然后在 Stacked Widget 上拖入一个 Label,更改文本为“第一页”,再单击 Stacked Widget 右上角的小箭头进入下一页,再拖入一个标签,更改文本为“第二页”。然后再将 Stacked Widget 部件的 frameShape 属性更改为 StyledPanel。最后,在信号和槽设计模式将 listWidget 部件的 currentRowChanged()信号和 stackedWidget 的 setCurrentIndex()槽关联。设置完成后运行程序可以看到,现在可以单击 listWidget 中的项目来选择 stackedWidget 的页面了。可以在设计模式中的 stackedWidget 上右击来为它添加新的页面。

4. QToolBox

QToolBox 类提供了一列层叠窗口部件,就像常用的聊天工具 QQ 中的抽屉效果。从部件栏中选择 Tool Box 拖入到界面上,右击并在弹出的级联菜单中选择“插入页→在当前页之后”项来新插入一页。然后更改其 frameShape 属性为 Box,并分别单击各个页的标签,更改其 currentItemText 分别为“好友”“黑名单”和“陌生人”。完成后可以运行程序查看效果。

3.3.2 按钮部件

QAbstractButton 类是按钮部件的抽象基类,提供了按钮的通用功能。它的子类

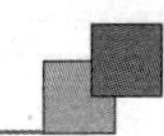

包括复选框 QCheckBox、标准按钮 QPushButton、单选框按钮 QRadioButton 和工具按钮 QToolButton。QToolButton 会在第 5 章讲到，这一小节的内容可以参考示例程序 Group Box Example。

（本小节采用的项目源码路径：src\03\3-9\mybutton）新建 Qt Widgets 应用，项目名称 mybutton，基类选择 QWidget，类名设为 MyWidget。完成后在项目文件夹中新建 images 文件夹，并且放入几张图标图片，供下面编写程序时使用。

1. QPushButton

QPushButton 提供了一个标准按钮。在项目中打开 mywidget. ui 文件，拖入 3 个 Push Button 到界面上，然后将它们的 objectName 依次更改为 pushBtn1、pushBtn2 和 pushBtn3。下面选中 pushBtn1 的 checkable 属性，使得它可以拥有"选中"和"未选中"两种状态；再选中 pushBtn2 的 flat 属性，可以不显示该按钮的边框。然后转到 pushBtn1 的 toggled(bool)信号的槽，更改如下：

```
void MyWidget::on_pushBtn1_toggled(bool checked)      //按钮是否处于被按下状态
{
    qDebug() << tr("按钮是否按下：") << checked;
}
```

注意添加 ＃include ＜QDebug＞头文件，这时可以运行一下程序查看效果。当 pushBtn1 处于按下状态的时候 checked 为 true，否则为 false。下面在 MyWidget 类的构造函数中添加代码：

```
ui->pushBtn1->setText(tr("&nihao"));      //这样便指定了 Alt + N 为加速键
ui->pushBtn2->setText(tr("帮助(&H)"));
ui->pushBtn2->setIcon(QIcon("../mybutton/images/help.png"));
ui->pushBtn3->setText(tr("z&oom"));
QMenu * menu = new QMenu(this);
menu->addAction(QIcon("../mybutton/images/zoom - in.png"), tr("放大"));
ui->pushBtn3->setMenu(menu);
```

注意添加 ＃include ＜QMenu＞头文件。在代码里为 3 个按钮改变了显示文本，在一个字母前加上"&"符号，那么就可以将这个按钮的加速键设置为 Alt 加上这个字母。如果要在文本中显示"&"符号，可以使用"&&"。也可以使用 setIcon()函数来给按钮添加图标，这里图片文件使用了相对路径（当然也可以在设计模式通过更改 icon 属性来实现）。对于 pushBtn3，这里为其添加了下拉菜单，现在这个菜单什么功能也没实现。现在运行程序查看效果。

2. QCheckBox、QRadioButton 和 QGroupBox

对于调查表之类的应用，往往提供多个选项供选择，有些是可以选择多项的，有些只能选择其中一项。复选框 QCheckBox 类提供了同时选择多项的功能，而 QRadioButton 提供了只能选择一项的功能，一般要把一组按钮放到一个 QGroupBox 中来进行管理。

到设计模式向界面上拖入两个 Group Box，将它们的标题分别改为"复选框"和"单选框”。然后往复选框中拖入 3 个 Check Box,分别更改显示内容为“跑步”“踢球”和“游泳”。再往单选框中拖入 3 个 Radio Button,分别更改其显示内容为“很好”“一般”和“不好”。这里还可以选中 Check Box 的 tristate 属性,让它拥有不改变状态、选中状态和未选中状态这 3 种状态。对于选择按钮后的操作,可以关联它们的 stateChanged()信号到自定义的槽来进行,也可以使用 isChecked()函数查看一个按钮是否被选中。除了 Group Box,还可以使用 QButtonGroup 类来管理多个按钮。

3.3.3 QLineEdit

行编辑器 QLineEdit 部件是一个单行的文本编辑器,它允许用户输入和编辑单行的纯文本内容,而且提供了一系列有用的功能,包括撤销与恢复、剪切和拖放等操作。其中,剪切复制等功能是行编辑自带的,不用自己编码实现,拖放功能会在第 5 章讲到。这部分内容可以查看 Qt 的示例程序 Line Edits。

(本小节采用的项目源码路径: src\03\3-10\mylineedit)新建 Qt Widgets 应用,项目名称 mylineedit,基类 QWidget,类名 MyWidget。在设计模式中往界面上拖入 4 个标签和 Line Edit,设计界面如图 3-9 所示。然后将各个 Line Edit 从上到下依次更改其 objectName 为 lineEdit1、lineEdit2、lineEdit3 和 lineEdit4。

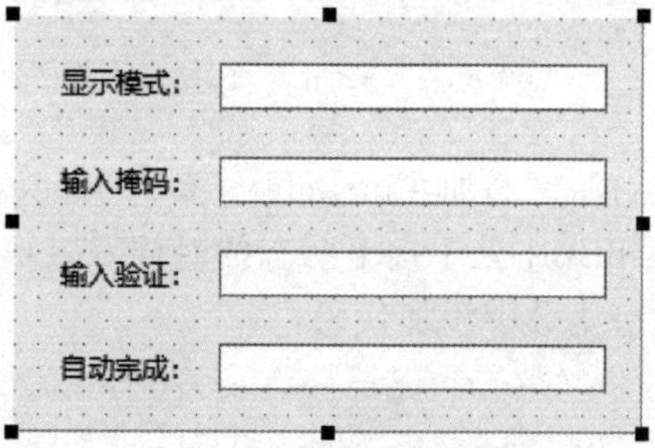

显示模式:
输入掩码:
输入验证:
自动完成:

图 3-9 行编辑器界面设计

1. 显示模式

行编辑器 QLineEdit 有 4 种显示模式(echoMode),可以在 echoMode 属性中更改它们,分别是: Normal,正常显示输入的信息;NoEcho,不显示任何输入,这样可以保证不泄露输入的字符位数;Password,显示为密码样式,就是以小黑点或星号之类的字符代替输入的字符;PasswordEchoOnEdit,在编辑时显示正常字符,其他情况下显示为密码样式。这里设置 lineEdit1 的 echoMode 为 Password。

2. 输入掩码

QLineEdit 提供了输入掩码(inputMask)来限制输入的内容。可以使用一些特殊的字符来设置输入的格式和内容,这些字符中有的起限制作用且必须要输入一个字符,有的只是起限制作用,但可以不输入字符而是以空格代替。先来看一下这些特殊字符的含义,如表 3-3 所列。

表 3-3 QLineEdit 掩码字符和元字符

掩码字符(必须输入)	掩码字符(可留空)	含 义
A	a	只能输入 A~Z、a~z
N	n	只能输入 A~Z、a~z、0~9

续表 3-3

掩码字符(必须输入)	掩码字符(可留空)	含　义
X	x	可以输入任意字符
9	0	只能输入 0～9
D	d	只能输入 1～9
	#	只能输入加号(+)、减号(-)、0～9
H	h	只能输入十六进制字符,A～F、a～f、0～9
B	b	只能输入二进制字符 0 或 1
＞		后面的字母字符自动转换为大写
＜		后面的字母字符自动转换为小写
!		停止字母字符的大小写转换
;c		终止输入掩码并使用指定字符 c 来填充空白字符
\		将该表中的特殊字符正常显示用作分隔符

下面将 lineEdit2 的 inputMask 属性设置为"＞AA-90-bb-! aa\#H; * ",它表示的含义为:"＞"号表明后面输入的字母自动转为大写;"AA"表明开始必须输入两个字母,因为有前面的"＞"号的作用,所以输入的这两个字母会自动变为大写;"-"号为分隔符,直接显示,该位不可输入;"9"表示必须输入一个数字;"0"表示输入一个数字,或者留空;"bb"表示这两位可以留空,或者输入两个二进制字符,即 0 或 1;"!"表明停止大小写转换,就是在最开始的"＞"号不再起作用;"aa"表示可以留空,或者输入两个字母;"\#"表示将"#"号作为分隔符,因为"#"号在这里有特殊含义,所以前面要加上"\"号;"H"表明必须输入一个十六进制的字符;"; * "表示用" * "号来填充空格。另外,也可以使用 setInputMask()函数在代码中设置输入掩码。

在 lineEdit2 上右击,然后转到它的 returnPressed()回车键按下信号的槽中。更改如下:

```
void MyWidget::on_lineEdit2_returnPressed()          //回车键按下信号的槽
{
    ui->lineEdit3->setFocus();                       //让 lineEdit3 获得焦点
    qDebug() << ui->lineEdit2->text();               //输出 lineEdit2 的内容
    qDebug() << ui->lineEdit2->displayText();        //输出 lineEdit2 显示的内容
}
```

注意要添加#include ＜QDebug＞头文件。这里先让下一个行编辑器获得焦点,然后输出了 lineEdit2 的内容和显示出来的内容,它们有时是不一样的,编程时更多的是使用 text()函数来获取它的内容。这时运行程序进行输入,完成后按下回车键,可以看一下输出的内容。这里还要说明一点,如果没有输入完那些必须要输入的字符,按下回车键是不起作用的。

3. 输入验证

在 QLineEdit 中还可以使用验证器(validator)来对输入进行约束。在 mywidget.

cpp 文件的构造函数中添加代码：

```
//新建验证器,指定范围为 100～999
QValidator * validator = new QIntValidator(100, 999, this);
//在行编辑器中使用验证器
ui->lineEdit3->setValidator(validator);
```

在代码中为 lineEdit3 添加了验证器,那么它现在只能输入 100～999 之间的数字。再进入 lineEdit3 的回车键按下信号的槽,输出 lineEdit3 的内容。然后运行程序会发现,其他的字符无法输入;而输入小于 100 的数字时,按下回车键也是没有效果的。QValidator 中还提供了 QDoubleValidator,可以用它来设置浮点数。如果想设置更强大的字符约束,就要使用正则表达式了,这个在第 7 章会讲到,这里举一个简单的例子：

```
QRegularExpression rx("-?\\d{1,3}");
QValidator * validator = new QRegularExpressionValidator(rx, this);
```

这样就可以实现在开始输入"-"号或者不输入,然后输入 1～3 个数字的限制。注意,这里还要添加 #include <QRegularExpressionValidator>头文件。

4. 自动补全

QLineEdit 中也提供了强大的自动补全功能,这是利用 QCompleter 类实现的。在 MyWidget 类的构造函数中继续添加代码：

```
QStringList wordList;
wordList << "Qt" << "Qt Creator" << tr("你好");
QCompleter * completer = new QCompleter(wordList, this);      //新建自动完成器
completer->setCaseSensitivity(Qt::CaseInsensitive);           //设置大小写不敏感
ui->lineEdit4->setCompleter(completer);
```

注意添加 #include <QCompleter>头文件,运行程序,在最后一个行编辑器中输入"Q",就会自动出现"Qt"和"Qt Creator"两个选项。QCompleter 的使用可以参考一下 Qt 的示例程序 Completer。

3.3.4 QAbstractSpinBox

QAbstractSpinBox 类是一个抽象基类,提供了一个数值设定框和一个行编辑器来显示设定值。它有 3 个子类 QDateTimeEdit、QSpinBox 和 QDoubleSpinBox,分别用来完成日期时间、整数和浮点数的设定。这一节可以查看 Spin Boxes 示例程序。

(本小节采用的项目源码路径：src\03\3-11\myspinbox)新建 Qt Widgets 应用,项目名称 myspinbox,基类为 QWidget,类名 MyWidget。

1. QDateTimeEdit

QDateTimeEdit 类提供了一个可以编辑日期和时间的部件。到设计模式,从部件栏中分别拖入 Time Edit、Date Edit 和 Date/Time Edit 到界面上,然后设置 timeEdit 的 displayFormat 为"h:mm:ssA",这就可以使用 12 小时制来进行显示。对于 dateEdit,选中它的 calendarPopup 属性,这样就可以使用弹出的日历部件来设置日期。然后在 MyWidget 类的构造函数中添加代码：

```
//设置时间为现在的系统时间
ui->dateTimeEdit->setDateTime(QDateTime::currentDateTime());
//设置时间的显示格式
ui->dateTimeEdit->setDisplayFormat(tr("yyyy年MM月dd日ddd HH时mm分ss秒"));
```

这里使用代码设置了dateTimeEdit中的日期和时间。简单说明一下：y表示年；M表示月；d表示日；而ddd表示星期；H表示小时，使用24小时制显示，而h也表示小时，如果最后有AM或者PM的，则是12小时制显示，否则使用24小时制；m表示分；s表示秒；还有一个z可以用来表示毫秒。更多的格式可以参考QDateTime类。现在运行程序查看效果。还要说明，可以使用该部件的text()函数获取设置的值，它返回QString类型的字符串；也可以使用dateTime()函数，它返回的是QDateTime类型数据。

2. QSpinBox和QDoubleSpinBox

QSpinBox用来设置整数，QDoubleSpinBox用来设置浮点数，这两个部件在前面的输入对话框中已经接触过了。从部件栏中找到Spin Box和Double Spin Box，并将它们拖入到界面上。可以在属性栏中看到spinBox的属性有：后缀suffix属性，可以设置为"%"，这样就可以显示百分数了；前缀prefix属性，比如表示金钱时前面有"￥"字符；最小值minimum属性设置其最小值；最大值maximum属性设置其最大值；单步值singleStep属性设置每次增加的数值，默认为1；value为现在显示的数值。而doubleSpinBox又增加了一个小数位数decimals属性，用来设置小数点后面的位数。这两个部件就不再过多讲述，最后提醒大家，可以在代码中使用value()函数来获取设置的数值。

3.3.5 QAbstractSlider

QAbstractSlider类用于提供区间内的一个整数值，它有一个滑块，可以定位到一个整数区间的任意值。该类是一个抽象基类，它有3个子类QScrollBar、QSlider和QDial。其中，滚动条QScrollBar多数用在QScrollArea类中来实现滚动区域，QSlider就是常见的音量控制或多媒体播放进度等滑块部件，QDial是一个刻度表盘部件。这些部件的使用可以参考Sliders示例程序。

（本小节采用的项目源码路径：src\03\3-12\myslider）新建Qt Widgets应用，项目名称myslider，基类选择QWidget，类名为MyWidget。完成后到设计模式，从部件栏中分别将Dial、Horizontal Scroll Bar和Vertical Scroll Bar、Horizontal Slider以及Vertical Slider等部件拖入到界面上。

先看两个Scroll Bar的属性：maximum属性用来设置最大值，minimum属性用来设置最小值；singleStep属性是每步的步长，默认是1，就是按下方向键后其数值增加或者减少1；pageStep是每页的步长，默认是10，就是按下PageUp或者PageDown按键后，其数值增加或者减少10；value与sliderPosition是当前值；tracking是设置是否跟踪，默认为是，就是在拖动滑块时，每移动一个刻度都会发射valueChanged()信号，如果选择否,则只有拖动滑块释放时才发射该信号;orientation 是设置部件的方向,有水平和垂直两种选择;invertedAppearance 属性是设置滑块所在的位置,比如默认滑块开始在最左端,选中这个属性后,滑块默认就会在最右端。invertedControls 是设置反向控制,比如默认是向上方向键是增大,向下方向键是减小,如果选中这个属性,那么控制就会正好反过来。另外,为了使部件可以获得焦点,需要将 focusPolicy 设置为 StrongFocus。再来看两个 Slider,它们有了自己的两个属性 tickPosition 和 tickInterval,前者用来设置显示刻度的位置,默认是不显示刻度;后者是设置刻度的间隔。而 Dial 有自己的属性 wrapping,用来设置是否首尾相连,默认开始与结束是分开的;属性 notchTarget 用来设置刻度之间的间隔;属性 notchesVisible 用来设置是否显示刻度。

再往界面上拖入一个 Spin Box,然后进入信号和槽编辑界面,将刻度表盘部件 dial 的 sliderMoved(int)信号分别与其他各个部件的 setValue(int)槽相连接。设置完成后运行程序,然后使用鼠标拖动刻度盘部件的滑块,可以看到,其他所有的部件都跟着变化了。

3.4 小 结

本章讲述了众多常用窗口部件的使用方法,其中还涉及了程序调试、信号和槽等知识。学习完本章,读者没有必要把所有讲到的部件都熟练掌握,只要心中有个印象,大概了解各个部件实现的功能即可,以后使用时可以再回过头来参考学习。最重要的是掌握程序的创建流程和各个部件类之间的相互关系,而且要多应用信号和槽、qDebug()函数,这是以后 Qt 编程中经常要用到的。

第 4 章

布局管理

第 3 章讲述了一些窗口部件，当时往界面上拖放部件时都是随意放置的，这对于学习部件的使用没有太大的影响，但是，对于一个完善的软件，布局管理却是必不可少的。无论是想要界面中部件有一个整齐的排列，还是想要界面能适应窗口的大小变化，都要进行布局管理。Qt 主要提供了 QLayout 类及其子类来作为布局管理器，它们可以实现常用的布局管理功能，QLayout 及其子类的关系如图 4－1 所示。本章还会涉及伙伴 Buddy、Tab 键顺序设置等内容。

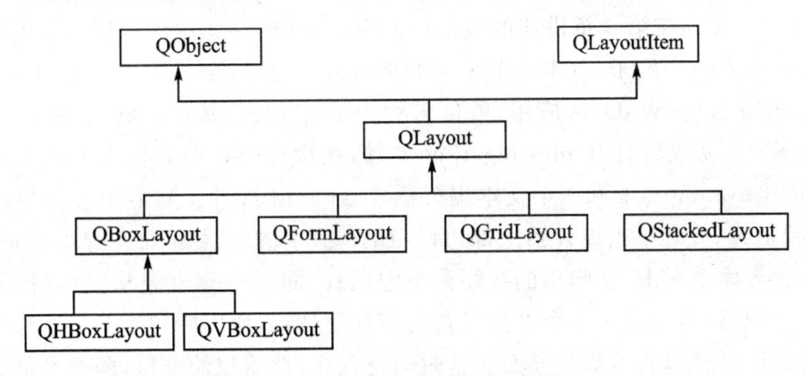

图 4－1　QLayout 类关系图

4.1　布局管理系统

Qt 的布局管理系统提供了强大的机制来自动排列窗口中的所有部件，确保它们有效地使用空间。Qt 包含了一组布局管理类，从而在应用程序的用户界面中对部件进行布局，比如 QLayout 的几个子类，这里将它们称作布局管理器。所有 QWidget 的子类的实例（对象）都可以使用布局管理器管理位于它们之中的子部件，QWidget::setLayout()函数可以在一个部件上应用布局管理器。一旦一个部件上设置了布局管理器，那么它会完成以下几种任务：

➢ 定位子部件;
➢ 感知窗口默认大小;
➢ 感知窗口最小大小;
➢ 窗口大小变化时进行处理;
➢ 当内容改变时自动更新:
——字体大小、文本或子部件的其他内容随之改变;
——隐藏或显示子部件;
——移除一个子部件。

下面将在具体例子中讲解布局管理器的这些功能,本节主要讲述 QLayout 类的几个子类,最后会涉及 QSplitter 类,它也可以作为一种布局管理器。本节内容可以在帮助索引中搜索 Layout Management 关键字查看。

4.1.1 布局管理器简介

QLayout 类是布局管理器的基类,是一个抽象基类,继承自 QObject 和 QLayoutItem 类,QLayoutItem 类提供了一个供 QLayout 操作的抽象项目。QLayout 和 QLayoutItem 都是在设计自己的布局管理器时才使用的,一般只需要使用 QLayout 的几个子类即可,它们分别是 QBoxLayout(基本布局管理器)、QGridLayout(栅格布局管理器)、QFormLayout(窗体布局管理器)和 QStackedLayout(栈布局管理器)。这里的 QStackedLayout 与在第 3 章讲述的栈部件 QStackedWidget 用法相似,不再赘述。

下面先来看一个例子。(本小节采用的项目源码路径:src\04\4-1\mylayout)打开 Qt Creator,新建 Qt Widgets 应用,项目名称为 mylayout,基类选择 QWidget,类名设为 MyWidget。完成后打开 mywidget.ui 文件,在设计模式中向界面上拖入一个字体选择框 Font Combo Box 和一个文本编辑器 Text Edit 部件。然后单击主界面并按下 Ctrl+L 快捷键,或者单击设计器上部边栏中的图标来对主界面进行垂直布局管理。也可以在主界面上右击,在弹出的级联菜单中选择"布局→垂直布局"。这样便设置了顶层布局管理器(因为是对整个窗口设置的布局管理器,所以叫顶层布局管理器),可以看到两个部件已经填满了整个界面。这时运行程序,然后拉伸窗口,两个部件会随着窗口的大小变化而变化,这就是布局管理器的作用。

4.1.2 基本布局管理器

基本布局管理器 QBoxLayout 类可以使子部件在水平方向或者垂直方向排成一列,它将所有的空间分成一行盒子,然后将每个部件放入一个盒子中。它有两个子类 QHBoxLayout 水平布局管理器和 QVBoxLayout 垂直布局管理器,编程中经常用到。再回到设计模式中看看布局管理器的属性。先单击主界面,查看它的属性栏,最后面的部分是其使用的布局管理器的属性,如表 4-1 所列。

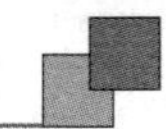

表 4-1 布局管理器常用属性说明

属 性	说 明
layoutName	现在所使用的布局管理器的名称
layoutLeftMargin	设置布局管理器到界面左边界的距离
layoutTopMargin	设置布局管理器到界面上边界的距离
layoutRightMargin	设置布局管理器到界面右边界的距离
layoutBottomMargin	设置布局管理器到界面下边界的距离
layoutSpacing	布局管理器中各个子部件间的距离
layoutStretch	伸缩因子
layoutSizeConstraint	设置大小约束条件

下面打破已有的布局，使用代码实现水平布局。在界面上右击，然后在弹出的级联菜单中选择“布局→分拆布局”，或者单击设计器上方边栏中的分拆布局图标。在 mywidget. cpp 文件中添加头文件＃include ＜QHBoxLayout＞，并在 MyWidget 类的构造函数中添加如下代码：

```
QHBoxLayout * layout = new QHBoxLayout;              //新建水平布局管理器
layout ->addWidget(ui ->fontComboBox);               //向布局管理器中添加部件
layout ->addWidget(ui ->textEdit);
layout ->setSpacing(50);                             //设置部件间的间隔
layout ->setContentsMargins(0, 0, 50, 100);          //设置布局管理器到边界的距离
                                                     //4 个参数顺序是左、上、右、下
setLayout(layout);                                   //将这个布局设置为 MyWidget 类的布局
```

这里使用了 addWidget()函数向布局管理器的末尾添加部件，还有一个 insertWidget()函数可以实现向指定位置添加部件，它比前者更灵活。前面使用的垂直布局管理器也可以通过相似的代码来实现。

4.1.3 栅格布局管理器

栅格布局管理器 QGridLayout 类使部件在网格中进行布局，它将所有的空间分隔成一些行和列，行和列的交叉处就形成了单元格，然后将部件放入一个确定的单元格中。先往界面上拖放一个 Push Button，然后在 mywidget. cpp 中添加头文件＃include ＜QGridLayout＞，再注释掉前面添加的关于水平布局管理器的代码，最后添加如下代码：

```
QGridLayout * layout = new QGridLayout;
//添加部件，从第 0 行 0 列开始，占据 1 行 2 列
layout ->addWidget(ui ->fontComboBox, 0, 0, 1, 2);
//添加部件，从第 0 行 2 列开始，占据 1 行 1 列
layout ->addWidget(ui ->pushButton, 0, 2, 1, 1);
//添加部件，从第 1 行 0 列开始，占据 1 行 3 列
layout ->addWidget(ui ->textEdit, 1, 0, 1, 3);
setLayout(layout);
```

这里主要是设置部件在栅格布局管理器中的位置，将 fontComboBox 部件设置为占据 1 行 2 列，而 pushButton 部件占据 1 行 1 列，这主要是为了将 fontComboBox 部件和 pushButton 部件的长度设置为 2∶1。这样一来，textEdit 部件要想占满剩下的空间，就要使它的跨度为 3 列。这里需要说明，当部件加入到一个布局管理器中，然后这个布局管理器再放到一个窗口部件上时，这个布局管理器以及它包含的所有部件都会自动重新定义自己的父对象(parent)为这个窗口部件，所以在创建布局管理器和其中的部件时并不用指定父部件。此外，也可以直接在设计模式使用前面讲过的方法去使用栅格布局管理器。

4.1.4 窗体布局管理器

窗体布局管理器 QFormLayout 类用来管理表单的输入部件以及与它们相关的标签。窗体布局管理器将它的子部件分为两列，左边是一些标签，右边是一些输入部件，比如行编辑器或者数字选择框等。其实，如果只是起到这样的布局作用，那么用 QGridLayout 就完全可以做到了，之所以添加 QFormLayout 类，是因为它有独特的功能。下面看一个例子。

先将前面在 MyWidget 类的构造函数中自己添加的代码全部注释掉，然后进入设计模式，这里使用另外一种方法来使用布局管理器。从部件栏中找到 Form Layout，将其拖入到界面上，然后双击或者在它上面右击并在弹出的级联菜单中选择“添加窗体布局行”。在弹出的“添加表单布局行”对话框中填入标签文字“姓名(&N)：”，这样下面便自动填写了“标签名称”“字段类型”和“字段名称”等，并且设置了伙伴关系。这里使用了 QLineEdit 行编辑器，当然也可以选择其他部件。填写的标签文字中的“(&N)”必须是英语半角的括号，表明它的快捷键是 Alt+N。设置伙伴关系表示当按下 Alt+N 时，光标会自动跳转到标签后面对应的行编辑器中。单击“确定”键，则会在布局管理器中添加一个标签和一个行编辑器。按照这种方法，再添加 3 行：性别(&S)，使用 QComoBox；年龄(&A)，使用 QSpinBox；邮箱(&M)，使用 QLineEdit。完成后运行程序，可以按下快捷键 Alt+N，这样光标就可以定位到“姓名”标签后的行编辑器中。

上面添加表单行是在设计器中完成的，其实也可以在代码中使用 addRow()函数来完成。窗体布局管理器为设计表单窗口提供了多方面的支持，其实它还有一些实用的特性，这个放到下一节再讲。窗体管理器也可以像普通管理器一样使用，但是，如果不是为了设计这样的表单，一般会使用栅格布局管理器。

4.1.5 综合使用布局管理器

前面讲到了 3 种布局管理器，真正使用时一般是将它们综合起来应用。现在将前面的界面再进行设计：按下 Ctrl 键的同时选中界面上的字体选择框 fontComboBox 和按钮 pushButton，然后按下 Ctrl+H 快捷键将它们放入一个水平布局管理器中(其实也可以从部件栏中拖入一个 Horizontal Layout，然后将这两个部件放进去，效果是一样的)。然后从部件栏中拖入一个 Vertical Spacer 垂直分隔符，用来在部件间产生间

隔，将它放在窗体布局管理器与水平布局管理器之间。最后单击主界面并按下Ctrl+L快捷键，让整个界面处于一个垂直布局管理器中。这时可以在右上角的对象列表中选择分隔符Spacer，然后在属性栏中设置它的高度为100，如图4－2所示。这时运行程序，可以看到分隔符是不显示的。

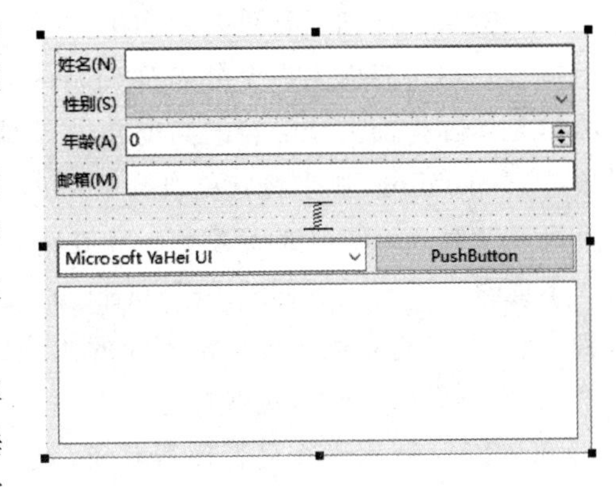

图4－2　综合使用布局管理器

这里综合使用了窗体布局管理器、水平布局管理器和垂直布局管理器，其中，垂直布局管理器是顶级布局管理器，因为它是主界面的布局，其他两个布局管理器都包含在它里面。如果要使用代码来实现将一个子布局管理器放入一个父布局管理器之中，可以使用父布局管理器的addLayout()函数。

4.1.6　设置部件大小

讲解之前要先了解两个概念：大小提示(sizeHint)和最小大小提示(minimumSizeHint)。凡是继承自QWidget的类都有这两个属性，其中，sizeHint属性保存了部件的建议大小，对于不同的部件，默认拥有不同的sizeHint；而minimumSizeHint保存了一个建议的最小大小提示。可以在程序中使用sizeHint()函数来获取sizeHint的值，使用minimumSizeHint()函数获取minimumSizeHint的值。需要说明的是，如果使用setMinimumSize()函数设置了部件的最小大小，那么最小大小提示将会被忽略。这两个属性在使用布局时起到了很重要的作用。

下面再来看一下大小策略(sizePolicy)属性，它也是QWidget类的属性。这个属性保存了部件的默认布局行为，在水平和垂直两个方向分别起作用，控制着部件在布局管理器中的大小变化行为。sizePolicy属性的所有取值如表4－2所列。

表4－2　QSizePolicy类大小策略的取值

常　量	描　述
QSizePolicy::Fixed	只能使用sizeHint()提供的值，无法伸缩
QSizePolicy::Minimum	sizeHint()提供的大小是最小的，部件可以被拉伸
QSizePolicy::Maximum	sizeHint()提供的是最大大小，部件可以被压缩
QSizePolicy::Preferred	sizeHint()提供的大小是最佳大小，部件可以被压缩或拉伸
QSizePolicy::Expanding	sizeHint()提供的是合适的大小，部件可以被压缩，不过它更倾向于被拉伸来获得更多的空间
QSizePolicy::MinimumExpanding	sizeHint()提供的大小是最小的，部件倾向于被拉伸来获取更多的空间
QSizePolicy::Ignored	sizeHint()的值被忽略，部件将尽可能地被拉伸来获取更多的空间

可以看到，大小策略与sizeHint()的值息息相关。对于布局管理器来说，大小策略

对于布局效果也起到了很重要的作用。下面来看一下它们的效果。还在前面的程序中进行操作。单击界面上那个分隔符 Spacer,当时将其属性中的 sizeHint 的高度设置为 100,可是实际界面上分隔符的高度并没有到达 100。这时可以看到它的 sizeType 属性设置为 Expanding,如果将它更改为 Fixed,这样界面上的分隔符马上增高了,现在它的实际高度才是 sizeHint 的高度值。现在将其重新设置为 20。

下面再来了解一下伸缩因子(stretch factor)的概念。前面讲垂直布局管理器时曾提到过它,其实它是用来设置部件间的比例的。界面上的字体选择框和一个按钮处于一个水平布局管理器中,现在想让它们的宽度比例为 2:1,那么就可以单击对象栏中的 horizontalLayout 水平布局管理器对象,然后在它的属性栏中将 layoutStretch 属性设置为"2,1",这样这个水平布局管理器中的两个部件的宽度就是 2:1 的比例了。如果要在代码中进行设置,可以在使用布局管理器的 addWidget()函数添加部件的同时,在第二个参数中指定伸缩因子。

现在再来看一下窗体布局管理器中的一些属性。单击对象栏中的 formLayout,其属性栏中的几个属性的说明如表 4-3 所列。对于 layoutFieldGrowthPolicy 属性,这里选择 ExpandingFieldsGrow 选项,这样性别和年龄两个输入框就没有那么宽了,更符合美观要求。然后将界面中的"邮箱"标签更改为"邮箱地址",在 layoutLabelAlignment 属性中将"水平的"选择为"右对齐 AlignRight"。

表 4-3　窗体布局管理器相关属性说明

属　性	说　明	值	说　明
layoutFieldGrowthPolicy	指定部件的大小变化方式	AllNonFixedFieldsGrow	所有的部件都被拉伸,这是默认值
		FieldsStayAtSizeHint	所有的部件都使用 sizeHint()提供的大小
		ExpandingFieldsGrow	大小策略为 Expanding 的部件会被拉伸
layoutRowWrapPolicy	设置是否换行,如果需要换行,则将输入部件放到相应的标签下面	DontWrapRows	不换行,这是默认值
		WrapLongRows	将较长的行进行换行
		WrapAllRows	将所有行都换行,这样所有的输入部件都会放置在相应的标签下面

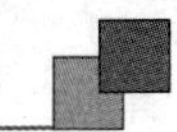

续表 4-3

属　性	说　明	值		说　明
layoutLabelAlignment	设置标签的对其方式，分为水平方向和垂直方向	水平方向	AlignLeft	左对齐
			AlignRight	右对齐
			AlignHCenter	水平居中对齐
			AlignJustify	两端对齐
		垂直方向	AlignTop	向上对齐
			AlignBottom	向下对齐
			AlignVCenter	垂直居中对齐
layoutFormAlignment	设置部件在表单中的对齐方式	同 layoutLabelAlignment 属性		同 layoutLabelAlignment 属性

下面来看一下 QWidget 类及其子类部件的设置大小的相关属性。单击主界面，查看一下其属性栏，在最开始便是几个与大小有关的属性。这里的高度与宽度属性，是现在界面的大小；下面的 sizePolicy 属性可以设置大小策略以及伸缩因子；minimumSize 属性用来设置最小值，这里改为 200×150；maximumSize 属性设置最大值，将其设置为 500×350；sizeIncrement 属性和 baseSize 属性用来设置窗口改变大小，一般不用设置，如图 4-3 所示。

MyWidget : QWidget

属性	值
geometry	[(0, 0), 400 x 300]
X	0
Y	0
宽度	400
高度	300
sizePolicy	[Preferred, Preferred, 0, 0]
水平策略	Preferred
垂直策略	Preferred
水平伸展	0
垂直伸展	0
minimumSize	200 x 150
宽度	200
高度	150
maximumSize	500 x 350
sizeIncrement	0 x 0
baseSize	0 x 0

图 4-3　QWidget 大小属性

布局管理器的 layoutSizeConstraint 属性用来约束窗口大小，也就是说，这个只对顶级布局管理器有用，因为它只对窗口有用，对其他子部件没有效果。它的几个值及其含义如表 4-4 所列。这个属性的默认值是 SetDefaultConstraint，这里将其选择为 SetFixedSize，这样运行程序可以看到窗口就无法再变化大小了。

表 4-4　QLayout 类的大小约束属性的取值

常　量	描　述
QLayout::SetDefaultConstraint	主窗口大小设置为 minimumSize()的值，除非该部件已经有一个最小大小
QLayout::SetFixedSize	主窗口大小设置为 sizeHint()的值，它无法改变大小
QLayout::SetMinimumSize	主窗口的最小大小设置为 minimumSize()的值，它无法再缩小

续表 4-4

常 量	描 述
QLayout::SetMaximumSize	主窗口的最大大小设置为 maximumSize()的值,它无法再放大
QLayout::SetMinAndMaxSize	主窗口的最小大小设置为 minimumSize()的值,最大大小设置为 maximumSize()的值
QLayout::SetNoConstraint	部件不被约束

4.1.7 可扩展窗口

一个窗口可能很多选项是扩充的,只有在必要的时候才显示出来,这时就可以使用一个按钮来隐藏或者显示多余的内容,就是所谓的可扩展窗口。要实现可扩展窗口,就要得力于布局管理器的特性,那就是当子部件隐藏时,布局管理器自动缩小;当子部件重新显示时,布局管理器再次放大。下面看一个具体的例子。

依然在前面的程序中进行更改。首先在设计模式将 textEdit 的 maximumSize 的高度设置为 50,将 pushButton 的显示文本更改为"显示可扩展窗口",并在其属性栏中选中 checkable 选项。然后转到它的 toggled(bool)信号的槽,更改如下:

```
void MyWidget::on_pushButton_toggled(bool checked)     //显隐窗口按钮
{
    ui->textEdit->setVisible(checked);                 //设置文本编辑器的显示和隐藏
    if(checked) ui->pushButton->setText(tr("隐藏可扩展窗口"));
    else ui->pushButton->setText(tr("显示可扩展窗口"));
}
```

这里使用按钮的按下与否两种状态来设置文本编辑器是否显示,并且相应地更改按钮的文本。为了让文本编辑器在一开始是隐藏的,还要在 MyWidget 类的构造函数中添加一行代码:

```
ui->textEdit->hide();        //让文本编辑器隐藏,也可以使用 setVisible(false)函数
```

这时运行程序,查看效果。也可以参考 Qt 自带的示例程序 Extension Example。

4.1.8 拆分器

拆分器 QSplitter 类提供了一个拆分器部件,和 QBoxLayout 类似,可以完成布局管理器的功能,但是包含在它里面的部件默认是可以随着拆分器的大小变化而变化的。比如一个按钮放在布局管理器中,它的垂直方向默认是不会被拉伸的,但是放到拆分器中就可以被拉伸。还有一点不同就是,布局管理器继承自 QObject 类,而拆分器却继承自 QFrame 类,QFrame 类又继承自 QWidget 类,也就是说,拆分器拥有 QWidget 类的特性,它是可见的,而且可以像 QFrame 一样设置边框。下面来看一个例子。

(本小节采用的项目源码路径:src\04\4-2\mysplitter)新建 Qt Widgets 应用,项目名称为 mysplitter,基类选择 QWidget,类名设为 MyWidget。建好项目后打开 my-

widget.ui 文件,然后往界面上拖入 4 个 Push Button;同时选中这 4 个按钮,右击并在弹出的级联菜单中选择"布局→使用拆分器水平布局",将这 4 个按钮放到一个拆分器中。选中拆分器,并在属性栏中设置其 minimumSize 的高度为 100,frameShape 为 Box,frameShadow 为 Raised,lineWidth 为 5。下面运行程序查看效果。

4.2 设置伙伴

前面讲述窗体布局管理器时提到了设置一个标签和一个部件的伙伴关系。其实,伙伴(buddy)是在 QLabel 类中提出的一个概念。因为一个标签经常用作一个交互式部件的说明,就像在讲窗体布局管理器时看到的那样,一个 lineEdit 部件前面有一个标签说明这个 lineEdit 的作用。为了方便定位,QLabel 提供了一个有用的机制,那就是提供了助记符来定位键盘焦点到对应的部件上,而这个部件就叫这个 QLabel 的伙伴。其中,助记符就是我们所说的快捷键。使用英文标签时,在字符串的一个字母前面添加"&"符号,就可以指定这个标签的快捷键是 Alt 加上这个字母;对于中文,需要在小括号中指定快捷键字母,这个前面已经见过多次了。Qt 设计器中也提供了伙伴设计模式,下面看一个例子。

(本节采用的项目源码路径:src\04\4-3\mybuddy)新建 Qt Widgets 应用,项目名称为 mybuddy,基类选择 QWidget,类名设为 MyWidget。完成后打开 mywidget.ui 文件,往界面上拖放 4 个标签 Label,再在标签后面依次放上 PushButton、CheckBox、LineEdit 和 SpinBox。然后将 PushButton 前面的标签文本改为"&Button:",CheckBox 前面的标签文本改为"C&heckBox:",LineEdit 前面的标签文本改为"行编辑器(&L):",SpinBox 前面的标签文本改为"数字选择框(&N):"。单击设计器上方边栏中的编辑伙伴图标进入伙伴设计模式,分别将各个标签与它们后面的部件关联起来,如图 4-4 所示。然后按下 F3 键回到正常编辑模式,可以看到所有的 & 符号都不显示了。

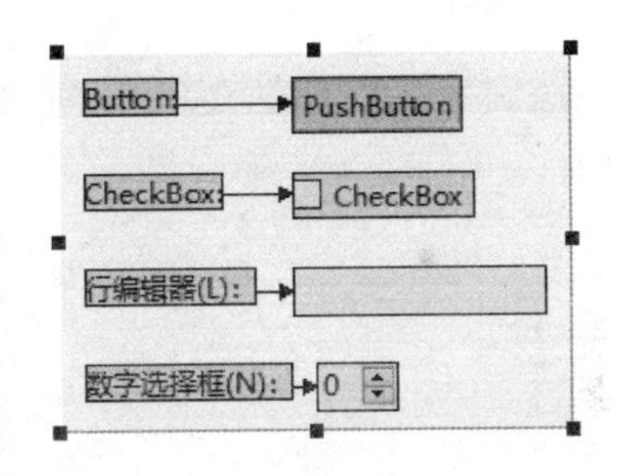

图 4-4 编辑伙伴模式

现在运行程序,按下 Alt+B 组合键,则可以看到按钮被按下了,而字母下面多了一个横杠,表示这个标签的快捷键就是 Alt 加这个字母。如果要在代码中设置伙伴关系,则只需要使用 QLabel 的 setBuddy()函数就可以了。本节内容可以在帮助索引中通过 Qt Designer's Buddy Editing Mode 关键字查看。

4.3 设置 Tab 键顺序

对于一个应用程序,有时总希望使用 Tab 键将焦点从一个部件移动到下一个部件。在设计模式,设计器提供了 Tab 键的设置功能。在前面程序的设计模式中,按下上方边栏的编辑 Tab 顺序图标进入编辑 Tab 键顺序模式，这时已经显示出了各个部件的 Tab 键顺序，只需要单击这些数字就可以更改顺序。设置好之后，可以运行一下程序测试效果。需要说明，当程序启动时，焦点会在 Tab 键顺序为 1 的部件上。这里进行的设置等价于在 MyWidget 类的构造函数中使用如下代码：

```
setTabOrder(ui->lineEdit, ui->spinBox);        //lineEdit 在 spinBox 前面
setTabOrder(ui->spinBox, ui->pushButton);      //spinBox 在 pushButton 前面
setTabOrder(ui->pushButton, ui->checkBox);     //pushButton 在 checkBox 前面
```

关于在设计器中设置 Tab 键顺序，也可以在帮助索引中通过 Qt Designer's Tab Order Editing Mode 关键字查看。

4.4 Qt Creator 中的定位器

第 1 章中介绍 Qt Creator 时已经提到了定位器，它位于主界面的左下方。使用定位器可以很方便地打开指定文件、定位到文档的指定行、打开一个特定的帮助文档、进行项目中函数的查找等。更多的功能可以在帮助索引中通过 Searching With the Locator 关键字查看。

定位器中提供了多个过滤器来实现不同的功能，按下 Ctrl+K 快捷键就会在定位器中显示各个过滤器的前缀及其功能，如图 4-5 所示。使用方法是“前缀符号+空格+要定位的内容”。

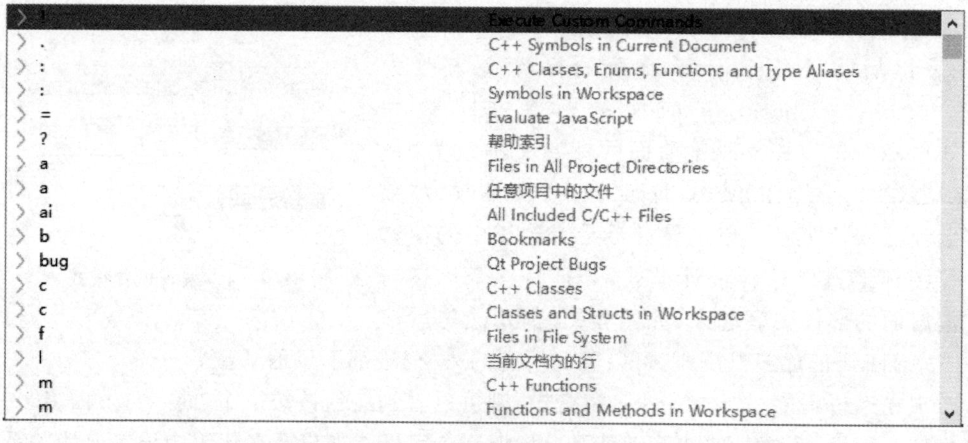

!	Execute Custom Commands
.	C++ Symbols in Current Document
:	C++ Classes, Enums, Functions and Type Aliases
:	Symbols in Workspace
=	Evaluate JavaScript
?	帮助索引
a	Files in All Project Directories
a	任意项目中的文件
ai	All Included C/C++ Files
b	Bookmarks
bug	Qt Project Bugs
c	C++ Classes
c	Classes and Structs in Workspace
f	Files in File System
l	当前文档内的行
m	C++ Functions
m	Functions and Methods in Workspace

图 4-5　使用定位过滤器

下面举两个简单的例子。在 Qt Creator 中，按下 Ctrl+K 快捷键打开定位器，这时输入“l 8”(注意，英文字母 l 和一个空格，然后是数字 8)，按下 Enter 回车键，就会跳转到编辑模式的当前打开文档的第 8 行。再次按下 Ctrl+K 快捷键，输入“? qla”(注意，英文符号? 后面有一个空格)，这时已经查找到了 QLabel，按下回车键，就会跳转到帮助模式中，并打开 QLabel 类的帮助文档。

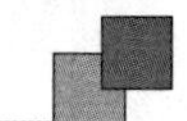

4.5 小　结

这一章讲述了一些关于界面布局的知识，其实只是提到了最基本的应用，更多的布局知识还要参考帮助文档。以后的章节中还是以讲解知识点为主，所以对界面的布局操作不会涉及太多。但是这并不表明布局不重要，对于一个软件，良好的布局是必需的。

第 5 章

应用程序主窗口

这一章开始接触应用程序主窗口的相关内容。对于日常见到的应用程序而言，许多都是基于主窗口的，主窗口包含了菜单栏、工具栏、状态栏和中心区域等。这一章会详细介绍主窗口的每一个部分，还会涉及资源管理、富文本处理、拖放操作和文档打印等相关内容。本章重点是讲解知识点，相关的综合应用实例放到了《Qt Widgets 及 Qt Quick 开发实战精解》一书中。

Qt 中提供了以 QMainWindow 类为核心的主窗口框架，它包含了众多相关的类，它们的继承关系如图 5－1 所示，本章中会讲解到图中每一个类的基本应用。

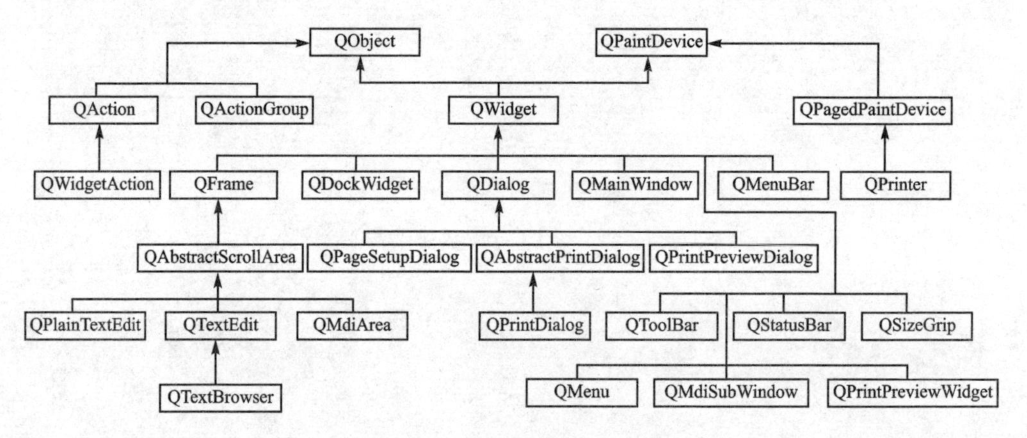

图 5－1　主窗口相关类关系图

5.1　主窗口框架

主窗口为建立应用程序用户界面提供了一个框架，Qt 中 QMainWindow 和其他一些相关的类共同完成主窗口的管理。QMainWindow 类拥有自己的布局（见图 5－2），包含以下组件：

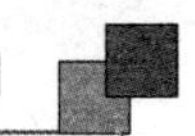

① 菜单栏(QMenuBar)。菜单栏包含了一个下拉菜单项的列表,这些菜单项由QAction动作类实现。菜单栏位于主窗口的顶部,一个主窗口只能有一个菜单栏。

② 工具栏(QToolBar)。工具栏一般用于显示一些常用的菜单项目,也可以插入其他窗口部件,并且是可以移动的。一个主窗口可以拥有多个工具栏。

③ 中心部件(Central Widget)。在主窗口的中心区域可以放入一个窗口部件作为中心部件,是应用程序的主要功能实现区域。一个主窗口只能拥有一个中心部件。

④ Dock部件(QDockWidget)。Dock部件常被称为停靠窗口,因为可以停靠在中心部件的四周,用来放置一些部件以实现一些功能,就像个工具箱。一个主窗口可以拥有多个Dock部件。

⑤ 状态栏(QStatusBar)。状态栏用于显示程序的一些状态信息,在主窗口的最底部。一个主窗口只能拥有一个状态栏。

本节知识可以在帮助索引中通过Application Main Window关键字查看,其中列出了所有与创建主窗口应用程序相关的类,也可以查看Main Window示例程序。

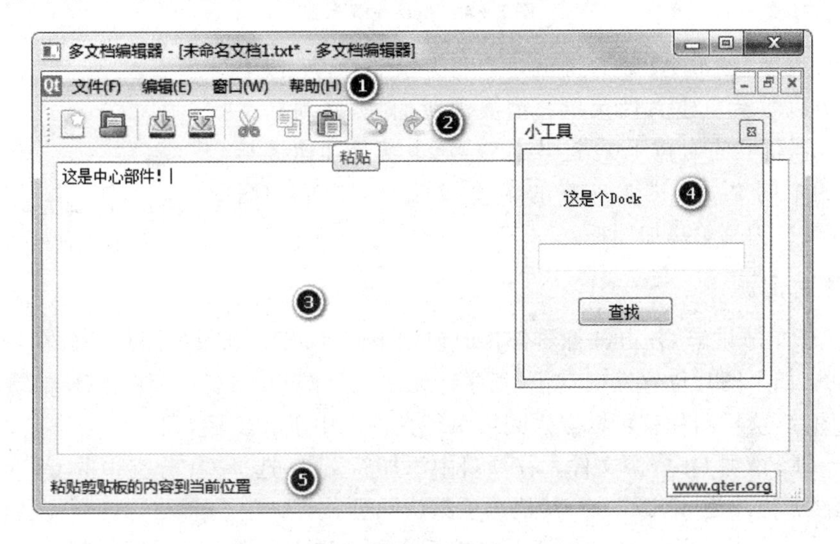

图5-2 应用程序主窗口界面

5.1.1 Qt资源系统、菜单栏和工具栏

下面先来看一个例子。(本小节采用的项目源码路径:src\05\5-1\mymainwindow)新建Qt Widgets应用,项目名称mymainwindow,类名默认为MainWindow,基类默认为QMainWindow不做改动。建立好项目后,在项目树形视图中双击mainwindow.ui文件进入设计模式,这时在设计区域出现的便是主窗口界面。下面来添加菜单,双击左上角的“在这里输入”,修改为“文件(&F)”,这里要使用英文半角的括号;“&F”被称为加速键,表明程序运行时,可以按下Alt+F键来激活该菜单。修改完成后按下回车键,并在弹出的下拉菜单中将第一项改为“新建文件(&N)”,并按下回车键(由于版本原因,如果这里无法直接输入中文,则可以通过复制粘贴完成),效果如

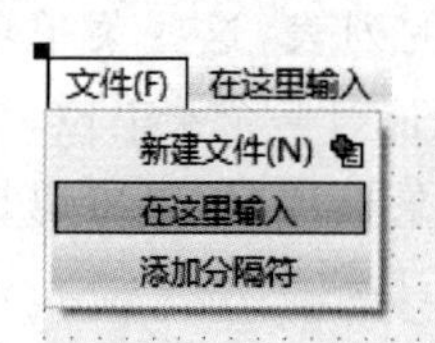

图 5-3 添加菜单

图 5-3 所示。这时可以看到，下面的 Action 编辑器中已经有了“新建文件”动作，如图 5-4 所示。在窗体上右击，从弹出的级联菜单中选择“添加工具栏”。然后将 Action 编辑器中的 action_N 动作拖入菜单栏下面的工具栏中，如图 5-5 所示。在设计器中创建主窗口，也可以在帮助索引中通过 Creating Main Windows in Qt Designer 关键字查看相关内容。

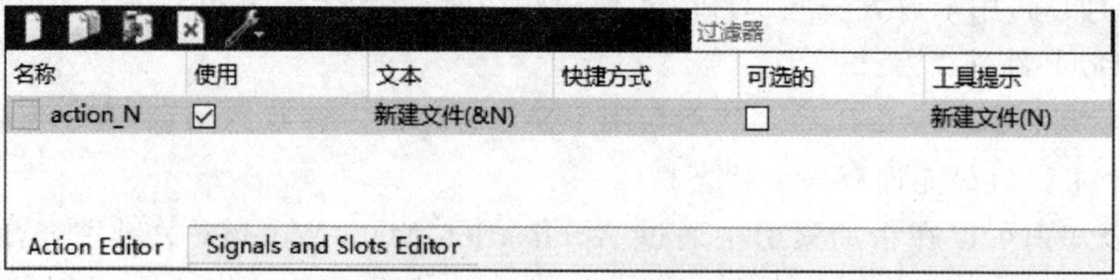

过滤器

名称	使用	文本	快捷方式	可选的	工具提示
action_N	☑	新建文件(&N)		☐	新建文件(N)

Action Editor　Signals and Slots Editor

图 5-4 Action 编辑器

运行程序，按下 Alt+F 键就可以打开文件菜单，按下 N 键就可以激活新建文件菜单。需要说明的是，必须是文件菜单在激活状态时按下 N 键才有效，这也就是加速键与快捷键的不同之处。因为一般的菜单都有一个对应的图标，下面就来为菜单添加图标。

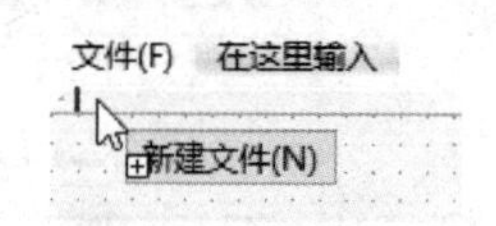

图 5-5 向工具栏中拖入动作

1. 使用资源

3.3.1 小节讲解 QLabel 标签部件时使用了图片，不过那里的图片是放在可执行程序外部的，如果图片位置发生变化，程序将无法显示图片。这里将使用 Qt 的资源系统来存储图片，这样图片就可以嵌入到可执行文件之中了。步骤如下：

第一步，添加 Qt 资源文件。往项目中添加新文件，选择 Qt 分类中的 Qt Resource File，文件名称改为 myimages，其他选项默认即可。

第二步，添加资源。建立好资源文件后会默认进入资源管理界面，打开 myimages.qrc 文件。现在先到项目文件夹 mymainwindow 中新建一个名为 images 的文件夹，并在其中放入两张图标图片，比如放入了一个 new.png 和一个 open.png 图片。(注意：Qt 资源系统要求资源文件必须放在与 qrc 文件同级或子级目录下，如果放在其他地方，则添加资源时会提示将文件复制到有效的位置。)

然后回到 Qt Creator 中，在资源管理界面单击“Add Prefix”添加前缀，然后将属性栏中的前缀改为“/image”，再单击“Add Files”，在弹出的对话框中进入到前面新建的 images 文件夹中，选中那两张图片，单击“打开”即可。这时 myimages.qrc 文件中就出现了添加的图片的列表。最后，按下 Ctrl+S 快捷键保存对文件的修改(注意：这一点很重要，如果没有保存，在下面使用图片时将看不到图片)，如图 5-6 所示。

第三步，使用图片。先使用 Ctrl+Tab 快捷键转到 mainwindow.ui 文件，回到设

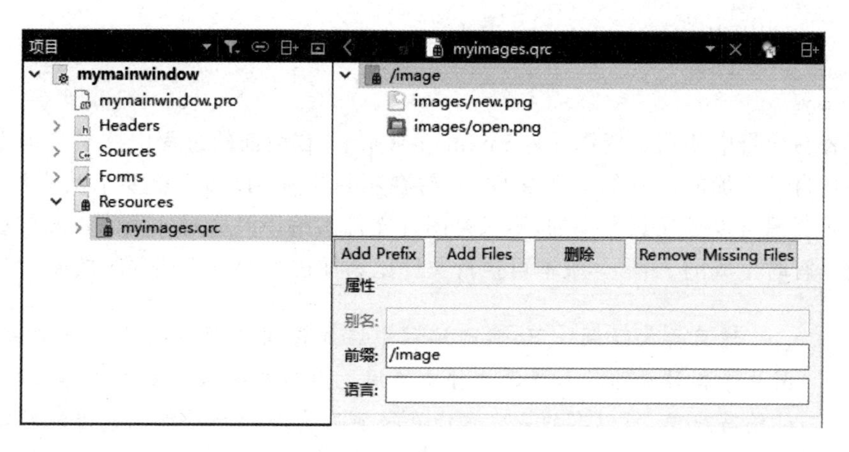

图 5－6　资源管理界面

计模式(如果先前没有打开过 mainwindow. ui 文件，那么该快捷键无法切换，需要直接双击该文件进行打开)。在 Action 编辑器中双击“新建文件”动作，这时会弹出编辑动作对话框。将对象名称改为 action_New，然后按下“图标”后面的... 按钮进入选择资源界面。第一次进入该界面时，如果没有显示可用的资源，则可以单击左上角的重新加载绿色箭头图标，这时图片资源就显示出来了。这里选择 new. png 图片并单击“确定”按钮。最后在快捷方式后面的输入栏上单击并按下 Ctrl＋N 组合键，就可以将它设为这个动作的快捷键了。到这里就为动作添加了图标和快捷键，按下“确定”按钮关闭编辑动作对话框。

可以在帮助索引中查看 The Qt Resource System 关键字，这里介绍了 Qt 资源系统的相关内容。前面在使用资源时添加的 qrc 资源文件其实是一个 XML 格式的文本文件，现在进入编辑模式，在 myimages. qrc 文件上右击，在弹出的级联菜单中选择“Open With→普通文本编辑器”，这时就会看到 myimages. qrc 的内容如下：

```
<RCC>
    <qresource prefix="/image">
        <file>images/new.png</file>
        <file>images/open.png</file>
    </qresource>
</RCC>
```

这里指明了文件类型为 RCC，表明是 Qt 资源文件。然后是资源前缀，在其下面罗列了添加的图片路径。如果编写代码时要使用 new. png 图片，那么可以将其路径指定为“:/image/images/new. png”，这样就表明在使用资源文件中的图片，其中添加的前缀“/image”只是用来表明这是图片资源，可以改为别的名字，也可以为空。另外，还有一种方式，即 QUrl(qrc:/myapp/main. qml)，可以在需要指定 URL 的地方使用。前面在 Resource Editor 中进行图片添加操作，这种方式比较方便明了，也可以按照这里的格式使用手写代码来添加图片。

往项目中添加了一个资源文件时，会自动往项目文件 mymainwindow. pro 中添加代码：

```
RESOURCES += \
myimages.qrc
```

这表明项目中使用了资源文件 myimages.qrc。在前面的过程中这是自动生成的，但如果是自己添加的已有的资源文件，要想在项目中使用，那么就要手动添加这行代码。其实资源可以是任意类型的，不只是图片文件。编译时会对加入的资源自动压缩，这也就是有时生成的 release 版本可执行文件比添加进去的资源还要小的原因。

这里再次强调一下，实际编程中在能使用资源系统的时候应该尽量将图片等各种资源放入资源文件中使用。因为本书只是知识点的讲解并非实际编写应用，所以有的地方可能直接使用资源的相对路径或者绝对路径，仅是为了简化例程，并不推荐读者实际编程中这样使用。

2. 编写代码方式添加菜单

前面在设计器中添加了文件菜单，然后添加了新建文件子菜单，其实这些都可以使用代码来实现。下面使用代码来添加一个菜单。先到设计模式，在左上角对象查看器中选择 QMenuBar 对象，在下方属性编辑器中将其 objectName 修改为 menuBar，同样的，将前面添加的工具栏 QToolBar 对象的 objectName 修改为 mainToolBar。然后回到编辑模式，在 mainwindow.cpp 文件的 MainWindow 类构造函数中添加代码：

```
QMenu * editMenu = ui->menuBar->addMenu(tr("编辑(&E)"));          //添加编辑菜单
QAction * action_Open = editMenu->addAction(                      //添加打开菜单
QIcon(":/image/images/open.png"), tr("打开文件(&O)"));
action_Open->setShortcut(QKeySequence("Ctrl + O"));               //设置快捷键
ui->mainToolBar->addAction(action_Open);                          //在工具栏中添加动作
```

这里使用 ui->menuBar 来获取 QMainWindow 的菜单栏，使用 ui->mainToolBar 来获取 QMainWindow 的工具栏，然后分别使用相应的函数添加菜单和动作。就像前面提到过的，在菜单中的各种菜单项都是一个 QAction 类对象，这个后面还会讲到。现在运行程序就可以看到已经添加了新的菜单。

3. 菜单栏

QMenuBar 类提供了一个水平的菜单栏，在 QMainWindow 中可以直接获取默认的菜单栏，向其中添加 QMenu 类型的菜单对象，然后向弹出菜单中添加 QAction 类型的动作对象作为菜单项。QMenu 中还提供了间隔器，可以在设计器中像添加菜单那样直接添加间隔器，或者在代码中使用 addSeparator()函数来添加，它是一条水平线，可以将菜单进行分组，使得布局很整齐。应用程序中很多普通的命令都是通过菜单来实现的，而我们也希望能将这些菜单命令放到工具栏中以方便使用。QAction 就是这样一种命令动作，可以同时放在菜单和工具栏中。一个 QAction 动作包含了图标、菜单显示文本、快捷键、状态栏显示文本、“What's This?”显示文本和工具提示文本。这些都可以在构建 QAction 类对象时在构造函数中指定。另外，还可以设置 QAction 的

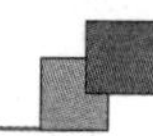

checkable 属性,如果指定这个动作的 checkable 为 true,那么当选中这个菜单时就会在它的前面显示“√”之类的表示选中状态的符号;如果该菜单有图标,那么就会用线框将图标围住,用来表示该动作被选中了。

下面再介绍一个动作组 QActionGroup 类。它可以包含一组动作 QAction,可以设置这组动作中是否只能有一个动作处于选中状态,这对于互斥型动作很有用。在前面程序的 MainWindow 类构造函数中继续添加如下代码:

```
QActionGroup * group = new QActionGroup(this);                  //建立动作组
QAction * action_L = group ->addAction(tr("左对齐(&L)"));      //向动作组中添加动作
action_L ->setCheckable(true);                                 //设置动作 checkable 属性为 true
QAction * action_R = group ->addAction(tr("右对齐(&R)"));
action_R ->setCheckable(true);
QAction * action_C = group ->addAction(tr("居中(&C)"));
action_C ->setCheckable(true);
action_L ->setChecked(true);                                   //最后指定 action_L 为选中状态
editMenu ->addSeparator();                                      //向菜单中添加间隔器
editMenu ->addAction(action_L);                                 //向菜单中添加动作
editMenu ->addAction(action_R);
editMenu ->addAction(action_C);
```

注意还要添加 # include <QActionGroup>头文件包含。这里让“左对齐”“右对齐”和“居中”3 个动作处于一个动作组中,然后设置“左对齐”动作为默认选中状态。可以运行程序查看效果。

4. 工具栏

工具栏 QToolBar 类提供了一个包含了一组控件的、可以移动的面板。前面已经看到可以将 QAction 对象添加到工具栏中,默认只是显示一个动作的图标,可以在 QToolBar 的属性编辑器中进行更改。在设计器中查看 QToolBar 的属性栏,其中,toolButtonStyle 属性用来设置图标和相应文本的显示及其相对位置,movabel 属性用来设置状态栏是否可以移动,allowedArea 用来设置允许停靠的位置,iconsize 属性用来设置图标的大小,floatable 属性用来设置是否可以悬浮。

工具栏中除了可以添加动作外,还可以添加其他的窗口部件,下面来看一个例子。在前面程序的 mainwindow. cpp 文件中添加头文件:

```
# include < QToolButton >
# include < QSpinBox >
```

然后在构造函数中继续添加如下代码:

```
QToolButton * toolBtn = new QToolButton(this);                 //创建 QToolButton
toolBtn ->setText(tr("颜色"));
QMenu * colorMenu = new QMenu(this);                           //创建一个菜单
colorMenu ->addAction(tr("红色"));
colorMenu ->addAction(tr("绿色"));
toolBtn ->setMenu(colorMenu);                                  //添加菜单
toolBtn ->setPopupMode(QToolButton::MenuButtonPopup);          //设置弹出模式
```

```
ui->mainToolBar->addWidget(toolBtn);                    //向工具栏添加 QToolButton 按钮

QSpinBox * spinBox = new QSpinBox(this);                //创建 QSpinBox
ui->mainToolBar->addWidget(spinBox);                    //向工具栏添加 QSpinBox 部件
```

这里创建了一个 QToolButton 类对象,并为它添加了一个弹出菜单,设置了弹出方式是在按钮旁边有一个向下的小箭头,可以按下这个箭头弹出菜单(默认的弹出方式是按下按钮一段时间才弹出菜单)。最后将它添加到了工具栏中。下面又在工具栏中添加了一个 QSpinBox 部件,可以看到,往工具栏中添加部件可以使用 addWidget()函数。

5.1.2 中心部件

主窗口的中心区域可以放置一个中心部件,它一般是一个编辑器或者浏览器。这里支持单文档部件,也支持多文档部件。一般的,我们会在这里放置一个部件,然后使用布局管理器使其充满整个中心区域,并可以随着窗口的大小变化而变化。下面在前面的程序中添加中心部件。在设计模式中,往中心区域拖入一个 Text Edit,然后单击界面,按下 Ctrl+G 快捷键,使其处于一个栅格布局中。现在可以运行程序查看效果。QTextEdit 是一个高级的 WYSIWYG(所见即所得)浏览器和编辑器,支持富文本的处理,为用户提供了强大的文本编辑功能。而与 QTextEdit 对应的是 QPlainTextEdit 类,它提供了一个纯文本编辑器,这个类与 QTextEdit 类的很多功能都很相似,只不过无法处理富文本。还有一个 QTextBrowser 类,它是一个富文本浏览器,可以看作 QTextEdit 的只读模式。因为这 3 个类的用法大同小异,所以以后的内容中只讲解 QTextEdit 类。

中心区域还可以使用多文档部件。Qt 中的 QMdiArea 部件就是用来提供一个可以显示 MDI(Multiple Document Interface)多文档界面的区域,从而有效地管理多个窗口。QMdiArea 中的子窗口由 QMdiSubWindow 类提供,这个类有自己的布局,包含一个标题栏和一个中心区域,可以向它的中心区域添加部件。

下面更改前面的程序,在设计模式将前面添加的 Text Edit 部件删除,然后拖入一个 MDI Area 部件。在 Action 编辑器中的“新建文件”动作上右击,在弹出的级联菜单中选择“转到槽”,然后在弹出的对话框中选择 triggered()触发信号,单击“确定”按钮后转到 mainwindow.cpp 文件中该信号的槽的定义处,更改如下:

```
void MainWindow::on_action_New_triggered()
{
    //新建文本编辑器部件
    QTextEdit * edit = new QTextEdit(this);
    //使用 QMdiArea 类的 addSubWindow()函数创建子窗口,以文本编辑器为中心部件
    QMdiSubWindow * child = ui->mdiArea->addSubWindow(edit);
    child->setWindowTitle(tr("多文档编辑器子窗口"));
    child->show();
}
```

这里需要先添加 #include <QTextEdit>和 #include <QMdiSubWindow>头文

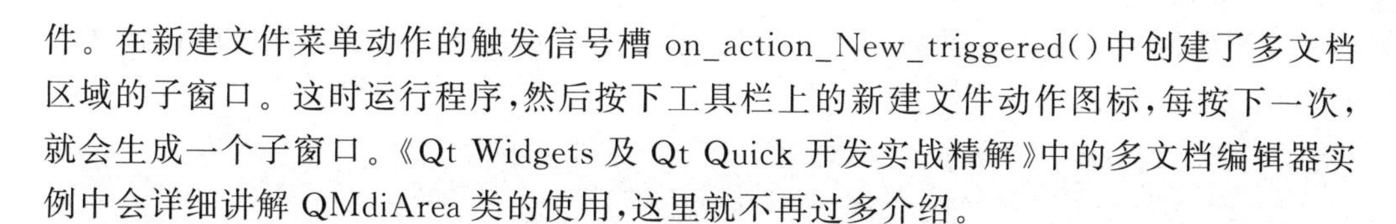

件。在新建文件菜单动作的触发信号槽 on_action_New_triggered()中创建了多文档区域的子窗口。这时运行程序,然后按下工具栏上的新建文件动作图标,每按下一次,就会生成一个子窗口。《Qt Widgets 及 Qt Quick 开发实战精解》中的多文档编辑器实例中会详细讲解 QMdiArea 类的使用,这里就不再过多介绍。

5.1.3 Dock 部件

QDockWidget 类提供了这样一个部件,可以停靠在 QMainWindow 中,也可以悬浮起来作为桌面顶级窗口,称为 Dock 部件或者停靠窗口。Dock 部件一般用于存放一些其他部件来实现特殊功能,就像一个工具箱。在主窗口中可以停靠在中心部件的四周,也可以悬浮起来被拖动到任意的地方,还可以被关闭或隐藏起来。一个 Dock 部件包含一个标题栏和一个内容区域,可以向 Dock 部件中放入任何部件。

在设计模式中向中心区域拖入一个 Dock Widget 部件,然后再向 Dock 中随意拖入几个部件,比如这里拖入一个 Push Button 和一个 Font Combo Box。在 dockWidget 的属性栏中更改其 windowTitle 为"工具箱",另外还可以设置它的 features 属性,包含是否可以关闭、移动和悬浮等;还有 allowedArea 属性,用来设置可以停靠的区域。

下面在文件菜单中添加"显示 Dock"菜单项,然后在 Action 编辑器中转到"显示 Dock"动作的触发信号 triggered()的槽函数,更改如下:

```
void MainWindow::on_action_Dock_triggered()
{
    ui->dockWidget->show();
}
```

运行程序时关闭了 Dock 部件后,按下该菜单项,就可以重新显示 Dock 了。现在可以运行程序查看效果。

5.1.4 状态栏

QStatusBar 类提供了一个水平条部件,用来显示状态信息。QMainWindow 中默认提供了一个状态栏。状态信息可以被分为 3 类:临时信息,如一般的提示信息;正常信息,如显示页数和行号;永久信息,如显示版本号或者日期。可以使用 showMessage()函数显示一个临时消息,它会出现在状态栏的最左边。一般用 addWidget()函数添加一个 QLabel 到状态栏上用于显示正常信息,它会出现在状态栏的最左边,可能会被临时消息掩盖。如果要显示永久信息,则要使用 addPermanentWidget()函数来添加一个如 QLabel 一样的可以显示信息的部件,它会生成在状态栏的最右端,不会被临时消息掩盖。

状态栏的最右端还有一个 QSizeGrip 部件,用来调整窗口的大小,可以使用 setSizeGripEnabled()函数来禁用它,例如:

```
ui->statusBar->setSizeGripEnabled(false);
```

目前的设计器还不支持直接向状态栏中拖放部件,所以需要使用代码来生成。先在设计模式右上角的对象查看器选中 QStatusBar 对象,然后在下面更改其 object-

Name 属性为 statusBar。然后转到编辑模式,在 mainwindow.cpp 文件中的构造函数里继续添加代码:

```
//显示临时消息,显示 2000 毫秒即 2 秒
ui->statusBar->showMessage(tr("欢迎使用多文档编辑器"), 2000);
//创建标签,设置标签样式并显示信息,然后将其以永久部件的形式添加到状态栏
QLabel *permanent = new QLabel(this);
permanent->setFrameStyle(QFrame::Box | QFrame::Sunken);
permanent->setText("www.qter.org");
ui->statusBar->addPermanentWidget(permanent);
```

注意,这里需要添加 #include <QLabel>头文件包含。此时运行程序可以发现,“欢迎使用多文档编辑器”字符串在显示一会儿后就自动消失了,而“www.qter.org”一直显示在状态栏最右端。

到这里,主窗口的几个主要组成部分就介绍完了。可以看到,一个 QMainWindow 类中默认提供了一个菜单栏、一个中心区域和一个状态栏,而工具栏、Dock 部件是需要自己添加的。在设计模式中相关部件上右击可以删除菜单栏、工具栏和状态栏,当然这些操作也可以使用代码实现。

5.1.5 自定义菜单

前面已经看到,可以在工具栏中添加任意的部件,那么菜单中是否也可以使用其他部件呢?当然可以,Qt 中的 QWidgetAction 类就提供了这样的功能。为了实现自定义菜单,需要新建一个类,它继承自 QWidgetAction 类,并且在其中重新实现 createWidget()函数。下面的例子中实现了这样一个菜单项:包含一个标签和一个行编辑器,可以在行编辑器中输入字符串,然后按下回车键,就可以自动将字符串输入到中心部件文本编辑器中。

(本小节采用的项目源码路径:src\05\5-2\myaction)新建 Qt Widgets 应用,项目名称为 myaction,类名默认为 MainWindow,基类默认为 QMainWindow 不做改动。建好项目后往项目中添加新文件,模板选择 C++ Class,类名设置为 MyAction,基类设置为 QWidgetAction。

在 myaction.h 文件中添加代码,完成后 myaction.h 文件内容如下:

```
#ifndef MYACTION_H
#define MYACTION_H
#include <QWidgetAction>
class QLineEdit;              //前置声明
class MyAction : public QWidgetAction
{
    Q_OBJECT
public:
    explicit MyAction(QObject *parent = nullptr);
protected:
    //声明函数,该函数是 QWidgetAction 类中的虚函数
    QWidget * createWidget(QWidget *parent) override;
```

```
signals:
    //新建信号,用于在按下回车键时,将行编辑器中的内容发射出去
    void getText(const QString &string);
private slots:
    //新建槽,用来与行编辑器的按下回车键信号关联
    void sendText();
private:
    //添加行编辑器对象的指针
    QLineEdit * lineEdit;
};

#endif //MYACTION_H
```

下面再到 myaction. cpp 添加代码。先添加头文件包含:

```
#include <QLineEdit>
#include <QSplitter>
#include <QLabel>
```

然后将 MyAction 类的构造函数修改如下:

```
MyAction::MyAction(QObject * parent) :
    QWidgetAction(parent)
{
    //创建行编辑器
    lineEdit = new QLineEdit;
    //将行编辑器的按下回车键信号与发送文本槽关联
    connect(lineEdit, &QLineEdit::returnPressed, this, &MyAction::sendText);
}
```

再添加 createWidget()函数的定义:

```
QWidget * MyAction::createWidget(QWidget * parent)
{
    //这里使用 inherits()函数判断父部件是否是菜单或者工具栏
    //如果是,则创建该父部件的子部件,并且返回子部件
    //如果不是,则直接返回 0
    if(parent->inherits("QMenu") || parent->inherits("QToolBar")){
        QSplitter * splitter = new QSplitter(parent);
        QLabel * label = new QLabel;
        label->setText(tr("插入文本:"));
        splitter->addWidget(label);
        splitter->addWidget(lineEdit);
        return splitter;
    }
    return 0;
}
```

当使用该类的对象,并将其添加到一个部件上时,则会自动调用 createWidget()函数,这里先判断这个部件是否是一个菜单或者工具栏。如果不是,直接返回 0,不处理。如果是,就以该部件为父窗口创建了一个拆分器,并在其中添加一个标签和行编辑器,最后将这个拆分器返回。其中使用的 inherits()函数在第 7 章会讲到。

下面是 sendText()函数的定义:

```
void MyAction::sendText()
{
    emit getText(lineEdit->text());        //发射信号,将行编辑器中的内容发射出去
    lineEdit->clear();                     //清空行编辑器中的内容
}
```

每当在行编辑器中输入文本并按下回车键时,就会激发 returnPressed()信号,这时就会调用 sendText()槽。这里发射了自定义的 getText()信号,并将行编辑器中的内容清空。

下面双击 mainwindow.ui 文件,进入设计模式,向中心区域拖入一个 Text Edit 部件,并使用 Ctrl+G 使其处于一个栅格布局中。然后进入 mainwindow.h 文件中添加一个私有槽的声明:

```
private slots:
    void setText(const QString &string);        //向编辑器中添加文本
```

下面进入 mainwindow.cpp 文件中对该函数进行定义:

```
void MainWindow::setText(const QString &string)      //插入文本
{
    ui->textEdit->setText(string);                   //将获取的文本添加到编辑器中
}
```

然后在 mainwindow.cpp 中添加头文件#include "myaction.h",并在 MainWindow 类的构造函数中添加如下代码:

```
//添加菜单并且加入我们的 action
MyAction *action = new MyAction;
QMenu *editMenu = ui->menuBar->addMenu(tr("编辑(&E)"));
editMenu->addAction(action);
//将 action 的 getText()信号和这里的 setText()槽进行关联
connect(action, SIGNAL(getText(QString)), this, SLOT(setText(QString)));
```

现在运行程序,在编辑菜单中单击自定义的菜单动作,然后输入字符并按下回车键,可以看到输入的字符自动添加到了文本编辑器中。另外,也可以将这个 action 添加到工具栏中。

这个例子中设计了自己的信号和槽,整个过程是这样的:在行编辑器中输入文本,然后按下回车键,这时行编辑就会发射 returnPressed()信号,而这时就调用了我们的 sendText()槽,在 sendText()槽中又发射了 getText()信号,信号中包含了行编辑器中的文本,接着又会调用 setText()槽,在 setText()槽中将 getText()信号发来的文本输入到文本编辑器中。这样就完成了按下回车键将行编辑器中的文本输入到中心部件的文本编辑器中的操作。其实,如果所有部件都是在一个类中,就可以直接关联行编辑器的 returnPressed()信号到我们的槽中,然后进行操作。但是,这里是在 MyAction 和 MainWindow 两个类之间进行数据传输,所以使用了自定义信号和槽。可以看到,如果能很好地掌握信号和槽的应用,那么实现几个类之间的数据调用是很简单的。

5.2 富文本处理

前面提到 QTextEdit 支持富文本的处理，什么是富文本呢？富文本(Rich Text)或者叫富文本格式，简单来说就是在文档中可以使用多种格式，比如字体颜色、图片和表格等。它是与纯文本(Plain Text)相对而言的，比如 Windows 上的记事本就是纯文本编辑器，而 Word 就是富文本编辑器。Qt 中提供了对富文本处理的支持，可以在帮助索引中通过 Rich Text Processing 关键字查看，文档中详细讲解了富文本处理的相关内容。

5.2.1 富文本文档结构

Qt 中对富文本的处理分为了编辑操作和只读操作两种方式。编辑操作使用基于光标的一些接口函数，更好地模拟了用户的编辑操作，更加容易理解，而且不会丢失底层的文档框架；而对于文档结构的概览，则使用了只读的分层次的接口函数，有利于文档的检索和输出。可见，对于文档的读取和编辑要使用不同的两组接口。文档的光标主要基于 QTextCursor 类，而文档的框架主要基于 QTextDocument 类。一个富文本文档的结构分为几种元素来表示，分别是框架(QTextFrame)、文本块(QTextBlock)、表格(QTextTable)和列表(QTextList)。每种元素的格式又使用相应的 format 类来表示，分别是框架格式(QTextFrameFormat)、文本块格式(QTextBlockFormat)、表格格式(QTextTableFormat)和列表格式(QTextListFormat)，这些格式一般在编辑文档时使用，所以常和 QTextCursor 类配合使用。QTextEdit 类就是一个富文本编辑器，所以在构建 QTextEdit 类的对象时就已经构建了一个 QTextDocument 类对象和一个 QTextCursor 类对象，只须调用它们进行相应的操作即可，如图 5-7 所示。

一个空的文档包含了一个根框架(Root frame)，这个根框架又包含了一个空的文本块(Block)。框架将一个文档分为多个部分，在根框架里可以再添加文本块、子框架和表格等。一个文档的结构如图 5-8 所示。下面先来看一下框架的实际应用。

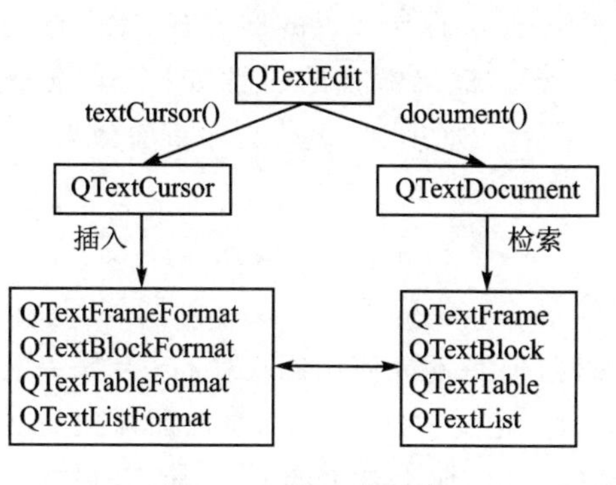

图 5-7　富文本元素

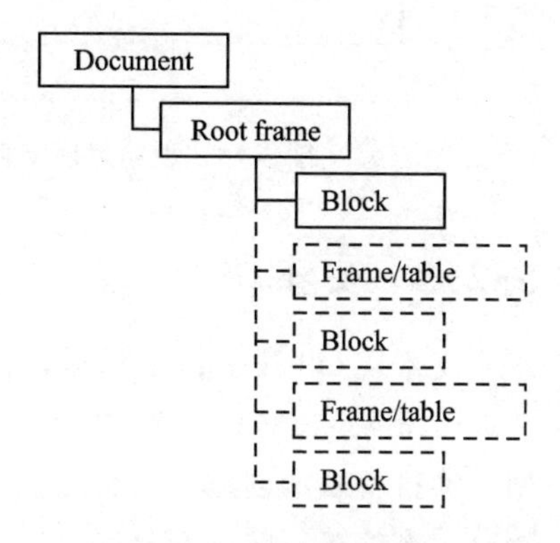

图 5-8　文档结构图

(本小节采用的项目源码路径：src\05\5-3\myrichtext)新建 Qt Widgets 应用，项目名称为 myrichtext，类名默认为 MainWindow，基类默认为 QMainWindow。建立好项目后，在设计模式向中心区域拖入一个 Text Edit 部件。然后到 mainwindow.cpp 文件中，先添加头文件 #include ＜QTextFrame＞，再在 MainWindow 类的构造函数中添加如下代码：

```
QTextDocument * document = ui->textEdit->document();        //获取文档对象
QTextFrame * rootFrame = document->rootFrame();             //获取根框架
QTextFrameFormat format;                                    //创建框架格式
format.setBorderBrush(Qt::red);                             //边界颜色
format.setBorder(3);                                        //边界宽度
rootFrame->setFrameFormat(format);                          //框架使用格式
```

在构造函数中获取了编辑器中的文档对象，然后获取了文档的根框架，并且重新设置了框架的格式。现在运行程序会发现只能在红色的边框中进行输入。这里还可以使用 setHeight()和 setWidth()函数来固定框架的高度和宽度。

下面继续添加代码，使用光标类对象，在根框架中再添加一个子框架。

```
QTextFrameFormat frameFormat;
frameFormat.setBackground(Qt::lightGray);                   //设置背景颜色
frameFormat.setMargin(10);                                  //设置边距
frameFormat.setPadding(5);                                  //设置填衬
frameFormat.setBorder(2);
frameFormat.setBorderStyle(QTextFrameFormat::BorderStyle_Dotted);   //设置边框样式
QTextCursor cursor = ui->textEdit->textCursor();            //获取光标
cursor.insertFrame(frameFormat);                            //在光标处插入框架
```

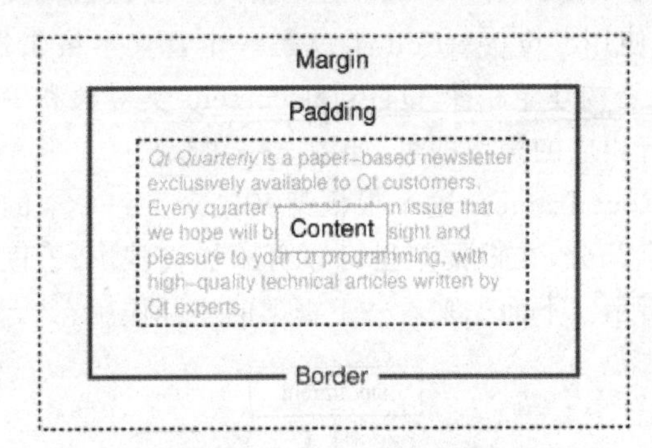

图 5-9 框架属性示意图

这里又建立了一个框架格式，然后获取了编辑器的光标对象，并使用这个框架格式插入了一个新的框架。这里为框架格式设置了边白，它分为边界内与本身内容间的空白，即填衬(Padding)，和边界外与其他内容间的空白，即边距(Margin)。框架边界的样式有实线、点线等。框架格式的属性如图 5-9 所示。现在可以运行程序查看效果。

5.2.2 文本块

文本块 QTextBlock 类为文本文档 QTextDocument 提供了一个文本片段(QTextFragment)的容器。一个文本块可以看作一个段落，但是不能使用回车换行，因为一个回车换行就表示创建一个新的文本块。QTextBlock 提供了只读接口，是前面提到的文档分层次的接口的一部分，如果 QTextFrame 看作一层，那么其中的 QTextBlock 就是另一层。文本块的格式由 QTextBlockFormat 类来处理，它主要涉及对齐方式、文本块

四周边距、缩进等内容。而文本块中文本内容的格式，比如字体大小、加粗、下划线等，则由 QTextCharFormat 类来设置。下面从例子中去理解这些内容。

继续在前面的项目中进行操作。先到设计模式，在界面上右击，从弹出的级联菜单中选择“添加工具栏”，并将其 objectName 修改为 mainToolBar。然后打开 mainwindow.h 文件添加私有槽的声明：

```
private slots:
    void showTextFrame();                                     //遍历文档框架
```

再到 mainwindow.cpp 文件中添加头文件 #include <QLabel>，并在构造函数中添加如下代码：

```
QAction * action_textFrame = new QAction(tr("框架"), this);
connect(action_textFrame, &QAction::triggered, this, &MainWindow::showTextFrame);
ui->mainToolBar->addAction(action_textFrame);             //在工具栏添加动作
```

这里新建了一个动作，然后将它的触发信号和 showTextFrame()槽关联，最后将它加入到了工具栏中。下面添加 showTextFrame()槽的实现：

```
void MainWindow::showTextFrame()                              //遍历框架
{
    QTextDocument * document = ui->textEdit->document();
    QTextFrame * frame = document->rootFrame();
    QTextFrame::iterator it;                                  //建立 QTextFrame 类的迭代器
    for (it = frame->begin(); ! (it.atEnd()); ++ it) {
        QTextFrame * childFrame = it.currentFrame();          //获取当前框架的指针
        QTextBlock childBlock = it.currentBlock();            //获取当前文本块
        if (childFrame)
            qDebug() << "frame";
        else if (childBlock.isValid())
            qDebug() << "block:" << childBlock.text();
    }
}
```

这个函数中获取了文档的根框架，然后使用它的迭代器 iterator（在第 7 章讲到）来遍历根框架中的所有子框架和文本块。在循环语句中先使用 QTextFrame 类的 begin()函数使 iterator 指向根框架最开始的元素，然后使用 iterator 的 atEnd()函数判断是否已经到达了根框架的最后一个元素。这里如果出现子框架，则输出一个框架的提示；如果出现文本块，则输出文本块提示和文本块的内容。现在运行程序，然后在编辑器中输入一些内容，按下工具栏中的“框架”动作，查看一下输出栏中的信息。可以看到，这里只能输出根框架中的文本块和子框架，子框架中的文本块却无法遍历到。其实还可以使用其他方法来遍历文档的所有文本块。下面在 mainwindow.h 文件中继续添加私有槽 private slots 声明：

```
void showTextBlock();                                     //遍历所有文本块
```

然后到 mainwindow.cpp 文件中的构造函数里继续添加如下代码：

```
QAction * action_textBlock = new QAction(tr("文本块"), this);
connect(action_textBlock, &QAction::triggered, this, &MainWindow::showTextBlock);
ui->mainToolBar->addAction(action_textBlock);
```

下面添加 showTextBlock()槽的定义：

```
void MainWindow::showTextBlock()                    //遍历文本块
{
    QTextDocument * document = ui->textEdit->document();
    QTextBlock block = document->firstBlock();      //获取文档的第一个文本块
    for (int i = 0; i < document->blockCount(); i ++ ) {
        qDebug() << tr("文本块 %1,文本块首行行号为：%2,长度为：%3,内容为：")
                        .arg(i).arg(block.firstLineNumber()).arg(block.length())
                    << block.text();
        block = block.next();                       //获取下一个文本块
    }
}
```

这里使用了 QTextDocument 类的 firstBlock()函数来获取文档的第一个文本块，而 blockCount()函数可以获取文档中所有文本块的个数，这样便可以使用循环语句来遍历所有文本块。对于每一个文本块都输出了编号、第一行行号、长度和内容，然后使用 QTextBlock 的 next()函数来获取下一个文本块。这里需要说明的是，tr()函数中使用"%1"等位置标记，然后在后面使用 arg()添加变量作为参数，这样这些参数就会代替前面字符串中的"%1"显示出来；字符串中有几个"%"号，后面就应该有几个 arg()与其对应。arg()是 QString 类中的函数，因为 tr()函数返回 QString 类对象，所以这里可以这样使用。现在运行程序，然后在编辑器中添加一些内容，按下"文本块"动作查看效果。可以看到，行号是从 0 开始标记的，而且如果不使用回车换行，那么它即便在编辑器中显示在了第二行，其实还是在一个文本块里。文本块的长度是从 1 开始计算的，就是说，就算什么都不写，那么文本块的长度也是 1，所以长度会比实际字符数多 1。

下面再来看看怎样来编辑文本块及其内容的格式。前面讲到，对于编辑操作是使用基于光标的函数接口，我们来介绍几个常用的编辑操作。在 mainwindow.h 文件中添加私有槽 private slots 声明：

```
void setTextFont(bool checked);                     //设置字体格式
```

然后在 mainwindow.cpp 文件的构造函数中继续添加代码：

```
QAction * action_font = new QAction(tr("字体"),this);
action_font ->setCheckable(true);                       //设置动作可以被选中
connect(action_font, &QAction::toggled, this, &MainWindow::setTextFont);
ui ->mainToolBar ->addAction(action_font);
```

这里创建了一个动作，并设置它可以被选中，然后关联它的切换信号到自定义的槽上。当动作的选中和取消选中状态切换时会触发切换信号 toggled(bool)，当处于选中状态时参数 bool 值为 true。下面是 setTextFont()槽的定义：

```
void MainWindow::setTextFont(bool checked)              //设置字体格式
{
    if(checked){                                        //如果处于选中状态
        QTextCursor cursor = ui ->textEdit ->textCursor();
        QTextBlockFormat blockFormat;                   //文本块格式
        blockFormat.setAlignment(Qt::AlignCenter);      //水平居中
```

```
        cursor.insertBlock(blockFormat);               //使用文本块格式
        QTextCharFormat charFormat;                    //字符格式
        charFormat.setBackground(Qt::lightGray);       //背景色
        charFormat.setForeground(Qt::blue);            //字体颜色
        //使用宋体,12 号,加粗,倾斜
        charFormat.setFont(QFont(tr("宋体"), 12, QFont::Bold, true));
        charFormat.setFontUnderline(true);             //使用下划线
        cursor.setCharFormat(charFormat);              //使用字符格式
        cursor.insertText(tr("测试字体"));             //插入文本
    }
    else{/ * 恢复默认的字体格式 * /}            //如果处于非选中状态,可以进行其他操作
}
```

这里先获得了编辑器的光标,然后为其添加了文本块格式和字符格式,文本块格式主要设置对齐方式、缩进等格式,字符格式主要设置字体、颜色、下划线等格式。最后使用光标插入了一个测试文字。下面运行程序,按下“字体”动作,查看效果。

5.2.3　表格、列表与图片

现在来看一下怎样在编辑器中插入表格、列表和图片。在前面的程序中继续添加代码(项目源码路径: src\05\5-4\myrichtext)。

在 mainwindow.h 文件中添加私有槽 private slots 声明:

```
void insertTable();                    //插入表格
void insertList();                     //插入列表
void insertImage();                    //插入图片
```

然后到 mainwindow.cpp 文件的构造函数中继续添加代码:

```
QAction * action_textTable = new QAction(tr("表格"),this);
QAction * action_textList = new QAction(tr("列表"),this);
QAction * action_textImage = new QAction(tr("图片"),this);
connect(action_textTable, &QAction::triggered, this, &MainWindow::insertTable);
connect(action_textList, &QAction::triggered, this, &MainWindow::insertList);
connect(action_textImage, &QAction::triggered, this, &MainWindow::insertImage);
ui->mainToolBar->addAction(action_textTable);
ui->mainToolBar->addAction(action_textList);
ui->mainToolBar->addAction(action_textImage);
```

这里新建了 3 个动作,并将它们添加到工具栏中,下面是几个槽的定义:

```
void MainWindow::insertTable()                             //插入表格
{
    QTextCursor cursor = ui->textEdit->textCursor();
    QTextTableFormat format;                               //表格格式
    format.setCellSpacing(2);                              //表格外边白
    format.setCellPadding(10);                             //表格内边白
    cursor.insertTable(2, 2, format);                      //插入 2 行 2 列表格
}
void MainWindow::insertList()                              //插入列表
{
```

```
    QTextListFormat format;                              //列表格式
    format.setStyle(QTextListFormat::ListDecimal);       //数字编号
    ui->textEdit->textCursor().insertList(format);
}
void MainWindow::insertImage()                           //插入图片
{
    QTextImageFormat format;                             //图片格式
    format.setName("../myrichtext/logo.png");            //图片路径
    ui->textEdit->textCursor().insertImage(format);
}
```

对于表格和列表，也可以使用 QTextFrame::iterator 来遍历它们，可以在帮助索引中通过 Rich Text Document Structure 关键字查看。表格对应的是 QTextTable 类，该类还提供了 cellAt()函数来获取指定的单元格；insertColumns()函数来插入列；insertRows()函数来插入行；mergeCells()函数来合并单元格；splitCell()函数来拆分单元格。对于一个单元格，其对应的类是 QTextTableCell，其格式对应的类是 QTextTableCellFormat 类。列表对应的类是 QTextList，该类提供了 count()函数来获取列表中项目的个数；item()函数获取指定项目的文本块；removeItem()函数来删除一个项目。对于列表编号，这里使用了数字编号，更多的选项可以通过 QTextListFormat::Style 关键字查看。对于图片，可以使用 QTextImageFormat 类的 setHeight()和 setWidth()函数来设置图片的高度和宽度，这可能会将图片进行拉伸或压缩而变形。因为图片没有对应的类，所以只能使用图片格式类，程序中使用了 setName()函数来指定图片，这里需要向源码目录中放入一张图片，当然，建议将图片放到资源文件中，只需要将代码中的路径改一下即可。

5.2.4 查找功能

其实像字体格式设置等操作完全可以在 QTextEdit 类中直接进行。QTextEdit 类提供了很多方便的函数，比如常用的复制、粘贴操作，撤销、恢复操作，放大、缩小操作等。关于这些，这里不再介绍，因为使用起来很简单，只须调用一个函数即可。下面介绍文本查找功能，它使用的是 QTextEdit 类的 find()函数。

(本小节采用的项目源码路径：src\05\5-5\myrichtext)在前面的程序中添加代码。在 mainwindow.h 文件中添加类的前置声明：

```
class QLineEdit;
class QDialog;
```

然后，添加私有 private 对象指针：

```
QLineEdit * lineEdit;
QDialog * findDialog;
```

再添加两个私有槽 private slots 声明：

```
void textFind();                    //查找文本
void findNext();                    //查找下一个
```

然后，到 mainwindow.cpp 文件中添加头文件：

```
#include <QLineEdit>
#include <QDialog>
#include <QPushButton>
#include <QVBoxLayout>
```

再在构造函数中添加如下代码：

```
QAction *action_textFind = new QAction(tr("查找"), this);
connect(action_textFind, &QAction::triggered, this, &MainWindow::textFind);
ui->mainToolBar->addAction(action_textFind);

findDialog = new QDialog(this);                          //创建对话框
lineEdit = new QLineEdit(findDialog);                    //创建行编辑器
QPushButton *btn = new QPushButton(findDialog);          //创建按钮
btn->setText(tr("查找下一个"));
connect(btn, &QPushButton::clicked, this, &MainWindow::findNext);
QVBoxLayout *layout = new QVBoxLayout;                   //创建垂直布局管理器
layout->addWidget(lineEdit);                             //添加部件
layout->addWidget(btn);
findDialog->setLayout(layout);                           //在对话框中使用布局管理器
```

这里在工具栏中添加了“查找”动作，然后创建了查找对话框。下面添加两个槽的定义：

```
void MainWindow::textFind()                        //查找文本
{
    findDialog->show();
}
void MainWindow::findNext()                        //查找下一个
{
    QString string = lineEdit->text();
    //使用查找函数查找指定字符串，查找方式为向后查找
    bool isfind = ui->textEdit->find(string, QTextDocument::FindBackward);
    if(isfind){              //如果查找成功，输出字符串所在行和列的编号
        qDebug() << tr("行号：%1 列号：%2")
                    .arg(ui->textEdit->textCursor().blockNumber())
                    .arg(ui->textEdit->textCursor().columnNumber());
    }
}
```

这里使用了 find()函数进行查找。选项 QTextDocument::FindBackward 表示向后查找，默认的是向前查找，另外，QTextDocument::FindCaseSensitively 表示不区分大小写，QTextDocument::FindWholeWords 表示匹配整个单词。其实，QTextEdit 中的 find()函数只是为了方便使用而设计的，更多的查找功能可以使用 QTextDocument 类的 find()函数，它有几种形式可以选择，其中还可以使用正则表达式。在查找到相应字符时，这里输出了所在的行号和列号，行号和列号都是从 0 开始编号的。运行程序查看效果。

5.2.5 语法高亮与 HTML

使用 Qt Creator 编辑代码时可以发现,输入关键字时会显示不同的颜色,这就是所谓的语法高亮。Qt 的富文本处理中提供了 QSyntaxHighlighter 类来实现语法高亮。为了实现这个功能,需要创建 QSyntaxHighlighter 类的子类,然后重新实现 highlightBlock()函数,使用时直接将 QTextDocument 类对象指针作为其父部件指针,这样就可以自动调用 highlightBlock()函数了。

(本小节采用的项目源码路径:src\05\5-6\myrichtext)首先往前面的项目中添加新文件,模板选择 C++ Class,类名为 MySyntaxHighlighter,基类手动设置为 QSyntaxHighlighter。完成后将 mysyntaxhighlighter.h 文件内容更改如下:

```
#ifndef MYSYNTAXHIGHLIGHTER_H
#define MYSYNTAXHIGHLIGHTER_H
#include <QSyntaxHighlighter>
class MySyntaxHighlighter : public QSyntaxHighlighter
{
    Q_OBJECT
public:
    explicit MySyntaxHighlighter(QTextDocument *parent = 0);
protected:
    void highlightBlock(const QString &text) override;      //必须重新实现该函数
};
#endif //MYSYNTAXHIGHLIGHTER_H
```

现在到 mysyntaxhighlighter.cpp 文件中,先添加#include <QRegularExpression>,然后更改构造函数为:

```
MySyntaxHighlighter::MySyntaxHighlighter(QTextDocument *parent) :
    QSyntaxHighlighter(parent)
{
}
```

下面添加 highlightBlock()函数定义:

```
void MySyntaxHighlighter::highlightBlock(const QString &text)    //高亮文本块
{
    QTextCharFormat myFormat;                          //字符格式
    myFormat.setFontWeight(QFont::Bold);
    myFormat.setForeground(Qt::green);
    QString pattern = "\\bchar\\b";                    //要匹配的字符,这里是"char"单词
    QRegularExpression expression(pattern);     //创建正则表达式

    QRegularExpressionMatchIterator i = expression.globalMatch(text);
    while (i.hasNext()) {               //使用匹配迭代器来获取高亮字符的位置并设置格式
        QRegularExpressionMatch match = i.next();
        setFormat(match.capturedStart(), match.capturedLength(), myFormat);
    }
}
```

这里主要是使用了正则表达式来进行字符串匹配,如果匹配成功,则使用 QSyn-

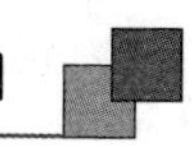

taxHighlighter 类的 setFormat()函数来设置字符格式。正则表达式在第 7 章还会讲到。下面来使用这个自定义的类。

在 mainwindow.h 文件中添加类的前置声明：

```
class MySyntaxHighlighter;
```

然后再添加私有对象指针：

```
MySyntaxHighlighter * highlighter;
```

到 mainwindow.cpp 文件中添加头文件：

```
#include "mysyntaxhighlighter.h"
```

然后在构造函数的最后添加一行代码：

```
highlighter = new MySyntaxHighlighter(ui->textEdit->document());
```

这里创建了 MySyntaxHighlighter 类的对象，并且使用编辑器的文档对象指针作为其参数，这样每当编辑器中的文本改变时都会调用 highlightBlock()函数来设置语法高亮。现在可以运行程序，输入“char”，查看一下效果。

关于语法高亮，可以查看 Syntax Highlighter Example 示例程序。在富文本处理中还提供了对 HTML 子集的支持，可以在 QLabel 或者 QTextEdit 添加文本时使用 HTML 标签或者 CSS 属性，具体内容可以在帮助索引中通过 Supported HTML Subset 关键字查看，下面举一个最简单的例子。

在 mainwindow.cpp 文件中的构造函数最后添加下面一行代码：

```
ui->textEdit->append(tr("<h1><font color = red>使用 HTML</font></h1>"));
```

这里往编辑器中添加了文本，并且使用了 HTML 标签，运行程序查看效果。

前面讲到了在编辑器中使用语法高亮，那么读者可能会想到在编辑代码时另一个非常有用的功能，就是自动补全。Qt 中提供了 QCompleter 类来实现自动补全，这个类在第 3 章介绍行编辑器时已经介绍过了，可以使用它来实现编辑器中的自动补全功能，这个可以参考示例程序 Custom Completer。富文本处理的内容就讲到这里，其涉及的东西很多，要学好这些内容就要多动手去编写程序。帮助文档的 Advanced Rich Text Processing 文档里还提供了一个处理大文档的方法，需要的读者可以参考。对于这部分内容的学习，可以查看一下 Text Edit 示例程序，这个例子是一个综合的富文本编辑器。

5.3　拖放操作

对于一个实用的应用程序，不仅希望能从文件菜单中打开一个文件，更希望可以通过拖动，直接将桌面上的文件拖入程序界面来打开，就像可以将源文件拖入 Qt Creator 中打开一样。Qt 提供了强大的拖放机制，可以在帮助中通过 Drag and Drop 关键字来了解 Qt 的拖放机制。拖放操作分为拖动(Drag)和放下(Drop)两种操作，当数据被拖动时会被存储为 MIME(Multipurpose Internet Mail Extensions)类型。Qt 中使用 QMimeData 类来表示 MIME 类型的数据，并使用 QDrag 类来完成数据的转移，而整个拖放操作都是在几个鼠标事件和拖放事件中完成的。

5.3.1 使用拖放打开文件

下面来看一个很简单的例子,就是将桌面上的.txt 文本文件拖入程序打开。(本小节采用的项目源码路径:src\05\5-7\mydragdrop)新建 Qt Widgets 应用,项目名称改为 mydragdrop,类名和基类保持 MainWindow 和 QMainWindow 不变。建立完项目后,往界面上拖入一个 Text Edit 部件。然后在 mainwindow.h 文件中添加函数声明:

```
protected:
    void dragEnterEvent(QDragEnterEvent *event) override;          //拖动进入事件
    void dropEvent(QDropEvent *event) override;                    //放下事件
```

然后到 mainwindow.cpp 文件中添加头文件:

```
#include <QDragEnterEvent>
#include <QUrl>
#include <QFile>
#include <QTextStream>
#include <QMimeData>
```

最后对两个事件处理函数进行定义:

```
void MainWindow::dragEnterEvent(QDragEnterEvent *event)     //拖动进入事件
{
    if(event->mimeData()->hasUrls())                        //数据中是否包含 URL
        event->acceptProposedAction();                      //如果是则接收动作
    else event->ignore();                                   //否则忽略该事件
}
void MainWindow::dropEvent(QDropEvent *event)               //放下事件
{
    const QMimeData *mimeData = event->mimeData();          //获取 MIME 数据
    if(mimeData->hasUrls()){                                //如果数据中包含 URL
        QList<QUrl> urlList = mimeData->urls();             //获取 URL 列表
        //将其中第一个 URL 表示为本地文件路径
        QString fileName = urlList.at(0).toLocalFile();
        if(!fileName.isEmpty()){                            //如果文件路径不为空
            QFile file(fileName);     //建立 QFile 对象并且以只读方式打开该文件
            if(!file.open(QIODevice::ReadOnly)) return;
            QTextStream in(&file);                          //建立文本流对象
            ui->textEdit->setText(in.readAll());      //将文件中所有内容读入编辑器
        }
    }
}
```

当鼠标拖拽一个数据进入主窗口时,就会触发 dragEnterEvent()事件处理函数,从而获取其中的 MIME 数据;然后查看它是否包含 URL 路径,因为拖入的文本文件实际上就是拖入了它的路径,这就是 event→mimeData()→hasUrls()实现的功能。如果有这样的数据,就接收它,否则忽略该事件。QMimeData 类中提供了几个函数来处理常见的 MIME 数据,如表 5-1 所列。当松开鼠标左键,将数据放入主窗口时就会触发 dropEvent()事件处理函数,这里获取了 MIME 数据中的 URL 列表。因为拖入的只有

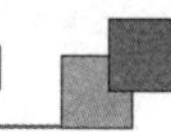

一个文件，所以获取了列表中的第一个条目，并使用 toLocalFile()函数将它转换为本地文件路径。然后使用 QFile 和 QTextStream 将文件中的数据读入编辑器中，这两个类的使用可以参见第 15 章。最后，进入 mainwindow. cpp 文件，在构造函数中添加一行代码：

```
setAcceptDrops(true);
```

这样主窗口就可以接收放下事件了。这时先运行程序，然后从桌面上将一个文本文件拖入程序主窗口界面(不是里面的 Text Edit 部件中)，可以看到，在文本编辑器中显示了文本文件中的内容。

表 5-1 常用 MIME 类型数据处理函数

测试函数	获取函数	设置函数	MIME 类型
hasText()	text()	setText()	text/plain
hasHtml()	html()	setHtml()	text/html
hasUrls()	urls()	setUrls()	text/uri-list
hasImage()	imageData()	setImageData()	image/ *
hasColor()	colorData()	setColorData()	application/x-color

5.3.2 自定义拖放操作

下面再来看一个在窗口中拖动图片的例子，实现的功能就是在窗口中有一个图片，可以随意拖动它。这里需要使用到自定义的 MIME 类型。(本小节采用的项目源码路径：src\05\5-8\imagedragdrop)新建 Qt Widgets 应用，项目名称改为 imagedragdrop，类名和基类保持 MainWindow 和 QMainWindow 不变。完成后，在 mainwindow. h 文件中对几个事件处理函数进行声明：

```
protected:
    void mousePressEvent(QMouseEvent *event) override;          //鼠标按下事件
    void dragEnterEvent(QDragEnterEvent *event) override;       //拖动进入事件
    void dragMoveEvent(QDragMoveEvent *event) override;         //拖动事件
    void dropEvent(QDropEvent *event) override;                 //放下事件
```

然后到 mainwindow. cpp 文件中添加头文件：

```
#include <QLabel>
#include <QMouseEvent>
#include <QDragEnterEvent>
#include <QDragMoveEvent>
#include <QDropEvent>
#include <QPainter>
#include <QMimeData>
#include <QDrag>
```

在构造函数中添加如下代码：

```
setAcceptDrops(true);                              //设置窗口部件可以接收拖入
QLabel * label = new QLabel(this);                 //创建标签
QPixmap pix("../imagedragdrop/logo.png");
label ->setPixmap(pix);                            //添加图片
label ->resize(pix.size());                        //设置标签大小为图片的大小
label ->move(100,100);
label ->setAttribute(Qt::WA_DeleteOnClose);  //当窗口关闭时销毁图片
```

这里必须先设置部件使其可以接受拖放操作,窗口部件默认是不可以接受拖放操作的。然后创建了一个标签,并且为其添加了一张图片,这里将图片放在项目源码目录下。下面添加那几个事件处理函数的定义:

```
void MainWindow::mousePressEvent(QMouseEvent * event)   //鼠标按下事件
{
    //第 1 步:获取图片
    //将鼠标指针所在位置的部件强制转换为 QLabel 类型
    QLabel * child = static_cast<QLabel * >(childAt(event ->position().toPoint()));
    if(! child ->inherits("QLabel")) return;          //如果部件不是 QLabel 则直接返回
    QPixmap pixmap = child ->pixmap();                //获取 QLabel 中的图片
    //第 2 步:自定义 MIME 类型
    QByteArray itemData;                              //创建字节数组
    QDataStream dataStream(&itemData, QIODevice::WriteOnly); //创建数据流
    //将图片信息,位置信息输入到字节数组中
    dataStream << pixmap << QPoint(event ->pos() - child ->pos());
    //第 3 步:将数据放入 QMimeData 中
    QMimeData * mimeData = new QMimeData;  //创建 QMimeData 用来存放要移动的数据
    //将字节数组放入 QMimeData 中,这里的 MIME 类型是我们自己定义的
    mimeData ->setData("myimage/png", itemData);
    //第 4 步:将 QMimeData 数据放入 QDrag 中
    QDrag * drag = new QDrag(this);                   //创建 QDrag 用来移动数据
    drag ->setMimeData(mimeData);
    drag ->setPixmap(pixmap);//在移动过程中显示图片,若不设置则默认显示一个小矩形
    drag ->setHotSpot(event ->pos() - child ->pos()); //拖动时鼠标指针的位置不变
    //第 5 步:给原图片添加阴影
    QPixmap tempPixmap = pixmap;                      //使原图片添加阴影
    QPainter painter;                                 //创建 QPainter,用来绘制 QPixmap
    painter.begin(&tempPixmap);
    //在图片的外接矩形中添加一层透明的淡黑色形成阴影效果
    painter.fillRect(pixmap.rect(), QColor(127, 127, 127, 127));
    painter.end();
    child ->setPixmap(tempPixmap);   //在移动图片过程中,让原图片添加一层黑色阴影
    //第 6 步:执行拖放操作
    if (drag ->exec(Qt::CopyAction | Qt::MoveAction, Qt::CopyAction)
             == Qt::MoveAction)    //设置拖放可以是移动和复制操作,默认是复制操作
        child ->close();           //如果是移动操作,那么拖放完成后关闭原标签
    else {
        child ->show();            //如果是复制操作,那么拖放完成后显示标签
        child ->setPixmap(pixmap); //显示原图片,不再使用阴影
    }
}
```

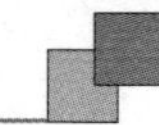

鼠标按下时会触发鼠标按下事件，进而执行其处理函数，在这里进行了一系列操作，就像程序中注释所描述的那样，大体上可以分为6步。第1步：先获取鼠标指针所在处的部件的指针，将它强制转换为QLabel类型的指针，然后使用inherits()函数判断它是否是QLabel类型；如果不是则直接返回，不再进行下面的操作。第2步：因为不仅要在拖动的数据中包含图片数据，还要包含它的位置信息，所以需要使用自定义的MIME类型。这里使用了QByteArray字节数组来存放图片数据和位置数据，这个类在第7章会讲到。然后使用QDataStream类将数据写入数组中，这个类在第15章会讲到。其中，位置信息是当前鼠标指针的坐标减去图片左上角的坐标而得到的差值。第3步：创建了QMimeData类对象指针，使用了自定义的MIME类型"myimage/png"，将字节数组放入QMimeData中。第4步：为了移动数据，必须创建QDrag类对象，然后为其添加QMimeData数据。这里为了在移动过程中一直显示图片，需要使用setPixmap()函数为其设置图片。然后使用setHotSpot()函数指定了鼠标在图片上单击的位置，这里是相对于图片左上角的位置；如果不设定这个，那么在拖动图片过程中，指针会位于图片的左上角。第5步：在移动图片过程中我们希望原来的图片有所改变来表明它正在被操作，所以为其添加了一层阴影。这里的QPainter类在第10章会讲到。第6步：执行拖动操作，这需要使用QDrag类的exec()函数，它不会影响主事件循环，所以这时界面不会被冻结。这个函数可以设定所支持的放下动作和默认的放下动作，比如这里设置了支持复制动作Qt::CopyAction和移动动作Qt::MoveAction，并设置默认的动作是复制。这就是说我们拖动图片，可以是移动它，也可以是进行复制，而默认的是复制操作，比如使用acceptProposedAction()函数时就是使用默认的操作。当图片被放下后，exec()函数就会返回操作类型，这个返回值由下面要讲到的dropEvent()函数中的设置决定。这里判断到底进行了什么操作，如果是移动操作，那么就删除原来的图片；如果是复制操作，就恢复原来的图片。

```
void MainWindow::dragEnterEvent(QDragEnterEvent * event) //拖动进入事件
{
    //如果有我们定义的MIME类型数据，则进行移动操作
    if (event->mimeData()->hasFormat("myimage/png")) {
        event->setDropAction(Qt::MoveAction);
        event->accept();
    } else {
        event->ignore();
    }
}
void MainWindow::dragMoveEvent(QDragMoveEvent * event)  //拖动事件
{
    if (event->mimeData()->hasFormat("myimage/png")) {
        event->setDropAction(Qt::MoveAction);
        event->accept();
    } else {
        event->ignore();
    }
}
```

在这两个事件处理函数中,先判断拖动的数据中是否有自定义的 MIME 类型的数据,如果有,则执行移动动作 Qt::MoveAction。

```
void MainWindow::dropEvent(QDropEvent * event) //放下事件
{
    if (event->mimeData()->hasFormat("myimage/png")) {
        QByteArray itemData = event->mimeData()->data("myimage/png");
        QDataStream dataStream(&itemData, QIODevice::ReadOnly);
        QPixmap pixmap;
        QPoint offset;
        //使用数据流将字节数组中的数据读入到 QPixmap 和 QPoint 变量中
        dataStream >> pixmap >> offset;
        //新建标签,为其添加图片,并根据图片大小设置标签的大小
        QLabel * newLabel = new QLabel(this);
        newLabel->setPixmap(pixmap);
        newLabel->resize(pixmap.size());
        //让图片移动到放下的位置,不设置则图片默认显示在(0,0)点即窗口左上角
        newLabel->move(event->position().toPoint() - offset);
        newLabel->show();
        newLabel->setAttribute(Qt::WA_DeleteOnClose);
        event->setDropAction(Qt::MoveAction);
        event->accept();
    } else {
        event->ignore();
    }
}
```

在放下事件中,使用字节数组获取了拖放的数据,然后将其中的图片数据和位置数据读取到两个变量中,并使用它们来设置新建的标签。现在运行程序并拖动图片查看效果。

这个例子中是对图片进行移动,如果想对图片进行复制,则只需要将 dragEnterEvent()、dragMoveEvent()和 dropEvent()这 3 个函数中的 event->setDropAction()函数中的参数改为 Qt::CopyAction 即可。对于拖放操作的其他应用,比如根据移动的距离来判断是否开始一个拖放操作,还有剪贴板 QClipboard 类,都可以在帮助中通过索引 Drag and Drop 关键字查看。

5.4 打印文档

从 Qt 5 开始,Qt Print Support 模块提供了对打印的支持。最简单的只需要使用一个 QPrinter 类和一个打印对话框 QPrintDialog 类就可以完成文档的打印操作。这一节将简单介绍打印文档、打印预览和生成 PDF 文档等操作。更多的应用可以在帮助中通过 Qt Print Support 关键字查看。

(本节采用的项目源码路径: src\05\5-9\myprint)新建 Qt Widgets 应用,项目名称改为 myprint,类名和基类保持 MainWindow 和 QMainWindow 不变。完成后,打开

myprint.pro 文件，添加如下一行代码：

```
QT += printsupport
```

然后到设计模式向界面上拖入一个 Text Edit，并添加一个工具栏，将其 objectName 修改为 mainToolBar。再到 mainwindow.h 文件中先添加类的前置声明：

```
class QPrinter;
```

然后添加几个槽的声明：

```
private slots:
    void doPrint();
    void doPrintPreview();
    void printPreview(QPrinter * printer);
    void createPdf();
```

下面到 mainwindow.cpp 文件中添加头文件：

```
#include <QPrinter>
#include <QPrintDialog>
#include <QPrintPreviewDialog>
#include <QFileDialog>
#include <QFileInfo>
```

在构造函数中定义几个动作：

```
QAction * action_print = new QAction(tr("打印"),this);
QAction * action_printPreview = new QAction(tr("打印预览"),this);
QAction * action_pdf = new QAction(tr("生成 pdf"),this);
connect(action_print,SIGNAL(triggered()),this,SLOT(doPrint()));
connect(action_printPreview,SIGNAL(triggered()),this,SLOT(doPrintPreview()));
connect(action_pdf,SIGNAL(triggered()),this,SLOT(createPdf()));
ui->mainToolBar->addAction(action_print);
ui->mainToolBar->addAction(action_printPreview);
ui->mainToolBar->addAction(action_pdf);
```

然后添加那几个槽的定义：

```
void MainWindow::doPrint()                       //打印
{
    QPrinter printer;                            //创建打印机对象
    QPrintDialog dlg(&printer, this);            //创建打印对话框

    if (dlg.exec() == QDialog::Accepted) {       //如果在对话框中按下了打印按钮
        ui->textEdit->print(&printer);           //则执行打印操作
    }
}
```

这里先建立了 QPrinter 类对象，它代表了一个打印设备。然后创建了一个打印对话框，当在对话框中按下“打印”按钮时则执行打印操作。

```
void MainWindow::doPrintPreview()                        //打印预览
{
    QPrinter printer;
    QPrintPreviewDialog preview(&printer, this);         //创建打印预览对话框
    //当要生成预览页面时，发射 paintRequested()信号
    connect(&preview, &QPrintPreviewDialog::paintRequested,
```

```
            this, &MainWindow::printPreview);
    preview.exec();
}

void MainWindow::printPreview(QPrinter * printer)
{
    ui->textEdit->print(printer);
}
```

这里主要使用打印预览对话框来进行打印预览,要关联它的 paintRequested()信号到自定义的槽上,须在槽中调用编辑器的打印函数,并以传来的 QPrinter 类对象指针为参数。

```
void MainWindow::createPdf()                        //生成 PDF 文件
{
    QString fileName = QFileDialog::getSaveFileName(this, tr("导出 PDF 文件"),
                                                    QString(), "*.pdf");
    if (! fileName.isEmpty()) {
        if (QFileInfo(fileName).suffix().isEmpty())
            fileName.append(".pdf");          //如果文件后缀为空,则默认使用.pdf
        QPrinter printer;
        printer.setOutputFormat(QPrinter::PdfFormat);     //指定输出格式为 pdf
        printer.setOutputFileName(fileName);
        ui->textEdit->print(&printer);
    }
}
```

在生成 PDF 文档的槽中,使用文件对话框来获取要保存文件的路径;如果文件名没有指定后缀,则为其添加“.pdf”后缀。然后为 QPrinter 对象指定输出格式和文件路径,这样就可以将文档打印成 PDF 格式了。

现在运行程序,如果读者的计算机上安装了打印机,那么可以测试实际打印效果,否则只能测试 PDF 打印效果。

5.5 小 结

通过学习这一章,读者要掌握主窗口各个部件的使用,能够自行开发出一个简单的基于 QMainWindow 的程序。另外,本章还涉及了资源文件的使用以及信号和槽的设计,这些都是开发 Qt 程序的基础。富文本处理是一个庞大的体系,这里不可能讲到每一个细节,所以还需要结合帮助文档多加练习。最后的拖放操作和打印文档等内容,也可以等到使用时再去学习。

学习完这一章,读者可以去看下《Qt Widgets 及 Qt Quick 开发实战精解》一书中的多文档编辑器实例,那个程序比较综合,如果可以很好地完成,那么说明 Qt 已经入门了。

第6章 事件系统

第5章讲解拖放操作时曾提到了拖放事件，这一章将讲解Qt中的事件系统。在Qt中，事件作为一个对象，继承自QEvent类，常见的有键盘事件QKeyEvent、鼠标事件QMouseEvent和定时器事件QTimerEvent等，与QEvent类的继承关系如图6-1所示。本章中会详细讲解这3个常见的事件，还会涉及事件过滤器、自定义事件和随机数的知识。关于本章的相关内容，可以在Qt帮助中通过索引The Event System关键字查看。

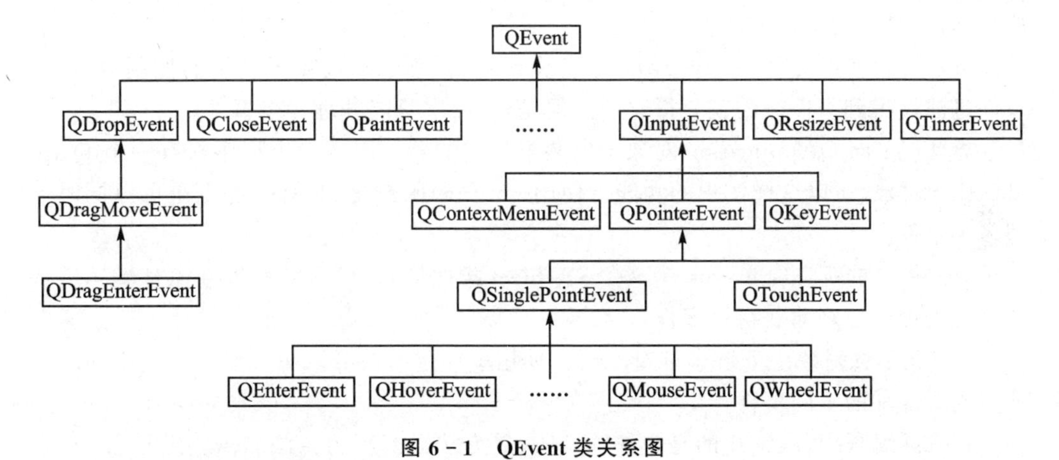

图6-1 QEvent类关系图

6.1 Qt中的事件

事件是对各种应用程序需要知道的由应用程序内部或者外部产生的事情或者动作的通称。Qt中使用一个对象来表示一个事件，继承自QEvent类。需要说明的是，事件与信号并不相同，比如单击一下界面上的按钮，那么就会产生鼠标事件QMouseEvent(不是按钮产生的)，而因为按钮被按下了，所以它会发射clicked()单击信号(是按钮产生的)。这里一般只关心按钮的单击信号,而不用考虑鼠标事件,但是如果要设计一个按钮,或者单击按钮时让它产生别的效果,那么就要关心鼠标事件了。可以看到,事件与信号是两个不同层面的东西,发出者不同,作用也不同。在 Qt 中,任何 QObject 子类实例都可以接收和处理事件。

对于最常用的一些事件,比如上下文菜单事件 QContextMenuEvent 和关闭事件 QCloseEvent,在《Qt Widgets 及 Qt Quick 开发实战精解》一书的多文档编辑器实例中有它们具体的应用示例;拖放事件在上一章中已经讲了;对于绘制事件 QPaintEvent,将会在第 10 章 2D 绘图部分经常用到。

6.1.1 事件的处理

一个事件由一个特定的 QEvent 子类来表示,但是有时一个事件又包含多个事件类型,比如鼠标事件又可以分为鼠标按下、双击和移动等多种操作。这些事件类型都由 QEvent 类的枚举型 QEvent::Type 来表示,其中包含了一百多种事件类型,可以在 QEvent 类的帮助文档中查看。虽然 QEvent 的子类可以表示一个事件,但是却不能用来处理事件,那么应该怎样来处理一个事件呢?在 QCoreApplication 类的 notify()函数的帮助文档处给出了 5 种处理事件的方法:

方法一:重新实现部件的 paintEvent()、mousePressEvent()等事件处理函数。这是最常用的一种方法,不过它只能用来处理特定部件的特定事件。例如,第 5 章实现拖放操作,就是用的这种方法。

方法二:重新实现 notify()函数。这个函数功能强大,提供了完全的控制,可以在事件过滤器得到事件之前就获得它们。但是,它一次只能处理一个事件。

方法三:向 QApplication 对象上安装事件过滤器。因为一个程序只有一个 QApplication 对象,所以这样实现的功能与使用 notify()函数是相同的,优点是可以同时处理多个事件。

方法四:重新实现 event()函数。QObject 类的 event()函数可以在事件到达默认的事件处理函数之前获得该事件。

方法五:在对象上安装事件过滤器。使用事件过滤器可以在一个界面类中同时处理不同子部件的不同事件。

在实际编程中,最常用的是方法一,其次是方法五。因为方法二需要继承自 QApplication 类;而方法三要使用一个全局的事件过滤器,这将减缓事件的传递,所以,虽然这两种方法功能很强大,但是却很少被用到。

6.1.2 事件的传递

第 2 章讲解 helloworld 程序代码时就曾提到过,每个程序 main()函数的最后都会调用 QApplication 类的 exec()函数,它会使 Qt 应用程序进入事件循环,这样就可以使应用程序在运行时接收发生的各种事件。一旦有事件发生,Qt 便会构建一个相应的 QEvent 子类的对象来表示它,然后将它传递给相应的 QObject 对象或其子对象。下

面通过例子来看一下 Qt 中的事件传递过程。

(本例采用的项目源码路径：src\06\6-1\myevent)新建 Qt Widgets 应用，项目名称为 myevent，基类选择 QWidget，类名保持 Widget 不变。建立完成后向项目中添加新文件，模板选择 C++ Class，类名为 MyLineEdit，基类手动填写为 QLineEdit。完成后将 mylineedit.h 文件内容修改如下：

```
#ifndef MYLINEEDIT_H
#define MYLINEEDIT_H
#include <QLineEdit>
class MyLineEdit : public QLineEdit
{
    Q_OBJECT
public:
    explicit MyLineEdit(QWidget *parent = 0);
protected:
    void keyPressEvent(QKeyEvent *event) override;
};
#endif //MYLINEEDIT_H
```

这里主要是添加了 keyPressEvent()函数的声明，建议使用 override 关键字。下面转到 mylineedit.cpp 文件中，添加头文件：

```
#include <QKeyEvent>
#include <QDebug>
```

修改构造函数如下：

```
MyLineEdit::MyLineEdit(QWidget *parent) :
    QLineEdit(parent)
{
}
```

然后添加事件处理函数的定义：

```
void MyLineEdit::keyPressEvent(QKeyEvent *event)          //键盘按下事件
{
    qDebug() << tr("MyLineEdit 键盘按下事件");
}
```

下面进入 widget.h 文件中，添加类前置声明：

```
class MyLineEdit;
```

然后添加函数声明：

```
protected:
    void keyPressEvent(QKeyEvent *event) override;
```

再添加一个 private 对象指针：

```
MyLineEdit *lineEdit;
```

然后进入 widget.cpp 文件中，添加头文件：

```
#include "mylineedit.h"
#include <QKeyEvent>
#include <QDebug>
```

在 Widget 类的构造函数中添加代码：

```
lineEdit = new MyLineEdit(this);
lineEdit ->move(100,100);
```

然后添加事件处理函数的定义：

```
void Widget::keyPressEvent(QKeyEvent * event)
{
    Q_UNUSED(event);
    qDebug() << tr("Widget 键盘按下事件");
}
```

这里自定义了一个 MyLineEdit 类，它继承自 QLineEdit 类，然后在 Widget 界面中添加了一个 MyLineEdit 部件。注意，这里既实现了 MyLineEdit 类的键盘按下事件处理函数，也实现了 Widget 类的键盘按下事件处理函数。再次说明一下，因为 event 参数没有使用，这样直接编译程序会出现警告提示，这并不影响程序的编译运行；如果不想出现这样的警告信息，则可以像这里一样使用 Q_UNUSED()包含 event 参数，这样编译程序时就不会出现警告了。

现在运行程序，这时光标焦点在行编辑器中，随便在键盘上按一个按键，比如按下 A 键，则 Qt Creator 的应用程序输出栏中只会出现"MyLineEdit 键盘按下事件"，说明这时只执行了 MyLineEdit 类中的 keyPressEvent()函数。

下面到 mylineedit.cpp 文件中的 keyPressEvent()函数最后添加如下一行代码，让它忽略掉这个事件：

```
event ->ignore();                                        //忽略该事件
```

这时再运行程序，按下 A 键，那么在以前输出的基础上又输出了"Widget 键盘按下事件"，说明这时也执行了 Widget 类中的 keyPressEvent()函数。但是现在出现了一个问题，就是行编辑器中无法输入任何字符，为了让它还可以正常工作，还需要在 mylineedit.cpp 文件的 keyPressEvent()函数中添加一行代码，整个函数定义如下：

```
void MyLineEdit::keyPressEvent(QKeyEvent * event)   //键盘按下事件
{
    qDebug() << tr("MyLineEdit 键盘按下事件");
    QLineEdit::keyPressEvent(event);                 //执行 QLineEdit 类的默认事件处理
    event ->ignore();                                //忽略该事件
}
```

这里调用了 MyLineEdit 父类 QLineEdit 的 keyPressEvent()函数来实现行编辑器的默认操作。这里一定要注意代码的顺序，ignore()函数要在最后调用。

从这个例子中可以看到，事件是先传递给指定窗口部件的，确切地说应该是先传递给获得焦点的窗口部件。但是如果该部件忽略掉该事件，那么这个事件就会传递给这个部件的父部件。重新实现事件处理函数时，一般要调用父类的相应事件处理函数来实现默认操作。下面将这个例子再进行改进，看一下事件过滤器等其他方法获取事件的顺序。

(本例采用的项目源码路径：src\06\6-2\myevent)在 mylineedit.h 文件中添加 public 函数声明：

```
bool event(QEvent * event) override;
```

然后在 mylineedit.cpp 文件中对该函数进行定义：

```
bool MyLineEdit::event(QEvent * event)  //事件
{
    if(event->type() == QEvent::KeyPress)
        qDebug() << tr("MyLineEdit 的 event()函数");
    return QLineEdit::event(event);          //执行 QLineEdit 类 event()函数的默认操作
}
```

MyLineEdit 的 event()函数中使用了 QEvent 的 type()函数来获取事件的类型，如果是键盘按下事件 QEvent::KeyPress，则输出信息。因为 event()函数具有 bool 型的返回值，所以该函数的最后要使用 return 语句，这里一般是返回父类的 event()函数的操作结果。下面进入 widget.h 文件中进行 public 函数的声明：

```
bool eventFilter(QObject * obj, QEvent * event) override;
```

然后到 widget.cpp 文件中，在构造函数的最后添上一行代码：

```
lineEdit->installEventFilter(this);  //在 Widget 上为 lineEdit 安装事件过滤器
```

然后添加事件过滤器函数的定义：

```
bool Widget::eventFilter(QObject * obj, QEvent * event) //事件过滤器
{
    if(obj == lineEdit){                    //如果是 lineEdit 部件上的事件
        if(event->type() == QEvent::KeyPress)
            qDebug() << tr("Widget 的事件过滤器");
    }
    return QWidget::eventFilter(obj, event);
}
```

在事件过滤器中，先判断该事件的对象是不是 lineEdit，如果是，再判断事件类型。最后返回了 QWidget 类默认的事件过滤器的执行结果。现在可以运行一下程序，然后按下键盘上的任意键，比如这里按下 A 键，查看应用程序输出栏。可以看到，事件的传递顺序是这样的：先是事件过滤器，然后是焦点部件的 event()函数，最后是焦点部件的事件处理函数；如果焦点部件忽略了该事件，那么会执行父部件的事件处理函数，如图 6-2 所示。注意，event()函数和事件处理函数是在焦点部件内重新定义的，而事件过滤器却是在焦点部件的父部件中定义的。

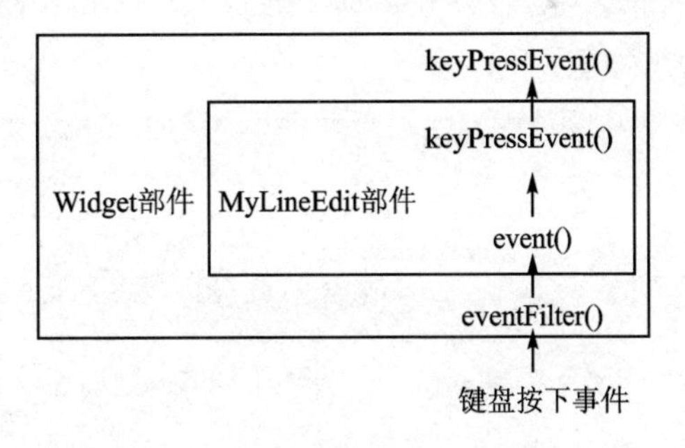

图 6-2 事件传递顺序示意图

6.2 鼠标事件和滚轮事件

QMouseEvent 类用来表示一个鼠标事件，在窗口部件中按下鼠标或者移动鼠标指针时，都会产生鼠标事件。利用 QMouseEvent 类可以获知鼠标是哪个键按下了、鼠标

指针的当前位置等信息。一般是通过重定义部件的鼠标事件处理函数来进行一些自定义的操作。QWheelEvent 类用来表示鼠标滚轮事件,主要用来获取滚轮移动的方向和距离。下面来看一个实际的例子,这个例子要实现的效果是:可以在界面上按着鼠标左键来拖动窗口,双击鼠标左键来使其全屏,按着鼠标右键则使指针变为一个自定义的图片,而使用滚轮可以放大或者缩小编辑器中的内容。

(本节采用的项目源码路径:src\06\6-3\mymouseevent)新建 Qt Widgets 应用,项目名称为 mymouseevent,基类选择 QWidget,然后类名保持 Widget 不变。在设计模式中向界面上拖入一个 Text Edit。然后在 widget.h 文件中进行 protected 函数声明:

```
protected:
    void mousePressEvent(QMouseEvent * event) override;
    void mouseReleaseEvent(QMouseEvent * event) override;
    void mouseDoubleClickEvent(QMouseEvent * event) override;
    void mouseMoveEvent(QMouseEvent * event) override;
    void wheelEvent(QWheelEvent * event) override;
```

再在 private 中添加一个位置变量:

```
QPoint offset;                              //用来储存鼠标指针位置与窗口位置的差值
```

然后到 widget.cpp 文件中,添加头文件 #include <QMouseEvent>,并在构造函数中添加代码:

```
QCursor cursor;                                   //创建光标对象
cursor.setShape(Qt::OpenHandCursor);              //设置光标形状
setCursor(cursor);                                //使用光标
```

这几行代码可以使鼠标指针进入窗口后改为小手掌形状,Qt 中提供了常用的鼠标指针的形状,可以在帮助中通过 Qt::CursorShape 关键字查看。下面添加几个事件处理函数的定义:

```
void Widget::mousePressEvent(QMouseEvent * event)    //鼠标按下事件
{
    if(event->button() == Qt::LeftButton){            //如果是鼠标左键按下
        QCursor cursor;
        cursor.setShape(Qt::ClosedHandCursor);
        QApplication::setOverrideCursor(cursor);     //使鼠标指针暂时改变形状
        offset = event->globalPosition() - pos();    //获取指针位置和窗口位置的差值
    }
    else if(event->button() == Qt::RightButton){      //如果是鼠标右键按下
        QCursor cursor(QPixmap("../mymouseevent/logo.png"));
        QApplication::setOverrideCursor(cursor);     //使用自定义的图片作为鼠标指针
    }
}
```

在鼠标按下事件处理函数中,先判断是哪个按键按下,如果是鼠标左键,那么就更改指针的形状,并且存储当前指针位置与窗口位置的差值。这里使用 globalPosition()函数来获取鼠标指针的位置;这个位置是指针在桌面上的位置,因为窗口的位置就是指它在桌面上的位置。另外,还可以使用 QMouseEvent 类的 position()函数获取鼠标指

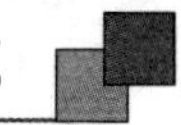

针在窗口中的位置。如果是鼠标右键按下，那么就将指针显示为自定义的图片。

```
void Widget::mouseMoveEvent(QMouseEvent * event)      //鼠标移动事件
{
    if(event->buttons() & Qt::LeftButton){            //这里必须使用 buttons()
        QPointF temp;
        temp = event->globalPosition() - offset;
        //使用鼠标指针当前的位置减去差值，就得到了窗口应该移动的位置
        move(temp.x(), temp.y());
    }
}
```

在鼠标移动事件处理函数中，先判断是否是鼠标左键按下，如果是，那么就使用前面获取的差值来重新设置窗口的位置。因为在鼠标移动时会检测所有按下的键，而这时使用 QMouseEvent 的 button()函数无法获取哪个按键被按下，只能使用 buttons()函数，所以这里使用 buttons()和 Qt::LeftButton 进行按位与的方法来判断是否是鼠标左键按下。

```
void Widget::mouseReleaseEvent(QMouseEvent * event)      //鼠标释放事件
{
    Q_UNUSED(event);
    QApplication::restoreOverrideCursor();               //恢复鼠标指针形状
}
```

在鼠标释放函数中进行了恢复鼠标形状的操作，这里使用的 restoreOverrideCursor()函数要和前面的 setOverrideCursor()函数配合使用。

```
void Widget::mouseDoubleClickEvent(QMouseEvent * event)  //鼠标双击事件
{
    if(event->button() == Qt::LeftButton){               //如果是鼠标左键按下
        if(windowState() != Qt::WindowFullScreen)        //如果现在不是全屏
            setWindowState(Qt::WindowFullScreen);        //将窗口设置为全屏
        else setWindowState(Qt::WindowNoState);          //否则恢复以前的大小
    }
}
```

在鼠标双击事件处理函数中使用 setWidowState()函数来使窗口处于全屏状态或者恢复以前的大小。

```
void Widget::wheelEvent(QWheelEvent * event)             //滚轮事件
{
    if(event->angleDelta().y() > 0){                     //当滚轮远离使用者时
        ui->textEdit->zoomIn();                          //进行放大
    }else{                                               //当滚轮向使用者方向旋转时
        ui->textEdit->zoomOut();                         //进行缩小
    }
}
```

在滚轮事件处理函数中，使用 QWheelEvent 类的 angleDelta().y()函数获取了垂直滚轮移动的距离，每当滚轮旋转一下，默认是 15°，这时 delta()函数就会返回 15×8 即整数 120。当滚轮向远离使用者的方向旋转时，返回正值；当向靠近使用者的方向旋转时，返回负值。这样便可以利用这个函数的返回值来判断滚轮的移动方向，从而进行

编辑器中内容的放大或者缩小操作。如果鼠标还有水平滚轮,可以使用 angleDelta().x()来获取移动距离。

这时运行程序,进行双击、按下鼠标右键等操作,看一下具体的效果。程序中使用了图片,所以还要往源码目录中添加一张图片。这里还要说明一下,默认是当按下鼠标按键时移动鼠标,鼠标移动事件才会产生;如果想不按鼠标按键,也可以获取鼠标移动事件,那么就要在构造函数中添加下面一行代码:

```
setMouseTracking(true);                              //设置鼠标跟踪
```

这样便会开启窗口部件的鼠标跟踪功能。

6.3 键盘事件

QKeyEvent 类用来描述一个键盘事件。当键盘按键被按下或者被释放时,键盘事件便会被发送给拥有键盘输入焦点的部件。QKeyEvent 的 key()函数可以获取具体的按键,对于 Qt 中给定的所有按键,可以在帮助中通过 Qt::Key 关键字查看。需要特别说明的是,回车键在这里是 Qt::Key_Return;键盘上的一些修饰键,比如 Ctrl 和 Shift 等,这里需要使用 QKeyEvent 的 modifiers()函数来获取,可以在帮助中使用 Qt::KeyboardModifier 关键字来查看所有的修饰键。下面通过例子来看一下它们具体的应用。

(本例采用的项目源码路径:src\06\6-4\mykeyevent)新建 Qt Widgets 应用,项目名称为 mykeyevent,基类选择 QWidget,类名保持 Widget 不变。完成后在 widget.h 文件中添加函数声明:

```
protected:
    void keyPressEvent(QKeyEvent * event) override;
    void keyReleaseEvent(QKeyEvent * event) override;
```

再到 widget.cpp 文件中,添加头文件 #include <QKeyEvent>,然后添加两个函数的定义:

```
void Widget::keyPressEvent(QKeyEvent * event)              //键盘按下事件
{
    if(event ->modifiers() == Qt::ControlModifier){        //是否按下 Ctrl 键
        if(event ->key() == Qt::Key_M)                     //是否按下 M 键
            setWindowState(Qt::WindowMaximized);           //窗口最大化
    }
    else QWidget::keyPressEvent(event);
}
void Widget::keyReleaseEvent(QKeyEvent * event)            //按键释放事件
{
    //其他操作
}
```

这里使用了 Ctrl+M 键来使窗口最大化,在键盘按下事件处理函数中,先检测 Ctrl 键是否按下,如果是,那么再检测 M 键是否按下。可以运行程序测试一下效果。

在上面的例子中可以同时按下 Ctrl 键和 M 键来实现一定的操作，那么可不可以按下两个不同的普通按键来实现一定的操作呢？现在将上面的程序进行更改。

（本例采用的项目源码路径：src\06\6-5\mykeyevent）在设计模式中向界面上拖放一个 Horizontal Line 部件，在属性栏中将它的 X、Y 坐标分别设置为 50、100；再拖入一个 Vertical Line 部件，将其 X、Y 坐标分别设置为 100、20；然后再拖入一个 Push Button，设置其 X、Y 坐标为 120、120，并更改其显示内容为“请按方向键”，最终效果如图 6－3 所示。

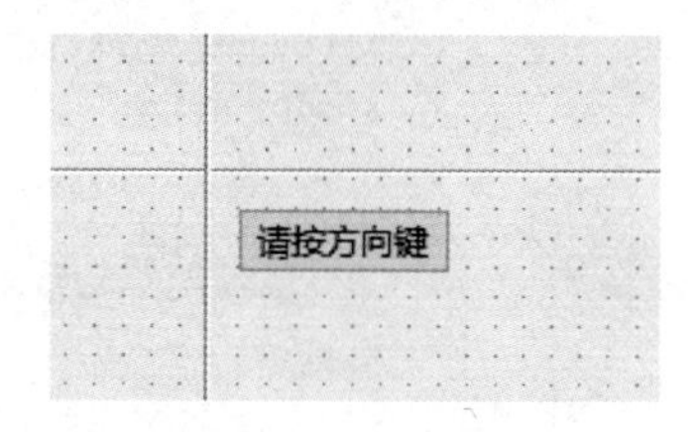

图 6－3　键盘事件应用的界面设计

下面打开 widget.cpp 文件，先添加头文件 #include <QLabel>，然后在构造函数中添加一行代码：

```
setFocus();                                          //使主界面获得焦点
```

将两个事件处理函数的内容更改如下：

```
void Widget::keyPressEvent(QKeyEvent * event)           //键盘按下事件
{
    if(event ->key() == Qt::Key_Up){                     //如果是向上方向键
        qDebug() << "press:" << event ->isAutoRepeat();  //是否自动重复
    }
}
void Widget::keyReleaseEvent(QKeyEvent * event)          //按键释放事件
{
    if(event ->key() == Qt::Key_Up){
        qDebug() << "release:" << event ->isAutoRepeat();
        qDebug() << "up";
    }
}
```

这里在键盘按下事件处理函数和释放处理函数中分别输出了向上方向键是否自动重复的信息。这时运行程序，然后按一下键盘的向上方向键便松开，然后再一直按着向上方向键不松开，查看一下 Qt Creator 应用程序输出栏中的信息。可以看到，如果只是按了一下按键，那么便不会自动重复，但是，如果一直按着这个按键，那么它就会自动重复。所以要想实现两个普通按键同时按下，就要避免按键的自动重复。下面来实现这样的效果：按下向上方向键按钮上移，按下向左方向键按钮左移；如果在按下向左方向键的同时又按下了向上方向键，那么按钮便向左上方移动。

首先在 widget.h 文件中添加私有成员变量：

```
bool keyUp;                                      //向上方向键按下的标志
bool keyLeft;                                    //向左方向键按下的标志
bool move;                                       //是否完成了一次移动
```

然后在 widget.cpp 文件中的构造函数里对变量进行初始化：

```
keyUp = false;                                   //初始化变量
keyLeft = false;
move = false;
```

下面将两个事件处理函数的内容更改如下：

```
void Widget::keyPressEvent(QKeyEvent * event)    //键盘按下事件
{
    if (event->key() == Qt::Key_Up) {
            if(event->isAutoRepeat()) return;    //按键重复时不做处理
            keyUp = true;                        //标记向上方向键已经按下
    }
    else if (event->key() == Qt::Key_Left) {
            if (event->isAutoRepeat()) return;
            keyLeft = true;
    }
}
void Widget::keyReleaseEvent(QKeyEvent * event)  //按键释放事件
{
    if (event->key() == Qt::Key_Up) {
        if (event->isAutoRepeat()) return;
        keyUp = false;                           //释放按键后将标志设置为 false
        if (move) {                              //如果已经完成了移动
            move = false;                        //设置标志为 false
            return;                              //直接返回
        }
        if (keyLeft) {                           //如果向左方向键已经按下且没有释放
            ui->pushButton->move(30, 80);        //斜移
            move = true;                         //标记已经移动
        } else {                                 //否则直接上移
            ui->pushButton->move(120, 80);
        }
    }
    else if (event->key() == Qt::Key_Left) {
        if (event->isAutoRepeat()) return;
        keyLeft = false;
        if (move) {
            move = false;
            return;
        }
        if (keyUp) {
            ui->pushButton->move(30, 80);
            move = true;
        } else {
            ui->pushButton->move(30, 120);
        }
    }
    else if (event->key() == Qt::Key_Down) {
        ui->pushButton->move(120, 120);          //使用向下方向键来还原按钮的位置
    }
}
```

这里先在键盘按下事件处理函数中对向上方向键和向左方向键是否按下做了标记，并且当它们自动重复时不做任何处理。然后在按键释放事件处理函数中分别对这

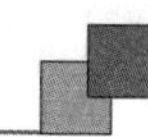

两个按键的释放做了处理。大体过程是这样的：当按下向左方向键时，键盘按下事件处理函数中便会标记 keyLeft 为真，此时若又按下了向上方向键，那么 keyUp 也标记为真。我们先放开向上方向键，在按键释放事件处理函数中会标记 keyUp 为假，因为此时 keyLeft 为真，所以进行斜移，并且将已经移动标志 move 标记为真，此时再释放向左方向键，在按键释放事件处理函数中会标记 keyLeft 为假，因为已经进行了斜移操作，move 此时为真，所以这里不再进行操作，将 move 标记为假。这样就完成了整个斜移操作，而且所有的标志又恢复到了操作前的状态。这个程序只是给读者提供一种思路，并不是实现这种操作的最好办法，因为这里按键的自动重复功能被忽略了。现在运行程序，测试一下效果。

6.4　定时器事件与随机数

QTimerEvent 类用来描述一个定时器事件。对于一个 QObject 的子类，只需要使用 int QObject::startTimer(int interval, Qt::TimerType timerType = Qt::CoarseTimer)函数就可以开启一个定时器，函数的第一个参数 interval 用来设置触发定时器事件的间隔，单位是毫秒，第二个参数用来设置精度。该函数返回一个整型编号来代表这个定时器，可以使用 QObject::killTimer(int id)来关闭指定的定时器。当定时器溢出时可以在 timerEvent()函数中进行需要的操作。

其实编程中更多的是使用 QTimer 类来实现一个定时器，它提供了更高层次的编程接口，比如可以使用信号和槽，还可以设置只运行一次的定时器。所以在以后的章节中，如果使用定时器，那么一般都使用 QTimer 类。关于定时器的介绍，可以在帮助中通过 Timers 关键字查看。

关于随机数，Qt 中是使用 QRandomGenerator 类实现的，它可以从一个高质量的随机数生成器来生成随机的数值。使用时，可以在创建 QRandomGenerator 对象时直接给定一个数值作为种子来生成一组相同的随机数，给定不同的种子，那么生成的随机数序列也是不同的，也可以使用 seed()来设置种子。另外，可以使用 bounded()函数来设置生成随机数的范围，它有多种重载形式，例如，bounded(256)可以生成 [0, 256)(包含 0 但不包含 256)之间的一个随机整数，bounded(5.0)可以生成[0,5)之间的双精度浮点数，bounded(－10, 10)生成随机数的范围是[－10, 10)。实际编程中经常使用 QRandomGenerator::global()来获取一个 QRandomGenerator 的全局实例，它是线程安全的，并且使用了 QRandomGenerator::system()进行播种，可以保证生成序列的随机性。

下面在具体的程序中来讲解这些知识点。(本例采用的项目源码路径：src\06\6-6\mytimerevent)新建 Qt Widgets 应用，将项目名称更改为 mytimerevent，基类选择 QWidget，然后类名保持 Widget 不变。完成后首先在 widget.h 文件中添加函数声明：

```
protected:
    void timerEvent(QTimerEvent * event) override;
```

然后再添加私有成员变量：

```
int id1, id2, id3;
```

在 widget.cpp 文件中添加头文件 #include <QLabel>，然后在构造函数中添加代码：

```
id1 = startTimer(1000);                      //开启一个 1 秒定时器，返回其 ID
id2 = startTimer(1500);
id3 = startTimer(2200);
```

因为 startTimer()函数的参数是以毫秒为单位的，这里使用 1000，所以是 1 s，程序中获取了各个定时器的编号。下面添加定时器事件处理函数的定义：

```
void Widget::timerEvent(QTimerEvent * event)
{
    if (event->timerId() == id1) {          //判断是哪个定时器
        qDebug() << "timer1";
    }
    else if (event->timerId() == id2) {
        qDebug() << "timer2";
    }
    else {
        qDebug() << "timer3";
    }
}
```

这里使用 QTimerEvent 的 timerId()函数来获取定时器的编号，然后判断是哪一个定时器并分别进行不同的操作。现在运行程序，并看一下应用程序输出栏中的信息。下面使用 QTimer 类实现一个简单的电子表。

(本例采用的项目源码路径：src\06\6-7\mytimerevent)继续在前面的程序中添加内容。先在设计模式中往界面上添加一个 LCD Number 部件。再到 widget.h 文件中添加私有槽声明：

```
private slots:
    void timerUpdate();
```

在 widget.cpp 文件中添加头文件：

```
#include <QTimer>
#include <QTime>
```

然后在构造函数中继续添加代码：

```
QTimer * timer = new QTimer(this);                    //创建一个新的定时器
//关联定时器的溢出信号到槽上
connect(timer, &QTimer::timeout, this, &Widget::timerUpdate);
timer->start(1000);                                   //设置溢出时间为 1 s，并启动定时器
```

下面添加定时器溢出信号槽函数的定义：

```
void Widget::timerUpdate()                           //定时器溢出处理
{
    QTime time = QTime::currentTime();               //获取当前时间
    QString text = time.toString("hh:mm");           //转换为字符串
    if((time.second() % 2) == 0) text[2] = ' ';      //每隔 1 s 就将":"显示为空格
```

```
    ui->lcdNumber->display(text);
}
```

这里在构造函数中开启了一个 1 s 的定时器，当它溢出时就会发射 timeout()信号，这时就会执行定时器溢出处理函数。在槽函数里获取了当前的时间，并且将它转换为可以显示的字符串；然后使用 QTime 类的 second()函数获取秒的值，再将它与 2 进行取余操作，如果为 0 就让时与分之间的“：”变为空格，这样便实现了每隔 1 s 闪烁一下的效果。现在运行程序查看效果。如果想停止一个定时器，则可以调用它的 stop()函数。

下面再来看一下随机数的使用。首先在 widget.cpp 文件中添加头文件包含：

```
#include <QRandomGenerator>
#include <QPalette>
```

然后在 timerUpdate()函数里面添加如下代码：

```
int rand1 = QRandomGenerator::global()->bounded(256);  //产生 0～255 范围内的随机数
int rand2 = QRandomGenerator::global()->bounded(256);
int rand3 = QRandomGenerator::global()->bounded(256);
qDebug() << "rand: " << rand1 << rand2 << rand3;
QColor color(rand1, rand2, rand3);
//获取部件的调色板,通过调色板设置显示数字的颜色
QPalette palette = ui->lcdNumber->palette();
palette.setColor(QPalette::WindowText, color);
ui->lcdNumber->setPalette(palette);
```

程序中获取了 3 个[0, 256)范围内的随机数，并使用它们生成了一个随机颜色。然后使用调色板 QPalette 设置了电子表显示数字的颜色，关于调色板的知识会在第 8 章讲到。这时运行程序可以看到，LCD Number 部件上的数字每隔 1 s 便会更换一个颜色。

QTimer 类中还有一个 singleShot()函数来开启一个只运行一次的定时器，下面使用这个函数让程序运行 20 s 后自动关闭。在 widget.cpp 文件中的构造函数里添加如下一行代码：

```
QTimer::singleShot(20000, this, &Widget::close);
```

这里将时间设置为 20 s，溢出时便调用窗口部件的 close()函数来关闭窗口。可以运行一下程序，等待 20 s，程序会自动退出。

6.5　事件过滤器与事件的发送

Qt 中提供了事件过滤器实现在一个部件中监控其他多个部件的事件。事件过滤器需要由两个函数来完成操作，首先是被监视的对象调用 installEventFilter(QObject * filterObj)来设置 filterObj 对象作为其事件过滤器，然后在 filterObj 中通过重新实现 eventFilter(QObject * watched, QEvent * event)函数来实现对被监视对象的事件过滤。下面通过具体的例子来进行讲解。

(本节采用的项目源码路径：src\06\6-8\myeventfilter)新建 Qt Widgets 应用，将项目名称更改为 myeventfilter，基类选择 QWidget，类名保持 Widget 不变。完成后在设计模式中向界面上拖入一个 Text Edit 和一个 Spin Box。在 widget. h 文件中添加 public 函数声明：

```
bool eventFilter(QObject *obj, QEvent *event) override;
```

然后在 widget. cpp 文件中添加头文件：

```
#include <QKeyEvent>
#include <QWheelEvent>
```

在构造函数中添加代码：

```
ui->textEdit->installEventFilter(this); //将 Widget 作为 textEdit 部件的事件过滤器
ui->spinBox->installEventFilter(this);
```

要对一个部件使用事件过滤器，那么就要先使用其 installEventFilter()函数为该部件安装事件过滤器，这个函数的参数表明了监视对象。这里就是为 textEdit 部件和 spinBox 部件安装了事件过滤器，其参数 this 表明 Widget 就是事件过滤器，也是说要在本部件即 Widget 中监视 textEdit 和 spinBox 的事件。这样，就需要重新实现 Widget 类的 eventFilter()函数，在其中截获并处理两个子部件的事件。

```
bool Widget::eventFilter(QObject *obj, QEvent *event)  //事件过滤器
{
    if (obj == ui->textEdit) {                                //判断部件
        if (event->type() == QEvent::Wheel) {                 //判断事件
            //将 event 强制转换为发生的事件的类型
            QWheelEvent *wheelEvent = static_cast<QWheelEvent *>(event);
            if (wheelEvent->angleDelta().y() > 0) ui->textEdit->zoomIn();
            else ui->textEdit->zoomOut();
            return true;                                      //该事件已经被处理
        } else {
            return false;                         //如果是其他事件，则可以进行进一步的处理
        }
    }
    else if (obj == ui->spinBox) {
        if (event->type() == QEvent::KeyPress) {
            QKeyEvent *keyEvent = static_cast<QKeyEvent *>(event);
            if (keyEvent->key() == Qt::Key_Space) {
                ui->spinBox->setValue(0);
                return true;
            } else {
                return false;
            }
        } else {
            return false;
        }
    }
    else return QWidget::eventFilter(obj, event);
}
```

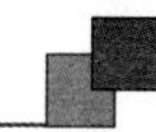

在这个事件过滤器中先判断部件的类型,然后再判断事件的类型,如果是需要的事件就将其进行强制类型转换,然后进行相应的处理。这里需要说明,如果要对一个特定的事件进行处理,而且不希望它在后面的传递过程中再被处理,那么就返回 true,否则返回 false。这个函数中实现了在 textEdit 部件中使用滚轮进行内容的放大或缩小,在 spinBox 部件中使用空格来使数值设置为 0。现在运行程序查看效果。

可以看到,使用事件过滤器可以很容易地处理多个部件的多个事件,如果不使用它,则就得分别子类化各个部件,然后重新实现它们对应的各个事件处理函数,那样就会很麻烦了。

Qt 中也提供了发送一个事件的功能,它由 QCoreApplication 类的

```
bool QCoreApplication::sendEvent(QObject * receiver, QEvent * event)
```

函数,或者

```
void QCoreApplication::postEvent(QObject * receiver, QEvent * event, int priority = Qt::
NormalEventPriority)
```

函数来实现。这两个函数的主要区别是:sendEvent()会立即处理给定的事件,而 postEvent()则会将事件放到等待调度队列中,当下一次 Qt 的主事件循环运行时才会处理它。这两个函数还有其他一些区别,比如 sendEvent()中的 QEvent 对象参数在事件发送完成后无法自动删除,所以需要在栈上创建 QEvent 对象;而 postEvent()中的 QEvent 对象参数必须在堆上进行创建(如使用 new),当事件被发送后事件队列会自动删除它。这两个函数更多的介绍可以参考它们的帮助文档。

下面在 widget.cpp 文件中的构造函数里添加代码来向 spinBox 部件发送一个向上方向键被按下的事件:

```
QKeyEvent myEvent(QEvent::KeyPress, Qt::Key_Up, Qt::NoModifier);
qApp->sendEvent(ui->spinBox, &myEvent);              //发送键盘事件到 spinBox 部件
```

这里使用了 sendEvent()函数,其中,QKeyEvent 对象是在栈上创建的。这里的 qApp 是 QApplication 对象的全局指针,每一个应用程序中只能使用一个 QApplication 对象,等价于使用 QApplication::sendEvent()。现在运行程序可以发现,spinBox 部件中初始值变为 1,这说明已经在这个部件按下了向上方向键。

Qt 中还可以使用自定义的事件,这个需要继承 QEvent 类,可以在帮助索引中通过 The Event System 关键字查看相关内容。

6.6 小 结

这一章主要讲解了 Qt 中事件的应用,读者要掌握基本的事件的处理方法,包括重新实现事件处理函数和使用事件过滤器。本章还涉及了定时器和随机数的知识,它们在实现一些特殊效果以及动画、游戏中会经常使用到,所以也希望读者掌握。

第7章

Qt 对象模型与容器类

这一章将学习 Qt 中的一些核心机制，它们是构成 Qt 的基础，包括对象模型、信号和槽、属性系统、对象树与拥有权、元对象系统等。这一章的后半部分将学习容器类(Container Classes)的相关内容，还会涉及 QString、QByteArray、QVariant 和正则表达式的使用等相关内容。

7.1 对象模型

标准 C++ 对象模型可以在运行时非常有效地支持对象范式(object paradigm)，但是它的静态特性在一些问题上不够灵活。图形用户界面编程不仅需要运行时的高效性，还需要高度的灵活性。为此，Qt 在标准 C++ 对象模型的基础上添加了一些特性，形成了自己的对象模型。这些特性有：

- 一个强大的无缝对象通信机制——信号和槽(signals and slots)；
- 可查询、可设计的对象属性系统(object properties)；
- 强大的事件和事件过滤器(events and event filters)；
- 基于上下文的国际化字符串翻译机制(string translation for internationalization)；
- 完善的定时器(timers)驱动，可以在一个事件驱动的 GUI 中处理多个任务；
- 分层结构的、可查询的对象树(object trees)，它使用一种很自然的方式来组织对象拥有权(object ownership)；
- 守卫指针即 QPointer，它在引用对象被销毁时自动将其设置为 0；
- 动态的对象转换机制(dynamic cast)；
- 支持创建自定义类型(custom type)。

Qt 的这些特性大多是在遵循标准 C++ 规范内实现的，使用这些特性都必须要继承自 QObject 类。其中，对象通信机制和动态属性系统，还需要元对象系统(Meta-Object System)的支持。关于对象模型的介绍，可以在帮助中通过 Object Model 关键字查看。

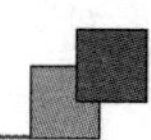

7.2 信号和槽

前面的章节中已经多次用到过信号和槽了，本节将系统对信号和槽的知识进行讲解，本节内容可以在帮助索引中通过 Signals & Slots 关键字查看。

7.2.1 信号和槽概述

信号和槽用于两个对象之间的通信，是 Qt 的核心特征，也是 Qt 不同于其他开发框架的最突出特征。在 GUI 编程中，当改变了一个部件时，总希望其他部件也能了解到该变化。更一般来说，我们希望任何对象都可以和其他对象进行通信。例如，用户单击了关闭按钮，则希望可以执行窗口的 close()函数来关闭窗口。为了实现对象间的通信，一些工具包中使用了回调(callback)机制，而在 Qt 中使用了信号和槽来进行对象间的通信。当一个特殊的事情发生时便可以发射一个信号，比如按钮被单击就发射 clicked()信号；而槽就是一个函数，它在信号发射后被调用来响应这个信号。Qt 的部件类中已经定义了一些信号和槽，但是更常用的做法是子类化部件，然后添加自定义的信号和槽来实现想要的功能。

Tips

回调就是指向函数的指针，把这个指针传递给一个要被处理的函数，那么就可以在这个函数被处理时在适当的地方调用这个回调函数。回调机制主要有两个缺陷：第一，不是类型安全的(type-safe)，不能保证在调用回调函数时可以使用正确的参数；第二，是强耦合的。处理函数必须知道调用哪个回调函数。而信号和槽机制是类型安全的，信号的参数类型必须与槽的参数类型相匹配；信号和槽是松耦合的，发射信号的类既不知道也不关心哪个槽接收了该信号，而槽也不知道是否有信号关联到了它。

前面使用过的信号和槽的关联都是一个信号对应一个槽。其实，一个信号可以关联到多个槽上，多个信号也可以关联到同一个槽上，甚至，一个信号还可以关联到另一个信号上，如图 7-1 所示。如果存在多个槽与某个信号相关联，那么，当这个信号被发射时，这些槽将会一个接一个地执行，执行顺序与关联顺序相同。

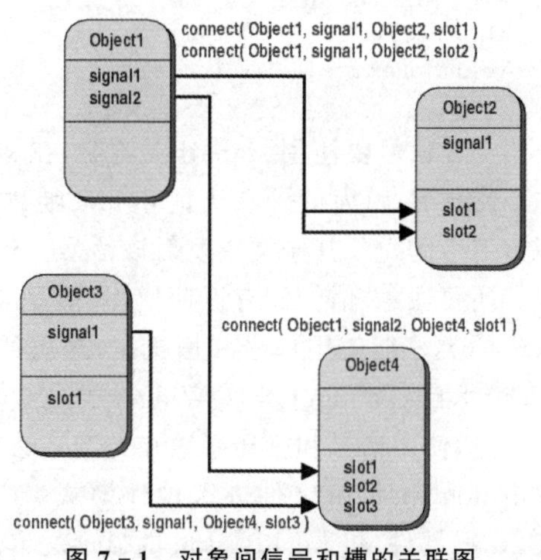

图 7-1 对象间信号和槽的关联图

7.2.2 信号和槽典型应用示例

下面通过一个简单的例子来进一步讲解信号和槽的相关知识。这个例子实现的效果是：在主界面中创建一个对话框，在这个对话框中可以输入数值，当单击“确定”按钮时关闭对话框并且将输入的数值通过信号发射出去，最后在主界面中接收该信号并且显示数值。程序的运行效果如图 7-2 所示。

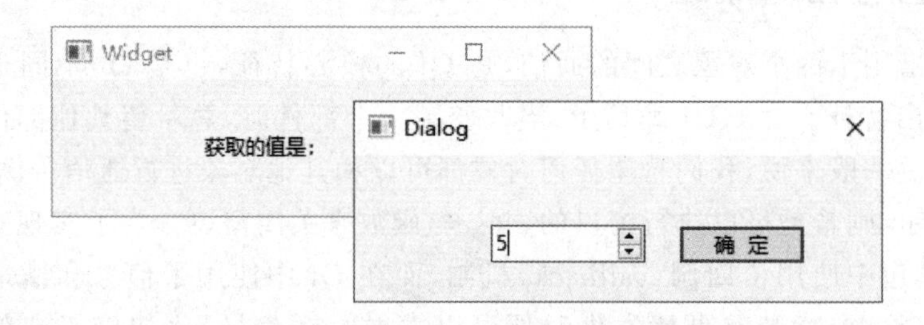

图 7-2 设计信号和槽运行效果

(本例采用的项目源码路径：src\07\7-1\mysignalslot)新建 Qt Widgets 应用，项目名称为 mysignalslot，基类选择 QWidget，类名保持 Widget 不变。项目建立完成后，向项目中添加新文件，模板选择 Qt 分类中的“Qt 设计师界面类”，界面模板选择 Dialog without Buttons，类名设置为 MyDialog。完成后在 mydialog.h 文件中添加代码来声明一个信号：

```
class MyDialog : public QDialog
{
    Q_OBJECT                                    //必须在开始处添加该宏
public:
    explicit MyDialog(QWidget * parent = 0);
    ~MyDialog();
private:
    Ui::MyDialog * ui;
signals:
    void dlgReturn(int);                        //自定义的信号
};
```

声明一个信号要使用 signals 关键字，在 signals 前面不能用 public、private 或 protected 等关键字，因为信号默认是 public 函数，可以从任何地方进行发射，但是建议只在声明该信号的类及其子类中发射该信号。信号只用声明，不需要也不能对它进行定义实现。还要注意，信号没有返回值，只能是 void 类型的。因为只有 QObject 类及其子类派生的类才能使用信号和槽机制，这里的 MyDialog 类继承自 QDialog 类，QDialog 类又继承自 QWidget 类，QWidget 类是 QObject 类的子类，所以这里可以使用信号和槽。不过，使用信号和槽还必须在类定义的最开始处添加 Q_OBJECT 宏。

双击 mydialog.ui 文件进入设计模式，在界面中添加一个 Spin Box 部件和一个 Push Button 部件，将 pushButton 的显示文本修改为“确定”。然后转到 pushButton 的单击信号 clicked()对应的槽，更改如下：

```
void MyDialog::on_pushButton_clicked()          //确定按钮
{
    int value = ui->spinBox->value();           //获取输入的数值
    emit dlgReturn(value);                      //发射信号
    qDebug() << "signal is emitted";
    close();                                    //关闭对话框
}
```

单击“确定”按钮便获取 spinBox 部件中的数值，然后使用自定义的信号将其作为参数发射出去。发射一个信号要使用 emit 关键字，比如程序中发射了 dlgReturn()信号。注意添加＃include <QDebug>头文件。

然后到 widget. h 文件中添加自定义槽的声明：

```
private slots:
    void showValue(int value);
```

槽就是普通的 C++ 函数，可以像一般的函数一样使用。声明槽要使用 slots 关键字，一个槽可以是 private、public 或者 protected 类型的，槽也可以被声明为虚函数，这与普通的成员函数是一样的。槽的最大特点就是可以和信号关联。

下面打开 widget. ui 文件，向界面上拖入一个 Label 部件，更改其文本为“获取的值是：”。然后进入 widget. cpp 文件中添加头文件＃include “mydialog. h”，再在构造函数中添加代码：

```
MyDialog *dlg = new MyDialog(this);
//将对话框中的自定义信号与主界面中的自定义槽进行关联
connect(dlg, SIGNAL(dlgReturn(int)), this, SLOT(showValue(int)));
dlg->show();
```

这里创建了一个 MyDialog 实例 dlg，并且使用 Widget 作为父部件。然后将 MyDialog 类的 dlgReturn()信号与 Widget 类的 showValue()槽进行关联。

下面添加自定义槽的实现，这里只是简单地将参数传递来的数值显示在了标签上。

```
void Widget::showValue(int value)           //自定义槽
{
    ui->label->setText(tr("获取的值是：%1").arg(value));
    qDebug() << "setText: " << value;
}
```

现在运行程序查看效果。这个程序自定义了信号和槽，可以看到它们使用起来很简单，只需要进行关联，然后在适当的时候发射信号即可。这里列举一下使用信号和槽应该注意的几点：

- 需要继承自 QObject 或其子类；
- 在类定义的最开始处添加 Q_OBJECT 宏；
- 槽中参数的类型要和信号参数的类型相对应，且不能比信号的参数多；
- 信号只用声明，没有定义，且返回值为 void 类型。

7.2.3　信号和槽的关联

信号和槽的关联使用的是 QObject 类的 connect()函数，该函数的原型如下：

```
[static] QMetaObject::Connection QObject::connect(const QObject * sender,
                                            const char * signal,
                                            const QObject * receiver,
                                            const char * method,
                                 Qt::ConnectionType type = Qt::AutoConnection)
```

第一个参数为发射信号的对象,如这里的 dlg;第二个参数是要发射的信号,这里是 SIGNAL(dlgReturn(int));第三个参数是接收信号的对象,这里是 this,表明是本部件,即 Widget,当这个参数为 this 时,也可以将这个参数省略掉,因为 connect()函数还有另外一个重载形式,该参数默认为 this;第四个参数是要执行的槽,这里是 SLOT(showValue(int)),其实该参数也可以指定一个信号,实现信号与信号的关联。对于信号和槽,必须使用 SIGNAL()和 SLOT()宏,它们可以将其参数转化为 const char * 类型,另外,第四个参数指定的槽在声明时必须使用 slots 关键字。connect()函数的返回值为 QMetaObject::Connection 类型,该返回值可以用于 QObject::disconnect(const QMetaObject::Connection &connection)函数来断开该关联。需要注意,在调用该 connect()函数时信号和槽的参数只能有类型,不能有变量名,如写成 SLOT(showValue(int value))是不对的。对于信号和槽的参数问题,基本原则是信号中的参数类型要和槽中的参数类型相对应,而且信号中的参数可以多于槽中的参数,但是不能反过来,如果信号中有多余的参数,那么它们将被忽略。connect()函数的最后一个参数 type 表明了关联的方式,由 Qt::ConnectionType 枚举类型指定,其默认值是 Qt::AutoConnection,这里还有其他几个选择,具体功能如表 7-1 所列。编程中一般使用默认值,例如,这里在 MyDialog 类中使用 emit 发射了信号之后,就会立即执行槽,只有等槽执行完了以后,才会执行 emit 语句后面的代码。这里可以将这个参数改为 Qt::QueuedConnection,这样在执行完 emit 语句后便会立即执行其后面的代码,而不管槽是否已经执行,可以通过应用程序输出窗口的信息查看效果。

表 7-1 信号和槽关联类型表

常 量	描 述
Qt::AutoConnection	自动关联,默认值。如果 receiver 存在于(lives in)发射信号的线程,则使用 Qt::DirectConnection;否则,使用 Qt::QueuedConnection。在信号被发射时决定使用哪种关联类型
Qt::DirectConnection	直接关联。发射完信号后立即调用槽,只有槽执行完成返回后,发射信号处后面的代码才可以执行
Qt::QueuedConnection	队列关联。当控制返回 receiver 所在线程的事件循环后再执行槽,无论槽执行与否,发射信号处后面的代码都会立即执行
Qt::BlockingQueuedConnection	阻塞队列关联。类似 Qt::QueuedConnection,不过,信号线程会一直阻塞,直到槽返回。当 receiver 存在于信号线程时不能使用该类型,不然程序会死锁

续表7-1

常 量	描 述
Qt::UniqueConnection	唯一关联。这是一个标志,可以结合其他几种连接类型,使用按位或操作。这时两个对象间的相同的信号和槽只能有唯一的关联。使用这个标志主要为了防止重复关联
Qt::SingleShotConnection	单射关联。这是一个标志,可以结合其他几种连接类型,使用按位或操作。当信号发射后连接会自动断开,槽只被调用一次(Qt 6.0 加入)

connect()函数另一种常用的基于函数指针的重载形式如下:

```
[static]QMetaObject::Connection QObject::connect (const QObject * sender,
                                        PointerToMemberFunction signal,
                                        const QObject * receiver,
                                        PointerToMemberFunction method,
                                Qt::ConnectionType type = Qt::AutoConnection)
```

这是 Qt 5 中加入的一种重载形式,与前者最大的不同就是,指定信号和槽两个参数时不用再使用 SIGNAL()和 SLOT()宏,并且槽函数不再必须是使用 slots 关键字声明的函数,而可以是任意能和信号关联的成员函数。要使一个成员函数可以和信号关联,那么这个函数的参数数目不能超过信号的参数数目,但是并不要求该函数拥有的参数类型与信号中对应的参数类型完全一致,只需要可以进行隐式转换即可。使用这种重载形式,前面程序中的关联可以使用如下代码代替:

```
connect(dlg, &MyDialog::dlgReturn, this, &Widget::showValue);
```

使用这种方式与前一种相比,还有一个好处就是可以在编译时进行检查,信号或槽的拼写错误、槽函数参数数目多于信号的参数数目等错误在编译时就能够被发现。所以建议在编写代码时使用这种关联形式,本书中的示例程序一般也是使用这种关联形式。另外,这种形式还支持 C++11 中的 Lambda 表达式,可以在关联时直接编写信号发射后要执行的代码,例如,程序中的关联可以写为:

```
connect(dlg, &MyDialog::dlgReturn, this, [=](int value){
        ui->label->setText(tr("获取的值是: %1").arg(value));
});
```

这样就不再需要声明定义槽函数了。另外,当信号或者槽有重载的时候,使用这种方式就会出现问题,如 QWidget 类中包含 update()、update(int x, int y, int w, int h)、update(const QRect &rect)和 update(const QRegion &rgn)等多种重载形式的 update()函数,直接使用 &Widget::update 无法确定要使用哪个重载形式。这种情况下,可以使用 QOverload 类来确定要使用的重载形式,其格式为 QOverload<要使用的重载形式的参数列表,只保留类型>::of(PointerToMemberFunction),例如:

```
connect(timer, &QTimer::timeout, this, QOverload<>::of(&Widget::update));
```

如果函数还有 const 重载形式,那么还需要使用 QConstOverload 和 QNonConstOverload 类,例如:

```
struct Foo {
    void overloadedFunction(int, const QString &);
    void overloadedFunction(int, const QString &) const;
};
... QConstOverload < int, const QString & > ::of(&Foo::overloadedFunction)
... QNonConstOverload < int, const QString & > ::of(&Foo::overloadedFunction)
```

读者如果想了解更多相关使用方法,则可以在帮助中通过索引 QOverload 关键字进行查看。

7.2.4 信号和槽的自动关联

信号和槽还有一种自动关联方式,在第 2 章已经提到过了。例如,前面程序在设计模式直接生成的“确定”按钮的单击信号的槽,就是使用的这种方式,即 on_pushButton_clicked()由字符串 on、部件的 objectName 和信号名称三部分组成,中间用下划线隔开。这种形式命名的槽就可以直接和信号关联,而不用再使用 connect()函数。不过使用这种方式还要进行其他设置,前面代码中之所以可以直接使用,是因为程序中默认已经进行了设置。可以回头看一下第 2 章讲解的 ui_hellodialog.h 文件的内容,其中的 connectSlotsByName()函数就是用来支持信号和槽自动关联的,它是使用对象名(objectName)来实现的。关于信号和槽的自动关联可以在帮助索引中通过 Using a Designer UI File in Your C++ Application 关键字查看,在文档最后面的 Automatic Connections 部分有详细介绍。

下面来看一个简单的例子。(本例采用的项目源码路径:src\07\7-2\mysignalslot2)新建 Qt Widgets 应用,项目名称为 mysignalslot2,基类选择 QWidget,类名保持 Widget 不变。完成后先在 widget.h 文件中进行函数声明:

```
private slots:
    void on_myButton_clicked();
```

这里自定义了一个槽,它使用自动关联。然后在 widget.cpp 文件中添加头文件 #include <QPushButton>,再将构造函数的内容更改如下:

```
Widget::Widget(QWidget *parent) :
    QWidget(parent),
    ui(new Ui::Widget)
{
    QPushButton *button = new QPushButton(this);    //创建按钮
    button->setObjectName("myButton");              //指定按钮的对象名
    button->setText(tr("关闭窗口"));
    ui->setupUi(this);                              //要在定义了部件以后再调用这个函数
}
```

因为 setupUi()函数中调用了 connectSlotsByName()函数,所以要使用自动关联的部件的定义都要放在 setupUi()函数调用之前,而且还必须使用 setObjectName()指定它们的 objectName,只有这样才能正常使用自动关联。下面添加槽的定义:

```
void Widget::on_myButton_clicked()          //使用自动关联
{
    close();
}
```

这里进行了关闭部件的操作。对于槽的函数名,中间要使用前面指定的 objectName,这里是 myButton。现在运行程序,单击按钮,发现可以正常关闭窗口。

可以看到,如果要使用信号和槽的自动关联,就必须在 connectSlotsByName()函数之前进行部件的定义,而且还要指定部件的 objectName。鉴于这些约束,虽然自动关联形式上很简单,但是实际编写代码时却很少使用。而且,在定义一个部件时很希望明确地使用 connect()函数来对其进行信号和槽的关联,这样当其他开发者看到这个部件定义时,就可以知道和它相关的信号和槽的关联了,而使用自动关联却没有这么明了。

7.2.5 信号和槽断开关联

可以通过 disconnect()函数来断开信号和槽的关联,其原型如下:

```
[static] bool QObject::disconnect(constQObject * sender, const char * signal, const QObject * receiver, const char * method)
```

该函数一般有下面几种用法:

① 断开与一个对象所有信号的所有关联:

```
disconnect(myObject,nullptr, nullptr, nullptr);
```

等价于:

```
myObject->disconnect();
```

② 断开与一个指定信号的所有关联:

```
disconnect(myObject, SIGNAL(mySignal()),nullptr, nullptr);
```

等价于:

```
myObject->disconnect(SIGNAL(mySignal()));
```

③ 断开与一个指定的 receiver 的所有关联:

```
disconnect(myObject,nullptr, myReceiver, nullptr);
```

等价于:

```
myObject->disconnect(myReceiver);
```

④ 断开一个指定信号和槽的关联:

```
disconnect(myObject, SIGNAL(mySignal()),myReceiver, SLOT(mySlot()));
```

等价于:

```
myObject->disconnect(SIGNAL(mySignal()),myReceiver, SLOT(mySlot()));
```

也等价于:

```
disconnect(myConnection);//myConnection 是进行关联时 connect()的返回值
```

与 connect()函数一样,disconnect()函数也有基于函数指针的重载形式:

```
[static] bool QObject::disconnect(constQObject * sender, PointerToMemberFunction signal, const QObject * receiver, PointerToMemberFunction method)
```

其用法类似,只是其中信号、槽参数需要使用函数指针 &MyObject::mySignal()、&MyReceiver::mySlot()等形式。这个函数并不能断开信号与一般函数或者 lambda 表达式之间的关联,如果有这方面需要,可以使用 connect()返回值进行断开。

7.2.6 信号和槽的高级应用

有时希望获得信号发送者的信息,Qt 提供了 QObject::sender()函数来返回发送该信号的对象的指针。但是如果有多个信号关联到了同一个槽上,而在该槽中需要对每一个信号进行不同的处理,则使用这种方法就很麻烦了。这种情况可以使用 QSignalMapper 类。QSignalMapper 叫作信号映射器,可以实现对多个相同部件的相同信号进行映射,为其添加字符串或者数值参数,然后再发射出去。这个类的使用可以参考《Qt Widgets 及 Qt Quick 开发实战精解》多文档编辑器实例。

信号和槽机制的特色和优越性:

- 信号和槽机制是类型安全的,相关联的信号和槽的参数必须匹配;
- 信号和槽是松耦合的,信号发送者不知道也不需要知道接收者的信息;
- 信号和槽可以使用任意类型的任意数量的参数。

7.3 属性系统

Qt 提供了强大的基于元对象系统的属性系统,可以在运行 Qt 的平台上支持标准 C++ 编译器。要在一个类中声明属性,该类必须继承自 QObject 类,而且还要在声明前使用 Q_PROPERTY()宏:

```
Q_PROPERTY(typename
            (READ getFunction [WRITE setFunction] |
            MEMBER memberName [(READ getFunction | WRITE setFunction)])
            [RESET resetFunction]
            [NOTIFY notifySignal]
            [REVISION int | REVISION(int[, int])]
            [DESIGNABLE bool]
            [SCRIPTABLE bool]
            [STORED bool]
            [USER bool]
            [BINDABLE bindableProperty]
            [CONSTANT]
            [FINAL]
            [REQUIRED])
```

其中,type 表示属性的类型,可以是 QVariant 支持的类型或者是用户自定义的类型。如果是枚举类型,则还需要使用 Q_ENUMS()宏在元对象系统中进行注册,这样以后才可以使用 QObject::setProperty()函数来使用该属性。name 就是属性的名称。READ 后面是读取该属性的函数,这个函数是必须有的,而后面带有"[ ]"号的选项表示这些函数是可选的。一个属性类似于一个数据成员,不过它添加了一些可以通过元对象系统访问的附加功能:

- 一个读(READ)操作函数。如果MEMBER变量没有指定,那么该函数是必须有的,它用来读取属性的值。这个函数一般是const类型的,它的返回值类型必须是该属性的类型,或者是该属性类型的指针或者引用。例如,QWidget::focus是一个只读属性,其READ函数是QWidget::hasFocus()。
- 一个可选的写(WRITE)操作函数。它用来设置属性的值。这个函数必须只有一个参数,而且它的返回值必须为空void。例如,QWidget::enabled的WRITE函数是QWidget::setEnabled()。
- 如果没有指定READ操作函数,那么必须指定一个MEMBER变量关联,这样会使给定的成员变量变为可读/写的,而不用创建READ和WRITE操作函数。
- 一个可选的重置(RESET)函数。它用来将属性恢复到一个默认的值。这个函数不能有参数,而且返回值必须为空void。例如,QWidget::cursor的RESET函数是QWidget::unsetCursor()。
- 一个可选的通知(NOTIFY)信号。如果使用该选项,那么需要指定类中一个已经存在的信号,每当该属性的值改变时都会发射该信号。如果使用MEMBER变量时指定NOTIFY信号,那么信号最多只能有一个参数,并且参数的类型必须与属性的类型相同。
- 一个可选的版本(REVISION)号或REVISION()宏。如果包含了该版本号,那么它会定义属性及其通知信号只用于特定版本的API(通常暴露给QML);如果不包含,则默认为0。
- 可选的DESIGNABLE表明这个属性在GUI设计器(如Qt Designer)的属性编辑器中是否可见。大多数属性的该值为true,即可见。
- 可选的SCRIPTABLE表明这个属性是否可以被脚本引擎(scripting engine)访问,默认值为true。
- 可选的STORED表明该属性应该被认为是独立存在的还是依赖于其他值,也表明是否在当对象的状态被存储时也必须存储这个属性的值,大部分属性的该值为true。
- 可选的USER表明这个属性是否被设计为该类的面向用户或者用户可编辑的属性。一般,每一个类中只有一个USER属性,它的默认值为false。例如,QAbstractButton::checked是按钮的用户可编辑属性。
- 可选的BINDABLE表明这个属性支持绑定。该特性从Qt 6.0开始引入。关于属性绑定的更多内容可以在帮助中通过Qt Bindable Properties和QObjectBindableProperty关键字查看。
- 可选的CONSTANT表明这个属性的值是一个常量。对于给定的一个对象实例,每一次使用常量属性的READ方法都必须返回相同的值,但对于类的不同的实例,这个常量可以不同。一个常量属性不可以有WRITE方法和NOTIFY信号。
- 可选的FINAL表明这个属性不能被派生类重写。

➢ 可选的 REQUIRED 表明该属性应该由用户来设置,这个对于暴露给 QML 的类非常有用。在 QML 中,类如果有 REQUIRED 属性,就必须全部进行设置,否则无法实例化。

其中,READ、WRITE 和 RESET 函数可以被继承,也可以是虚的(virtual);当在多继承时,它们必须继承自第一个父类。这一节的内容可以在帮助中参考 The Property System 关键字,下面来看一个具体的例子。

(本小节采用的项目源码路径:src\07\7-3\myproperty)新建 Qt Widgets 应用,项目名称为 myproperty,基类选择 QWidget,类名保持 Widget 不变。完成后向项目中添加新文件,模板选择 C++ 类,类名为 MyClass,基类 Base class 选择 QObject。添加完新文件后,到 myclass.h 文件中更改 MyClass 类的定义如下:

```
class MyClass : public QObject
{
    Q_OBJECT
    Q_PROPERTY(QString userName READ getUserName WRITE setUserName
               NOTIFY userNameChanged)        //注册属性 userName
public:
    explicit MyClass(QObject *parent = nullptr);
    QString getUserName() const               //实现 READ 读函数
    {return m_userName;}
    void setUserName(QString userName)        //实现 WRITE 写函数
    {
        m_userName = userName;
        emit userNameChanged(userName);       //当属性值改变时发射该信号
    }
signals:
    void userNameChanged(QString);            //声明 NOTIFY 通知消息
private:
    QString m_userName;                       //私有变量,存放 userName 属性的值
};
```

这里使用 Q_PROPERTY()宏向元对象系统注册了属性 userName,然后声明了几个相应的函数,因为读/写函数都很简单,所以声明时直接进行了定义。下面来看一下在类外对这个属性的使用。

首先在 widget.h 文件中添加一个私有槽的声明:

```
private slots:
    void userChanged(QString);
```

然后到 widget.cpp 文件中,先添加头文件:

```
#include "myclass.h"
#include <QDebug>
```

然后在构造函数中添加代码:

```
MyClass *my = new MyClass(this);                      //创建 MyClass 类实例
connect(my, &MyClass::userNameChanged, this, &Widget::userChanged);
my->setUserName("yafei");                             //设置属性的值
qDebug() << "userName1:" << my->getUserName();        //输出属性的值
//使用 QObject 类的 setProperty()函数设置属性的值
my->setProperty("userName", "linux");
```

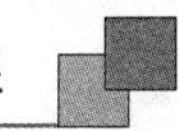

```
//输出属性的值,这里使用了 QObject 类的 property()函数,返回值类型为 QVariant
qDebug() << "userName2:" << my->property("userName").toString();
```

这里创建了 MyClass 类的实例,然后进行了 userName 属性的写入与读取。这里有两种方法:一种是直接调用该属性的相关函数;另一种是使用 QObject 类的 setProperty()函数和 property()函数,使用这两个函数要指定属性名。property()函数的返回值类型为 QVariant,可以使用这个类的 toString()函数将其转换为 QString 类型的数据。下面添加处理属性值变化的槽的定义:

```
void Widget::userChanged(QString userName)
{
    qDebug() << "user changed:" << userName;
}
```

这里只是简单地将 userName 进行输出。现在可以运行程序,查看输出结果。

使用 QObject 类的 setProperty()函数还可以设置动态属性,只需要将属性名设置为一个类中没有的属性即可。比如在 MyClass 类外为其添加动态属性"myValue",可以在 widget.cpp 文件中构造函数的最后添加如下代码:

```
my->setProperty("myValue", 10);                    //动态属性,只对该实例有效
qDebug() << "myValue:" << my->property("myValue").toInt();
```

需要说明,这样添加的动态属性只对实例 my 有效,对于 MyClass 类的其他对象没有作用。另外,如果要获取一个类的属性信息,则可以使用元对象 QMetaObject 来完成,例如,在 widget.cpp 文件中先添加 #include <QMetaProperty> 头文件包含,然后在构造函数的最后添加如下代码:

```
//遍历一个类中的属性
const QMetaObject * metaobject = my->metaObject();
int count = metaobject->propertyCount();
for (int i = 0; i < count; ++i) {
    QMetaProperty metaproperty = metaobject->property(i);
    const char * name = metaproperty.name();
    QVariant value = my->property(name);
    qDebug() << name << value;
}
```

可以运行程序,查看下应用程序输出窗口的信息。

7.4 对象树与拥有权

Qt 中使用对象树(object tree)来组织和管理所有的 QObject 类及其子类的对象。当创建一个 QObject 对象时,如果使用了其他的对象作为其父对象(parent),那么这个对象就会被添加到父对象的 children()列表中;这样当父对象被销毁时,这个对象也会被销毁。实践表明,这个机制非常适合于管理 GUI 对象。例如,一个 QShortcut(键盘快捷键)对象是相应窗口的一个子对象,当用户关闭这个窗口时,快捷键对象也会被销毁。

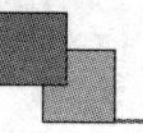

QWidget 作为 Qt Widgets 模块的基础类,扩展了对象间的父子关系。一个子对象一般也就是一个子部件,因为它们要显示在父部件的坐标系统之中。例如,当关闭一个消息对话框(message box)后要销毁它时,消息对话框中的按钮和标签也会被销毁,这也正是我们所希望的,因为按钮和标签是消息对话框的子部件。当然,也可以自己手动来销毁一个子对象,这时会将它们从其父对象中移除。这一部分的内容可以在帮助索引中通过 Object Trees & Ownership 关键字查看。

在第 3 章讲解第一个例子时曾提到了使用 new 来创建一个部件,但是却没有使用 delete 来进行释放的问题。这里再来研究一下这个问题。

(本小节采用的项目源码路径: src\07\7-4\myownership)新建 Qt Widgets 应用,项目名称为 myownership,基类选择 QWidget,类名保持 Widget 不变。完成后向项目中添加新文件,模板选择 C++ 类,类名为 MyButton,基类设置为 QPushButton,添加完文件后将 mybutton.h 文件修改如下:

```
#ifndef MYBUTTON_H
#define MYBUTTON_H
#include <QPushButton>
class MyButton : publicQPushButton
{
    Q_OBJECT
public:
    explicit MyButton(QWidget *parent = nullptr);
    ~MyButton();
};
#endif //MYBUTTON_H
```

这里主要是添加了析构函数的声明。然后到 mybutton.cpp 文件中,修改如下:

```
#include "mybutton.h"
#include <QDebug>
MyButton::MyButton(QWidget *parent) :
    QPushButton(parent)
{
}
MyButton::~MyButton()
{
    qDebug() << "delete button";
}
```

这里添加了析构函数的定义,这样当 MyButton 的对象被销毁时,就会输出相应的信息。这里定义析构函数只是为了更清楚地看到部件的销毁过程,其实一般在构建新类时不需要实现析构函数。下面到 widget.cpp 文件中进行更改,添加头文件:

```
#include "mybutton.h"
#include <QDebug>
```

在构造函数中添加代码:

```
MyButton *button = new MyButton(this);      //创建按钮部件,指定 widget 为父部件
button->setText(tr("button"));
```

更改析构函数:

```
Widget::~Widget()
{
    delete ui;
    qDebug() << "delete widget";
}
```

Widget 类的析构函数中默认已经有了销毁 ui 的语句，这里又添加了输出语句。当 Widget 窗口被销毁时，将输出信息。下面运行程序，然后关闭窗口，在 Qt Creator 的应用程序输出栏中的输出信息为：

```
delete widget
delete button
```

可以看到，当关闭窗口后，因为该窗口是顶层窗口，关闭后没有可以显示的窗口，所以应用程序要销毁该窗口部件（如果不是顶层窗口，那么关闭时只是隐藏，不会被销毁），而当窗口部件销毁时会自动销毁其子部件。这也就是在 Qt 中经常只看到 new 操作而看不到 delete 操作的原因。再来看一下 main.cpp 文件，其中 Widget 对象是建立在栈上的：

```
Widget w;
w.show();
```

这样对于对象 w，在关闭程序时会被自动销毁。而对于 Widget 中的部件，如果是在堆上创建（使用 new 操作符），那么只要指定 Widget 为其父窗口（创建时指定 parent 参数为 this）就可以了，也不需要进行 delete 操作。整个应用程序关闭时，会去销毁 w 对象，而此时又会自动销毁它的所有子部件，这些都是 Qt 的对象树所完成的。

所以，对于规范的 Qt 程序，我们要在 main()函数中将主窗口部件创建在栈上，如“Widget w;”，而不要在堆上进行创建（使用 new 操作符）。对于其他窗口部件，可以使用 new 操作符在堆上进行创建，不过一定要指定其父部件，这样就不需要再使用 delete 操作符来销毁该对象了。

还有一种重定义父部件（reparented）的情况，例如，将一个包含其他部件的布局管理器应用到窗口上，那么该布局管理器和其中所有部件都会自动将它们的父部件转换为该窗口部件。在 widget.cpp 文件中添加头文件 #include <QHBoxLayout>，然后在构造函数中继续添加代码：

```
MyButton *button2 = new MyButton;
MyButton *button3 = new MyButton;
QHBoxLayout *layout = new QHBoxLayout;
layout->addWidget(button2);
layout->addWidget(button3);
setLayout(layout);          //在该窗口中使用布局管理器
```

这里创建了两个 MyButton 对象和一个水平布局管理器对象，但是并没有指定它们的父部件，现在各个部件的拥有权（ownership）不是很清楚。但是当使用布局管理器来管理这两个按钮，并且在窗口中使用这个布局管理器后，这两个按钮和水平布局管理器都将重定义自己的父部件为窗口 Widget。可以使用 children()函数来获取一个部件的所有子部件的列表，例如，在构造函数中再添加如下代码：

```
qDebug() << children();    //输出所有子部件的列表
```

这时可以运行程序并查看应用程序输出栏中的信息,然后根据自己的想法更改一下程序,进一步体会 Qt 中对象树的概念。

7.5 元对象系统

Qt 中的元对象系统(Meta-Object System)是对 C++ 的扩展,使其更适合真正的组件图形用户界面编程,提供了对象间通信的信号和槽机制、运行时类型信息和动态属性系统。元对象系统是基于以下 3 个条件的:

- 该类必须继承自 QObject 类;
- 必须在类定义的私有部分添加 Q_OBJECT 宏(在类定义时,如果没有指定 public 或者 private 关键字,则默认为 private);
- 元对象编译器 Meta-Object Compiler(moc)为 QObject 的子类实现元对象特性提供必要的代码。

其中,moc 工具读取一个 C++ 源文件,如果它发现一个或者多个类定义中包含 Q_OBJECT 宏,则会另外创建一个 C++ 源文件(就是项目目录的 debug 目录下看到的以 moc 开头的 C++ 源文件),其中包含了为每一个类生成的元对象代码。这些产生的源文件或者被包含进类的源文件中,或者和类的实现同时进行编译和链接。

元对象系统主要是为了实现信号和槽机制才被引入的,不过除了信号和槽机制以外,元对象系统还提供了其他一些特性:

- QObject::metaObject()函数可以返回一个类的元对象 QMetaObject;
- QMetaObject::className()可以在运行时以字符串形式返回类名,而不需要 C++编辑器原生的运行时类型信息(RTTI)的支持;
- QObject::inherits()函数返回一个对象是否是 QObject 继承树上一个类的实例的信息;
- QObject::tr()进行字符串翻译来实现国际化;
- QObject::setProperty()和 QObject::property()通过名字来动态设置或者获取对象属性;
- QMetaObject::newInstance()构造类的一个新实例。

除了这些特性,还可以使用 qobject_cast()函数对 QObject 类进行动态类型转换,这个函数的功能类似于标准 C++ 中的 dynamic_cast()函数,但它不再需要 RTTI 的支持。这个函数尝试将它的参数转换为尖括号中的类型的指针,如果是正确的类型,则返回一个非零的指针;如果类型不兼容,则返回 nullptr。例如,假设 MyWidget 类继承自 QWidget,并且在定义中使用了 Q_OBJECT 宏,那么可以使用下面的代码进行类型转换:

```
QObject * obj = new MyWidget;
QWidget * widget = qobject_cast < QWidget * > (obj);
```

这个函数已经在多个章节中用到过了，这里也不再进行过多讲述。另外，还有一个QMetaObject::invokeMethod()函数在多线程编程时经常用到，可以通过同步或者异步的方式调用指定对象的成员函数(如信号或者槽)。

信号和槽是 Qt 的核心内容，而信号和槽必须依赖于元对象系统，所以它是 Qt 中很关键的内容。这里只是说明了它的一些应用，关于具体实现机制这里不再讲述。作为初学者，上面讲述的知识显得枯燥，读者也没有必要一次就把它搞得很明白，心中有个大概的印象就行了，以后有了一定的基础之后再来学习。关于元对象系统的知识，可以在 Qt 中查看 The Meta - Object System 关键字。

7.6　容器类

Qt 库提供了一组通用的基于模板的容器类(container classes)。这些容器类可以用来存储指定类型的项目(items)，例如，如果需要一个大小可变的 QString 数组，那么可以使用 QList<QString>。与 STL(Standard Template Library，C++ 的标准模板库)中的容器类相比，Qt 中的这些容器类更轻量、更安全、也更容易使用。如果不熟悉 STL 或者更喜欢使用 Qt way 来进行编程，那么就可以使用这些容器类来代替 STL 的类。容器类是隐式共享的、可重入的，并且对速度、内存消耗等进行了优化。如果在所有线程中都用作只读容器，那么它们也是线程安全的。本节内容可以在帮助中通过 Container Classes 关键字查看。

7.6.1　Qt 的容器类

Qt 提供了一些顺序容器：QList、QStack 和 QQueue。因为这些容器中的数据都是一个接一个线性存储的，所以称为顺序容器。对于大多数应用程序而言，使用最多的而且最好用的是 QList，尽管它是一个数组列表，但是可以快速在其头部和尾部进行添加操作。而 QStack 和 QQueue 分别提供了后进先出(LIFO)和先进先出(FIFO)语义。

Qt 还提供了一些关联容器：QMap、QMultiMap、QHash、QMultiHash 和 QSet。因为这些容器存储的是<键，值>对，比如 QMap<Key, T>，所以称为关联容器。其中，“Multi”容器用来支持一个键多个值的情况。

表 7-2 对常用的容器类进行了介绍。另外，QCache 和 QContiguousCache 提供了对缓存存储中对象的高效散列查找。

表 7-2　常用容器类简介表

类	简　介
QList<T>	这是目前最常用的容器类。它存储了给定类型的值的一个列表，而这些值可以通过索引访问。在内部，QList 使用数组来实现，存储在内存的相邻位置。在列表的前面或中间进行插入操作会非常慢，因为这样可能导致大量的数据需要在内存中移动一个位置。常用的 QStringList 继承自 QList<QString>

续表 7－2

类	简　介
QVarLengthArray<T, Prealloc>	它提供了一个低级别的可变长度数组。在非常重视速度的时候,可以用它代替 QList
QStack<T>	它是 QList 的一个便捷子类,提供了后进先出(LIFO)语义。它添加了 push()、pop()和 top()等函数
QQueue<T>	它是 QList 的一个便捷子类,提供了先进先出(FIFO)语义。它添加了 enqueue()、dequeue()和 head()等函数
QSet<T>	它提供了一个可以快速查询单值的数学集
QMap<Key, T>	它提供了一个字典(关联数组),将 Key 类型的键值映射到 T 类型的值上。一般每一个键关联一个单一的值。QMap 使用键顺序来存储它的数据;如果不关心存储顺序,那么可以使用 QHash 来代替它,因为 QHash 速度更快
QMultiMap<Key, T>	它是 QMap 的一个便捷类,提供了实现多值映射的接口函数,如一个键可以关联多个值
QHash<Key, T>	它与 QMap 拥有基本相同的接口,但是它的查找速度更快。QHash 的数据是以任意的顺序存储的
QMultiHash<Key, T>	它是 QHash 的一个便捷类,提供了实现多值散列的接口函数

下面分别对最为常用的 QList 和 QMap 进行介绍,其他几个容器可以参照这两个进行操作,因为它们的接口函数很相似,当然也可以参考它们的帮助文档。

(本例采用的项目源码路径：src\07\7-5\mycontainers)新建项目,模板选择 Qt 控制台应用(Qt Console Application),项目名称为 mycontainers。这里只是为了演示容器类的使用,所以没有使用图形界面,这样只需要建立控制台程序就可以了。完成后将 main.cpp 文件更改如下：

```
#include <QCoreApplication>
#include <QList>
#include <QDebug>
int main(int argc, char * argv[])
{
    QCoreApplication a(argc, argv);
    QList <QString> list;
    list << "aa" << "bb" << "cc";          //插入项目
    if(list[1] == "bb") list[1] = "ab";
    list.replace(2, "bc");                 //将“cc”换为“bc”
    qDebug() << "the list is: ";           //输出整个列表
    for(int i = 0; i < list.size(); ++ i){
        qDebug() << list.at(i);            //现在列表为 aa ab bc
    }
    list.append("dd");                     //在列表尾部添加
    list.prepend("mm");                    //在列表头部添加
    QString str = list.takeAt(2);          //从列表中删除第 3 个项目,并获取它
    qDebug() << "at(2) item is: " << str;
```

```
    qDebug() << "the list is：";
    for(int i = 0; i < list.size(); ++ i)
    {
        qDebug() << list.at(i);          //现在列表为 mm aa bc dd
    }
    list.insert(2, "mm");                //在位置 2 插入项目
    list.swapItemsAt(1, 3);              //交换项目 1 和项目 3
    qDebug() << "the list is：";
    for(int i = 0; i < list.size(); ++ i)
    {
        qDebug() << list.at(i);          //现在列表为 mm bc mm aa dd
    }
    qDebug() << "contains 'mm' ?" << list.contains("mm"); //列表中是否包含"mm"
    qDebug() << "the 'mm' count：" << list.count("mm");    //包含"mm"的个数
    //第一个"mm"的位置，默认从位置 0 开始往前查找，返回第一个匹配的项目的位置
    qDebug() << "the first 'mm' index：" << list.indexOf("mm");
    //第二个"mm"的位置，我们指定从位置 1 开始往前查找
    qDebug() << "the second 'mm' index：" << list.indexOf("mm",1);
    return a.exec();
}
```

QList是一个模板类，它提供了一个列表。QList＜T＞实际上是一个T类型项目的指针数组，所以它支持基于索引的访问；而且当项目的数目较小时，可以实现在列表中间进行快速地插入操作。QList提供了很多方便的接口函数来操作列表中的项目，例如，插入操作insert()、替换操作replace()、移除操作removeAt()、移动操作move()、交换操作swapItemsAt()、在表尾添加项目append()、在表头添加项目prepend()、移除第一个项目removeFirst()、移除最后一个项目removeLast()、从列表中移除一项并获取这个项目takeAt()及相应的takeFirst()和takeLast()、获取一个项目的索引indexOf()、判断是否含有相应的项目contains()以及获取一个项目出现的次数count()等。QList可以使用"＜＜"操作符向列表中插入项目，也可以使用"[ ]"操作符通过索引来访问一个项目，其中项目是从0开始编号的。不过，对于只读的访问，另一种方法是使用at()函数，它比"[ ]"操作符要快很多，因为它不会引起深复制(deep copy)。程序中使用了一些常用的函数，读者不用一下子把整个程序都写出来再运行，而是写一部分就运行一次并查看结果。

(本例采用的项目源码路径：src\07\7-6\mycontainers2)新建Qt控制台应用，项目名称为mycontainers2。下面来看一下QMap的具体应用，将main.cpp文件更改如下：

```
#include <QCoreApplication>
#include <QMap>
#include <QMultiMap>
#include <QDebug>
int main(int argc, char * argv[])
{
    QCoreApplication a(argc, argv);
    QMap <QString, int> map;
```

```
    map["one"] = 1;                 //向 map 中插入("one",1)
    map["three"] = 3;
    map.insert("seven", 7);         //使用 insert()函数进行插入
    //获取键的值,使用"[ ]"操作符时,如果 map 中没有该键,那么会自动插入
    int value1 = map["six"];
    qDebug() << "value1:" << value1;
    qDebug() << "contains 'six' ?" << map.contains("six");
    //使用 value()函数获取键的值,这样当键不存在时不会自动插入
    int value2 = map.value("five");
    qDebug() << "value2:" << value2;
    qDebug() << "contains 'five' ?" << map.contains("five");
    //当键不存在时,value()默认返回 0,这里可以设定该值,比如这里设置为 9
    int value3 = map.value("nine", 9);
    qDebug() << "value3:" << value3;
    //map 默认是一个键对应一个值,如果重新给该键设置了值,那么以前的会被擦除
    map.insert("ten", 10);
    map.insert("ten", 100);
    qDebug() << "ten: " << map.value("ten");
    //可以使用 QMultiMap 类来实现一键多值
    QMultiMap <QString,int> map1, map2, map3;
    map1.insert("values", 1);
    map1.insert("values", 2);
    map2.insert("values", 3);
    //可以进行相加,这样 map3 的"values"键将包含 2、1、3 这 3 个值
    map3 = map2 + map1;
    QList <int>     myValues = map3.values("values");
    qDebug() << "the values are: ";
    for (int i = 0; i < myValues.size(); ++ i) {
        qDebug() << myValues.at(i);
    }
    return a.exec();
}
```

QMap 类是一个容器类,它提供了一个基于跳跃列表的字典(a skip - list - based dictionary)。QMap<Key, T>是 Qt 的通用容器类之一,它存储(键,值)对并提供了与键相关的值的快速查找。QMap 中提供了很多方便的接口函数,例如,插入操作 insert()、获取值 value()、是否包含一个键 contains()、删除一个键 remove()、删除一个键并获取该键对应的值 take()、清空操作 clear()、插入一键多值 insertMulti()等。可以使用"[ ]"操作符插入一个键值对或者获取一个键的值,不过当使用该操作符获取一个不存在的键的值时,会默认向 map 中插入该键;为了避免这个情况,可以使用 value()函数来获取键的值。当使用 value()函数时,如果指定的键不存在,那么默认会返回 0,可以在使用该函数时提供参数来更改这个默认返回的值。QMap 默认是一个键对应一个值的,对于一键多值的情况,可以使用 QMultiMap。

容器也可以嵌套使用,如 QMap<QString, QList<int> >,这里键的类型是 QString,而值的类型是 QList<int>。注意,后面的"> >"符号之间要有一个空格,不然编译器会将它当作">>"操作符对待。各种容器存储的值的类型可以是任何的可

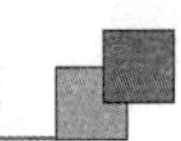

赋值的数据类型,该类型必须提供一个复制构造函数和一个赋值操作运算符;对于一些操作,还需要有一个默认的构造函数,像基本的类型(如 int 和 double)、指针类型、Qt 的数据类型(如 QString 和 QDate 等),但不包括 QObject 以及 QObject 的子类(QWidget、QDialog、QTimer 等),不过可以存储这些类的指针,如 QList<QWidget *>。也可以自定义数据类型,具体方法可以参考 Container Classes 文档中的相关内容。

7.6.2　遍历容器

遍历一个容器可以使用迭代器(iterators)来完成,迭代器提供了一个统一的方法来访问容器中的项目。Qt 的容器类提供了两种类型的迭代器:Java 风格迭代器和 STL 风格迭代器。实际编程中更推荐使用 STL 风格迭代器,因为其效率更高,而且可以和 Qt、STL 的通用算法一起使用。如果只是想按顺序遍历一个容器中的项目,那么还可以使用 Qt 的 foreach 关键字。

1. Java 风格迭代器

Java 风格迭代器从 Qt 4 时被引入,使用上比 STL 风格迭代器要方便很多,但是在性能上稍微弱于后者。每一个容器类都有两个 Java 风格迭代器数据类型:一个提供只读访问,一个提供读/写访问,如表 7-3 所列。

表 7-3　Java 风格迭代器

容　器	只读迭代器	读/写迭代器
QList<T>, QQueue<T>, QStack<T>	QListIterator<T>	QMutableListIterator<T>
QSet<T>	QSetIterator<T>	QMutableSetIterator<T>
QMap<Key, T>, QMultiMap<Key, T>	QMapIterator<Key, T>	QMutableMapIterator<Key, T>
QHash<Key, T>, QMultiHash<Key, T>	QHashIterator<Key, T>	QMutableHashIterator<Key, T>

下面将以 QList 和 QMap 为例来进行讲解,而 QSet 与 QList 的迭代器拥有极其相似的接口;类似地,QHash 与 QMap 的迭代器拥有相同的接口。

(本例采用的项目源码路径:src\07\7-7\myiterators)新建 Qt 控制台应用,项目名称为 myiterators。然后将 main.cpp 文件更改如下:

```
#include <QCoreApplication>
#include <QList>
#include <QListIterator>
#include <QMutableListIterator>
#include <QDebug>
int main(int argc, char *argv[])
{
    QCoreApplication a(argc, argv);
```

```
    QList < QString > list;
    list << "A" << "B" << "C" << "D";
    QListIterator < QString > i(list);          //创建列表的只读迭代器,将 list 作为参数
    qDebug() << "the forward is :";
    while (i.hasNext())                         //正向遍历列表,结果为 A,B,C,D
        qDebug() << i.next();
    qDebug() << "thebackward is :";
    while (i.hasPrevious())                     //反向遍历列表,结果为 D,C,B,A
        qDebug() << i.previous();
    return a.exec();
}
```

这里先创建了一个 QList 列表 list,然后使用 list 作为参数创建了列表的只读迭代器。这时,迭代器指向列表的第一个项目的前面(这里是指向项目"A"的前面)。然后使用 hasNext()函数来检查在该迭代器后面是否还有项目,如果还有项目,那么使用 next()来跳过这个项目,next()函数会返回它所跳过的项目。当正向遍历结束后,迭代器会指向列表最后一个项目的后面,这时可以使用 hasPrevious()和 previous()来进行反向遍历。可以看到,Java 风格迭代器是指向项目之间的,而不是直接指向项目。所以,迭代器或者指向容器的最前面,或者指向两个项目之间,或者指向容器的最后面,如图 7-3 所示。

在上面程序中的 previous()函数和 next()函数的效果如图 7-4 所示。QListIterator 还有一些常用的 API,如表 7-4 所列。

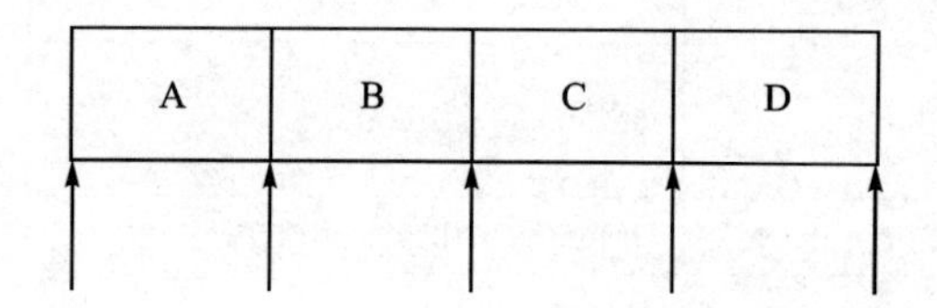

图 7-3 Java 风格迭代器的有效位置

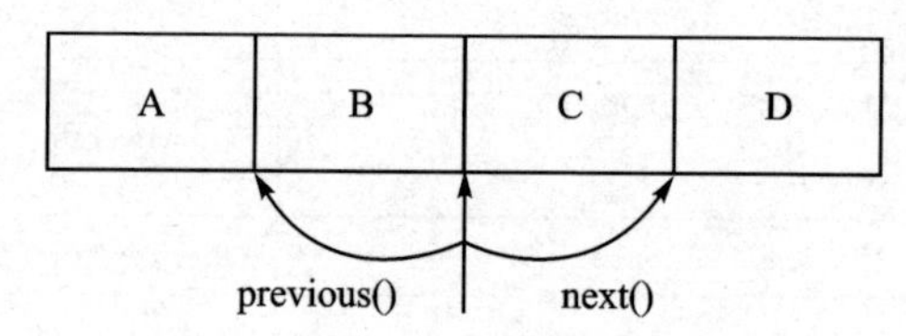

图 7-4 Java 风格迭代器的函数效果

表 7-4 QListIterator 常用 API

函　数	行　为
toFront()	将迭代器移动到列表的最前面(第一个项目之前)
toBack()	将迭代器移动到列表的最后面(最后一个项目之后)
hasNext()	如果迭代器没有到达列表的最后面,那么返回 true
next()	返回下一个项目,并使迭代器前移一个位置
peekNext()	返回下一个项目,但不移动迭代器
hasPrevious()	如果迭代器没有到达列表的最前面,那么返回 true
previous()	返回前一个项目,并使迭代器往回移动一个位置
peekPrevious()	返回前一个项目,但不移动迭代器

QListIterator 没有提供向列表中插入或者删除项目的函数,要完成这些功能,就必

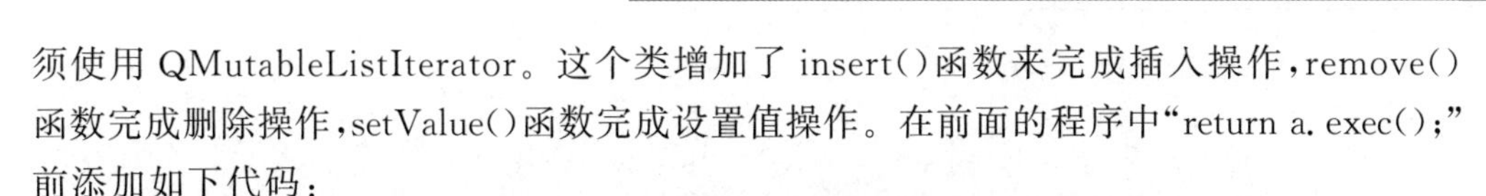

须使用 QMutableListIterator。这个类增加了 insert()函数来完成插入操作，remove()函数完成删除操作，setValue()函数完成设置值操作。在前面的程序中“return a. exec();”前添加如下代码：

```
QMutableListIterator < QString > j(list);
j.toBack();                                       //返回列表尾部
while (j.hasPrevious()) {
    QString str = j.previous();
    if(str == "B") j.remove();                    //删除项目“B”
}
j.insert("Q");                                    //在列表最前面添加项目“Q”
j.toBack();
if(j.hasPrevious()) j.previous() = "N";           //直接赋值
j.previous();
j.setValue("M");                                  //使用 setValue()进行赋值
j.toFront();
qDebug() << "the forward is :";
while (j.hasNext())                               //正向遍历列表，结果为 Q,A,M,N
    qDebug() << j.next();
```

可以使用 remove()函数来删除上一次跳过的项目，使用 insert()函数在迭代器指向的位置插入一个项目，这时迭代器会位于添加的项目之后，比如这里添加“Q”后，迭代器指向“Q”和“A”之间。使用 QMutableListIterator 类的 next()和 previous()等函数时会返回列表中项目的一个非 const 引用，所以可以直接对其赋值；当然也可以使用 setValue()函数进行赋值，这个函数是对上一次跳过的项目进行赋值的。除了这里讲到的这些函数外，还有 findNext()和 findPrevious()函数可以用来实现项目的查找。现在可以运行程序，运行结果已经在上面的代码中注释出来了。

与 QListIterator 类似，QMapIterator 提供了 toFront()、toBack()、hasNext()、next()、peekNext()、hasPrevious()、previous()和 peekPrevious()等函数。可以在 next()、peekNext()、previous()和 peekPrevious()等函数返回的对象上分别使用 key()和 value()函数来获取键和值。

（本例采用的项目源码路径：src\07\7-8\myiterators2）新建 Qt 控制台应用，项目名称为 myiterators2。然后将 main. cpp 文件更改如下：

```
#include < QCoreApplication >
#include < QMapIterator >
#include < QMutableMapIterator >
#include < QDebug >
int main(int argc, char * argv[])
{
    QCoreApplication a(argc, argv);
    QMap < QString, QString > map;
    map.insert("Paris", "France");
    map.insert("Guatemala City", "Guatemala");
    map.insert("Mexico City", "Mexico");
    map.insert("Moscow", "Russia");
    QMapIterator < QString,QString > i(map);
```

```
    while(i.hasNext()) {
        i.next();
        qDebug() << i.key() << " : " << i.value();
    }
    if(i.findPrevious("Mexico")) qDebug() << "find 'Mexico'"; //向前查找键的值
    QMutableMapIterator < QString, QString > j(map);
    while (j.hasNext()) {
        if (j.next().key().endsWith("City")) //endsWith()是 QString 类中的函数
            j.remove();                      //删除含有"City"结尾的键的项目
    }
    while(j.hasPrevious()) {
        j.previous();        //现在的键值对为(Paris,France),(Moscow,Russia)
        qDebug() << j.key() << " : " << j.value();
    }
    return a.exec();
}
```

其中,QMap 中存储了一些(首都,国家)键值对,然后删除了包含以"City"字符串结尾的键的项目。对于 QMap 的遍历,可以先使用 next()函数,然后再使用 key()和 value()来获取键和值的信息。因为这里很多函数与前面例子中的用法相似,这里就不再过多讲解。现在运行一下程序,从遍历结果可以看到,QMap 是按照键的顺序来存储数据的,比如这里是按照键的字母顺序排列的。

2. STL 风格迭代器

STL 风格迭代器从 Qt 2.0 被引入,兼容 Qt 和 STL 的通用算法(generic algorithms),而且在速度上进行了优化。每一个容器类都有两个 STL 风格迭代器类型:一个提供了只读访问,另一个提供了读/写访问,如表 7-5 所列。因为只读迭代器比读/写迭代器要快很多,所以应尽可能使用只读迭代器。

表 7-5 STL 风格迭代器

容 器	只读迭代器	读/写迭代器
QList<T>, QStack<T>, QQueue<T>	QList<T>::const_iterator	QList<T>::iterator
QSet<T>	QSet<T>::const_iterator	QSet<T>::iterator
QMap<Key, T>, QMultiMap<Key, T>	QMap<Key, T>::const_iterator	QMap<Key, T>::iterator
QHash<Key, T>, QMultiHash<Key, T>	QHash<Key, T>::const_iterator	QHash<Key, T>::iterator

下面仍然以 QList 和 QMap 为例进行相关内容的讲解。(本例采用的项目源码路径: src\07\7-9\myiterators3)新建 Qt 控制台应用,项目名称为 myiterators3。然后将 main.cpp 文件更改如下:

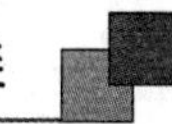

```
#include <QCoreApplication>
#include <QList>
#include <QDebug>
int main(int argc, char *argv[])
{
    QCoreApplication a(argc, argv);
    QList<QString> list;
    list << "A" << "B" << "C" << "D";
    QList<QString>::iterator i;           //使用读/写迭代器
    qDebug() << "the forward is :";
    for (i = list.begin(); i != list.end(); ++i) {
        *i = (*i).toLower();              //使用QString的toLower()函数转换为小写
        qDebug() << *i;                   //结果为a,b,c,d
    }
    qDebug() << "the backward is :";
    while (i != list.begin()) {
        --i;
        qDebug() << *i;                   //结果为d,c,b,a
    }
    QList<QString>::const_iterator j;     //使用只读迭代器
    qDebug() << "the forward is :";
    for (j = list.constBegin(); j != list.constEnd(); ++j)
        qDebug() << *j;                   //结果为a,b,c,d
    return a.exec();
}
```

STL风格迭代器的API模仿了数组的指针,例如,使用“++”操作符来向后移动迭代器使其指向下一个项目、使用“*”操作符返回迭代器指向的项目等。需要说明的是,不同于Java风格迭代器,STL风格迭代器是直接指向项目的。其中,一个容器的begin()函数返回了一个指向该容器中第一个项目的迭代器,end()函数也返回一个迭代器,但是这个迭代器指向该容器最后一个项目的下一个假想的虚项目;end()标志着一个无效的位置,当列表为空时,begin()函数等价于end()函数。STL迭代器的有效位置如图7-5所示。上面的程序中分别使用了读/写迭代器和只读迭代器对列表进行了遍历,可以运行程序查看效果。

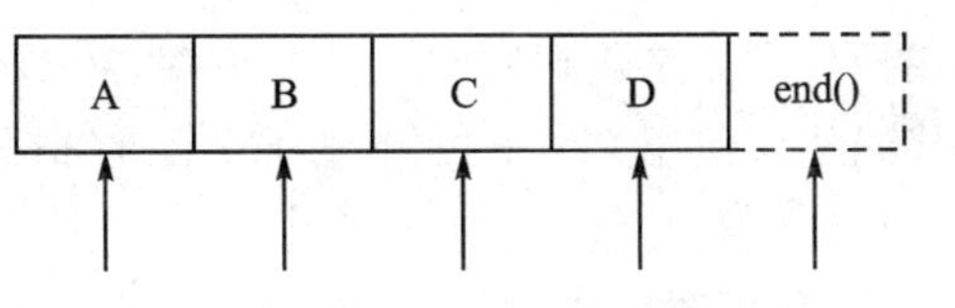

图7-5 STL风格迭代器有效位置

在STL风格迭代器中“++”和“--”操作符既可以作为前缀(++i,--i)操作符,也可以作为后缀(i++,i--)操作符。当作为前缀时会先修改迭代器,然后返回修改后的迭代器的一个引用;当作为后缀时,在修改迭代器以前会对其进行复制,然后返回这个复制。如果在表达式中不会对返回值进行处理,那么最好使用前缀操作符(++i,--i),这样会更快一些。对于非const迭代器类型,使用一元操作符“*”获得的返回值可以用在赋值运算符的左侧。STL风格迭代器的常用API如表7-6所列。

表 7-6 STL 风格迭代器常用 API

表达式	行 为
*i	返回当前项目
++i	前移迭代器到下一个项目
i+=n	使迭代器前移 n 个项目
--i	使迭代器往回移动一个项目
i-=n	使迭代器往回移动 n 个项目
i-j	返回迭代器 i 和迭代器 j 之间的项目的数目

QMap 可以使用"*"操作符来返回一个项目,然后使用 key()和 value()来分别获取键和值。在前面的程序中先添加头文件#include <QMap>,然后在 main()函数的"return a.exec();"一行代码前添加如下代码:

```
QMap < QString, int > map;
map.insert("one",1);
map.insert("two",2);
map.insert("three",3);
QMap < QString, int > ::const_iterator p;
qDebug() << "the forward is :";
for (p = map.constBegin(); p ! = map.constEnd(); ++ p)
    qDebug() << p.key() << ":" << p.value();//结果为(one,1),(three,3),(two,2)
```

这里创建了一个 QMap,然后使用 STL 风格的只读迭代器对其进行了遍历,输出了其中所有项目的键和值,可以运行程序查看一下输出结果。

3. foreach 关键字

foreach 是 Qt 向 C++ 语言中添加的一个用来进行容器顺序遍历的关键字,它使用预处理器来进行实施。需要说明,从 Qt 5.7 开始便不再推荐使用该关键字,在新的代码建议使用 C++11 中基于范围的 for 循环(range-based for loops)。下面来看一下具体应用的例子。

(项目源码路径:src\07\7-10\myforeach)新建 Qt 控制台应用,项目名称为 myforeach。然后将 main.cpp 文件更改如下:

```
#include < QCoreApplication >
#include < QList >
#include < QMap >
#include < QMultiMap >
#include < QDebug >
int main(int argc, char * argv[])
{
    QCoreApplication a(argc, argv);
    QList < QString > list;
    list.insert(0, "A");
    list.insert(1, "B");
    list.insert(2, "C");
```

```
    qDebug() << "the list is :";
    foreach (QString str, list) {                    //从 list 中获取每一项
        qDebug() << str;                             //结果为 A,B,C
    }
    QMap < QString,int > map;
    map.insert("first", 1);
    map.insert("second", 2);
    map.insert("third", 3);
    qDebug() << endl << "the map is :";
    foreach (QString str, map.keys())                //从 map 中获取每一个键
    //输出键和对应的值,结果为(first,1),(second,2),(third,3)
        qDebug() << str << " : " << map.value(str);
    QMultiMap < QString,int > map2;
    map2.insert("first", 1);
    map2.insert("first", 2);
    map2.insert("first", 3);
    map2.insert("second", 2);
    qDebug() << endl << "the map2 is :";
    QList < QString > keys = map2.uniqueKeys();      //返回所有键的列表
    foreach (QString str, keys) {                    //遍历所有的键
        foreach (int i, map2.values(str))            //遍历键中所有的值
            qDebug() << str << " : " << i;
    }//结果为(first,3),(first,2),(first,1),(second,2)
    return a.exec();
}
```

上面的程序中使用 foreach 关键字分别遍历了 QList、QMap 和 QMultiMap，程序很简单不再进行讲解。需要说明的是，在 foreach 循环中也可以使用 break 和 continue 语句。可以看到，使用 foreach 关键字进行容器的遍历非常便捷；当不愿意使用迭代器时，就可以使用 foreach 来代替。现在运行程序查看一下输出结果。

在新的代码中建议使用基于范围的 for 循环，例如：

```
const auto list1 = list;
for (const QString &str :list1) qDebug() << "str:" << str;
```

关于容器的相关内容就讲到这里，如果还希望了解各个容器类的算法复杂度、增长策略等内容，则可以参考 Qt 帮助中 Container Classes 关键字的相关内容。

7.6.3　常用的 STL 算法

前面提到过，STL 风格迭代器可以与 STL 的标准算法一起使用。下面对几个常用的算法进行演示。

（项目源码路径：src\07\7-11\myalgorithms）新建 Qt 控制台应用，项目名称为 myalgorithms。然后将 main.cpp 文件更改如下：

```
#include < QCoreApplication >
#include < QStringList >
#include < QDebug >
#include < algorithm >
```

```
int main(int argc, char * argv[])
{
    QCoreApplication a(argc, argv);
    QStringList list;
    list << "one" << "two" << "three";
    qDebug() << QObject::tr("std::copy 算法：");
    QList < QString > list0(3);
    //将 list 中所有项目复制到 list0 中
    std::copy(list.begin(), list.end(), list0.begin());
    qDebug() << list0; //结果为 one,two,three
    qDebug() << Qt::endl << QObject::tr("std::equal 算法：");
    //从 list 开始到结束的所有项目与 list0 开始及其后面的等数量的项目进行比较
    //全部相同则返回 true
    bool ret1 = std::equal(list.begin(), list.end(), list0.begin());
    qDebug() << "euqal: " << ret1;   //结果为 true
    qDebug() << Qt::endl << QObject::tr("std::find 算法：");
    //从 list 中查找"two",返回第一个对应的值的迭代器,如果没有找到则返回 end()
    QList < QString > ::iterator i = std::find(list.begin(), list.end(), "two");
    qDebug() << * i;                  //结果为 two
    qDebug() << Qt::endl << QObject::tr("std::fill 算法：");
    //将 list 中的所有项目填充为"eleven"
    std::fill(list.begin(), list.end(), "eleven");
    qDebug() << list;                 //结果 eleven,eleven,eleven
    QList < int > list1;
    list1 << 3 << 3 << 6 << 6 << 6 << 8;
    qDebug() << Qt::endl << QObject::tr("std::count 算法：");
    int countOf6 = std::count(list1.begin(), list1.end(), 6); //查找 6 的个数
    qDebug() << "countOf6: " << countOf6; //结果为 3
    qDebug() << Qt::endl << QObject::tr("std::lower_bound 算法：");
    //返回第一个出现 7 的位置,如果没有 7,则返回 7 应该在的位置,
    //list1 被查找的范围中的项目必须是升序
    QList < int > ::iterator j = std::lower_bound(list1.begin(), list1.end(), 7);
    qDebug() << * j;                  //结果 8
    QList < int > list2;
    list2 << 33 << 12 << 68 << 6 << 12;
    qDebug() << Qt::endl << QObject::tr("std::sort 算法：");
    //使用快速排序算法对 list2 进行升序排序,排序后两个 12 的位置不确定
    std::sort(list2.begin(), list2.end());
    qDebug() << list2;                //结果 6,12,12,33,68
    qDebug() << Qt::endl << QObject::tr("std::reverse 算法：");
    //反转容器内指定范围的所有元素
    std::reverse(list2.begin(), list2.end());
    qDebug() << list2;                //结果 68,33,12,12,6
    qDebug() << Qt::endl << QObject::tr("std::stable_sort 算法：");
    //使用一种稳定排序算法对 list2 进行升序排序,
    //排序前在前面的 12,排序后依然在前面
    std::stable_sort(list2.begin(), list2.end());
    qDebug() << list2;                //结果 6,12,12,33,68
    qDebug() << Qt::endl << QObject::tr("std::swap 算法：");
    double pi = 3.14;
```

```
    double e = 2.71;
    std::swap(pi, e);                              //交换 pi 和 e 的值
    qDebug() << "pi:" << pi << "e:" << e;   //结果 pi = 2.71,e = 3.14
    return a.exec();
}
```

这些算法在一些数据处理操作中非常有用,应该对它们有一定的了解,以后遇到相关问题时要能够想到使用它们。现在可以运行程序,运行结果已经注释在代码中了。

另外,<QtGlobal>头文件中也提供了一些函数来实现经常使用的功能,除了前面章节见到过的 qDebug()、Q_UNUSED()和 foreach(),另外还有 qAbs()来获取绝对值、qBound()来获取数值边界、qMax()返回两个数中的最大值、qMin()返回两个数中的最小值、qRound()返回一个浮点数接近的整数值等。

7.6.4 QString

QString 类提供了一个 Unicode(Unicode 是一种支持大部分文字系统的国际字符编码标准)字符串。其实在第一个 Hello World 程序就用到了它,而几乎所有的程序中都会使用到它,所以有必要对 QString 类进行更多的了解。QString 存储了一串 QChar,而 QChar 提供了一个 16 位的 Unicode 字符。在后台,QString 使用隐式共享(implicit sharing)来减少内存使用和避免不必要的数据复制,这也有助于减少存储 16 位字符的固有开销。这一节的内容可以参考 QString 类的帮助文档。

1. 编辑操作

(项目源码路径:src\07\7-12\mystring)新建 Qt 控制台应用,项目名称为 mystring。然后将 main.cpp 文件更改如下:

```
#include <QCoreApplication>
#include <QDebug>
#include <QStringList>
int main(int argc, char * argv[])
{
    QCoreApplication a(argc, argv);
    qDebug() << QObject::tr("以下是编辑字符串操作:") << Qt::endl;
    QString str = "hello";
    qDebug() << QObject::tr("字符串大小:") << str.size(); //大小为 5
    str[0] = QChar('H');                  //将第一个字符换为 'H'
    qDebug() << QObject::tr("第一个字符:") << str[0]; //结果为 'H'
    str.append(" Qt");                    //向字符串后添加"Qt"
    str.replace(1,4,"i");                 //将第 1 个字符开始的后面 4 个字符替换为字符串"i"
    str.insert(2," my");                  //在第 2 个字符后插入" my"
    qDebug() << QObject::tr("str 为:") << str; //结果为 Hi my Qt
    str = str + "!!!";                    //将两个字符串组合
    qDebug() << QObject::tr("str 为:") << str; //结果为 Hi my Qt!!!
    str = " hi\r\n Qt! \n  ";
    qDebug() << QObject::tr("str 为:") << str;
    QString str1 = str.trimmed();     //除去字符串两端的空白字符
```

```
    qDebug() << QObject::tr("str1 为：") << str1;
    QString str2 = str.simplified();        //除去字符串两端和中间多余的空白字符
    qDebug() << QObject::tr("str2 为：") << str2; //结果为 hi Qt!
    str = "hi,my,,Qt";
    //从字符串中有","的地方将其分为多个子字符串，
    //QString::SkipEmptyParts 表示跳过空的条目
    QStringList list = str.split(",",Qt::SkipEmptyParts);
    qDebug() << QObject::tr("str 拆分后为：") << list; //结果为 hi,my,Qt
    str = list.join(" "); //将各个子字符串组合为一个字符串,中间用" "隔开
    qDebug() << QObject::tr("list 组合后为：") << str; //结果为 hi my Qt
    qDebug() << QString().isNull();                //结果为 true
    qDebug() << QString().isEmpty();               //结果为 true
    qDebug() << QString("").isNull();              //结果为 false
    qDebug() << QString("").isEmpty();             //结果为 true
    return a.exec();
}
```

QString 中提供了多个便捷函数来操作字符串，例如，append()和 prepend()分别实现了在字符串后面和前面添加字符串或者字符；replace()替换指定位置的多个字符；insert()在指定位置添加字符串或者字符；remove()在指定位置移除多个字符；trimmed()除去字符串两端的空白字符，这包括“\t”“\n”“\v”“\f”“\r”和“”；simplified()不仅除去字符串两端的空白字符，还将字符串中间的空白字符序列替换为一个空格；split()可以将一个字符串分割为多个子字符串的列表等。对于一个字符串，也可以使用“[ ]”操作符来获取或者修改其中的一个字符，还可以使用“+”操作符来组合两个字符串。QString 类中一个 null 字符串和一个空字符串并不是完全一样的。一个 null 字符串是使用 QString 的默认构造函数或者在构造函数中传递了 0 来初始化的字符串，一个空字符串是指大小为 0 的字符串。一般 null 字符串都是空字符串，但一个空字符串不一定是一个 null 字符串，实际编程中一般使用 isEmpty()来判断一个字符串是否为空。

2. 查询操作

继续在程序中进行更改。在“return a.exec();”一行代码前添加如下代码：

```
qDebug() << Qt::endl << QObject::tr("以下是在字符串中进行查询的操作：");
str = "yafeilinux";
qDebug() << QObject::tr("字符串为：") << str;
//执行下面一行代码后，结果为 linux
qDebug() << QObject::tr("包含右侧 5 个字符的子字符串：") << str.right(5);
//执行下面一行代码后，结果为 yafei
qDebug() << QObject::tr("包含左侧 5 个字符的子字符串：") << str.left(5);
//执行下面一行代码后，结果为 fei
qDebug() << QObject::tr("包含第 2 个字符以后 3 个字符的子字符串：") << str.mid(2,3);
qDebug() << QObject::tr("'fei'的位置：") << str.indexOf("fei");        //结果为 2
qDebug() << QObject::tr("str 的第 0 个字符：") << str.at(0);            //结果为 y
qDebug() << QObject::tr("str 中'i'字符的个数：") << str.count('i');    //结果为 2
//执行下面一行代码后，结果为 true
```

```
qDebug() << QObject::tr("str 是否以"ya"开始?") << str.startsWith("ya");
//执行下面一行代码后,结果为 true
qDebug() << QObject::tr("str 是否以"linux"结尾?") << str.endsWith("linux");
//执行下面一行代码后,结果为 true
qDebug() << QObject::tr("str 是否包含"lin"字符串?") << str.contains("lin");
QString temp = "hello";
if(temp > str) qDebug() << temp;      //两字符串进行比较,结果为 yafeilinux
else qDebug() << str;
```

QString 中还提供了 right()、left()和 mid()函数来分别提取一个字符串的最右面、最左面和中间的含有多个字符的子字符串;也可以使用 indexOf()函数来获取一个字符或者子字符串在该字符串中的位置;使用 at()函数可以获取一个指定位置的字符,它比"[ ]"操作符要快很多,因为它不会引起深复制;可以使用 contains()函数来判断该字符串是否包含一个指定的字符或者字符串;可以使用 count()来获得字符串中一个字符或者子字符串出现的次数;使用 startsWith()和 endsWidth()函数可以判断该字符串是否以一个字符或者字符串开始或者结束的;对于两个字符串的比较,可以使用">"和"<="等操作符,也可以使用 compare()函数。

3. 转换操作

在前面的程序中继续添加如下代码:

```
qDebug() << Qt::endl << QObject::tr("以下是字符串的转换操作:");
str = "100";
qDebug() << QObject::tr("字符串转换为整数:") << str.toInt(); //结果为 100
int num = 45;
qDebug() << QObject::tr("整数转换为字符串:") << QString::number(num);//结果为"45"
str = "FF";
bool ok;
int hex = str.toInt(&ok,16);
//结果为 ok: true 255
qDebug() << "ok: " << ok << QObject::tr("转换为十六进制:") << hex;
num = 26;
qDebug() << QObject::tr("使用十六进制将整数转换为字符串:")
         << QString::number(num, 16);                         //结果为 1a
str = "123.456";
qDebug() << QObject::tr("字符串转换为浮点型:") << str.toFloat();//结果为 123.456
str = "abc";
qDebug() << QObject::tr("转换为大写:") << str.toUpper();      //结果为 ABC
str = "ABC";
qDebug() << QObject::tr("转换为小写:") << str.toLower();      //结果为 abc
int age = 25;
QString name = "yafei";
//name 代替 %1,age 代替 %2
str = QString("name is %1, age is %2").arg(name).arg(age);
//结果为 name is yafei, age is 25
qDebug() << QObject::tr("更改后的 str 为:") << str;
str = "%1 %2";
qDebug() << str.arg("%1f","hello");                           //结果为 %1f hello
qDebug() << str.arg("%1f").arg("hello");                      //结果为 hellof %2
```

```
str = QString("ni %1").arg("hi",5,'*');
qDebug() << QObject::tr("设置字段宽度为 5,使用'*'填充:") << str;//结果为 ni***hi
qreal value = 123.456;
str = QString("number: %1").arg(value,0,'f',2);
//结果为"number:123.46",最后一位四舍五入
qDebug() << QObject::tr("设置小数点位数为两位:") << str;
//执行下面一行代码,结果为 number:123.46 不会显示引号
qDebug() << QObject::tr("将 str 转换为 const char * :") << qPrintable(str);
```

QString 中的 toInt()、toDouble()等函数可以很方便地将字符串转换为整型或者 double 型数据，当转换成功后，它们的第一个 bool 型参数会为 true；使用静态函数 number()可以将数值转换为字符串，这里还可以指定要转换为哪种进制；使用 toLower()和 toUpper()函数可以分别返回字符串小写和大写形式的副本；arg()函数中的参数可以取代字符串中相应的"%1"等占位符，字符串中可以使用的占位符在 1～99 之间，arg()函数会从最小的数字开始对应，比如 QString("%5,%2,%7").arg("a").arg("b")，那么"a"会代替"%2"，"b"会代替"%5"，而"%7"会直接显示。该函数的一种重载形式为 arg (const QString & a, int fieldWidth＝0, QChar fillChar＝QLatin1Char(' '))，这里可以设定字段宽度，如果第一个参数 a 的宽度小于 fieldWidth 的值，那么就可以使用第三个参数设置的字符来进行填充。这里的 fieldWidth 如果为正值，那么文本是右对齐的，比如前面代码中的结果为"ni＊＊＊hi"。而如果为负值，那么文本是左对齐的，例如，将上面的程序中的 fieldWidth 改为－5，那么结果就应该是"nihi＊＊＊"。arg()还有一种重载形式 arg (double a, int fieldWidth＝0, char format＝'g', int precision＝－1, QChar fillChar＝QLatin1Char(' '))，它的第一个参数是 double 类型的，后面的 format 和 precision 分别可以指定其类型和精度。可用的 format 如表 7－7 所列。

表 7－7　QString 类函数参数格式

格　式	含　义	格　式	含　义
e	格式如：[－]9.9e[+|－]999	g	使用 e 或者 f 格式，选择其中最精简的
E	格式如：[－]9.9E[+|－]999	G	使用 E 或者 f 格式，选择其中最精简的
f	格式如：[－]9.9		

对于 e、E 和 f 格式，精度 precision 表示小数点后面的位数；而对于 g 和 G 格式，精度表示有效数字的最大位数。arg()是一个非常有用的函数，前面的章节中已经多次用到了它，要在一个字符串中使用变量，那么使用 arg()是一种很好的解决办法。还有一个 qPrintable()函数，它不是 QString 中的函数，但是可以将字符串转换为 const char * 类型；当在输出一个字符串的时候，两边总会有引号，为了显示更清晰，可以使用这个函数将引号去掉。QString 中还提供了 toLatin1()、toUtf8()和 toLocal8Bit()等函数，可以使用一种编码将字符串转换为 QByteArray 类型。

7.6.5　QByteArray 和 QVariant

QByteArray 类提供了一个字节数组，它可以用来存储原始字节（包括'\0'）和传统的以'\0'结尾的 8 位字符串。使用 QByteArray 比使用 const char * 要方便很多，在后台，它总是保证数据以一个'\0'结尾，而且使用隐式共享来减少内存的使用和避免不必要的数据复制。但是除了当需要存储原始二进制数据或者对内存保护要求很高（如在嵌入式 Linux 上）时，一般都推荐使用 QString，因为 QString 存储 16 位的 Unicode 字符，而且 QString 全部使用的是 Qt 的 API。

QByteArray 类拥有和 QString 类相似的接口函数，比如前一节讲到的 QString 的那些函数，除了 arg()以外，在 QByteArray 中都有相似的用法。

QVariant 类像是常见的 Qt 数据类型的一个共用体（union），一个 QVariant 对象在一个时间只保存一个单一类型的单一的值（有些类型可能是多值的，比如字符串列表）。可以使用 toT()（T 代表一种数据类型）函数将 QVariant 对象转换为 T 类型，并且获取它的值。这里 toT()函数会复制以前的 QVariant 对象，然后对其进行转换，所以以前的 QVariant 对象并不会改变。QVariant 是 Qt 中一个很重要的类，比如前面讲解属性系统时提到的 QObject::property()返回的就是 QVariant 类型的对象。

（项目源码路径：src\07\7-13\myvariant）新建 Qt Widgets 应用，项目名称为 myvariant，基类选择 QWidget，类名保持 Widget 不变。建好项目后，在 widget.cpp 文件中添加头文件 #include <QLabel>，然后在构造函数中添加如下代码：

```
QVariant v1(15);
qDebug() << v1.toInt();                          //结果为 15
QVariant v2(12.3);
qDebug() << v2.toFloat();                        //结果为 12.3
QVariant v3("nihao");
qDebug() << v3.toString();                       //结果为"nihao"
QColor color = QColor(Qt::red);
QVariant v4 = color;
qDebug() << v4.typeName();                       //结果为 QVariant::QColor
qDebug() << v4.value < QColor > ();              //结果为 QColor(ARGB 1,1,0,0)
QString str = "hello";
QVariant v5 = str;
qDebug() << v5.canConvert(QMetaType::fromType < int > ());     //方式 1,结果为 true
qDebug() << v5.canConvert < int > ();            //方式 2,结果为 true
qDebug() << v5.toString();                       //结果为"hello"
qDebug() << v5.convert(QMetaType::fromType < int > ());       //结果为 false
qDebug() << v5.toString();                        //转换失败,v5 被清空,结果为"0"
```

QVariant 类的 toInt()函数返回 int 类型的值，toFloat()函数返回 float 类型的值。但是，因为 QVariant 是 Qt Core 库的一部分，所以它没有提供对 Qt GUI 模块中定义的数据类型（如 QColor、QImage、QPixmap 等）进行转换的函数，也就是说，这里没有 toColor()这样的函数。不过，可以使用 QVariant::value()函数或者 qvariant_cast()模板函数来完成这样的转换，如上面程序中对 QColor 类型的转换。要了解 QVariant 可以包含的所有类型以及这些类型在 QVariant 类中对应的 toT()函数,可以查看 QVariant 类的参考文档。对于一个类型是否可以转换为一个特殊的类型,可以使用 canConvert()函数来判断,如果可以转换,则该函数返回 true。也可以使用 convert()函数来将一个类型转换为其他不同的类型,如果转换成功,则返回 true;如果无法进行转换,variant 对象将会被清空,并且返回 false。需要说明,对于同一种转换,canConvert()和 convert()函数并不一定返回同样的结果,这通常是因为 canConvert()只报告 QVariant 进行两个类型之间转换的能力。也就是说,如果提供了合适的数据,这两个类型间可以进行转换;但是,如果提供的数据不合适,那么转换就会失败,这样 convert()的返回值就与 canConvert()不同了。例如,前面代码中的 QString 类型的字符串 str,当 str 中只有数字字符时,它可以转换为 int 类型,比如 str="123",因为它有这个能力,所以 canConvert()返回为 true。但是,现在 str 中包含了非数字字符,真正进行转换时会失败,所以 convert()返回为 false。另外,在 QMetaType 类也提供了 canConvert()和 convert()函数,使用 canConvert()函数返回为 true 的数据类型组合如表 7-8 所列。

表 7-8　可以自动进行的类型转换

类　型	自动转换到
QMetaType::Bool	QMetaType::QChar, QMetaType::Double, QMetaType::Int, QMetaType::LongLong, QMetaType::QString, QMetaType::UInt, QMetaType::ULongLong
QMetaType::QByteArray	QMetaType::Double, QMetaType::Int, QMetaType::LongLong, QMetaType::QString, QMetaType::UInt, QMetaType::ULongLong, QMetaType::QUuid
QMetaType::QChar	QMetaType::Bool, QMetaType::Int, QMetaType::UInt, QMetaType::LongLong, QMetaType::ULongLong
QMetaType::QColor	QMetaType::QString
QMetaType::QDate	QMetaType::QDateTime, QMetaType::QString
QMetaType::QDateTime	QMetaType::QDate, QMetaType::QString, QMetaType::QTime
QMetaType::Double	QMetaType::Bool, QMetaType::Int, QMetaType::LongLong, QMetaType::QString, QMetaType::UInt, QMetaType::ULongLong
QMetaType::QFont	QMetaType::QString
QMetaType::Int	QMetaType::Bool, QMetaType::QChar, QMetaType::Double, QMetaType::LongLong, QMetaType::QString, QMetaType::UInt, QMetaType::ULongLong
QMetaType::QKeySequence	QMetaType::Int, QMetaType::QString
QMetaType::QVariantList	QMetaType::QStringList(如果列表中的项目可以转换为字符串)

续表 7-8

类　型	自动转换到
QMetaType::LongLong	QMetaType::Bool，QMetaType::QByteArray，QMetaType::QChar，QMetaType::Double，QMetaType::Int，QMetaType::QString，QMetaType::UInt，QMetaType::ULongLong
QMetaType::QPoint	QMetaType::QPointF
QMetaType::QRect	QMetaType::QRectF
QMetaType::QString	QMetaType::Bool，QMetaType::QByteArray，QMetaType::QChar，QMetaType::QColor，QMetaType::QDate，QMetaType::QDateTime，QMetaType::Double，QMetaType::QFont，QMetaType::Int，QMetaType::QKeySequence，QMetaType::LongLong，QMetaType::QStringList，QMetaType::QTime，QMetaType::UInt，QMetaType::ULongLong，QMetaType::QUuid
QMetaType::QStringList	QMetaType::QVariantList，QMetaType::QString（如果列表中只包含一个项目）
QMetaType::QTime	QMetaType::QString
QMetaType::UInt	QMetaType::Bool，QMetaType::QChar，QMetaType::Double，QMetaType::Int，QMetaType::LongLong，QMetaType::QString，QMetaType::ULongLong
QMetaType::ULongLong	QMetaType::Bool，QMetaType::QChar，QMetaType::Double，QMetaType::Int，QMetaType::LongLong，QMetaType::QString，QMetaType::UInt
QMetaType::QUuid	QMetaType::QByteArray，QMetaType::QString

7.6.6　隐式共享

隐式共享（Implicit Sharing）又称为写时复制（copy-on-write）。Qt 中很多C++类使用隐式数据共享来尽可能地提高资源使用率和减少复制操作。使用隐式共享类的对象作为参数传递是既安全又有效的，因为只有一个指向该数据的指针被传递了，只有当函数向它写入时才会复制该数据。这里根据下面的几行代码进行讲解：

```
QPixmap p1, p2;
p1.load("image.bmp");
p2 = p1;                          //p1 与 p2 共享数据
QPainter paint;
paint.begin(&p2);                 //p2 被修改
paint.drawText(0,50, "Hi");
paint.end();
```

一个共享类由指向一个共享数据块的指针和数据组成，在共享数据块中包含了一个引用计数。当一个共享对象被建立时，则设置引用计数为 1，例如，这里 QPixmap 类是一个隐式共享类,开始时 p1 和 p2 的引用计数都为 1。每当有新的对象引用了共享数据时引用计数都会递增,而当有对象不再引用这个共享数据时引用计数就会递减;当引用计数为 0 时,这个共享数据就会被销毁掉。例如,这里执行了"p2=p1;"语句后,p2 便与 p1 共享同一个数据,这时 p1 的引用计数为 2,而 p2 的引用计数为 0,所以 p2 以前指向的数据结构将会被销毁掉。当处理共享对象时,有两种复制对象的方法:深复制(deep copy)和浅复制(shallow copy)。深复制意味着复制一个对象,而浅复制则是复制一个引用(仅仅是一个指向共享数据块的指针)。深复制非常耗能,需要消耗很多内存和 CPU 资源;而浅复制则非常快速,因为它只需要设置一个指针和增加引用计数的值。当隐式共享类使用"="操作符时就使用浅复制,如上面的"p2=p1;"语句。但是当一个对象被修改时,则必须进行一次深复制,比如上面程序中"paint. begin(&p2);"语句要对 p2 进行修改,这时就要对数据进行深复制,使 p2 和 p1 指向不同的数据结构,然后将 p1 的引用计数设为 1,p2 的引用计数也设为 1。

共享的好处是程序不需要进行不必要的数据复制,从而减少数据的复制和使用更少的内存,对象也可以很容易地被分配,或者作为参数被传递,或者从函数被返回。隐式共享在后台进行,实际编程中不必关注它。Qt 中主要的隐式共享类有 QByteArray、QCursor、QFont、QPixmap、QString、QUrl、QVariant、所有的容器类等,要查看隐式共享类和隐式共享的其他内容,可以在帮助索引中通过 Implicit Sharing 关键字实现。

7.7 正则表达式

前面的章节中已经接触过了正则表达式,如 3.3.3 小节中的行编辑器进行输入验证和 5.2.5 小节中实现编辑器的语法高亮。正则表达式(regular expressions)就是在一个文本中匹配子字符串的一种模式(pattern),它可以简写为 regexps。一个 regexp 主要应用在以下几个方面:

- 验证。regexps 可以测试一个子字符串是否符合一些规范。例如,3.3.3 小节中的行编辑器的输入验证。
- 搜索。regexps 提供了比简单的子字符串匹配更强大的模式匹配。例如,匹配单词 mail 或者 letter,而不匹配单词 email、mailman 或者 letterbox。
- 查找和替换。regexps 可以使用一个不同的字符串替换所有匹配的子字符串。例如,使用 Mail 来替换一个字符串中所有的 M 字符,但是 M 字符后面有 ail 时则不进行替换。
- 字符串分割。regexps 可以识别在哪里进行字符串分割。例如,分割制表符隔离的字符串。

Qt 5 中引入的 QRegularExpression 类实现了与 Perl 兼容的正则表达式,它完全支持 Unicode。在 QRegularExpression 中,一个正则表达式由两部分构成:一个模式字符串和一组模式选项,模式选项用来更改模式字符串的含义。可以在构造函数中直接设置模式字符串:

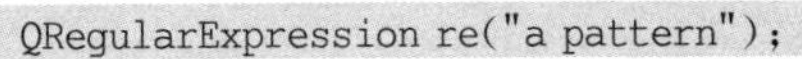

```
QRegularExpression re("a pattern");
```

也可以使用 setPattern()为已有的 QRegularExpression 对象设置模式字符串：

```
QRegularExpression re;
re.setPattern("another pattern");
```

可以通过 pattern()来获取已设置的模式字符串。在 QRegularExpression 中通过模式选项来改变模式字符串的含义，例如，可以通过设置 QRegularExpression::CaseInsensitiveOption 使匹配时不区分字母大小写：

```
QRegularExpression re("Qt rocks", QRegularExpression::CaseInsensitiveOption);
```

这时除了匹配 Qt rocks，还会匹配 QT rocks、QT ROCKS、qT rOcKs 等字符串。也可以通过 setPatternOptions()来设置模式选项，通过 patternOptions()获取设置的模式选项：

```
QRegularExpression re("^\\d+$");
re.setPatternOptions(QRegularExpression::MultilineOption);
QRegularExpression::PatternOptions options = re.patternOptions();
```

模式选项由 QRegularExpression::PatternOption 枚举类型定义，其取值如表 7－9 所列。这些选项可以使用按位或操作联合使用。

表 7－9　模式选项

常　量	描　述
QRegularExpression::NoPatternOption	没有设置模式选项（默认值）
QRegularExpression::CaseInsensitiveOption	匹配目标字符串时不区分大小写
QRegularExpression::DotMatchesEverythingOption	"."匹配任意字符，包括换行符
QRegularExpression::MultilineOption	"^"匹配字符串的开始和新行的开始，"$"匹配任意行的结尾
QRegularExpression::ExtendedPatternSyntaxOption	忽略所有空白，"#"后面的内容作为注释（可用换行符结束注释），用于提高可读性
QRegularExpression::InvertedGreedinessOption	反转量词的贪婪
QRegularExpression::DontCaptureOption	未命名捕获组不捕获子字符串，命名捕获组正常执行
QRegularExpression::UseUnicodePropertiesOption	\w、\d 等字符类不再只匹配 ASCII 字符，而是匹配相应 Unicode 属性的任意字符

7.7.1　正则表达式语法简介

为了方便读者快速入门正则表达式，这一小节将对类 Perl 正则表达式的模式语法的基本知识进行简单介绍，想进一步深入学习正则表达式的读者还需要参考相关的文档或书籍。

Regexps 由表达式（expressions）、量词（quantifiers）和断言（assertions）组成。最简单的一个表达式就是一个字符，比如 x 和 5。而一组字符可以使用方括号括起来，例如，[ABC]将会匹配一个 A 或者一个 B 或者一个 C，这个也可以简写为[A－C]，这样若要匹配所有的英文大写字母,就可以使用[A－Z]。

一个量词指定了必须要匹配的表达式出现的次数。例如,x{1,1}意味着必须匹配且只能匹配一个字符 x,而 x{1,5}意味着匹配一列字符 x,其中至少要包含一个字符 x,但是最多包含 5 个字符 x。

现在假设要使用一个 regexp 来匹配 0～99 之间的整数。因为至少要有一个数字,所以使用表达式 [0－9]{1,1} 开始,它匹配一个单一的数字一次。要匹配 0～99,则可以想到将表达式最多出现的次数设置为 2,即 [0－9]{1,2}。现在这个 regexp 已经可以满足我们假设的需要了,不过,它也会匹配出现在字符串中间的整数。如果想匹配的整数是整个字符串,那么就需要使用断言“^”和“$”。当“^”在 regexp 中作为第一个字符时,意味着这个 regexp 必须从字符串的开始进行匹配;当“$”在 regexp 中作为最后一个字符时,意味着 regexp 必须匹配到字符串的结尾。所以,最终的 regexp 为“^[0－9]{1,2}$”。

一般可以使用一些特殊的符号来表示一些常见的字符组和量词。例如,[0－9] 可以使用“\d”来替代。而对于只出现一次的量词 {1,1} ,则可以使用表达式本身代替,例如,x{1,1}等价于 x。所以要匹配 0～99,就可以写为“^\d{1,2}$”或者“^\d\d{0,1}$”。而 {0,1} 表示字符是可选的,就是只出现一次或者不出现,它可以使用 “?”来代替,这样 regexp 就可以写为“^\d\d?$”,它意味着从字符串的开始,匹配一个数字,紧接着是 0 个或 1 个数字,再后面就是字符串的结尾。

现在就写一个 regexp 来匹配单词 mail 或者 letter 其中的一个,但是不要匹配那些包含这些单词的单词,比如 email 和 letterbox。要匹配 mail,regexp 可以写成 m{1,1}a{1,1}i{1,1}l{1,1} ,因为 {1,1} 可以省略,所以又可以简写成 mail。下面就可以使用竖线“|”来包含另外一个单词,这里“|”表示“或”的意思。为了避免 regexp 匹配多余的单词,必须让它从单词的边界进行匹配。首先,将 regexp 用括号括起来,即 (mail|letter)。括号将表达式组合在一起,可以在一个更复杂的 regexp 中作为一个组件来使用,这样也可以方便我们检测到底是哪一个单词被匹配了。为了强制匹配的开始和结束都在单词的边界上,就要将 regexp 包含在“\b”单词边界断言中,即\b(mail|letter)\b。这个“\b”断言在 regexp 中匹配一个位置,而不是一个字符,一个单词的边界是任何的非单词字符,如一个空格、新行或者一个字符串的开始或者结束。

如果想使用一个单词,如 Mail,替换一个字符串中的字符 M,但是当字符 M 的后面是 ail 的话就不再替换。这样可以使用(?!E)断言,例如,这里 regexp 应该写成 M(?!ail)。

如果想统计 Eric 和 Eirik 在字符串中出现的次数,则可以使用\b(Eric|Eirik)\b 或者 \bEi?ri[ck]\b。这里需要使用单词边界断言“\b”来避免匹配那些包含了这些名字的单词。

实际编程时,因为在 C＋＋ 中“\”也是转义字符,所以要在 regexps 中使用它时,需要再转义一次,比如使用“\d”就应该写成“\\d”;要使用“\”本身,那么就要写成“\\\\”。也可以使用 escape()函数来自动完成字符串的转义。另外,也可以使用原始字符

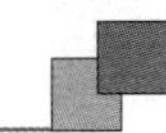

串文字(raw string literal),格式为 R"(...)",这样括号之间的所有字符都被视为原始字符,不再需要对模式中的反斜杠进行转义。下面就在实际的程序中对这里讲到的这些例子进行演示。

(项目源码路径:src\07\7-14\myregexp)新建 Qt Widgets 应用,项目名称为 myregexp,基类选择 QWidget,类名保持 Widget 不变。建好项目后,首先在 widget.cpp 文件中添加头文件:

```
#include <QDebug>
#include <QRegularExpression>
```

然后在构造函数中添加如下代码:

```
QRegularExpression re("^\\d\\d?$");              //两个字符都必须为数字,第二个可以没有
QString str = "a1";
qDebug() << str.indexOf(re);                     //结果为-1,不是数字开头
str = "5";
qDebug() << str.indexOf(re);                     //结果为 0
str = "5b";
qDebug() << str.indexOf(re);                     //结果为-1,第二个字符不是数字
str = "12";
qDebug() << str.indexOf(re);                     //结果为 0
str = "123";
qDebug() << str.indexOf(re);                     //结果为-1,超过了两个字符
re.setPattern(R"(^\d\d?$)");                     //原始字符串文字无须对反斜杠进行转义
str = "33";
qDebug() << str.indexOf(re);                     //结果为 0
qDebug() << "*******************";               //输出分割符,为了显示清晰
re.setPattern("\\b(mail|letter)\\b");            //匹配 mail 或者 letter 单词
str = "emailletter";
qDebug() << str.indexOf(re);                     //结果为-1,mail 不是一个单词
str = "my mail";
qDebug() << str.indexOf(re);                     //返回 3
str = "my email letter";
qDebug() << str.indexOf(re);                     //返回 9
qDebug() << "*******************";
re.setPattern("M(?!ail)");                       //匹配字符 M,其后面不能跟有 ail 字符
str = "this is M";
str.replace(re, "Mail");                         //使用"Mail"替换匹配到的字符
qDebug() << "str: " << str;                      //结果为 this is Mail
str = "my M,your Ms,his Mail";
qDebug() << str.contains(re);                    //结果为 true
qDebug() << str.lastIndexOf(re);                 //最后一个匹配到的位置为 10
str.replace(re,"Mail");
qDebug() << "str: " << str;                      //结果为 my Mail,your Mails,his Mail
qDebug() << str.contains(re);                    //是否包含,结果为 false
//设置模式选项,匹配时不区分大小写
re.setPatternOptions(QRegularExpression::CaseInsensitiveOption);
qDebug() << str.contains(re);                    //结果为 true
qDebug() << "*******************";
//字符串如果一行写不完,换行后两行都需要加双引号
QString str1 = "One Eric another Eirik, and an Ericsson. "
```

```
        "How many Eiriks, Eric?";
QRegularExpression re1("\\bEi?ri[ck]\\b");      //匹配 Eric 或者 Eirik
//获取匹配到的数目,方式1:手动循环获取,方便对每一个位置进行操作
qDebug() << tr("方式1:");
int pos = 0;
int count = 0;
while (pos >= 0) {
    pos = str1.indexOf(re1, pos);
    if (pos >= 0) {
        qDebug()  << "pos:" << pos;
        ++pos;                               //从匹配的字符的下一个字符开始匹配
        ++count;                             //匹配到的数目加1
    }
}
qDebug() << "count:" << count;               //结果为3

//获取匹配到的数目,方式2:直接使用count()函数获取
qDebug() << tr("方式2:");
qDebug() << "count:" << str1.count(re1);
```

这里使用了 QString 的 indexOf()、replace()、contains()、lastIndexOf()、count()等函数,它们都使用了正则表达式的重载形式。对于 indexOf(),它从指定的位置开始向后对字符串进行匹配,默认是从字符串开始(索引为0)进行匹配。如果匹配成功,则返回第一个匹配到位置的索引;如果没有匹配到,则返回-1。现在可以运行程序,然后查看应用程序输出栏中的运行结果。

1. 表达式

前面已经提到过,一个正则表达式 regexps 由表达式、量词和断言组成,其中的表达式可以是各种字符和字符组,而一些常用的字符集可以使用一些缩写来表示,如表7-10所列。

表7-10 正则表达式中的字符和字符集缩写

元 素	含 义
c	一个字符代表它本身,除非这个字符有特殊的 regexp 含义。例如,c 匹配字符 c
\c	跟在反斜杠后面的字符匹配字符本身,但是本表中下面指定的这些字符除外。例如,要匹配一个字符串的开头,使用"\^"
\a	匹配 ASCII 的振铃(BEL,0x07)
\f	匹配 ASCII 的换页(FF,0x0C)
\n	匹配 ASCII 的换行(LF,0x0A)
\r	匹配 ASCII 的回车(CR,0x0D)
\t	匹配 ASCII 的水平制表符(HT,0x09)
\v	匹配 ASCII 的垂直制表符(VT,0x0B)
\xhhhh	匹配 Unicode 字符对应的十六进制数 hhhh(0x0000~0xFFFF 之间)

续表 7－10

元　素	含　义
\0ooo	匹配八进制的 ASCII/Latin1 字符 ooo(0～0377 之间)
.(点)	匹配任意字符(包括新行)
\d	匹配一个数字
\D	匹配一个非数字
\s	匹配一个空白字符,包括“\t”“\n”“\v”“\f”“\r”和“　”
\S	匹配一个非空白字符
\w	匹配一个单词字符,包括任意一个字母或数字或下划线,即 A～Z、a～z、0～9、_ 中任意一个
\W	匹配一个非单词字符
\n	第 n 个反向引用。例如,\1、\2 等

字符集还有两个特殊的符号“^”和“－”,其中,“^”在方括号的开始可以表示相反的意思。例如,[^abc]表示匹配任何字符,但是不匹配 a 或 b 或 c。而“－”可以表示一个范围的字符,例如,[W－Z]表示匹配 W 或者 X 或者 Y 或者 Z。

2. 量　词

默认地,一个表达式将自动量化为{1,1},就是说它应该出现一次。表 7－11 列出了量词的使用情况,其中,E 代表一个表达式,一个表达式可以是一个字符,或者一个字符集的缩写,或者在方括号中的一个字符集,或者在括号中的一个表达式。

表 7－11　正则表达式中的量词

量　词	含　义
E?	匹配 0 次或者 1 次,表明 E 是可选的,E? 等价于 E{0,1}
E+	匹配 1 次或者多次,E+等价于 E{1,},例如,0+匹配“0”“00”“000”等
E *	匹配 0 次或者多次,等价于 E{0,}
E{n}	匹配 n 次,等价于 E{n,n},例如,x{5}等价于 x{5,5},也等价于 xxxxx
E{n,}	匹配至少 n 次
E{,m}	匹配至多 m 次,等价于 E{0,m}
E{n,m}	匹配至少 n 次,至多 m 次

在使用量词时要注意,tag+表示匹配一个 t 跟着一个 a,然后跟着至少一个 g。而(tag)+表示匹配 tag 至少一次。还要说明的是,量词一般是贪婪的(greedy),它会尽可能多地去匹配可以匹配的文本,例如,0+匹配它发现的第一个 0 以及其随后所有连续的 0,当应用到字符串 20005 时,它会匹配其中的 3 个 0。要使量词变得“非贪婪(non－greedy,有的地方也称为懒惰 lazy)”,只须在量词后面再添加一个“?”即可,就会只匹配第一个 0。另外,也可以通过设置 QRegularExpression::InvertedGreedinessOption 模式选项来反转量词的贪婪性,例如:

```
str = "20005";
re.setPattern("0+");
qDebug() << "greedy count: " << str.replace(re, "1");      //结果为 215

str = "20005";
re.setPattern("0+?");                                      //方式 1
//re.setPatternOptions(QRegularExpression::InvertedGreedinessOption); //方式 2
qDebug() << "lazy count: " << str.replace(re, "1");        //结果为 21115
```

3. 断　言

断言在 regexps 中作出一些有关文本的声明,它们不匹配任何字符,是零宽度(zero - width)的。正则表达式中的断言如表 7 - 12 所列,其中,E 代表一个表达式。

表 7 - 12　正则表达式中的断言

断　言	含　义
^	默认情况下,必须从字符串的开始进行匹配;在多行模式下,必须从行的开始进行匹配。要匹配"^"就要使用"\\^"
$	默认情况下,必须在字符串的结尾或者字符串结尾\n 之前进行匹配;在多行模式下,必须在行的结尾或者行的结尾"\n"之前进行匹配。要匹配"$"就要使用"\\$"
\A	必须在字符串的开始进行匹配
\Z	必须在字符串的结尾或者字符串结尾"\n"之前进行匹配
\z	必须在字符串的结尾进行匹配
\G	必须在上一个匹配结束的位置进行匹配,例如,\G\(\w+\)匹配(单词字符),那么主题字符串(yafei)(2010)[linux](2021)进行 globalMatch()的结果为(yafei)(2010)
\b	必须在"\w"(单词字符)和"\W"(非单词字符)之间的边界上进行匹配
\B	匹配不能出现在"\b"边界,当"\b"为 false 时它为 true
(?=E)	表达式后面紧跟着 E 才匹配。例如,const(?=\s+char)匹配 const 且其后必须紧跟 char
(?<=E)	表达式前面紧跟着 E 才匹配。例如,(?<=const\\s)char 匹配 char,但是前面必须紧跟 const。注意,E 被严格限制为定长字符串,例如,不能出现"*""+"等量词
(?!E)	表达式后面没有紧跟着 E 才匹配。例如,const(?!\s+char)匹配 const 但其后不能紧跟 char
(?<!E)	表达式前面没有紧跟着 E 才匹配。例如,(?<!const\\s)char 匹配 char,但是前面不能紧跟 const。注意,E 被严格限制为定长字符串,例如,不能出现"*""+"等量词

在表 7 - 12 所列的这些断言中,像"$""\A"等前面这些元字符(metacharacters)又被称为锚定(Anchors)或者原子零宽度断言(atomic zero - width assertions),它们会根据字符串的当前位置导致匹配成功或者失败,但是不会引起正则表达式引擎在字符串中向前推进或者使用字符。而后面 4 个像(?=E)这种被称为环视(lookarounds),按照方向分为顺序(Lookahead)和逆序(Lookbehind),按照是否匹配分为肯定(Positive)和否定(Negative),所以 4 个分别是(?=E)肯定顺序环视、(?<=E)肯定逆序环视、(?!E)否定顺序环视、(?<!E)否定逆序环视。

7.7.2　正常匹配和文本捕获

QRegularExpression 中提供了 match() 函数来匹配，其第一个参数为 const QString &subject，可以通过它来指定要匹配的字符串，该字符串被称为主题字符串(subject string)。match()返回的结果是一个 QRegularExpressionMatch 对象，可以使用它来检测匹配的结果，例如，使用 hasMatch()判断是否匹配成功。

在 regexps 中使用括号可以使一些元素组合在一起，这样既可以对它们进行量化，也可以捕获它们。例如，使用表达式 mail|letter 来匹配一个字符串，知道有一个单词被匹配了，却不可以知道具体是哪一个，而使用括号就可以捕获被匹配的那个单词，比如使用 (mail|letter) 来匹配字符串"I Sent you some email"，这样就可以使用 QRegularExpressionMatch 类的 captured(1)函数来获取捕获的子字符串 mail，而(mail|letter)被称为一个捕获组。captured()返回模式字符串中捕获组(模式字符串中每组小括号表示一个捕获组)捕获的子字符串，捕获组从 1 开始编号，编号为 0 的是隐式捕获组，它捕获整个正则表达式完全匹配的结果。

还可以在 regexps 中使用捕获到的字符串，为了表示捕获到的字符串，使用反向引用"\n"，其中，n 从 1 开始编号，比如"\1"就表示前面第一个捕获到的字符串。例如，使用"\b(\w+)\W+\1\b"在一个字符串中查询重复出现的单词，这意味着先匹配一个单词边界，之后是一个或者多个单词字符，随后是一个或者多个非单词字符，然后是与前面第一个括号中相同的文本，最后是单词边界。

如果使用括号仅仅是为了组合元素而不是为了捕获文本，那么可以使用非捕获语法，如(?:green|blue)。非捕获括号由"(?:"开始，由")"结束。使用非捕获括号比使用捕获括号更高效，因为 regexps 引擎只须做较少的工作。

下面来看一下文本捕获的例子(项目源码路径：src\07\7-15\myregexp)，在前面的程序中继续添加如下代码：

```
re.setPattern("(mail|letter)(.)");
QRegularExpressionMatch match = re.match("I Sent you some email!");
if (match.hasMatch()) {
    QString matched = match.captured(0);
    QString matched1 = match.captured(1);
    QString matched2 = match.captured(2);
    qDebug() << "matched: " << matched << Qt::endl     //结果为 mail!
             << "matched1: " << matched1 << Qt::endl   //结果为 mail
             << "matched2: " << matched2 << Qt::endl;  //结果为!
}
//通过\1 使用捕获的字符串
re.setPattern("\\b(\\w+)\\W+\\1\\b");
match = re.match("Hello -- hello");
qDebug() << match.hasMatch()                           //结果为 true
         << match.captured(0)                          //结果为 Hello -- hello
         << match.captured(1);                         //结果为 Hello
```

除了 captured()函数，QRegularExpressionMatch 类中还提供了 capturedStart()

和 capturedEnd()函数,它们分别返回指定捕获组捕获的子字符串开始位置和结束位置的偏移量。例如:

```
re.setPattern("abc(\\d+)def");
match = re.match("XYZabc123defXYZ");
if (match.hasMatch()) {
    qDebug() << match.captured(1)                    //结果为 123
             << match.capturedStart(1)               //结果为 6
             << match.capturedEnd(1);                //结果为 9
}
```

另外,captured()、capturedStart()和 capturedEnd()等函数都有一个使用 QString 作为参数的重载形式,可以通过捕获组的命名来进行捕获。例如:

```
re.setPattern("^(?<date>\\d\\d)/(?<month>\\d\\d)/(?<year>\\d\\d\\d\\d)$");
match = re.match("08/12/1985");
if (match.hasMatch()) {
    qDebug() << match.captured("date")               //结果为 08
             << match.captured("month")              //结果为 12
             << match.captured("year");              //结果为 1985
}
```

命名捕获组的格式为(?<name>Expression),使用这种形式可以更明了地操作指定命名的捕获组子字符串。可以使用 namedCaptureGroups()来获取模式字符串中命名捕获组的名称列表,如果其中有的捕获组没有命名,则该捕获组返回空字符串。

下面来看一下 match()函数的第 2 个参数 offset,用来设置开始匹配的偏移量,例如:

```
re.setPattern("\\d\\d \\w+");
match = re.match("12 abc 45 def", 1);
qDebug() << match.hasMatch() << match.captured(0); //结果为: 45 def
```

因为设置了偏移量为 1,所以“12 abc”不会被匹配到。match()函数的第 3 个参数用来设置匹配类型 QRegularExpression::MatchType(如表 7-13 所列),默认是正常匹配,还有两个部分匹配类型会在后面的内容中介绍。

表 7-13 匹配类型

常 量	描 述
QRegularExpression::NormalMatch	正常匹配(默认值)
QRegularExpression::PartialPreferCompleteMatch	部分匹配。如果可以完全匹配,那么只报告完全匹配;否则,报告部分匹配
QRegularExpression::PartialPreferFirstMatch	部分匹配。如果找到部分匹配,则停止匹配并报告部分匹配
QRegularExpression::NoMatch	不进行匹配

match()函数的第 4 个参数用来设置匹配选项 QRegularExpression::MatchOptions(如表 7-14 所列),这些选项可以使用按位或操作联合使用。这里提到了 anchoredPattern()函数,使用该函数会返回一个被“\A”和“\z”包含的表达式,表明只能

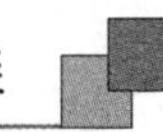

在字符串的开头开始匹配，并且只能在字符串的结尾终止匹配，例如，anchoredPattern("\\d\\d \\w+")返回\\A(?:\\d\\d \\w+)\\z。

表 7-14　匹配选项

常　量	描　述
QRegularExpression::NoMatchOption	不设置匹配选项(默认值)
QRegularExpression::AnchorAtOffsetMatchOption	为了成功匹配，会从 match()函数指定的偏移量处开始匹配，即使模式字符串在该点不包含任何锚定匹配的元字符。要完全锚定一个正则表达式，则可以使用 anchoredPattern()
QRegularExpression::DontCheckSubjectStringMatchOption	在尝试匹配前，不会检查主题字符串的 UTF-16 有效性。使用此选项时要格外小心，因为尝试匹配无效字符串可能会使程序崩溃或构成安全问题

7.7.3　全局匹配

要在主题字符串中查找所有匹配结果，那么使用全局匹配(Global Matching)会非常方便。QRegularExpression 类中的 globalMatch()函数提供了全局匹配，它与 match()函数拥有相同的参数，不过其返回值是 QRegularExpressionMatchIterator 类对象，这是一个 Jave 风格迭代器，可以对结果进行遍历。下面来看一个例子，(项目源码路径：src\07\7-16\myregexp)在前面的程序中继续添加如下代码：

```
re.setPattern("(\\w+)");
QRegularExpressionMatchIterator i = re.globalMatch("qt qml quick");
QStringList words;
while (i.hasNext()) {
    QRegularExpressionMatch match = i.next();
    QString word = match.captured(1);
    words << word;
}
qDebug() << "globalMatch: " << words; //结果为：QList("qt", "qml", "quick")
```

可以通过 QRegularExpressionMatchIterator 类的 hasNext()函数来判断是否还有匹配结果，如果有，那么它会指向结果的开始位置；通过 next()来获取结果并向前推进迭代器，next()会返回一个 QRegularExpressionMatch 对象。

从 Qt 6.0 开始，还可以通过基于范围的 for 循环来非常简单地获取 globalMatch()的结果，例如：

```
re.setPattern(R"((\w+))");
QString subject("yafei linux qter");
for (const QRegularExpressionMatch &match : re.globalMatch(subject)) {
    qDebug() << match.captured(1); //结果为：yafei linux qter
}
```

7.7.4 部分匹配

对一个主题字符串进行匹配时,已经到达了主题字符串的末尾,但是只匹配了模式字符串中的一部分,这时可以获得一个部分匹配(Partial Matching)。注意,一般部分匹配比正常匹配效率低很多,因为很多匹配算法的优化将无法使用。

要使用部分匹配,那么需要在调用 match()函数或者 globalMatch()函数时指定匹配类型为 QRegularExpression::PartialPreferCompleteMatch 或者 QRegularExpression::PartialPreferFirstMatch。一旦成功进行部分匹配,hasMatch()函数会返回 false,但是 hasPartialMatch()会返回 true,而且无法获取捕获的子字符串,只能通过 captured(0)来获取捕获的部分匹配字符串。注意,进行部分匹配时也可能导致完全匹配,这时 hasMatch()函数会返回 true,但是 hasPartialMatch()会返回 false。

部分匹配一般应用于两种场景:一个是实时验证用户输入,另一个是增量/多段匹配。

1. 实时验证用户输入

在进行一些指定格式或范围的输入时,我们希望可以实时跟踪用户输入的内容并进行必要的提示,一般会有 3 种情况:

- 输入与正则表达式不可能匹配;
- 输入与正则表达式完全匹配;
- 当前输入与正则表达式不是完全匹配,但是再输入一些字符就会匹配。

其实对于验证用户输入,Qt 中提供了现成的 QValidator 验证器类,它包含了这里提到的 3 种状态:QValidator::Invalid 明显无效、QValidator::Acceptable 有效的、QValidator::Intermediate 是一个合理的中间值。QValidator 的一个子类 QRegularExpressionValidator 提供了基于正则表达式的验证器,通过该类就可以方便地实现使用正则表达式实时验证用户输入。

3.3.3 小节讲解行编辑器的输入验证时曾使用过 QValidator 和 QRegularExpressionValidator,当时直接在行编辑器上使用 setValidator()设置了验证器,这样行编辑器中就只能输入指定的字符,其他无效字符无法输入。这里再次实现这个例子,不过不再直接为行编辑器设置验证器,而是手动使用验证器来验证行编辑器的输入内容,并根据输入内容进行有意义的提示。

(项目源码路径:src\07\7-17\myregexp)继续在前面程序的基础上进行更改。首先在 widget.h 文件中添加类的前置声明:

```
class QValidator;
```

然后添加一个私有对象指针:

```
QValidator * validator;
```

到 widget.cpp 文件中,先添加 #include <QValidator> 头文件包含,再在构造函数最后添加如下代码:

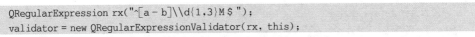

```
QRegularExpression rx("^[a-b]\\d{1,3}M$");
validator = new QRegularExpressionValidator(rx, this);
```

这里使用新建的正则表达式对 validator 进行了初始化。下面首先双击 widget.ui 进入设计模式，向界面上拖入一个 Line Edit，在其下面拖入一个 Label 并设置其 text 属性为“请输入字符”。然后在 Line Edit 上右击，在弹出的级联菜单中选择“转到槽”，在弹出的“转到槽”对话框中选择 textChanged()信号，然后单击“确定”按钮。这时会转到编辑模式，并自动生成槽函数，在其中添加代码如下：

```
void Widget::on_lineEdit_textChanged(const QString &arg1)
{
    Q_UNUSED(arg1);
    QString str = ui->lineEdit->text();
    int pos = 0;
    switch (validator->validate(str, pos)) {
        case QValidator::Invalid: {
            ui->label->setText(tr("输入的字符无效,请重新输入"));
            ui->label->setStyleSheet("background:red");
            break;
        }
        case QValidator::Acceptable: {
            ui->label->setText(tr("恭喜,输入的字符完全匹配"));
            ui->label->setStyleSheet("background:green");
            break;
        }
        default: {
            ui->label->setText(tr("输入的字符部分匹配,可以继续输入"));
            ui->label->setStyleSheet("background:yellow");
        }
    }
}
```

运行程序，在行编辑器输入字符测试效果。这个例子中，每当行编辑器输入文本变化时，则调用 validate()函数对其进行验证，然后根据结果进行不同的提示。读者也可以更改正则表达式的模式字符串来进行更深入的测试。这里设置标签的背景颜色时使用了样式表，这个会在第 8 章讲解。

通过这个例子可以清楚地看到实时验证用户输入的实际应用，不过这里是通过 QValidator 验证器类实现的。下面回到 QRegularExpression 类，对于前面提到的第 3 种情况，需要在输入时进行部分匹配并且进行报告，但后面如果可以完全匹配则报告完全匹配的结果，则可以通过指定匹配类型为 QRegularExpression::PartialPreferCompleteMatch 来实现。下面通过例子来进行讲解。

（项目源码路径：src\07\7-18\myregexp）继续在前面程序的基础上进行更改：

```
void Widget::on_lineEdit_textChanged(const QString &arg1)
{
    QRegularExpression rx("^[a-b]\\d{1,3}M$");
    QRegularExpressionMatch match = rx.match(arg1, 0,
```

```
                                QRegularExpression::PartialPreferCompleteMatch);
    bool hasMatch = match.hasMatch();
    bool hasPartialMatch = match.hasPartialMatch();
    if(hasMatch) {
        ui->label->setText(tr("恭喜,输入的字符完全匹配"));
        ui->label->setStyleSheet("background:green");
        qDebug() << match.captured(0);
    } else if(hasPartialMatch) {
        ui->label->setText(tr("输入的字符部分匹配,可以继续输入"));
        ui->label->setStyleSheet("background:yellow");
        qDebug() << match.captured(0);
    } else {
        ui->label->setText(tr("输入的字符无效,请重新输入"));
        ui->label->setStyleSheet("background:red");
    }
}
```

这里使用 match()、hasMatch()、hasPartialMatch()等函数实现了前面程序中使用 QValidator 类实现的功能，现在可以运行程序查看效果。

当使用 QRegularExpression::PartialPreferCompleteMatch 匹配类型的时候，如果可以进行完全匹配，那么就不会报告部分匹配。也就是说，它更倾向于报告完全匹配，例如：

```
re.setPattern("abc\\w + X|def");
match = re.match("abcdef", 0, QRegularExpression::PartialPreferCompleteMatch);
qDebug() << match.hasMatch();                //结果为：true
qDebug() << match.hasPartialMatch();         //结果为：false
qDebug() << match.captured(0);               //结果为：def
```

这里 abc\\w+X 部分匹配主题字符串，而 def 完全匹配主题字符串，所以会报告完全匹配而不是部分匹配。还有一种情况就是，如果有多个部分匹配，那么只会报告第一个，例如：

```
re.setPattern("abc\\w + X|defY");
match = re.match("abcdef", 0, QRegularExpression::PartialPreferCompleteMatch);
qDebug() << match.hasMatch();                //结果为 false
qDebug() << match.hasPartialMatch();         //结果为：true
qDebug() << match.captured(0);               //结果为：abcdef
```

2. 增量/多段匹配

假设要在一个大文本块里面找到一个子字符串，且希望这个大文本块可以分成多个小的文本块给正则表达式引擎，这种情况下，正则表达式引擎需要进行部分匹配并报告，然后可以通过添加新数据进行再次匹配。要实现这样的效果，可以通过指定匹配类型为 QRegularExpression::PartialPreferFirstMatch 来实现，这时只要发现部分匹配就会报告，不会再尝试其他匹配(即便可以完全匹配)。

(项目源码路径：src\07\7-19\myregexp)继续在前面程序的基础上更改，在 widget.cpp 文件中构造函数，最后添加如下代码：

```
re.setPattern("abc|ab");
match = re.match("ab", 0, QRegularExpression::PartialPreferFirstMatch);
qDebug() << match.hasMatch();           //结果为: false
qDebug() << match.hasPartialMatch();    //结果为: true
qDebug() << match.captured(0);          //结果为: ab
```

因为第一个分支abc中已经找到部分匹配，所以匹配结束，报告为部分匹配。再看一个例子：

```
re.setPattern("abc(def)?");
match = re.match("abc", 0, QRegularExpression::PartialPreferFirstMatch);
qDebug() << match.hasMatch();           //结果为: false
qDebug() << match.hasPartialMatch();    //结果为: true
qDebug() << match.captured(0);          //结果为: abc
```

这里乍一看结果好像错误了，明明是完全匹配，为什么结果却是部分匹配？这是因为量词“?”是贪婪的，当匹配完abc以后，引擎首先尝试继续匹配，但是发现已经到达主题字符串的末尾，所以直接报告了部分匹配。还有一个相似的例子，读者自己体会一下：

```
re.setPattern("(abc)*");
match = re.match("abc", 0, QRegularExpression::PartialPreferFirstMatch);
qDebug() << match.hasMatch();           //结果为: false
qDebug() << match.hasPartialMatch();    //结果为: true
qDebug() << match.captured(0);          //结果为: abc
```

7.7.5 通配符匹配

很多命令shell(如bash和cmd.exe)都支持文件通配符(file globbing)，可以使用通配符(Wildcard)来识别一组文件。QRegularExpression中提供了wildcardToRegularExpression()函数，可以将通配符模式转换为正则表达式的形式。支持的通配符如表7-15所列。

表7-15 通配符

字 符	含 义
c	任意一个字符，表示字符本身
?	匹配任意一个字符，类似于regexps中的“.”
*	匹配0个或者多个任意的字符，类似于regexps中的“.*”
[abc]	匹配方括号中的一个字符，如果要匹配“?”等特殊字符，则需要将其放入方括号中
[a-c]	匹配方括号中指定范围内的一个字符
[!abc]	匹配一个不在方括号中的字符，类似于regexps中的[^abc]
[!a-c]	匹配一个不在方括号中指定范围内的字符，类似于regexps中的[^a-c]

(项目源码路径：src\07\7-20\myregexp)要匹配所有的.jpeg类型的文件，那么可以在前面的程序中添加如下代码来实现：

```
QString wildcard = QRegularExpression::wildcardToRegularExpression("*.jpeg");
qDebug() << wildcard;                    //结果为：\\A(?:[^/\\\\]*\\.jpeg)\\z
re.setPattern(wildcard);
match = re.match("foo.jpeg");
qDebug() << match.hasMatch();            //结果为：true
match = re.match("f_o_o.jpeg");
qDebug() << match.hasMatch();            //结果为：true
```

可以看到，wildcardToRegularExpression()返回的正则表达式是完全锚定的(即前后分别使用了"\A"和"\z")，如果不想返回锚定的正则表达式，则可以将其第 2 个参数指定为 QRegularExpression::UnanchoredWildcardConversion。

对于初学者来说，正则表达式是很复杂很头疼的一部分内容，不过，也是很重要的内容。其实把一些基本的语法规则掌握了以后，照着去写一个 regexps 也不是很困难的事情。《Qt Widgets 及 Qt Quick 开发实战精解》中的音乐播放器实例进行歌词文件的解析就使用了正则表达式，读者可以参考一下。正则表达式的内容可以查看 QRegularExpression 的参考文档。

7.8 小 结

这一章介绍了 Qt 的一些核心内容，比如信号和槽、元对象系统等；也学习了容器类及相关的 QString、QByteArray 和 QVariant 类等；还学习了正则表达式的相关知识。之所以将这些知识放到同一章中讲解，是因为它们理论性都比较强，而且学习起来都很枯燥。不过，这些知识都是非常重要的，只有掌握了 Qt 的核心内容才能在 Qt 编程过程中游刃有余；而容器类和正则表达式在实现一些强大的功能时经常会用到，而且它们不是 Qt 自身的，所以学习了这些知识，以后在别处照样可以使用。

第 8 章 界面外观

一个完善的应用程序不仅应该有实用的功能，还要有一个漂亮的外观，这样才能使应用程序更加友善、更加吸引用户。作为一个跨平台的UI开发框架，Qt提供了强大而灵活的界面外观设计机制。这一章将学习在Qt中设计应用程序外观的相关知识，会对Qt风格QStyle和调色板QPalette进行简单介绍，然后再对Qt样式表（Qt Style Sheets）进行重点讲解，最后还会涉及不规则窗体和透明窗体的实现方法。

8.1 Qt风格

QStyle类是一个抽象基类，封装了一个GUI的外观风格，Qt的内建（built-in）部件使用它来执行几乎所有的绘制工作，以确保这些部件看起来可以像各个平台上的本地部件一样。Qt包含一组QStyle的子类，可以模拟Qt支持的不同平台的样式风格，默认情况下，这些风格被内置于Qt GUI模块中。另外，也可以通过插件来提供风格。

QStyleFactory类可以创建一个QStyle对象，首先通过keys()函数获取可用的风格，然后使用create()函数创建一个QStyle对象。一般Windows风格和Fusion风格是默认可用的，而有些风格只在特定的平台上才有效，如WindowsXP风格、WindowsVista风格、GtK风格和Macintosh风格等。

在使用Qt Creator设计模式设计界面时，可以使用Qt提供的各种风格进行预览，当然也可以使用特定的风格来运行程序。下面来看具体的例子。

（本节采用的项目源码路径：src\08\8-1\mystyle）新建Qt Widgets应用，项目名称为mystyle，类名MainWindow，基类QMainWindow保持不变。建立完项目后，双击mainwindow.ui文件进入设计模式，向界面上拖入一个Push Button、Check Box、Spin Box、Horizontal Scroll Bar、LCD Number和Progress Bar。然后选择“工具→Form Editor→Preview in”菜单项，这里列出了现在可用的几种风格，选择“Fusion风格”，预览效果如图8-1所示。也可以使用其他几种风格进行预览。

如果想使用不同的风格来运行程序，那么只需要调用QApplication的setStyle()

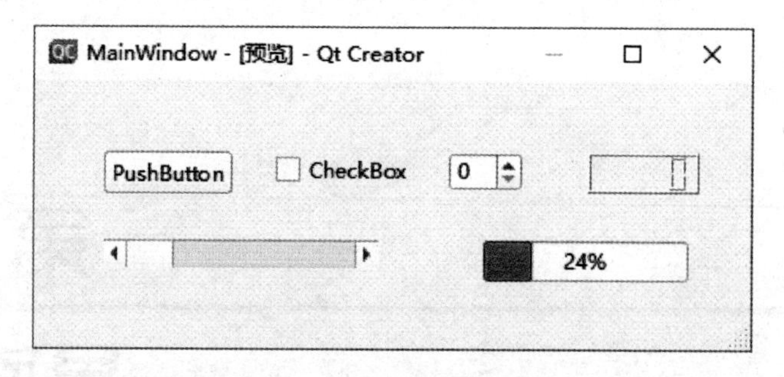

图 8-1　Fusion 风格预览效果

函数指定要使用的风格即可。现在打开 main.cpp 文件,添加头文件包含＃include ＜QStyleFactory＞,然后在 main()函数的“QApplication a(argc, argv);”一行代码后添加如下一行代码:

```
a.setStyle(QStyleFactory::create("fusion"));
```

这时运行程序便会使用 Fusion 风格。如果不想在程序中指定风格,而是想在运行程序时再指定,那么就可以在使用命令行运行程序时通过添加参数来指定,比如要使用 Fusion 风格,则可以使用“-style fusion”参数。如果不想整个应用程序都使用相同的风格,那么可以调用部件的 setStyle()函数来指定该部件的风格。进入 mainwindow.cpp 文件,先添加头文件＃include ＜QStyleFactory＞,然后在构造函数中添加如下一行代码:

```
ui->progressBar->setStyle(QStyleFactory::create("windows"));
```

这时再次运行程序,其中的进度条部件就会使用 Windows 的风格了。除了 Qt 中提供的这些风格外,也可以自定义风格,一般的做法是子类化 Qt 的风格类,或者子类化 QCommonStyle 类。这些内容这里不再讲述,有兴趣的读者可以查看 Styles Example 示例程序。Qt 风格更多的内容可以通过 Styles and Style Aware Widgets 关键字查看。

8.2　Qt 调色板

调色板 QPalette 类包含了部件各种状态的颜色组。Qt 中的所有部件都包含一个调色板,并且使用各自的调色板来绘制它们自身,这样可以使用户界面更容易配置,也更容易保持一致。调色板中的颜色组包括:

- 激活颜色组 QPalette::Active,用于获得键盘焦点的窗口;
- 非激活颜色组 QPalette::Inactive,用于其他没有获得键盘焦点的窗口;
- 失效颜色组 QPalette::Disabled,用于因为一些原因而不可用的部件(不是窗口)。

要改变一个应用程序的调色板,可以先使用 QApplication::palette()函数来获取其调色板,然后进行更改,最后再使用 QApplication::setPalette()函数来使用该调色

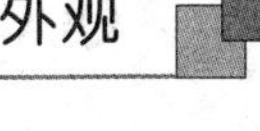

板。更改了应用程序的调色板，则会影响到该程序的所有窗口部件。如果要改变一个部件的调色板，则可以调用该部件的 palette()和 setPalette()函数，这样只会影响该部件及其子部件。下面来看一个例子。

仍然在前面的程序中进行更改。在 mainwindow.cpp 文件中添加头文件＃include <QPalette>，然后在构造函数中继续添加如下代码：

```
//通过画刷来使用图片
QBrush brush(QPixmap("../mystyle/bg.png"));
//获取主窗口的调色板
QPalette palette = this->palette();
//为主窗口背景设置图片
palette.setBrush(QPalette::Window, brush);
//主窗口使用设置好的调色板
this->setPalette(palette);
//获取 pushButton 的调色板
QPalette palette1 = ui->pushButton->palette();
//设置按钮文本颜色为红色
palette1.setColor(QPalette::ButtonText, Qt::red);
//设置按钮背景色为绿色
palette1.setColor(QPalette::Button, Qt::green);
//pushButton 使用修改后的调色板
ui->pushButton->setPalette(palette1);
//设置 spinBox 不可用
ui->spinBox->setDisabled(true);
QPalette palette2 = ui->spinBox->palette();
//设置 spinBox 不可用时的背景颜色为蓝色
palette2.setColor(QPalette::Disabled, QPalette::Base, Qt::blue);
ui->spinBox->setPalette(palette2);
```

可以使用 setColor()和 setBrush()来为调色板中的特定颜色角色(Color Role)设置颜色或者画刷(画刷 QBrush 类会在第 10 章详细讲解)。在 QPalette 中，颜色角色用来指定该颜色所起的作用，如背景颜色或者文本颜色等，主要的颜色角色如表 8-1 所列。对于在设计模式中添加到界面上的部件，也可以在其属性编辑器中通过修改 palette 属性来设置它的调色板，这样还可以预览修改后的效果。注意，需要往源码目录中放入一张 bg.png 图片，然后运行程序查看效果。调色板更多的知识可以参考 QPalette 类的帮助文档。

表 8-1 QPalette 类主要的颜色角色

常 量	描 述
QPalette::Window	一般的背景颜色
QPalette::WindowText	一般的前景颜色
QPalette::Base	主要作为输入部件(如 QLineEdit)的背景色，也可用作 QComboBox 的下拉列表的背景色或者 QToolBar 的手柄颜色，一般是白色或其他浅色
QPalette::AlternateBase	在交替行颜色的视图中作为交替背景色

续表 8-1

常　量	描　述
QPalette::ToolTipBase	作为 QToolTip 和 QWhatsThis 的背景色
QPalette::ToolTipText	作为 QToolTip 和 QWhatsThis 的前景色
QPalette::PlaceholderText	作为各种文本输入部件的占位符颜色
QPalette::Text	和 Base 一起使用，作为前景色
QPalette::Button	按钮部件背景色
QPalette::ButtonText	按钮部件前景色
QPalette::BrightText	一种与深色对比度较大的文本颜色，一般用于当 Text 或者 WindowText 的对比度较差时

8.3 Qt 样式表

Qt 样式表是一个可以自定义部件外观的十分强大的机制，其概念、术语和语法都受到了 HTML 的层叠样式表(Cascading Style Sheets，CSS)的启发，不过与 CSS 不同的是，Qt 样式表应用于部件的世界。本节内容可以在帮助中通过 Qt Style Sheets 关键字查看。

样式表可以使用 QApplication::setStyleSheet()函数将其设置到整个应用程序上，也可以使用 QWidget::setStyleSheet()函数将其设置到一个指定的部件(还有它的子部件)上。如果在不同的级别都设置了样式表，那么 Qt 会使用所有有效的样式表，这被称为样式表的层叠。下面来看一个简单的例子。

8.3.1 使用代码设置样式表

(本小节采用的项目源码路径：src\08\8-2\mystylesheets)新建 Qt Widgets 应用，项目名称为 mystylesheets，类名为 MainWindow，基类为 QMainWindow 保持不变。建立好项目后进入设计模式，向界面上拖入一个 Push Button 和一个 Horizontal Slider，然后在 mainwindow.cpp 文件中的构造函数里添加如下代码：

```
//设置 pushButton 的背景为黄色
ui->pushButton->setStyleSheet("background:yellow");
//设置 horizontalSlider 的背景为蓝色
ui->horizontalSlider->setStyleSheet("background:blue");
```

这样便设置了两个部件的背景色，可以运行程序查看效果。不过像这样调用指定部件的 setStyleSheet()函数只会对这个部件应用该样式表，如果想对所有相同部件都使用相同的样式表，那么可以在它们的父部件上设置样式表。因为这里两个部件都在 MainWindow 上，所以可以为 MainWindow 设置样式表。先注释掉上面的两行代码，然后添加如下代码：

```
setStyleSheet("QPushButton{background:yellow}QSlider{background:blue}");
```

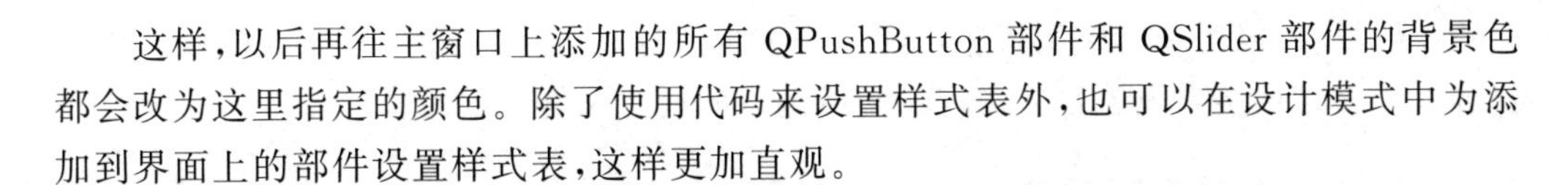

这样，以后再往主窗口上添加的所有 QPushButton 部件和 QSlider 部件的背景色都会改为这里指定的颜色。除了使用代码来设置样式表外，也可以在设计模式中为添加到界面上的部件设置样式表，这样更加直观。

8.3.2　在设计模式中设置样式表

先注释掉上面添加的代码，然后进入设计模式。在界面上右击，在弹出的级联菜单中选择“改变样式表”，这时会出现编辑样式表对话框，在其中输入如下代码：

```
QPushButton{
}
```

注意，光标留在第一个大括号后。然后单击上面“添加颜色”选项后面的下拉箭头，在弹出的列表中选择 background-color 项，如图 8－2 所示。这时会弹出选择颜色对话框，可以随便选择一个颜色，然后单击“确定”按钮，则自动添加代码：

```
QPushButton{
    background - color: rgb(85, 170, 127);
}
```

根据选择颜色的不同，rgb()中参数的数值也会不同。可以看到，这里设置样式表不仅很便捷而且很直观，不仅可以设置颜色，还可以使用图片，使用渐变颜色或者更改字体。相似地，可以再设置 QSlider 的背景色。在设计模式，有时无法正常显示设置好的样式表效果，不过运行程序后会正常显示的。这里是在 MainWindow 界面上设置了样式表，当然，也可以按照这种方法在指定的部件上添加样式表。

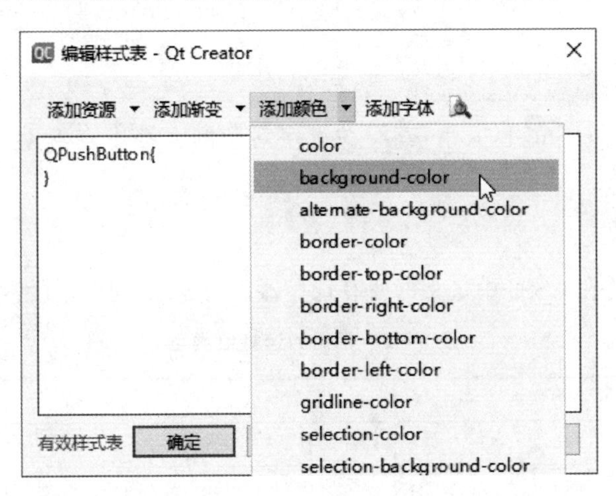

图 8－2　在设计模式编辑样式表

对于自定义样式，样式表要比调色板强大很多。例如，可以通过设置 QPalette::Button 角色为红色来获得一个红色的按钮，但是，这并不能保证在所有风格中都可以正常工作，因为它会受到不同平台的准则和本地主题引擎所限制。不过，样式表就不受这些限制，样式表可以执行所有的那些单独使用调色板很困难或者无法执行的自定义操作。样式表应用在当前的部件风格之上，这意味着应用程序的外观会尽可能本地化。

此外,样式表可以用来给应用程序提供一个独特的外观,而不用去子类化 QStyle,这样就可以很容易地实现大多数应用程序中所拥有的换肤功能。

8.4 Qt 样式表语法

Qt 样式表的术语和语法规则与 HTML CSS 基本相同,下面从几个方面来进行讲解。本节内容可以在帮助中通过 The Style Sheet Syntax 关键字查看。

1. 样式规则

样式表包含了一系列的样式规则,每个样式规则由选择器(selector)和声明(declaration)组成。选择器指定了受该规则影响的部件,声明指定了这个部件上要设置的属性。例如:

```
QPushButton{color:red}
```

在这个样式规则中,QPushButton 是选择器,{color:red}是声明,其中,color 是属性,red 是值。这个规则指定了 QPushButton 和它的子类应该使用红色作为前景色。Qt 样式表中一般不区分大小写,例如,color、Color、COLOR 和 COloR 表示相同的属性。只有类名、对象名和 Qt 属性名是区分大小写的。一些选择器可以指定相同的声明,使用逗号隔开,例如:

```
QPushButton,QLineEdit,QComboBox{color:red}
```

样式规则的声明部分是一些"属性:值"对组成的列表,它们包含在大括号中,使用分号隔开。例如:

```
QPushButton{color:red;background-color:white}
```

可以在 Qt Style Sheets Reference 关键字对应的文档中查看 Qt 样式表所支持的所有部件及其属性。

2. 选择器类型

Qt 样式表支持在 CSS2 中定义的所有选择器。表 8-2 列出了最常用的选择器类型。

表 8-2 常用的选择器类型

选择器	示 例	说 明
通用选择器	*	匹配所有部件
类型选择器	QPushButton	匹配所有 QPushButton 实例和它的所有子类
属性选择器	QPushButton[flat="false"]	匹配 QPushButton 的 flat 属性为 false 的实例
类选择器	.QPushButton	匹配所有 QPushButton 实例,但不包含它的子类
ID 选择器	QPushButton#okButton	匹配所有 QPushButton 中以 okButton 为对象名的实例
后代选择器	QDialog QPushButton	匹配所有 QPushButton 实例,它们必须是 QDialog 的子孙部件
孩子选择器	QDialog>QPushButton	匹配所有 QPushButton 实例,它们必须是 QDialog 的直接子部件

3. 子控件(Sub-Controls)

对一些复杂的部件修改样式,可能需要访问它们的子控件,比如QComboBox的下拉按钮,还有QSpinBox的向上和向下箭头等。选择器可以包含子控件来对部件的特定子控件应用规则,例如:

```
QComboBox::drop-down{image:url(dropdown.png)}
```

这样的规则可以改变所有的QComboBox部件的下拉按钮的样式。Qt Style Sheets Reference关键字对应帮助文档的List of Sub-Controls一项中列出了所有可用的子控件。

4. 伪状态(Pseudo-States)

选择器可以包含伪状态来限制规则只能应用在部件的指定状态上。伪状态出现在选择器之后,用冒号隔开,例如:

```
QPushButton:hover{color:white}
```

这个规则表明当鼠标悬停在一个QPushButton部件上时才被应用。伪状态可以使用感叹号来表示否定,例如,要当鼠标没有悬停在一个QRadioButton上时才应用规则,那么这个规则可以写为:

```
QRadioButton:!hover{color:red}
```

伪状态还可以多个连用,达到逻辑与效果,例如,当鼠标悬停在一个被选中的QCheckBox部件上时才应用规则,那么这个规则可以写为:

```
QCheckBox:hover:checked{color:white}
```

如果有需要,也可以使用逗号来表示逻辑或操作,例如:

```
QCheckBox:hover,QCheckBox:checked{color:white}
```

当然,伪状态也可以和子控件联合使用:

```
QComboBox::drop-down:hover { image: url(dropdown_bright.png) }
```

Qt Style Sheets Reference关键字对应的帮助文档的List of Pseudo-States一项中列出了Qt支持的所有伪状态。

5. 冲突解决

当几个样式规则对相同的属性指定了不同的值时就会产生冲突。例如:

```
QPushButton#okButton { color: gray }
QPushButton { color: red }
```

这样,okButton的color属性便产生了冲突。解决这个冲突的原则是:特殊的选择器优先。因为QPushButton#okButton一般代表一个单一的对象,而不是一个类所有的实例,所以它比QPushButton更特殊,那么这时便会使用第一个规则,okButton的文本颜色为灰色。

相似地,有伪状态比没有伪状态优先。如果两个选择符的特殊性相同,则后面出现的比前面的优先。Qt样式表使用CSS2规范来确定规则的特殊性。

6. 层　叠

样式表可以被设置在 QApplication 上、父部件上或者子部件上。部件有效的样式表是通过部件祖先的样式表和 QApplication 上的样式表合并得到的。当发生冲突时，部件自己的样式表优先于任何继承的样式表，同样，父部件的样式表优先于祖先的样式表。

7. 继　承

当使用 Qt 样式表时，部件并不会自动从父部件继承字体和颜色设置。例如，一个 QPushButton 包含在一个 QGroupBox 中，这里对 QGroupBox 设置样式表：

```
qApp->setStyleSheet("QGroupBox { color: red; } ");
```

但没有对 QPushButton 设置样式表。这时，QPushButton 会使用系统颜色，而不会继承 QGroupBox 的颜色。如果想要 QGroupBox 的颜色设置到其子部件上，可以这样设置样式表：

```
qApp->setStyleSheet("QGroupBox, QGroupBox * { color: red; }");
```

8. 设置 QObject 属性

从 Qt 4.3 开始，任何可设计的 Q_PROPERTY 都可以使用"qproperty-属性名称"语法来设置样式表。例如：

```
MyLabel { qproperty-pixmap: url(pixmap.png); }
MyGroupBox { qproperty-titleColor: rgb(100, 200, 100); }
QPushButton { qproperty-iconSize: 20px 20px; }
```

8.5 自定义部件外观与换肤

8.5.1 盒子模型

当使用样式表时，每一个部件都被看作拥有 4 个同心矩形的盒子，如图 8-3 所示。这 4 个矩形分别是内容(content)、填衬(padding)、边框(border)和边距(margin)。边距、边框宽度和填衬等属性的默认值都是 0，这样 4 个矩形恰好重合。

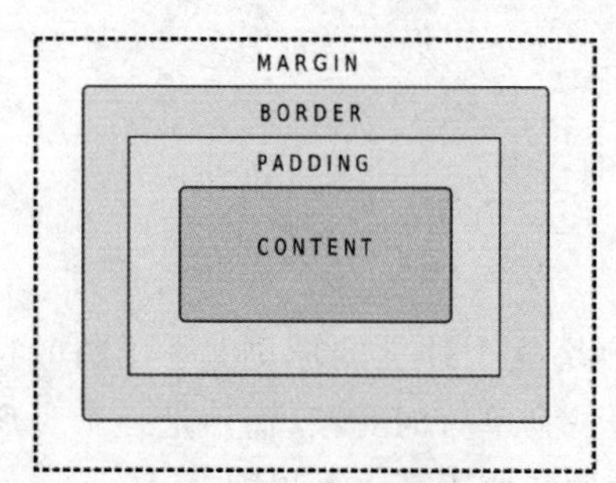

图 8-3　盒子模型(The Box Model)示意图

可以使用 background-image 属性来为部件指定一个背景。默认的，background-image 只在边框以内的区域进行绘制，这个可以使用 background-clip 属性来进行更改。还可以使用 background-repeat 和 background-origin 来控制背景图片的重复方式以及原点。

一个 background-image 无法随着部件的大小来自动缩放，如果想要背景随着部件的大小变化，那就必须使用 border-image。如果同时指定了 background-image 和 border-image，那么 border-image 会绘制在 background-image 之上。

此外，image 属性可以用来在 border-image 之上绘制一个图片。如果使用 image 指定的图片的大小与部件的大小不匹配，那么它不会平铺或者拉伸。图片的对齐方式可以使用 image-position 属性来设置。

8.5.2　自定义部件外观

下面继续在程序 8-2（即项目源码路径为“src\08\8-2\”下的程序，后面也会提到编号的程序，查找方法与这里一样）中进行更改。首先向项目目录中添加 4 张图片（可以下载源文件来获取这里使用的图片），然后再向项目中添加一个 Qt 资源文件（添加方式详见第 5 章），名称为 myresource。建立完成后，先单击 Add Prefix 按钮添加前缀/images，然后将项目目录中的 4 张图片添加进来，最后按下 Ctrl＋S 进行保存。完成后进入设计模式，再次打开主界面的编辑样式表对话框，先清空以前的代码，再添加如下代码：

```
/*****************主界面背景*********************/
QMainWindow{
}
```

这里可以将光标放到第一个大括号后，然后在“添加资源”的下拉列表中选择 background-image，在弹出的选择资源对话框中选择一张背景图片（注意：第一次打开资源对话框时可能无法显示资源，需要按下左上角的“重新加载”图标），这样便可以自动添加使用图片的代码。然后再更改 QPushButton 和 QSlider 的样式代码，最终的代码为：

```
/*****************主界面背景**********************/
QMainWindow{
/*背景图片*/
background-image: url(:/images/beijing01.png);
}
/*****************按钮部件*********************/
QPushButton{
/*背景色*/
background-color: rgba(100, 225, 100, 30);
/*边框样式*/
border-style: outset;
/*边框宽度为4像素*/
border-width: 4px;
/*边框圆角半径*/
border-radius: 10px;
/*边框颜色*/
border-color: rgba(255, 225, 255, 30);
/*字体*/
font: bold 14px;
/*字体颜色*/
```

```
color:rgba(0, 0, 0, 100);
/* 填衬 */
padding: 6px;
}
/* 鼠标悬停在按钮上时 */
QPushButton:hover{
background-color:rgba(100,255,100, 100);
border-color: rgba(255, 225, 255, 200);
color:rgba(0, 0, 0, 200);
}
/* 按钮被按下时 */
QPushButton:pressed {
background-color:rgba(100,255,100, 200);
border-color: rgba(255, 225, 255, 30);
border-style: inset;
color:rgba(0, 0, 0, 100);
}
/**************** 滑块部件 ******************/
/* 水平滑块的手柄 */
QSlider::handle:horizontal {
image: url(:/images/sliderHandle.png);
}
/* 水平滑块手柄以前的部分 */
QSlider::sub-page:horizontal {
/* 边框图片 */
border-image: url(:/images/slider.png);
}
```

下面回到设计模式,将界面上的 pushButton 部件的大小更改为宽 120、高 40,将 horizontalSlider 部件的大小更改为宽 280、高 6。现在运行程序,拖动滑块手柄,然后按下按钮查看效果。

8.5.3 实现换肤功能

Qt 样式表可以存放在一个以.qss 为后缀的文件中,这样就可以在程序中调用不同的.qss 文件来实现换肤的功能。下面先在前面的程序中添加新文件,模板选择 General 分类中的 Empty File,名称为 my.qss。建立完成后,将前面在主界面的编辑样式表对话框中的内容全部剪切到这个文件中(注意:要将编辑样式表对话框中的内容清空)。然后按下 Ctrl+S 保存该文件。下面再向项目中添加一个 my1.qss 文件,然后在其中编写另外一个样式表,最后保存该文件。

在 myresource.qrc 文件上右击,在弹出的级联菜单中选择 Open in Editor,打开资源文件。然后单击添加前缀(Add Prefix),再添加一个/qss 前缀(添加这个前缀只是为了将文件区分开),再选择添加文件,选择项目目录下新添加的 my.qss 和 my1.qss 文件。最后按下 Ctrl+S 保存修改。

下面先打开 mainwindow.h 文件,添加类前置声明:

```
class QFile;
```

然后添加一个私有对象指针：

```
QFile *qssFile;
```

转到 mainwindow.cpp 文件中添加头文件 #include <QFile>，然后在构造函数中添加代码：

```
qssFile = new QFile(":/qss/my.qss", this);
//只读方式打开该文件
qssFile ->open(QFile::ReadOnly);
//读取文件全部内容
QString styleSheet = QString(qssFile ->readAll());
//为 QApplication 设置样式表
qApp ->setStyleSheet(styleSheet);
qssFile ->close();
```

这里读取了 Qt 样式表文件中的内容，然后为应用程序设置了样式表。下面再进入设计模式，将 pushButton 的文本更改为"换肤"，然后转到它的单击信号对应的槽中，更改如下：

```
void MainWindow::on_pushButton_clicked()
{
    if(qssFile ->fileName() == ":/qss/my.qss")
        qssFile ->setFileName(":/qss/my1.qss");
    else qssFile ->setFileName(":/qss/my.qss");
    qssFile ->open(QFile::ReadOnly);
    QString styleSheet = QString(qssFile ->readAll());
    qApp ->setStyleSheet(styleSheet);
    qssFile ->close();
}
```

现在运行程序，当按下按钮后便会更改界面的外观，这样就实现了换肤功能。这个程序是将.qss 文件放到了资源文件中，其实它也可以放在程序外，可以使用任意的文本编辑器进行编写，只要最后以.qss 为后缀保存即可。如果放在了程序外，则就要更改程序中的文件路径，还要注意更改样式表中使用的图片路径。

样式表的内容就讲到这里，可以在帮助中通过 Qt Style Sheets 关键字来查看更多相关内容。Qt Style Sheets Examples 关键字对应的文档中列举了很多常用部件的一些样式表应用范例，可以作为参考。

8.6　特殊效果窗体

8.6.1　不规则窗体

使用样式表可以实现矩形、圆形等规则形状的部件，不过，有时想设计一个不规则形状的部件或者窗口，使得应用程序的外观更加个性化。Qt 中提供了部件遮罩(mask)来实现不规则窗体。

(本小节采用的项目源码路径：src\08\8-3\mymask)新建 Qt Widgets 应用，项目名称为 mymask，基类选择 QWidget，类名保持 Widget 不变。完成后向项目目录中放一张背景透明的 PNG 图片(笔者这里是 yafeilinux.png)，然后再向项目中添加一个 Qt 资源文件，建立好后先添加前缀/image，然后再将图片添加进来并保存更改。然后到设计模式，向界面上拖入一个 Label，设置其宽度为 56、高度为 67。下面到 widget.cpp 文件中，先添加头文件包含：

```
#include <QPixmap>
#include <QBitmap>
#include <QPainter>
```

再在构造函数中添加如下代码：

```
QPixmap pixmap(":/image/yafeilinux.png");
ui->label->setPixmap(pixmap);
ui->label->setMask(pixmap.mask());
```

这里使用 QPixmap 类加载了资源文件中的图片，使用 setPixmap()为标签设置了图片，最后调用 QLabel 的 setMask()函数使用图片为标签设置了遮罩。这时运行程序可以看到，标签部件显示成了图片的形状。下面来看下怎样为整个窗口设置遮罩。进入 widget.h 文件，声明两个事件处理函数：

```
protected:
    void paintEvent(QPaintEvent *) override;
    void mousePressEvent(QMouseEvent *) override;
```

然后再到 widget.cpp 文件中，注释掉前面在构造函数中添加的代码，并添加如下代码：

```
QPixmap pix;
//加载图片
pix.load(":/image/yafeilinux.png");
//设置窗口大小为图片大小
resize(pix.size());
//为窗口设置遮罩
setMask(pix.mask());
```

这里调用 setMask()函数来为窗口设置遮罩。下面添加两个事件处理函数的定义：

```
void Widget::paintEvent(QPaintEvent *)
{
    QPainter painter(this);
    //从窗口左上角开始绘制图片
    painter.drawPixmap(0, 0, QPixmap(":/image/yafeilinux.png"));
}
void Widget::mousePressEvent(QMouseEvent *)
{   //关闭窗口
    close();
}
```

必须在 paintEvent()函数中将图片绘制在窗口上，这样运行程序时才可以正常显示图片。鼠标按下事件中只是进行了简单的关闭窗口操作，也可以使用第 6 章的相关

知识来实现鼠标拖动窗口移动的功能。现在运行程序,效果如图8-4所示。

这个程序中使用了一张图片来为部件或者窗口设置遮罩,其实还可以使用QRegion设置一个区域来作为遮罩,这个就不再讲解了,有兴趣的读者可以参考QWidget的setMask(const QRegion ®ion)函数。

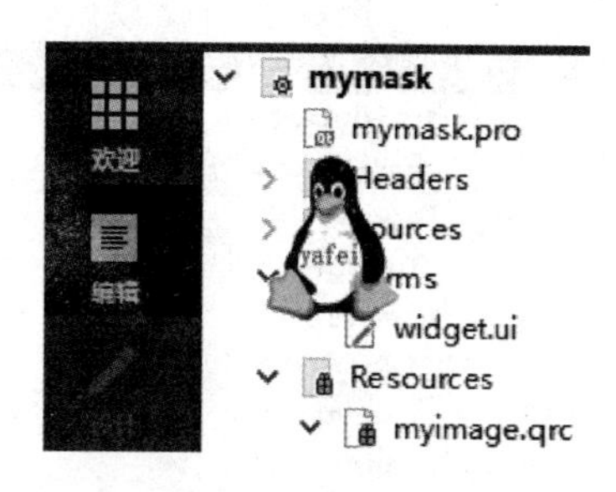

图8-4 不规则窗体运行效果

8.6.2 透明窗体

在讲解样式表的时候已经看到,如果想实现窗体内部件的透明效果,只须在设置其背景色时指定alpha值即可,例如:

```
QPushButton{background-color:rgba(255, 255, 255, 100)}
```

其中,rgba()中的a就是指alpha,它的取值为0~255,取值为0时完全透明,取值为255时完全不透明。这里a的值为100,这样会出现半透明的效果,因为前面的r(红)、g(绿)、b(蓝)的值均为255,所以是白色,这样最终的效果是按钮的背景为半透明的白色。

部件的透明效果可以使用这种方式来设置,但是,作为顶级部件的窗口却无法使用这种方式来实现透明效果。不过,可以使用其他两种方法来实现透明效果。

(本小节采用的项目源码路径:src\08\8-4\mytranslucent)新建Qt Widgets应用,项目名称为mytranslucent,基类选择QWidget,类名保持Widget不变。建好项目后,在设计模式向界面上拖入一个Label、一个Push Button和一个Progress Bar,然后在widget.cpp文件中的构造函数里添加一行代码:

```
//设置窗口的不透明度为0.5
setWindowOpacity(0.5);
```

使用setWindowOpacity()函数就可以实现窗口的透明效果,它的参数取值范围为0.0~1.0,取值为0.0时完全透明,取值为1.0时完全不透明。这时运行程序,效果如图8-5所示。可以看到,这样实现的效果是整个应用程序界面都是半透明的,如果不想让窗口中的部件透明,那该怎么实现呢?下面来看另一种方法。

先将构造函数中的setWindowOpacity()函数调用注释掉,然后再添加下面两行代码:

```
setWindowFlags(Qt::FramelessWindowHint);
setAttribute(Qt::WA_TranslucentBackground);
```

这里使用了setAttribute()函数指定窗口的Qt::WA_TranslucentBackground属性,它可以使窗体背景透明,而其中的部件不受影响。不过在Windows下,还要使用setWindowFlags()函数指定Qt::FramelessWindowHint标志,这样才能实现透明效果。这时运行程序会发现,窗口没有了标题栏,这时要想关闭窗口,就要使用Qt Creator应用程序输出栏上的红色按钮来强行关闭程序。这样实现的效果是背景完全透明

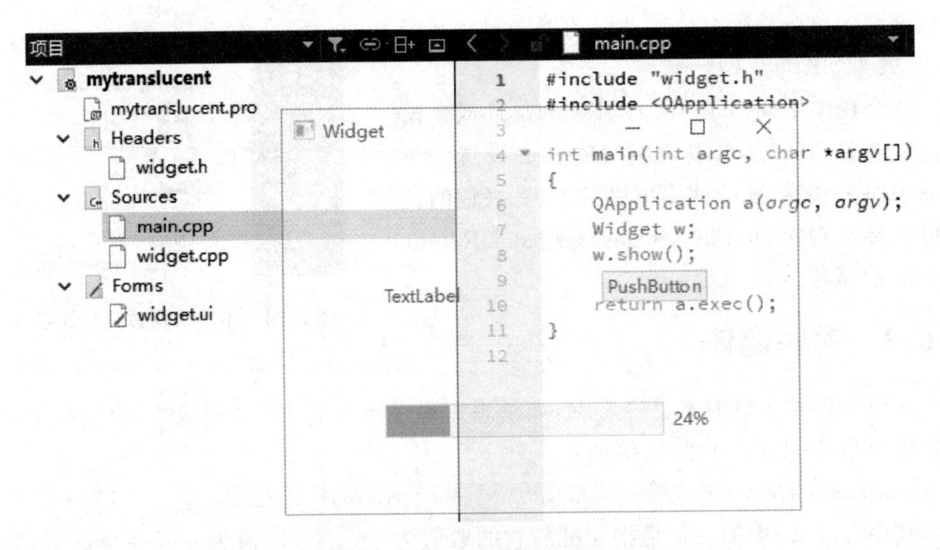

图 8-5　窗体半透明效果

的,要是还想实现半透明效果,可以使用重绘事件。

先在 widget.h 文件中声明 paintEvent()函数:

```
protected:
    void paintEvent(QPaintEvent * ) override;
```

然后到 widget.cpp 文件中添加头文件#include <QPainter>,再添加 paintEvent()函数的定义:

```
void Widget::paintEvent(QPaintEvent * )
{
    QPainter painter(this);
    painter.fillRect(rect(), QColor(255, 255, 255, 100));
}
```

这里先使用 rect()函数获取窗口的内部矩形,它不包含任何边框。然后使用半透明的白色对这个矩形进行填充,可以运行程序查看效果。fillRect()函数可以指定任意的一个区域,所以可以实现窗体的部分区域全部透明,部分区域半透明或者不透明的效果。

使用第一种方法会使整个应用程序都成为半透明效果;第二种方法可以实现只是顶层窗口的背景透明,不过,它没有了标题栏和边框,还需要手动为其添加一个标题栏。另外,使用第 11 章讲到的图形效果也可以实现部件的透明效果,而且使用它还可以实现模糊、阴影和染色等特殊效果。下面接着在 widget.cpp 文件中添加头文件包含#include <QGraphicsDropShadowEffect>,然后在构造函数中添加如下代码:

```
//创建阴影效果
QGraphicsDropShadowEffect * effect = new QGraphicsDropShadowEffect;
//设置阴影颜色
effect->setColor(QColor(100, 100, 100, 100));
//设置阴影模糊半径
effect->setBlurRadius(2);
```

```
//设置阴影偏移值
effect->setOffset(10);
//标签部件使用阴影效果
ui->label->setGraphicsEffect(effect);
```

这样就为标签部件设置了阴影效果，如果要设置透明效果，则可以创建 QGraphicsOpacityEffect 对象，然后使用 setOpacity()设置透明度即可。

8.7 小　结

学习完这一章，读者要掌握最基本的更改部件样式的方法，而且应该可以实现一些简单的界面效果。本章的重点是 Qt 样式表，但是因为外观设计应用到了很多美学方面的知识，而且涉及到了很多 CSS 的应用，这里并没有深入讲解。如果想设计出非常漂亮的界面，那么还是需要有相关的知识基础的。

第9章 国际化、帮助系统和Qt插件

这一章是基本应用篇的最后一章,介绍Qt的国际化、帮助系统和创建插件等方面的内容。

9.1 国际化

国际化的英文表述为Internationalization,通常简写为I18N(首尾字母加中间的字符数),一个应用程序的国际化就是使该应用程序可以让其他国家的用户使用的过程。Qt支持现在使用的大多数语言,例如,所有东亚语言(汉语、日语和朝鲜语)、所有西方语言(使用拉丁字母)、阿拉伯语、西里尔语言(俄语和乌克兰语等)、希腊语、希伯来语、泰语和老挝语、所有在Unicode 6.2中不需要特殊处理的脚本等。

在Qt中,所有的输入部件和文本绘制方式对Qt所支持的所有语言都提供了内置的支持。Qt内置的字体引擎可以在同一时间正确而且精细地绘制不同的文本,这些文本可以包含来自众多不同书写系统的字符。如果想了解更多的相关知识,可以在帮助中通过Internationalization with Qt关键字查看。

Qt对把应用程序翻译为本地语言提供了很好的支持,可以使用Qt Linguist工具完成应用程序的翻译工作,这个工具在第1章就已经介绍过了,这里将进一步详细讲解。

9.1.1 使用Qt Linguist翻译应用程序

这一小节中先通过一个简单的例子介绍Qt中翻译应用程序的整个过程,然后再介绍其中需要注意的方面,这部分内容可以通过Qt Linguist Manual: Release Manager关键字查看。在Qt中编写代码时要对需要显示的字符串调用tr()函数,完成代码编写后对这个应用程序的翻译主要包含3步:

① 运行lupdate工具,从C++源代码中提取要翻译的文本,这时会生成一个.ts文件,这个文件是XML格式的;

② 在 Qt Linguist 中打开.ts 文件,并完成翻译工作;

③ 运行 lrelease 工具,从.ts 文件中获得.qm 文件,它是一个二进制文件。这里的.ts 文件是供翻译人员使用的,而在程序运行时只需要使用.qm 文件,这两个文件都是与平台无关的。

下面通过一个简单的例子来介绍整个翻译过程,该例子实现了将一个英文版本的应用程序翻译为简体中文版本。(本小节采用的项目源码路径:src\09\9-1\myI18N。)

第一步,编写源码。新建 Qt Widgets 应用,项目名称为 myI18N,类名为 MainWindow,基类保持 QMainWindow 不变。建立完项目后,单击 mainwindow.ui 文件进入设计模式,先添加一个"&File"菜单,再为其添加一个"&New"子菜单并设置快捷键为 Ctrl+N,然后往界面上拖入一个 Push Button。最后按下 Ctrl+S 保存该文件。下面再使用代码添加几个标签,打开 mainwindow.cpp 文件,添加头文件 #include <QLabel>,然后在构造函数中添加代码:

```
QLabel * label = new QLabel(this);
label ->setText(tr("hello Qt!"));
label ->move(100, 50);
QLabel * label2 = new QLabel(this);
label2 ->setText(tr("password", "mainwindow"));
label2 ->move(100, 80);
QLabel * label3 = new QLabel(this);
int id = 123;
QString name = "yafei";
label3 ->setText(tr("ID is %1,Name is %2").arg(id).arg(name));
label3 ->resize(150, 12);
label3 ->move(100, 120);
```

完成后先按下 Ctrl+S 保存该文件。这里向界面上添加了 3 个标签,因为这 3 个标签中的内容都是用户可见的,所以需要调用 tr()函数。在 label2 中调用 tr()函数时还使用了第二个参数,其实 tr()函数一共有 3 个参数,它的原型如下:

```
QString QObject::tr (const char * sourceText, const char * disambiguation = nullptr, int
n = -1 ) [static]
```

第一个参数 sourceText 就是要显示的字符串,tr()函数会返回 sourceText 的译文。第二个参数 disambiguation 是消除歧义字符串,比如这里的 password,如果一个程序中需要输入多个不同的密码,那么在没有上下文的情况下就很难确定这个 password 到底指哪个密码。这个参数一般使用类名或者部件名,比如这里使用了 mainwindow,就说明这个 password 是在 mainwindow 上的。第三个参数 n 表明是否使用了复数,因为英文单词中复数一般要在单词末尾加"s",比如"1 message",复数时为"2 messages"。遇到这种情况就可以使用这个参数,它可以根据数值来判断是否需要添加"s",例如:

```
int n = messages.count();
showMessage(tr("%n message(s) saved", "", n));
```

tr()函数 3 个参数更多的用法介绍可以在帮助中通过 Writing Source Code for

Translation 关键字查看。

第二步,更改项目文件。要在项目文件中指定生成的.ts 文件,每一种翻译语言对应一个.ts 文件。打开 myI18N.pro 文件,在最后面添加如下一行代码:

```
TRANSLATIONS = myI18N_zh_CN.ts
```

这表明后面生成的.ts 文件的文件名为 myI18N_zh_CN.ts。这里.ts 的名称可以随意编写,不过一般是以区域代码来结尾,这样可以更好地区分,如这里使用了 zh_CN 来表示简体中文。最后按下 Ctrl+S 保存该文件(这个很重要,不然无法进行下面的操作)。

第三步,使用 lupdate 工具生成.ts 文件。当要进行翻译工作时,先要使用 lupdate 工具来提取源代码中的翻译文本,生成.ts 文件。选择"工具→外部→Qt 语言家→更新翻译(lupdate)"菜单项(操作之前确保已经保存了所有文件),从概要信息输出栏中可以看到,更新了 myI18N_zh_CN.ts 文件,发现了 8 个源文本,其中有 8 条新的和 0 条已经存在的。这表明可以对程序代码进行更改,然后多次运行 lupdate,而只需要翻译新添加的内容。可以在项目目录中使用写字板打开这个.ts 文件,可以看到它是 XML 格式的,其中记录了字符串的位置和是否已经被翻译等信息。

第四步,使用 Qt Linguist 完成翻译。这一步一般是翻译人员来做的,就是在 Qt Linguist 中打开.ts 文件,然后对字符串逐个进行翻译。在系统的开始菜单(或者 Qt 安装目录,如笔者这里是 C:\Qt\6.2.3\mingw_64\bin)启动 linguist.exe,然后单击界面左上角的打开图标(快捷键 Ctrl+O),在弹出的文件对话框中进入项目目录,打开 myI18N_zh_CN 文件,这时整个界面如图 9-1 所示。Qt Linguist 窗口主要由以下几部分组成:

① 菜单栏和工具栏。菜单栏中列出了 Qt Linguist 的所有功能选项,而工具栏中列出了常用的一些功能,后面 11 个图标的功能为:

- 在字符串列表中移动到前一个条目;
- 在字符串列表中移动到下一个条目;
- 在字符串列表中移动到前一个没有完成翻译的条目;
- 在字符串列表中移动到下一个没有完成翻译的条目;
- 标记当前条目为完成翻译状态;
- 标记当前条目为完成翻译状态,然后移动到下一个没有完成翻译的条目;
- 打开或关闭加速键(accelerator)验证(validation):打开加速键验证可以验证加速键是否被翻译,例如,字符串中包含"&"符号,但是翻译中没有包含"&"符号,则验证失败;
- 打开或关闭空格围绕验证:如果源字符串的开头或者结尾没有空格,打开空格围绕验证后,如果翻译中在开头或者结尾包含空格,则会给出警告,反之亦然;
- 打开或关闭短语结束标点符号验证:打开短语标点符号验证可以验证翻译中是否使用了和字符串中相同的标点来结尾;
- 打开或关闭短语书(phrase book)验证:打开短语书验证可以验证翻译是否和

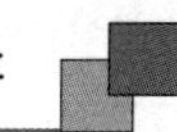

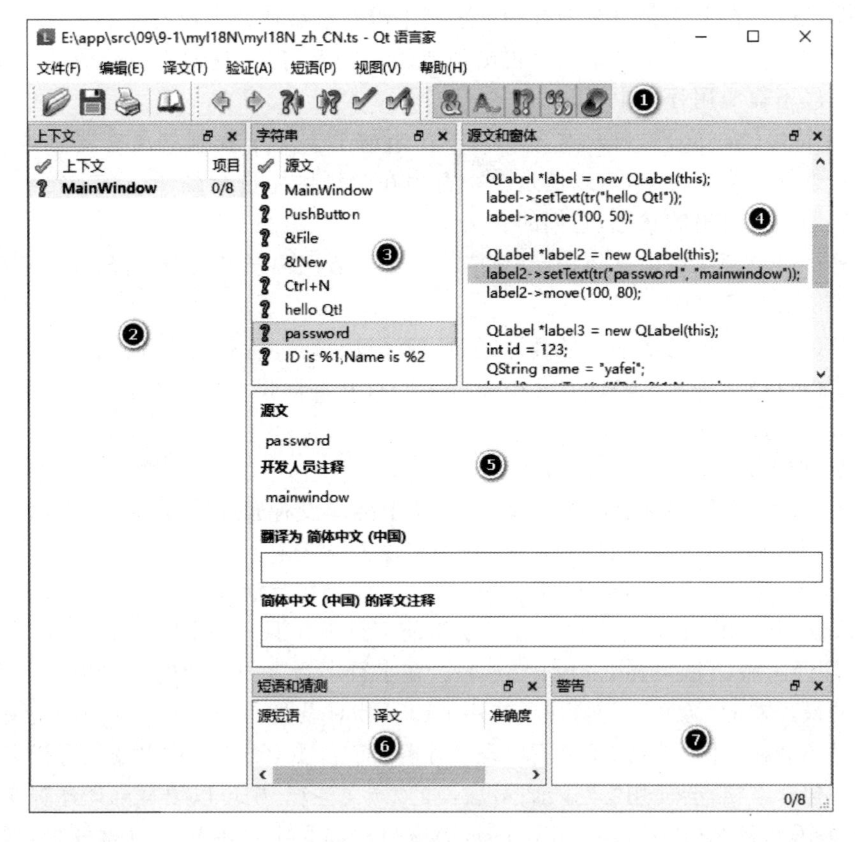

图 9-1 Qt Linguist 界面

短语书中的翻译相同；在翻译相似的程序时，若希望将常用的翻译记录下来，以便以后使用，就可以使用短语书；可以通过"短语→新建短语书"菜单项来创建一个新的短语书，然后翻译字符串时使用 Ctrl+T 将这个字符串及其翻译放入短语书中；

➢ 打开或关闭占位符(place marker)验证：打开占位符验证可以验证翻译中是否使用了和字符串中相同的占位符，如%1、%2 等。

② 上下文(Context)窗口。这里是一个上下文列表，罗列了要翻译的字符串所在位置的上下文。其中的"上下文"列使用字母表顺序罗列了上下文的名字，它一般是 QObject 子类的名字；而"项目"列显示的是字符串数目，例如，0/8 表明有 8 个要翻译的字符串，已经翻译了 0 个。在每个上下文的最左端用图标表明了翻译的状态，它们的含义是：

➢ ✔(绿色)上下文中的所有字符串都已经被翻译，而且所有的翻译都通过了验证测试(validation test)；

➢ ✔(黄色)上下文中的所有字符串或者都已经被翻译，或者都已经标记为已翻译，但是至少有一个翻译验证测试失败；

➢ ❓(黄色)在上下文中至少有一个字符串没有被翻译或者没有被标记为已翻译;

➢ ✔(灰色)在该上下文中没有再出现要翻译的字符串,这通常意味着这个上下文已经不在应用程序中了。

③ 字符串(String)窗口。这里罗列了在当前上下文中找到的所有要翻译的字符串。这里选择一个字符串,可以使这个字符串在翻译区域进行翻译。在字符串左边使用图标表明了字符串的状态,它们的含义是:

➢ ✔(绿色)源字符串已经翻译(可能为空),或者用户已经接受翻译,而且翻译通过了所有验证测试;

➢ ✔(黄色)用户已经接受了翻译,但是翻译没有通过所有的验证测试;

➢ ❓(黄色)字符串已经拥有一个通过了所有验证测试的非空翻译,但是用户还没有接受该翻译;

➢ ❓(棕色)字符串还没有翻译;

➢ ❗(红色)字符串拥有一个翻译,但是这个翻译没有通过所有的验证测试;

➢ ✔(灰色)字符串已经过时,它已经不在该上下文中。

④ 源文和窗体(Sources and Forms)窗口。如果包含有要翻译字符串的源文件在Qt Linguist中可用,那么这个窗口会显示当前字符串在源文件中的上下文。

⑤ 翻译区域(The Translation Area)。在字符串列表中选择的字符串会出现在翻译区域的最顶端的"源文"下面;如果使用tr()函数时设置了第二个参数消除歧义注释,那么这里还会在"开发人员注释"下出现该注释;而在"翻译为"中可以输入翻译文本,如果文本中包含空格,会使用"."显示;最后面的"译文注释"中可以填写翻译注释文本。

⑥ 短语和猜测(Phrases and Guesses)窗口。如果字符串列表中的当前字符串出现在了已经加载的短语书中,那么当前字符串和它在短语书中的翻译会被罗列在这个窗口。这里可以双击翻译文本,这样翻译文本就会复制到翻译区域。

⑦ 警告(Warnings)窗口。如果输入的当前字符串的翻译没有通过开启的验证测试,那么在这里会显示失败信息。

下面来翻译程序。在翻译区域可以看到现在已经是要翻译成简体中文(中国),这是因为.ts文件名中包含了中文的区域代码。如果这里没有正确显示要翻译成的语言,那么可以使用"编辑→翻译文件设置"菜单项来更改。下面首先对MainWindow进行翻译,这里在翻译为简体中文(中国)处翻译为"应用程序主窗口",然后按下Ctrl+Return(即回车键)完成翻译并开始翻译第二个字符串。按照这种方法完成所有字符串的翻译工作,如表9-1所列,对其中的一些翻译问题放到下一节再讲。

表9-1 程序的翻译文本

原文本	翻译文本	原文本	翻译文本
MainWindow	应用程序主窗口	Ctrl+N	Ctrl+N
PushButton	按钮	hello Qt!	你好 Qt!
&File	文件(&F)	password	密码
&New	新建(&N)	ID is %1,Nameis %2	账号是%1,名字是%2

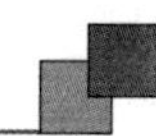

翻译完成后按下 Ctrl+S 保存更改。这里对 Qt Linguist 只是进行了简单介绍，详细内容可以在帮助中查看 Qt Linguist Manual：Translators 关键字。

第五步，使用 lrelease 生成.qm 文件。可以在 Qt Linguist 中使用“文件→发布”或“文件→发布为”这两个菜单项来生成当前已打开的.ts 文件对应的.qm 文件，文件默认会生成在.ts 所在目录下。还可以通过 Qt Creator 的“工具→外部→Qt 语言家→发布翻译(lrelease)”菜单项来完成。

第六步，使用.qm 文件。下面在项目中添加代码并使用.qm 文件来更改界面的语言。进入 main.cpp 文件，添加头文件 #include <QTranslator>，然后在“QApplication a(argc, argv);”代码下添加如下代码：

```
QTranslator translator;
if(translator.load("../myI18N/myI18N_zh_CN.qm"))
    a.installTranslator(&translator);
```

这里先加载了.qm 文件(使用了相对路径)，然后为 QApplication 对象安装了翻译。注意，这几行代码一定要放到创建部件的代码之前，比如这里放到了“MainWindow w;”一行代码之前，这样才能对该部件进行翻译。另外，有时可能因为部件的大小问题使得翻译后的文本无法完全显示，较好的解决方法就是使用布局管理器。现在可以运行程序查看效果。

9.1.2　使用 Qt Creator 自动生成翻译文件

前面讲述了使用 Qt Linguist 完成应用程序翻译的完整过程，初学者可能感觉过程有些复杂。不过这只是为了让读者了解完整的翻译过程，其实，现在使用 Qt Creator 创建应用程序并完成翻译是非常简单的，很多步骤可以省略；如果有专业的翻译人员，那么对编程人员而言，只需要注意代码的一些事项即可。下面通过一个很简单的例子来演示一下。

(本小节采用的项目源码路径：src\09\9-2\myLinguist)新建 Qt Widgets 应用，项目名称为 myLinguist，类名为 MainWindow，基类保持 QMainWindow 不变。在 Translation 翻译文件页面选择语言 Language 为 Chinese(China)，这时翻译文件 Translation file 自动生成为 myLinguist_zh_CN。项目创建完成后发现，项目中多了一个 myLinguist_zh_CN.ts 文件，而在项目文件 myLinguist.pro 中多了如下代码：

```
TRANSLATIONS += \
    myLinguist_zh_CN.ts
CONFIG += lrelease
CONFIG += embed_translations
```

这里添加的配置信息可以在编译时自动使用 lrelease 生成.qm 文件，并将.qm 文件通过 Qt 资源系统内嵌到程序中。另外，main.cpp 文件的 main()函数中多了如下代码：

```
QTranslator translator;
const QStringList uiLanguages = QLocale::system().uiLanguages();
for (const QString &locale : uiLanguages) {
```

```
        const QString baseName = "myLinguist_" + QLocale(locale).name();
        if (translator.load(":/i18n/" + baseName)) {
            a.installTranslator(&translator);
            break;
        }
    }
```

如果一个程序中提供了多种语言选择，那么最好的方法就是在程序启动时判断本地的语言环境，然后加载对应的.qm 文件。可以使用 QLocale::system().name()来获取本地的语言环境，它会返回 QString 类型的“语言_国家”格式的字符串，其中的语言用两个小写字母表示，符合 ISO 639 编码；国家使用两个大写字母表示，符合 ISO 3166 国家编码。例如，中国简体中文的表示为“zh_CN”。可以使用这个返回值来调用不同的文件，使应用程序自动使用相应的语言。这里就使用了这种方法自动加载.qm 文件，而需要的.qm 文件存放在默认的资源文件中。

下面双击 mainwindow.ui 文件进入设计模式，向界面拖入一个 Push Button 部件，然后按下 Ctrl+S 快捷键进行保存(翻译前一定要先保存)。接着选择“工具→外部→Qt 语言家→更新翻译(lupdate)”菜单项来更新.ts 翻译文件。下面启动 linguist.exe，在其中打开 myLinguist_zh_CN.ts 完成翻译并进行保存。最后，直接在 Qt Creator 中运行程序即可，可以发现，界面已经完成了翻译。后面程序中一旦有新的内容需要翻译，则直接在菜单中使用 lupdate 进行更新，然后打开 Qt Linguist 完成翻译即可，Qt Creator 已经做好了其他所有工作。

9.1.3 程序翻译中的相关问题

1. 对所有用户可见的文本使用 QString

因为 QString 内部使用了 Unicode 编码，所以世界上所有的语言都可以使用熟悉的文本处理操作来进行处理。而且，因为所有的 Qt 函数都使用 QString 作为参数来向用户呈现文本内容，所以没有 char * 到 QString 的转换开销。

2. 对所有字符串文本使用 tr()函数

无论什么时候使用要呈现给用户的文本，都要使用 tr()函数进行处理。例如：

```
LoginWidget::LoginWidget()
{
    QLabel * label = new QLabel(tr("Password:"));
    ...
}
```

如果引用的文本没有在 QObject 子类的成员函数中，那么可以使用一个合适的类的 tr()函数，或者直接使用 QCoreApplication::translate()函数。例如：

```
void some_global_function(LoginWidget * logwid)
{
    QLabel * label = new QLabel(
                LoginWidget::tr("Password:"), logwid);
}
```

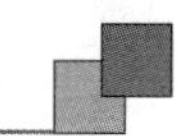

```
void same_global_function(LoginWidget * logwid)
{
    QLabel * label = new QLabel(
          QCoreApplication::translate("LoginWidget", "Password:"), logwid);
}
```

如果要在不同的函数中使用要翻译的文本,那么可以使用 QT_TR_NOOP()宏和 QT_TRANSLATE_NOOP()宏,它们仅仅对该文本进行标记来方便 lupdate 工具进行提取。使用 QT_TR_NOOP()的例子:

```
QString FriendlyConversation::greeting(int type)
{
    static const char * greeting_strings[] = {
        QT_TR_NOOP("Hello"),
        QT_TR_NOOP("Goodbye")
    };
    return tr(greeting_strings[type]);
}
```

使用 QT_TRANSLATE_NOOP()的例子:

```
static const char * greeting_strings[] = {
    QT_TRANSLATE_NOOP("FriendlyConversation", "Hello"),
    QT_TRANSLATE_NOOP("FriendlyConversation", "Goodbye")
};
QString FriendlyConversation::greeting(int type)
{
    return tr(greeting_strings[type]);
}
QString global_greeting(int type)
{
    returnQCoreApplication::translate("FriendlyConversation",
                                      greeting_strings[type]);
}
```

3. 对加速键的值使用 QKeySequence()函数

类似于 Ctrl+Q 或者 Alt+F 等加速键的值也需要被翻译。如果使用了硬编码的 Qt::CTRL+Qt::Key_Q 作为退出操作的快捷键,那么翻译将无法覆盖它。正确的习惯用法为:

```
exitAct = new QAction(tr("E&xit"), this);
exitAct ->setShortcuts(QKeySequence::Quit);
```

4. 对动态文本使用 QString::arg()函数

对于字符串中使用 arg()函数添加的变量,其中的%1、%2 等参数的顺序在翻译时可以改变,它们对应的值不会改变。

5. 翻译非 Qt 类

如果要使一个类中的字符串支持国际化,那么该类或者继承自 QObject 类或者使用 Q_OBJECT 宏。而对于非 Qt 类,如果要支持翻译,则需要在类定义的开始使用 Q_

DECLARE_TR_FUNCTIONS()宏,这样就可以在该类中使用 tr()函数了。例如:

```
class MyClass
{
    Q_DECLARE_TR_FUNCTIONS(MyClass)
public:
    MyClass();
    ...
};
```

6. 为翻译添加注释

开发人员可以通过为每个可翻译字符串添加注释来帮助翻译人员完成翻译,建议的方式是使用"//:"或者"/ * : ... * /"等格式为 tr()函数添加注释,例如:

```
//: This name refers to a host name.
hostNameLabel ->setText(tr("Name:"));
/ * : This text refers to a C + + code example. * /
QString example = tr("Example");
```

在国际化中还有本地化、在应用程序运行时动态进行语言更改等内容,这里就不再涉及,感兴趣的读者可以在帮助中通过 Writing Source Code for Translation 关键字查看。

9.2 帮助系统

一个完善的应用程序应该提供尽可能丰富的帮助信息。Qt 中可以使用工具提示、状态提示以及"What's This"等简单的帮助提示,也可以使用 Qt Assistant 来提供强大的在线帮助。

9.2.1 简单的帮助提示

第 5 章已经讲到了工具提示和状态提示,这里简单介绍"What's This"帮助提示。运行一个对话框窗口时会看到,在标题栏中有一个"?"图标,按下它就会进入"What's This"模式;这时如果哪个部件设置了"What's This"帮助提示,那么当鼠标移动到它上面时就会弹出一个悬浮的文本框显示相应的帮助提示。下面来看一个具体例子。

(本小节采用的项目源码路径:src\09\9-3\mywhatsthis)新建 Qt Widgets 应用,项目名称为 mywhatsthis,类名为 MainWindow,基类保持 QMainWindow 不变。建立完项目后,双击 mainwindow.ui 文件进入设计模式。在界面上右击,在弹出的级联菜单中选择"改变'这是什么'"项,则弹出 "编辑这是什么"对话框,可以在这里输入文本或者添加图片来设置"What's This"帮助提示。这里输入"这是主窗口",然后将文本改为红色,最后单击"确定"按钮关闭该对话框。现在运行程序,按下 Shift+F1 键就可以显示提示信息了。

有时也想添加一个"?"图标来进入"What's This"模式,这可以通过在代码中使用 QWhatsThis 类来实现。首先进入设计模式,在界面上右击,在弹出的级联菜单中选择

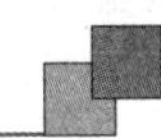

“添加工具栏”，然后在属性栏将其objectName修改为mainToolBar。现在进入mainwindow.cpp文件中，先添加头文件#include <QWhatsThis>，然后在构造函数中添加如下代码：

```
QAction * action = QWhatsThis::createAction(this);
ui->mainToolBar->addAction(action);
```

这里使用了QWhatsThis类的createAction()函数创建了一个“What's This”图标，然后将它添加到了工具栏中。运行程序，按下“What's This”图标，并在主界面上单击就可以显示提示信息了。另外，QWhatsThis类还提供了enterWhatsThisMode()来进入“What's This”模式。要为一个部件提供“What's This”提示，也可以在代码中通过调用该部件的setWhatsThis()函数来实现。

要进行详细的功能和使用的介绍，则需要提供HTML格式的帮助文本。在程序中可以通过调用Web浏览器或者使用QTextBrowser来管理和应用这些HTML文件。不过，Qt提供了更加强大的工具，那就是Qt Assistant，它支持索引和全文检索，而且可以为多个应用程序同时提供帮助，可以通过定制Qt Assistant来实现强大的在线帮助系统。

9.2.2 定制Qt Assistant

为了将Qt Assistant定制为我们自己的应用程序的帮助浏览器，需要先进行一些准备工作，主要是生成一些文件，最后再到程序中启动Qt Assistant。主要的步骤如下：

① 创建HTML格式的帮助文档；

② 创建Qt帮助项目(Qt help project).qhp文件，该文件是XML格式的，用来组织文档，并且使它们可以在Qt Assistant中使用；

③ 生成Qt压缩帮助(Qt compressed help).qch文件，该文件由.qhp文件生成，是二进制文件；

④ 创建Qt帮助集合项目(Qt help collection project).qhcp文件，该文件是XML格式的，用来生成下面的.qhc文件；

⑤ 生成Qt帮助集合(Qt help collection).qhc文件，该文件是二进制文件，可以使Qt Assistant只显示一个应用程序的帮助文档，也可以定制Qt Assistant的外观和一些功能；

⑥ 在程序中启动Qt Assistant。

下面通过一个具体例子来讲解整个过程。这里还在前一节程序的基础上进行更改。

第一步，创建HTML格式的帮助文档。可以通过各种编辑器例(Microsoft Word)来编辑要使用的文档，最后保存为HTML格式的文件，例如，这里创建了5个HTML文件。然后在项目目录中新建文件夹，命名为documentation，再将这些HTML文件放入其中。在documentation文件夹中再新建一个images文件夹，往里面复制一个图标图片,以后将作为 Qt Assistant 的图标,例如,这里使用了 yafeilinux.png 图片。

第二步,创建.qhp 文件。首先在 documentation 文件夹中创建一个文本文件,然后进行编辑,最后另存为 myHelp.qhp(使用 UTF-8 编码),注意后缀为.qhp。文件的内容如下:

```
<?xml version="1.0" encoding="UTF-8"?>
<QtHelpProject version="1.0">
  <namespace>yafeilinux.myHelp</namespace>
  <virtualFolder>doc</virtualFolder>
  <filterSection>
    <toc>
      <section title="我的帮助" ref="index.html">
        <section title="关于我们" ref="aboutUs.html">
          <section title="关于 yafeilinux" ref="about_yafeilinux.html"></section>
          <section title="关于 Qt Creator 系列教程" ref="about_QtCreator.html"></
section>
        </section>
        <section title="加入我们" ref="joinUs.html"></section>
      </section>
    </toc>
    <keywords>
      <keyword name="关于" ref="aboutUs.html"/>
      <keyword name="yafeilinux" ref="about_yafeilinux.html"/>
      <keyword name="Qt Creator" ref="about_QtCreator.html"/>
    </keywords>
    <files>
      <file>about_QtCreator.html</file>
      <file>aboutUs.html</file>
      <file>about_yafeilinux.html</file>
      <file>index.html</file>
      <file>joinUs.html</file>
      <file>images/*.png</file>
    </files>
  </filterSection>
</QtHelpProject>
```

这个.qhp 文件是 XML 格式的。第一行是 XML 序言,这里指定了编码 encoding 为 UTF-8;第二行指定了 QtHelpProject 版本为 1.0;第三行指定了命名空间 namespace,每一个.qhp 文件的命名空间都必须是唯一的,命名空间会成为 Qt Assistant 中页面的 URL 的第一部分,这个在后面的内容中会涉及;第四行指定了一个虚拟文件夹 virtualFolder,这个文件夹并不需要创建,它只是用来区分文件的;再下面的过滤器部分 filterSection 标签包含了目录表、索引和所有文档文件的列表。过滤器部分可以设置过滤器属性,这样以后可以在 Qt Assistant 中通过过滤器来设置文档的显示与否,不过,因为这里只有一个文档,所以不需要 Qt Assistant 的过滤器功能,这里也就不需要设置过滤器属性。目录表 toc(table of contents)标签中创建了所有 HTML 文

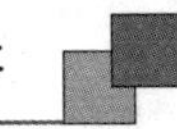

件的目录,指定了它们的标题和对应的路径,这里设定的目录表为:

- 我的帮助
  - 关于我们
    - 关于 yafeilinux
    - 关于 Qt Creator 系列教程
  - 加入我们

然后是 keywords 标签,它指定了所有索引的关键字和对应的文件,这些关键字会显示在 Qt Assistant 的索引页面;在 files 标签中列出了所有的文件,也包含图片文件。

第三步,生成.qch 文件。这里为了测试创建的文件是否可用,可以先生成.qch 文件,然后在 Qt Assistant 中注册它。这样运行 Qt Assistant 就会看到添加的文档了。不过,这一步不是必需的。从开始菜单打开 Qt 自带的命令行提示符工具 Qt 6.2.3 (MinGW 11.2.0 64-bit),然后使用 cd 命令跳转到项目目录的 documentation 目录中,分别输入下面的命令后按下回车:

```
qhelpgenerator myHelp.qhp -o myHelp.qch
assistant -register myHelp.qch
```

命令运行结果如图 9-2 所示。注册成功则显示"文档已成功注册"提示对话框。这时在开始菜单中启动 Qt Assistant(或者直接在命令行输入 assistant 来启动 Qt Assistant,也可以到 Qt 安装目录,如笔者这里是 C:\Qt\6.2.3\mingw_64\bin,启动 assistant.exe)可以发现,已经出现了我们的 HTML 文档,如图 9-3 所示。

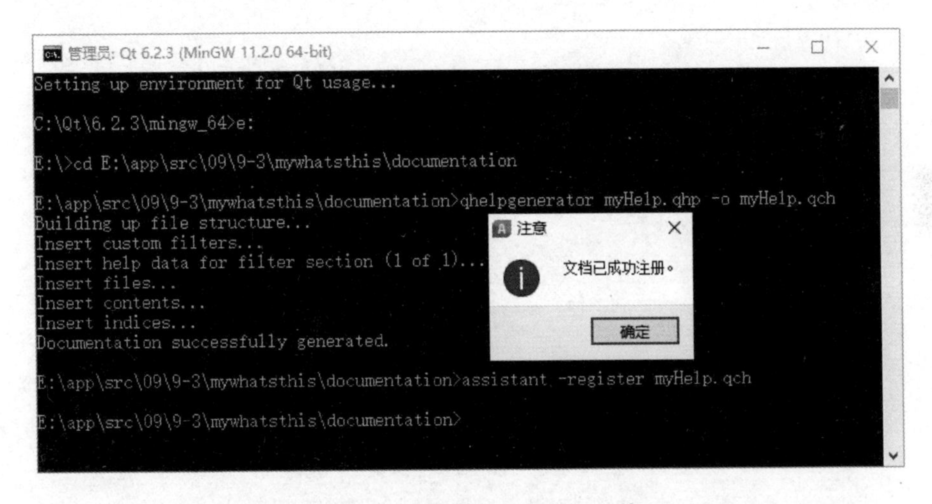

图 9-2　在命令行生成.qch 文件

第四步,创建.qhcp 文件。要想使 Qt Assistant 只显示我们自己的帮助文档,最简单的方法就是生成帮助集合文件,即.qhc 文件,那么首先要创建.qhcp 文件。在 documentation 文件夹中新建文本文档,对其进行编辑,最后另存为 myHelp.qhcp(使用 UTF-8 编码),注意后缀为.qhcp。这里还要创建一个名为 about.txt 的文本文件,在其中输入一些该帮助的说明信息,作为 Qt Assistant 的 About 菜单的显示内容。my-

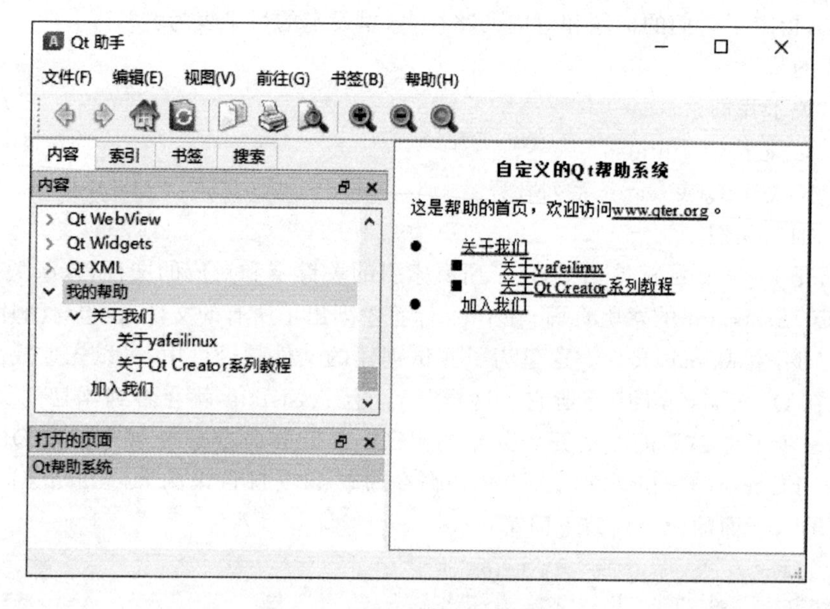

图 9 - 3 Qt Assistant 运行效果

Help.qhcp 文件的内容如下：

```
<?xml version="1.0" encoding="UTF-8"?>
<QHelpCollectionProject version="1.0">
<assistant>
  <title>我的帮助系统</title>
  <applicationIcon>images/yafeilinux.png</applicationIcon>
  <cacheDirectory>cache/myHelp</cacheDirectory>
  <homePage>qthelp://yafeilinux.myHelp/doc/index.html</homePage>
  <startPage>qthelp://yafeilinux.myHelp/doc/index.html</startPage>
  <aboutMenuText>
    <text>关于该帮助</text>
  </aboutMenuText>
  <aboutDialog>
    <file>about.txt</file>
    <icon>images/yafeilinux.png</icon>
  </aboutDialog>
  <enableDocumentationManager>false</enableDocumentationManager>
  <enableAddressBar>false</enableAddressBar>
  <enableFilterFunctionality>false</enableFilterFunctionality>
</assistant>
<docFiles>
  <generate>
    <file>
      <input>myHelp.qhp</input>
      <output>myHelp.qch</output>
    </file>
```

```
    </generate>
    <register>
      <file>myHelp.qch</file>
    </register>
  </docFiles>
  </QHelpCollectionProject>
```

在 assistant 标签中对 Qt Assistant 的外观和功能进行定制，其中设置了标题、图标、缓存目录、主页、起始页、About 菜单文本、关于对话框的内容和图标等，还关闭了一些没有用的功能。缓存目录 cacheDirectory 是进行全文检索等操作时缓存文件要存放的位置。对于主页 homePage 和起始页 startPage，这里使用了第二步中提到的 Qt Assistant 页面的 URL，这个 URL 由"qthelp://"开始，然后是在.qhp 文件中设置的命名空间，然后是虚拟文件夹，最后是具体的 HTML 文件名。因为 Qt Assistant 可以添加或者删除文档来为多个应用程序提供帮助，但是这里只是为一个应用程序提供帮助，并且不希望删除我们的文档，所以禁用了文档管理器 documentation manager；因为这里的文档集很小，而且只有一个过滤器部分，所以也关闭了地址栏 address bar 和过滤器功能 filter functionality。

虽然第三步中已经生成了.qch 文件并且在 Qt Assistant 中进行了注册，但那只是为了测试文件是否可用，其实完全可以跳过第三步，因为这里的 docFiles 标签中就完成了这一步的操作。不过与第三步不同的是，第三步是在默认的集合文件中注册的，而这里是在我们自己的集合文件中注册的。

第五步，生成.qhc 文件。在命令行输入如下命令：

```
qhelpgenerator myHelp.qhcp -o myHelp.qhc
```

为了测试定制的 Qt Assistant，可以再输入如下命令：

```
assistant -collectionFile myHelp.qhc
```

这里在运行 Qt Assistant 时指定了集合文件为自己的.qhc 文件，所以运行后只会显示自己的 HTML 文档。可以看到，现在 Qt Assistant 的图标也更改了，选择"帮助→关于该帮助"菜单项，会显示前面添加的 about.txt 文件的内容。

第六步，在程序中启动 Qt Assistant。这里先要将 Qt 安装目录的 bin 目录中的 assistant.exe 程序复制到项目目录的 documentation 目录中。然后在上一节的程序中进行更改。为了启动 Qt Assistant，先要创建了一个 Assistant 类。首先向项目中添加新文件，模板选择 C++ 类，类名为 Assistant，基类不填写。完成后将 assistant.h 文件更改如下：

```
#ifndef ASSISTANT_H
#define ASSISTANT_H
#include <QString>
class QProcess;
class Assistant
{
public:
```

```
    Assistant();
    ~Assistant();
    void showDocumentation(const QString &file);
private:
    bool startAssistant();
    QProcess * proc;
};
#endif //ASSISTANT_H
```

Assistant 类中主要是使用 QProcess 类创建一个进程来启动 Qt Assistant，进程的知识会在第 20 章讲解。下面更改 assistant.cpp 文件的内容如下：

```
#include <QByteArray>
#include <QProcess>
#include <QMessageBox>
#include "assistant.h"
Assistant::Assistant()
    : proc(0)
{
}
Assistant::~Assistant()
{
    if (proc && proc->state() == QProcess::Running) {
        //试图终止进程
        proc->terminate();
        proc->waitForFinished(3000);
    }
    //销毁 proc
    delete proc;
}
//显示文档
void Assistant::showDocumentation(const QString &page)
{
    if (! startAssistant())
        return;
    QByteArray ba("SetSource ");
    ba.append("qthelp://yafeilinux.myHelp/doc/");
    proc->write(ba + page.toLocal8Bit() + '\n');
}
//启动 Qt Assistant
bool Assistant::startAssistant()
{
    //如果没有创建进程，则新创建一个
    if (! proc)
        proc = new QProcess();
    //如果进程没有运行，则运行 assistant，并添加参数
    if (proc->state() != QProcess::Running) {
      QString app = QLatin1String("../myWhatsThis/documentation/assistant.exe");
        QStringList args;
        args << QLatin1String("-collectionFile")
             << QLatin1String("../myWhatsThis/documentation/myHelp.qhc");
```

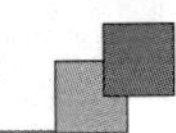

```
        proc ->start(app, args);
        if (! proc ->waitForStarted()){
            QMessageBox::critical(0, QObject::tr("my help"),
                QObject::tr("Unable to launch Qt Assistant (%1)").arg(app));
            return false;
        }
    }
    return true;
}
```

startAssistant()函数中使用 QProcess 创建了一个进程来启动 Qt Assistant，这里使用了命令行参数来使用帮助集合文件，assistant. exe 和 myHelp. qhc 都使用了相对地址；在 showDocumentation()函数中可以指定具体的页面作为参数来使 Qt Assistant 显示指定的页面；在析构函数中，如果进程还在运行，则终止进程，最后销毁了进程指针。

下面使用 Assistant 类来启动 Qt Assistant。在 mainwindow. h 文件中先添加前置声明：

```
class Assistant;
```

再添加一个私有对象指针：

```
Assistant *assistant;
```

然后添加一个私有槽：

```
private slots:
    void startAssistant();
```

现在到 mainwindow. cpp 文件中进行更改。添加头文件包含#include “assistant. h”，然后在构造函数中添加如下代码：

```
QAction *help = new QAction("help",this);
ui ->mainToolBar ->addAction(help);
connect(help, &QAction::triggered, this, &MainWindow::startAssistant);
//创建 Assistant 对象
assistant = new Assistant;
```

这里创建了一个 help 动作，并将它添加到了工具栏中，可以使用该动作启动 Qt Assistant。下面添加 startAssistant()槽的定义：

```
void MainWindow::startAssistant()
{
    //按下“help”按钮，运行 Qt Assistant，显示 index.html 页面
    assistant ->showDocumentation("index.html");
}
```

最后在析构函数中销毁 assistant 指针，即在 MainWindow::～MainWindow()函数中添加如下代码：

```
//销毁 assistant
delete assistant;
```

现在运行程序，按下工具栏上的 help 动作就可以启动 Qt Assistant 了。这里还要提示一下，如果要发布该程序，那么需要将 documentation 目录复制到发布目录中，这

时运行程序,还会提示缺少一些 dll 文件,那么就可以根据提示在 Qt 安装目录的 bin 目录中将相应的 dll 文件复制过来。

The Qt Help Framework 关键字对应的文档中还讲解了如何使用 QHelpEngine 的 API 将帮助内容直接嵌入到应用程序中,感兴趣的读者可以参考一下。

9.3 创建 Qt 插件

Qt 插件(Qt Plugin)就是一个共享库(dll 文件),可以使用它进行功能的扩展。Qt 中提供了两种 API 来创建插件:

- 用来扩展 Qt 本身的高级 API,如自定义数据库驱动、图片格式、文本编码和自定义风格等;
- 用来扩展 Qt 应用程序的低级 API。

如果要写一个插件来扩展 Qt 本身,那么可以子类化合适的插件基类,然后重写一些函数并添加一个宏。可以通过在帮助中查看 How to Create Qt Plugins 关键字来了解本节的内容,这里还可以查看 Qt 提供的插件基类。Qt 中提供了一个 Style Plugin Example 示例程序,它是用来扩展 Qt 风格的,可以在欢迎模式通过关键字查看。这一节主要讲解一个创建 Qt 应用程序插件的例子,然后还会讲解创建 Qt Designer 自定义部件的方法。

9.3.1 在设计模式提升窗口部件

讲解创建插件以前,先来讲一下如何在设计模式提升窗口部件。一般的,使用代码生成的部件无法直接在设计器中使用,但是可以通过生成设计器插件来实现,不过,更简单的方法是使用提升窗口部件的做法,这样可以将设计器中的部件指定为自定义类的实例。下面来看一个具体例子。

(本小节采用的项目源码路径:src\09\9-4\mybutton)新建 Qt Widgets 应用,项目名称为 mybutton,类名为 MainWindow,基类保持 QMainWindow 不变。建立好项目后向其中添加新文件,模板选择 C++ 类,类名为 MyButton,基类设置为 QPushButton。添加文件完成后进入 mybutton.h 文件,更改如下:

```
#ifndef MYBUTTON_H
#define MYBUTTON_H
#include <QPushButton>
class MyButton : public QPushButton
{
    Q_OBJECT
public:
    explicit MyButton(QWidget *parent = 0);
    QString getName(){return "My Button!";}
};
#endif //MYBUTTON_H
```

然后更改 mybutton.cpp 文件如下:

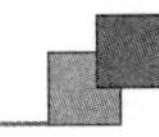

```
#include "mybutton.h"
MyButton::MyButton(QWidget * parent) :
    QPushButton(parent)
{
}
```

下面打开mainwindow.ui文件，在设计模式中向界面上放入一个Push Button，并在其上右击，在弹出的级联菜单中选择“提升为”。在弹出的对话框中将提升的类名称改为MyButton，头文件会自动生成为mybutton.h，这时单击右边的“添加”按钮，则会在提升的类列表中进行显示，单击“提升”按钮退出对话框。

现在界面上的这个PushButton部件已经是MyButton类的实例了，可以通过它调用MyButton的getName()函数。在mainwindow.cpp文件的构造函数中添加如下代码：

```
QString str = ui->pushButton->getName();
ui->pushButton->setText(str);
```

这时运行程序可以看到，通过这种方式就可以在设计模式使用代码生成的自定义类。

9.3.2 创建应用程序插件

创建一个插件时，要先创建一个接口。接口就是一个类，它只包含纯虚函数。插件类要继承自该接口。插件类存储在一个共享库中，因此可以在应用程序运行时进行加载。创建一个插件包括以下几步：

① 定义一个插件类，它需要同时继承自QObject类和该插件所提供的功能对应的接口类；

② 使用Q_INTERFACES()宏在Qt的元对象系统中注册该接口；

③ 使用Q_PLUGIN_METADATA()宏导出该插件；

④ 使用合适的.pro文件构建该插件。

使一个应用程序可以通过插件进行扩展要进行以下几步：

① 定义一组接口(只有纯虚函数的抽象类)；

② 使用Q_DECLARE_INTERFACE()宏在Qt的元对象系统中注册该接口；

③ 在应用程序中使用QPluginLoader来加载插件；

④ 使用qobject_cast()来测试插件是否实现了给定的接口。

下面通过创建一个过滤字符串中出现的第一个数字的插件来讲解应用程序插件的创建过程。这里需要创建两个项目，一个项目用来生成插件即dll文件；另一个项目是一个测试程序，用来使用插件。因为这两个项目中有共用的文件，所以这里将它们放到一个目录中。(本例采用的项目源码路径：src\09\9-5\myplugin。)

1. 创建插件

第一步，创建插件类。新建空项目Empty qmake Project，项目名称为plugin，在选择路径时指定到一个新建的myplugin目录中。建立好项目后向其中添加一个C++

类,类名为 RegExpPlugin,基类保持为空。

第二步,定义插件类。将 regexpplugin.h 文件中的内容更改如下:

```
#ifndef REGEXPPLUGIN_H
#define REGEXPPLUGIN_H
#include <QObject>
#include "regexpinterface.h"
class RegExpPlugin : public QObject, RegExpInterface
{
    Q_OBJECT
    Q_PLUGIN_METADATA(IID "org.qter.Examples.myplugin.RegExpInterface"
            FILE "myplugin.json")
    Q_INTERFACES(RegExpInterface)
public:
    QString regexp(const QString &message);
};
#endif
```

为了使这个类作为一个插件,它需要同时继承自 QObject 和 RegExpInterface。RegExpInterface 是接口类,用来指明插件要实现的功能,其在 regexpinterface.h 文件中定义,这个文件在后面的测试程序项目中。Q_PLUGIN_METADATA()宏用于声明插件的元数据,其中必须指明 IID 标识符,标识符是一个字符串,必须保证它的唯一性;FILE 指定一个 JSON 格式的插件元数据文件,该参数是可选的,其命名一般使用项目名称即可,内容一般只包含一组大括号。这里还需要使用 Q_INTERFACES()宏将这个接口注册到 Qt 的元对象系统中,告知 Qt 这个类实现了哪个接口。最后还声明了一个 regexp()函数,它是在 RegExpInterface 中定义的一个纯虚函数。这里通过重写它来实现该插件具体的功能,就是将字符串中的第一个数字提取出来并返回。

下面到项目目录 plugin 中新建一个文本文档,输入一组大括号{},然后另存为 myplugin.json。

第三步,导出插件。将 regexpplugin.cpp 文件中的内容更改如下:

```
#include "regexpplugin.h"
#include <QRegularExpression>
#include <QtPlugin>
QString RegExpPlugin::regexp(const QString &message)
{
    QRegularExpression re("\\d+");
    QRegularExpressionMatch match = re.match(message);
    if(match.hasMatch()) {
        QString str = match.captured(0);
        return str;
    } else return 0;
}
```

第四步,更改项目文件。打开 plugin.pro 文件,将其内容更改如下:

```
TEMPLATE        = lib
CONFIG         += plugin
INCLUDEPATH    += ../regexpwindow
```

```
HEADERS         = regexpplugin.h
SOURCES         = regexpplugin.cpp
TARGET          = regexpplugin
DESTDIR         = ../plugins
```

这里使用TEMPLATE=lib表明该项目要构建库文件，而不是像以前那样的可执行文件；使用CONFIG+=plugin告知qmake要创建一个插件；因为项目中使用了regexpwindow目录中的regexpinterface.h文件，所以这里将该目录的路径添加到INCLUDEPATH中；TARGET指定了产生的dll文件的名字；最后使用DESTDIR指定了生成的dll文件所在的目录。

因为这个项目中使用了regexpinterface.h文件，而这个文件在另一个项目中，所以现在还无法构建该项目。

2. 使用插件扩展应用程序

第一步，新建Qt Widgets应用。项目名称为regexpwindow，选择路径时仍选择前面建立的myplugin目录。基类选择QWidget，类名保持Widget不变。建立完成后，向该项目中添加新文件，模板选择C++ 头文件，名称为regexpinterface.h。

第二步，定义接口。将regexpinterface.h文件的内容更改如下：

```
#ifndef REGEXPINTERFACE_H
#define REGEXPINTERFACE_H
#include <QString>
class RegExpInterface
{
public:
    virtual ~RegExpInterface() {}
    virtual QStringregexp(const QString &message) = 0;
};
Q_DECLARE_INTERFACE(RegExpInterface,
                    "org.qter.Examples.myplugin.RegExpInterface")
#endif
```

在接口类中定义了插件要实现的函数，比如这里定义了regexp()函数，可以看到在前面的RegExpPlugin类中已经实现了该函数。这个类中只能包含纯虚函数。最后使用Q_DECLARE_INTERFACE()宏在Qt元对象系统中注册了该接口，其中第二个参数就是前面指定的IID。

第三步，加载插件。先双击widget.ui文件进入设计模式，设计的界面如图9-4所示。将其中显示“无”字的Label的objectName属性更改为labelNum。然后进入widget.h文件，先添加头文件#include "regexpinterface.h"，然后在private部分添加一个接口对象指针，再声明一个加载插件函数：

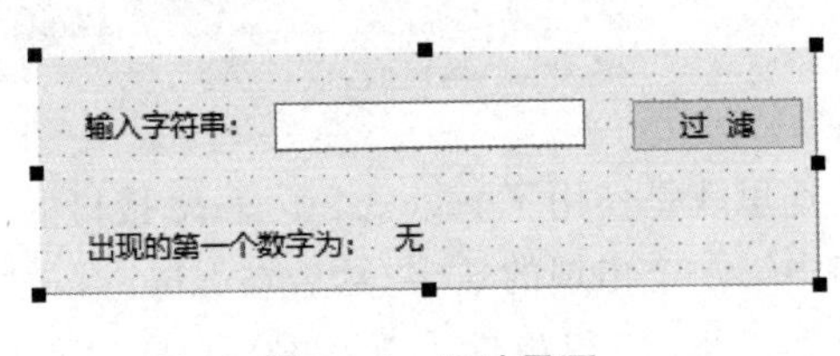

图9-4 设计界面

```
RegExpInterface * regexpInterface;
bool loadPlugin();
```

现在到 widget.cpp 文件中先添加头文件,包含:

```
#include <QPluginLoader>
#include <QMessageBox>
#include <QDir>
```

然后在构造函数中调用加载插件函数,如果加载失败,则进行警告:

```
if (!loadPlugin()) { //如果无法加载插件
    QMessageBox::information(this, "Error", "Could not load the plugin");
    ui->lineEdit->setEnabled(false);
    ui->pushButton->setEnabled(false);
}
```

下面添加加载插件函数的定义:

```
bool Widget::loadPlugin()
{
    QDir pluginsDir("../plugins");
    //遍历插件目录
    foreach (QString fileName, pluginsDir.entryList(QDir::Files)) {
        QPluginLoader pluginLoader(pluginsDir.absoluteFilePath(fileName));
        QObject *plugin = pluginLoader.instance();
        if (plugin) {
            regexpInterface = qobject_cast<RegExpInterface *>(plugin);
            if (regexpInterface)
                return true;
        }
    }
    return false;
}
```

这里使用 QDir 类指定到存放 dll 文件的 plugins 目录,然后遍历该目录,使用 QPluginLoader 类来加载插件,并使用 qobject_cast()来测试插件是否实现了 RegExpInterface 接口。

最后到设计模式,转到"过滤"按钮的 clicked()信号对应的槽,更改如下:

```
void Widget::on_pushButton_clicked()
{
    QString str = regexpInterface->regexp(ui->lineEdit->text());
    ui->labelNum->setText(str);
}
```

这里就是使用了 regexpInterface 接口的 regexp()函数来获取 lineEdit 部件输入字符串中第一个出现的数字,然后在 labelNum 中显示出来。

第四步,运行程序。先构建 plugin 项目,在编辑模式左侧的项目树形视图中的 plugin 目录上右击,在弹出的级联菜单中选择"构建"。构建完成后,在 myplugin 目录中会生成 plugins 目录,里面包含了生成的 dll 文件。然后运行 regexpwindow 项目,输入一些字符串,查看运行结果。

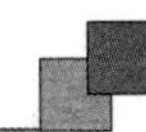

到这里为止,创建插件并在应用程序中使用插件的整个过程就介绍完了。这个例子是基于Qt的Echo Plugin Example示例程序的,可以在欢迎界面查看这个例子。Qt中还有一个Plug & Paint Example演示程序,这是一个比较综合的使用插件扩展应用程序的例子。

9.3.3 创建Qt Designer自定义部件

Qt Designer基于插件的架构使得它可以使用用户设计或者第三方提供的自定义部件,就像使用标准的Qt部件一样。在自定义部件中的所有特性在Qt Designer中都是可用的,如部件属性、信号和槽等。下面通过例子来看一下创建Qt Designer自定义部件的过程。(本例采用的项目源码路径:src\09\9-6\mydesignerplugin。)

第一步,创建项目。新建项目,模板选择"其他项目"分类中的"Qt4设计师自定义控件",项目名称为mydesignerplugin,控件类改为MyDesignerPlugin,然后在右侧指定图标文件的路径,随意选择一张图片即可,其他选项保持默认。后面步骤全部保持默认,单击"下一步"直到完成项目的创建。

第二步,更改部件。可以通过修改mydesignerplugin.h和mydesignerplugin.cpp文件来修改部件,就像编写普通的类一样。这里进入mydesignerplugin.cpp文件,添加头文件:

```
#include <QPushButton>
#include <QHBoxLayout>
```

然后在构造函数中添加如下代码:

```
QPushButton *button1 = new QPushButton(this);
QPushButton *button2 = new QPushButton(this);
button1->setText("hello");
button2->setText("Qt!");
QHBoxLayout *layout = new QHBoxLayout;
layout->addWidget(button1);
layout->addWidget(button2);
setLayout(layout);
```

这里需要在Qt Creator左下角的目标选择器中将构建选项选择为Release,因为只有Release版本的插件在Qt Designer中才可以使用。现在按下Ctrl+B构建项目,完成后可以看到,项目目录下生成的目录中的release目录中已经生成了相应的mydesignerpluginplugin.dll文件。

第三步,在Qt Designer中使用插件。为了使Qt Designer可以自动检测到插件,需要将生成的dll文件复制到Qt安装目录的plugins目录下的designer目录中,笔者这里的路径为C:\Qt\6.2.3\mingw_64\plugins\designer。这时在开始菜单中运行Qt Designer(或者到Qt安装目录,如C:\Qt\6.2.3\mingw_64\bin中运行designer.exe),发现已经可以使用自定义的部件了,效果如图9-5所示。

这里需要说明一下,现在生成的插件只能在Qt Designer中使用,却不能在Qt Creator中的设计模式中使用,Adding Qt Designer Plugins关键字对应的文档中提到

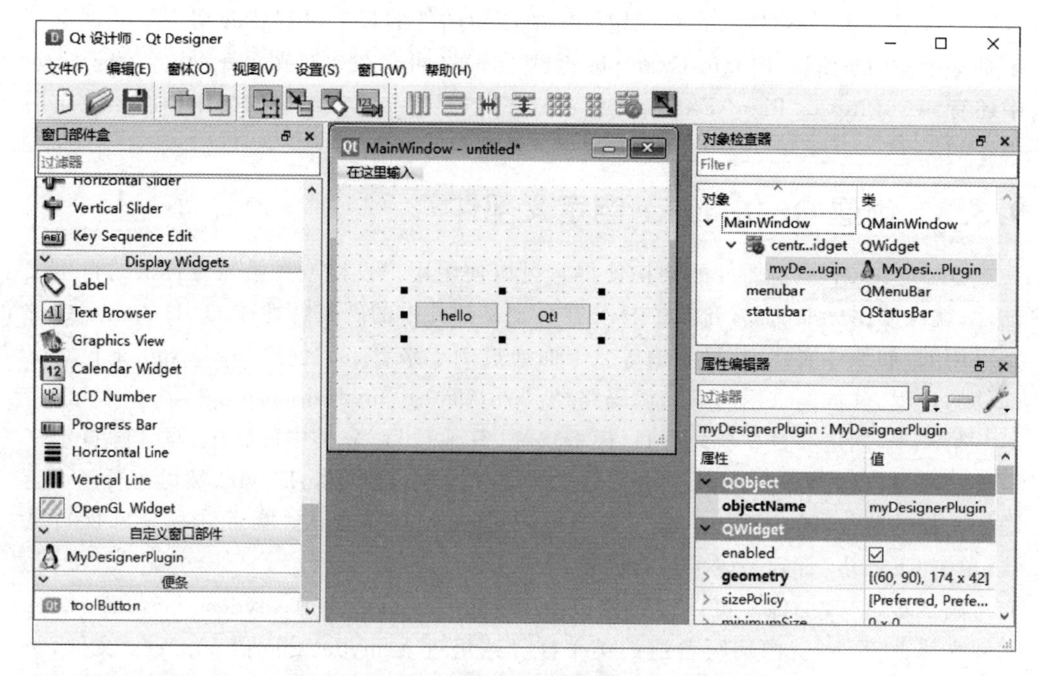

图 9-5 在 Qt Designer 中使用自定义部件

了这一点。这是因为现在使用的 Windows 版本的 Qt Creator 是使用 Microsoft Visual Studio 编译器生成的,而在 Qt Creator 中编译项目使用的是 MinGW/g++编译器,它们的 Bulid Keys(包含了体系结构、操作系统、编译器等信息)不同,所以生成的插件无法在 Qt Creator 中使用。

如果安装了 MSVC 版本的 Qt(安装过程参见附录 A),则使用该版本编译插件时将生成的 mydesignerpluginplugin.dll 文件复制到 Qt Creator 安装目录中。笔者这里的路径是 C:\Qt\Tools\QtCreator\bin\plugins\designer,重新启动 Qt Creator,在设计模式就可以看到自定义的部件了。

创建 Qt Designer 自定义部件的更多内容可以在帮助中通过 Creating Custom Widgets for Qt Designer 关键字查看。在 Qt 中还提供了几个创建 Qt Designer 插件的示例程序,比如 Custom Widget Plugin 等,可以作为参考。

9.4 小　结

这一章介绍了 Qt 中 3 个比较重要的内容,分别是 Qt 的国际化、自定义 Qt Assistant 和自定义 Qt 插件。这 3 部分内容看似很复杂,其实很简单,因为这里并没有涉及太多的技术问题,而只是一些流程,以后要使用时按照步骤进行操作就可以了。

这一章是第一篇的最后一章,也就是说,到这里 Qt 基本应用部分就讲完了。从下一章开始,我们将接触一些比较专业的知识,它们分别代表了一个应用方面,需要掌握更加具体的专业知识才能深入学习。

第 2 篇　图形动画篇

第 10 章 2D 绘图

Qt 中提供了强大的 2D 绘图系统，可以使用相同的 API 在屏幕和绘图设备上进行绘制，主要基于 QPainter、QPaintDevice 和 QPaintEngine 这 3 个类。其中，QPainter 用来执行绘图操作。QPaintDevice 提供绘图设备，是一个二维空间的抽象，可以使用 QPainter 在其上进行绘制；是所有可以进行绘制的对象的基类，它的子类主要有 QWidget、QPixmap、QPicture、QImage、QPagedPaintDevice 和 QOpenGLPaintDevice 等。QPaintEngine 提供了一些接口，用于 QPainter 和 QPaintDevice 内部，使得 QPainter 可以在不同的设备上进行绘制；除了创建自定义的绘图设备类型，一般编程中不需要使用该类。它们三者的关系如图 10－1 所示。

图 10－1　QPainter、QPaintEngine 和 QPaintDevice 关系图

这一章中将讲解与 Qt 2D 绘图相关的一些知识，包括基本的绘制和填充、Qt 坐标系统等。本章的内容可以在帮助中通过 Paint System 关键字查看。

10.1　基本图形的绘制和填充

绘图系统中由 QPainter 完成具体的绘制操作，其中提供了大量高度优化的函数来完成 GUI 编程所需要的大部分绘制工作。QPainter 可以绘制一切想要的图形，从最简单的一条直线到其他任何复杂的图形，还可以绘制文本和图片。QPainter 可以在继承自 QPaintDevice 类的任何对象上进行绘制操作。

QPainter 一般在一个部件的重绘事件（Paint Event）的处理函数 paintEvent() 中进行绘制，首先要创建 QPainter 对象，然后进行图形的绘制，最后销毁 QPainter 对象。

10.1.1　绘制图形

QPainter 中提供了一些便捷函数来绘制常用的图形，还可以设置线条、边框的画

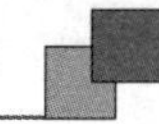

笔以及进行填充的画刷。

(本例采用的项目源码路径：src\10\10-1\mydrawing)新建Qt Widgets应用，项目名称为mydrawing，基类选择QWidget，类名为Widget。建立完成后，在widget.h文件中声明重绘事件处理函数，建议使用override关键字：

```
protected:
    void paintEvent(QPaintEvent * event) override;
```

然后到widget.cpp文件中添加头文件#include <QPainter>。先在widget.cpp文件中对paintEvent()函数进行如下定义：

```
void Widget::paintEvent(QPaintEvent * )
{
    QPainter painter(this);
    painter.drawLine(QPoint(0, 0), QPoint(100, 100));
}
```

这里先创建了一个QPainter对象，使用了QPainter::QPainter (QPaintDevice * device)构造函数，并指定了this为绘图设备，即表明在Widget部件上进行绘制。使用这个构造函数创建的对象会立即开始在设备上进行绘制，自动调用begin()函数，然后在QPainter的析构函数中调用end()函数结束绘制。如果构建QPainter对象时不想指定绘制设备，那么可以使用不带参数的构造函数，然后使用QPainter::begin (QPaintDevice * device)在开始绘制时指定绘制设备，等绘制完成后再调用end()函数结束绘制。上面函数中的代码等价于：

```
QPainter painter;
painter.begin(this);
painter.drawLine(QPoint(0, 0), QPoint(100, 100));
painter.end();
```

这两种方式都可以完成绘制，无论使用哪种方式，都要指定绘图设备，否则无法进行绘制。第二行代码使用drawLine()函数绘制了一条线段，这里使用了该函数的一种重载形式QPainter::drawLine(const QPoint &p1, const QPoint &p2)，其中，p1和p2分别是线段的起点和终点。这里的QPoint(0, 0)就是窗口的原点，默认是窗口的左上角(不包含标题栏)。现在可以运行程序查看效果。

除了绘制简单的线条以外，QPainter还提供了一些绘制其他常用图形的函数，其中最常用的几个如表10-1所列。

表10-1 QPainter中常用图形绘制函数介绍

函　数	功　能	函　数	功　能
drawArc()	绘制圆弧	drawPoint()	绘制点
drawChord()	绘制弦	drawPolygon()	绘制多边形
drawConvexPolygon()	绘制凸多边形	drawPolyline()	绘制折线
drawEllipse()	绘制椭圆	drawRect()	绘制矩形
drawLine()	绘制线条	drawRoundedRect()	绘制圆角矩形
drawPie()	绘制扇形		

10.1.2 使用画笔

在 paintEvent()函数中继续添加如下代码:

```
//创建画笔(QPen)
QPen pen(Qt::green, 5, Qt::DotLine, Qt::RoundCap, Qt::RoundJoin);
//使用画笔
painter.setPen(pen);
QRectF rectangle(70.0, 40.0, 80.0, 60.0);
int startAngle = 30 * 16;
int spanAngle = 120 * 16;
//绘制圆弧
painter.drawArc(rectangle, startAngle, spanAngle);
```

QPen 类为 QPainter 提供了画笔来绘制线条和形状的轮廓,这里使用的构造函数为 QPen::QPen (const QBrush & brush, qreal width, Qt::PenStyle style=Qt::SolidLine, Qt::PenCapStyle cap=Qt::SquareCap, Qt::PenJoinStyle join=Qt::BevelJoin),几个参数依次为画笔使用的画刷、线宽、画笔风格、画笔端点风格和画笔连接风格,也可以分别使用 setBrush()、setWidth()、setStyle()、setCapStyle()和 setJoinStyle()等函数进行设置。其中,画刷可以为画笔提供颜色;线宽的默认值为 0(宽度为 1 个像素);画笔风格有实线、点线等,Qt 中提供的画笔风格及其效果如图 10-2 所示;还有一个 Qt::NoPen 值,表示不进行线条或边框的绘制。还可以使用 setDashPattern()函数来自定义一个画笔风格。

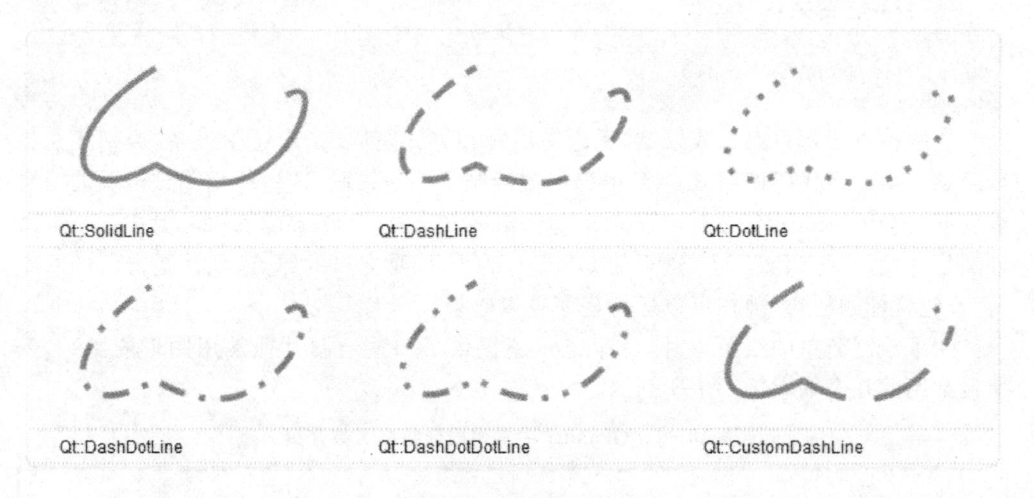

图 10-2 画笔风格

画笔端点风格定义了怎样进行线条端点的绘制,其中,Qt::SquareCap 风格表示线条的终点为方形,并且向前延伸了线宽的一半的长度;Qt::FlatCap 风格也是方形端点,但并没有延长;使用 Qt::RoundCap 风格的线条是圆形的端点,这些风格对宽度为 0 的线条没有作用。

最后的画笔连接风格定义了怎样绘制两个线条的连接,其中,Qt::BeveJoin 风格

填充了两个线条之间的空缺三角形；Qt::RoundJoin 是使用圆弧来填充这个三角形，这样显得更圆滑；使用 Qt::MiterJoin 风格是将两个线条的外部边线进行扩展而相交，然后填充形成的三角形区域。这 3 种风格对于宽度为 0 的线条没有作用，可以把很宽的线条看作一个矩形来理解这 3 种风格，如图 10-3 所示。Qt 中提供了一个 Path Stroking 示例程序，它可以显示画笔属性的各种组合效果。

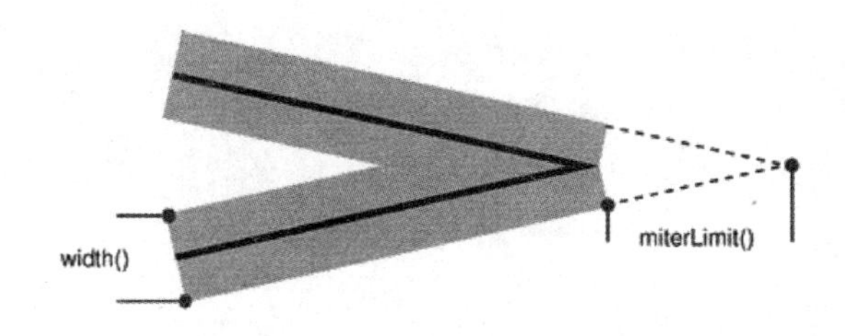

图 10-3　画笔连接风格示意图

创建完画笔后，使用了 setPen()来为 painter 设置画笔，然后使用画笔绘制了一个圆弧。绘制圆弧函数的一种重载形式为 QPainter::drawArc (const QRectF & rectangle, int startAngle, int spanAngle)，这里的 3 个参数分别对应弧线所在的矩形、起始角度和跨越角度，如图 10-4 所示。QRectF::QRectF (qreal x, qreal y, qreal width, qreal height)可以使用浮点数为参数来确定一个矩形，需要指定左上角的坐标(x,y)，还有宽 width 和高 height。如果只想使用整数来确定一个矩形，那么可以使用 QRect 类。这里角度的数值为实际度数乘以 16，在时钟表盘中，0 度指向 3 时的位置，角度数值为正则表示逆时针旋转，角度数值为负则表示顺时针旋转，整个一圈的数值为 5 760 (360×16)。现在运行程序查看效果。

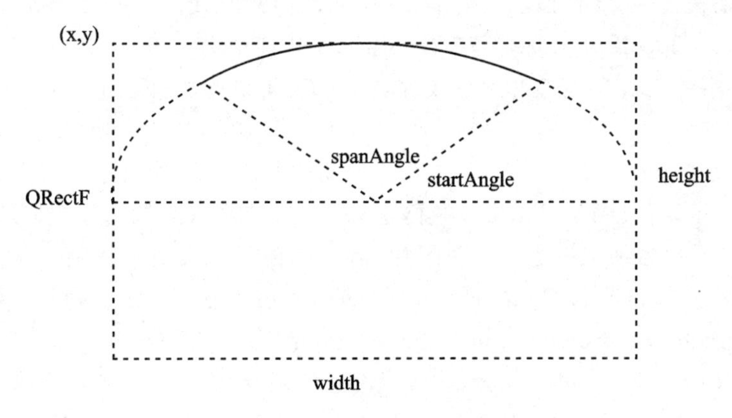

图 10-4　绘制圆弧示意图

10.1.3　使用画刷

在 paintEvent()函数中继续添加如下代码：

```
//重新设置画笔
pen.setWidth(1);
```

```
    pen.setStyle(Qt::SolidLine);
    painter.setPen(pen);
    //绘制一个矩形
    painter.drawRect(160, 20, 50, 40);
    //创建画刷
    QBrush brush(QColor(0, 0, 255), Qt::Dense4Pattern);
    //使用画刷
    painter.setBrush(brush);
    //绘制椭圆
    painter.drawEllipse(220, 20, 50, 50);
    //设置纹理
    brush.setTexture(QPixmap("../mydrawing/yafeilinux.png"));
    //重新使用画刷
    painter.setBrush(brush);
    //定义四个点
    static const QPointF points[4] = {
        QPointF(270.0, 80.0),
        QPointF(290.0, 10.0),
        QPointF(350.0, 30.0),
        QPointF(390.0, 70.0)
    };
    //使用四个点绘制多边形
    painter.drawPolygon(points, 4);
```

QBrush 类提供了画刷(QBrush)来对图形进行填充，一个画刷使用它的颜色和风格(如它的填充模式)来定义。在 Qt 中使用的颜色一般都由 QColor 类来表示，它支持 RGB、HSV 和 CMYK 等颜色模型。QColor 还支持基于 alpha 的轮廓和填充(实现透明效果)，而且 QColor 类与平台和设备无关(颜色使用 QColormap 类向硬件进行映射)。Qt 中还提供了 20 种预定义的颜色，比如以前经常使用的 Qt::red 等，可以在帮助中通过 Qt::GlobalColor 关键字查看。填充模式使用 Qt::BrushStyle 枚举类型来定义，包含了基本模式填充、渐变填充和纹理填充。Qt 提供的画刷风格及其效果如图 10-5 所示。

前面程序中先绘制了一个矩形，这里没有指定画刷，那么将不会对矩形的内部进行填充；然后使用 Qt::Dense4Pattern 风格定义了一个画刷并绘制了一个椭圆；最后使用 setTexture()函数为画刷指定了纹理图片(需要向项目源码目录复制一张图片)，这样会自动把画刷的风格改为 Qt::TexturePattern，然后绘制了一个多边形。绘制多边形使用的是 QPainter::drawPolygon (const QPointF * points, int pointCount, Qt::FillRule fillRule＝Qt::OddEvenFill)函数，它需要指定各个顶点并且指定顶点的个数。另外，还可以指定填充规则 Qt::FillRule。现在运行程序查看效果。

QPainter 中还提供了 fillRect()函数来填充一个矩形区域，以及 eraseRect()函数来擦除一个矩形区域的内容。继续添加如下代码：

```
    //使用画刷填充一个矩形区域
    painter.fillRect(QRect(10, 100, 150, 20), QBrush(Qt::darkYellow));
    //擦除一个矩形区域的内容
    painter.eraseRect(QRect(50, 0, 50, 120));
```

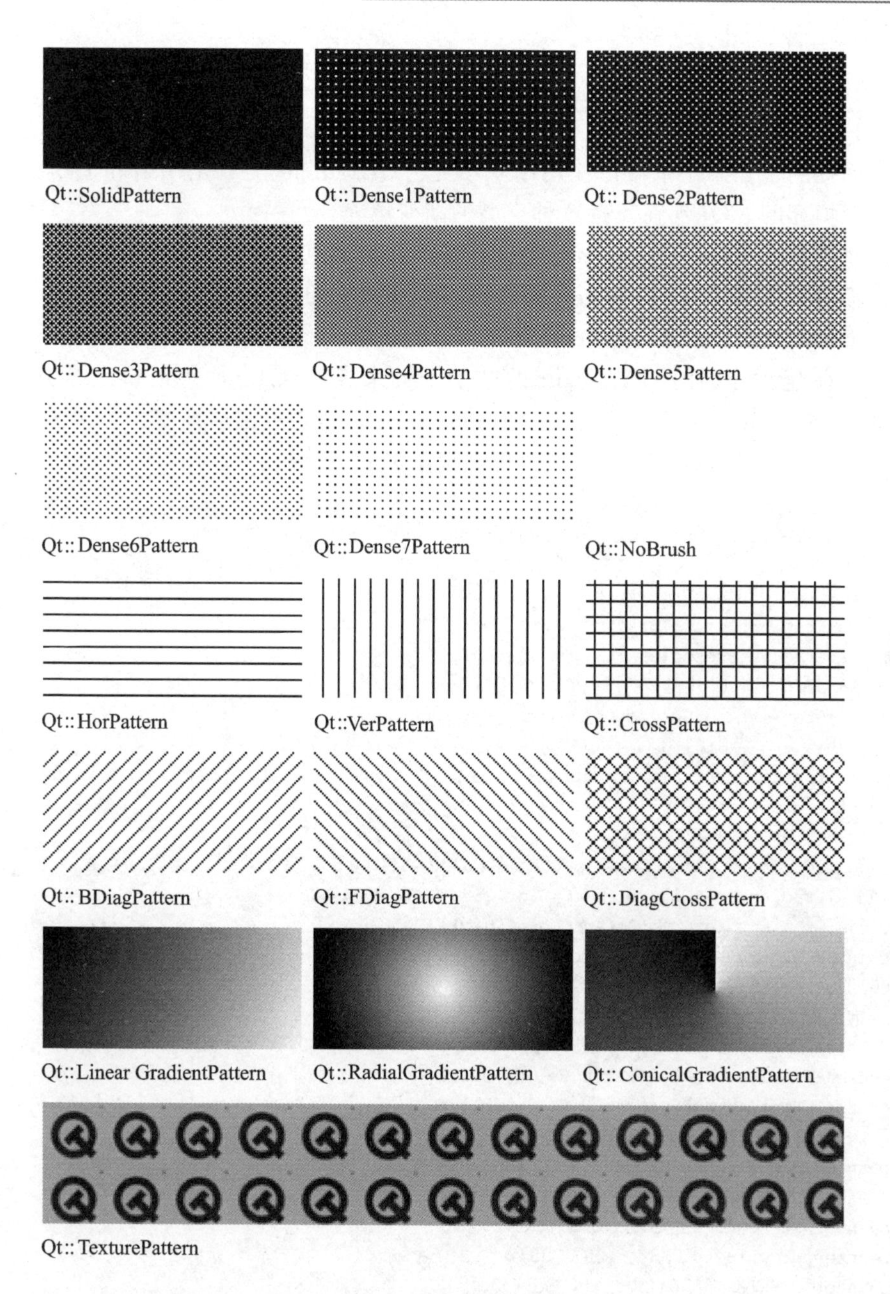

图 10－5　画刷风格

可以运行程序查看效果。绘制和填充可以在帮助中通过 Drawing and Filling 关键字查看，Qt 中还提供了一个 Basic Drawing 的示例程序来演示画笔和画刷使用的方法，可以作为参考。

10.2 渐变填充

前面提到了在画刷中可以使用渐变填充。QGradient 类就是用来和 QBrush 一起指定渐变填充的。Qt 现在支持 3 种类型的渐变填充：

- 线性渐变(Linear Gradient)是在开始点和结束点之间插入颜色；
- 辐射渐变(Radial Gradient)是在焦点和环绕它的圆环间插入颜色；
- 锥形渐变(Conical Gradient)是在圆心周围插入颜色。

这 3 种渐变分别由 QGradient 的 3 个子类来表示，QLinearGradient 表示线性渐变，QRadialGradient 表示辐射渐变，QConicalGradient 表示锥形渐变。

在前面程序的 paintEvent()函数中继续添加如下代码：

```
//线性渐变
QLinearGradient linearGradient(QPointF(40, 190), QPointF(70, 190));
//插入颜色
linearGradient.setColorAt(0, Qt::yellow);
linearGradient.setColorAt(0.5, Qt::red);
linearGradient.setColorAt(1, Qt::green);
//指定渐变区域以外的区域的扩散方式
linearGradient.setSpread(QGradient::RepeatSpread);
//使用渐变作为画刷
painter.setBrush(linearGradient);
painter.drawRect(10, 170, 90, 40);
//辐射渐变
QRadialGradient radialGradient(QPointF(200, 190), 50, QPointF(275, 200));
radialGradient.setColorAt(0, QColor(255, 255, 100, 150));
radialGradient.setColorAt(1, QColor(0, 0, 0, 50));
painter.setBrush(radialGradient);
painter.drawEllipse(QPointF(200, 190), 50, 50);
//锥形渐变
QConicalGradient conicalGradient(QPointF(350, 190), 60);
conicalGradient.setColorAt(0.2, Qt::cyan);
conicalGradient.setColorAt(0.9, Qt::black);
painter.setBrush(conicalGradient);
painter.drawEllipse(QPointF(350, 190), 50, 50);
//画笔使用线性渐变来绘制直线和文字
painter.setPen(QPen(linearGradient,2));
painter.drawLine(0, 280, 100, 280);
painter.drawText(150, 280,tr("helloQt!"));
```

1. 线性渐变(QLinearGradient)

线性渐变 QLinearGradient::QLinearGradient (const QPointF & start, const QPointF & finalStop)需要指定开始点 start 和结束点 finalStop，然后将开始点和结束点之间的区域进行等分，开始点的位置为 0.0，结束点的位置为 1.0，它们之间的位置按照距离比例进行设定，然后使用 QGradient::setColorAt (qreal position, const QColor & color)函数在指定的位置 position 插入指定的颜色 color。当然，这里的 position 的

值要在0到1之间。

这里还可以使用setSpread()函数来设置填充的扩散方式，即指明在指定区域以外的区域怎样进行填充。扩散方式由QGradient::Spread枚举类型定义，它一共有3个值，分别是QGradient::PadSpread使用最接近的颜色进行填充，这是默认值，如果不使用setSpread()指定扩散方式，那么就会默认使用这种方式；QGradient::RepeatSpread在渐变区域以外的区域重复渐变；QGradient::ReflectSpread在渐变区域以外将反射渐变。在线性渐变中，这3种扩散方式的效果如图10-6所示。要使用渐变填充，可以直接在setBrush()中使用，这时画刷风格会自动设置为相对应的渐变填充。

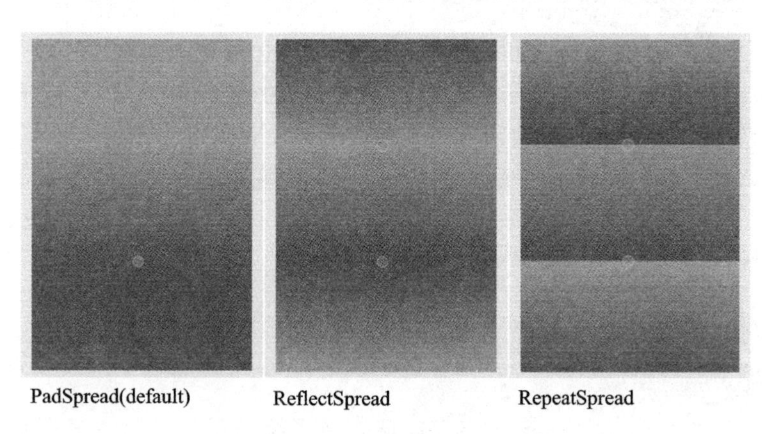

图10-6　线性渐变的3种扩散效果

2. 辐射渐变(QRadialGradient)

辐射渐变QRadialGradient::QRadialGradient (const QPointF & center, qreal radius, const QPointF & focalPoint)需要指定圆心center和半径radius，这样就确定了一个圆，然后再指定一个焦点focalPoint。焦点的位置为0，圆环的位置为1，然后在焦点和圆环间插入颜色。辐射渐变也可以使用setSpread()函数设置渐变区域以外的区域的扩散方式，3种扩散方式的效果如图10-7所示。

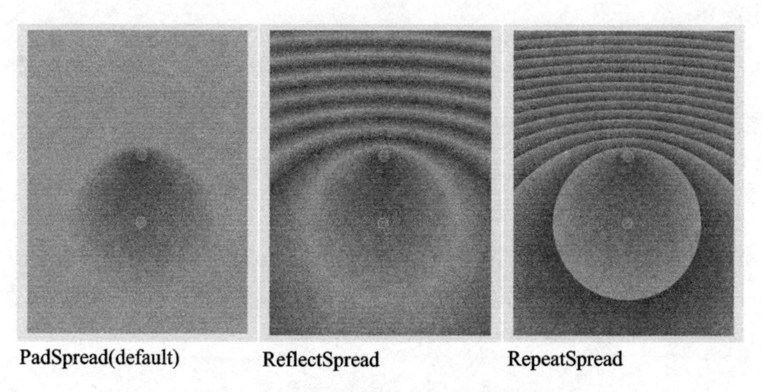

图10-7　辐射渐变的3种扩散方式

程序中设置颜色时使用了 QColor::QColor (int r, int g, int b, int a=255),其中,参数 r、g、b 为三基色,分别是红(red)、绿(green)和蓝(blue)。它们的取值都在 0~255 之间,例如,QColor(255, 0, 0)表示红色,QColor(255, 255, 0)表示黄色,QColor(255, 255, 255)表示白色,QColor(0, 0, 0)表示黑色;而 a 表示 alpha 通道,用来设置透明度,取值也在 0~255 之间,0 表示完全透明,255 表示完全不透明。更多颜色的知识可以参考 QColor 类的帮助文档。

3. 锥形渐变(QConicalGradient)

锥形渐变 QConicalGradient::QConicalGradient (const QPointF & center, qreal angle)需要指定中心点 center 和一个角度 angle(其值在 0~360 之间),然后沿逆时针从给定的角度开始环绕中心点插入颜色。这里给定的角度沿逆时针方向开始的位置为 0,旋转一圈后为 1。setSpread()函数对于锥形渐变没有效果。

另外,如果为画笔设置了渐变颜色,那么可以绘制出渐变颜色的线条和轮廓,还可以绘制出渐变颜色的文字。Qt 中提供了一个 Gradients 示例程序,可以设置任意的渐变填充效果。

10.3 坐标系统

Qt 的坐标系统是由 QPainter 类控制的。一个绘图设备的默认坐标系统中,原点(0, 0)在其左上角,x 坐标向右增长,y 坐标向下增长。在基于像素的设备上,默认的单位是一个像素,而在打印机上默认的单位是一个点(1/72 英寸)。

QPainter 的逻辑坐标与绘图设备的物理坐标之间的映射由 QPainter 的变换矩阵、视口和窗口进行处理。逻辑坐标和物理坐标默认是一致的。QPainter 也支持坐标变换(如旋转和缩放)。本节的内容可以在帮助中查看 Coordinate System 关键字。

10.3.1 抗锯齿渲染

1. 逻辑表示

一个图形的大小(宽和高)总与其数学模型相对应,图 10-8 示意了忽略其渲染时使用的画笔的宽度时的样子。

2. 抗锯齿绘图

抗锯齿(Anti-aliased)又被称为反锯齿或者反走样,就是对图像的边缘进行平滑处理,使其看起来更加柔和流畅的一种技术。QPainter 进行绘制时可以使用 QPainter::RenderHint 渲染提示来指定是否要使用抗锯齿功能,渲染提示的常用取值如表 10-2 所列。

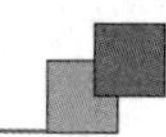

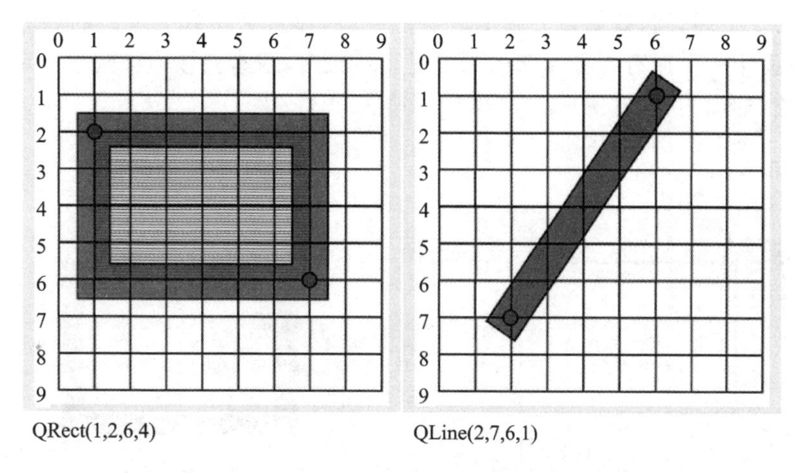

图 10-8　忽略画笔宽度示意图

表 10-2　QPainter 的渲染提示

常　量	描　述
QPainter::Antialiasing	指示绘图引擎在可能的情况下应该进行边缘的抗锯齿
QPainter::TextAntialiasing	指示绘图引擎在可能的情况下应该绘制抗锯齿的文字
QPainter::SmoothPixmapTransform	指示绘图引擎应该使用一个平滑 pixmap 转换算法(比如双线性插值)而不是最邻近插值算法

在默认的情况下，绘制会产生锯齿，并且使用这样的规则进行绘制：当使用宽度为一个像素的画笔进行渲染时，像素会在数学定义的点的右边和下边进行渲染，如图 10-9 所

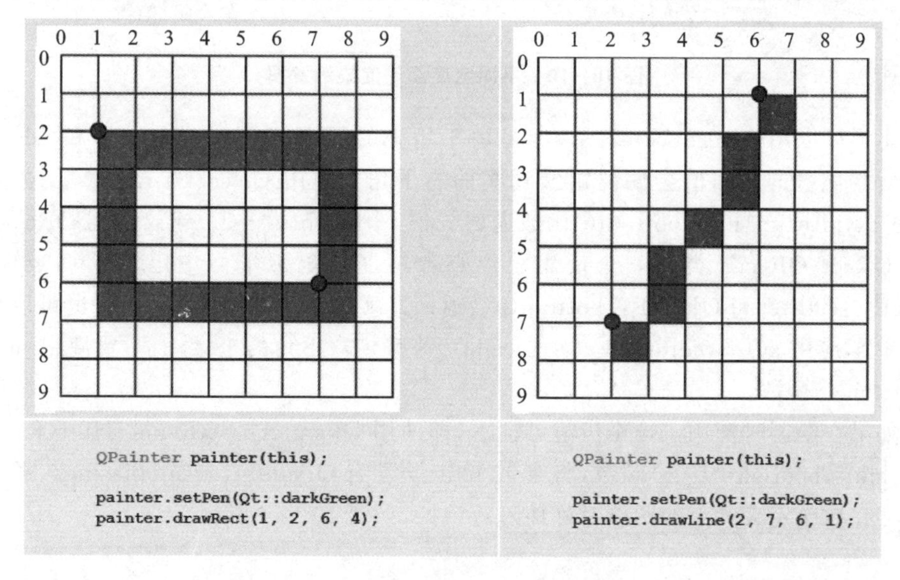

图 10-9　像素渲染规则示意图

示。当使用一个拥有偶数像素的画笔进行渲染时,像素会在数学定义的点的周围对称渲染;而当使用一个拥有奇数像素的画笔进行渲染时,像素会被渲染到数学定义的点的右边和下边,如图 10-10 所示。

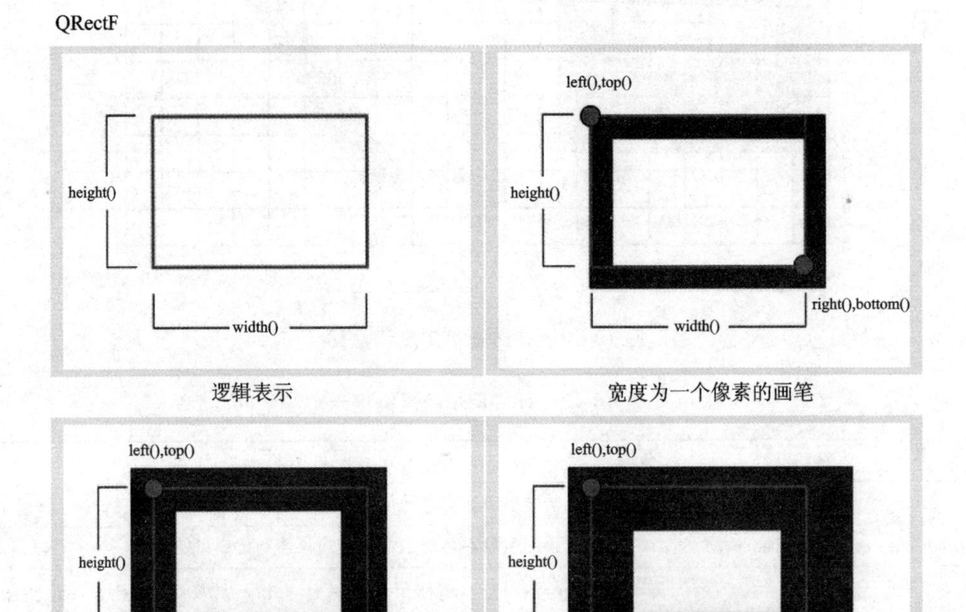

图 10-10 不同宽度画笔渲染示意图

矩形可以用 QRect 类来表示,但是由于历史的原因,QRect::right()和 QRect::bottom()函数的返回值会偏离矩形真实的右下角。使用 QRect 的 right()函数返回 left()+width()-1,而 bottom()函数返回 top()+height()-1。建议使用 QRectF 来代替 QRect,QRectF 类在一个使用了浮点数精度的坐标平面中定义了一个矩形,QRectF::right()和 QRectF::bottom()会返回真实的右下角坐标。当然,也可以使用 QRect 类,应用 x()+width()和 y()+height()来确定右下角的坐标,而不要使用 right()和 bottom()函数。

如果在绘制时使用了抗锯齿渲染提示,即使用 QPainter::setRenderHint(RenderHint hint, bool on=true)函数,将参数 hint 设置为 QPainter::Antialiasing。那么像素就会在数学定义的点的两侧对称地进行渲染,如图 10-11 所示。

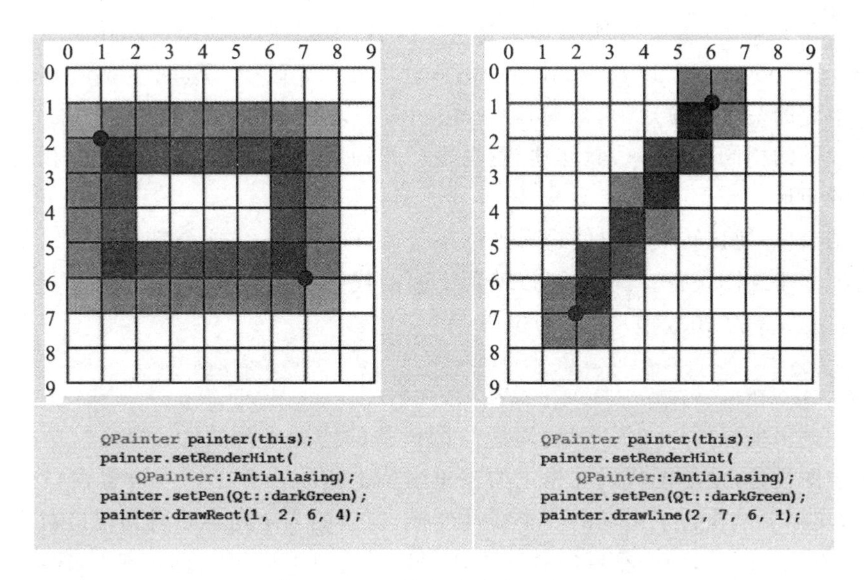

图 10-11 抗锯齿渲染示意图

10.3.2 坐标变换

1. 基本变换

默认地,QPainter 在相关设备的坐标系统上进行操作,但是它也完全支持仿射(affine)坐标变换(仿射变换的具体概念可以查看其他资料)。绘图时可以使用 QPainter::scale()函数缩放坐标系统,使用 QPainter::rotate()函数顺时针旋转坐标系统,使用 QPainter::translate()函数平移坐标系统,还可以使用 QPainter::shear()围绕原点来扭曲坐标系统。

坐标系统的 2D 变换由 QTransform 类实现,可以使用前面提到的那些便捷函数进行坐标系统变换,当然也可以通过 QTransform 类实现,而且 QTransform 类对象可以存储多个变换操作;当同样的变换要多次使用时,建议使用 QTransform 类对象。坐标系统的变换是通过变换矩阵实现的,可以在平面上变换一个点到另一个点。进行所有变换操作的变换矩阵都可以使用 QPainter::worldTransform()函数获得,如果要设置一个变换矩阵,则可以使用 QPainter::setWorldTransform()函数。这两个函数也可以分别使用 QPainter::transform()和 QPainter::setTransform()函数来代替。

在进行变换操作时,可能需要多次改变坐标系统,然后再恢复,这样编码会很乱,而且很容易出现操作错误。这时可以使用 QPainter::save()函数来保存 QPainter 的变换矩阵,它会把变换矩阵保存到一个内部栈中,需要恢复变换矩阵时再使用 QPainter::restore()函数将其弹出。

2. 窗口-视口转换

使用 QPainter 进行绘制时,会使用逻辑坐标进行绘制,然后再转换为绘图设备的物理坐标。逻辑坐标到物理坐标的映射由 QPainter 的 worldTransform()函数和 QPainter 的 viewport()以及 window()函数进行处理。其中,视口(viewport)表示物理坐标下指定的一个任意矩形,而窗口(window,与以前讲的窗口部件的概念不同)表示逻辑坐标下的相同的矩形。默认地,逻辑坐标和物理坐标是重合的,它们都相当于绘图设备上的矩形。

使用窗口-视口转换可以使逻辑坐标系统适合应用要求,这个机制也可以用来让绘图代码独立于绘图设备。例如,可以使用下面的代码来使逻辑坐标以(－50,－50)为原点,宽为 100,高为 100,(0, 0)点为中心:

```
QPainter painter(this);
painter.setWindow(QRect(-50, -50, 100, 100));
```

现在逻辑坐标的(－50,－50)对应绘图设备的物理坐标的(0, 0)点。这样就可以独立于绘图设备,使绘图代码在指定的逻辑坐标上进行操作了。当设置窗口或者视口矩形时,实际上是执行了坐标的一个线性变换,窗口的 4 个角会映射到视口对应的 4 个角,反之亦然。因此,一个很好的办法是让视口和窗口维持相同的宽高比来防止变形:

```
int side = qMin(width(), height());
int x = (width() - side / 2);
int y = (height() - side / 2);
painter.setViewport(x, y, side, side);
```

如果设置了逻辑坐标系统为一个正方形,那么也需要使用 QPainter::setViewport()函数设置视口为正方形,例如,这里将视口设置为适合绘图设备矩形的最大的矩形。在设置窗口或视口时考虑到绘图设备的大小,就可以使绘图代码独立于绘图设备。

窗口-视口转换仅仅是线性变换,不会执行裁剪操作。这就意味着如果绘制范围超出了当前设置的窗口,那么仍然会使用相同的线性代数方法将绘制变换到视口上。绘制过程中是先使用坐标矩阵进行变换,再使用窗口-视口转换。

前面讲到的知识可能不是很容易理解,下面通过实际的程序来进一步讲解这些知识点。(本例采用的项目源码路径:src\10\10-2\mytransformation)新建 Qt Widgets 应用,项目名称为 mytransformation,基类选择 QWidget,类名为 Widget。建立完成后,在 widget.h 文件中声明重绘事件处理函数:

```
protected:
    void paintEvent(QPaintEvent *event) override;
```

然后到 widget.cpp 文件中添加头文件 #include <QPainter>。下面添加 paintEvent()函数的定义:

```
void Widget::paintEvent(QPaintEvent *)
{
    QPainter painter(this);
    //填充界面背景为白色
    painter.fillRect(rect(), Qt::white);
    painter.setPen(QPen(Qt::red, 11));
    //绘制一条线段
```

```
    painter.drawLine(QPoint(5, 6), QPoint(100, 99));
    //将坐标系统进行平移,使(200, 150)点作为原点
    painter.translate(200, 150);
    //开启抗锯齿
    painter.setRenderHint(QPainter::Antialiasing);
    //重新绘制相同的线段
    painter.drawLine(QPoint(5, 6), QPoint(100,99));
}
```

这里先绘制了一条线段,然后使用 translate()函数改变了坐标原点,并重新绘制了前面的线段,该函数的两个参数分别为水平方向和垂直方向的偏移值。因为现在的坐标原点已经改变,也就是说会以(200, 150)作为新的原点(0, 0),所以两条线段并不会重合。而且在绘制第二条线段时使用了抗锯齿,所以可以看出它比第一条线段要平滑许多。在程序中,要想将坐标原点再还原回去,可以进行反向平移,即使用 translate(－200,－150)。现在运行程序查看效果。

下面继续在 paintEvent()函数中添加如下代码:

```
//保存 painter 的状态
painter.save();
//将坐标系统旋转 90 度
painter.rotate(90);
painter.setPen(Qt::cyan);
//重新绘制相同的线段
painter.drawLine(QPoint(5, 6), QPoint(100, 99));
//恢复 painter 的状态
painter.restore();
```

这里先使用 save()函数保存了 painter 的当前状态,然后将坐标系统进行旋转并绘制了同以前一样的线段;不过,因为坐标系统已经旋转了,所以这条线段也不会和前面的线段重合。这里的 rotate()函数会以原点为中心进行旋转,其参数为旋转的角度,正数为顺时针旋转,负数为逆时针旋转。最后使用 restore()函数恢复了 painter 以前的状态,就是恢复到了旋转以前的坐标系统和画笔颜色。可以运行程序查看效果。

下面继续添加代码:

```
painter.setBrush(Qt::darkGreen);
//绘制一个矩形
painter.drawRect(-50, -50, 100, 50);
painter.save();
//将坐标系统进行缩放
painter.scale(0.5, 0.4);
painter.setBrush(Qt::yellow);
//重新绘制相同的矩形
painter.drawRect(-50, -50, 100, 50);
painter.restore();
```

这里先绘制了一个矩形,然后将坐标系统进行缩放并绘制了相同的矩形,因为坐标系统已经改变,所以两个矩形不会重合。这里 scale()函数的两个参数分别为水平方向和垂直方向缩放的倍数。继续在 paintEvent()函数中添加代码:

```
painter.setPen(Qt::blue);
painter.setBrush(Qt::darkYellow);
//绘制一个椭圆
painter.drawEllipse(QRect(60, - 100, 50, 50));
//将坐标系统进行扭曲
painter.shear(1.5, - 0.7);
painter.setBrush(Qt::darkGray);
//重新绘制相同的椭圆
painter.drawEllipse(QRect(60, - 100, 50, 50));
```

这里先绘制了一个椭圆,然后将坐标系统进行扭曲并绘制了相同的椭圆,因为坐标系统已经改变,所以两个椭圆不会重合。这里 shear()函数的两个参数分别为水平方向和垂直方向的扭曲值,当其值为 0 时表示不进行扭曲。运行程序查看效果。

(本例采用的项目源码路径: src\10\10-3\mytransformation)下面来看一下窗口-视口转换的内容,先将前面 paintEvent()函数中的所有内容都删除或注释掉,然后更改如下:

```
void Widget::paintEvent(QPaintEvent * event)
{
    QPainterpainter(this);
    painter.setWindow( - 50, - 50, 100, 100);
    painter.setBrush(Qt::green);
    painter.drawRect(0, 0, 20, 20);
}
```

这里先使用 setWindow()函数将逻辑坐标矩形设置为以(-50,-50)为起点,宽 100,高 100。这样逻辑坐标的(-50,-50)点就会对应物理坐标的(0, 0)点,因为这里是在 this(即 Widget 部件上)进行绘图,所以 Widget 就是绘图设备。也就是说,现在逻辑坐标的(-50,-50)点对应界面上的左上角的(0, 0)点。而且,因为逻辑坐标矩形宽为 100,高为 100,所以界面的宽度和高度都会被 100 等分。下面在界面上显示出物理坐标,从而帮助读者理解。在 widget.h 文件的 protected 域中声明鼠标移动事件处理函数:

```
void mouseMoveEvent(QMouseEvent * event) override;
```

然后在 widget.cpp 文件中添加头文件:

```
#include <QToolTip>
#include <QMouseEvent>
```

再在构造函数中添加如下一行代码,保证不用按下鼠标按键也能触发鼠标移动事件:

```
setMouseTracking(true);
```

最后添加鼠标移动事件处理函数定义:

```
void Widget::mouseMoveEvent(QMouseEvent * event)
{
    QString pos = QString("%1, %2").arg(event->pos().x()).arg(event->pos().y());
    QToolTip::showText(event->globalPosition().toPoint(), pos, this);
}
```

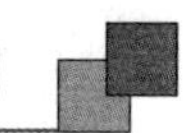

这里先获取了鼠标指针在 Widget 上的坐标即物理坐标，然后在工具提示中进行显示。鼠标移动事件的内容可以参见第 6 章。现在运行程序可以看到，在(0, 0)点绘制的矩形实际在(200, 150)点，而矩形的宽和高也不再是 20，而变为了 80 和 60。调整窗口的大小会发现，绘制的矩形的宽高会跟着变化。

为什么会出现这样的问题呢？前面已经讲过，更改逻辑坐标或者物理坐标的矩形就是进行坐标的一个线性变换，逻辑坐标矩形的 4 个角会映射到对应物理坐标矩形的 4 个角。而现在 Widget 部件的宽 400、高 300，所以物理坐标对应的矩形就是(0, 0, 400, 300)。这样按比例对应，就是在水平方向，逻辑坐标的一个单位对应物理坐标的 4 个单位；在垂直方向，逻辑坐标的一个单位对应物理坐标的 3 个单位，如图 10 - 12 所示。所以，逻辑坐标中的宽 20、高 20 的矩形在物理坐标中就是宽 80、高 60 的矩形。可以看到，设置的矩形已经发生了变形，由设置的正方形变成了一个长方形。为了防止变形，需要将视口的宽和高的对应比例设置为相同值，因为逻辑坐标的矩形设置为了一个正方形，所以视口即物理坐标矩形也应该设置为一个正方形，更改 paintEvent()函数如下：

```
void Widget::paintEvent(QPaintEvent * event)
{
    QPainter painter(this);
    int side = qMin(width(), height());
    int x = (width() / 2);
    int y = (height() / 2);
    //设置视口
    painter.setViewport(x, y, side, side);
    painter.setWindow(0, 0, 100, 100);
    painter.setBrush(Qt::green);
    painter.drawRect(0, 0, 20, 20);
}
```

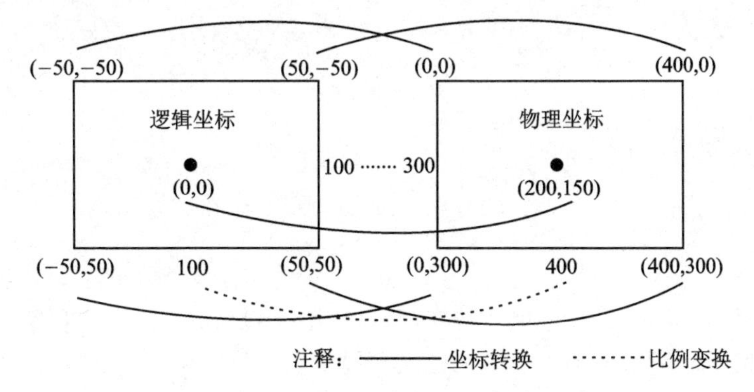

图 10 - 12　逻辑坐标与物理坐标转换示意图

这样绘制出来的矩形就是正方形了。运行程序可以发现，随便拖动窗口改变大小则矩形左上角的坐标一直变化，但是依然显示为正方形，如图 10 - 13 所示。可以根据自己的想法继续更改代码，深入研究一下逻辑坐标矩形、物理坐标矩形和绘图设备矩形

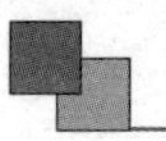

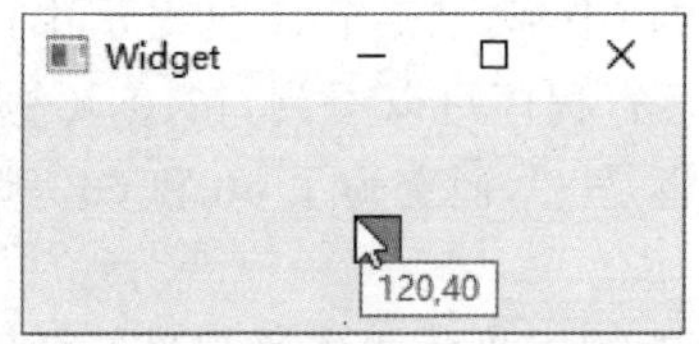

图 10 - 13　设置视口后运行效果

之间的关系。

下面再来看一下将定时器和 2D 绘图相结合实现简单动画的应用。(项目源码路径：src\10\10-4\mytransformation)继续在前面的程序中进行更改。首先在 widget.h 文件中添加前置声明：

```
class QTimer;
```

然后添加两个私有变量：

```
QTimer *timer;
int angle;
```

再进入 widget.cpp 文件中，添加头文件 #include <QTimer>，并在构造函数中添加代码：

```
QTimer *timer = new QTimer(this);
connect(timer, &QTimer::timeout, this, QOverload<>::of(&Widget::update));
timer->start(1000);
angle = 0;
```

这里创建了一个定时器，并将定时器的溢出信号关联到 Widget 部件的 update() 槽上，然后开启了一个 1 秒的定时器。这样每过 1 秒钟都会执行一次 paintEvent() 函数。下面将 paintEvent() 函数更改如下：

```
void Widget::paintEvent(QPaintEvent *event)
{
    angle += 10;
    if(angle == 360)
        angle = 0;
    int side = qMin(width(), height());
    QPainter painter(this);
    painter.setRenderHint(QPainter::Antialiasing);
    QTransform transform;
    transform.translate(width()/2, height()/2);
    transform.scale(side/300.0, side/300.0);
    transform.rotate(angle);
    painter.setWorldTransform(transform);
    painter.drawEllipse(-120, -120, 240, 240);
    painter.drawLine(0, 0, 100, 0);
}
```

因为这里连续进行了多个坐标转换，所以使用了 QTransform 类对象，当连续进行多个坐标转换时使用这个类更高效。这里根据部件的大小使用 scale() 函数进行了缩放，这样当窗口改变大小时，绘制的内容也会跟着变换大小。然后在 rotate() 函数中使用了变量 angle 作为参数，每次执行 paintEvent() 函数 angle 都增加 10 度，这样就会旋转一个不同的角度，当其值为 360 时将它重置为 0。运行程序可以看到一个每隔 1 秒走动一下的表针动画，拖动改变窗口的大小会发现，指针会快速转动，这是因为改变窗口大小会触发执行 paintEvent()。

关于坐标系统的应用，Qt 中提供了 Analog Clock Example 和 Transformations Example 两个示例程序，还有一个 Affine Transformations 演示程序，可以参考一下。

10.4 绘制文字

除了绘制图形以外，还可以使用 QPainter::darwText()函数来绘制文字，也可以使用 QPainter::setFont()设置文字所使用的字体，使用 QPainter::fontInfo()函数可以获取字体的信息，它返回 QFontInfo 类对象。在绘制文字时会默认使用抗锯齿。

（项目源码路径：src\10\10-5\mydrawing2）新建 Qt Widgets 应用，项目名称为 mydrawing2，基类选择 QWidget，类名为 Widget。建立完成后，在 widget.h 文件中声明重绘事件处理函数：

```
protected:
    void paintEvent(QPaintEvent * event) override;
```

然后到 widget.cpp 文件中添加头文件 #include <QPainter>。下面添加 paintEvent()函数的定义：

```
void Widget::paintEvent(QPaintEvent * )
{
    QPainter painter(this);
    QRectF rect(10.0, 10.0, 380.0, 280.0);
    painter.setPen(Qt::red);
    painter.drawRect(rect);
    painter.setPen(Qt::blue);
    painter.drawText(rect, Qt::AlignHCenter, tr("AlignHCenter"));
    painter.drawText(rect, Qt::AlignLeft, tr("AlignLeft"));
    painter.drawText(rect, Qt::AlignRight, tr("AlignRight"));
    painter.drawText(rect, Qt::AlignVCenter, tr("AlignVCenter"));
    painter.drawText(rect, Qt::AlignBottom, tr("AlignBottom"));
    painter.drawText(rect, Qt::AlignCenter, tr("AlignCenter"));
    painter.drawText(rect, Qt::AlignBottom | Qt::AlignRight,
                     tr("AlignBottom\nAlignRight"));
}
```

这里使用了绘制文本函数的一种重载形式 QPainter::drawText (const QRectF & rectangle, int flags, const QString & text, QRectF * boundingRect=nullptr)，它的第一个参数指定了绘制文字所在的矩形；第二个参数指定了文字在矩形中的对齐方式，它由 Qt::AlignmentFlag 枚举类型进行定义，不同对齐方式也可以使用按位或“|”操作符同时使用，这里还可以使用 Qt::TextFlag 定义的其他一些标志，比如自动换行等；第三个参数就是所要绘制的文字，这里可以使用“\n”来实现换行；第四个参数一般不用设置。如果绘制的文字和它的布局不用经常改动，那么也可以使用 drawStaticText()函数，它更高效。现在可以运行程序查看效果。

下面在 paintEvent()函数中继续添加如下代码：

```
QFont font("宋体", 15, QFont::Bold, true);
//设置下划线
font.setUnderline(true);
//设置上划线
font.setOverline(true);
//设置字母大小写
font.setCapitalization(QFont::SmallCaps);
//设置字符间的间距
font.setLetterSpacing(QFont::AbsoluteSpacing, 10);
//使用字体
painter.setFont(font);
painter.setPen(Qt::green);
painter.drawText(120, 80, tr("yafeilinux"));
painter.translate(100, 100);
painter.rotate(90);
painter.drawText(0, 0, tr("helloqt"));
```

这里创建了 QFont 字体对象，使用的构造函数为 QFont::QFont (const QString & family, int pointSize=−1, int weight=−1, bool italic=false)，第一个参数设置字体的 family 属性，这里使用的字体族为宋体，可以使用 QFontDatabase 类来获取所支持的所有字体；第二个参数是点大小，默认大小为 12；第三个参数为 weight 属性，这里使用了粗体；最后一个属性设置是否使用斜体。然后又使用了其他几个函数来设置字体的格式，最后调用 setFont()函数来使用该字体，并使用 drawText()函数的另一种重载形式在点(120, 80)绘制了文字。后面又将坐标系统平移并旋转，然后再次绘制了文字。

10.5 绘制路径

如果要绘制一个复杂的图形，尤其是要重复绘制这样的图形，可以使用 QPainterPath 类，并使用 QPainter::drawPath()进行绘制。QPainterPath 类为绘制操作提供了一个容器，可以用来创建图形并且重复使用。一个绘图路径就是由多个矩形、椭圆、线条或者曲线等组成的对象，一个路径可以是封闭的，如矩形和椭圆；也可以是非封闭的，如线条和曲线。

10.5.1 组成一个路径

(本例采用的项目源码路径：src\10\10-6\mydrawing2)现在来绘制一个路径，先添加头文件包含 #include <QPainterPath>，然后将上面程序 paintEvent()函数中的内容删除或者注释掉，然后更改如下：

```
void Widget::paintEvent(QPaintEvent * )
{
    QPainter painter(this);
    QPainterPath path;
    //移动当前点到点(50, 250)
    path.moveTo(50, 250);
```

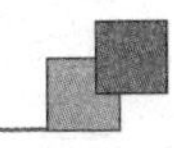

```
    //从当前点即(50, 250)绘制一条直线到点(50, 230),完成后当前点更改为(50, 230)
    path.lineTo(50, 230);
    //从当前点和点(120, 60)之间绘制一条三次贝塞尔曲线
    path.cubicTo(QPointF(105, 40), QPointF(115, 80), QPointF(120, 60));
    path.lineTo(130, 130);
    //向路径中添加一个椭圆
    path.addEllipse(QPoint(130, 130), 30, 30);
    painter.setPen(Qt::darkYellow);
    //绘制路径
    painter.drawPath(path);
    //平移坐标系统后重新绘制路径
    path.translate(200,0);
    painter.setPen(Qt::darkBlue);
    painter.drawPath(path);
}
```

创建一个 QPainterPath 对象后就会以坐标原点为当前点进行绘制,可以随时使用 moveTo()函数改变当前点,比如程序中移动到了点(50, 250),那么下次就会从该点开始进行绘制;可以使用 lineTo()、arcTo()、cubicTo()和 quadTo()等函数将直线或者曲线添加到路径中,其中,QPainterPath::cubicTo (const QPointF & c1, const QPointF & c2, const QPointF & endPoint)函数可以在当前点和 endPoint 点之间添加一个三次贝塞尔曲线,其中的 c1 和 c2 是控制点,如图 10-14 所示。quadTo()函数可以绘制一个二次贝塞尔曲线;可以使用 addEllipse()、addPath()、addRect()、addRegion()、addText()和 addPolygon()来向路径中添加一些图形或者文字,它们都从当前点开始进行绘制,绘制完成后以结束点作为新的当前点,这些图形都是由一组直线或者曲线组成的。例如,矩形就是顺时针添加的一组直线,绘制完成后当前点在矩形的左上角;而椭圆由一组顺时针曲线组成,开始点和结束点都在 0 度处(3 点钟的位置)。另外还可以使用 addPath()来添加其他的路径,这样会从本路径的当前点和要添加路径的第一个组件间添加一条直线。可以使用 currentPosition()函数获取当前点,使用 moveTo()函数改变当前点;当组建好路径后可以使用 drawPath()函数来绘制路径,这里使用 translate()函数将路径平移后又重新绘制了路径。运行程序可以看到,这样就能够重复绘制复杂的图形了,这也是 QPainterPath 的主要作用。

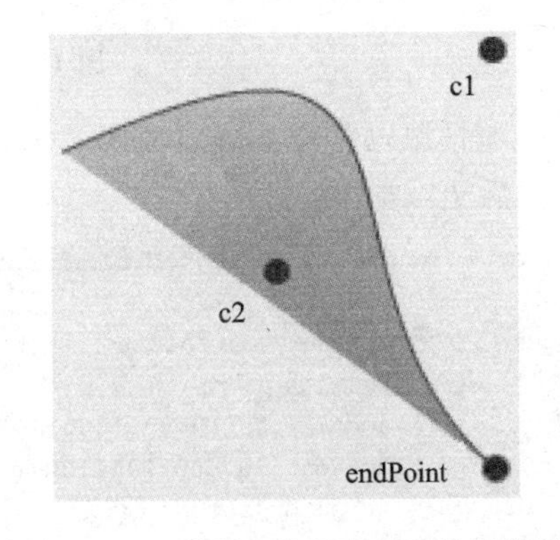

图 10-14　绘制三次贝塞尔曲线示意图

10.5.2　填充规则

前面在绘制多边形时就提到了填充规则 Qt::FillRule,填充路径时也要使用填充规则,这里一共有两个填充规则:Qt::OddEvenFill 和 Qt::WindingFill。其中,Qt::OddEvenFill 使用的是奇偶填充规则,具体来说就是:如果要判断一个点是否在图形

中,那么可以从该点向图形外引一条水平线,如果该水平线与图形的交点的个数为奇数,那么该点就在图形中。这个规则是默认值。而 Qt::WindingFill 使用的是非零弯曲规则,具体来说就是:如果要判断一个点是否在图形中,那么可以从该点向图形外引一条水平线,如果该水平线与图形的边线相交,这个边线是顺时针绘制的,就记为 1,是逆时针绘制的就记为 -1;然后将所有数值相加,如果结果不为 0,那么该点就在图形中。图 10-15 是这两种规则的示意图,对于 Qt::OddEvenFill 规则,第一个交点记为 1,第二个交点记为 2;对于 Qt::WindingFill 规则,因为椭圆和矩形都是以顺时针进行绘制的,所以各个交点对应的边都使用 1 来代表。

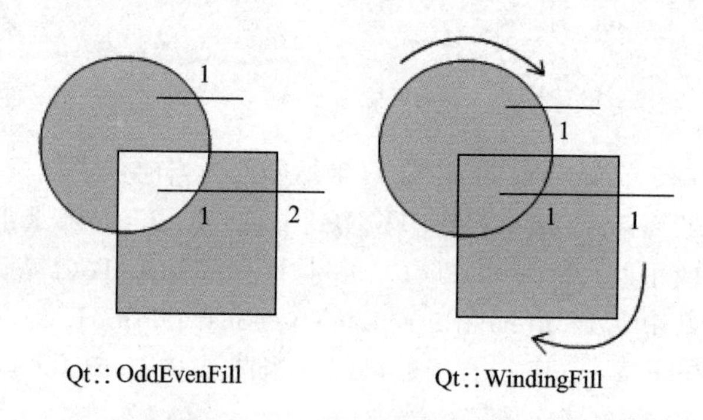

图 10-15　填充规则示意图

(项目源码路径:src\10\10-7\mydrawing2)将 paintEvent()函数中以前的内容清空,然后更改如下:

```
void Widget::paintEvent(QPaintEvent * event)
{
    QPainter painter(this);
    QPainterPath path;
    path.addEllipse(10,50,100,100);
    path.addRect(50,100,100,100);
    painter.setBrush(Qt::cyan);
    painter.drawPath(path);

    painter.translate(180,0);
    path.setFillRule(Qt::WindingFill);
    painter.drawPath(path);
}
```

这里先绘制了一个包含了相交的椭圆和矩形的路径,因为没有显式指定填充规则,则默认会使用 Qt::OddEvenFill 规则。然后将路径进行平移,重新使用 Qt::WindingFill 规则绘制了该路径。现在运行程序查看效果。

另外,可以使用 QPainter::fillPath()函数来填充一个路径;QPainter::strokePath()函数来绘制路径的轮廓;QPainterPath::elementAt()函数来获取路径中的一个元素;QPainterPath::elementCount()函数来获取路径中元素的个数;QPainterPath::contains()函数来判断一个点是否在路径中;还可以使用 QPainterPath::toFillPolygon

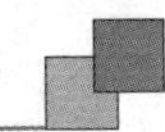

()函数将路径转换为一个多边形。对于这部分内容，可以参考 Painter Paths Example 示例程序，另外 Qt 还提供了一个 Vector Deformation 演示程序。

10.6　绘制图像

Qt 提供了 4 个类来处理图像数据：QImage、QPixmap、QBitmap 和 QPicture，都是常用的绘图设备。其中，QImage 主要用来进行 I/O 处理，它对 I/O 处理操作进行了优化，而且也可以用来直接访问和操作像素；QPixmap 主要用来在屏幕上显示图像，它对在屏幕上显示图像进行了优化；QBitmap 是 QPixmap 的子类，用来处理颜色深度为 1 的图像，即只能显示黑白两种颜色；QPicture 用来记录并重演 QPainter 命令。下面来看一下在这几个绘图设备上绘制图形的效果。

（本例采用的项目源码路径：src\10\10-8\mydrawing3）新建 Qt Widgets 应用，项目名称为 mydrawing3，基类选择 QWidget，类名为 Widget。建立完成后，在 widget.h 文件中声明重绘事件处理函数，然后到 widget.cpp 文件中添加头文件：

```
#include <QPainter>
#include <QImage>
#include <QPixmap>
#include <QBitmap>
#include <QPicture>
```

下面添加 paintEvent()函数的定义：

```
void Widget::paintEvent(QPaintEvent *)
{
    QPainter painter;
    //绘制 image
    QImage image(100, 100, QImage::Format_ARGB32);
    painter.begin(&image);
    painter.setPen(QPen(Qt::green, 3));
    painter.setBrush(Qt::yellow);
    painter.drawRect(10, 10, 60, 60);
    painter.drawText(10, 10, 60, 60, Qt::AlignCenter, tr("QImage"));
    painter.setBrush(QColor(0 , 0, 0, 100));
    painter.drawRect(50, 50, 40, 40);
    painter.end();
    //绘制 pixmap
    QPixmap pix(100, 100);
    painter.begin(&pix);
    painter.setPen(QPen(Qt::green, 3));
    painter.setBrush(Qt::yellow);
    painter.drawRect(10, 10, 60, 60);
    painter.drawText(10, 10, 60, 60, Qt::AlignCenter, tr("QPixmap"));
    painter.setBrush(QColor(0 , 0, 0, 100));
    painter.drawRect(50, 50, 40, 40);
    painter.end();
    //绘制 bitmap
```

```
    QBitmap bit(100, 100);
    painter.begin(&bit);
    painter.setPen(QPen(Qt::green, 3));
    painter.setBrush(Qt::yellow);
    painter.drawRect(10, 10, 60, 60);
    painter.drawText(10, 10, 60, 60, Qt::AlignCenter, tr("QBitmap"));
    painter.setBrush(QColor(0 , 0, 0, 100));
    painter.drawRect(50, 50, 40, 40);
    painter.end();
    //绘制 picture
    QPicture picture;
    painter.begin(&picture);
    painter.setPen(QPen(Qt::green, 3));
    painter.setBrush(Qt::yellow);
    painter.drawRect(10, 10, 60, 60);
    painter.drawText(10, 10, 60, 60, Qt::AlignCenter, tr("QPicture"));
    painter.setBrush(QColor(0 , 0, 0, 100));
    painter.drawRect(50, 50, 40, 40);
    painter.end();
    //在 widget 部件上进行绘制
    painter.begin(this);
    painter.drawImage(50, 20, image);
    painter.drawPixmap(200, 20, pix);
    painter.drawPixmap(50, 170, bit);
    painter.drawPicture(200, 170, picture);
}
```

这里分别在 4 个绘图设备上绘制了两个相交的正方形，较小的正方形使用了透明的黑色进行填充，在较大的正方形的中间绘制了文字。在定义 QImage、QPixmap 和 QBitmap 对象时均指定了它们的大小，即宽和高均为 100。而且，各个绘图设备都有自己的坐标系统，它们的左上角为原点。在进行绘制时，因为所绘制的图形没有占完设置的大小，而我们也没有设置背景填充色，所以背景应该为透明的。这里还要看到，在各个不同的绘图设备上进行绘制时，都使用了 begin()函数来指定设备，等绘制完成后再使用 end()函数来结束绘制。最后，将这 4 张图像绘制到了窗口界面上。运行程序可以看到，QPixmap 的透明背景显示为黑色，QBitmap 只能显示轮廓。

10.6.1 QImage

QImage 类提供了一个与硬件无关的图像表示方法，可以直接访问像素数据，也可以作为绘图设备。因为 QImage 是 QPaintDevice 的子类，所以 QPainter 可以直接在 QImage 对象上进行绘制。当在 QImage 上使用 QPainter 时，绘制操作会在当前 GUI 线程以外的其他线程中执行。QImage 支持的图像格式如表 10－3 所列，它们包含了单色、8 位、32 位和 alpha 混合格式图像。QImage 提供了获取图像各种信息的相关函数，还提供了一些转换图像的函数。QImage 使用了隐式数据共享，所以可以进行值传递。另外，QImage 对象可以使用数据流，也可以进行比较。

表 10－3　Qt 支持的图像格式

格　式	Qt 的支持	格　式	Qt 的支持
BMP	读/写	PBM	读
GIF	读	PGM	读
JPG	读/写	PPM	读/写
JPEG	读/写	XBM	读/写
PNG	读/写	XPM	读/写

（本例采用的项目源码路径：src\10\10-9\mydrawing3）删除前面程序中 paintEvent()函数里的内容，然后将其更改如下：

```
void Widget::paintEvent(QPaintEvent * event)
{
    QPainter painter(this);
    QImage image;
    //加载一张图片
    image.load("../mydrawing3/image.png");
    //输出图片的一些信息
    qDebug() << image.size() << image.format() << image.depth();
    //在界面上绘制图片
    painter.drawImage(QPoint(10, 10), image);
    //获取镜像图片
    QImage mirror = image.mirrored();
    //将图片进行扭曲
    QTransform transform;
    transform.shear(0.2, 0);
    QImage image2 = mirror.transformed(transform);
    painter.drawImage(QPoint(10, 160), image2);
    //将镜像图片保存到文件
    image2.save("../mydrawing3/mirror.png");
}
```

因为使用了 qDebug()函数，所以还要先添加头文件 #include <QDebug>。这里先为 QImage 对象加载了一张图片（需要向源码目录中放一张图片），然后输出了图片的一些信息，并将图片绘制到了界面上。然后使用 QImage::mirrored (bool horizontal＝false, bool vertical＝true)函数获取了该图片的镜像图片，默认返回的是垂直方向的镜像，也可以设置为水平方向的镜像。使用 transformed()函数可以将图片进行各种坐标变换，最后使用了 save()函数将图片存储到文件中。

QImage 类还提供了强大的操作像素的功能，这里就不再举例讲解，有需要可以参考 QImage 类的帮助文档。

10.6.2　QPixmap

QPixmap 可以作为一个绘图设备将图像显示在屏幕上。QPixmap 中的像素在内部由底层的窗口系统进行管理。因为 QPixmap 是 QPaintDevice 的子类，所以 QPainter 也可以直接在它上面进行绘制。要想访问像素,只能使用 QPainter 的相应函数,或者将 QPixmap 转换为 QImage。而与 QImage 不同,QPixmap 中的 fill()函数可以使用指定的颜色初始化整个 pixmap 图像。

可以使用 toImage()和 fromImage()函数在 QImage 和 QPixmap 之间进行转换。通常情况下,QImage 类用来加载一个图像文件,随意操纵图像数据,然后将 QImage 对象转换为 QPixmap 类型再显示到屏幕上。当然,如果不需要对图像进行操作,那么也可以直接使用 QPixmap 来加载图像文件。另外,与 QImage 不同之处是 QPixmap 依赖于具体的硬件。QPixmap 类也是使用隐式数据共享,可以作为值进行传递。

QPixmap 可以很容易地通过 QLabel 或 QAbstractButton 的子类(比如 QPushButton)显示在屏幕上。QLabel 拥有一个 pixmap 属性,而 QAbstractButton 拥有一个 icon 属性。QPixmap 可以使用 copy()复制图像上的一个区域,还可以使用 mask()实现遮罩效果。

(本小节采用的项目源码路径：src\10\10-10\mydrawing3)删除前面程序中 paintEvent()函数里的内容,然后将其更改如下：

```
void Widget::paintEvent(QPaintEvent *)
{
    QPainter painter(this);
    QPixmap pix;
    pix.load("../myDrawing3/yafeilinux.png");
    painter.drawPixmap(0, 0, pix.width(), pix.height(), pix);
    painter.setBrush(QColor(255, 255, 255, 100));
    painter.drawRect(0, 0, pix.width(), pix.height());
    painter.drawPixmap(100, 0, pix.width(), pix.height(), pix);
    painter.setBrush(QColor(0, 0, 255, 100));
    painter.drawRect(100, 0, pix.width(), pix.height());
}
```

这里使用 QPixmap 先将同一图片并排绘制了两次,然后分别在其上面又绘制了一个使用不同的透明颜色填充的矩形,这样就可以使图像显示出不同的颜色,这使用到了下一节要讲到的复合模式。

下面来实现截取屏幕的功能。在 widget.cpp 文件中再添加头文件：

```
#include <QLabel>
#include <QWindow>
#include <QScreen>
```

然后在构造函数中添加如下代码：

```
QWindow window;
QPixmap grab = window.screen()->grabWindow();
grab.save("../mydrawing3/screen.png");
QLabel *label = new QLabel(this);
label->resize(400, 200);
QPixmap pix = grab.scaled(label->size(), Qt::KeepAspectRatio,
                          Qt::SmoothTransformation);
label->setPixmap(pix);
label->move(0, 100);
```

使用 QPixmap QScreen::grabWindow (WId window=0, int x=0, int y=0, int width=-1, int height=-1)函数可以截取屏幕的内容到一个 QPixmap 中,这里要指定窗口系统标识符(The window system identifier,Wid),还有要截取屏幕的内容所在的矩形,默认是截取整个屏幕的内容。除了截取屏幕,还可以使用 QWidget::grab()来截取窗口部件上的内容。然后将截取到的图像显示在一个标签中,为了显示整张图像,这里将其进行了缩放,使用了函数 QPixmap::scaled (const QSize & size, Qt::AspectRatioMode aspectRatioMode = Qt::IgnoreAspectRatio, Qt::TransformationMode transformMode=Qt::FastTransformation)。这个函数需要指定缩放后图片的大小 size、宽高比模式 Qt::AspectRatioMode 和转换模式 Qt::TransformationMode。这里的宽高比模式一共有 3 种取值,如表 10-4 所列,效果示意如图 10-16 所示。而转换模式默认是快速转换 Qt::FastTransformation,还有一种就是程序中使用的平滑转换 Qt::SmoothTransformation。关于截屏功能,可以参考 Screenshot Example 示例程序。

表 10-4　图像宽高比取值

常　量	描　述
Qt::IgnoreAspectRatio	可以自由缩放,不保持宽高比
Qt::KeepAspectRatio	在给定矩形中尽量放大,保持宽高比
Qt::KeepAspectRatioByExpanding	在给定的矩形外尽量缩小,保持宽高比

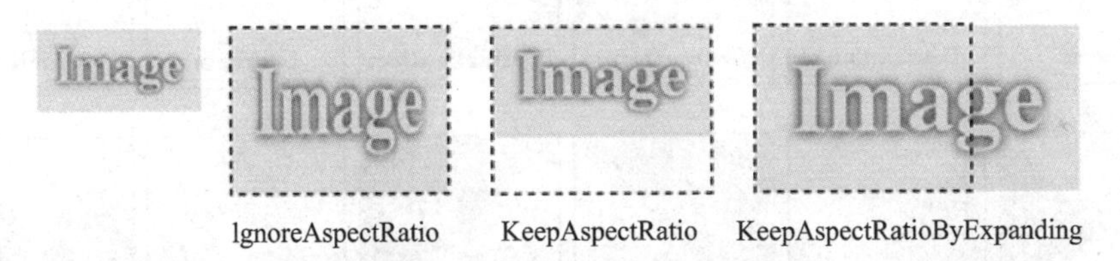

图 10-16　图像不同宽高比模式示意图

10.6.3　QPicture

QPicture 是一个可以记录和重演 QPainter 命令的绘图设备。QPicture 可以使用一个平台无关的格式(.pic 格式)将绘图命令序列化到 IO 设备中,所有可以绘制在 QWidget 部件或者 QPixmap 上的内容,都可以保存在 QPicture 中。QPicture 与分辨率无关,在不同设备上的显示效果都是一样的。要记录 QPainter 命令,可以像如下代码这样进行:

```
QPicture picture;
QPainter painter;
painter.begin(&picture);
painter.drawEllipse(10,20, 80,70);
painter.end();
picture.save("drawing.pic");
```

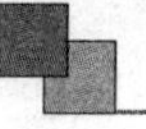

要重演 QPainter 命令,可以像如下代码这样进行:

```
QPicture picture;
picture.load("drawing.pic");
QPainter painter;
painter.begin(&myImage);
painter.drawPicture(0, 0, picture);
painter.end();
```

10.7 复合模式

QPainter 提供了复合模式(Composition Modes)来定义如何完成数字图像的复合,即如何将源图像的像素和目标图像的像素进行合并。QPainter 提供的常用复合模式及其效果如图 10-17 所示,所有的复合模式可以在 QPainter 的帮助文档中进行查看。其中,最普通的类型是 SourceOver(通常被称为 alpha 混合),就是正在绘制的源像素混合在已经绘制的目标像素上,源像素的 alpha 分量定义了它的透明度,这样源图像就会以透明效果在目标图像上进行显示。当设置了复合模式,它就会应用到所有的绘图操作中,如画笔、画刷、渐变和 pixmap/image 绘制等。

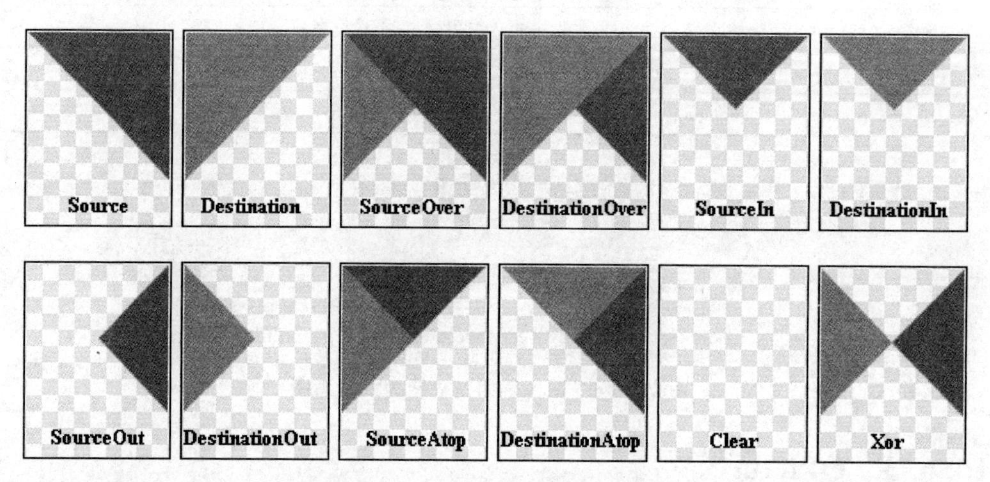

图 10-17 常用复合模式示意图

(本节采用的项目源码路径:src\10\10-11\mycomposition)新建 Qt Widgets 应用,项目名称为 mycomposition,基类选择 QWidget,类名为 Widget。建立完成后,在 widget.h 文件中声明重绘事件处理函数,然后到 widget.cpp 文件中添加头文件 #include <QPainter>,并定义 paintEvent()函数如下:

```
void Widget::paintEvent(QPaintEvent * )
{
    QPainter painter;
    QImage image(400, 300,QImage::Format_ARGB32_Premultiplied);
    painter.begin(&image);
```

```
    painter.setBrush(Qt::green);
    painter.drawRect(100, 50, 200, 200);
    painter.setBrush(QColor(0, 0, 255, 150));
    painter.drawRect(50, 0, 100, 100);
    painter.setCompositionMode(QPainter::CompositionMode_SourceIn);
    painter.drawRect(250, 0, 100, 100);
    painter.setCompositionMode(QPainter::CompositionMode_DestinationOver);
    painter.drawRect(50, 200, 100, 100);
    painter.setCompositionMode(QPainter::CompositionMode_Xor);
    painter.drawRect(250, 200, 100, 100);
    painter.end();
    painter.begin(this);
    painter.drawImage(0, 0, image);
}
```

这里先在 QImage 上绘制了一个矩形，然后又在这个矩形的 4 个角分别绘制了 4 个小矩形，每个小矩形都使用了不同的复合模式，并且使用了半透明的颜色进行填充。第一个小矩形没有明确指定复合模式，默认使用的是 SourceOver 模式。复合模式的使用可以参考 Image Composition Example 示例程序，还可以看一下 Composition Modes 演示程序。

10.8 双缓冲绘图

所谓双缓冲(double-buffers)绘图，就是在进行绘制时，先将所有内容都绘制到一个绘图设备(如 QPixmap)上，然后再将整个图像绘制到部件上显示出来。使用双缓冲绘图可以避免显示时的闪烁现象。从 Qt 4.0 开始，QWidget 部件的所有绘制都自动使用了双缓冲，所以一般没有必要在 paintEvent()函数中使用双缓冲代码来避免闪烁。

虽然在一般的绘图中无须手动使用双缓冲绘图，不过要想实现一些绘图效果，还是要借助于双缓冲的概念。下面的程序实现使用鼠标在界面上绘制一个任意大小的矩形的功能。这里需要两张画布，它们都是 QPixmap 实例，其中一个 tempPix 用来作为临时缓冲区，当鼠标正在拖动矩形进行绘制时，将内容先绘制到 tempPix 上，然后将 tempPix 绘制到界面上；而另一个 pix 作为缓冲区，用来保存已经完成的绘制。当松开鼠标完成矩形的绘制后，则将 tempPix 的内容复制到 pix 上。为了绘制时不显示拖影，在移动鼠标过程中，每绘制一次都要在刚开始绘制这个矩形的图像上进行绘制，所以需要在每次绘制 tempPix 之前，先将 pix 的内容复制到 tempPix 上。

(本节采用的项目源码路径：src\10\10-12\mydoublebuffers)新建 Qt Widgets 应用，项目名称为 mydoublebuffers，基类选择 QWidget，类名为 Widget。建立完成后，在 widget.h 文件中添加如下内容：

```
protected:
    void mousePressEvent(QMouseEvent * event) override;
    void mouseMoveEvent(QMouseEvent * event) override;
    void mouseReleaseEvent(QMouseEvent * event) override;
    void paintEvent(QPaintEvent * event) override;
```

```
private:
    Ui::Widget *ui;
    QPixmap pix;                          //缓冲区
    QPixmap tempPix;                      //临时缓冲区
    QPoint startPoint;
    QPoint endPoint;                      //是否正在绘图的标志
    bool isDrawing;
```

然后到 widget.cpp 文件中,先添加头文件:

```
#include <QMouseEvent>
#include <QPainter>
```

再在构造函数中对一些变量进行初始化:

```
pix = QPixmap(400, 300);
pix.fill(Qt::white);
tempPix = pix;
isDrawing = false;
```

下面添加几个鼠标事件处理函数的定义:

```
void Widget::mousePressEvent(QMouseEvent *event)
{
    if(event->button() == Qt::LeftButton) {
        //当鼠标左键按下时获取当前位置作为矩形的开始点
        startPoint = event->pos();
        //标记正在绘图
        isDrawing = true;
    }
}
void Widget::mouseMoveEvent(QMouseEvent *event)
{
    if(event->buttons() & Qt::LeftButton) {
        //当按着鼠标左键进行移动时,获取当前位置作为结束点,绘制矩形
        endPoint = event->pos();
      //将缓冲区的内容复制到临时缓冲区,这样进行动态绘制时
        //每次都是在缓冲区图像的基础上进行绘制,就不会产生拖影现象了
        tempPix = pix;
        //更新显示
        update();
    }
}
void Widget::mouseReleaseEvent(QMouseEvent *event)
{
    if(event->button() == Qt::LeftButton) {
        //当鼠标左键松开时,获取当前位置为结束点,完成矩形绘制
        endPoint = event->pos();
        //标记已经结束绘图
        isDrawing = false;
```

```
            update();
        }
    }
```

这里在鼠标按下事件处理函数中获取了要绘制矩形左上角的位置，然后标记正在绘制矩形。在鼠标移动事件处理函数中获取了要绘制矩形的右下角的位置，然后动态绘制矩形；这里为了不会绘制出一堆小矩形而产生所谓的拖影现象，就要在绘制临时缓冲区前，将缓冲区的内容复制到临时缓冲区中。这样每次都是在缓冲区图像的基础上进行绘制的，所以不会产生拖影现象。最后在鼠标按键释放事件处理函数中，获取矩形的右下角坐标，标记已经结束绘制。下面添加重绘事件处理函数的定义：

```
void Widget::paintEvent(QPaintEvent * event)
{
    int x = startPoint.x();
    int y = startPoint.y();
    int width = endPoint.x() - x;
    int height = endPoint.y() - y;
    QPainter painter;
    painter.begin(&tempPix);
    painter.drawRect(x, y, width, height);
    painter.end();
    painter.begin(this);
    painter.drawPixmap(0, 0, tempPix);
    //如果已经完成了绘制,那么更新缓冲区
    if(! isDrawing)
        pix = tempPix;
}
```

这里先在临时缓冲区中进行绘图，然后将其绘制到界面上。最后判断是否已经完成了绘制，如果是，则将临时缓冲区中的内容复制到缓冲区中，这样就完成了整个矩形的绘制。这个例子中的关键是 pix 和 tempPix 的相互复制，如果想将这个程序进行扩展，可以查看一下网站上的涂鸦板程序。

与这个例子很相似的一个应用是橡皮筋线，就是我们在 Windows 桌面上拖动鼠标出现的橡皮筋选择框。Qt 中提供了 QRubberBand 类来实现橡皮筋线，使用它只需要在几个鼠标事件处理函数中进行设置即可，其具体应用可以查看该类的帮助文档。

10.9　绘图中的其他问题

1. 重绘事件

前面讲到的所有绘制操作都是在重绘事件处理函数 paintEvent()中完成的，它是 QWidget 类中定义的函数。一个重绘事件用来重绘一个部件的全部或者部分区域，下面几个原因中的任意一个都会发生重绘事件：

- repaint()函数或者 update()函数被调用；
- 被隐藏的部件现在被重新显示；

➢ 其他一些原因。

大部分部件可以简单地重绘它们的全部界面,但是一些绘制比较慢的部件需要进行优化而只绘制需要的区域(可以使用 QPaintEvent::region()来获取该区域),这种速度上的优化不会影响结果。Qt 也会通过合并多个重绘事件为一个事件来加快绘制,当 update()函数被调用多次,或者窗口系统发送了多个重绘事件,那么 Qt 就会合并这些事件成为一个事件,而这个事件拥有最大的需要重绘的区域。update()函数不会立即进行重绘,要等到 Qt 返回主事件循环后才会进行,所以多次调用 update()函数一般只会引起一次 paintEvent()函数调用。而调用 repaint()函数会立即调用 paintEvent()函数来重绘部件,只有在必须立即进行重绘操作的情况下(比如在动画中),才使用 repaint()函数。update()允许 Qt 优化速度和减少闪烁,但是 repaint()函数不支持这样的优化,所以建议一般情况下尽可能使用 update()函数。还要说明一下,程序开始运行时就会自动发送重绘事件而调用 paintEvent()函数。另外,不要在 paintEvent()函数中调用 update()或者 repaint()函数。

当重绘事件发生时,要更新的区域一般会被擦除,然后在部件的背景上进行绘制。部件的背景一般可以使用 setBackgroundRole()来指定,然后使用 setAutoFillBackground(true)来启用指定的颜色。例如,使界面显示比较深的颜色,可以在部件的构造函数中添加如下代码:

```
setBackgroundRole(QPalette::Dark);
setAutoFillBackground(true);
```

2. 剪　切

QPainter 可以剪切任何的绘制操作,它可以剪切一个矩形、一个区域或者一个路径中的内容,这分别可以使用 setClipRect()、setClipRegion()和 setClipPath()函数来实现。剪切会在 QPainter 的逻辑坐标系统中进行。下面的代码实现了剪切一个矩形中的文字:

```
QPainter painter(this);
painter.setClipRect(10, 0, 20, 10);
painter.drawText(10, 10, tr("yafeilinux"));
```

3. 读取和写入图像

要读取图像,最普通的方法是使用 QImage 或者 QPixmap 的构造函数,或者调用 QImage::load()和 QPixmap::load()函数。Qt 中还有一个 QImageReader 类,该类提供了一个格式无关的接口,可以从文件或者其他设备中读取图像。QImageReader 类可以在读取图像时提供更多的控制,例如,可以使用 setScaledSize()函数将图像以指定的大小进行读取,还可以使用 setClipRect()读取图像的一个区域。由于依赖于图像格式底层的支持,QImageReader 的这些操作可以节省内存和加快图像的读取。另外,Qt 还提供了 QImageWriter 类来存储图像,它支持设置图像格式的特定选项,比如伽玛等级、压缩等级和品质等。当然,如果不需要设置这些选项,那么可以直接使用 QImage::save()和 QPixmap::save()函数。

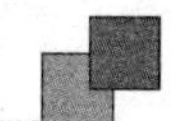

4. 播放 gif 动画

QMovie 类是使用 QImageReader 来播放动画的便捷类，使用它可以播放不带声音的简单的动画，如 gif 文件格式。这个类提供了很方便的函数来进行动画的开始、暂停和停止等操作。第 13 章会讲到该类。

5. 渲染 SVG 文件

可缩放矢量图形(Scalable Vector Graphics，SVG)是一个使用 XML 来描述二维图形和图形应用程序的语言。Qt 中可以使用 QSvgWidget 类加载一个 SVG 文件，而使用 QSvgRenderer 类在 QSvgWidget 中进行 SVG 文件的渲染。这两个类的使用很简单，这里就不再讲述。可以参考 SVG Generator Example 和 SVG Viewer Example 示例程序。

10.10 小 结

Qt 的绘图系统是一个复杂、庞大的系统，不过，一些简单的应用还是容易实现的。希望读者能很好地掌握本章的内容，因为这些知识的用途很广泛，而且也是学习下一章的基础。

第 11 章 图形视图、动画和状态机框架

Qt 提供了图形视图框架(Graphics View Framework)、动画框架(The Animation Framework)和状态机框架(The State Machine Framework)来实现更加高级的图形和动画应用。使用这些框架可以快速设计出动态 GUI 应用程序和各种动画、游戏程序。

《Qt Widgets 及 Qt Quick 开发实战精解》中的方块游戏实例就是应用本章知识设计出的一个经典俄罗斯方块游戏,学习完本章内容后就可以去完成这个实例,从而进一步熟悉这些知识的应用。

11.1 图形视图框架的结构

第 10 章讲 2D 绘图时已经可以绘制出各种图形,并且进行简单的控制。不过,如果要绘制成千上万相同或者不同的图形,并且对它们进行控制,如拖动这些图形、检测它们的位置以及判断它们是否相互碰撞等,使用以前的方法就很难完成了。这时可以使用 Qt 提供的图形视图框架来进行设计。

图形视图框架提供了一个基于图形项的模型视图编程方法,主要由场景、视图和图形项三部分组成,这三部分分别由 QGraphicsScene、QGraphicsView 和 QGraphicsItem 这 3 个类来表示。多个视图可以查看一个场景,场景中包含各种各样几何形状的图形项。图形视图框架在 Qt 4.2 中被引入,用来代替以前的 QCanvas 类组。

图形视图框架可以管理数量庞大的自定义 2D 图形项,并且可以与它们进行交互。使用视图部件可以使这些图形项可视化,视图还支持缩放和旋转。框架中包含了一个事件传播构架,提供了和场景中的图形项进行精确地双精度交互的能力;图形项可以处理键盘事件,鼠标的按下、移动、释放和双击事件,还可以跟踪鼠标的移动。图形视图框架使用一个 BSP(Binary Space Partitioning)树来快速发现图形项,也正是因为如此,它可以实时显示一个巨大的场景,甚至包含上百万个图形项。本节的内容可以在帮助中查看 Graphics View Framework 关键字。

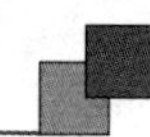

11.1.1 场　景

QGraphicsScene 提供了图形视图框架中的场景，场景拥有以下功能：

- 提供用于管理大量图形项的高速接口；
- 传播事件到每一个图形项；
- 管理图形项的状态，如选择和处理焦点；
- 提供无变换的渲染功能，主要用于打印。

场景是图形项 QGraphicsItem 对象的容器。可以调用 QGraphicsScene::addItem()函数将图形项添加到场景中，然后调用任意一个图形项发现函数来检索添加的图形项。QGraphicsScene::items()函数及其他几个重载函数可以返回符合条件的所有图形项，这些图形项不是与指定的点、矩形、多边形或者矢量路径相交，就是包含在它们之中。QGraphicsScene::itemAt()函数返回指定点的最上层的图形项。所有的图形项发现函数返回的图形项都是使用递减顺序（例如，第一个返回的图形项在最上层，最后返回的图形项在最下层）。如果要从场景中删除一个图形项，则可以使用 QGraphicsScene::RemoveItem()函数。下面先来看一个简单的例子。

（本小节采用的项目源码路径：src\11\11-1\myscene）新建空的 Qt 项目 Empty qmake Project，项目名称为 myscene，完成后向其中添加一个新的 C++ 源文件，名称为 main.cpp。添加完成后首先在 myscene.pro 文件中添加一行代码：

```
QT += widgets
```

然后在 main.cpp 文件中添加如下代码：

```
#include <QApplication>
#include <QGraphicsScene>
#include <QGraphicsRectItem>
#include <QDebug>
int main(int argc,char * argv[])
{
    QApplication app(argc,argv);
    //新建场景
    QGraphicsScene scene;
    //创建矩形图形项
    QGraphicsRectItem * item = new QGraphicsRectItem(0, 0, 100, 100);
    //将图形项添加到场景中
    scene.addItem(item);
    //输出(50, 50)点处的图形项
    qDebug() << scene.itemAt(50, 50, QTransform());
    return app.exec();
}
```

这里先创建了一个场景，然后创建了一个矩形图形项，并且将该图形项添加到了场景中。然后使用 itemAt()函数返回指定坐标处最顶层的图形项，这里返回的就是刚才添加的矩形图形项。现在可以运行程序，不过因为还没有设置视图，所以不会出现任何图形界面。这时可以在应用程序输出栏中看到输出的项目的信息，要关闭运行的程序，则可以按下应用程序输出栏上的红色按钮,然后强行关闭应用程序。

QGraphicsScene 的事件传播构架可以将场景事件传递给图形项,也可以管理图形项之间事件的传播。例如,如果场景在一个特定的点接收到了一个鼠标按下事件,那么场景就会将这个事件传递给该点的图形项。

QGraphicsScene 也用来管理图形项的状态,如图形项的选择和焦点等。可以通过向 QGraphicsScene::setSelectionArea()函数传递一个任意的形状来选择场景中指定的图形项。如果要获取当前选取的所有图形项的列表,则可以使用 QGraphicsScene::selectedItems()函数。另外可以调用 QGraphicsScene::setFocusItem()或者 QGraphicsScene::setFocus()函数来为一个图形项设置焦点,调用 QGraphicsScene::focusItem()函数获取当前获得焦点的图形项。

QGraphicsScene 也可以使用 QGraphicsScene::render()函数将场景中的一部分渲染到一个绘图设备上。这里讲到的这些函数会在后面的内容中看到它们的应用。

11.1.2 视　图

QGraphicsView 提供了视图部件,它用来使场景中的内容可视化。可以连接多个视图到同一个场景来为相同的数据集提供多个视口。视图部件是一个可滚动的区域,它提供了一个滚动条来浏览大的场景。可以使用 setDragMode()函数以 QGraphicsView::ScrollHandDrag 为参数来使光标变为手掌形状,从而可以拖动场景。如果设置 setDragMode()的参数为 QGraphicsView::RubberBandDrag,那么可以在视图上使用鼠标拖出橡皮筋框来选择图形项。默认的 QGraphicsView 提供了一个 QWidget 作为视口部件,如果要使用 OpenGL 进行渲染,可以调用 QGraphicsView::setViewport()设置 QOpenGLWidget 作为视口。QGraphicsView 会获取视口部件的拥有权(ownership)。

在前面的程序中先添加头文件 #include <QGraphicsView>,然后在主函数中“return app.exec();”一行代码前继续添加如下代码:

```
//为场景创建视图
QGraphicsView view(&scene);
//设置场景的前景色
view.setForegroundBrush(QColor(255, 255,0, 100));
//设置场景的背景图片
view.setBackgroundBrush(QPixmap("../myscene/background.png"));
view.resize(400, 300);
view.show();
```

这里新建了视图部件,并指定了要可视化的场景。然后为该视图设置了场景前景色和背景图片。最后设置了视图的大小,并调用 show()函数来显示视图。现在场景中的内容就可以在图形界面中显示出来了,运行程序可以看到,矩形图形项和背景图片都是在视图中间部分进行绘制的,这个问题会在坐标系统部分详细讲解。

一个场景分为 3 层:图形项层(ItemLayer)、前景层(ForegroundLayer)和背景层(BackgroundLayer)。场景的绘制总是从背景层开始,然后是图形项层,最后是前景

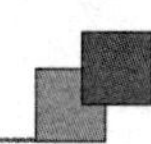

层。前景层和背景层都可以使用 QBrush 进行填充，比如使用渐变和贴图等。这里的前景色设置为了半透明的黄色，当然也可以设置为其他的填充。还要提示一下，其实使用好前景色可以实现很多特殊的效果，比如使用半透明的黑色便可以实现夜幕降临的效果。代码中使用了 QGraphicsView 类中的函数设置了场景中的背景和前景，其实也可以使用 QGraphicsScene 中的同名函数来实现，不过它们的效果并不完全一样。如果使用 QGraphicsScene 对象设置了场景背景或者前景，那么对所有关联了该场景的视图都有效，而 QGraphicsView 对象设置的场景的背景或者前景只对它本身对应的视图有效。可以在这里的代码后面再添加如下代码：

```
QGraphicsView view2(&scene);
view2.resize(400, 300);
view2.show();
```

这时运行程序会出现两个视图，但是第二个视图中的背景是白色的。然后将前面使用 view 对象设置背景和前景的代码更改为：

```
scene.setForegroundBrush(QColor(255, 255,0, 100));
scene.setBackgroundBrush(QPixmap("../myscene/background.png"));
```

这时再运行程序可以发现，两个视图的背景和前景都一样了。当然，使用视图对象来设置场景背景的好处是可以在多个视图中使用不同的背景和前景来实现特定的效果。

视图从键盘或者鼠标接收输入事件，然后会在发送这些事件到可视化的场景之前将它们转换为场景事件(将坐标转换为合适的场景坐标)。另外，使用视图的变换矩阵函数 QGraphicsView::transform()时，可以通过视图来变换场景的坐标系统，这样便可以实现比如缩放和旋转等高级的导航功能。

11.1.3 图形项

QGraphicsItem 是场景中图形项的基类。图形视图框架为典型的形状提供了标准的图形项，如矩形(QGraphicsRectIem)、椭圆(QGraphicsEllipseItem)和文本项(QGraphicsTextItem)。不过，只有当编写自定义的图形项时才能发挥 QGraphicsItem 的强大功能。QGraphicsItem 主要支持如下功能：

- 鼠标按下、移动、释放、双击、悬停、滚轮和右键菜单事件；
- 键盘输入焦点和键盘事件；
- 拖放事件；
- 分组，使用 QGraphicsItemGroup 通过 parent-child 关系来实现；
- 碰撞检测。

除此之外，图形项还可以存储自定义的数据，可以使用 setData()进行数据存储，然后使用 data()获取其中的数据。下面来自定义图形项。(本小节采用的项目源码路径：src\11\11-2\myscene)在前面的程序中添加新文件，模板选择 C++ 类，类名为 MyItem，基类设置为 QGraphicsItem。添加完成后，将 myitem.h 文件修改如下：

```
#ifndef MYITEM_H
#define MYITEM_H
#include <QGraphicsItem>
class MyItem : public QGraphicsItem
{
public:
    MyItem();
    QRectF boundingRect() const override;
    void paint(QPainter *painter, const QStyleOptionGraphicsItem *option,
               QWidget *widget) override;
};
#endif //MYITEM_H
```

再到 myitem.cpp 文件中添加头文件#include <QPainter>，然后定义添加的两个函数：

```
QRectF MyItem::boundingRect() const
{
    qreal penWidth = 1;
    return QRectF(0 - penWidth / 2, 0 - penWidth / 2,
                  20 + penWidth, 20 + penWidth);
}
void MyItem::paint(QPainter *painter, const QStyleOptionGraphicsItem *, QWidget *)
{
    painter->setBrush(Qt::red);
    painter->drawRect(0, 0, 20, 20);
}
```

要实现自定义的图形项，那么首先要创建一个 QGraphicsItem 的子类，然后重新实现它的两个纯虚公共函数：boundingRect()和 paint()，前者用来返回要绘制图形项的矩形区域，后者用来执行实际的绘图操作。其中，boundingRect()函数将图形项的外部边界定义为一个矩形，所有的绘图操作都必须限制在图形项的边界矩形之中。而且，QGraphicsView 要使用这个矩形来剔除那些不可见的图形项，还要使用它来确定当绘制交叉项目时哪些区域需要进行重新构建。另外，QGraphicsItem 的碰撞检测机制也需要使用到这个边界矩形。如果图形绘制了一个轮廓，那么在边界矩形中包含一半画笔的宽度是很重要的，尽管抗锯齿绘图并不需要这些补偿。对于绘图函数 paint()，它的原型如下：

```
void QGraphicsItem::paint (QPainter * painter, const QStyleOptionGraphicsItem
 * option, QWidget * widget = nullptr )
```

这个函数一般会被 QGraphicsView 调用，用来在本地坐标中绘制图形项中的内容。其中，painter 参数用来进行一般的绘图操作，这与前一章中的绘图操作是一样的；option 参数为图形项提供了一个风格选项；widget 参数是可选的，如果提供了该参数，那么它会指向那个要在其上进行绘图的部件，否则默认为 0(nullptr)，表明使用缓冲绘图。painter 的画笔的宽度默认为 0，它的画笔被初始化为绘图设备调色板的 QPalette::Text 画刷，而 painter 的画刷被初始化为 QPalette::Window。

一定要保证所有的绘图都要在 boundingRect()的边界之中。特别是当 QPainter

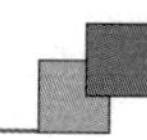

使用了指定的 QPen 来渲染图形的边界轮廓时，绘制图形的边界线的一半会在外面，一半会在里面（例如，使用了宽度为两个单位的画笔，就必须在 boundingRect()里绘制一个单位的边界线）。这也是在 boundingRect()中要包含半个画笔宽度的原因。QGraphicsItem 不支持使用宽度非零的装饰笔。

下面来使用自定义的图形项。在 main.cpp 文件中先添加头文件 #include "myitem.h"，然后将以前的图形项的创建代码：

```
QGraphicsRectItem * item = new QGraphicsRectItem(0, 0, 100, 100);
```

更改为：

```
MyItem  * item = new MyItem;
```

这时运行程序可以看到，自定义的红色小方块出现在了视图的正中间，背景图片的位置也有所变化，这些问题都会在后面的坐标系统中讲到。如果只想添加简单的图形项，那么也可以直接使用图形视图框架提供的标准图形项，它们的效果如图 11-1 所示。

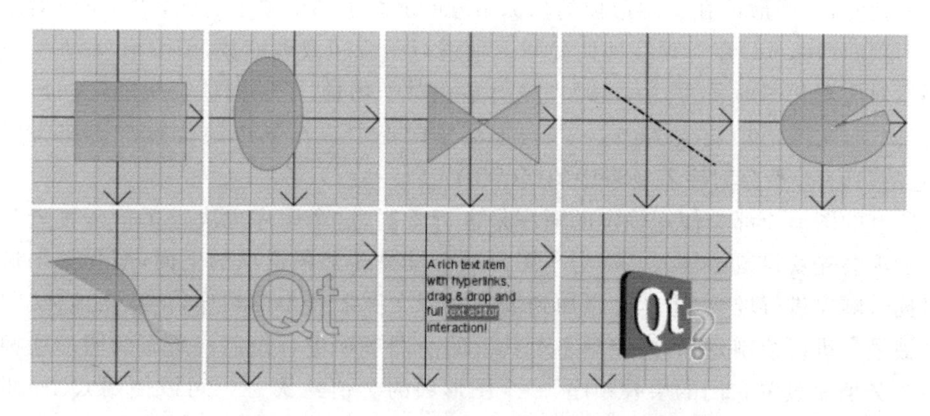

图 11-1　图形视图框架提供的标准图形项

11.2　图形视图框架的坐标系统和事件处理

11.2.1　坐标系统

图形视图框架是基于笛卡尔坐标系统的，一个图形项在场景中的位置和几何形状由 x 坐标和 y 坐标来表示。当使用一个没有变换的视图来观察场景时，场景中的一个单元代表屏幕上的一个像素。图形视图框架中有 3 个有效的坐标系统：图形项坐标、场景坐标和视图坐标。为了方便应用，图形视图框架中提供了一些便捷函数来完成 3 个坐标系统之间的映射。进行绘图时，场景坐标对应 QPainter 的逻辑坐标，视图坐标对应设备坐标。这两种坐标之间的关系可以查看第 10 章的坐标系统部分。

1. 图形项坐标

图形项使用自己的本地坐标系统,坐标通常是以它们的中心为原点(0, 0),而这也是所有变换的中心。当要创建一个自定义图形项时,只需要考虑图形项的坐标系统,QGraphicsScene 和 QGraphicsView 会完成其他所有的转换。而且,一个图形项的边界矩形和图形形状都是在图形项坐标系统中的。

图形项的位置是指图形项的原点在其父图形项或者场景中的位置。如果一个图形项在另一个图形项之中,那么它被称为子图形项,而包含它的图形项称为它的父图形项。所有没有父图形项的图形项都会在场景的坐标系统中,它们被称为顶层图形项。可以使用 setPos()函数来指定图形项的位置,如果没有指定,则默认会出现在父图形项或者场景的原点处。

子图形项的位置和坐标是相对于父图形项的,虽然父图形项的坐标变换会隐含地变换子图形项,但是,子图形项的坐标不会受到父图形项的变换的影响。例如,在没有坐标变换时,子图形项在父图形项的(10, 0)点,那么子图形项中的(0, 10)点就对应了父图形项的(10, 10)点。现在即使父图形项进行了旋转或者缩放,子图形项的(0, 10)点仍然对应着父图形项的(10, 10)点。但是相对于场景,子图形项会跟随父图形项的变换,例如,父图形项放大为(2x, 2x),那么子图形项在场景中的位置就会变为(20, 0),它的(10, 0)点会对应着场景中的(40, 0)点。

所有的图形项都会使用确定的顺序来进行绘制,这个顺序也决定了单击场景时哪个图形项会先获得鼠标输入。一个子图形项会堆叠在父图形项的上面,而兄弟图形项会以插入顺序进行堆叠(也就是添加到场景或者父图形项中的顺序)。默认地,父图形项会被最先进行绘制,然后按照顺序对其上的子图形项进行绘制。所有的图形项都包含一个 Z 值来设置它们的层叠顺序,一个图形项的 Z 值默认为 0,可以使用 QGraphicsItem::setZValue()来改变一个图形项的 Z 值,从而使它堆叠到其兄弟图形项的上面(使用较大的 Z 值时)或者下面(使用较小的 Z 值时)。

2. 场景坐标

场景坐标是所有图形项的基础坐标系统。场景坐标系统描述了每一个顶层图形项的位置,也用于处理所有从视图传到场景上的事件。场景坐标的原点在场景的中心,x 和 y 坐标分别向右和向下增大。每一个在场景中的图形项除了拥有一个图形项的本地坐标和边界矩形外,还都拥有一个场景坐标(QGraphicsItem::scenePos())和一个场景中的边界矩形(QGraphicsItem::sceneBoundingRect())。场景坐标用来描述图形项在场景坐标系统中的位置,而图形项的场景边界矩形用于 QGraphicsScene 判断场景中的哪些区域进行了更改。

3. 视图坐标

视图的坐标就是部件的坐标。视图坐标的每一个单位对应一个像素,原点(0, 0)总在 QGraphicsView 的视口的左上角,而右下角是(宽,高)。所有的鼠标事件和拖放

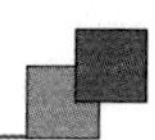

事件最初都是使用视图坐标接收的。

4. 坐标映射

当处理场景中的图形项时，将坐标或者一个任意的形状从场景映射到图形项，或者从一个图形项映射到另一个图形项，或者从视图映射到场景，这些坐标变换都是很常用的。例如，在 QGraphicsView 的视口上单击了鼠标，则可调用 QGraphicsView::mapToScene()以及 QGraphicsScene::itemAt()来获取光标下的图形项；如果要获取一个图形项在视口中的位置，那么可以先在图形项上调用 QGraphicsItem::mapToScene()，然后在视图上调用 QGraphicsView::mapFromScene()；如果要获取在视图的一个椭圆形中包含的图形项，则可以先传递一个 QPainterPath 对象作为参数给 mapToScene()函数，然后传递映射后的路径给 QGraphicsScene::items()函数。

不仅可以在视图、场景和图形项之间使用坐标映射，还可以在子图形项和父图形项或者图形项和图形项之间进行坐标映射。图形视图框架提供的所有映射函数如表 11-1 所列，所有的映射函数都可以映射点、矩形、多边形和路径。

表 11-1　图形视图框架的映射函数

映射函数	描　述
QGraphicsView::mapToScene()	从视图坐标系统映射到场景坐标系统
QGraphicsView::mapFromScene()	从场景坐标系统映射到视图坐标系统
QGraphicsItem::mapToScene()	从图形项的坐标系统映射到场景的坐标系统
QGraphicsItem::mapFromScene()	从场景的坐标系统映射到图形项的坐标系统
QGraphicsItem::mapToParent()	从本图形项的坐标系统映射到其父图形项的坐标系统
QGraphicsItem::mapFromParent()	从父图形项的坐标系统映射到本图形项的坐标系统
QGraphicsItem::mapToItem()	从本图形项的坐标系统映射到另一个图形项的坐标系统
QGraphicsItem::mapFromItem()	从另一个图形项的坐标系统映射到本图形项的坐标系统

下面通过例子来进一步学习图形视图框架的坐标系统。（本例采用的项目源码路径：src\11\11-3\myscene）在前面的程序中添加新文件，模板选择 C++ 类，类名为 MyView，基类设置为 QGraphicsView。完成后将 myview.h 文件更改如下：

```
#ifndef MYVIEW_H
#define MYVIEW_H
#include <QGraphicsView>
class MyView : public QGraphicsView
{
    Q_OBJECT
public:
    explicit MyView(QWidget *parent = 0);
protected:
    void mousePressEvent(QMouseEvent *event) override;
};
#endif //MYVIEW_H
```

然后到 myview. cpp 文件中，添加头文件：

```
#include <QMouseEvent>
#include <QGraphicsItem>
#include <QDebug>
```

将构造函数修改为：

```
MyView::MyView(QWidget *parent) :
    QGraphicsView(parent)
{
}
```

然后添加鼠标按下事件处理函数的定义：

```
void MyView::mousePressEvent(QMouseEvent *event)
{
    //分别获取鼠标单击处在视图、场景和图形项中的坐标，并输出
    QPoint viewPos = event->pos();
    qDebug() << "viewPos: " << viewPos;
    QPointF scenePos = mapToScene(viewPos);
    qDebug() << "scenePos: " << scenePos;
    QGraphicsItem *item = scene()->itemAt(scenePos, QTransform());
    if (item) {
        QPointF itemPos = item->mapFromScene(scenePos);
        qDebug() << "itemPos: " << itemPos;
    }
}
```

这里先使用鼠标事件对象 event 获取了鼠标单击位置在视图中的坐标，然后使用映射函数将这个坐标转换为了场景中的坐标，并使用 scene()函数获取视图当前的场景的指针，然后使用 QGraphicsScene::itemAt()函数获取了场景中该坐标处的图形项；如果这里有图形项，那么便输出该点在图形项坐标系统中的坐标。

下面到 main. cpp 文件中，先添加头文件 #include "myview. h"，然后更改主函数的内容为：

```
int main(int argc, char *argv[])
{
    QApplication app(argc, argv);
    QGraphicsScene scene;
    MyItem *item = new MyItem;
    scene.addItem(item);
    item->setPos(10, 10);
    QGraphicsRectItem *rectItem = scene.addRect(QRect(0, 0, 100, 100),
                                         QPen(Qt::blue), QBrush(Qt::green));
    rectItem->setPos(20, 20);
    MyView view;
    view.setScene(&scene);
    view.setForegroundBrush(QColor(255, 255,0, 100));
    view.setBackgroundBrush(QPixmap("../myscene/background.png"));
    view.resize(400, 300);
    view.show();
```

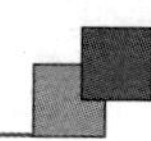

```
    return app.exec();
}
```

这里先向场景中添加了一个 MyItem 图形项，然后又使用 QGraphicsScene::addRect()函数添加了矩形图形项，并分别设置了它们在场景中的位置。然后使用自定义的视图类 MyView 创建了视图。因为 item 在 rectItem 之前添加到场景中，所以 rectItem 会在 Item 之上进行绘制。运行程序，在视图上进行单击，然后查看应用程序输出栏中的输出数据，分别单击视图的左上角、背景图片的交点处、小正方形的左上角以及大正方形的左上角。通过数据可以发现，视图的左上角是视图的原点，背景图片的交点处是场景的原点，而两个正方形的左上角分别是它们图形项坐标的原点。如果想将 item 移动到 rectItem 之上，那么可以在创建 item 的代码之后添加如下一行代码：

```
item->setZValue(1);
```

这样就可以让 item 显示在 rectItem 之上了。其实还可以将 item 作为 rectItem 的子图形项，这样 item 就会在 rectItem 的坐标系统上进行绘制，也就是不用使用 setZValue()函数，item 也是默认显示在 rectItem 之上的。先注释掉添加的 setZValue()的代码，然后在创建 rectItem 的代码的后面添加如下代码：

```
item->setParentItem(rectItem);
rectItem->setRotation(45);
```

这里将 rectItem 设置为了 item 的父项，然后将 rectItem 进行了旋转。可以看到，rectItem 会在自己的坐标系统中进行旋转，并且是以原点为中心进行旋转的。虽然 item 也进行了旋转，但是它在 rectItem 中的相对位置却没有改变。读者可以在视图上单击鼠标，从而查看一下输出的坐标信息。

下面再来看一下为什么场景背景图片会随着图形项的不同而改变位置？其实场景背景图片位置的变化也就是场景位置的变化，默认的，如果场景中没有添加任何图形项，那么场景的中心(默认的是原点)会和视图的中心重合。如果添加了图形项，那么视图就会以图形项的中心为中心来显示场景。就像前面看到的，因为图形项的大小或者位置变化了，所以视口的位置也就变化了，这样看起来好像是背景图片的位置发生了变化。其实，场景还有一个很重要的属性就是场景矩形，它是场景的边界矩形。场景矩形定义了场景的范围，主要用于 QGraphicsView 来判断视图默认的滚动区域，当视图小于场景矩形时，就会自动生成水平和垂直的滚动条来显示更大的区域。另外，场景矩形也用于 QGraphicsScene 来管理图形项索引。可以使用 QGraphicsScene::setSceneRect()来设置场景矩形，如果没有设置，那么 sceneRect()会返回一个包含了自从场景创建以来添加的所有图形项的最大边界矩形(这个矩形会随着图形项的添加或者移动而不断增长，但是永远不会缩小)，所以操作一个较大的场景时，总应该设置一个场景矩形。

设置了场景矩形，就可以指定视图显示的场景区域了。比如将场景的原点显示在视图的左上角，那么可以在创建场景的代码下面添加如下一行代码：

```
scene.setSceneRect(0, 0, 400, 300);
```

运行程序,效果如图 11-2 所示。当场景很大时,还可以使用 QGraphicsView 类中的 centerOn()函数来设置场景中的一个点或者一个图形项作为视图的显示中心。

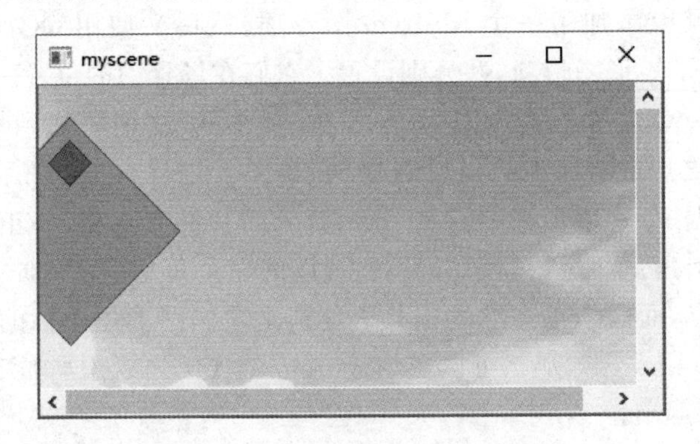

图 11-2 设置场景矩形运行效果

11.2.2 事件处理与传播

图形视图框架中的事件都是先由视图进行接收,然后传递给场景,再由场景传递给相应的图形项。而对于键盘事件,它会传递给获得焦点的图形项,可以使用 QGraphicsScene 类的 setFocusItem()函数或者图形项自身调用 setFocus()函数来设置焦点图形项。默认地,如果场景没有获得焦点,那么所有的键盘事件都会被丢弃。如果调用了场景的 setFocus()函数或者场景中的一个图形项获得了焦点,那么场景也会自动获得焦点。如果场景丢失了焦点(如调用了 clearFocus()函数),然而它的一个图形项获得了焦点,那么场景就会保存这个图形项的焦点信息;当场景重新获得焦点后,就会确保最后一个焦点项目重新获得焦点。

对于鼠标悬停效果,QGraphicsScene 会调度悬停事件。如果一个图形项可以接收悬停事件,那么当鼠标进入它的区域之中时,它就会收到一个 GraphicsSceneHoverEnter 事件。如果鼠标继续在图形项的区域之中进行移动,那么 QGraphicsScene 就会向该图形项发送 GraphicsSceneHoverMove 事件。当鼠标离开图形项的区域时,它将会收到一个 GraphicsSceneHoverLeave 事件。图形项默认是无法接收悬停事件的,可以使用 QGraphicsItem 类的 setAcceptHoverEvents()函数使图形项可以接收悬停事件。

所有的鼠标事件都会传递到当前鼠标抓取的图形项,一个图形项如果可以接收鼠标事件(默认可以)而且鼠标在它的上面被按下,那么它就会成为场景的鼠标抓取的图形项。

下面来看一个例子。(本例采用的项目源码路径:src\11\11-4\myview)新建空的 Qt 项目,名称为 myview。完成后先在 myview.pro 中添加"QT += widgets"一行代码,然后按照项目 11-2 那样向本项目中添加一个 MyItem 自定义图形项,在 myitem.h 文件中声明 boundingRect()和 paint()两个纯虚函数,再添加一个公用的设置图形项填充色的函数和一个私有变量,完成后 myitem.h 文件内容如下:

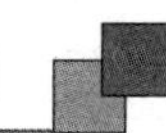

```
#ifndef MYITEM_H
#define MYITEM_H
#include <QGraphicsItem>
class MyItem : public QGraphicsItem
{
public:
    MyItem();
    QRectF boundingRect() const override;
    void paint(QPainter *painter, const QStyleOptionGraphicsItem *option,
               QWidget *widget) override;
    void setColor(const QColor &color) { brushColor = color; }
private:
    QColor brushColor;
};
#endif //MYITEM_H
```

下面到 myitem.cpp 文件中，先添加头文件#include <QPainter>，然后在构造函数中初始化变量：

```
MyItem::MyItem()
{
    brushColor = Qt::red;
}
```

这样图形项默认的填充色就是红色了。下面添加那两个纯虚函数的定义：

```
QRectF MyItem::boundingRect() const
{
    qreal adjust = 0.5;
    return QRectF(-10 - adjust, -10 - adjust,
                  20 + adjust, 20 + adjust);
}
void MyItem::paint(QPainter *painter, const QStyleOptionGraphicsItem *, QWidget *)
{
    if (hasFocus()) {
        painter->setPen(QPen(QColor(255, 255, 255, 200)));
    } else {
        painter->setPen(QPen(QColor(100, 100, 100, 100)));
    }
    painter->setBrush(brushColor);
    painter->drawRect(-10, -10, 20, 20);
}
```

这里根据图形项是否获得焦点 hasFocus()来使用不同的颜色绘制图形项的轮廓。这个会在后面使用到。还使用了变量作为画刷的颜色，这样就可以动态指定图形项的填充色了。

完成了自定义图形项类的添加后，再按照项目 11-3 那样添加一个 MyView 自定义视图类。添加完成后，先在 myview.h 中添加键盘按下事件处理函数的声明：

```
#ifndef MYVIEW_H
#define MYVIEW_H
#include <QGraphicsView>
```

```
class MyView : public QGraphicsView
{
    Q_OBJECT
public:
    explicit MyView(QWidget * parent = 0);
protected:
    void keyPressEvent(QKeyEvent * event) override;
};
#endif //MYVIEW_H
```

然后到 myview. cpp 文件中添加头文件 #include <QKeyEvent>,并修改构造函数如下:

```
MyView::MyView(QWidget * parent) :
    QGraphicsView(parent)
{
}
```

然后添加 keyPressEvent()函数定义:

```
void MyView::keyPressEvent(QKeyEvent * event)
{
    switch (event->key())
    {
    case Qt::Key_Plus :
        scale(1.2, 1.2);
        break;
    case Qt::Key_Minus :
        scale(1 / 1.2, 1 / 1.2);
        break;
    case Qt::Key_Right :
        rotate(30);
        break;
    }
    QGraphicsView::keyPressEvent(event);
}
```

这里使用不同的按键来实现视图的缩放和旋转等操作。注意,在视图的事件处理函数的最后一定要调用 QGraphicsView 类的 keyPressEvent()函数,不然在场景或者图形项中就无法再接收到该事件了。

最后添加 main. cpp 文件,并且将其内容更改如下:

```
#include <QApplication>
#include "myitem.h"
#include "myview.h"
#include <QRandomGenerator>
int main(int argc, char * argv[])
{
    QApplication app(argc, argv);
    QGraphicsScene scene;
    scene.setSceneRect(-200, -150, 400, 300);
    for (int i = 0; i < 5; ++i) {
```

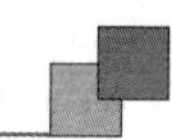

```
        MyItem * item = new MyItem;
        quint32 r = QRandomGenerator::global()->bounded(256);
        quint32 g = QRandomGenerator::global()->bounded(256);
        quint32 b = QRandomGenerator::global()->bounded(256);
        item->setColor(QColor(r, g, b));
        item->setPos(i * 50 - 90, - 50);
        scene.addItem(item);
    }
    MyView view;
    view.setScene(&scene);
    view.setBackgroundBrush(QPixmap("../myView/background.png"));
    view.show();
    return app.exec();
}
```

这里在场景中添加了 5 个图形项，分别为它们设置了随机颜色。运行程序，可以使用键盘上的“+”和“-”键来放大和缩小视图，也可以使用向右方向键“→”来旋转视图。

下面再来看一下其他事件的应用。先在 myitem.h 文件中添加一些事件处理函数的声明：

```
protected:
    void keyPressEvent(QKeyEvent * event) override;
    void mousePressEvent(QGraphicsSceneMouseEvent * event) override;
    void hoverEnterEvent(QGraphicsSceneHoverEvent * event) override;
    void contextMenuEvent(QGraphicsSceneContextMenuEvent * event) override;
```

然后到 myitem.cpp 文件中添加头文件：

```
#include <QCursor>
#include <QKeyEvent>
#include <QGraphicsSceneHoverEvent>
#include <QGraphicsSceneContextMenuEvent>
#include <QMenu>
```

再在 MyItem 构造函数中添加如下代码：

```
setFlag(QGraphicsItem::ItemIsFocusable);
setFlag(QGraphicsItem::ItemIsMovable);
setAcceptHoverEvents(true);
```

这里的 setFlag()函数可以开启图形项的一些特殊功能，比如要想使用键盘控制图形项，则必须使图形项可以获得焦点，所以要先设置 ItemIsFocusable 标志；而如果想使用鼠标来拖动图形项进行移动，那么就必须先设置 ItemIsMovable 标志。这些标志也可以在创建图形项时进行设置，更多的标志可以参见 QGraphicsItem 类的帮助文档。为了使图形项支持悬停事件，需要调用 setAcceptHoverEvents(true)来进行设置。下面添加事件处理函数的定义：

```
//鼠标按下事件处理函数，设置被单击的图形项获得焦点，并改变光标外观
void MyItem::mousePressEvent(QGraphicsSceneMouseEvent *)
{
    setFocus();
```

```
    setCursor(Qt::ClosedHandCursor);
}
//键盘按下事件处理函数,判断是否是向下方向键,如果是,则向下移动图形项
void MyItem::keyPressEvent(QKeyEvent * event)
{
    if (event->key() == Qt::Key_Down)
        moveBy(0, 10);
}
//悬停事件处理函数,设置光标外观和提示
void MyItem::hoverEnterEvent(QGraphicsSceneHoverEvent * )
{
    setCursor(Qt::OpenHandCursor);
    setToolTip("I am item");
}
//右键菜单事件处理函数,为图形项添加一个右键菜单
void MyItem::contextMenuEvent(QGraphicsSceneContextMenuEvent * event)
{
    QMenu menu;
    QAction * moveAction = menu.addAction("move back");
    QAction * selectedAction = menu.exec(event->screenPos());
    if (selectedAction == moveAction) {
        setPos(0, 0);
    }
}
```

这里首先在鼠标按下事件处理函数中,为鼠标单击的图形项设置了焦点,这样按下键盘时该图形项就会接收到按键事件。如果按下了键盘的向下方向键,那么获得焦点的图形项就会向下移动,这里使用了 moveBy(qreal dx, qreal dy)函数;它用来进行相对移动,就是相对于当前位置在水平方向移动 dx,在垂直方向移动 dy。在进行项目移动时,经常使用到该函数。然后是右键菜单事件,在一个图形项上右击鼠标,则弹出一个菜单;如果选中该菜单,那么图形项会移动到场景原点。现在运行程序,效果如图 11-3 所示,将鼠标光标移动到一个图形项上,可以看到光标外观改变了,而且出现了工具提示。可以使用鼠标拖动图形项,在一个图形项上右击鼠标,则还可以看到弹出的右键菜单,也可以选中一个图形项,然后使用键盘来移动它。

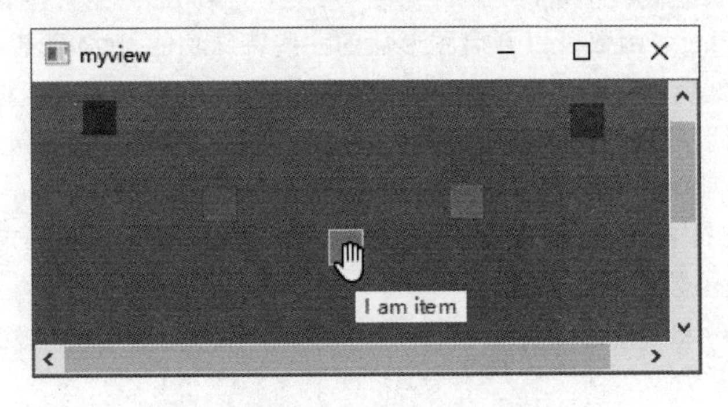

图 11-3　显示图形项提示运行效果

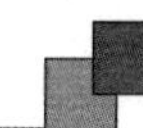

图形视图框架还可以处理一些其他的事件，比如拖放事件，这个可以参考第 5 章的相关知识来学习，也可以参考一下 Drag and Drop Robot Example 示例程序；还有一个 Diagram Scene Example 示例程序，它是一个使用图形视图框架设计的绘图程序，也可以参考一下。

11.3　图形视图框架的其他特性

11.3.1　图形效果

图形效果(graphics effect)是 Qt 4.6 添加的一个新的特色功能，QGraphicsEffect 类是所有图形效果的基类。使用图形效果来改变元素的外观是通过在源对象(如一个图形项)和目标设备(如视图的视口)之间挂接了渲染管道和一些操作来实现的。图形效果可以实施在任何一个图形项或者非顶层窗口的任何窗口部件上，只须先创建一个图形效果对象，然后调用 setGraphicsEffect()函数来使用这个图形效果即可。如果想停止使用该效果，可以调用 setEnabled(false)。Qt 提供了 4 种标准的效果，如表 11 - 2 所列。也可以自定义效果，这需要创建 QGraphicsEffect 的子类，可以查看该类的帮助文档来了解更多的相关内容。

表 11 - 2　Qt 标准图形效果

图形效果类	介　绍
QGraphicsBlurEffect	该类提供了一个模糊效果，该效果一般用来减少源对象细节的显示。可以使用 setBlurRadius()函数来修改细节等级，默认的模糊半径是 5 像素；还可以使用 setBlurHints()来指定模糊怎样来执行
QGraphicsColorizeEffect	该类提供了一个染色效果，该效果用来为源对象进行染色。可以使用 setColor()函数修改颜色，默认是浅蓝色 QColor(0, 0, 192)；还可以使用 setStrength()来修改效果的强度，强度在 0.0～1.0 之间，默认为 1.0
QGraphicsDropShadowEffect	该类提供了一个阴影效果，该效果可以为源对象提供一个阴影。可以使用 setColor()来修改阴影的颜色，默认是透明的黑灰色 QColor(63, 63, 63, 180)；可以使用 setOffset()来改变阴影的偏移值，默认为右下方 8 像素；还可以使用 setBlurRadius()来改变阴影的模糊半径，其默认值为 1
QGraphicsOpacityEffect	该类提供了一个透明效果，该效果可以使源对象透明。可以使用 setOpacity()函数来修改透明度，其值在 0.0～1.0 之间，0.0 表示完全透明，1.0 表示完全不透明

(本小节采用的项目源码路径：src\11\11-5\myview)继续在前面程序的基础上进行更改，先在 myitem.cpp 文件中添加头文件 # include ＜QGraphicsEffect＞，然后更改 keyPressEvent()函数如下：

```
void MyItem::keyPressEvent(QKeyEvent * event)
{
    switch (event->key())
{
    case Qt::Key_1 : {
        QGraphicsBlurEffect * blurEffect = new QGraphicsBlurEffect;
        blurEffect->setBlurHints(QGraphicsBlurEffect::QualityHint);
        blurEffect->setBlurRadius(8);
        setGraphicsEffect(blurEffect);
        break;
}
    case Qt::Key_2 : {
        QGraphicsColorizeEffect * colorizeEffect = new QGraphicsColorizeEffect;
        colorizeEffect->setColor(Qt::white);
        colorizeEffect->setStrength(0.6);
        setGraphicsEffect(colorizeEffect);
        break;
    }
    case Qt::Key_3 : {
        QGraphicsDropShadowEffect * dropShadowEffect = new QGraphicsDropShadowEffect;
        dropShadowEffect->setColor(QColor(63, 63, 63, 100));
        dropShadowEffect->setBlurRadius(2);
        dropShadowEffect->setOffset(10);
        setGraphicsEffect(dropShadowEffect);
        break;
    }
    case Qt::Key_4 : {
        QGraphicsOpacityEffect * opacityEffect = new QGraphicsOpacityEffect;
        opacityEffect->setOpacity(0.4);
        setGraphicsEffect(opacityEffect);
        break;
    }
    case Qt::Key_5 :
        graphicsEffect()->setEnabled(false);
        break;
    }
}
```

这里分别使用不同的按键来实现不同的图形效果，现在运行程序，然后分别选中一个图形项设置为不同的图形效果，数字键 5 可以取消图形项的图形效果。

11.3.2 动画、碰撞检测和图形项组

1. 动 画

图形视图框架支持几种级别的动画。以前可以使用 QGraphicsItemAnimation 类很容易地实现图形项的动画效果，不过该类现在已经过时，所以不再讲解。现在主要是通过动画框架来实现动画效果。另外的方法是创建一个继承自 QObject 和 QGraphicsItem 的自定义图形项，然后创建它自己的定时器来实现动画，这个这里也不再讲解。

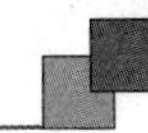

第三种方法是使用 QGraphicsScene::advance()来推进场景，下面来看一下它的应用。

（本例采用的项目源码路径：src\11\11-6\myview）继续在前面程序的基础上进行修改。首先在 myitem.h 文件中的 public 部分添加函数声明：

```
void advance(int phase) override;
```

到 myitem.cpp 文件中，先添加头文件包含 #include <QRandomGenerator>，然后进行该函数的定义：

```
void MyItem::advance(int phase)
{
    //在第一个阶段不进行处理
    if (! phase)
        return;
    //图形项向不同方向随机移动
    int value = QRandomGenerator::global() ->bounded(100);

    if (value < 25) {
        setRotation(45);
        moveBy(5, 5);
    } else if (value < 50) {
        setRotation( - 45);
        moveBy( - 5, - 5);
    } else if (value < 75) {
        setRotation(30);
        moveBy( - 5, 5);
    } else {
        setRotation( - 30);
        moveBy(5, - 5);
    }
}
```

调用场景的 advance()函数就会自动调用场景中所有图形项的 advance()函数，而且图形项的 advance()函数会被分为两个阶段调用两次。第一次 phase 为 0，告知所有的图形项场景将要改变；第二次 phase 为 1，这时才进行具体的操作，这里就是让图形项在不同的方向上移动一个数值。下面到 main.cpp 文件中，先添加头文件 #include <QTimer>，然后在主函数的最后 return 语句前添加如下代码：

```
QTimer timer;
QObject::connect(&timer, &QTimer::timeout, &scene, &QGraphicsScene::advance);
timer.start(300);
```

这里创建了一个定时器，当定时器溢出时会调用场景的 advance()函数。现在可以运行程序查看效果。

2. 碰撞检测

图形视图框架提供了图形项之间的碰撞检测，碰撞检测可以使用两种方法来实现：

- 重新实现 QGraphicsItem::shape()函数来返回图形项准确的形状，然后使用默认的 collidesWithItem()函数通过两个图形项形状之间的交集来判断是否发生碰撞。如果图形项的形状很复杂，那么进行这个操作是非常耗时的。如果没有重新实现 shape()函数,那么它默认会调用 boundingRect()函数返回一个简单的矩形。

➢ 重新实现 collidesWithItem()函数来提供一个自定义的图形项碰撞算法。

可以使用 QGraphicsItem 类中的 collidesWithItem()函数来判断是否与指定的图形项进行了碰撞;使用 collidesWithPath()来判断是否与指定的路径碰撞;使用 collidingItems()来获取与该图形项碰撞的所有图形项的列表;也可以调用 QGraphicsScene 类的 collidingItems()。这几个函数都有一个 Qt::ItemSelectionMode 参数来指定怎样进行图形项的选取,它一共有 4 个值,如表 11-3 所列,其中,Qt::IntersectsItemShape 是默认值。

表 11-3 图形项选取模式

常 量	描 述
Qt::ContainsItemShape	选取只有形状完全包含在选择区域之中的图形项
Qt::IntersectsItemShape	选取形状完全包含在选择区域之中或者与区域的边界相交的图形项
Qt::ContainsItemBoundingRect	选取只有边界矩形完全包含在选择区域之中的图形项
Qt::IntersectsItemBoundingRect	选取边界矩形完全包含在选择区域之中或者与区域的边界相交的图形项

下面继续在前面的程序中添加代码。首先在 myitem.h 文件的 public 部分进行函数声明:

```
QPainterPath shape() const override;
```

然后到 myitem.cpp 文件中定义该函数:

```
QPainterPath MyItem::shape() const
{
    QPainterPath path;
    path.addRect(-10, -10, 20, 20);
    return path;
}
```

这里只是简单地返回了图形项对应的矩形。然后将 paint()函数中以前用来判断是否获得焦点的 if 语句的判断条件更改如下:

```
if(hasFocus() || !collidingItems().isEmpty())
```

这样就可以在图形项与其他图形项碰撞时使其轮廓线变为白色了。advance()函数和碰撞检测的使用可以参考 Colliding Mice Example 示例程序。

3. 图形项组

QGraphicsItemGroup 图形项组为图形项提供了一个容器,它可以将多个图形项组合在一起而将它本身以及它所有的子图形项看作一个独立的图形项。与父图形项不同,图形项组中的所有图形项都是平等的,例如,可以通过拖动其中任意一个来将它们一起进行移动。而如果只想将一个图形项存储在另一个图形项之中,那么可以使用 setParentItem()来为其设置父图形项。下面仍然在前面的程序中添加代码。在 main()函数的 return 语句前添加如下代码:

```
MyItem * item1 = new MyItem;
item1 ->setColor(Qt::blue);
MyItem * item2 = new MyItem;
item2 ->setColor(Qt::green);
QGraphicsItemGroup * group = new QGraphicsItemGroup;
group ->addToGroup(item1);
group ->addToGroup(item2);
group ->setFlag(QGraphicsItem::ItemIsMovable);
item2 ->setPos(30, 0);
scene.addItem(group);
```

这里创建了两个图形项和一个图形项组，然后将两个图形项加入到图形项组中。这样只需要将图形项组添加到场景中，那么两个图形项也就自动添加到场景中了。运行程序，可以通过鼠标拖动其中一个图形项来一起移动两个图形项。除了手动创建图形项组，常用的方法还有使用场景对象直接创建图形项组，并将指定的图形项添加到其中，例如：

```
QGraphicsItemGroup * group = scene ->createItemGroup(scene ->selecteditems());
```

这个一般用来选取场景中的图形项，可以让 QGraphicsView 类的对象通过调用 setDragMode(QGraphicsView::RubberBandDrag)函数来使鼠标可以在视图上拖出橡皮筋框来选择图形项。注意，如果要使图形项可以被选择，还要使用 setFlag()指定它们的 ItemIsSelectable 标志。如果要从图形项组中删除一个图形项，则可以调用 removeFromGroup()函数，还可以调用 QGraphicsScene::destroyItemGroup()来销毁整个图形项组；这两个函数都不会销毁图形项组中的图形项，而会将它们移动到父图形项组或者场景中。

11.3.3　打印和使用 OpenGL 进行渲染

1. 打　印

图形视图框架提供渲染函数 QGraphicsScene::render()和 QGraphicsView::render()来完成打印功能。这两个函数提供了相同的 API，可以在绘图设备上绘制场景或者视图的全部或者部分内容。两者的不同之处就是一个在场景坐标上进行操作而另一个在视图坐标上。QGraphicsScene::render()经常用来打印没有变换的场景，比如几何数据和文本文档等；而 QGraphicsView::render()函数适合用来实现屏幕快照。要在打印机上进行打印，可以使用如下代码：

```
QPrinter printer;
if (QPrintDialog(&printer).exec() == QDialog::Accepted) {
    QPainter painter(&printer);
    painter.setRenderHint(QPainter::Antialiasing);
    scene.render(&painter);
}
```

下面来实现屏幕快照功能。（项目源码路径：src\11\11-7\myview）继续在前面程序的基础上添加代码。首先在 main.cpp 文件中添加头文件：

```
#include <QPainter>
#include <QPixmap>
```

然后在 main()函数的最后 return 语句之前添加如下代码：

```
QPixmap pixmap(400, 300);
QPainter painter(&pixmap);
painter.setRenderHint(QPainter::Antialiasing);
view.render(&painter);
painter.end();
pixmap.save("view.png");
```

此时运行程序，可以在项目生成的目录中发现 view.png 图片。

2. 使用 OpenGL 进行渲染

使用 OpenGL 进行渲染，可以使用 QGraphicsView::setViewport()将 QOpenGLWidget 作为 QGraphicsView 的视口。继续在前面的程序中添加代码。先在 myview.pro 中添加代码：

```
QT += openglwidgets
```

然后到 main.cpp 文件中添加头文件 #include <QOpenGLWidget>，并在 main()主函数中创建 MyView 对象的代码后添加如下一行代码：

```
view.setViewport(new QOpenGLWidget());
```

这样就可以使用 OpenGL 进行渲染了。如果对 OpenGL 不是很了解，则可以查看相关资料。

11.3.4 图形部件、布局和内嵌部件

Qt 4.4 引入了图形部件 QGraphicsWidget，与 QWidget 很相似，不同之处在于它不是继承自 QPaintDevice，而是 QGraphicsItem。通过它可以实现一个拥有事件、信号和槽、大小提示和策略的完整的部件，还可以使用 QGraphicsAnchorLayout、QGraphicsLinearLayout 和 QGraphicsGridLayout 来实现部件的布局。

QGraphicsWidget 继承自 QGraphicsObject 和 QGraphicsLayoutItem，而 QGraphicsObject 继承自 QObject 和 QGraphicsItem，所以 QGraphicsWidget 既拥有以前窗口部件的一些特性也拥有图形项的一些特性。图形视图框架提供了对任意的窗口部件嵌入场景的无缝支持，这是通过 QGraphicsWidget 的子类 QGraphicsProxyWidget 实现的。可以使用 QGraphicsScene 类的 addWidget()函数将任何一个窗口部件嵌入到场景中，这也可以通过创建 QGraphicsProxyWidget 类的实例来实现。

(本小节采用的项目源码路径：src\11\11-8\mywidgetitem)新建空的 Qt 项目，名称为 mywidgetitem，完成后先在项目文件中添加“QT+=widgets”一行代码并保存该文件，然后添加新文件 main.cpp，并在其中添加如下代码：

```
#include <QApplication>
#include <QGraphicsScene>
```

```
#include <QGraphicsView>
#include <QGraphicsWidget>
#include <QTextEdit>
#include <QPushButton>
#include <QGraphicsProxyWidget>
#include <QGraphicsLinearLayout>
#include <QObject>

int main(int argc, char * argv[])
{
    QApplication app(argc, argv);
    QGraphicsScene scene;
    //创建部件,并关联它们的信号和槽
    QTextEdit * edit = new QTextEdit;
    QPushButton * button = new QPushButton("clear");
    QObject::connect(button, &QPushButton::clicked, edit, &QTextEdit::clear);
    //将部件添加到场景中
    QGraphicsWidget * textEdit = scene.addWidget(edit);
    QGraphicsWidget * pushButton = scene.addWidget(button);
    //将部件添加到布局管理器中
    QGraphicsLinearLayout * layout = new QGraphicsLinearLayout;
    layout->addItem(textEdit);
    layout->addItem(pushButton);
    //创建图形部件,设置其为一个顶层窗口,然后在其上应用布局
    QGraphicsWidget * form = new QGraphicsWidget;
    form->setWindowFlags(Qt::Window);
    form->setWindowTitle("Widget Item");
    form->setLayout(layout);
    //将图形部件进行扭曲,然后添加到场景中
    form->setTransform(QTransform().shear(2, -0.5), true);
    scene.addItem(form);
    QGraphicsView view(&scene);
    view.show();
    return app.exec();
}
```

现在运行程序可以看到,嵌入窗口部件结合了以前窗口部件的功能和现在图形项的功能,可以实现一些特殊的效果。Qt 中提供了一个 Embedded Dialogs 演示程序,可以作为参考。

图形视图框架是一个庞大且功能十分强大的体系,可以看到这些内容很有趣,可以实现很多图形和动画效果,所以学习这部分内容不会感到很枯燥。Qt 中还提供了一个 40 000 Chips 演示程序,它使用了图形视图框架来管理大量的图形项,可以作为参考。

11.4　动画框架

动画框架的目的是提供一种简单的方法来创建平滑的、具有动画效果的 GUI 界面。该框架是通过控制 Qt 的属性来实现动画的,它可以应用在窗口部件和其他 QObject 对象上，也可以应用在图形视图框架中。动画框架在 Qt 4.6 中被引入。该部分内容可以在帮助中通过 The Animation Framework 关键字查看。

动画框架中主要的类及其关系如图 11-4 所示。其中，基类 QAbstractAnimation 和它的两个子类 QVariantAnimation 以及 QAnimationGroup 构成了动画框架的基础。这里的 QAbstractAnimation 是所有动画类的祖先，它定义了一些所有动画类都共享的功能函数，比如动画的开始、停止和暂停等；它也可以接收时间变化的通知，通过继承这个类可以创建自定义的动画类。

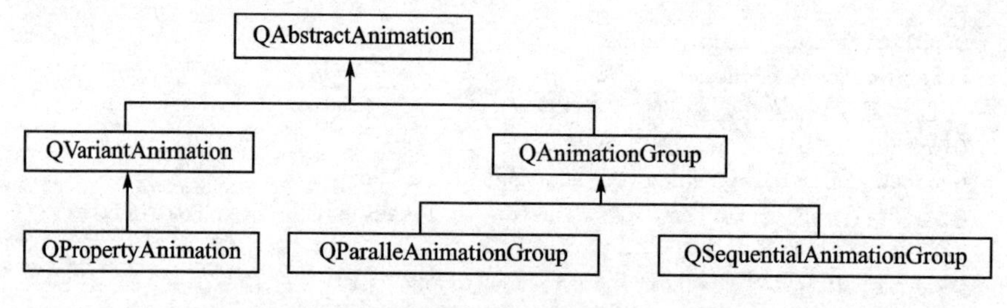

图 11-4 动画框架中主要类的关系图

动画框架中提供了 QPropertyAnimation 类，继承自 QVariantAnimation，用来执行 Qt 属性的动画。这个类使用缓和曲线(easing curve)来对属性进行插值。如果要对一个值使用动画，则可以创建继承自 QObject 的类，然后在类中将该值定义为一个属性。属性动画为现有的窗口部件以及其他 QObject 子类提供了非常灵活的动画控制。Qt 现在支持的可以进行插值的 QVariant 类型有 Int、Uint、Double、Float、QLine、QLineF、QPoint、QPointF、QSize、QSizeF、QRect、QRectF 和 QColor 等。如果要实现复杂的动画，则可以通过动画组 QAnimationGroup 类实现，它的功能是作为其他动画类的容器，一个动画组中还可以包含另外的动画组。

动画框架也被设计作为状态机框架的一部分，将两者结合使用可以实现更为强大的功能。

11.4.1 实现属性动画

前面已经讲到 QPropertyAnimation 类可以对 Qt 属性进行插值，如果一个值要实现动画效果，则就要使用这个类，而它的父类 QVariantAnimation 是一个抽象类，无法直接使用。之所以要使用 Qt 属性来进行动画的最主要原因是这样可以为已经存在的 Qt API 中的类提供灵活的动画设置。可以在 QWidget 类的帮助文档中查看它所有的属性，当然，并不是所有的属性都可以设置动画，必须是前面讲到的 Qt 支持的 QVariant 类型。下面来看一个例子。

(本例采用的项目源码路径：src\11\11-9\myanimation)新建空的 Qt 项目 Empty qmake Project，名称为 myanimation，完成后先在项目文件中添加“QT += widgets”一行代码并保存该文件，然后添加新文件 main.cpp，并在其中添加如下代码：

```
#include <QApplication>
#include <QPushButton>
#include <QPropertyAnimation>
int main(int argc, char * argv[])
{
    QApplication app(argc, argv);
    QPushButton button("Animated Button");
    button.show();
    QPropertyAnimation animation(&button, "geometry");
    animation.setDuration(10000);
    animation.setStartValue(QRect(50, 50, 120, 30));
    animation.setEndValue(QRect(250, 250, 200, 60));
    animation.start();
    return app.exec();
}
```

这里创建了一个按钮部件并让其显示，然后为按钮部件的 geometry 属性创建了动画，并使用 setDuration()函数指定了动画的持续时间为 10000 毫秒(即 10 秒)，然后使用函数 setStartValue()和 setEndValue()分别设置了动画开始时和结束时 geometry 属性的值，最后调用 start()函数开始动画。这样就实现了按钮部件在 10 秒内从屏幕的(50, 50)点移动到(250, 250)点，与此同时由宽 120、高 30 的大小变为宽 200、高 60 的大小的动画。除了设置属性开始和结束的值以外，还可以调用 setKeyValueAt(qreal step, const QVariant &value)函数在动画中间为属性设置值。其中，step 取值在 0.0～1.0 之间，0.0 表示开始位置，1.0 表示结束位置，而 value 为属性的值。将程序中调用 setStartValue()和 setEndValue()两个函数的代码更改为：

```
animation.setKeyValueAt(0, QRect(50, 50, 120, 30));
animation.setKeyValueAt(0.8, QRect(250, 250, 200, 60));
animation.setKeyValueAt(1, QRect(50, 50, 120, 30));
```

这样就实现了在 8 秒内按钮部件由(50, 50)点移动到(250, 250)点，并变化大小，然后在后 2 秒内又回到原点并且恢复原来大小的动画。现在可以运行程序查看效果。

在动画中可以使用 pause()来暂停动画；使用 resume()来恢复暂停状态；使用 stop()来停止动画；可以使用 setDirection()函数设置动画的方向，这里可以设置为两个方向，默认是 QAbstractAnimation::Forward，动画的当前时间随着时间而递增，即从开始位置到结束位置；还有一个 QAbstractAnimation::Backward，动画的当前时间随着时间而递减，即从结束位置到开始位置；还可以使用 setLoopCount()函数来设置动画的重复次数，默认为 1，表示执行一次，如果设置为 0，那么动画不会执行，如果设置为－1，那么在调用 stop()函数停止动画之前，它会一直持续。

11.4.2　使用缓和曲线

在前面程序的运行效果中可以看到，按钮部件的运动过程都是线性的，即匀速运动。除了在动画中添加更多的关键点，还可以使用缓和曲线，缓和曲线描述了怎样来控制 0 和 1 之间的插值速度的功能，这样就可以在不改变插值的情况下来控制动画的速度。

(项目源码路径：src\11\11-10\myanimation)将前面程序中间部分设置值的代码更改如下：

```
animation.setDuration(2000);
animation.setStartValue(QRect(250, 0, 120, 30));
animation.setEndValue(QRect(250, 300, 120, 30));
animation.setEasingCurve(QEasingCurve::OutBounce);
```

这里使用了 QEasingCurve::OutBounce 缓和曲线，此时运行程序会发现，它会使按钮部件就像从开始位置掉落到结束位置的皮球一样出现弹跳效果。QEasingCurve 类中提供了四十多种缓和曲线，而且还可以自定义缓和曲线，详细可以查看一下该类的帮助文档。Qt 中还提供了一个 Easing Curves Example 示例程序，可以演示所有缓和曲线的效果。

11.4.3 动画组

在一个应用中经常包含多个动画，例如，要同时移动多个图形项或者让它们一个接一个地串行移动。使用 QAnimationGroup 类可以实现复杂的动画，它的两个子类 QSequentialAnimationGroup 和 QParallelAnimationGroup 分别提供了串行动画组和并行动画组。

下面先来看一个串行动画组的例子。(项目源码路径：src\11\11-11\myanimation)在前面程序的 main.cpp 文件中添加头文件 #include <QSequentialAnimationGroup>，再将主函数的中间部分内容更改如下：

```
QPushButton button("Animated Button");
button.show();
//按钮部件的动画 1
QPropertyAnimation * animation1 = new QPropertyAnimation(&button, "geometry");
animation1 ->setDuration(2000);
animation1 ->setStartValue(QRect(250, 0, 120, 30));
animation1 ->setEndValue(QRect(250, 300, 120, 30));
animation1 ->setEasingCurve(QEasingCurve::OutBounce);
//按钮部件的动画 2
QPropertyAnimation * animation2 = new QPropertyAnimation(&button, "geometry");
animation2 ->setDuration(1000);
animation2 ->setStartValue(QRect(250, 300, 120, 30));
animation2 ->setEndValue(QRect(250, 300, 200, 60));
//串行动画组
QSequentialAnimationGroup group;
group.addAnimation(animation1);
group.addAnimation(animation2);
group.start();
```

此时运行程序就会先执行动画 1，等执行完动画 1 之后才执行动画 2，动画的执行顺序与加入动画组的顺序是一致的。

下面再来看一个并行动画组的例子。(项目源码路径：src\11\11-12\myanima-

tion)先添加头文件 #include <QParallelAnimationGroup>，再将主函数的中间部分内容更改如下：

```
QPushButton button1("Animated Button");
button1.show();
QPushButton button2("Animated Button2");
button2.show();
//按钮部件 1 的动画
QPropertyAnimation * animation1 = new QPropertyAnimation(&button1, "geometry");
animation1 ->setDuration(2000);
animation1 ->setStartValue(QRect(250, 0, 120, 30));
animation1 ->setEndValue(QRect(250, 300, 120, 30));
animation1 ->setEasingCurve(QEasingCurve::OutBounce);
//按钮部件 2 的动画
QPropertyAnimation * animation2 = new QPropertyAnimation(&button2, "geometry");
animation2 ->setDuration(2000);
animation2 ->setStartValue(QRect(400, 300, 120, 30));
animation2 ->setEndValue(QRect(400, 300, 200, 60));
//并行动画组
QParallelAnimationGroup group;
group.addAnimation(animation1);
group.addAnimation(animation2);
group.start();
```

现在运行程序可以看到，两个按钮部件的动画是同时进行的。另外，使用动画组还有一个好处，就是可以将它看作一个独立的动画，从而进行暂停、停止或者添加到其他动画组等操作。

11.4.4　在图形视图框架中使用动画

要对 QGraphicsItem 使用动画，也可以使用 QPropertyAnimation 类。但是，QGraphicsItem 并不是继承自 QObject 类，所以直接继承自 QGraphicsItem 的图形项并不能直接使用 QPropertyAnimation 类来创建动画。Qt 4.6 中提供了一个 QGraphicsItem 的子类 QGraphicsObject，它继承自 QObject 和 QGraphicsItem，这个类为所有需要使用信号、槽以及属性的图形项提供了一个基类，通过创建这个类的子类就可以使用属性动画了。QGraphicsObject 还提供了多个常用的属性，比如位置 pos、透明度 opacity、旋转 rotation 和缩放 scale 等，这些都可以直接用来设置动画。

(本小节采用的项目源码路径：src\11\11-13\myitemanimation)新建空的 Qt 项目，名称设置为 myitemanimation。完成后先在项目文件中添加"QT+=widgets"一行代码并保存该文件，然后添加新的 C++类，类名 MyItem，基类设置为 QGraphicsObject。完成后更改 myitem.h 文件内容如下：

```
#ifndef MYITEM_H
#define MYITEM_H
#include <QGraphicsObject>
class MyItem : public QGraphicsObject
{
```

```
public:
    MyItem(QGraphicsItem *parent = 0);
    QRectF boundingRect() const override;
    void paint(QPainter *painter,
               const QStyleOptionGraphicsItem *option, QWidget *widget) override;
};
#endif //MYITEM_H
```

然后到 myitem.cpp 文件中,更改其内容如下:

```
#include "myitem.h"
#include <QPainter>
MyItem::MyItem(QGraphicsItem *parent) :
    QGraphicsObject(parent)
{
}
QRectF MyItem::boundingRect() const
{
    return QRectF(-10 - 0.5, -10 - 0.5, 20 + 1, 20 + 1);
}
void MyItem::paint(QPainter *painter, const QStyleOptionGraphicsItem *, QWidget *)
{
    painter->drawRect(-10, -10, 20, 20);
}
```

最后添加新的 main.cpp 文件,并更改其内容如下:

```
#include <QApplication>
#include <QGraphicsScene>
#include <QGraphicsView>
#include "myitem.h"
#include <QPropertyAnimation>
int main(int argc, char* argv[])
{
    QApplication app(argc, argv);
    QGraphicsScene scene;
    scene.setSceneRect(-200, -150, 400, 300);
    MyItem *item = new MyItem;
    scene.addItem(item);
    QGraphicsView view;
    view.setScene(&scene);
    view.show();
    //为图形项的 rotation 属性创建动画
    QPropertyAnimation *animation = new QPropertyAnimation(item, "rotation");
    animation->setDuration(2000);
    animation->setStartValue(0);
    animation->setEndValue(360);
    animation->start(QAbstractAnimation::DeleteWhenStopped);
    return app.exec();
}
```

现在运行程序,图形项已经可以自动旋转了。当然,这个动画效果也可以使用前面讲到的其他知识来实现,不过可以看到,使用动画框架是非常简单的,而且如果要实现

更加复杂的动画，那么动画框架的优势就显而易见了。在使用动画对象时，如果是创建对象的指针，而且执行一遍以后就不再使用，那么可以在 start() 函数中指定 DeleteWhenStopped 删除策略，这样当动画执行结束后便会自动销毁该动画对象。

除了继承 QGraphicsObject 类以外，当然也可以同时继承 Object 和 QGraphicsItem 类来实现自己的图形项。注意，QObejct 必须是第一个继承的类，这是元对象系统的要求。另外，还可以继承自 QGraphicsWidget 类，这个类已经是 QObject 的子类了。如果要使用一个自定义的属性，那么就要先声明该属性，这个可以查看第 7 章的相关内容。

11.5 状态机框架

状态机框架提供了一些类来创建和执行状态图(state graphs)，状态图为一个系统如何对外界激励进行反应提供了一个图形化模型，该模型是通过定义一些系统可能进入的状态以及系统怎样从一个状态切换到另一个状态来实现的。事件驱动的系统(比如 Qt 应用程序)的一个关键特性就是它的行为不仅仅依赖于最后一个或者当前的事件，而且也依赖于将要执行的事件。通过使用状态图，这些信息会非常容易进行表达。

状态机框架提供了一个 API 和一个执行模型来有效地将状态图的元素和语义嵌入到 Qt 应用程序中。该框架与 Qt 的元对象系统是紧密结合的，例如，状态间的切换可以由信号来触发。Qt 的事件系统用来驱动状态机。状态机框架中的状态图是分层的，状态可以嵌套在其他状态中，状态机一个有效配置中的所有状态都拥有一个共同的祖先。状态机框架在 Qt 4.6 中被引入。本节内容可以参考 The State Machine Framework 关键字(如果在 Qt Creator 的帮助中没有找到该文档，则可以到 Qt 官网进行查看，网址 https://doc.qt.io/)。

11.5.1 创建状态机

下面先来看一个最简单的应用：假定状态机由一个 QPushButton 控制，包含 3 个状态：s1、s2 和 s3，其中，s1 是初始状态。当单击按钮时，状态机切换到另一个状态。图 11-5 是该状态机的状态图。

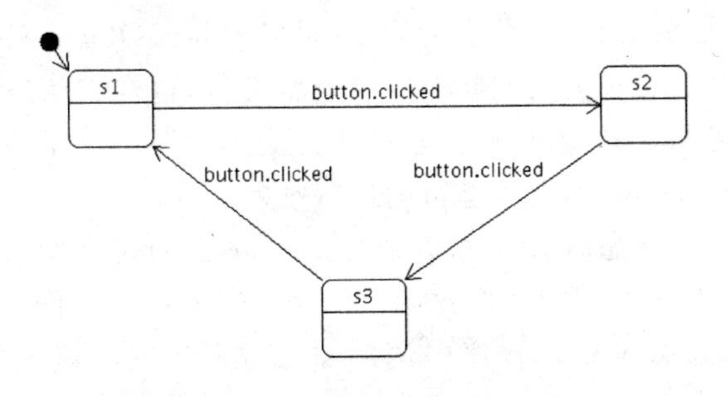

图 11-5 最简单的状态机的状态图

下面通过编写代码来看一下该状态机在程序中的实现。(本例采用的项目源码路径：src\11\11-14\mystatemachine)新建空的 Qt 项目,名称为 mystatemachine,完成后先在项目文件中添加“QT += widgets statemachine”一行代码并保存该文件,然后添加新的 main.cpp 文件,并更改其中内容为：

```
#include <QApplication>
#include <QPushButton>
#include <QState>
#include <QStateMachine>
int main(int argc, char * argv[])
{
    QApplication app(argc, argv);
    QPushButton button("State Machine");
    //创建状态机和 3 个状态,并将 3 个状态添加到状态机中
    QStateMachine machine;
    QState * s1 = new QState(&machine);
    QState * s2 = new QState(&machine);
    QState * s3 = new QState(&machine);
    //为按钮部件的 geometry 属性分配一个值,当进入该状态时会设置该值
    s1->assignProperty(&button, "geometry", QRect(100, 100, 120, 50));
    s2->assignProperty(&button, "geometry", QRect(300, 100, 120, 50));
    s3->assignProperty(&button, "geometry", QRect(200, 200, 120, 50));
    //使用按钮部件的单击信号来完成 3 个状态的切换
    s1->addTransition(&button, &QPushButton::clicked, s2);
    s2->addTransition(&button, &QPushButton::clicked, s3);
    s3->addTransition(&button, &QPushButton::clicked, s1);
    //设置状态机的初始状态并启动状态机
    machine.setInitialState(s1);
    machine.start();
    button.show();
    return app.exec();
}
```

要使用一个状态机,则需要先创建该状态机和使用到的状态,可以像这里在创建状态时直接将其添加到状态机中,也可以使用 QStateMachine::addState()来添加状态。创建完状态后要使用 assignProperty()函数为 QObject 对象的属性分配值,这样在进入该状态时就可以为 QObject 对象的这个属性设置该值。然后要使用 addTransition()函数来完成一个状态到另一个状态的切换,可以关联 QObject 对象的一个信号来触发切换。最后要为状态机设置初始状态并启动状态机,这样当状态机启动时就会自动进入初始状态。状态机是异步执行的,它会成为应用程序事件循环的一部分。现在可以运行程序,然后单击按钮,查看状态机的运行效果。

当状态机进入一个状态时会发射 QState::entered()信号,而退出一个状态时会发射 QState::exited()信号。可以关联这两个信号来完成一些操作。例如,在进入 s3 状态时将按钮最小化,那么可以在程序中调用 setInitialState()函数的代码前添加如下代码：

```
QObject::connect(s3, &QState::entered, &button, &QPushButton::showMinimized);
```

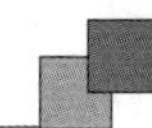

这里定义的 3 个状态间的切换是循环的，状态机也永远不会停止，如果想让状态机完成一个状态后就停止，那么可以设置这个状态为 QFinalState 对象，将它加入状态图中，等切换到该状态时状态机就会发射 finished()信号并停止。

11.5.2　在状态机中使用动画

如果将状态机中的 API 和 Qt 中的动画 API 相关联，那么就可以使分配到状态上的属性自动实现动画效果。在前面的程序中先添加头文件：

```
#include <QSignalTransition>
#include <QPropertyAnimation>
```

然后将进行状态切换的代码更改如下：

```
QSignalTransition *transition1 = s1->addTransition(&button,
&QPushButton::clicked, s2);
QSignalTransition *transition2 = s2->addTransition(&button,
&QPushButton::clicked, s3);
QSignalTransition *transition3 = s3->addTransition(&button,
&QPushButton::clicked, s1);
QPropertyAnimation *animation = new QPropertyAnimation(&button, "geometry");
transition1->addAnimation(animation);
transition2->addAnimation(animation);
transition3->addAnimation(animation);
```

这样就可以在状态切换时使用动画效果了。在属性上添加动画，就意味着当进入一个状态时分配的属性将无法立即生效，而是在进入时开始播放动画，然后以平滑的动画来达到属性分配的值。这里无须为动画设置开始和结束的值，它们会被隐含地进行设置，开始值就是开始播放动画时属性的当前值，结束值就是状态分配的属性的值。

1. 默认动画

如果想对一个属性指定一个动画，从而使所有的切换都默认使用这个动画，那么可以在状态机中使用默认动画。例如，可以将前面程序中 3 个调用 addAnimation()函数的代码使用下面一行代码来代替：

```
machine.addDefaultAnimation(animation);
```

注意，如果为一个属性明确指定了动画，那么它会优先于该属性的任何默认动画。

2. 检测状态中的所有属性都已经被设置

首先来看如下代码：

```
QMessageBox *messageBox = new QMessageBox(mainWindow);
messageBox->addButton(QMessageBox::Ok);
messageBox->setText("Button geometry has been set!");
messageBox->setIcon(QMessageBox::Information);
QState *s1 = new QState();
QState *s2 = new QState();
s2->assignProperty(&button, "geometry", QRectF(0, 0, 50, 50));
connect(s2,&QState::entered, messageBox, &QMessageBox::exec);
s1->addTransition(&button, &QPushButton::clicked, s2);
```

当按钮被单击时,状态机便会进入状态 s2,这时会设置按钮的 geometry 属性,然后弹出一个提示框来告诉用户 geometry 属性已经改变。在正常情况下,没有使用动画时,将会按照期望的操作进行。然而,如果在 s1 向 s2 切换时对 geometry 属性使用了动画,那么动画将会在进入 s2 时启动,而 geometry 属性不会在动画结束前达到指定的值。在这种情况下,提示框会在 geometry 属性获得指定的值之前弹出来,这就不是我们想要的结果了。

为了确保直到 geometry 属性获得最终的值以后提示框才会弹出来,则可以使用状态的 propertiesAssigned()信号;该信号会在属性被分配到最终的值时被发射,而无论使用了动画与否。再将上面的处理状态的几行代码更改如下:

```
QState * s1 = new QState();
QState * s2 = new QState();
s2 ->assignProperty(&button, "geometry", QRectF(0, 0, 50, 50));
QState * s3 = new QState();
connect(s3,&QState::entered, messageBox, &QMessageBox::exec);
s1 ->addTransition(&button, &QPushButton::clicked, s2);
s2 ->addTransition(s2,&QState::propertiesAssigned, s3);
```

这样当按钮被单击时,状态机会进入 s2,它会留在 s2 直到 geometry 属性获得最终的值,然后切换到 s3。当进入 s3 后再弹出提示框。如果进入到 s2 的切换对 geometry 属性使用了动画,那么状态机会一直留在 s2 直到动画播放结束;如果没有使用动画,则它会简单地设置属性的值,然后立即进入 s3。

3. 动画结束前退出状态会发生什么

如果一个状态在动画结束前退出了,那么状态机的行为会依赖于切换的目标状态。如果目标状态明确地为该属性分配了一个值,那么该属性就会使用目标状态设置的这个值。如果目标状态没有为该属性分配任何值,这样会有两种选择:默认的,该属性会被分配切换时离开的那个状态所定义的值;但是如果设置了全局恢复策略,那么,恢复策略指定的值优先。

11.5.3 状态机框架的其他特性

1. 为状态分组来共享切换

假设要使用一个退出按钮在任何时候都可以退出应用程序,那么可以创建一个 QFinalState 最终状态,然后让它作为切换的目标状态,并且将切换关联到退出按钮的单击信号上。这样虽然可以将最终状态和 s1、s2 以及 s3 状态分别进行切换,不过这样看起来很乱,而且如果以后再添加新的状态还要记得让它和最终状态进行切换。其实可以将 s1、s2 和 s3 进行分组来达到相同的效果。这就是创建一个新的状态,然后将这 3 个状态作为新状态的子状态;相对于子状态而言,前面直接添加到状态机中的状态都可以看作顶层状态。新的状态机如图 11 - 6 所示。

这里将那 3 个状态分别重命名为 s11、s12 和 s13,从而表明它们是新的顶层状态 s1

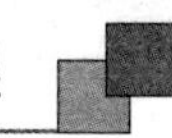

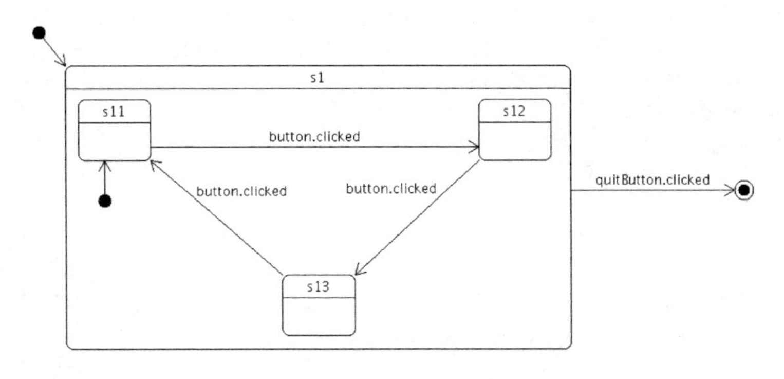

图 11-6　将状态进行分组后的状态机

的子状态。子状态会隐含地继承它们父状态的切换，这意味着现在只需要从 s1 到最终状态 s2 添加一个切换即可，而新添加到 s1 中的状态都会自动继承这个切换。

（本例采用的项目源码路径：src\11\11-15\mystatemachine）下面首先在前面的程序中添加头文件 # include <QFinalState>，然后更改主函数中的内容，更改后代码如下：

```
int main(int argc, char * argv[ ])
{
    QApplication app(argc, argv);
    QPushButton button("State Machine");
    QPushButton quitButton("Quit");
    QStateMachine machine;
    QState * s1 = new QState(&machine);
    QState * s11 = new QState(s1);
    QState * s12 = new QState(s1);
    QState * s13 = new QState(s1);
    s1 ->setInitialState(s11);
    s11 ->assignProperty(&button, "geometry", QRect(100, 100, 120, 50));
    s12 ->assignProperty(&button, "geometry", QRect(300, 100, 120, 50));
    s13 ->assignProperty(&button, "geometry", QRect(200, 200, 120, 50));
    QSignalTransition * transition1 = s11 ->addTransition(&button,
                                                 &QPushButton::clicked, s12);
    QSignalTransition * transition2 = s12 ->addTransition(&button,
                                                 &QPushButton::clicked, s13);
    QSignalTransition * transition3 = s13 ->addTransition(&button,
                                                 &QPushButton::clicked, s11);
    QPropertyAnimation * animation = new QPropertyAnimation(&button, "geometry");
    transition1 ->addAnimation(animation);
    transition2 ->addAnimation(animation);
    transition3 ->addAnimation(animation);
    QObject::connect(s13, &QState::entered, &button,
                     &QPushButton::showMinimized);
    QFinalState * s2 = new QFinalState(&machine);
    s1 ->addTransition(&quitButton, &QPushButton::clicked, s2);
```

```
    QObject::connect(&machine, QStateMachine::finished,
                     QCoreApplication::instance(), &QCoreApplication::quit);
    machine.setInitialState(s1);
    machine.start();
    button.show();
    quitButton.move(300, 300);
    quitButton.show();
    return app.exec();
}
```

这里在创建子状态时要指定父状态，而且还要指定初始子状态。按下退出按钮时会切换到 s2 状态，为了可以退出应用程序，需要将状态机的 finished()信号关联到 quit()槽上。

子状态也可以覆盖继承的切换，比如要使在 s12 状态时忽略退出按钮，可以添加如下一行代码：

```
s12->addTransition(&quitButton, &QPushButton::clicked, s12);
```

一个切换的目标状态可以是任意的状态，比如目标状态可以和源状态不在状态层次结构的同一个层中。

2. 使用历史状态来保存或者恢复当前状态

假设要在前面的例子中添加一个"中断"机制，当按下一个按钮后可以让状态机执行一些无关的工作，而完成后又可以恢复到以前的状态，这可以通过使用历史状态 QHistoryState 来完成。历史状态是一个伪状态，它代表了当父状态退出时所在的那个子状态。历史状态应创建为一个状态的子状态，这个状态就是要记录状态的父状态，例如，在 s1 的任何一个子状态(s11、s12、s13)进行了中断，那么要记录的状态就是这个发生中断的子状态，而历史状态应该创建为 s1 的子状态。当父状态(如 s1)退出时，则自动记录当前的子状态(如 s11 或 s12 或 s13)，切换到历史状态实际上就是切换到状态机先前保存的子状态。添加了中断机制的状态机如图 11－7 所示。

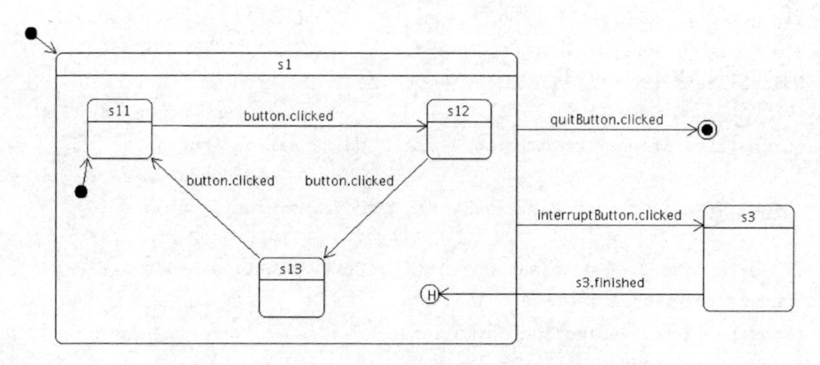

图 11－7　添加了中断机制的状态机

(本例采用的项目源码路径：src\11\11-16\mystatemachine)首先在前面的程序中添加头文件：

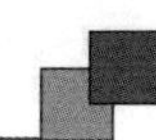

```
#include <QHistoryState>
#include <QMessageBox>
```

然后在主函数状态机调用 start()之前添加如下代码：

```
QPushButton interruptButton("interrupt");
interruptButton.show();
QHistoryState *s1h = new QHistoryState(s1);
QState *s3 = new QState(&machine);
QMessageBox mbox;
mbox.addButton(QMessageBox::Ok);
mbox.setText("Interrupted!");
mbox.setIcon(QMessageBox::Information);
QObject::connect(s3, SIGNAL(entered()), &mbox, SLOT(exec()));
s3->addTransition(s1h);
s1->addTransition(&interruptButton, SIGNAL(clicked()), s3);
```

这里当进入 s3 状态时只是简单地显示一个提示框，然后通过历史状态立即返回到先前的子状态。

3. 使用并行状态来避免组合爆炸

假定在一个单一的状态机中包含了一个汽车的一组互斥的属性，例如，clean 对 dirty、moving 对 not moving，则可以使用 4 个互斥的状态和 8 个切换来表示所有可能出现的组合，如图 11－8 所示。但是如果再添加第三个属性(比如 Red 对 Blue)，总的状态数就会翻倍变为 8；而如果再添加第四个属性，那么状态总数就会变为 16。使用并行状态就可以使状态的总数线性增长而不是指数增长，而且向并行状态中添加或者移除状态都不会影响其他的兄弟状态，如图 11－9 所示。

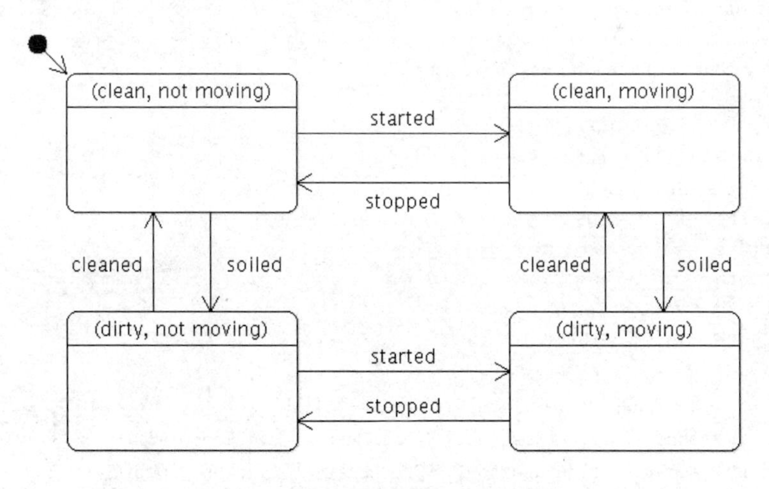

图 11－8　两对互斥属性的状态机

(本例采用的项目源码路径：src\11\11-17\mystatemachine)将前面的代码进行更改，添加头文件 #include <QLabel>，然后将 main()函数更改如下：

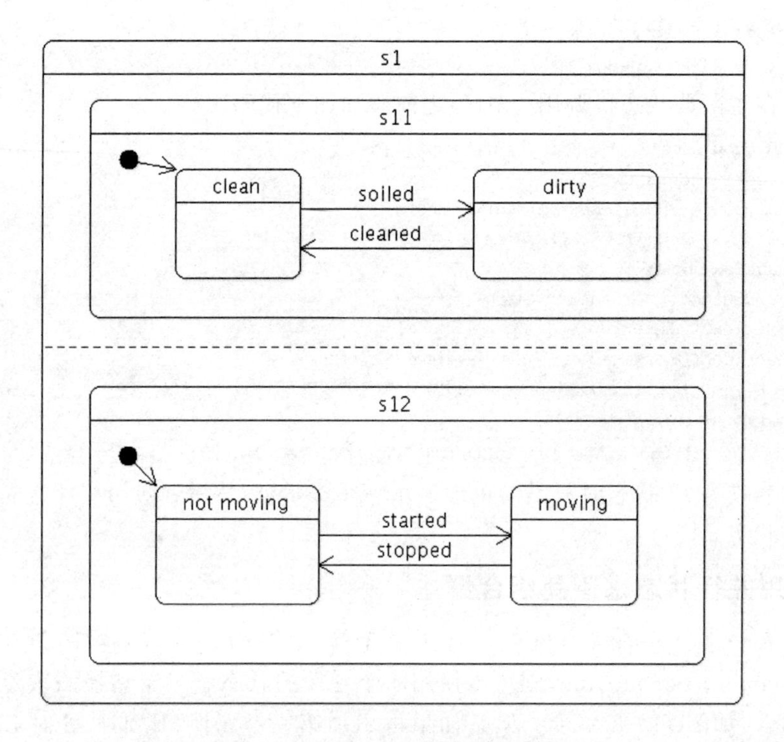

图 11-9 使用并行状态的状态机

```
int main(int argc, char * argv[ ])
{
    QApplication app(argc, argv);
    QPushButton button1("clean or not");
    QPushButton button2("moving or not");
    QLabel label;
    QLabel label1(&label);
    QLabel label2(&label);
    QStateMachine machine;
    QState * s1 = new QState(QState::ParallelStates);
    QState * s11 = new QState(s1);
    QState * clean = new QState(s11);
    QState * dirty = new QState(s11);
    s11 ->setInitialState(clean);
    clean ->assignProperty(&label1, "text", "clean");
    dirty ->assignProperty(&label1, "text", "dirty");
    clean ->addTransition(&button1, &QPushButton::clicked, dirty);
    dirty ->addTransition(&button1, &QPushButton::clicked, clean);
    QState * s12 = new QState(s1);
    QState * moving = new QState(s12);
    QState * notMoving = new QState(s12);
    s12 ->setInitialState(notMoving);
    moving ->assignProperty(&label2, "text", "moving");
```

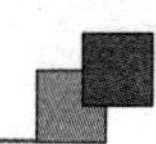

```
    notMoving->assignProperty(&label2, "text", "not moving");
    moving->addTransition(&button2, &QPushButton::clicked, notMoving);
    notMoving->addTransition(&button2, &QPushButton::clicked, moving);
    machine.addState(s1);
    machine.setInitialState(s1);
    machine.start();
    button1.move(100, 300);
    button1.show();
    button2.move(300, 300);
    button2.show();
    label1.resize(100, 20);
    label2.resize(100, 20);
    label2.move(0, 20);
    label.move(180, 120);
    label.resize(100, 50);
    label.show();
    return app.exec();
}
```

创建 QState 对象时使用 QState::ParallelStates 作为参数来创建一个并行状态组。进入了一个并行状态组，也就同时进入了它的所有子状态。在独立的子状态间的切换操作可以正常进行。然而任何一个子状态都可以通过切换而退出父状态，这时将退出父状态以及它所有的子状态。

4. 检测复合状态的结束信号

一个子状态可以是一个最终状态，进入了一个最终子状态时，其父状态就会发射 QState::finished()信号。图 11-10 显示了一个复合状态 s1 在进入最终状态前进行了一些处理工作。

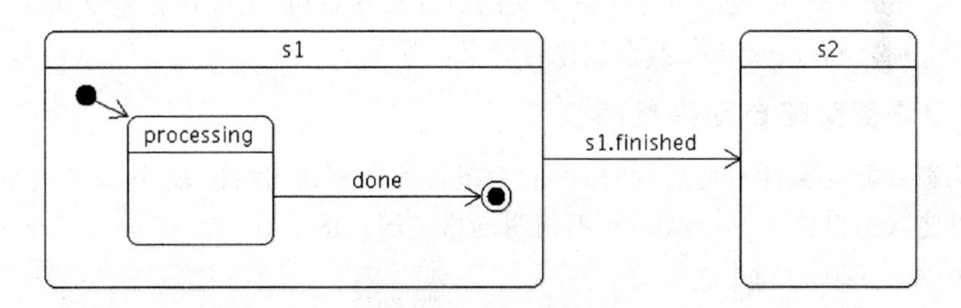

图 11-10 进入最终状态前进行处理工作的状态机

当进入 s1 的最终状态时，s1 会自动发射 finished()信号，可以使用信号切换来使这个事件触发一个状态变化：

```
s1->addTransition(s1, &QState::finished, s2);
```

如果想隐藏一个复合状态的内部细节，那么使用复合状态的最终状态是非常有效的。对于外界来说需要做的只是进入这个状态，然后等该状态完成工作后获得一个通知。当要创建一个复杂的(深嵌套的)状态机时，这将是一个非常强大的抽象和封装机制。

5. 无目标切换

一个切换也可以没有目标状态,一个没有目标状态的切换也可以像其他切换那样被触发。其不同之处在于,当一个没有目标的切换被触发时,它不会引起任何的状态变化,这样便可以让状态机在一个特定的状态时响应信号或者事件而不用离开这个状态。例如:

```
QStateMachine machine;
QState *s1 = new QState(&machine);
QPushButton button;
QSignalTransition *trans = new QSignalTransition(&button, &QPushButton::clicked);
s1->addTransition(trans);
QMessageBox msgBox;
msgBox.setText("The button was clicked; carry on.");
QObject::connect(trans, &QSignalTransition::triggered,
                 &msgBox, &QMessageBox::exec);
machine.setInitialState(s1);
```

每当按下按钮时都会显示提示框,但是状态机仍然会留在它当前的状态。但是如果将目标状态显式地设置为 s1,那么每次 s1 都会退出然后重新进入(例如,每次都会发射 entered()和 exited()信号)。

6. 事件、切换和守护

QStateMachine 在它自己的事件循环中运行。对于信号切换(QSignalTransition 对象),当状态机截获相应的信号时,QStateMachine 自动发送 QStateMachine::SignalEvent 事件给它自己;相似地,对于 QObject 事件切换(QEventTransition 对象),QStateMachine 将会发送 QStateMachine::WrappedEvent 事件。另外,还可以使用 QStateMachine::postEvent()发送自定义的事件给状态机,当发送自定义事件时,还需要继承 QAbstractTransition 类来创建自定义的切换。

7. 使用恢复策略自动恢复属性

当状态分配的属性不再活动时,可能希望将其恢复到初始值,通过设置全局的恢复策略可以使状态机进入一个状态而不用明确指定属性的值。

```
QStateMachine machine;
machine.setGlobalRestorePolicy(QStateMachine::RestoreProperties);
```

当设置了恢复策略以后,状态机将自动恢复所有的属性,如果进入一个状态,且该状态没有为指定的属性设置值,那么状态机就会首先查找状态层次中该状态的祖先是否定义了该属性,如果是,那么属性将会被恢复为最邻近的祖先所定义的值;否则,它将会恢复到初始值。

例如:

```
QStateMachine machine;
machine.setGlobalRestorePolicy(QStateMachine::RestoreProperties);
QState *s1 = new QState();
s1->assignProperty(object, "fooBar", 1.0);
```

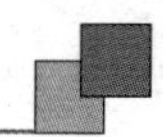

```
machine.addState(s1);
machine.setInitialState(s1);
QState * s2 = new QState();
machine.addState(s2);
```

这里设置了恢复策略 QStateMachine::RestoreProperties，假定在状态机开始时 fooBar 属性的值为 0.0，这样当在状态 s1 时，该属性的值为 1.0；而在 s2 时因为没有明确指定该属性的值，它便会隐含地恢复为 0.0。下面再来看一个例子：

```
QStateMachine machine;
machine.setGlobalRestorePolicy(QStateMachine::RestoreProperties);
QState * s1 = new QState();
s1 ->assignProperty(object, "fooBar", 1.0);
machine.addState(s1);
machine.setInitialState(s1);
QState * s2 = new QState(s1);
s2 ->assignProperty(object, "fooBar", 2.0);
s1 ->setInitialState(s2);
QState * s3 = new QState(s1);
```

这里 s1 拥有 s2 和 s3 两个子状态。当进入 s2 时，属性 fooBar 的值为 2.0；而当进入 s3 时，因为没有定义该属性的值，但是 s1 定义了该属性的值为 1.0，所以 s3 中该属性的值也为 1.0。

11.6　小　结

学习完本章应该掌握图形视图框架、动画框架和状态机框架的基本应用，会使用它们来创建动态的 GUI 程序。虽然这 3 个框架都很庞大，但都是一些很有趣的应用，学习起来并不枯燥。希望读者可以按照自己的想法编写出非常炫酷的动画效果。

第12章 3D绘图

OpenGL 是一个跨平台的、用来渲染 3D 图形的标准 API,Qt 对 OpenGL 提供了强大的支持。Qt 4 时代的 Qt OpenGL 模块在 Qt 5 中就已经不再建议使用,OpenGL 相关的类被移到了 Qt GUI 模块。新的 Qt OpenGL Widgets 模块中的 QOpenGLWidget 类提供了一个可以渲染 OpenGL 图形的部件,通过该部件可以轻松地将 OpenGL 图形整合到 Qt 应用程序中。

本章不会对 OpenGL 的专业知识进行过多讲解,只会涉及在 Qt 应用程序中进行 3D 绘图的一些最基本应用。如果想深入学习,则可以参考 Qt GUI 模块帮助文档中 OpenGL and OpenGL ES Integration 部分内容。

12.1 使用 OpenGL 绘制图形

QOpenGLWidget 类是一个用来渲染 OpenGL 图形的部件,它提供了在 Qt 应用程序中显示 OpenGL 图形的功能。这个类使用起来很简单,只需要继承该类,然后像使用其他 QWidget 部件一样来使用它。QOpenGLWidget 提供了 3 个方便的虚函数,可以在子类中重新实现它们来执行典型的 OpenGL 任务:

- initializeGL():设置 OpenGL 资源和状态,该函数只在第一次调用 resizeGL() 或 paintGL()前被调用一次;
- resizeGL():设置 OpenGL 的视口、投影等,每次部件改变大小时都会调用该函数;
- paintGL():渲染 OpenGL 场景,每当部件需要更新时都会调用该函数。

从 OpenGL 2.0 开始引入着色器的概念,除了固定功能的管线以外,增加了一种可编程着色管线,可以通过着色器控制顶点和片段的处理。从 OpenGL 3.1 开始,固定功能的管线被废弃并删除了,于是必须使用着色器来完成工作。着色器是使用 OpenGL 着色语言(OpenGL Shading Language,GLSL)编写的一个小型函数。绘图时需要至少指定两个着色器:顶点着色器(vertex shader)和片段着色器(fragment shader,也称为

片元着色器)。Qt 中 QOpenGLShader 类用来创建和编译着色器,支持使用 OpenGL 着色语言 GLSL 和 OpenGL/ES 着色语言 GLSL/ES 编写的着色器。QOpenGLShaderProgram 类用来创建并设置着色器程序,可以链接多个着色器,并在 OpenGL 当前环境(current context,也称为当前上下文)中绑定着色器程序。QOpenGLFunctions 类提供了对 OpenGL ES 2.0 API 的访问接口,QOpenGLExtraFunctions 提供了对 OpenGL ES 3.0 和 3.1API 的访问接口。QAbstractOpenGLFunctions 是一个类族的基类,类族中的类涉及了所有 OpenGL 版本,并为相应版本的 OpenGL 的所有函数提供了访问接口。例如,QOpenGLFunctions_2_1、QOpenGLFunctions_4_3_Core 和 QOpenGLFunctions_4_3_Compatibility 等。相关内容可以查看 QAbstractOpenGLFunctions 类的帮助文档。

下面通过一个简单的例程来看一下怎样在 QOpenGLWidget 中使用 OpenGL 绘制图形。读者也可以参考一下 Qt 中的 Hello GL2 Example 示例程序。

(本节采用的项目源码路径:src\12\12-1\myopengl)新建空的 Qt 项目 Empty qmake Project,项目名称为 myopengl。完成后往项目中添加新的 C++ 类,类名为 MyOpenGLWidget,基类先不进行设置。下面打开项目文件 myopengl.pro,添加一行代码:

```
QT += widgets openglwidgets
```

保存该文件。再打开 myglwidget.h 文件,更改如下:

```
#ifndef MYOPENGLWIDGET_H
#define MYOPENGLWIDGET_H
#include <QOpenGLWidget>
#include <QOpenGLFunctions>
class QOpenGLShaderProgram;
class MyOpenGLWidget : public QOpenGLWidget, protected QOpenGLFunctions
{
    Q_OBJECT
public:
    explicit MyOpenGLWidget(QWidget *parent = nullptr);
protected:
    void initializeGL() override;
    void paintGL() override;
    void resizeGL(int width, int height) override;
private:
    QOpenGLShaderProgram *program;
};
#endif //MYOPENGLWIDGET_H
```

这里使用了多继承,自定义的 MyOpenGLWidget 类同时继承自 QOpenGLWidget 类和 QOpenGLFunctions 类,这样就可以在类中直接使用 QOpenGLFunctions 中的 OpenGL 函数,而不需要创建 QOpenGLFunctions 对象。这里添加了一个 QOpenGLShaderProgram 对象指针,作为着色器程序。

下面到 myglwidget.cpp 文件中进行更改,先添加头文件并更改构造函数:

```
#include "myopenglwidget.h"
#include <QOpenGLShaderProgram>
MyOpenGLWidget::MyOpenGLWidget(QWidget *parent)
    : QOpenGLWidget(parent)
{
}
```

然后添加 initializeGL()函数定义:

```
void MyOpenGLWidget::initializeGL()
{
    //为当前环境初始化 OpenGL 函数
    initializeOpenGLFunctions();
    //创建顶点着色器
    QOpenGLShader *vshader = new QOpenGLShader(QOpenGLShader::Vertex, this);
    const char *vsrc =
            "#version 330                                   \n"
            "void main() {                                  \n"
            "   gl_Position = vec4(0.0, 0.0, 0.0, 1.0);     \n"
            "}                                              \n";
    vshader->compileSourceCode(vsrc);
    //创建片段着色器
    QOpenGLShader *fshader = new QOpenGLShader(QOpenGLShader::Fragment, this);
    const char *fsrc =
            "#version 330                                   \n"
            "void main() {                                  \n"
            "   gl_FragColor = vec4(1.0, 1.0, 1.0, 1.0);    \n"
            "}                                              \n";
    fshader->compileSourceCode(fsrc);
    //创建着色器程序
    program = new QOpenGLShaderProgram;
    program->addShader(vshader);
    program->addShader(fshader);
    program->link();
    program->bind();
}
```

这里首先调用 QOpenGLFunctions::initializeOpenGLFunctions()对 OpenGL 函数进行了初始化,这样 QOpenGLFunctions 中的函数只能在当前环境中使用。然后进行了着色器的相关设置。使用 QOpenGLShader 创建了一个顶点着色器和一个片段着色器,并使用 compileSourceCode()函数为着色器设置了源码并进行了编译。下面创建了着色器程序 QOpenGLShaderProgram 对象,使用 addShader()将前面已经编译好的着色器添加进来,然后调用 link()函数将所有加入到程序中的着色器链接到一起,最后调用 bind()函数将该着色器程序绑定到当前 OpenGL 环境中。

为了使程序尽量简单,这里直接在程序中编写了着色器源码;对于较复杂的着色器源码,一般是写在文件中的,可以使用 compileSourceFile()进行加载编译。这个程序只是绘制一个白色的点,所以只需要指定一个顶点 vec4 (0.0, 0.0, 0.0, 1.0)和渲染颜色 vec4(1.0, 1.0, 1.0, 1.0),这里的 vec4 类型是 GLSL 的 4 位浮点数向量。因为这

里只是讲解 OpenGL 在 Qt 中的应用，而不是讲解 OpenGL 知识，所以不会对一些术语或者变量做深入讲解，不过为了让初学者可以更好地理解，这里对基本内容进行简单介绍：可以把整个窗口的中心当作坐标原点，X 轴从左到右，Y 轴从下到上，Z 轴从里到外，顶点(0.0，0.0，0.0，1.0)的前 3 个分量分别是 X、Y 和 Z 轴的坐标，第 4 个分量默认为 1.0，一般不用设置，所以该顶点就是坐标原点，后面会显示到窗口的中心。颜色(1.0，1.0，1.0，1.0)的前 3 个分量分别对应 R 红色、G 绿色和 B 蓝色，第 4 个分量 A 对应 alpha 值，用于设置透明度，因为 RGB 均设置为 1.0，所以为白色。

下面添加 resizeGL()函数定义：

```
void MyOpenGLWidget::resizeGL(int , int )
{
}
```

这里现在先保留为空，该函数不是必须设置的。继续添加 paintGL()函数的定义：

```
void MyOpenGLWidget::paintGL()
{
    glDrawArrays(GL_POINTS, 0, 1);
}
```

作为简单示例，这里直接调用了 glDrawArrays()函数来进行 OpenGL 图形绘制。

glDrawArrays()函数原型为：

```
voidglDrawArrays(GLenum mode, GLint first, GLsizei count)
```

该函数使用当前绑定的顶点数组元素来建立几何图形，第一个参数 mode 设置了构建图形的类型，如 GL_POINTS(点)、GL_LINES(线)、GL_LINE_STRIP(条带线)、GL_LINE_LOOP(循环线)、GL_TRIANGLES(独立三角形)、GL_TRIANGLE_STRIP(三角形条带)、GL_TRIANGLE_FAN(三角形扇面)等；第 2 个参数 first 指定元素起始位置，第 3 个参数 count 为元素个数，就是用顶点数组中索引为 first 到 first+count−1 的元素为顶点来绘制 mode 指定的图形。

最后再向项目中添加 main.cpp 文件，更改内容如下：

```
#include <QApplication>
#include "myopenglwidget.h"
int main(int argc, char *argv[])
{
    QApplication app(argc,argv);
    MyOpenGLWidget w;
    w.resize(400, 300);
    w.show();
    return app.exec();
}
```

现在运行程序可以看到，窗口背景默认为黑色，在窗口中间绘制了一个白色点。这个程序虽然简单，但是展示了在 Qt 中绘制 OpenGL 图形的一般过程。下面将在这个程序的基础上进一步讲解 OpenGL 的其他内容。

12.2 绘制多边形

前面的内容中只绘制了一个点,要想绘制复杂的图形,就需要设置更多的顶点。设置顶点一般使用数组来实现,然后将数组中的顶点数据输入到顶点着色器中。为了获得更好的性能,一般还会使用缓存。

12.2.1 使用顶点数组

(本例采用的项目源码路径:src\12\12-2\myopengl)继续在前面的程序中进行更改。首先将顶点着色器源码更改如下:

```
const char * vsrc =
        "#version 330                                    \n"
        "in vec4 vPosition;                              \n"
        "void main() {                                   \n"
        "   gl_Position = vPosition;                     \n"
        "}                                               \n";
```

这里为顶点着色器声明了一个名为 vPosition 的输入变量,in 存储限制符表明了数据进入着色器的流向,与其对应的是 out 存储限制符,vPosition 用于获取外部输入的顶点数据。"gl_Position=vPosition"表明将输入的顶点位置复制到顶点着色器的指定输出位置 gl_Position 中。下面来更改 paintGL()函数:

```
void MyOpenGLWidget::paintGL()
{
    //顶点位置
    static const GLfloat vertices[] = {
        -0.8f, 0.8f,
        -0.8f, -0.8f,
        0.8f, -0.8f,
        0.8f, 0.8f
    };
    GLuint vPosition = program->attributeLocation("vPosition");
    glVertexAttribPointer(vPosition, 2, GL_FLOAT, GL_FALSE, 0, vertices);
    glEnableVertexAttribArray(vPosition);
    glDrawArrays(GL_TRIANGLE_FAN, 0, 4);
}
```

这里定义了一个顶点数组 vertices,一共 4 行,每行定义一个顶点位置。在前面的例子中已经看到,顶点位置是 vec4 类型的,应该有 4 个值,但是这里每行只有 2 个值,其实 vec4 的默认值为(0,0,0,1);当仅指定了 X 和 Y 坐标时,其他两个坐标值将被自动指定为 0 和 1。这里以原点为中心设置了一个正方形的 4 个顶点,首先是左上角的顶点,然后沿逆时针方向设置了其他 3 个顶点,顶点顺序可以是顺时针也可以是逆时针,逆时针绘制出来的是正面,而顺时针绘制出来的是反面。attributeLocation()可以返回变量在着色器程序参数列表中的位置,这里获取了 vPosition 的位置。然后使用 glVertexAttribPointer()将 vPosition 与顶点数组 vertices 进行关联。glVertexAttrib-

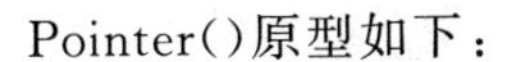

Pointer()原型如下：

```
voidglVertexAttribPointer(GLuint index, GLint size, GLenum type, GLboolean normalized,
GLsizei stride, const void * ptr)
```

该函数设置着色器中变量索引为 index 的变量对应的数据值。其中，index 参数就是要输入变量的位置索引；size 表示每个顶点需要更新的分量数目，例如，这里 vertices 每行只有 2 个值，所以 size 为 2；type 指定了数组中元素的类型，例如，这里 vertices 是 GLfloat 类型的，所以这里 type 为 GLfloat；normalized 设置顶点数据在存储前是否需要进行归一化，这里设置为否；stride 是数组中每 2 个元素之间的大小偏移值，一般设置为 0 即可；ptr 设置顶点数组指针或者缓存内的偏移量，这里使用了顶点数组，所以直接设置为 vertices 即可。

最后需要使用 glEnableVertexAttribArray()来启用顶点数组，这样就完成了所有设置。调用 glDrawArrays()进行绘制时需要设置图形类型为 GL_TRIANGLE_FAN，因为有 4 个顶点，所以第 3 个参数为 4。这时运行程序可能发现，绘制的图形是较宽的长方形，而不是一个正方形，这是因为整个窗口的宽为 400、高为 300 造成，下面来解决这个问题。

在 paintGL()函数的开始添加如下代码：

```
int w = width();
int h = height();
int side = qMin(w, h);
glViewport((w - side) / 2, (h - side) / 2, side, side);
```

这里使用 glViewport()设置视口为整个窗口中尽可能大的正方形，视口定义了所有 OpenGL 渲染操作最终显示的 2D 矩形。(注意，这个操作本应该放到 resizeGL()函数中进行，只是由于 Qt 版本，现在并不能实现应有的效果，所以放到了 paintGL()中。)

paintGL()函数中一般还会调用 glClear()来清除屏幕，在调用 glViewport()之后添加如下一行代码：

```
glClear(GL_COLOR_BUFFER_BIT | GL_DEPTH_BUFFER_BIT);
```

这里清除了颜色缓存和深度缓存。现在运行程序，并改变窗口大小，可以看到，正方形会随着窗口改变大小，但是不会被压缩变形。

12.2.2 使用缓存

前面程序使用的顶点数组中指定的数据会保存在客户端内存中，在进行 glDrawArrays()等绘图调用时，这些数据必须从客户内存复制到图形内存。为了避免每次绘图时都复制这些数据，可以将其缓存到图形内存中。缓存对象在 OpenGL 服务器中创建，这样当需要顶点、索引、纹理图像等数据时，客户端程序就不需要每次都进行上传。Qt 中 QOpenGLBuffer 类用来创建并管理 OpenGL 缓存对象，下面通过例子讲解该类的使用。

(本例采用的项目源码路径：src\12\12-3\myopengl)继续在前面的程序中进行更改。先在 myopenglwidget. h 文件中添加头文件包含：

```
#include <QOpenGLBuffer>
```

然后添加 private 变量：

```
QOpenGLBuffer vbo;
```

下面到 myopenglwidget.cpp 中，在 paintGL()函数创建 vertices 数组后面添加如下代码：

```
vbo.create();
vbo.bind();
vbo.allocate(vertices, 8 * sizeof(GLfloat));
```

首先调用 create()函数在 OpenGL 服务器中创建了缓存对象，然后使用 bind()函数将与该对象相关联的缓存绑定到当前 OpenGL 环境，allocate()函数在缓存中为数组分配空间并将缓存初始化为数组的内容。创建好缓存以后，就可以通过缓存为顶点着色器输入数据了。下面将 paintGL()函数中调用的 glVertexAttribPointer()函数替换为：

```
program->setAttributeBuffer(vPosition, GL_FLOAT, 0, 2, 0);
```

setAttributeBuffer()函数与 glVertexAttribPointer()函数类似，其函数原型如下：

```
voidsetAttributeBuffer(int location, GLenum type, int offset, int tupleSize, int stride = 0)
```

该函数用来为着色器中 location 位置的变量设置顶点缓存，offset 指定了缓存中要使用数据的偏移值。通过调用该函数就可以将 vPosition 变量与缓存中的顶点数据进行关联，现在可以运行程序查看效果。

12.3 绘制彩色 3D 图形

前面绘制的图形还是纯白色的，并且看上去还是 2D 的正方形，这一节将为图形的每个顶点进行着色，然后添加其他的面来形成明显的 3D 效果。

12.3.1 为图形设置顶点颜色

(本例采用的项目源码路径：src\12\12-4\myopengl)继续在前面的程序中进行更改。首先更改顶点着色器源码如下：

```
const char *vsrc =
        "#version 330                                  \n"
        "in vec4 vPosition;                            \n"
        "in vec4 vColor;                               \n"
        "out vec4 color;                               \n"
        "void main() {                                 \n"
        "   color = vColor;                            \n"
        "   gl_Position = vPosition;                   \n"
        "}                                             \n";
```

这里声明了输入变量 vColor 和输出变量 color，并将 vColor 获取的颜色数据传递给 color。输出变量可以将数据传递给后续阶段使用，这里主要是传递给片段着色器。下面更改片段着色器源码如下：

```
const char * fsrc =
          "#version 330 \n"
          "in vec4 color;                                      \n"
          "out vec4 fColor;                                    \n"
          "void main() {                                       \n"
          "   fColor = color;                                  \n"
          "}                                                   \n";
```

这里声明了一个输入变量 color,用来和顶点着色器的输出变量 color 对应。而输出变量 fColor 可以将 color 输入的颜色数据输出到着色管线中用来为图形着色。

下面到 paintGL()函数中,在 glDrawArrays()函数调用之前添加如下代码:

```
static constGLfloat colors[] = {
     1.0f, 0.0f, 0.0f,
     0.0f, 1.0f, 0.0f,
     0.0f, 0.0f, 1.0f,
     1.0f, 1.0f, 1.0f
};
vbo.write(8 * sizeof(GLfloat), colors, 12 * sizeof(GLfloat));
GLuint vColor = program ->attributeLocation("vColor");
program ->setAttributeBuffer(vColor, GL_FLOAT, 8 * sizeof(GLfloat), 3, 0);
glEnableVertexAttribArray(vColor);
```

这里创建了一个颜色数组,共 4 行,分别为 4 个顶点进行着色。为了简便,这里直接在前面创建的缓存中写入了颜色数组数据,并为 vColor 变量指定了缓存。write()函数原型如下:

```
void write(int offset, const void * data, int count)
```

该函数会替换掉缓存中已有的内容,参数 offset 是要替换数据开始位置的偏移值,因为前面已经添加的顶点数组的大小为 8 · sizeof(GLfloat),所以这里需要将这个值作为偏移值。为了不覆盖已有的数据,需要对缓存进行扩容,将前面程序中 allocate()函数调用更改如下:

```
vbo.allocate(vertices, 20 * sizeof(GLfloat));
```

因为顶点数组有 8 个元素,颜色数组有 12 个元素,所以这里的大小设置为了 20 · sizeof(GLfloat)。现在运行程序可以看到,正方形的 4 个角分别是红、绿、蓝和白色。

12.3.2 实现 3D 效果

(项目源码路径:src\12\12-5\myopengl)继续在前面的程序中进行更改。首先更改顶点数组如下:

```
static const GLfloat vertices[2][4][3] = {
{ {-0.8f, 0.8f, 0.8f},{-0.8f, -0.8f, 0.8f},{0.8f, -0.8f, 0.8f},{0.8f, 0.8f, 0.8f} },
{ {0.8f, 0.8f, 0.8f},{0.8f, -0.8f, 0.8f},{0.8f, -0.8f, -0.8f},{0.8f, 0.8f. -0.8f} }
};
```

该数组每行指定了 4 个顶点即一个正方形面,每个顶点由 3 个元素组成,因为要设置 3D 效果,所以每个顶点都指定了 Z 轴坐标。然后更改 allocate()调用如下:

```
vbo.allocate(vertices, 48 * sizeof(GLfloat));
```

这里顶点数组有 24 个元素,后面颜色数组对应的也有 24 个元素,所以缓存大小为 48 • sizeof(GLfloat)。下面更改设置 vPosition 的 setAttributeBuffer()函数:

```
program->setAttributeBuffer(vPosition, GL_FLOAT, 0, 3, 0);
```

因为现在数组中每个顶点由 3 个元素指定,所以这里第 4 个参数设置为 3。下面更改颜色数组如下:

```
static const GLfloat colors[2][4][3] = {
{ {1.0f, 0.0f, 0.0f}, {0.0f, 1.0f, 0.0f}, {0.0f, 0.0f, 1.0f}, {1.0f, 1.0f, 1.0f} },
{ {1.0f, 0.0f, 0.0f}, {0.0f, 1.0f, 0.0f}, {0.0f, 0.0f, 1.0f}, {1.0f, 1.0f, 1.0f} }
};
```

然后更改 write()函数调用:

```
vbo.write(24 * sizeof(GLfloat), colors, 24 * sizeof(GLfloat));
```

下面更改设置 vColor 的 setAttributeBuffer()函数:

```
program->setAttributeBuffer(vColor, GL_FLOAT, 24 * sizeof(GLfloat), 3, 0);
```

最后将绘制函数更改如下:

```
for(int i = 0; i < 2; i++)
    glDrawArrays(GL_TRIANGLE_FAN, i * 4, 4);
```

这里要绘制两个面,所以用 for()函数调用了两次 glDrawArrays()函数进行绘制,第一次绘制用去了 4 个顶点,所以第 2 次调用时设置了起始位置(即第 2 个参数的值)为 4。现在已经绘制出了立方体两个相邻的面,但是运行程序发现,因为角度问题只能看到前面的面。下面通过使用透视投影矩阵对顶点进行变换来改变显示图形的角度。在调用绘制函数的这两行代码前添加如下代码:

```
QMatrix4x4 matrix;
matrix.perspective(45.0f, (GLfloat)w/(GLfloat)h, 0.1f, 100.0f);
matrix.translate(0, 0, -3);
matrix.rotate(-60, 0, 1, 0);  //绕 Y 轴逆时针旋转
program->setUniformValue("matrix", matrix);
```

QMatrix4x4 类可以表示一个 3D 空间中的 4×4 变换矩阵,perspective()函数用来设置透视投影矩阵,这里设置了视角为 45°,纵横比为窗口的纵横比,最近的位置为 0.1,最远的位置为 100。然后使用 translate()函数平移 X、Y 和 Z 轴,这里将 Z 轴平移 −3,即向屏幕里移动。rotate()可以设置旋转角度,4 个参数分别用来设置角度和 X、Y、Z 轴,比如这里将 Y 轴设置为 1,就是绕 Y 轴旋转,角度为 −60,也就是逆时针旋转 60°;如果角度为正值则是顺时针旋转。最后使用 setUniformValue()函数将矩阵关联到顶点着色器的 matrix 变量,下面将顶点着色器源码更改如下:

```
const char * vsrc =
        "#version 330                          \n"
        "in vec4 vPosition;                    \n"
        "in vec4 vColor;                       \n"
        "out vec4 color;                       \n"
        "uniform mat4 matrix;                  \n"
        "void main() {                         \n"
        "   color = vColor;                    \n"
```

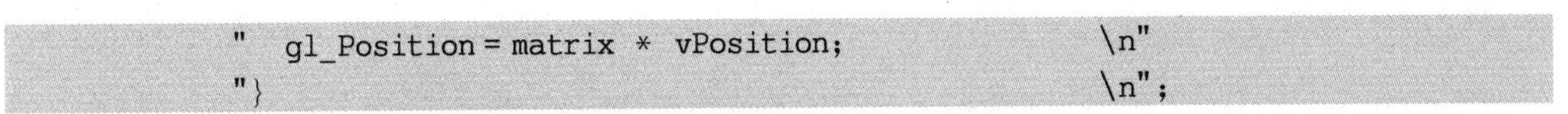

```
        "    gl_Position = matrix * vPosition;                    \n"
        "}                                                        \n";
```

这里声明了一个 matrix 变量，使用了 uniform 存储限制符，表明该变量不会在处理过程中发生变化，着色器无法写入到 uniform 变量，也无法改变它的值。可以通过 setUniformValue()函数来为 uniform 变量设置值。最后在着色器 main()函数中进行了矩阵与顶点的乘法运算，注意，矩阵应该在左侧而顶点在右侧。现在运行程序就已经可以看到 3D 立体效果了。

12.4　使用纹理贴图

前面的程序中生成了正方体的 2 个面，为了实现更加真实的 3D 效果，还可以使用图片作为 2 个面的纹理贴图。Qt 的 QOpenGLTexture 类封装了一个 OpenGL 纹理对象，可以使用该类来设置纹理。对应该部分内容可以参考一下 Textures Example 示例程序。

（本例采用的项目源码路径：src\12\12-6\myopengl）在前面的程序中打开 myopenglwidget.h 文件，添加类前置声明：

```
class QOpenGLTexture;
```

然后添加一个私有变量：

```
QOpenGLTexture * textures[2];
```

下面到 myopenglwidget.cpp 文件中，添加头文件包含：

```
#include <QOpenGLTexture>
```

然后在 initializeGL()函数的开始部分对变量进行初始化：

```
for (int i = 0; i < 2; ++ i)
        textures[i] = new QOpenGLTexture(QImage(QString("../myopengl/side%1.png")
                                          .arg(i + 1)).mirrored());
```

这里需要将两张图片复制到源码目录下。下面更改顶点着色器的源码如下：

```
const char * vsrc =
        "#version 330                                    \n"
        "in vec4 vPosition;                              \n"
        "in vec2 vTexCoord;                              \n"
        "out vec2 texCoord;                              \n"
        "uniform mat4 matrix;                            \n"
        "void main() {                                   \n"
        "    texCoord = vTexCoord;                       \n"
        "    gl_Position = matrix * vPosition;           \n"
        "}                                               \n";
```

这里就是将前面的颜色相关变量换成了纹理相关变量，VTexCoord 用来输入纹理坐标。对应的，将片段着色器源码更改如下：

```
const char * fsrc =
        "#version 330                                    \n"
        "uniform sampler2D tex;                          \n"
```

```
        "in vec2 texCoord;                                    \n"
        "out vec4 fColor;                                     \n"
        "void main() {                                        \n"
        "   fColor = texture(tex, texCoord);                  \n"
        "}                                                    \n";
```

这里声明了一个 sampler2D 类型的采样器变量 tex,然后在 main()函数中使用 texture()纹理函数,采样器 tex 会以 texCoord 表示的纹理坐标进行采样,该函数返回包括采样的纹理数据的向量。

paintGL()函数中将前面设置顶点颜色数组的相关代码更改如下:

```
static const GLfloat coords[2][4][2] = {
    { {0.0f, 1.0f}, {0.0f, 0.0f}, {1.0f, 0.0f}, {1.0f, 1.0f} },
    { {0.0f, 1.0f}, {0.0f, 0.0f}, {1.0f, 0.0f}, {1.0f, 1.0f} }
};
vbo.write(24 * sizeof(GLfloat), coords, 16 * sizeof(GLfloat));
GLuint vTexCoord = program->attributeLocation("vTexCoord");
program->setAttributeBuffer(vTexCoord, GL_FLOAT, 24 * sizeof(GLfloat), 2, 0);
glEnableVertexAttribArray(vTexCoord);
program->setUniformValue("tex", 0);
```

这里就是将顶点颜色的相关设置更换为纹理坐标的设置。纹理顶点设置了 X 和 Y 坐标,可以简单地这样理解:对于 X 坐标,0.0 表示纹理的左侧,0.5 表示纹理的中点,1.0 表示纹理的右侧;对于 Y 坐标,0.0 表示纹理的底部,0.5 表示纹理的中点,1.0 表示纹理的顶部。需要将纹理的 4 个顶点正确对应到正方形的 4 个顶点上。下面更改绘制函数如下:

```
for(int i = 0; i < 2; i++) {
    textures[i]->bind();
    glDrawArrays(GL_TRIANGLE_FAN, i * 4, 4);
}
```

QOpenGLTexture 类的 bind()函数可以将纹理绑定到当前活动纹理单元准备进行渲染。现在运行程序可以看到,已经在两面正方形上使用了指定的图片。

为了更方便查看 3D 效果,下面来实现使用按键控制图形旋转。(项目源码路径:src\12\12-7\myopengl)首先在 myopenglwidget.h 文件中添加键盘按下事件处理函数的声明:

```
void keyPressEvent(QKeyEvent * event) override;
```

然后添加几个 private 变量:

```
GLfloat translate, xRot, yRot, zRot;
```

到 myopenglwidget.cpp 文件中先添加头文件 #include <QKeyEvent>,然后在构造函数中初始化变量:

```
translate = -6.0;
xRot = zRot = 0.0;
yRot = -30.0;
```

到 paintGL()函数中更改设置矩阵的相关代码如下:

```
    QMatrix4x4 matrix;
    matrix.perspective(45.0f, (GLfloat)w/(GLfloat)h, 0.1f, 100.0f);
    matrix.translate(0, 0, translate);
    matrix.rotate(xRot, 1.0, 0.0, 0.0);
    matrix.rotate(yRot, 0.0, 1.0, 0.0);
    matrix.rotate(zRot, 0.0, 0.0, 1.0);
```

然后添加键盘按下事件处理函数的定义：

```
void MyOpenGLWidget::keyPressEvent(QKeyEvent * event)
{
    switch (event->key()) {
    case Qt::Key_Up:
        xRot += 10;
        break;
    case Qt::Key_Left:
        yRot += 10;
        break;
    case Qt::Key_Right:
        zRot += 10;
        break;
    case Qt::Key_Down:
        translate -= 1;
        break;
    case Qt::Key_Space:
        translate += 1;
        break;
    default:
        break;
    }
    update();   //更新显示
    QOpenGLWidget::keyPressEvent(event);
}
```

现在运行程序，则可以通过键盘方向键和空格键来控制图形的显示。为了拥有更好的显示效果，可以开启深度测试，下面在 initializeGL() 函数中调用 initializeOpenGLFunctions() 函数之后添加如下代码：

```
glEnable(GL_DEPTH_TEST);
```

再次运行程序可以看到更好的 3D 效果，如图 12-1 所示。

图 12-1 使用纹理贴图运行效果

12.5 小 结

本章简单介绍了怎样在 Qt 应用程序中使用 OpenGL 来绘制 3D 图形,并讲解了其中最典型的几个应用。而真正要进行 3D 图形开发还是要去学习 OpenGL 的专业知识,这里为了使没有基础的初学者可以比较容易理解,尽量避免了涉及太多 OpenGL 的专业知识和术语。

第 3 篇　影音媒体篇

第 13 章

音视频播放

Qt 对音视频的播放和控制、相机拍照、收音机等多媒体应用提供了强大的支持。从 Qt 5 开始，使用了全新的 Qt Multimedia 模块来实现多媒体应用，Qt 4 中用来实现多媒体功能的 Phonon 模块已经被移除。新的 Qt Multimedia 模块提供了丰富的接口，可以轻松地使用平台的多媒体功能，例如，进行媒体播放、使用相机和收音机等。

C++中多媒体模块可以实现的功能、对应的示例程序以及需要使用的 C++ 类如表 13-1 所列。

表 13-1　多媒体功能及相关 C++类

功　能	示　例	C++类
播放音效		QSoundEffect
播放编码音频(MP3、AAC 等)	Media Player Example	QMediaPlayer
低延迟播放原始音频数据	Audio Source Example Spectrum Example	QAudioSink
访问原始音频输入数据	Spectrum Example Audio Source Example	QAudioSource
录制编码音频数据	Audio Recorder Example	QMediaCaptureSession、QAudioInput、QMediaRecorder
发现音频和视频设备	Audio Devices Example	QMediaDevices、QAudioDevice、QCameraDevice
播放视频	Media Player Example	QMediaPlayer、QVideoWidget、QGraphicsVideoItem
捕获音频和视频	Camera Example	QMediaCaptureSession、QCamera、QAudioInput、QVideoWidget

续表 13-1

功　能	示　例	C++类
拍摄照片	Camera Example	QMediaCaptureSession、QCamera、QImageCapture
拍摄影片	Camera Example	QMediaCaptureSession、QCamera、QMediaRecorder

Qt 的多媒体接口建立在底层平台的多媒体框架之上，这就意味着对于各种编解码器的支持依赖于使用的平台。要使用多媒体模块的内容，则需要在.pro 项目文件中添加如下代码：

```
QT += multimedia
```

这一章主要讲解 C++ 中音视频播放的实现，相关内容可以在 Qt 帮助中通过 Qt Multimedia 关键字查看。

13.1　播放音频

在 Qt 中，要想使计算机发出响声，最简单的方法是调用 QApplication::beep()静态函数。而在 Qt Multimedia 模块中提供了多个类来实现不同层次的音频输入、输出和处理。

13.1.1　播放压缩音频

Qt 中播放一个音频文件（比如 MP3 歌曲）十分简单，通过使用 QMediaPlayer，只需要几行代码即可完成。QMediaPlayer 被设计用来进行媒体播放，可以播放音频、视频和网络广播等。下面先来看一下如何使用该类播放音频文件：

```
player = new QMediaPlayer;
audioOutput = new QAudioOutput;
player->setAudioOutput(audioOutput);
//...
player->setSource(QUrl::fromLocalFile("/Users/me/Music/coolsong.mp3"));
audioOutput->setVolume(50);
player->play();
```

可以看到，当创建 QMediaPlayer 后，需要连接到 QAudioOutput 对象来播放音频，还要设置媒体源。这里使用了本地的一个 MP3 文件，如果要播放网络歌曲，则只需要将地址修改为 QUrl 网络地址即可。QMediaPlayer 支持的音频文件格式取决于操作系统环境以及用户安装的媒体插件，更多的使用方法会在后面的内容中讲到，也可以在 Qt 帮助中查看该类的帮助文档。

13.1.2　低延迟声音效果

QSoundEffect 类可以使用一种低延迟方式来播放未压缩的音频文件，如 WAV 文件,它非常适合用来播放与用户交互时的音效,如弹出框提示音、虚拟键盘按键音、游戏音效等。如果并不需要低延迟效果,那么最好使用 QMediaPlayer 来播放音频,因为其支持更多的媒体格式并且占用资源更少。

下面通过例子来看一下 QSoundEffect 的应用。(本小节采用的项目源码路径: src\13\13-1\mysoundeffect)新建 Qt Widgets 应用,名称为 mysoundeffect,类名 MainWindow 和基类 QMainWindow 保持默认即可。完成后在项目文件 mysoundeffect.pro 中添加代码如下:

```
QT   += multimedia
```

完成后保存该文件。然后到 mainwindow.h 文件中添加类的前置声明:

```
class QSoundEffect;
```

添加一个私有对象指针:

```
QSoundEffect * effect;
```

再到 mainwindow.cpp 文件中,先添加头文件包含:

```
#include <QSoundEffect>
```

然后在构造函数添加如下代码:

```
effect = new QSoundEffect(this);
effect->setSource(QUrl::fromLocalFile("../mysoundeffect/sound.wav"));
effect->setVolume(0.25f);
```

这里创建了 QSoundEffect 对象,并设置了要播放的音频文件,然后使用 setVolume()设置了音量大小,其取值范围为 0.0~1.0。

双击 mainwindow.ui 文件进入设计模式,向界面上添加两个 Push Button 和一个 Spin Box,并将两个按钮的文本分别改为“播放”和“停止”。然后更改 Spin Box 的属性,将当前值 value 设置为 1。最后分别转到两个按钮的 clicked()槽和 Spin Box 的 valueChanged(int)槽,更改它们的内容如下:

```
void MainWindow::on_pushButton_clicked()        //播放按钮
{
    effect->play();
}
void MainWindow::on_pushButton_2_clicked()      //停止按钮
{
    effect->stop();
}
void MainWindow::on_spinBox_valueChanged(int arg1)
{
    effect->setLoopCount(arg1);
}
```

使用 setLoopCount()可以设置声音的播放次数,当设置为 0 或 1 时表明只播放一次;如果要无限重复,则需要设置为 QSoundEffect::Infinite。现在将一个名为 sound.wav 的音频文件(可在配套资料源码中找到)放到源码目录并运行程序,可以先设置播放的次数,然后使用开始按钮进行播放,使用停止按钮停止播放,也可以连续按下开始

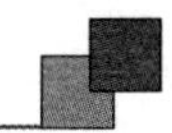

按钮测试低延迟播放效果。

13.2 播放视频

前面提到 QMediaPlayer 不仅可以播放音频，还可以播放视频。不过如果要视频在界面上显示出来，还需要其他类进行辅助，比如 QVideoWidget、QGraphicsVideoItem 或者自定义的类。而像 GIF 格式的动画类型，可以使用 QMovie 播放。

13.2.1 播放视频文件

视频文件可以通过 QMediaPlayer 进行播放，但是要在界面上显示视频内容，需要借助 QVideoWidget 或者 QGraphicsVideoItem 类，这两个类都属于 Qt Multimedia Widgets 模块。QVideoWidget 继承自 QWidget，所以它可以作为一个普通窗口部件进行显示，也可以嵌入到其他窗口中。将 QVideoWidget 指定为 QMediaPlayer 的视频输出窗口后，就可以显示播放的视频画面，当然，如果不为播放器设置视频输出界面，播放器也可以播放视频，不过只有声音而不会显示图像。下面来看一个例子。

（本例采用的项目源码路径：src\13\13-2\myvideowidget）新建 Qt Widgets 应用，名称为 myvideowidget，基类选择 QWidget，类名保持 Widget 不变。完成后在项目文件 myvideowidget.pro 中添加代码如下：

```
QT += multimedia multimediawidgets
```

完成后保存该文件。然后到 widget.h 文件中添加类的前置声明：

```
class QMediaPlayer;
class QAudioOutput;
class QVideoWidget;
```

添加私有对象指针：

```
QMediaPlayer * player;
QAudioOutput * audioOutput;
QVideoWidget * videoWidget;
```

下面进入 widget.cpp 文件，先添加头文件包含：

```
#include <QMediaPlayer>
#include <QVideoWidget>
#include <QAudioOutput>
```

然后在构造函数中添加如下代码：

```
player = new QMediaPlayer(this);
audioOutput = new QAudioOutput;
player->setAudioOutput(audioOutput);
vidcoWidget = new QVideoWidget(this);
videoWidget->resize(600, 300);
videoWidget->move(100, 150);
```

```
player->setVideoOutput(videoWidget);
player->setSource(QUrl::fromLocalFile("../myvideowidget/video.wmv"));
player->play();
```

这里设置了 videoWidget 的大小,并将其设置为播放器的视频输出窗口,然后指定了要播放的视频文件。现在将一个名为 video.wmv 的视频文件(可在本书配套资料的源码中找到)放到源码目录,然后编译运行程序查看效果。

再来看下 QGraphicsVideoItem,它继承自 QGraphicsObject,类似于图形视图框架中讲到的 QGraphicsWidget。QGraphicsVideoItem 提供了一个窗口,并可以作为一个图形项嵌入到场景中显示视频内容。

(本例采用的项目源码路径:src\13\13-3\myvideoitem)新建空项目,模板选择其他项目中的 Empty qmake Project,项目名称为 myvideoitem。创建完成后,在 myvideoitem.pro 中添加如下代码:

```
QT        += multimedia multimediawidgets
```

然后保存该文件。往项目中添加新的 C++ Source File,名称为 main.cpp,完成后更改其内容如下:

```
#include <QApplication>
#include <QMediaPlayer>
#include <QGraphicsVideoItem>
#include <QGraphicsView>
#include <QGraphicsScene>
#include <QAudioOutput>
int main(int argc, char *argv[])
{
    QApplication a(argc, argv);
    QGraphicsScene scene;
    QGraphicsView view(&scene);
    view.resize(600, 320);
    QGraphicsVideoItem item;
    scene.addItem(&item);
    item.setSize(QSizeF(500, 300));
    QMediaPlayer player;
    player.setVideoOutput(&item);
    QAudioOutput audioOutput;
    player.setAudioOutput(&audioOutput);
    player.setSource(QUrl::fromLocalFile("../myvideoitem/video.wmv"));
    player.play();
    view.show();
    return a.exec();
}
```

这里首先创建了场景、视图和视频图形项,然后创建了播放器,并将视频图形项作为播放器的视频输出窗口,最后设置了要播放的视频,并显示视图。下面运行程序可以看到,已经在场景中嵌入了视频播放图形项,这样就可以结合图形视图部分的知识实现更多想要的功能。

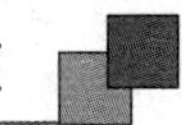

13.2.2　使用 QMovie 播放 GIF 文件

前面章节中已经多次提到过 QMovie 类，该类并不属于多媒体模块，而是包含在 Qt GUI 模块。QMovie 使用 QImageReader 来播放没有声音的动画，如 GIF 格式的文件，其支持的格式可以使用 QMovie::supportedFormats()静态函数获取。要播放一个动画，只需要先创建一个 QMovie 对象，并为其指定要播放的动画文件，然后将 QMovie 对象传递给 QLabel::setMovie()函数，最后调用 start()函数来播放动画，例如：

```
QLabel label;
QMovie * movie = new QMovie("animations/fire.gif");
label.setMovie(movie);
movie ->start();
```

还可以使用 setPaused(true)来暂停动画的播放，然后使用 setPaused(false)来恢复播放；使用 stop()函数可以停止动画的播放。QMovie 一共有 3 个状态，如表 13 - 2 所列，每当状态改变时都会发射 stateChanged()信号，可以关联这个信号来改变播放、暂停等按钮的状态。

表 13 - 2　QMovie 的不同状态

常　量	描　述
QMovie::NotRunning	动画未执行。这是 QMovie 的初始状态，如果调用了 stop()函数或者动画已经结束，则进入该状态
QMovie::Paused	动画被暂停。当调用 setPaused(true)函数后会进入该状态，会保持当前的帧号，调用 setPaused(false)函数后会继续播放下一帧
QMovie::Running	动画正在播放

可以使用 frameCount()函数来获取当前动画总的帧数；currentFrameNumber()函数可以返回当前帧的序列号，动画第一个帧的序列号为 0；如果动画播放到了一个新的帧，QMovie 会发射 updated()信号，这时可以使用 currentImage()或者 currentPixmap()函数来获取当前帧的一个副本。还可以使用 setCacheMode()来设置 QMovie 的缓存模式，这里有两个选项：QMovie::CacheNone 和 QMovie::CacheAll，前者是默认选项，不缓冲任何帧；后者是缓存所有的帧。如果指定了 QMovie::CacheAll 选项，那么就可以使用 jumpToFrame()来跳转到指定的帧了。另外，还可以使用 setSpeed()来设置动画的播放速度，该速度是以原始速度的百分比来衡量的，默认的速度为 100%。下面通过具体的例子来看一下这些功能的应用。

（本小节采用的项目源码路径：src\13\13-4\mymovie）新建 Qt Widgets 应用，名称为 mymovie，基类选择 QWidget，类名保持 Widget 默认不变。完成后先在设计模式设计如图 13 - 1 所示的界面。其中，要设置水平滑块部件 Horizontal Slider 的 tickPosition 属性为 TicksBelow，然后设置间隔 tickInterval 的数值为 10；选中“暂停”按钮的 checkable 属性；设置 Spin Box 的后缀 suffix 属性为“%”，最大值 maximum 为 999，当前值 value 为 100。

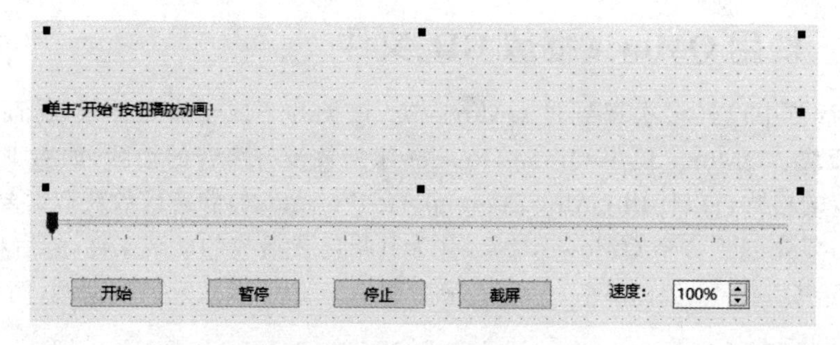

图 13-1 设计动画播放界面

然后到 mainwindow.h 文件中添加前置声明:

```
class QMovie;
```

再添加私有对象指针:

```
QMovie *movie;
```

到 mainwindow.cpp 文件中添加头文件:

```
#include <QMovie>
```

然后在构造函数中添加如下代码:

```
//设置标签的对齐方式为居中对齐、自动填充背景为暗色
ui->label->setAlignment(Qt::AlignCenter);
ui->label->setBackgroundRole(QPalette::Dark);
ui->label->setAutoFillBackground(true);
movie = new QMovie(this);
movie->setFileName("../mymovie/movie.gif");
//设置缓存模式
movie->setCacheMode(QMovie::CacheAll);
//设置动画大小为标签的大小
QSize size = ui->label->size();
movie->setScaledSize(size);
ui->label->setMovie(movie);
//设置水平滑块的最大最小值,当动画播放时自动更改滑块的值
ui->horizontalSlider->setMinimum(0);
ui->horizontalSlider->setMaximum(movie->frameCount());
connect(movie, &QMovie::frameChanged,
        ui->horizontalSlider, &QSlider::setValue);
```

下面分别从设计模式进入各部件的相应信号的槽,更改如下:

```
void MainWindow::on_horizontalSlider_valueChanged(int value)
{//播放进度
    movie->jumpToFrame(value);
}
void MainWindow::on_pushButton_clicked()
{//开始按钮
    movie->start();
}
void MainWindow::on_pushButton_2_toggled(bool checked)
```

```
{//暂停按钮
    movie->setPaused(checked);
}
void MainWindow::on_pushButton_3_clicked()
{//停止按钮
    movie->stop();
}
void MainWindow::on_pushButton_4_clicked()
{//截屏按钮
    int id = movie->currentFrameNumber();
    QPixmap pix = movie->currentPixmap();
    pix.save(QString("../mymovie/%1.png").arg(id));
}
void MainWindow::on_spinBox_valueChanged(int arg1)
{//播放速度
    movie->setSpeed(arg1);
}
```

将一个 movie.gif 文件(可在本书配套资料的源码中找到)放到源码目录,然后运行程序查看效果。QMovie 类的应用还可以参考一下 Movie Example 示例程序。

13.3 QMediaPlayer

前面播放音频、视频都使用了 QMediaPlayer,这一节将对该类进行详细讲解,因为在《Qt Widgets 及 Qt Quick 开发实战精解》中的音乐播放器实例是对 QMediaPlayer 类的综合应用,所以本节只讲解知识点,不再设计大型示例。

要使用 QMediaPlayer 进行播放,需要先使用 setSource(const QUrl &source)槽来设置媒体源,一般对于本地媒体只需要指定路径即可,所以就像前面代码那样直接使用 QUrl::fromLocalFile 指定路径即可;如果这里提供了一个媒体流 stream,那么将会直接从流中读取媒体数据而不再对媒体进行解析。设置完媒体源以后,可以使用 play()函数进行播放,使用 pause()、stop()进行暂停和停止。可以通过 source()来获取当前进行播放的媒体内容。使用 duration()可以获得当前媒体的时长,position()可以获取当前的播放位置,单位均为毫秒。使用 setPosition()可以跳转到一个播放点,通过关联 positionChanged()信号可以随时获取播放进度。

QMediaPlayer 本身无法播放声音,需要使用 setAudioOutput()来指定 QAudioOutput 对象实现音频输出。QAudioOutput 类可以通过 setDevice()来设置音频输出设备;通过 volume()来获取当前的播放音量,其范围为 0～1;通过 setVolume()设置音量大小,而当音量改变时会发射 volumeChanged()信号;如果要设置为静音,则可以使用 setMuted()函数。

下面通过一个简单的例子进行讲解。(本例采用的项目源码路径:src\13\13-5\myplayer)新建 Qt Widgets 应用,名称为 myplayer,基类选择 QWidget,类名保持 Widget 默认不变即可。完成后在项目文件 myplayer.pro 中添加代码如下:

```
QT += multimedia
```

完成后保存该文件。然后到 mainwindow.h 文件中添加类的前置声明：

```
class QMediaPlayer;
class QAudioOutput;
```

然后添加私有对象指针：

```
QMediaPlayer * player;
QAudioOutput * audioOutput;
```

然后声明私有槽：

```
private slots:
void updatePosition(qint64 position);
```

转到 mainwindow.cpp 文件中，在构造函数中添加如下代码：

```
player = new QMediaPlayer(this);
audioOutput = new QAudioOutput;
player ->setAudioOutput(audioOutput);
player ->setSource(QUrl::fromLocalFile("../myplayer/music.mp3"));
connect(player, &QMediaPlayer::positionChanged,
        this, &Widget::updatePosition);
```

双击 mainwindow.ui 进入设计模式，向界面上拖入 Horizontal Slider、Push Button 和 Label 部件，设计界面如图 13-2 所示。分别修改相关部件的 objectName 属性，如表 13-3 所列。

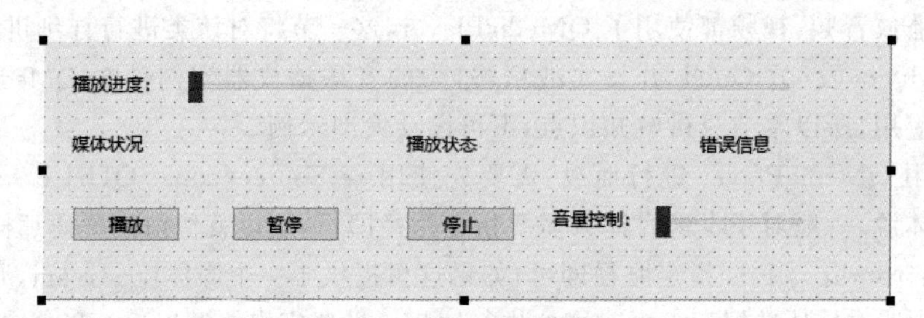

图 13-2 设计播放器界面

表 13-3 各部件的 objectName 属性

部　件	objectName 属性
播放进度 Horizontal Slider	horizontalSlider_position
音量控制 Horizontal Slider	horizontalSlider_volume
媒体状况 Label	label_status
播放状态 Label	label_state
错误信息 Label	label_error
播放按钮	pushButton_play
暂停按钮	pushButton_pause
停止按钮	pushButton_stop

下面从设计模式分别转到 3 个按钮的单击信号槽中，修改如下：

```
void Widget::on_pushButton_play_clicked()
{
    player ->play();
}
void Widget::on_pushButton_pause_clicked()
{
    player ->pause();
}
void Widget::on_pushButton_stop_clicked()
{
    player ->stop();
}
```

下面再到设计模式，分别在两个 Horizontal Slider 上转到 sliderMoved(int)槽，更改如下：

```
void Widget::on_horizontalSlider_position_sliderMoved(int position)
{
    player ->setPosition(position * 1000);
}
void Widget::on_horizontalSlider_volume_sliderMoved(int position)
{
    audioOutput ->setVolume(position / 100.0);
}
```

然后到 widget.cpp 文件的构造函数最后添加如下代码：

```
ui ->horizontalSlider_volume ->setValue(100);
```

最后添加 updatePosition()槽的定义：

```
void Widget::updatePosition(qint64 position)
{
    ui ->horizontalSlider_position ->setMaximum(player ->duration() / 1000);
    ui ->horizontalSlider_position ->setValue(position / 1000);
}
```

将一个名为 music.mp3 的音乐文件（可在本书配套资料的源码中找到）放到源码目录，运行程序，单击按钮进行音乐的播放测试。

13.3.1　播放状态

QMediaPlayer 使用 setSource()设置了媒体源后，该函数会直接返回，并不等待媒体加载完成，也不会检查可能存在的错误。当媒体的状况发生改变时播放器会发射 mediaStatusChanged()信号，可以通过关联该信号来获取媒体加载的一些信息。播放器播放的当前媒体会有 8 种不同的状况，由 QMediaPlayer::MediaStatus 枚举类型定义，其取值如表 13－4 所列。

表 13-4 媒体的各种状况

常 量	描 述
QMediaPlayer::NoMedia	当前媒体不存在时,播放器处于停止状态
QMediaPlayer::LoadingMedia	当前媒体正在被加载时,播放器可以处于任何状态
QMediaPlayer::LoadedMedia	当前媒体已经加载完成时,播放器处于停止状态
QMediaPlayer::StalledMedia	没有足够的缓冲或者其他临时中断,而导致当前媒体的播放处于停滞时,播放器处于播放状态或者暂停状态
QMediaPlayer::BufferingMedia	播放器正在缓冲数据,但已经缓冲了足够的数据以便稍后继续播放时,播放器处于播放状态或者暂停状态
QMediaPlayer::BufferedMedia	播放器已经完全缓冲了当前媒体时,播放器处于播放状态或者暂停状态
QMediaPlayer::EndOfMedia	已经播放到了当前媒体的结尾。播放器处于停止状态
QMediaPlayer::InvalidMedia	当前媒体无法播放。播放器处于停止状态

当播放器发生错误时会发射 errorOccurred()信号,通过关联该信号可以对相应的错误进行处理。播放器会出现 5 种不同的错误情况,由 QMediaPlayer::Error 枚举类型定义,其取值如表 13-5 所列。

表 13-5 播放器的各种错误情况

常 量	描 述
QMediaPlayer::NoError	没有发生错误
QMediaPlayer::ResourceError	媒体资源无法被解析
QMediaPlayer::FormatError	媒体格式不(完全)支持,可能依然可以播放,但是会缺少声音或者图像
QMediaPlayer::NetworkError	发生了一个网络错误
QMediaPlayer::AccessDeniedError	没有相应的权限来播放媒体资源

QMediaPlayer 进行播放时拥有 3 种状态,它总是处于这 3 种状态的其中一种。这 3 种状态由 QMediaPlayer::PlaybackState 枚举类型定义,其取值如表 13-6 所列。无论其先前处于什么状态,当播放器的状态发生改变时就会发射 playbackStateChanged()信号;可以通过关联该信号来获取播放器当前的状态,从而进行一些有关的设置,如改变播放控制图标等。

表 13-6 播放器的各种状态

常 量	描 述
QMediaPlayer::StoppedState	停止状态,处于该状态时,播放器会从当前媒体的开始进行播放。调用 stop()函数可以直接进入该状态

续表 13-6

常　量	描　述
QMediaPlayer::PlayingState	播放状态，媒体器正在播放媒体内容。调用 play()函数可以直接进入该状态
QMediaPlayer::PausedState	暂停状态，播放器暂停当前的播放。处于该状态时播放器会从当前媒体暂停的位置进行播放。调用 pause()函数可以直接进入暂停状态

下面继续在前面程序中添加代码。首先在 mainwindow.h 中添加头文件包含 #include <QMediaPlayer>，然后声明 3 个私有槽：

```
void stateChanged(QMediaPlayer::PlaybackState state);
void mediaStatusChanged(QMediaPlayer::MediaStatus status);
void showError(QMediaPlayer::Error error, const QString &errorString);
```

到 mainwindow.cpp 中，先在构造函数中添加信号和槽关联：

```
connect(player, &QMediaPlayer::playbackStateChanged, this, &Widget::stateChanged);
connect(player, &QMediaPlayer::mediaStatusChanged, this, &Widget::mediaStatusChanged);
connect(player, &QMediaPlayer::errorOccurred, this, &Widget::showError);
```

然后添加几个槽的定义：

```
void Widget::stateChanged(QMediaPlayer::PlaybackState state)
{
    switch (state) {
    case QMediaPlayer::StoppedState:
        ui->label_state->setText(tr("停止状态!"));
        break;
    case QMediaPlayer::PlayingState:
        ui->label_state->setText(tr("播放状态!"));
        break;
    case QMediaPlayer::PausedState:
        ui->label_state->setText(tr("暂停状态!"));
        break;
    default: break;
    }
}
void Widget::mediaStatusChanged(QMediaPlayer::MediaStatus status)
{
    switch (status) {
    case QMediaPlayer::NoMedia:
        ui->label_status->setText(tr("没有媒体文件!"));
        break;
    case QMediaPlayer::BufferingMedia:
        ui->label_status->setText(tr("正在缓冲媒体文件!"));
        break;
    case QMediaPlayer::BufferedMedia:
        ui->label_status->setText(tr("媒体文件缓冲完成!"));
        break;
```

```
        case QMediaPlayer::LoadingMedia:
            ui->label_status->setText(tr("正在加载媒体!"));
            break;
        case QMediaPlayer::StalledMedia:
            ui->label_status->setText(tr("播放停滞!"));
            break;
        case QMediaPlayer::EndOfMedia:
            ui->label_status->setText(tr("播放结束!"));
            break;
        case QMediaPlayer::LoadedMedia:
            ui->label_status->setText(tr("媒体加载完成!"));
            break;
        case QMediaPlayer::InvalidMedia:
            ui->label_status->setText(tr("不可用的媒体文件!"));
            break;
        default: break;
        }
    }
    void Widget::showError(QMediaPlayer::Error error, const QString &errorString)
    {
        switch (error) {
        case QMediaPlayer::NoError:
            ui->label_error->setText(tr("没有错误!") + errorString);
            break;
        case QMediaPlayer::ResourceError:
            ui->label_error->setText(tr("媒体资源无法被解析!") + errorString);
            break;
        case QMediaPlayer::FormatError:
            ui->label_error->setText(tr("不支持该媒体格式!") + errorString);
            break;
        case QMediaPlayer::NetworkError:
            ui->label_error->setText(tr("发生了一个网络错误!") + errorString);
            break;
        case QMediaPlayer::AccessDeniedError:
            ui->label_error->setText(tr("没有播放权限!") + errorString);
            break;
        default: break;
        }
    }
```

这里将播放器状态、媒体文件状况和错误信息分别显示到了界面上的标签中，可以运行程序查看效果。

13.3.2 获取媒体元数据

可以使用 QMediaPlayer 的 metaData()函数来获取媒体的元数据。QMediaMetaData 中提供了众多元数据属性，如标题 Title、作者 Author、长度 Duration 等。每当 QMediaPlayer 对媒体源进行解析，元数据可用时都会发射 metaDataChanged()信号，可以关联该信号来获取当前媒体的相关信息。下面简单讲解下如何获取常用的几个元

数据，如果需要获取其他数据，可以参考 QMediaMetaData 文档。

在前面程序中继续添加代码。首先在 mainwindow.h 文件中添加私有槽声明：

```
void metaDataChanged();
```

然后到 mainwindow.cpp 中，先添加头文化 #include <QMediaMetaData>，然后在构造函数最后添加信号槽关联：

```
connect(player, &QMediaPlayer::metaDataChanged, this, &Widget::metaDataChanged);
```

然后添加 metaDataChanged()槽的定义：

```
void Widget::metaDataChanged()
{
    QMediaMetaData metaData = player->metaData();
    QString title = metaData.stringValue(QMediaMetaData::Title);
    QString author = metaData.stringValue(QMediaMetaData::Author);
    setWindowTitle(title + " - " + author);
}
```

这里获取了歌曲的标题和艺术家信息，然后显示在了窗口标题处。现在可以运行程序查看效果。

13.4　小　结

这一章讲述了简单的音视频播放，从 Qt 5 开始，新的多媒体模块对音视频播放提供了强大的支持，可以很简单地实现一个播放器。本章只对知识点进行了分散讲解，意在让读者了解多媒体模块的基本内容和基本使用方法，如果要设计一个综合的实例程序，建议参考《Qt Widgets 及 Qt Quick 开发实战精解》中的音乐播放器实例。

第 14 章

相机和音频录制

Qt 多媒体模块不仅对音视频播放提供了强大的支持，而且对音视频录制和处理也提供了众多接口。这一章将讲解如何使用 Qt 操作相机进行拍照和视频录制，本书基于 Windows 10 编写，使用 USB 摄像头进行演示，对相机的一些功能支持并不完善；如果要获得更好的效果，则可以使用手机进行功能测试。

因为本章内容涉及了相关专业知识，如果要深入学习本章内容，需要对这些专业知识和术语有一定的了解。

14.1 使用相机

Qt 多媒体模块中提供了一些与相机相关的类，如果设备安装了摄像头，那么就可以通过这些类进行拍照或者视频录制。本节内容可以在 Qt 帮助中通过 Camera Overview 关键字查看。

14.1.1 相机 QCamera

可以使用 QMediaDevices 来查询系统当前可用的相机设备，一般使用其静态函数 defaultVideoInput()来获取默认相机设备信息，或者使用静态函数 videoInputs()来获取所有可用相机的列表，例如：

```
const QList < QCameraDevice > cameras = QMediaDevices::videoInputs();
for (const QCameraDevice &cameraDevice : cameras)
    qDebug() << cameraDevice.description();
```

QCameraDevice 类的 id()可以返回相机的设备 ID，它是相机的唯一 ID，不过因为它是一串杂乱的编码，并不具有可读性。如果要获取友好的可读信息，则可以使用 description()，它可以返回相机的描述，如“USB 2.0 Camera”，操作系统上也通常通过这个字符来显示设备。使用 position()可以获取相机的位置，包括 QCameraDevice::UnspecifiedPosition 未指定、QCameraDevice::BackFace 后置、QCameraDevice::Front-

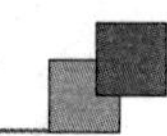

Face 前置 3 种。

当获取了可用的相机信息后，可以通过 QCameraDevice 来构建一个相机，例如：

```
camera = new QCamera(cameraDevice);
```

QCamera 类为系统相机设备提供了相应的接口，可以使用 start()和 stop()来开启和关闭相机。

QMediaCaptureSession 是管理本地设备上媒体捕获的中心类，可以使用其 setCamera() 函数将相机连接到 QMediaCaptureSession，还可以使用 setVideoOutput()来设置取景器部件；在普通部件中可以使用 QVideoWidget 来作为取景器进行相机内容预览，在 QGraphicsView 中可以使用 QGraphicsVideoItem。

14.1.2 使用相机进行拍照

QImageCapture 是一个图像录制类，与 QCamera 配合可以进行拍照。使用该类对象前，需要先使用 QMediaCaptureSession 类的 setImageCapture()函数进行设置。使用 QImageCapture 类的 captureToFile()可以捕获图片并保存到文件，这个操作一般是异步的，如果没有指定文件路径，那么会使用系统上的默认位置和图片命名方式来保存图片；如果只是提供了文件名，并没有指定完整的路径，那么会将图片保存到默认目录。拍照前可以使用 setMetaData()为图片设置元数据；使用 setQuality()可以设置图片质量，包括 QImageCapture::VeryLowQuality、QImageCapture::NormalQuality 等 5 种选择；还可以使用 setResolution()来设置图片分辨率。

下面来看一个使用计算机摄像头进行拍照的例子。(本例采用的项目源码路径：src\14\14-1\mycamera)新建 Qt Widgets 应用，名称为 mycamera，基类选择 QWidget，类名 Widget 保持默认即可。完成后在项目文件 mycamera.pro 中添加代码如下：

```
QT += multimedia multimediawidgets
```

然后双击 widget.ui 进入设计模式，修改主界面的宽度为 600，高度为 400，然后拖入 2 个 Push Button 到界面右下角，更改其显示文本为“开启相机”和“拍照”。

下面到 widget.h 文件中，添加类前置声明：

```
class QCamera;
class QImageCapture;
```

然后添加 2 个私有对象指针：

```
QCamera * camera;
QImageCapture * imageCapture;
```

转到 widget.cpp 文件中，首先添加头文件包含：

```
#include <QCameraDevice>
#include <QMediaDevices>
#include <QCamera>
#include <QMediaCaptureSession>
#include <QVideoWidget>
```

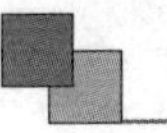


```
#include <QImageCapture>
#include <QDebug>
#include <QFileDialog>
```

然后在构造函数中添加如下代码:

```
camera = new QCamera(this);
QMediaCaptureSession *captureSession = new QMediaCaptureSession(this);
captureSession->setCamera(camera);
QVideoWidget *preview = new QVideoWidget(this);
preview->resize(600, 350);
captureSession->setVideoOutput(preview);
imageCapture = new QImageCapture(this);
captureSession->setImageCapture(imageCapture);
```

这里进行了一些初始化设置。下面从设计模式中分别转到"开启相机""拍照"按钮的单击信号槽中,添加如下代码:

```
void Widget::on_pushButton_clicked() //开启相机
{
    if(QMediaDevices::videoInputs().count()) {
        const QList<QCameraDevice> cameras = QMediaDevices::videoInputs();
        for (const QCameraDevice &cameraDevice : cameras) {
            qDebug() << cameraDevice.description();
        }
        camera->setCameraDevice(cameras.at(0));
//开启相机后,如果拔掉摄像头设备时相机依然处于活动状态,则须关闭才能再次开启
        if (camera->isActive()) camera->stop();
        camera->start();
    }
}
void Widget::on_pushButton_2_clicked() //拍照
{
    QString fileName = QFileDialog::getSaveFileName();
    imageCapture->captureToFile(fileName);
}
```

在开启相机时,这里先获取了所有的视频输入设备并进行遍历输出,然后为相机设置了第一个设备。每次调用 start()开启相机前,需要先使用 isActive()判断相机是否处于活动状态,因为有可能相机已经无法使用了但是相机依然处于活动状态的情况。例如,以前开启过相机但是途中直接把摄像头设备拔掉,取景器已经无法显示图像,但是 isActive()依然返回为 true,这时再次把摄像头设备插上,因为相机处于活动状态,所以无法调用 start()开启相机。这种情况下,只有先将相机关闭,才能再次开启相机。

在"拍照"按钮单击信号对应的槽中,先使用 QFileDialog::getSaveFileName()打开一个"文件另存为"的对话框来返回指定的路径,然后使用 captureToFile()来捕获图像进行保存。程序运行效果如图 14-1 所示。

14.1.3 使用相机进行视频录制

QMediaRecorder 类用来记录媒体内容,可以和 QCamera 一起使用进行视频录制。

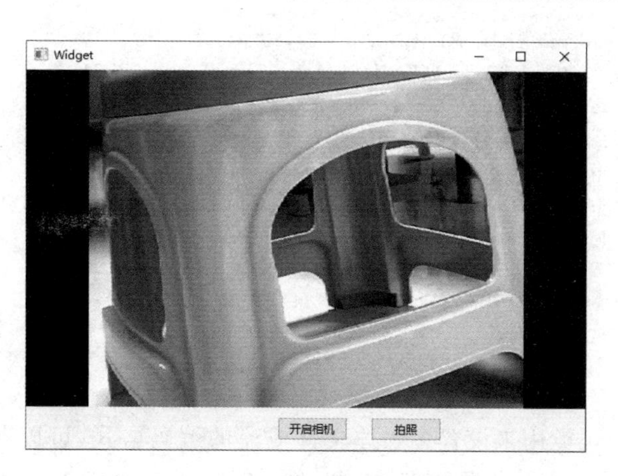

图 14-1 相机拍照程序运行效果

先创建 QMediaRecorder 对象，然后使用 QMediaCaptureSession 类的 setRecorder()函数关联 QMediaRecorder 对象。进行录制时，可以先通过 isAvailable()判断录制功能是否可用，如果可用，使用 setOutputLocation()来设置录制文件保存路径；最后调用 record()进行录制，可以使用 pause()、stop()暂停和停止录制。还可以使用 setQuality()、setMediaFormat()来设置录制品质和媒体格式。

（本例采用的项目源码路径：src\14\14-2\mycamera）继续在前面代码基础上进行更改。先打开 widget.h 文件，添加类的前置声明：

```
class QMediaRecorder;
```

然后添加一个私有对象指针：

```
QMediaRecorder * recorder;
```

下面到 widget.cpp 文件中，添加头文件包含：

```
#include <QMediaRecorder>
#include <QMediaFormat>
```

然后在构造函数中添加代码：

```
recorder = new QMediaRecorder(camera);
captureSession->setRecorder(recorder);
```

下面进入设计模式，拖入一个 Push Button，修改显示文本为“录制视频”，然后选中其 checkable 属性，并转到其 clicked(bool)信号对应的槽，更改如下：

```
void Widget::on_pushButton_3_clicked(bool checked) //录制视频
{
    if(! recorder->isAvailable()) return;
    if(checked) {
        ui->pushButton_3->setText(tr("停止录制"));
```

```
        QMediaFormat format(QMediaFormat::MPEG4);
        format.setVideoCodec(QMediaFormat::VideoCodec::H264);
        recorder->setMediaFormat(format);
        recorder->setQuality(QMediaRecorder::HighQuality);
        QString fileName = QFileDialog::getSaveFileName();
        recorder->setOutputLocation(QUrl::fromLocalFile(fileName));
        recorder->record();
    } else {
        ui->pushButton_3->setText(tr("录制视频"));
        recorder->stop();
    }
}
```

QMediaFormat 类用来设置多媒体文件或流的编码格式,可以在初始化时指定或者使用 setFileFormat()设置文件格式,如 MP3、AVI、MPEG4 等,可以分别使用 setAudioCodec()、setVideoCodec()来设置音频和视频编码。具体内容可以通过该类的帮助文档进行查看。现在可以运行程序测试效果。

14.1.4 对相机进行设置

QCamera 提供了丰富的函数来进行成像管道的控制,从而产生不同效果的最终图像。并不是所有相机都支持以下这些设置,Windows 系统上使用摄像头对这里讲解的功能大都不支持。

1. 聚焦和缩放

在 QCamera 中可以通过 setFocusMode()来设置焦点策略,其值由 QCamera::FocusMode 枚举类型指定,如 QCamera::FocusModeAuto、QCamera::FocusModeInfinity 等。其中,QCamera::FocusModeAutoNear 允许对靠近传感器的物体进行成像,这在条形码识别或者名片扫描等应用上非常有用。另外,QCamera 还可以使用 setZoomFactor()或 zoomTo()来设置缩放,可以通过 minimumZoomFactor()和 maximumZoomFactor()来获取允许缩放的范围。

2. 曝光和闪光灯

有许多设置会影响到照射到相机传感器上的光亮,从而影响最终生成图像的质量。对于自动成像而言,最重要的是设置曝光模式和闪光模式。在 QCamera 中,可以分别使用 setExposureMode()和 setFlashMode()来设置。另外,可以通过 setTorchMode()来设置火炬模式,为低光条件下录制视频提供连续的光源。这些函数具体的取值可以在 QCamera 的帮助文档中查看。

3. 白平衡

可以通过 QCamera 类的 setWhiteBalanceMode()来设置白平衡模式,各种白平衡模式由 QCamera::WhiteBalanceMode 枚举类型进行定义。当使用 QCamera::WhiteBalanceManual 手动白平衡模式时,可以使用 setColorTemperature()来设置色温。

14.2　录制音频

录制音频也是通过 QMediaRecorder 来完成的。录制音频与使用相机类似，需要先使用 QMediaDevices 的 audioInputs()来获取可用的音频输入设备，可以使用 defaultAudioInput()来获取默认的设备。可用的音频设备由 QAudioDevice 对象表示，可以通过其 id()或者 description()函数来获取设备相关信息。获得音频输入设备以后需要创建 QAudioInput 对象，用来表示与 QMediaCaptureSession 一起使用的输入通道，该类可以通过 setVolume()设置音量，使用 setMuted()设置静音。最后使用 QMediaRecorder 的 setOutputLocation()设置音频文件的保存路径，并调用 record()进行录制。下面通过一个例子对整个过程进行讲解。

(项目源码路径：src\14\14-3\myaudiorecorder)新建 Qt Widgets 应用，名称为 myaudiorecorder，基类选择 QWidget，类名 Widget 保持默认即可。完成后在项目文件 myaudiorecorder.pro 中添加代码如下：

```
QT   += multimedia
```

完成后保存该文件。然后双击 widget.ui 文件进入设计模式，向界面上拖入 2 个标签 Label、一个 Combo Box、一个 Line Edit 和 3 个按钮 Push Button，设计界面如图 14-2 所示。然后将“开始”按钮的 objectName 修改为 pushButton_start，将“停止”按钮的 objectName 修改为 pushButton_stop。

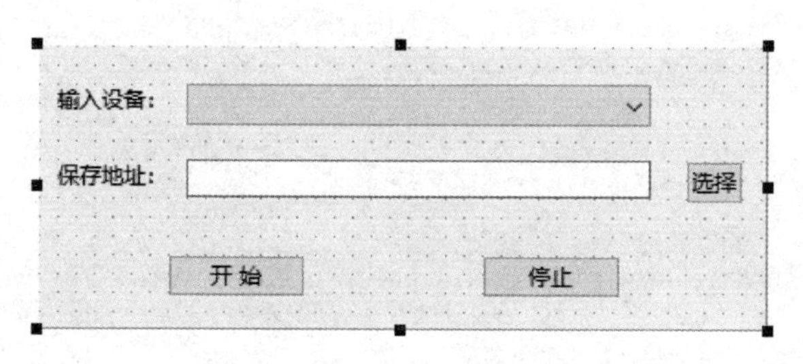

图 14-2　设计的界面

然后转到 widget.h 文件中，添加类的前置声明：

```
class QMediaRecorder;
class QAudioInput;
```

再添加 2 个私有对象指针：

```
QAudioInput * audioInput;
QMediaRecorder * recorder;
```

下面到 widget.cpp 文件中，添加头文件包含：

```
#include <QMediaDevices>
#include <QAudioDevice>
#include <QAudioInput>
#include <QMediaCaptureSession>
```

```
#include <QMediaRecorder>
#include <QDebug>
#include <QMessageBox>
#include <QFileDialog>
```

然后在构造函数中添加如下代码：

```
const QList<QAudioDevice> devices = QMediaDevices::audioInputs();
QStringList list;
for (const QAudioDevice &deviceInfo : devices) {
    qDebug() << "Device: " << deviceInfo.description();
    list << deviceInfo.description();
}
ui->comboBox->addItems(list);
QMediaCaptureSession * session = new QMediaCaptureSession(this);
audioInput = new QAudioInput(this);
session->setAudioInput(audioInput);
recorder = new QMediaRecorder(this);
session->setRecorder(recorder);
ui->pushButton_stop->setEnabled(false);
```

这里获取了系统可用的音频输入设备列表,并将其添加到了 comboBox 部件中。下面到设计模式中,分别转到“选择”按钮、“开始”按钮、“停止”按钮的 clicked()信号的槽,更改如下:

```
void Widget::on_pushButton_clicked()                //选择按钮
{
    QString fileName = QFileDialog::getSaveFileName();
    ui->lineEdit->setText(fileName);
}
void Widget::on_pushButton_start_clicked()          //开始按钮
{
    if(ui->lineEdit->text().isEmpty()) {
        QMessageBox::information(this, tr("提示"),
                                 tr("请先设置保存路径"), QMessageBox::Ok);
        ui->lineEdit->setFocus();
    } else {
        const QList<QAudioDevice> devices = QMediaDevices::audioInputs();
        int index = ui->comboBox->currentIndex();
        audioInput->setDevice(devices.at(index));
        recorder->setOutputLocation(QUrl::fromLocalFile(ui->lineEdit->text()));
        recorder->record();
        ui->pushButton_start->setEnabled(false);
        ui->pushButton_stop->setEnabled(true);
    }
}
void Widget::on_pushButton_stop_clicked()           //停止按钮
{
    if(ui->pushButton_start->isEnabled()) {
        return;
    } else {
```

```
        recorder->stop();
        ui->pushButton_stop->setEnabled(false);
        ui->pushButton_start->setEnabled(true);
    }
}
```

在选择按钮中打开了一个文件对话框用于选择保存路径，在开始按钮中设置了音频输入设备、保存地址，然后进行录制，按下停止按钮则停止录制。现在可以运行程序，选择系统可用的录音设备(确保计算机已经安装麦克风并安装了驱动)，设置要保存的文件路径，然后单击"开始"按钮进行录制，完成后单击"停止"按钮。

还可以通过关联 durationChanged()信号来显示音频的录制时间，下面继续在程序中添加代码。首先在 widget.h 中添加私有槽声明：

```
void updateProgress(qint64 duration);
```

然后到 widget.cpp 文件，在构造函数后面继续添加代码：

```
connect(recorder, &QMediaRecorder::durationChanged, this, &Widget::updateProgress);
```

下面添加槽的定义：

```
void Widget::updateProgress(qint64 duration)
{
    if(recorder->error() != QMediaRecorder::NoError || duration < 1000)
        return;
    setWindowTitle(tr("Recorded %1 sec").arg(duration / 1000));
}
```

这里设置了每当录制进度更新时都在标题栏显示。现在可以运行程序进行测试。另外，QMediaRecorder 中还提供了一些音频编码的设置，如表 14-1 所列，前面讲到的视频录制有相似的设置，读者可以参考。Qt 中提供了一个 Audio Recorder Example 的示例程序，用来演示音频的录制，也可以参考。

表 14-1　音频编码设置参数

参　数	描　述	相关函数
比特率	压缩后音频流的每秒比特数	audioBitRate()、setAudioBitRate()
声道数	音频声道数量	audioChannelCount()、setAudioChannelCount()
编码器	使用 QMediaFormat 类指定	mediaFormat()、setMediaFormat()
编码方式	由 QMediaRecorder::EncodingMode 枚举类型指定，如 QMediaRecorder::ConstantQualityEncoding 调整比特率来保证质量；QMediaRecorder::ConstantBitRateEncoding 调整质量来保证比特率；QMediaRecorder::AverageBitRateEncoding 保证较平均的比特率设置；QMediaRecorder::TwoPassEncoding 先判断媒体特征，在需要的部分分配更多比特	encodingMode()、setEncodingMode()

续表 14-1

参　数	描　述	相关函数
编码质量	由 QMediaRecorder::Quality 枚举类型指定，如 QMediaRecorder::VeryLowQuality、QMediaRecorder::LowQuality、QMediaRecorder::NormalQuality、QMediaRecorder::HighQuality、QMediaRecorder::VeryHighQuality	quality()、setQuality()
采样率	每秒音频数据的样本个数，单位为赫兹	audioSampleRate()、setAudioSampleRate()

14.3 小　结

这一章讲述了 Qt 多媒体模块中相机拍照和音频录制的简单实现，对于原始音频处理的 QAudioSource、QAudioSink、QAudioFormat 以及对视频帧进行处理的 QVideoSink、QVideoFrame、QVideoFrameFormat 等类没有进行详细介绍，有需要的读者可以通过相关类的帮助文档自己学习。

第 4 篇　数据处理篇

第 15 章

文件、目录和输入/输出

应用程序中经常需要对设备或者文件进行读取或写入，也经常会对本地文件系统中的文件或者目录进行操作。本章对文件、目录和输入/输出相关的类的用法进行简单介绍。

15.1 输入/输出设备

QIODevice 类是 Qt 中所有 I/O 设备的基础接口类，为诸如 QFile、QBuffer 和 QTcpSocket 等支持读/写数据块的设备提供了一个抽象接口。QIODevice 类是抽象的，无法被实例化，一般是使用它所定义的接口来提供设备无关的 I/O 功能。

在访问一个设备以前，需要使用 open()函数打开该设备，而且必须指定正确的打开模式。QIODevice 中所有的打开模式由 QIODeviceBase::OpenMode 枚举类型定义，其取值如表 15-1 所列，其中的一些值可以使用按位或符号“|”来同时使用。打开设备后可以使用 write()或者 putChar()来进行写入，使用 read()、readLine()或者 readAll()进行读取，最后使用 close()关闭设备。

表 15-1 QIODevice 中的打开模式

常 量	描 述
QIODeviceBase::NotOpen	设备没有打开
QIODeviceBase::ReadOnly	设备以只读方式打开，这时无法写入
QIODeviceBase::WriteOnly	设备以只写方式打开，这时无法读取
QIODeviceBase::ReadWrite	设备以读/写方式打开
QIODeviceBase::Append	设备以附加模式打开，所有的数据都将写入到文件的末尾
QIODeviceBase::Truncate	如果可能，设备在打开前会被截断，设备先前的所有内容都将丢失
QIODeviceBase::Text	当读取时，行结尾终止符会被转换为“\n”；当写入时，行结尾终止符会被转换为本地编码，例如在 Win32 上是“\r\n”

续表 15-1

常　量	描　述
QIODeviceBase::Unbuffered	绕过设备所有的缓冲区
QIODeviceBase::NewOnly	仅当文件不存在时才创建并打开该文件
QIODeviceBase::ExistingOnly	如果要打开的文件不存在,则会打开失败,此标志必须与 ReadOnly、WriteOnly 或 ReadWrite 一起指定

QIODevice 会区别 2 种类型的设备：随机存取设备和顺序存取设备。

- 随机存取设备支持使用 seek()函数来定位到任意的位置。文件中的当前位置可以使用 pos()函数来获取。这样的设备有 QFile、QBuffer 等。
- 顺序存取设备不支持定位到任意的位置,数据必须一次性读取。pos()和 size()等函数无法在操作顺序设备时使用。这样的设备有 QTcpSocket、QProcess 等。

可以在程序中使用 isSequential()函数来判断设备的类型。这里提到的 QTcpSocket 和 QUdpSocket 类会在第 19 章重点讲解,QProcess 类会在第 20 章讲解,所以这一章就不再对这些类以及顺序设备的操作进行过多讲解。

通过子类化 QIODevice,可以为自己的 I/O 设备提供相同的接口,要子类化 QIODevice,则只需要重新实现 readData()和 writeData()这 2 个函数。QIODevice 的一些子类,如 QFile 和 QTcpSocket,都使用了内存缓冲区进行数据的中间存储,这样减少了设备的访问次数,使得 getChar()和 putChar()等函数可以快速执行,而且可以在内存缓冲区上进行操作而不用直接在设备上进行操作。但是,一些特定的 I/O 操作使用缓冲区却无法很好地工作,这时就可以在调用 open()函数打开设备时使用 QIODeviceBase::Unbuffered 模式来绕过所有的缓冲区。

15.2　文件操作

1. 文件 QFile

QFile 类提供了一个用于读/写文件的接口,它是一个可以用来读/写文本文件、二进制文件和 Qt 资源的 I/O 设备。QFile 可以单独使用,也可以和 QTextStream 或者 QDataStream 一起使用,这样会更方便。

一般在构建 QFile 对象时便指定文件名,当然也可以使用 setFileName()进行设置。无论在哪种操作系统上,文件名路径中的文件分隔符都需要使用“/”符号。可以使用 exists()来检查文件是否存在,使用 remove()来删除一个文件。更多与文件系统相关的高级操作在 QFileInfo 和 QDir 类中提供,这 2 个类会在后面的内容中讲到。

一个文件可以使用 open()打开,使用 close()关闭,使用 flush()刷新。文件的数据读/写一般使用 QDataStream 或者 QTextStream 来完成,不过也可以使用继承自 QIODevice 类的一些函数,比如 read()、readLine()、readAll()和 write(),还有一次只操作一个字符的 getChar()、putChar()和 ungetChar()等函数。可以使用 size()函数来获取文件的大小,使用 seek()来定位到文件的任意位置,使用 pos()来获取当前的位置,使用 atEnd()来判断是否到达了文件的末尾。

2. 文件信息 QFileInfo

QFileInfo 类提供了与系统无关的文件信息,包括文件的名称、在文件系统中的位置(路径)、文件的访问权限以及是否是一个目录或者符号链接等。QFileInfo 也可以获取文件的大小和最近一次修改/读取的时间,还可以获取 Qt 资源的相关信息。

QFileInfo 可以使用相对(relative)路径或者绝对(absolute)路径来指向一个文件,使用 isRelative()函数可以判断一个 QFileInfo 对象使用的是相对路径还是绝对路径,还可以使用 makeAbsolute()来将一个相对路径转换为绝对路径。QFileInfo 指向的文件可以在 QFileInfo 对象构建时设置,或者在以后使用 setFile()来设置。可以使用 exists()来查看文件是否存在,使用 size()可以获取文件的大小。文件的类型可以使用 isFile()、isDir()和 isSymLink()来获取,symLinkTarget()函数可以返回符号链接指向的文件的名称。

可以分别使用 path()和 fileName()来获取文件的路径和文件名,还可以使用 baseName()来获取文件名中的基本名称,使用 suffix()来获取文件名的后缀,使用 completeSuffix()来获取复合后缀。文件的日期可以使用 birthTime()、lastModified()、lastRead()和 fileTime()来返回;访问权限可以使用 isReadable()、isWritable()和 isExecutable()来获取;文件的所有权可以使用 owner()、ownerId()、group()和 groupId()来获取;还可以使用 permission()函数将文件的访问权限和所有权一次性读取出来。

(本小节采用的项目源码路径: src\15\15-1\myfile)新建 Qt 控制台应用(Qt Console Application),名称为 myfile,创建完成后将 main.cpp 文件的内容更改为:

```
#include <QCoreApplication>
#include <QFileInfo>
#include <QStringList>
#include <QDateTime>
#include <QDebug>
int main(int argc, char *argv[])
{
    QCoreApplication a(argc, argv);
    //以只写方式打开,如果文件不存在,那么会创建该文件
    QFile file("myfile.txt");
    if (! file.open(QIODeviceBase::WriteOnly | QIODeviceBase::Text))
        qDebug() << file.errorString();
    file.write("helloQt! \nyafeilinux");
    file.close();
    //获取文件信息
    QFileInfo info(file);
    qDebug() << QObject::tr("绝对路径: ") << info.absoluteFilePath() << Qt::endl
             << QObject::tr("文件名: ") << info.fileName() << Qt::endl
```

```
            << QObject::tr("基本名称：") << info.baseName() << Qt::endl
            << QObject::tr("后缀：") << info.suffix() << Qt::endl
            << QObject::tr("创建时间：") << info.birthTime() << Qt::endl
            << QObject::tr("大小：") << info.size();
    //以只读方式打开
    if (! file.open(QIODeviceBase::ReadOnly  | QIODeviceBase::Text))
        qDebug() << file.errorString();
    qDebug() << QObject::tr("文件内容：") << Qt::endl << file.readAll();
    qDebug() << QObject::tr("当前位置：") << file.pos();
    file.seek(0);
    QByteArray array;
    array = file.read(5);
    qDebug() << QObject::tr("前 5 个字符：") << array
            << QObject::tr("当前位置：") << file.pos();
    file.seek(15);
    array = file.read(5);
    qDebug() << QObject::tr("第 16 - 20 个字符：") << array;
    file.close();
    return a.exec();
}
```

这里先使用 QIODevice::WriteOnly 只写模式和 QIODevice::Text 文本模式将文件打开，当使用写入模式打开文件时，如果文件不存在，那么就会自动创建一个。QIODevice::Text 模式可以在写入时将"\n"转换为 Windows 上的"\r\n"，比如这里写入的字符串"helloQt! \nyafeilinux"，在使用 QIODevice::Text 时大小为 20；如果不使用，则大小为 19。而且可以看到，只有在应用 QIODevice::Text 时，使用 Windows 的记事本打开生成的 myfile.txt 文件时才会将"helloQt!"和"yafeilinux"分两行进行显示。下面使用 QFileInfo 来获取了文件的一些信息，然后使用只读模式再次打开文件。这里先使用 readAll()函数读取了文件的所有内容，这时将会处于文件的末尾，下面使用 seek(0)来定位到文件的开始，0 位置在第一个字符的前面。对应每一个 open()函数，一定要在操作完文件后使用 close()函数将文件关闭。

3. 临时文件 QTemporaryFile

QTemporaryFile 类是一个用来操作临时文件的 I/O 设备，它可以安全地创建一个唯一的临时文件。当调用 open()函数时便会创建一个临时文件，临时文件的文件名可以保证是唯一的；当销毁 QTemporaryFile 对象时，该文件会被自动删除。在调用 open()函数时，默认会使用 QIODevice::ReadWrite 模式，可以像下面的代码这样来使用 QTemporaryFile 类：

```
QTemporaryFile file;
if (file.open()) {
    //在这里对临时文件进行操作,file.fileName()可以返回唯一的文件名
}
```

调用了 close()函数后重新打开 QTemporaryFile 是安全的，只要 QTemporaryFile 的对象没有被销毁，那么唯一的临时文件就会一直存在而且由 QTemporaryFile 内部保持打开。临时文件默认会生成在系统的临时目录里，这个目录的路径可以使用 QDir::tempPath()来获取。

15.3 目录操作

1. 目录 QDir

QDir 类用来访问目录结构及其内容,可以操作路径名、访问路径和文件相关信息以及操作底层的文件系统,还可以访问 Qt 的资源系统。Qt 使用“/”作为通用的目录分隔符和 URLs 的目录分隔符,如果使用“/”作为目录分隔符,则 Qt 会自动转换路径来适应底层的操作系统。QDir 可以使用相对路径或者绝对路径来指向一个文件,使用绝对路径的例子:

```
QDir("/home/user/Documents")
QDir("C:/Documents and Settings")
```

在 Windows 系统上,当使用第二个例子中的路径访问文件时,会将其转换为“C:\Documents and Settings”。下面是一个相对路径的例子:

```
QDir("images/landscape.png")
```

可以使用 isRelative()和 isAbsolute()来判断一个 QDir 是否使用了相对路径或者绝对路径,还可以使用 makeAbsolute()来将一个相对路径转换为绝对路径。一个目录的路径可以使用 path()函数获取,使用 setPath()函数可以设置新的路径,使用 absolutePath()函数可以获取绝对路径。目录名可以使用 dirName()函数获取,这通常返回绝对路径中的最后一个元素;然而如果 QDir 代表当前目录,那么会返回“.”。目录的路径也可以使用 cd()和 cdUp()函数来改变,当使用一个存在的目录的名字来调用 cd()后,QDir 对象就会转换到指定的目录;而 cdUp()会跳转到父目录,cdUp()与 cd("..")是等效的。可以使用 mkdir()来创建目录,使用 rename()进行重命名,使用 rmdir()删除目录。可以使用 exists()函数来测试指定的目录是否存在,使用 isReadable()和 isRoot()等函数来测试目录的属性。使用 refresh()函数可以重新读取目录的数据。

目录中会包含很多条目,如文件、目录和符号链接等。一个目录中的条目数目可以使用 count()来返回,所有条目的名称列表可以使用 entryList()来获取;如果需要每一个条目的信息,则可以使用 entryInfoList()函数来获取一个 QFileInfo 对象的列表。可以使用 filePath()和 absoluteFilePath()来获取一个目录中的文件和目录的路径,filePath()会返回指定文件或目录与当前 QDir 对象所在路径的相对路径,而 absoluteFilePath()会返回绝对路径。文件可以使用 remove()函数来移除,但是目录只能使用 rmdir()函数来移除。可以应用一个名称过滤器(name filters)来使用通配符(wildcards)指定一个模式进行文件名的匹配,一个属性过滤器可以选取条目的属性并且可以区分文件和目录,还可以设定排序顺序。名称过滤器就是一个字符串列表,可以使用 setNameFilters()函数来设置,例如,下面的代码在 QDir 上使用了 3 个名称过滤器来确保只有以通常用于 C++ 源文件的扩展名结尾的文件才会被列出:

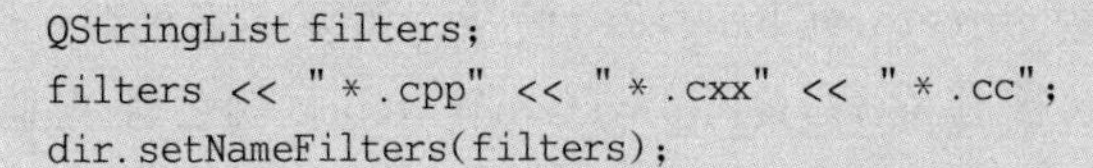

```
QStringList filters;
filters << "*.cpp" << "*.cxx" << "*.cc";
dir.setNameFilters(filters);
```

属性过滤器由按位或组合在一起的过滤器组成，可以使用 setFilter()来进行设置。排序顺序使用 setSorting()来设置，它需要指定按位或组合在一起的排序标志 QDir::SortFlags，所有的排序标志可以在 QDir 的帮助文档中进行查看，包含了按名称、按时间、按大小等排序方式。可以使用 match()函数来测试一个文件名是否匹配一个过滤器。设置好过滤器和排序标志后，就可以调用 entryList()或者 entryInfoList()来获取指定条件的条目了。

要访问一些常见的目录，则可以使用一些静态函数来完成，它们可以返回 QDir 对象或者 QString 类型的绝对路径，这些函数如表 15-2 所列。

表 15-2　QDir 中常用目录的获取函数

返回类型为 QDir	返回类型为 QString	返回值
current()	currentPath()	应用程序的工作目录
home()	homePath()	用户的 home 目录
root()	rootPath()	root 根目录
temp()	tempPath()	系统存放临时文件的目录

使用 setCurrent()静态函数也可以设置应用程序的工作目录。如果要查找包含应用程序可执行文件的目录，则可以使用 QCoreApplication::applicationDirPath()函数。使用 drives()函数可以返回系统的根目录，在 Windows 上会返回 QFileInfo 对象的列表，其中包含了“C:/”和“D:/”等；在其他操作系统上，会返回只包含根目录（如“/”）的一个列表。路径中包含“.”元素表示路径中的当前目录，“..”元素表示父目录，可以使用 canonicalPath()函数来返回一个规范的路径，该路径中不包含符号链接和冗余的“.”和“..”元素。cleanPath()函数可以移除路径中冗余的“/”和“.”或者“..”，例如，“./local”将变为“local”，“local/../bin”将变为“bin”，“/local/usr/../bin”将变为“/local/bin”等。静态函数 toNativeSeparators()可以将路径中的“/”分隔符转换为适合底层操作系统的分隔符，如 toNativeSeparators("C:/winnt/system32")返回“C:\winnt\system32”。

2. 文件系统监视器 QFileSystemWatcher

QFileSystemWatcher 类提供了一个接口用来监控文件和目录的修改，通过监视一个指定路径的列表来监控文件系统中文件和目录的改变。调用 addPath()来监视一个指定的文件或者目录，多个路径可以使用 addPaths()函数来添加，现有的路径可以使用 removePath()和 removePaths()函数来移除。QFileSystemWatcher 会检测每一个添加到它上面的路径，添加到其上的文件的路径可以使用 files()来获取，目录的路径可以使用 directories()函数来获取。

当文件被修改、重命名或者移除后，会发射 fileChanged()信号；相似地，当目录或者它的内容被修改或者移除后，会发射 directoryChanged()信号。需要注意的是，当文件被重命名或者移除后，或者当目录被移除后，QFileSystemWatcher 就会停止监视它们。

(本小节采用的项目源码路径：src\15\15-2\mydir)新建 Qt Widgets 应用，项目名称为 mydir，基类选择 QMainWindow，类名为 MainWindow。完成后首先双击 mainwindow.ui 文件进入设计模式，往界面上拖入一个 List Widget 部件。然后到 mainwindow.h 文件中添加头文件 #include <QFileSystemWatcher>，再添加一个私有对象：

```
QFileSystemWatcher myWatcher;
```

然后声明一个私有槽：

```
private slots:
    void showMessage(const QString &path);
```

到 mainwindow.cpp 文件中添加头文件 #include <QDir>，然后在构造函数中添加如下代码：

```
//将监视器的信号和自定义的槽进行关联
connect(&myWatcher, &QFileSystemWatcher::directoryChanged,
        this, &MainWindow::showMessage);
connect(&myWatcher, &QFileSystemWatcher::fileChanged,
        this, &MainWindow::showMessage);
//显示出当前目录下的所有.h文件
QDir myDir(QDir::currentPath());
myDir.setNameFilters(QStringList("*.h"));
ui->listWidget->addItem(myDir.absolutePath() + tr("目录下的.h文件有："));
ui->listWidget->addItems(myDir.entryList());
//创建目录,并将其加入到监视器中
myDir.mkdir("mydir");
myDir.cd("mydir");
ui->listWidget->addItem(tr("监视的目录：") + myDir.absolutePath());
myWatcher.addPath(myDir.absolutePath());
//创建文件,并将其加入到监视器中
QFile file(myDir.absolutePath() + "/myfile.txt");
if (file.open(QIODeviceBase::WriteOnly)) {
    QFileInfo info(file);
    ui->listWidget->addItem(tr("监视的文件：") + info.absoluteFilePath());
    myWatcher.addPath(info.absoluteFilePath());
    file.close();
}
```

最后添加 showMessage()函数的定义：

```
//显示文件或目录改变信息
void MainWindow::showMessage(const QString &path)
{
    QDir dir(QDir::currentPath() + "/mydir");
    //如果是目录发生了改变
    if (path == dir.absolutePath()) {
```

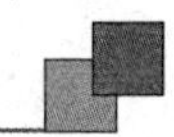

```
        ui->listWidget->addItem(dir.dirName() + tr("目录发生改变："));
        ui->listWidget->addItems(dir.entryList());
    } else { //如果是文件发生了改变
        ui->listWidget->addItem(path + tr("文件发生改变!"));
    }
}
```

现在运行程序，然后到生成的 mydir 目录中进行新建文件夹、新建文件、修改 myfile.txt 文件的内容等操作，查看输出的结果。

15.4　文本流和数据流

15.4.1　使用文本流读/写文本文件

QTextStream 类提供了一个方便的接口来读/写文本，可以在 QIODevice、QByteArray 和 QString 上进行操作。使用 QTextStream 的流操作符，可以方便地读/写单词、行和数字。对于生成文本，QTextStream 对字段填充、对齐和数字格式提供了格式选项支持。例如：

```
QFile data("output.txt");
if (data.open(QFile::WriteOnly | QFile::Truncate)) {
    QTextStream out(&data);
    //写入 "Result: 3.14      2.7       "
    out << "Result: " << qSetFieldWidth(10) << left << 3.14 << 2.7;
}
```

QTextStream 提供的格式选项可以在该类的帮助文档中进行查看。除了使用 QTextStream 类的构造函数来设置设备外，还可以使用 setDevice()或者 setString()来设置 QTextStream 要操作的设备或者字符串。可以使用 seek()来定位到一个指定位置，使用 atEnd()判断是否还有可以读取的数据。如果调用了 flush()函数，QTextStream 会清空写缓冲中的所有数据，并且调用设备的 flush()函数。

在内部，QTextStream 使用了一个基于 Unicode 的缓冲区，QTextStream 使用 QStringConverter 来自动支持不同的编码。默认的，使用 UTF-8 来进行读/写，也可以使用 setEncoding()函数来设置编码。使用 QTextStream 来读取文本文件一般使用 3 种方式：

① 调用 readLine()或者 readAll()进行一块接着一块地读取，例如，下面代码片段实现了对文本文件进行分行读取：

```
QFile file("in.txt");
if (! file.open(QFile::ReadOnly | QFile::Text))
    return;
QTextStream in(&file);
while (! in.atEnd()) {
    QString line = in.readLine();
    //下面可以对读取的一行字符串进行处理
}
```

② 一个单词接着一个单词读取。QTextStream 支持流入到 QString、QByteArray 和 char * 缓冲区,单词由空格分开,而且可以自动跳过前导空格。

③ 一个字符接着一个字符读取,使用 QChar 或者 char 类型的流。这种方式经常在解析文件、使用独立的字符编码和行结束语义时用于方便输入处理。可以通过调用 skipWhiteSpace()来跳过空格。

默认地,当从文本流中读取数字时,QTextStream 会自动检测数字的基数表示。例如,如果数字以“0x”开头,它将被假定为十六进制形式;如果以数字 1～9 开头,那么它将被假定为十进制形式等。也可以使用 Qt::dec 等流操作符或者 setIntegerBase()来设置整数基数,从而停止自动检测,例如下面的代码片段:

```
QTextStream in("0x50 0x20");
int firstNumber, secondNumber;
in >> firstNumber;                    //firstNumber == 80
in >> Qt::dec >> secondNumber;        //secondNumber == 0
char ch;
in >> ch;                             //ch == 'x'
```

和标准 C++ 库中的<iostream>类似,QTextStream 类中也定义了一些全局操作符(manipulator)函数,如这里的 Qt::dec 以及以前经常用到的 Qt::endl,可以在该类帮助文档中查看所有的操作符。Qt 中提供了一个 Find Files Example 示例程序,其中应用到了 QTextStream、QFile 和 QDir 等类,可以参考一下。

15.4.2 使用数据流读/写二进制数据

QDataStream 类实现了为 QIODevice 提供串行化的二进制数据。一个数据流就是一个二进制编码信息流,它完全独立于主机的操作系统、CPU 和字节顺序。数据流也可以读/写未编码的原始二进制数据。QDataStream 类可以实现 C++ 基本数据类型的串行化,比如 char、short、int 和 char * 等。串行化更复杂的数据是通过将数据分解为基本的数据类型来完成的。可以使用下面的代码片段将二进制数据写入到数据流中:

```
QFile file("file.dat");
file.open(QFile::WriteOnly);
//要将串行化后的数据输入到 file 中
QDataStream out(&file);
//串行化字符串
out << QString("the answer is");
//串行化整数
out << (qint32)42;
```

从数据流中读取二进制数据:

```
QFile file("file.dat");
file.open(QFile::ReadOnly);
//从 file 中读取串行化的数据
QDataStream in(&file);
QString str;
qint32 a;
```

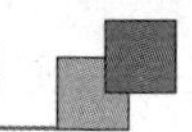

```
//提取“the answer is”和 42
in >> str >> a;
```

写入到数据流中的每一个条目都是使用一个预定义的格式写入的，这个格式依赖于条目的类型。支持的 Qt 类型包括 QBrush、QColor、QDateTime、QFont、QPixmap、QString、QVariant 和很多其他格式，Qt 帮助的 Serializing Qt Data Types 关键字对应的文档中列出了支持数据流的所有 Qt 类型的完整列表。

从 Qt 1.0 开始便有了相应的 QDataStream 的二进制格式，而且它会继续发展来反映 Qt 中的变化。当输入或输出复杂数据类型时，确保使用相同的数据流版本(version())来进行读取和写入是非常重要的。对于基本的 C++ 数据类型没有这个要求。如果既要实现向前兼容，又要实现向后兼容，则可以在应用程序中对数据流的版本号进行硬编码：

```
stream.setVersion(QDataStream::Qt_4_0);
```

如果要使用一个新的二进制数据格式，例如，在自己应用程序中创建的一个文档的文件格式，这就需要在数据流的前面写入一个简短的数据头，包含了一个 magic number(幻数或魔数，用来标志文件格式的常数)和一个版本号。例如，下面的代码片段所示：

```
QFile file("file.xxx");
file.open(QFile::WriteOnly);
QDataStream out(&file);
//写入幻数和版本号
out << (quint32)0xA0B0C0D0;
out << (qint32)123;
out.setVersion(QDataStream::Qt_4_0);
//写入数据
out << lots_of_interesting_data;
```

这里幻数可以是一个自定义数字，它是 32 位的。下面来读取该数据流：

```
QFile file("file.xxx");
file.open(QFile::ReadOnly);
QDataStream in(&file);
//读取幻数
quint32 magic;
in >> magic;
if (magic != 0xA0B0C0D0)
    return XXX_BAD_FILE_FORMAT;
//读取版本
qint32 version;
in >> version;
if (version < 100)
    return XXX_BAD_FILE_TOO_OLD;
if (version > 123)
    return XXX_BAD_FILE_TOO_NEW;
if (version <= 110)
    in.setVersion(QDataStream::Qt_3_2);
```

```
else
    in.setVersion(QDataStream::Qt_4_0);
//读取数据
in >> lots_of_interesting_data;
if (version >= 120)
    in >> data_new_in_XXX_version_1_2;
in >> other_interesting_data;
```

这里就是根据幻数和版本号来判断文件格式是否正确,应该使用哪种数据流版本。代码中的 XXX_BAD_FILE_FORMAT 等可以是宏定义的一些字符串。

可以在串行化数据时选择使用哪种字节顺序,默认的设置是大端(MSB 在前),改为小端会破坏可移植性(除非读取时也改变为小端)。也可以直接向数据流写入和读取原始二进制数据,使用 readRawData()将数据从数据流中读取到一个预先分配的 char * 中,使用 writeRawData()将数据写入到数据流。注意,需要自己完成对数据的编码和解码。

15.5 其他相关类

1. 应用程序设置(QSettings)

QSettings 类提供了持久的、与平台无关的应用程序设置。用户通常期望应用程序可以记住它们的设置,比如窗口大小和位置等。这些信息在 Windows 上一般被存储在系统注册表中;在 Mac OS X 上存储在属性列表文件中;在 Unix 系统中,大多数应用程序使用 INI 文本文件。QSettings 是对这些技术的一个抽象,可以使用一种可移植的方式来保存和恢复应用程序的设置。它也支持自定义存储类型。QSettings 的 API 是基于 QVariant 的,可以用来保存大多数的基于值的类型,如 QString、QRect 和 QImage 等。

QSettings 的更多内容可以参考该类的帮助文档。《Qt Widgets 及 Qt Quick 开发实战精解》的多文档编辑器实例中使用了该类,可以作为参考;Qt 中提供了一个 Settings Editor Example 示例程序,也可以参考一下。

2. 统一资源定位符(QUrl)

QUrl 类提供了一个方便的接口来操作 URLs,URL 是 Uniform Resource Locator 的缩写,被称为统一资源定位符或者网页网址。一个 URL 的标准格式如下:

```
protocol://hostname[:port]/path/[?query]#fragment
```

其中,protocol 用来指定传输协议,比如 http、ftp 等;hostname 用来指定存放资源的服务器的域名系统主机名或者 IP 地址,主机名前面还可以包含连接到服务器所需要的用户名和密码(username:password);port 用来指定端口号,可选,省略时使用默认的端口号,比如 http 默认端口号是 80;path 用来指定主机上的目录或者文件地址,路径中可以使用“/”分隔符;query 用来设置查询参数,可选,参数间使用“&”符号隔开;fragment 用来指定网络资源中的片断。例如下面的 URL:

```
http://www.yafeilinux.com/?tag=yafeilinux
```

用来查询在 www.yafeilinux.com 上的 tag 标签为 yafeilinux 的网页。另外，QUrlQuery 类可以用来在 URL 查询中操作键值对，读者可以参考该类的帮助文档。

QUrl 可以解析和构建编码或者未编码格式的 URLs，它也支持国际化域名(IDNs)。可以在构造函数中传递一个 QString 来初始化 QUrl，或者使用 setUrl()。URLs 可以被表示为两种格式：编码和未编码。未编码的格式适合向用户展示，而编码格式一般用于发送到 web 服务器。一个 URL 也可以被一部分一部分地构造，可以使用 setScheme()设置协议；使用 setUserName()设置用户名；使用 setPassword()设置密码；使用 setHost()设置主机；使用 setPort()设置端口；使用 setPath()设置路径；使用 setQuery()设置查询字符串；使用 setFragment()设置片断。还可以使用一些方便的函数设置，如 setAuthority()可以一次性设置用户名、密码、主机和端口，setUserInfo()可以一次性设置用户名和密码。

3. Qt 资源

QResource 类提供了接口来直接读取资源文件。QResource 用来表示一组数据，该组数据涉及了一个单一的资源实体。QResource 可以使用原始的格式来直接访问字节，这种直接访问允许不使用缓冲拷贝。QResource 背后的数据和它的子类通常被编译到应用程序或库中，可以在运行时加载一个资源，这时资源文件会作为一个很大的数据集进行加载，然后通过引用资源树进行分块输出。

QResource 也可以使用一个绝对路径进行加载，绝对路径可以使用文件系统的表示法，以一个“/”字符开始；或者使用资源表示法，以“:”字符开始。QResource 代表的文件中的数据一般会使用 qCompress()进行压缩，使用对应的 qUncompress()来进行解压缩。

一个资源也可以留在一个应用程序的二进制文件外面，运行需要时再使用 registerResource()进行加载，传递给 registerResource()的资源文件必须是 rcc 生成的二进制资源。二进制资源的内容可以在 Qt 帮助中通过 The Qt Resource System 关键字查看。

4. 缓冲区

QBuffer 类为 QByteArray 提供了一个 QIODevice 接口，这时 QByteArray 被视为一个标准的随机访问的文件。默认地，创建一个 QBuffer 时自动在内部创建一个 QByteArray 缓冲区，也可以直接调用 buffer()来访问这个缓冲区。也可以调用 setBuffer()来使用现有的 QByteArray，或者向 QBuffer 的构造函数中传递一个 QByteArray。

调用 open()函数打开一个缓冲区，然后使用 write()或者 putChar()对缓冲区进行写入，使用 read()、readLine()、readAll()或者 getChar()来读取它。size()函数可以返回缓冲区的当前大小，可以使用 seek()函数来定位到缓冲区的一个指定位置，最后结束访问缓冲区时要调用 close()函数。下面的代码片段展示了使用 QDataStream 和 QBuffer 来向 QByteArray 写入数据：

```
QByteArray byteArray;
QBuffer buffer(&byteArray);
buffer.open(QIODeviceBase::WriteOnly);
QDataStream out(&buffer);
out << QApplication::palette();
```

下面是怎样从 QByteArray 中读取数据：

```
QPalette palette;
QBuffer buffer(&byteArray);
buffer.open(QIODeviceBase::ReadOnly);
QDataStream in(&buffer);
in >> palette;
```

当有新的数据到达了缓冲区时，QBuffer 会发射 readyRead()信号，通过关联这个信号可以使用 QBuffer 来存储临时的数据，而后再对它们进行处理。可以在 Qt 的欢迎模式查看 Shared Memory Example 示例程序，其中应用到了 QBuffer 类。

15.6 小 结

本章对 Qt 中的输入/输出以及文件和目录的操作进行了简单介绍，这些内容不是很复杂，不过在应用程序中经常要用到。读者应该掌握一些常见的操作，这样在编程过程中就可能很容易地解决一些比较棘手的问题。

第 16 章 模型/视图编程

应用程序中往往要存储大量的数据,并对它们进行处理,然后通过各种形式显示给用户,用户需要时还可以对数据进行编辑。Qt 中的模型/视图架构就是用来实现大量数据的存储、处理及显示的。从 Qt 4 开始引入了一组新的项视图类,它们使用模型/视图架构来管理数据、向用户展示数据的方式之间的关系。这种架构引入的功能分离思想为开发者定制项目的显示提供了高度的灵活性,而且还提供了一个标准的模型接口来允许大范围的数据源使用已经存在的项目视图。本章内容可以在帮助中通过 Model/View Programming 关键字查看。

16.1 模型/视图架构

MVC(Model-View-Controller)是一种起源于 Smalltalk 的设计模式,经常用于创建用户界面。MVC 包含了 3 个组件:模型(Model)是应用对象,用来表示数据;视图(View)是模型的用户界面,用来显示数据;控制(Controller)定义了用户界面对用户输入的反应方式。在 MVC 之前,用户界面设计都是将这 3 种组件集成在一起,MVC 将它们分离开,从而提高了灵活性和重用性。

如果将视图和控制两种组件结合起来,就形成了模型/视图架构。这同样将数据的存储和数据向用户的展示进行了分离,但提供了更为简单的框架。数据和界面进行分离,使得相同的数据在多个不同的视图中进行显示成为可能,而且还可以创建新的视图,而不需要改变底层的数据框架。为了对用户输入进行灵活处理,还引入了委托(Delegate,也被称为代理)的概念,使用它可以定制数据的渲染和编辑方式。模型/视图的整体架构如图 16-1 所示。其中,模型与数据源进行通信,为架构中的其他组件提供了接口。视图从模型中获得模型索引(Model In-

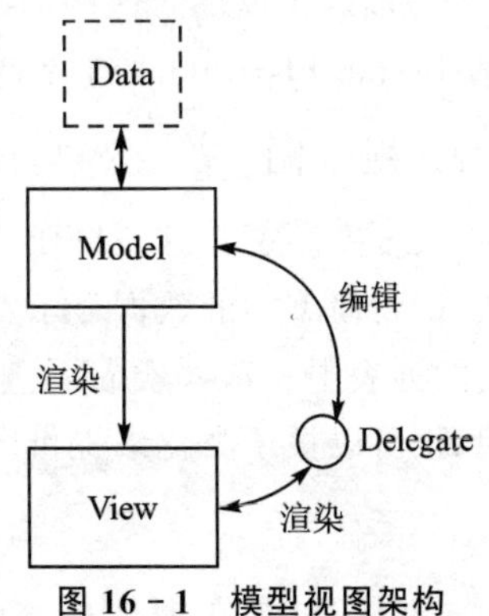

图 16-1 模型视图架构

dex),模型索引用来表示数据项。在标准的视图中,委托渲染数据项,编辑项目时,委托使用模型索引直接与模型进行通信。

16.1.1 组成部分

大体上,模型/视图架构中的众多类可以分为3组:模型、视图和委托。其中,每一个组件都使用了一个抽象基类来定义,提供了一些通用接口和一些功能的默认实现。模型、视图、委托之间使用信号和槽来实现通信:

- 当数据源的数据发生改变时,模型发出信号告知视图;
- 当用户与显示的项目交互时,视图发出信号来提供交互信息;
- 当编辑项目时,委托发出信号,告知模型和视图编辑器的状态。

1. 模 型

所有的模型都基于QAbstractItemModel类,这个类定义了一个接口,可以供视图和委托来访问数据。数据本身并不一定要存储在模型中,也可以存储在一个数据结构、一个独立的类、文件、数据库或者应用程序的其他的一些组件中。

QAbstractItemModel为数据提供了一个十分灵活的接口来处理各种视图,这些视图可以将数据表现为表格(table)、列表(list)和树(tree)等形式。然而,当要实现一个新的模型时,如果它基于列表或者表格的数据结构,那么可以使用QAbstractListModel和QAbstractTableModel类,因为它们为一些常见的功能提供了默认的实现。这些类都可以被子类化来提供模型,从而支持特殊类型的列表和表格。

Qt提供了一些现成的模型来处理数据项:

- QStringListModel用来存储一个简单的QString项目列表;
- QStandardItemModel管理复杂的树型结构数据项,每一个数据项可以包含任意的数据;
- QFileSystemModel提供了本地文件系统中文件和目录的信息;
- QSqlQueryModel、QSqlTableModel和QSqlRelationalTableModel用来访问数据库。

如果Qt提供的这些标准模型无法满足需要,还可以子类化QAbstractItemModel、QAbstractListModel或者QAbstractTableModel来创建自定义的模型。

2. 视 图

Qt提供了几种不同类型的视图:QListView将数据项显示为一个列表,QTableView将模型中的数据显示在一个表格中,QTreeView将模型的数据项显示在具有层次的列表中。这些类都是基于QAbstractItemView抽象基类的,这些类可以直接使用,也可以被子类化来提供定制的视图。

3. 委 托

在模型/视图框架中,QAbstractItemDelegate是委托的抽象基类。从Qt 4.4开

始，默认的委托实现由 QStyledItemDelegate 类提供，这也被用作 Qt 标准视图的默认委托。然而，QStyledItemDelegate 和 QItemDelegate 是相互独立的，只能选择其一来为视图中的项目绘制和提供编辑器。它们的主要不同就是，QStyledItemDelegate 使用当前的样式来绘制项目，因此，当要实现自定义的委托或者要和 Qt 样式表一起应用时，建议使用 QStyledItemDelegate 作为基类。

16.1.2　简单的例子

前面讲述了模型/视图架构的整体框架，也涉及了模型、视图和委托等众多的概念。模型/视图框架中的内容很繁杂，为了让读者更好地理解，在进一步讲解之前，先来看一个简单的例子。

Qt 中的 QFileSystemModel 类提供了一个保持文件系统信息的模型，它并不包含任何的数据项目，而是表示了本地文件系统中的文件和目录。QFileSystemModel 可以和 QListView 或者 QTreeView 一起使用来显示一个目录中内容。下面的例子中将分别使用树型和列表两种视图来显示同一个模型的数据。（本小节采用的项目源码路径：src\16\16-1\modelview1）新建空的 Qt 项目 Empty qmake Project，项目名称为 modelview1，完成后在 modelview1.pro 文件中添加一行代码“QT += widgets”并保存该文件。然后往项目中添加新的 main.cpp 文件，并更改其内容如下：

```
#include <QApplication>
#include <QFileSystemModel>
#include <QTreeView>
#include <QListView>
int main(int argc, char *argv[])
{
    QApplication app(argc, argv);
    //创建文件系统模型
    QFileSystemModel model;
    //指定要监视的目录
    model.setRootPath(QDir::currentPath());
    //创建树型视图
    QTreeView tree;
    //为视图指定模型
    tree.setModel(&model);
    //指定根索引
    tree.setRootIndex(model.index(QDir::currentPath()));
    //创建列表视图
    QListView list;
    list.setModel(&model);
    list.setRootIndex(model.index(QDir::currentPath()));
    tree.show();
    list.show();
    return app.exec();
}
```

这里首先创建了 QFileSystemModel 文件系统模型，然后为其指定了要监视的目录,这样该模型便可以表示相应的文件和目录。后面分别创建了树型视图和列表视图,并为它们指定了模型和根索引。可以看到,视图类与其他窗口部件类的使用是相同的。现在运行程序可以看到,已经显示了当前目录中的内容。这个程序中并没有指定委托,关于委托的使用将在本章后面的内容中讲到。

16.2 模型类

在模型/视图架构中,模型提供了一个标准的接口供视图和委托来访问数据。在Qt中,这个标准的接口使用 QAbstractItemModel 类来定义。无论数据项是怎样存储在何种底层数据结构中,QAbstractItemModel 的子类都会以层次结构来表示数据,这个结构中包含了数据项表。视图按照这种约定来访问模型中的数据项,但是这不会影响数据的显示,视图可以使用任何形式将数据显示出来。当模型中的数据发生变化时,模型会通过信号和槽机制告知与其相关联的视图。

16.2.1 基本概念

常见的3种模型分别是列表模型(List Model)、表格模型(Table Model)和树模型(Tree Model),它们的示意图如图16-2所示。

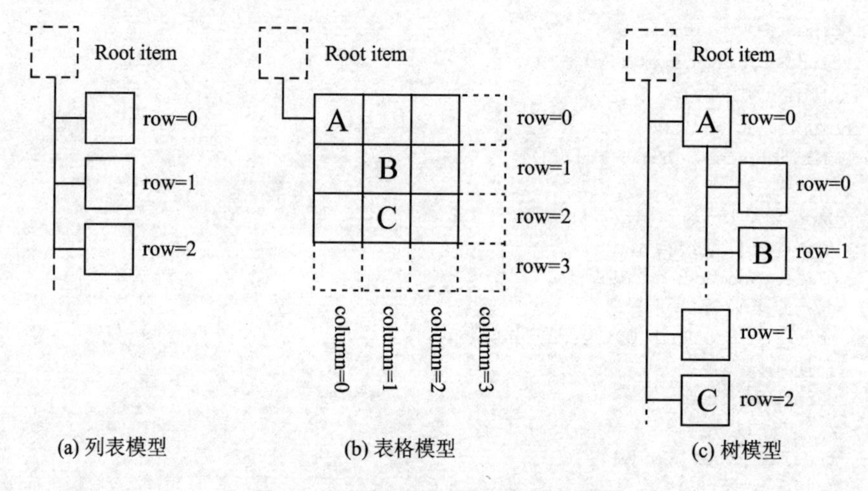

图16-2 常见的3种模型的示意图

1. 模型索引

为了确保数据的表示与数据的获取相分离,Qt 引入了模型索引的概念。每一块可以通过模型获取的数据都使用一个模型索引来表示,视图和委托都使用这些索引来请求数据项并显示。这样,只有模型需要知道怎样获取数据,被模型管理的数据类型可以广泛地被定义。模型索引包含一个指针,指向创建它们的模型,使用多个模型时可以避免混淆。

模型索引由 QModelIndex 类提供,它是对一块数据的临时引用,可以用来检索或

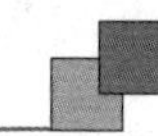

者修改模型中的数据。因为模型随时可能对内部的结构进行重新组织，这样模型索引可能失效，所以不需要也不应该存储模型索引。如果需要对一块数据进行长时间地引用，则必须使用QPersistentModelIndex创建模型索引。如果要获得一个数据项的模型索引，则必须指定模型的3个属性：行号、列号和父项的模型索引，例如：

```
QModelIndex index = model->index(row, column, parent);
```

其中，row、column和parent分别代表了这3个属性。

2. 行和列

在最基本的形式中，一个模型可以通过把它看作一个简单的表格来访问，这时每个数据项可以使用行号和列号来定位。但这并不意味着在底层的数据块是存储在数组结构中的，使用行号和列号只是一种约定，以确保各组件间可以相互通信。

行号和列号都是从0开始的，在图16-2中可以看到，列表模型和表格模型的所有数据项都是以根项（Root item）为父项的，这些数据项都可以被称为顶层数据项（Top level item）；在获取这些数据项的索引时，父项的模型索引可以用QModelIndex()表示。例如，图16-2中的Table Model中的A、B、C这3项的模型索引可以用如下代码获取：

```
QModelIndex indexA = model->index(0, 0, QModelIndex());
QModelIndex indexB = model->index(1, 1, QModelIndex());
QModelIndex indexC = model->index(2, 1, QModelIndex());
```

3. 父　项

前面讲述的类似于表格的接口对于在使用表格或者列表时是非常理想的，但是，像树视图一样的结构需要模型提供一个更加灵活的接口，因为每一个数据项都可能成为其他数据项表格的父项，一个树视图中的顶层数据项也可能包含其他的数据项列表。当为模型项请求一个索引时，必须提供该数据项父项的一些信息。前面讲到，顶层数据项可以使用QModelIndex()作为父项索引，但是在树模型中，如果一个数据项不是顶层数据项，那么就要指定它的父项索引。例如，图16-2中的Tree Model中的A、B、C这3项的模型索引可以使用如下代码获得：

```
QModelIndex indexA = model->index(0, 0, QModelIndex());
QModelIndex indexC = model->index(2, 0, QModelIndex());
QModelIndex indexB = model->index(1, 0, indexA);
```

4. 项角色

模型中的数据项可以作为各种角色在其他组件中使用，允许为不同的情况提供不同类型的数据。例如，Qt::DisplayRole用于访问一个字符串，所以可以作为文本显示在视图中。通常情况下，数据项包含了一些不同角色的数据，这些标准的角色由枚举类型Qt::ItemDataRole来定义，常用的角色如表16-1所列。要查看全部的角色类型，可以在帮助中索引Qt::ItemDataRole关键字。通过为每个角色提供适当的项目数据，模型可以为视图和委托提供提示，告知数据应该怎样展示给用户。角色指出了从模型中引用哪种类型的数据,视图可以使用不同的方式来显示不同的角色,如图 16-3 所示。不同类型的视图也可以自由地解析或者忽略这些角色信息。

表 16-1　常用的角色类型

常　量	描　述
Qt::DisplayRole	数据被渲染为文本(数据为 QString 类型)
Qt::DecorationRole	数据被渲染为图标等装饰(数据为 QColor、QIcon 或者 QPixmap 类型)
Qt::EditRole	数据可以在编辑器中进行编辑(数据为 QString 类型)
Qt::ToolTipRole	数据显示在数据项的工具提示中(数据为 QString 类型)
Qt::StatusTipRole	数据显示在状态栏中(数据为 QString 类型)
Qt::WhatsThisRole	数据显示在数据项的"What's This?"模式下(数据为 QString 类型)
Qt::SizeHintRole	数据项的大小提示,将会应用到视图(数据为 QSize 类型)

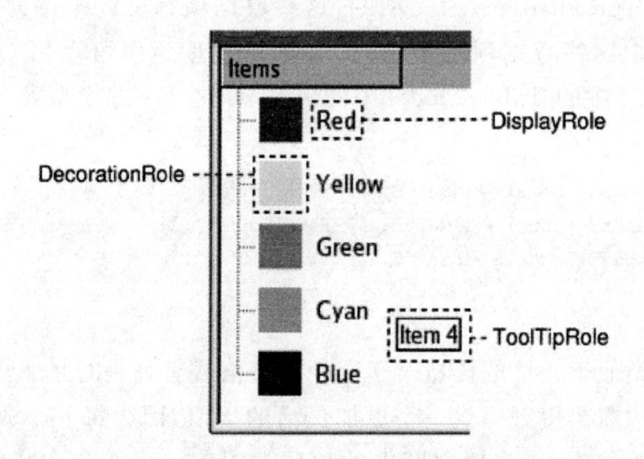

图 16-3　项角色示意图

可以通过向模型指定相关数据项对应的模型索引以及特定的角色来获取需要的类型的数据,例如:

```
QVariant value = model->data(index, role);
```

下面通过程序来加深对这些概念的理解。(本例采用的项目源码路径:src\16\16-2\modelview1)将前面例程 16-1 中 main.cpp 文件的内容更改如下:

```
#include <QApplication>
#include <QTreeView>
#include <QDebug>
#include <QStandardItemModel>
int main(int argc, char *argv[])
{
    QApplication app(argc, argv);
    //创建标准项模型
    QStandardItemModel model;
    //获取模型的根项(Root Item),根项是不可见的
    QStandardItem *parentItem = model.invisibleRootItem();
```

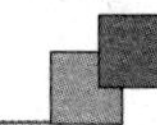

```
    //创建标准项 item0,并设置显示文本,图标和工具提示
    QStandardItem * item0 = new QStandardItem;
    item0 ->setText("A");
    QPixmap pixmap0(50, 50);
    pixmap0.fill("red");
    item0 ->setIcon(QIcon(pixmap0));
    item0 ->setToolTip("indexA");
    //将创建的标准项作为根项的子项
    parentItem ->appendRow(item0);
    //将创建的标准项作为新的父项
    parentItem = item0;
    //创建新的标准项,它将作为 item0 的子项
    QStandardItem * item1 = new QStandardItem;
    item1 ->setText("B");
    QPixmap pixmap1(50,50);
    pixmap1.fill("blue");
    item1 ->setIcon(QIcon(pixmap1));
    item1 ->setToolTip("indexB");
    parentItem ->appendRow(item1);
    //创建新的标准项,这里使用了另一种方法来设置文本、图标和工具提示
    QStandardItem * item2 = new QStandardItem;
    QPixmap pixmap2(50,50);
    pixmap2.fill("green");
    item2 ->setData("C", Qt::EditRole);
    item2 ->setData("indexC", Qt::ToolTipRole);
    item2 ->setData(QIcon(pixmap2), Qt::DecorationRole);
    parentItem ->appendRow(item2);
    //在树视图中显示模型
    QTreeView view;
    view.setModel(&model);
    view.show();
    //获取 item0 的索引并输出 item0 的子项数目,然后输出 item1 的显示文本和工具提示
    QModelIndex indexA = model.index(0, 0, QModelIndex());
    qDebug() << "indexA row count: " << model.rowCount(indexA);
    QModelIndex indexB = model.index(0, 0, indexA);
    qDebug() << "indexB text: " << model.data(indexB, Qt::EditRole).toString();
    qDebug() << "indexB toolTip: "
             << model.data(indexB, Qt::ToolTipRole).toString();
    return app.exec();
}
```

这里使用了标准项模型 QStandardItemModel,该类提供了一个通用的模型来存储自定义的数据。QStandardItemModel 中的项由 QStandardItem 类提供,该类为项目的创建提供了很多便捷函数,如设置图标的 setIcon()函数等。当然,也可以不使用这些函数,而是使用 setData()函数,并且指定项角色,如程序中创建 item2 就是使用的这种方法。通过代码可以看到,获取模型的大小可以使用 rowCount()和 columnCount()等函数;可以使用模型索引来访问模型中的项目,但是需要指定其行号、列号和父模型索引;当要访问顶层项目时,父模型索引可以使用 QModelIndex()来表示;如果项目包含

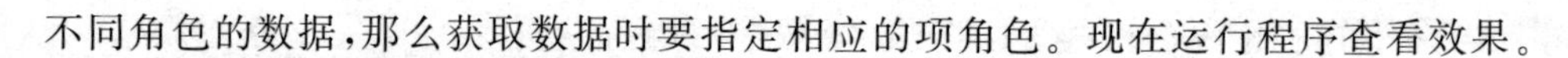

不同角色的数据,那么获取数据时要指定相应的项角色。现在运行程序查看效果。

16.2.2 创建新的模型

前面已经讲述了 QFileSystemModel 和 QStandardItemModel 两个模型的使用,这一小节中将创建一个新的模型来探索模型/视图架构的基本原则。当要为一个已经存在的数据结构创建一个新的模型时,需要考虑使用哪种类型的模型来为数据提供接口。如果数据结构可以表示为项目列表或者表格,那么可以子类化 QAbstractListModel 或者 QAbstractTableModel,因为它们为很多功能提供了非常合适的默认实现。如果底层数据结构只能表示为具有层次的树结构,那么就需要子类化 QAbstractItemModel。本小节先创建一个基于字符串列表的只读模型,以 QAbstractListModel 作为基类,然后再为其添加编辑、插入行和删除行功能。

1. 创建只读模型

(本例采用的项目源码路径:src\16\16-3\mymodel)首先创建空的 Qt 项目,项目名称为 mymodel。完成后向 mymodel.pro 文件中添加一行代码"QT += widgets"并保存该文件。然后往项目中添加新的 C++ 类,类名为 StringListModel,基类设置为 QAbstractListModel。完成后,在 stringlistmodel.h 文件中将类的定义更改为:

```
#include <QAbstractListModel>
#include <QStringList>
class StringListModel : public QAbstractListModel
{
    Q_OBJECT
public:
    StringListModel(const QStringList &strings, QObject *parent = nullptr)
        : QAbstractListModel(parent), stringList(strings) {}
    int rowCount(const QModelIndex &parent = QModelIndex()) const override;
    QVariant data(const QModelIndex &index, int role) const override;
    QVariant headerData(int section, Qt::Orientation orientation,
                        int role = Qt::DisplayRole) const override;
private:
    QStringList stringList;
};
```

这里实现的模型是一个简单的、非层次结构的、只读的数据模型,它基于标准的 QStringListModel 类。该模型使用了一个 QStringList 作为内部的数据源,这是因为 QAbstractItemModel 本身是不存储任何数据的,它仅仅提供了一些接口来供视图访问数据。在模型类的定义中,除了构造函数以外,只需要实现两个函数:rowCount()和 data(),前者返回模型的行数,后者返回指定的模型索引的数据项。这里还实现了 headerData()函数,它可以在树和表格视图的标头显示一些内容。注意,因为现在的模型是非层次结构的,所以不需要考虑父子关系。但是,如果模型是层次结构的,那么还需要实现 index()和 parent()函数。下面到 stringlistmodel.cpp 文件中删除构造函数的定义,然后添加几个函数的实现:

```
int StringListModel::rowCount(const QModelIndex &parent) const
{
    return stringList.count();
}
```

因为这个模型是非层次结构的，可以忽略掉模型索引对应的父项目，所以这里只需要简单地返回字符串列表中的字符串个数即可。默认的，继承自 QAbstractListModel 的模型只包含一列，所以这里不需要实现 columnCount()函数。

```
QVariant StringListModel::data(const QModelIndex &index, int role) const
{
    if (! index.isValid())
        return QVariant();
    if (index.row() >= stringList.size())
        return QVariant();
    if (role == Qt::DisplayRole)
        return stringList.at(index.row());
    else
        return QVariant();
}
```

对于视图中的项目我们想要显示为字符串列表中的字符串，这个函数就是用来返回对应索引参数的数据项的。当提供的索引是有效的，行号在字符串列表的大小范围之内，而且需要的角色是支持的角色之一时，返回一个有效的 QVariant。

```
QVariant StringListModel::headerData(int section, Qt::Orientation orientation,
                                     int role) const
{
    if (role != Qt::DisplayRole)
        return QVariant();
    if (orientation == Qt::Horizontal)
        return QString("Column %1").arg(section);
    else
        return QString("Row %1").arg(section);
}
```

像 QTreeView 和 QTableView 等一些视图，在显示项目数据的同时还会显示标头。这里实现了在标头中显示行号和列号。并不是所有的视图都会显示标头，一些视图会隐藏它们。不过，还是建议实现 headerData()函数来提供数据的相关信息。

现在一个只读的数据模型类就创建完成了，为了测试该模型是否可以正常使用，往项目中添加新的 main.cpp 文件，并更改内容如下：

```
#include <QApplication>
#include "stringlistmodel.h"
#include <QListView>
#include <QTableView>
int main(int argc, char *argv[])
{
    QApplication app(argc, argv);
    QStringList list;
```

```
    list << "a" << "b" << "c";
    StringListModel model(list);
    QListView listView;
    listView.setModel(&model);
    listView.show();
    QTableView tableView;
    tableView.setModel(&model);
    tableView.show();
    return app.exec();
}
```

这里创建了 StringListModel 模型，并为其指定了一个字符串列表来提供数据，然后分别在两个不同类型的视图中进行显示。运行程序，效果如图 16－4 所示。

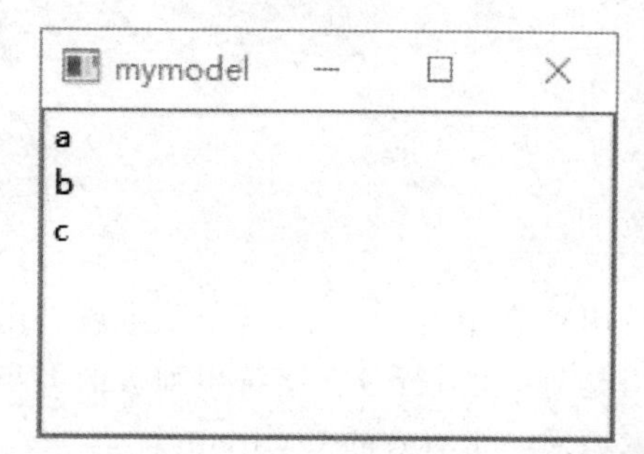

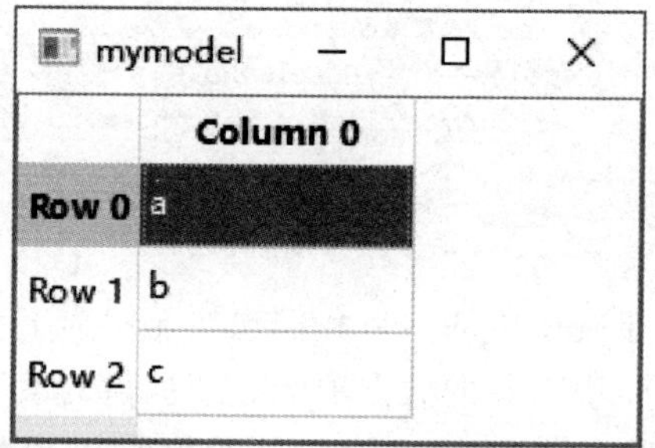

图 16－4　创建新的模型运行效果

2. 添加编辑功能

为了使模型可以编辑，需要更改 data()函数，然后实现另外两个函数：flags()和 setData()。(本例采用的项目源码路径：src\16\16-4\mymodel)首先在 stringlistmodel.h 文件中添加两个函数的声明：

```
Qt::ItemFlags flags(const QModelIndex &index) const override;
bool setData(const QModelIndex &index, const QVariant &value,
             int role = Qt::EditRole) override;
```

然后到 stringlistmodel.cpp 文件中添加这两个函数的实现代码：

```
Qt::ItemFlags StringListModel::flags(const QModelIndex &index) const
{
    if (! index.isValid())
        return Qt::ItemIsEnabled;
    return QAbstractItemModel::flags(index) | Qt::ItemIsEditable;
}
```

委托在创建编辑器以前会检测项目是否是可编辑的，模型必须让委托知道它的项目是可编辑的，这里为模型中的每一个项目返回一个正确的标识来达到这个目的。注意，并不需要知道委托是怎样执行真正的编辑操作的，而只需要为委托向模型中设置数据提供一条途径，这个是通过 setData()函数实现的：

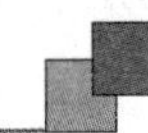

```
bool StringListModel::setData(const QModelIndex &index,
                              const QVariant &value, int role)
{
    if (index.isValid() && role == Qt::EditRole) {
        stringList.replace(index.row(), value.toString());
        emit dataChanged(index, index);
        return true;
    }
    return false;
}
```

在这个模型中，字符串列表里对应指定的模型索引的项目被参数中提供的 value 值替换掉了。不过，在修改字符串列表以前，必须保证索引是有效的、项目是正确的类型，而且角色是被支持的。当数据被设置后，模型必须让视图知道有数据已经改变了，这是通过发射 dataChanged()信号实现的。

最后，还需要更改前面添加的 data()函数中判断条件，为其添加 Qt::EditRole 测试，就是将第三个 if()语句的判断条件更改为：

```
if (role == Qt::DisplayRole || role == Qt::EditRole)
```

现在运行程序，可以发现已经能够编辑数据了。

3. 插入和删除行

要想实现在模型中插入和删除行，需要重新实现 insertRows()和 removeRows()两个函数。（本例采用的项目源码路径：src\16\16-5\mymodel）首先在 stringlistmodel.h 文件中添加这两个函数的声明：

```
bool insertRows(int position, int rows, const QModelIndex &index = QModelIndex()) override;
bool removeRows(int position, int rows, const QModelIndex &index = QModelIndex()) override;
```

然后到 stringlistmodel.cpp 文件中添加这两个函数的实现代码：

```
bool StringListModel::insertRows(int position, int rows,
                                 const QModelIndex &parent)
{
    Q_UNUSED(parent);
    beginInsertRows(QModelIndex(), position, position + rows - 1);
    for (int row = 0; row < rows; ++row) {
        stringList.insert(position, "");
    }
    endInsertRows();
    return true;
}
```

因为模型中的行对应着列表中的字符串，这个函数就是在指定位置的前面添加了指定数量的空字符串。父索引是用来决定在模型的什么地方添加行的，因为这里只有单一的顶层字符串列表，所以只需要向列表中添加空的字符串。模型首先要调用 beginInsertRows()函数来告知其他组件指定的行将要发生改变，这个函数指定了将要插入的第一个和最后一个新行的行号，以及它们父项的模型索引。当改变完字符串以后，调用了 endInsertRows()函数来完成操作，而且告知其他组件该模型的大小发生了变化。

```
bool StringListModel::removeRows(int position, int rows,
                                 const QModelIndex &parent)
{
    Q_UNUSED(parent);
    beginRemoveRows(QModelIndex(), position, position + rows - 1);
    for (int row = 0; row < rows; ++ row) {
        stringList.removeAt(position);
    }
    endRemoveRows();
    return true;
}
```

删除行的操作与前面插入行的操作是相似的，这里不再介绍。下面在 main.cpp 文件的主函数中添加代码来测试这两个函数，在 return app.exec()一行代码前添加如下代码：

```
model.insertRows(3, 2);
model.removeRows(0, 1);
```

这样便在模型最后添加两个空数据项，并删除了模型的第一个数据项，现在可以运行程序查看效果。

创建模型的内容就讲到这里。可以看到，在模型类中就是将各种操作转换为对具体数据源的操作，从而对外提供了一个统一的接口供用户使用。如果还想设计一个更复杂的模型，则可以参考 Qt 自带的 Simple Tree Model Example 示例程序。

16.3 视图类

16.3.1 基本概念

在模型/视图架构中，视图包含了模型中的数据项，并将它们呈现给用户，而数据的表示方法可能与底层用于存储数据项的数据结构完全不同。这种内容与表现的分离之所以能够实现，是因为使用了 QAbstractItemModel 提供的一个标准模型接口，还有 QAbstractItemView 提供的一个标准视图接口，以及使用模型索引提供了一种通用的方法来表示数据。视图通常管理从模型获取的数据的整体布局，它们可以自己渲染独立的数据项，也可以使用委托来处理渲染和编辑。

除了呈现数据，视图还处理项目间的导航，以及项目选择的某些方面，表 16-2 和表 16-3 分别罗列了视图中的选择行为(QAbstractItemView::SelectionBehavior)和选择模式(QAbstractItemView::SelectionMode)，后面会介绍它们的应用。视图也实现了一些基本的用户接口特性，比如上下文菜单和拖放等。视图可以为项目提供默认的编辑实现，当然也可以和委托一起来提供一个自定义的编辑器。不指定模型也可以构造一个视图，但是在视图显示有用的信息以前，必须为其提供一个模型。

表16-2　视图类的选择行为

常　量	描　述
QAbstractItemView::SelectItems	选择单个项目
QAbstractItemView::SelectRows	只选择行
QAbstractItemView::SelectColumns	只选择列

表16-3　视图类的选择模式

常　量	描　述
QAbstractItemView::SingleSelection	当用户选择一个项目时,所有已经选择的项目将成为未选择状态,而且用户无法在已经选择的项目上单击来取消选择
QAbstractItemView::ContiguousSelection	如果用户在单击一个项目的同时按着Shift键,则所有当前项目和单击项目之间的项目都将被选择或者取消选择,这依赖于被单击项目的状态
QAbstractItemView::ExtendedSelection	具有ContiguousSelection的特性,而且还可以按着Ctrl键进行不连续选择
QAbstractItemView::MultiSelection	用户选择一个项目时不影响其他已经选择的项目
QAbstractItemView::NoSelection	项目无法被选择

对于一些视图,如QTableView和QTreeView,在显示项目的同时还可以显示标头。这是通过QHeaderView类实现的,它们使用QAbstractItemModel::headerData()函数从模型中获取数据,然后一般使用一个标签来显示标头信息。可以通过子类化QHeaderView类来设置标签的显示。

Qt中已经提供了QListView、QTableView和QTreeView这3个现成的视图,不过都是使用规范的格式显示数据的。如果想要实现条形图或者饼状图等特殊显示方式,就要重新实现视图类了,当然,也可以使用第18章讲到的Qt图表类。

16.3.2　处理项目选择

在模型/视图架构中对项目的选择提供了非常方便的处理方法。在视图中被选择的项目的信息存储在一个QItemSelectionModel实例中,这样被选择项目的模型索引便保持在一个独立的模型中,与所有的视图都是独立的。当在一个模型上设置多个视图时,就可以实现在多个视图之间共享选择。

选择由选择范围指定,只需要记录每一个选择范围开始和结束的模型索引即可,非连续的选择可以使用多个选择范围来描述。选择可以看作是在选择模型中保存的一个模型索引集合,最近的项目选择被称为当前选择。

1. 当前项目和被选择的项目

在视图中,总是有一个当前项目和一个被选择的项目,两者是两个独立的状态。在同一时间,一个项目可以既是当前项目,同时也是被选择的项目。视图负责确保总是有一个项目作为当前项目来实现键盘导航。当前项目和被选择的项目的区别如表 16-4 所列。

表 16-4 当前项目和被选择的项目的区别

当前项目	被选择的项目
只能有一个当前项目	可以有多个被选择的项目
使用键盘导航键或者鼠标按键可以改变当前项目	项目是否处于被选择状态,取决于几个预先定义好的模式,如单项选择、多重选择等
如果按下 F2 键或者双击鼠标都可以编辑当前项目	当前项目可以通过指定一个范围来被选择或取消选择
当前项目会显示焦点矩形	被选择的项目会使用选择矩形来表示

当操作选择时,可以将 QItemSelectionModel 看作一个项目模型中所有项目的选择状态的一个记录。一旦设置了一个选择模型,所有的项目集合都可以被选择、取消选择或者切换选择状态,而不需要知道哪一个项目已经被选择了。所有被选择项目的索引都可以被随时进行检索,其他的组件也可以通过信号和槽机制来获取选择模型的改变信息。

2. 使用选择模型

标准的视图类中提供了默认的选择模型,可以在大多数的应用中直接使用。属于一个视图的选择模型可以使用这个视图的 selectionModel()函数获得,而且还可以在多个视图之间使用 setSelectionModel()函数来共享该选择模型,所以一般不需要重新构建一个选择模型。下面通过例子来看一下选择模型的使用。

(本例采用的项目源码路径: src\16\16-6\ myselection)新建 Qt Widgets 应用,项目名称为 myselection,类名和基类保持 MainWindow 和 QMainWindow 不变。完成后在 mainwindow.h 文件中添加类的前置声明:

```
class QTableView;
```

然后再添加一个私有对象指针:

```
QTableView * tableView;
```

下面到 mainwindow.cpp 文件中添加头文件:

```
#include <QStandardItemModel>
#include <QTableView>
#include <QDebug>
```

然后在构造函数中添加如下内容:

```
QStandardItemModel * model = new QStandardItemModel(7, 4, this);
for (int row = 0; row < 7; ++ row) {
    for (int column = 0; column < 4; ++ column) {
        QStandardItem * item = new QStandardItem(QString("%1")
                                        .arg(row * 4 + column));
```

```
            model ->setItem(row, column, item);
        }
    }
    tableView = new QTableView;
    tableView ->setModel(model);
    setCentralWidget(tableView);
    //获取视图的项目选择模型
    QItemSelectionModel * selectionModel = tableView ->selectionModel();
    //定义左上角和右下角的索引,然后使用这两个索引创建选择
    QModelIndex topLeft;
    QModelIndex bottomRight;
    topLeft = model ->index(1, 1, QModelIndex());
    bottomRight = model ->index(5, 2, QModelIndex());
    QItemSelection selection(topLeft, bottomRight);
    //使用指定的选择模式来选择项目
    selectionModel ->select(selection, QItemSelectionModel::Select);
```

这里先获取了视图的选择模型,要使用选择模型来选择视图中的项目,就必须指定 QItemSelection 和选择模式 QItemSelectionModel::SelectionFlag。QItemSelection 是一个项目选择块,需要指定它的左上角和右下角的项目的索引。而选择模式是选择模型更新时的方式,它是一个枚举类型,在 QItemSelectionModel 类中被定义,可以在帮助中查看它的值。这里使用的 QItemSelectionModel::Select 表明所有指定的索引都将被选择,还有其他的一些值,比如 QItemSelectionModel::Toggle,会将指定索引的当前状态切换为相反的状态,如果以前项目没有被选择,那么现在会被选择;而如果项目已经被选择了,那么现在会取消选择。SelectionFlag 的值还可以使用位或"|"运算符来联合使用,比如使用 QItemSelectionModel::Select | QItemSelectionModel::Rows 可以选中指定选择的项目所在的所有行的项目。运行程序,效果如图 16-5 所示。

MainWindow

	1	2	3	4
1	0	1	2	3
2	4	5	6	7
3	8	9	10	11
4	12	13	14	15
5	16	17	18	19
6	20	21	22	23
7	24	25	26	27

图 16-5　项目选择运行效果

下面向程序中添加代码来看一下 QItemSelectionModel::Toggle 的效果,并讲解一下当前项目的相关内容。(本例采用的项目源码路径: src\16\16-7\ myselection)先在 mainwindow.h 文件中添加两个槽的声明:

```
public slots:
    void getCurrentItemData();
    void toggleSelection();
```

进入设计模式并右击界面添加一个工具栏，修改其 objectName 属性为 mainToolBar。再到 mainwindow.cpp 文件中，在构造函数中向主窗口工具栏添加两个动作：

```
ui->mainToolBar->addAction(tr("当前项目"), this,
                           &MainWindow::getCurrentItemData);
ui->mainToolBar->addAction(tr("切换选择"), this,
                           &MainWindow::toggleSelection);
```

然后添加两个槽的定义：

```
//输出当前项目的内容
void MainWindow::getCurrentItemData()
{
    qDebug() << tr("当前项目的内容：")
             << tableView->selectionModel()->currentIndex().data().toString();
}
//切换选择的项目
void MainWindow::toggleSelection()
{
    QModelIndex topLeft = tableView->model()->index(0, 0, QModelIndex());
    QModelIndex bottomRight = tableView->model()->index(
                tableView->model()->rowCount(QModelIndex()) - 1,
                tableView->model()->columnCount(QModelIndex()) - 1, QModelIndex());
    QItemSelection curSelection(topLeft, bottomRight);
    tableView->selectionModel()->select(curSelection,
                                        QItemSelectionModel::Toggle);
}
```

在切换选择的项目时，将 QItemSelection 指定为了视图中所有的项目，而选择模式使用了 QItemSelectionModel::Toggle。下面运行程序，先按下“当前项目”图标，那么会输出“0”，表明当前项目默认为第一个项目，这个从第一个项目拥有蚂蚁线就可以看出它是当前项。然后按下“切换选择”图标，则会发现视图中所有项目的选择状态都变成了相反的状态。视图类中也提供了几个比较方便的函数来进行选择，例如，selectAll()选择全部项目，selectColumn()选择指定的一列项目，selectColumns()选择指定的多列项目，selectRow()选择指定的一行项目，selectRows()选择指定的多行项目等。

要获取选择模型中的模型索引，可以使用 selectedIndexes()函数，它会返回一个模型索引的列表，遍历这个列表即可。当选择模型中选择的项目改变时，会发射相关信号，下面在程序中添加代码，从而看一下选择模型中信号的使用和对选择的项目的处理。(本例采用的项目源码路径：src\16\16-8\myselection)在 mainwindow.h 文件中添加类的前置声明：

```
class QItemSelection;
class QModelIndex;
```

然后再声明两个槽：

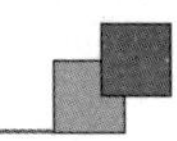

```
void updateSelection(const QItemSelection &selected,
                     const QItemSelection &deselected);
void changeCurrent(const QModelIndex &current, const QModelIndex &previous);
```

到 mainwindow.cpp 文件中，在构造函数中添加信号和槽的关联：

```
connect(selectionModel, &QItemSelectionModel::selectionChanged,
        this, &MainWindow::updateSelection);
connect(selectionModel, &QItemSelectionModel::currentChanged,
        this, &MainWindow::changeCurrent);
```

这里分别关联了选择模型的选择改变信号 selectionChanged()和当前项改变信号 currentChanged()。前者在选择的项目改变时发射，会包含新选择的项目 selected 和先前选择的项目 deselected；后者在当前项改变时发射，包含了新的当前项的索引和先前的当前项的索引。下面添加槽的实现：

```
//更新选择
void MainWindow::updateSelection(const QItemSelection &selected,
                                 const QItemSelection &deselected)
{
    QModelIndexList list = selected.indexes();
    //为现在选择的项目填充值
    for (QModelIndex index : list) {
        QString text = QString("(%1,%2)").arg(index.row()).arg(index.column());
        tableView->model()->setData(index, text);
    }
    list = deselected.indexes();
    //清空上一次选择的项目的内容
    for (QModelIndex index : list) {
        tableView->model()->setData(index, "");
    }
}
```

这里使用 indexes()来获取了所有选择的项目的索引，然后重新为它们进行赋值。

```
//改变当前项目
void MainWindow::changeCurrent(const QModelIndex &current,
                               const QModelIndex &previous)
{
    qDebug() << tr("move(%1,%2) to (%3,%4)")
                .arg(previous.row()).arg(previous.column())
                .arg(current.row()).arg(current.column());
}
```

当前项改变时，输出它的位置信息。现在运行程序，则可以使用鼠标来改变选择的项目和当前项，看下运行效果。

当多个视图显示同一个模型的数据时，只要使用 setSelectionModel()函数为它们设置相同的选择模型，那么视图间就可以共享选择。继续在前面程序中添加代码，在 mainwindow.h 文件中添加私有对象指针：

```
QTableView *tableView2;
```

然后到 mainwindow.cpp 文件，在构造函数中继续添加如下代码：

```
tableView2 = new QTableView;
tableView2 ->setWindowTitle("tableView2");
tableView2 ->resize(400, 300);
tableView2 ->setModel(model);
tableView2 ->setSelectionModel(selectionModel);
tableView2 ->show();
```

注意,在析构函数中添加如下一行代码:

```
delete tableView2;
```

这样在程序运行结束时可以释放 tableView2。运行程序,可以看到,当改变一个视图中选择的项目后,另一个视图中选择的项目会跟随着进行相同的变化。

16.4 委托类

16.4.1 基本概念

与 Model - View - Controller 模式不同,模型/视图结构中没有包含一个完全分离的组件来处理与用户的交互。一般的,视图用来将模型中的数据展示给用户,也用来处理用户的输入,这个在前面的程序中已经看到了。为了获得更高的灵活性,交互可以由委托来执行。这些组件提供了输入功能,而且也负责渲染一些视图中的个别项目。控制委托的标准接口在 QAbstractItemDelegate 类中定义。

委托通过实现 paint()和 sizeHint()函数来使它们可以渲染自身的内容。然而,简单的基于部件的委托可以通过子类化 QStyledItemDelegate 来实现,而不需要使用 QAbstractItemDelegate,这样可以使用这些函数的默认实现。委托的编辑器可以通过两种方式来实现,一种是使用部件来管理编辑过程,另一种是直接处理事件。后面会通过一个例子来讲解第一种方式,也可以参考一下 Qt 提供的 Spin Box Delegate Example 和 Star Delegate Example 示例程序。如果想要继承 QAbstractItemDelegate 来实现自定义的渲染操作,那么可以参考一下 Pixelator Example 示例程序。

Qt 中的标准视图都使用 QStyledItemDelegate 的实例来提供编辑功能,这种委托接口的默认实现为 QListView、QTableView 和 QTreeView 等标准视图的每一个项目提供了普通风格的渲染。标准视图中的默认委托会处理所有的标准角色,具体的内容可以在 QStyledItemDelegate 类的帮助文档中查看。可以使用 itemDelegate()函数获取一个视图中使用的委托,使用 setItemDelegate()函数可以为一个视图安装一个自定义委托。

16.4.2 自定义委托

下面通过一个例子来讲解如何使用现成的部件自定义委托。这里的委托使用了 QSpinBox 来提供编辑功能,主要用于显示整数的模型。(本例采用的项目源码路径:src\16\16-9\myselection)在前面程序 16 - 8 的基础上继续添加代码。向项目中添加新

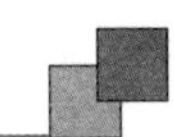

的 C++ 类，类名为 SpinBoxDelegate，基类设置为 QStyledItemDelegate。完成后将 spinboxdelegate.h 文件内容更改如下：

```
#ifndef SPINBOXDELEGATE_H
#define SPINBOXDELEGATE_H
#include <QStyledItemDelegate>
class SpinBoxDelegate : public QStyledItemDelegate
{
    Q_OBJECT
public:
    SpinBoxDelegate(QObject *parent = nullptr);
    QWidget *createEditor(QWidget *parent, const QStyleOptionViewItem &option,
                          const QModelIndex &index) const override;
    void setEditorData(QWidget *editor, const QModelIndex &index) const override;
    void setModelData(QWidget *editor, QAbstractItemModel *model,
                      const QModelIndex &index) const override;
    void updateEditorGeometry(QWidget *editor, const QStyleOptionViewItem &option,
                              const QModelIndex &index) const override;
};
#endif //SPINBOXDELEGATE_H
```

这里的委托继承自 QStyledItemDelegate，这样不需要编写自定义的显示函数，不过，还是必须要提供几个函数来管理编辑器部件。可以看到，在构造委托时并没用设置编辑器部件，只有在需要编辑器部件时才创建它。下面到 spinboxdelegate.cpp 文件中，先添加一个头文件包含：#include <QSpinBox>，然后将构造函数更改如下：

```
SpinBoxDelegate::SpinBoxDelegate(QObject *parent) :
    QStyledItemDelegate(parent)
{
}
```

再添加这几个函数的定义：

```
//创建编辑器
QWidget *SpinBoxDelegate::createEditor(QWidget *parent,
                                       const QStyleOptionViewItem &/* option */,
                                       const QModelIndex &/* index */) const
{
    QSpinBox *editor = new QSpinBox(parent);
    editor->setFrame(false);
    editor->setMinimum(0);
    editor->setMaximum(100);
    return editor;
}
```

当视图需要一个编辑器时，它会告知委托来为被修改的项目提供一个编辑器部件。这里的 createEditor()函数为委托设置一个合适的部件提供了所需要的一切。在这个函数中，并不需要为编辑器部件保持一个指针，因为视图会负责在不再需要该编辑器时销毁它。

```
//为编辑器设置数据
void SpinBoxDelegate::setEditorData(QWidget * editor,
                                    const QModelIndex &index) const
{
    int value = index.model()->data(index, Qt::EditRole).toInt();
    QSpinBox * spinBox = static_cast<QSpinBox *>(editor);
    spinBox->setValue(value);
}
```

委托必须将模型中的数据复制到编辑器中，这里已经知道了编辑器部件是一个QSpinBox，但是，也可能需要为模型中不同类型的数据提供不同的编辑器，所以要在访问部件的成员函数以前将它转换为合适的类型。

```
//将数据写入到模型
void SpinBoxDelegate::setModelData(QWidget * editor, QAbstractItemModel * model,
                                   const QModelIndex &index) const
{
    QSpinBox * spinBox = static_cast<QSpinBox *>(editor);
    spinBox->interpretText();
    int value = spinBox->value();
    model->setData(index, value, Qt::EditRole);
}
```

用户完成了对 QSpinBox 部件中数据的编辑后，视图会通过调用 setModelData()函数来告知委托将编辑好的数据存储到模型中。这里调用了 interpretText()函数来确保获得的是 QSpinBox 中最近更新的数值。标准的 QStyledItemDelegate 类会在完成编辑后发射 closeEditor()信号来告知视图，视图确保编辑器部件被关闭和销毁。而这里只是提供了简单的编辑功能，并不需要发射这个信号。

```
//更新编辑器几何布局
void SpinBoxDelegate::updateEditorGeometry(QWidget * editor,
                                           const QStyleOptionViewItem &option,
                                           const QModelIndex &/* index */) const
{
    editor->setGeometry(option.rect);
}
```

委托有责任来管理编辑器的几何布局，必须在创建编辑器以及视图中项目的大小或位置改变时设置它的几何布局，视图使用 QStyleOptionViewItem 对象提供了所有需要的几何布局信息。这里只使用了项目的矩形作为编辑器的几何布局，而对于更复杂的编辑器部件，可能需要将这个矩形进行分割。

下面来使用自定义的委托。到 mainwindow.cpp 文件中，先添加头文件包含：#include "spinboxdelegate.h"，然后在构造函数的最后面添加如下代码：

```
SpinBoxDelegate * delegate = new SpinBoxDelegate(this);
tableView->setItemDelegate(delegate);
```

一个视图可以通过调用 setItemDelegate()函数来设置一个自定义的委托。下面运行程序，可以看到使用自定义委托和使用默认委托的不同。

编辑完成后，委托应该为其他组件提供提示，告知它们编辑操作的结果，提供提示

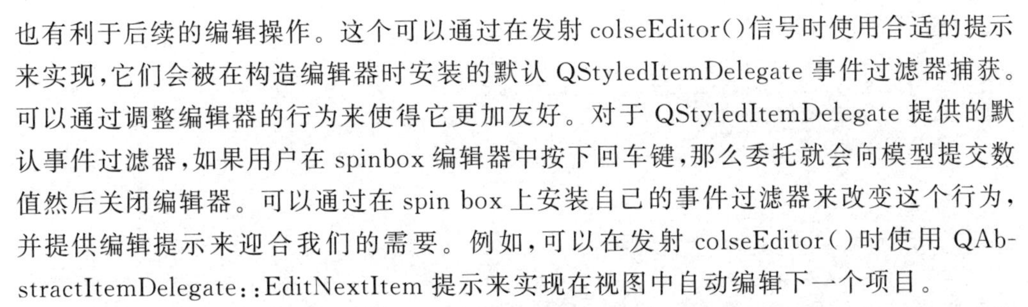

也有利于后续的编辑操作。这个可以通过在发射 colseEditor()信号时使用合适的提示来实现,它们会被在构造编辑器时安装的默认 QStyledItemDelegate 事件过滤器捕获。可以通过调整编辑器的行为来使得它更加友好。对于 QStyledItemDelegate 提供的默认事件过滤器,如果用户在 spinbox 编辑器中按下回车键,那么委托就会向模型提交数值然后关闭编辑器。可以通过在 spin box 上安装自己的事件过滤器来改变这个行为,并提供编辑提示来迎合我们的需要。例如,可以在发射 colseEditor()时使用 QAbstractItemDelegate::EditNextItem 提示来实现在视图中自动编辑下一个项目。

另一种不需要使用事件过滤器的方式是提供自定义的编辑器部件,如子类化 QSpinBox。这种方式可以对编辑器的行为提供更多的控制,不过它是以编写更多的代码为代价的。一般地,如果需要自定义一个标准的 Qt 编辑器部件的行为,则在委托中安装一个事件过滤的方式更加简便。

16.5　项目视图的便捷类

从 Qt 4 开始引进了一些标准部件来提供经典的基于项的容器部件,它们底层是通过模型/视图框架实现的。这些部件分别是:QListWidget 提供了一个项目列表,QTreeWidget 显示了一个多层次的树结构,QTableWidget 提供了一个以项目作为单元的表格。它们每一个类都继承了 QAbstractItemView 类的行为。这些类之所以被称为便捷类,是因为它们使用起来比较简单,适合于少量的数据的存储和显示。因为它们没有将视图和模型进行分离,所以没有视图类灵活,不能和任意的模型一起使用,一般建议使用模型/视图的方式来处理数据。

16.5.1　QListWidget

(本例采用的项目源码路径:src\16\16-10\modelview2)新建空的 Qt 项目,项目名称为 modelview2,完成后在 modelview2.pro 文件中添加一行代码"QT += widgets"并保存该文件,然后向项目中添加新的 main.cpp 文件,并更改内容如下:

```
#include <QApplication>
#include <QDebug>
#include <QListWidget>
#include <QTreeWidget>
#include <QTableWidget>
int main(int argc, char *argv[])
{
    QApplication app(argc, argv);
    QListWidget listWidget;
    //一种添加项目的简便方法
    new QListWidgetItem("a", &listWidget);
    //添加项目的另一种方法,这样还可以进行各种设置
    QListWidgetItem *listWidgetItem = new QListWidgetItem;
    listWidgetItem->setText("b");
```

```
    listWidgetItem ->setIcon(QIcon("../modelView2/yafeilinux.png"));
    listWidgetItem ->setToolTip("this is b!");
    listWidget.insertItem(1, listWidgetItem);
    //设置排序为倒序
    listWidget.sortItems(Qt::DescendingOrder);
    //显示列表部件
    listWidget.show();
    return app.exec();
}
```

单层的项目列表一般使用一个 QListWidget 和一些 QListWidgetItem 来显示，一个列表部件可以像一般的窗口部件那样创建。可以在创建 QListWidgetItem 时将它直接添加到已经创建的列表部件中，也可以稍后使用 QListWidget 类的 insertItem()函数来添加。列表中的每一个项目都可以显示一个文本标签和一个图标，还可以为其设置工具提示、状态提示和“What's This?”提示。默认的，列表中的项目会根据它们添加的顺序进行排序，也可以使用 sortItems()函数对项目进行排序，比如程序中使用的 Qt::DescendingOrder 是按字母降序排序，还有一个 Qt::AscendingOrder 是按字母升序进行排序。现在运行程序查看效果。

16.5.2 QTreeWidget

下面在 main()函数中继续添加代码：

```
QTreeWidget treeWidget;
//必须设置列数
treeWidget.setColumnCount(2);
//设置标头
QStringList headers;
headers << "name" << "year";
treeWidget.setHeaderLabels(headers);
//添加项目
QTreeWidgetItem * grade1 = new QTreeWidgetItem(&treeWidget);
grade1 ->setText(0, "Grade1");
QTreeWidgetItem * student = new QTreeWidgetItem(grade1);
student ->setText(0, "Tom");
student ->setText(1, "1986");
QTreeWidgetItem * grade2 = new QTreeWidgetItem(&treeWidget, grade1);
grade2 ->setText(0, "Grade2");
treeWidget.show();
```

树或者项目的层次列表由 QTreeWidget 和 QTreeWidgetItem 类提供，树部件中的每一个项目都可以有它自己的子项目，而且可以显示多列的信息。在向树部件中添加项目以前，必须先使用 setColumnCount()函数设置列的个数，比如程序中设置了两列，然后还为这两列提供了标头。树部件中的顶层项目使用树部件作为父部件来创建，它们可以使用任意的顺序被插入，也可以构建项目时指定它的前一个项目，比如程序中创建 grade2 时就指定了 grade1 为它的前一个项目。运行程序查看效果。

树部件对于顶层项目和更深层次的项目的处理略有不同。例如，可以使用树部件

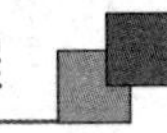

的 takeTopLevelItem()函数来删除顶层项目,但是其他层次的项目就要调用它们父项目的 takeChild()函数来删除;在树部件中插入顶层项目可以使用 insertTopLevelItem()函数,但插入其他层次的项目就要使用其父项目的 insertChild()函数。在顶层和其他层之间移动项目是很容易的,只需要检查该项目是否为顶层项目,这个可以使用 parent()函数获得。例如,可以使用下面的代码来删除当前的项目:

```
//先获取当前项目的父项目
QTreeWidgetItem * parent = currentItem ->parent();
int index;
//如果当前项目有父项目,则使用其父项目删除当前项目,否则使用树部件删除当前项目
if (parent) {
    index = parent ->indexOfChild(treeWidget ->currentItem());
    delete parent ->takeChild(index);
} else {
    index = treeWidget ->indexOfTopLevelItem(treeWidget ->currentItem());
    delete treeWidget ->takeTopLevelItem(index);
}
```

可以使用相同的方法在当前项目之后添加新的项目,例如:

```
QTreeWidgetItem * parent = currentItem ->parent();
QTreeWidgetItem * newItem;
if (parent)
    newItem = new QTreeWidgetItem(parent, treeWidget ->currentItem());
else
    newItem = new QTreeWidgetItem(treeWidget, treeWidget ->currentItem());
```

16.5.3　QTableWidget

继续向前面的程序中添加代码:

```
//创建表格部件,同时指定行数和列数
QTableWidget tableWidget(3, 2);
//创建表格项目,并插入到指定单元
QTableWidgetItem * tableWidgetItem = new QTableWidgetItem("qt");
tableWidget.setItem(1, 1, tableWidgetItem);
//创建表格项目,并将它们作为标头
QTableWidgetItem * headerV = new QTableWidgetItem("first");
tableWidget.setVerticalHeaderItem(0,headerV);
QTableWidgetItem * headerH = new QTableWidgetItem("ID");
tableWidget.setHorizontalHeaderItem(0,headerH);
tableWidget.show();
```

项目表格使用 QTableWidget 和 QTableWidgetItem 来构建,它提供了一个包含标头和项目的可滚动表格部件。表格一般在构造时就指定它的行数和列数,项目可以在表格外先构建,然后再添加到表格中指定的位置,表格项目还可以作为水平或垂直标头。

16.5.4　共同特性

对于这 3 个便捷类,它们都使用相同的接口提供了一些基于项的特色功能。例如,有

时在项目视图部件中需要隐藏一些项目而不是删除它们，这可以使用 QListWidgetItem 类和 QTreeWidgetItem 类提供的 setHidden()函数；判断一个项目是否隐藏，可以使用相应的 isHidden()函数；可以使用 3 个便捷类的 selectedItems()函数来获取选择的项目，它会返回一个相关项目的列表；还可以使用 findItems()函数来进行项目的查找，它也会返回一个相关项目的列表。这 3 个类的更多的特性可以查看各自的帮助文档。

16.6 在项目视图中启用拖放

模型/视图框架完全支持 Qt 的拖放应用，在列表、表格和树中的项目可以在视图中被拖拽，数据可以作为 MIME 编码的数据被导入和导出。标准视图可以自动支持内部的拖放，这样可以用来改变项目的排列顺序。默认的，视图的拖放功能并没用被启用，如果要进行项目的拖动，就需要进行一些属性的设置。如果要在一个新的模型中启用拖放功能，那么还要重新实现一些函数。

16.6.1 在便捷类中启用拖放

QListWidget、QTableWidget 和 QTreeWidget 中的每一种类型的项目都默认配置了一组不同的标志。例如，每一个 QListWidgetItem 和 QTreeWidgetItem 被初始化为可用的、可检查的、可选择的，也可以用作拖放操作的源；而每一个 QTableWidgetItem 可以被编辑和用作拖放操作的目标。尽管所有的标准项目都有一个或者两个标志来设置拖放，但是，一般还是需要在视图中设置一些属性来使它启用对拖放操作的内建支持：

- 启用项目拖拽，要将视图的 dragEnable 属性设置为 true；
- 要允许用户将内部或者外部的项目放入视图中，需要设置视图的 viewport()的 acceptDrops 属性为 true；
- 要显示现在用户拖拽的项目将要被放置的位置，需要设置 showDropIndicator 属性。

（本例采用的项目源码路径：src\16\16-11\modelview2）仍然在前面的例程基础上进行更改。在 main()函数中继续添加如下代码：

```
//设置选择模式为单选
listWidget.setSelectionMode(QAbstractItemView::SingleSelection);
//启用拖动
listWidget.setDragEnabled(true);
//设置接受拖放
listWidget.viewport()->setAcceptDrops(true);
//设置显示将要被放置的位置
listWidget.setDropIndicatorShown(true);
//设置拖放模式为移动项目，如果不设置，默认为复制项目
listWidget.setDragDropMode(QAbstractItemView::InternalMove);
```

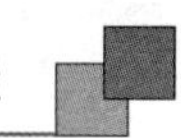

现在运行程序，效果如图 16-6 所示，可以看到，当拖拽项目到一个合适的位置时，会显示出一条线，表明项目可以放置在该位置，这就是 showDropIndicator 属性的作用。

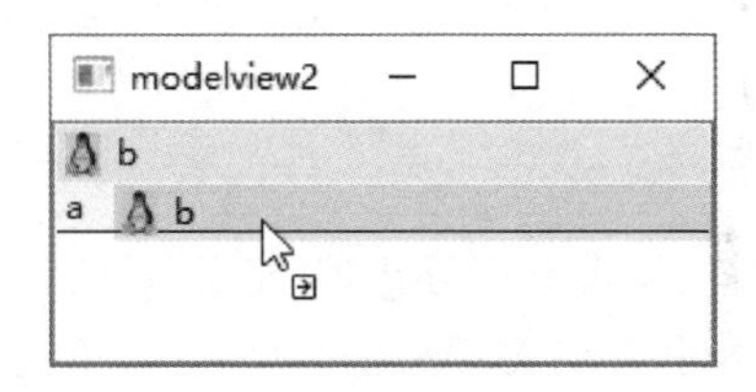

图 16-6　拖放操作运行效果

16.6.2　在模型/视图类中启用拖放

（本例采用的项目源码路径：src\16\16-12\mymodel）在例程 16-5 创建的自定义模型的程序中进行更改。在视图中启用拖放功能与前面在便捷类中的设置是相似的，在 main()函数中添加如下代码：

```
listView.setSelectionMode(QAbstractItemView::ExtendedSelection);
listView.setDragEnabled(true);
listView.setAcceptDrops(true);
listView.setDropIndicatorShown(true);
```

因为视图中显示的数据是由模型控制的，所以也要为使用的模型提供拖放操作的支持。这需要重新实现一些必要的函数。先在 stringlistmodel.h 文件中添加如下函数的声明：

```
Qt::DropActions supportedDropActions() const override;
QStringList mimeTypes() const override;
QMimeData * mimeData(const QModelIndexList &indexes) const override;
bool dropMimeData(const QMimeData * data, Qt::DropAction action,
                  int row, int column, const QModelIndex &parent) override;
```

下面到 stringlistmodel.cpp 文件中，先添加头文件：

```
#include <QMimeData>
#include <QDataStream>
#include <QIODevice>
```

然后分别实现前面添加的几个函数：

```
//设置支持放入动作
Qt::DropActions StringListModel::supportedDropActions() const
{
    return Qt::CopyAction | Qt::MoveAction;
}
```

这里设置了支持使用拖放进行复制和移动两种操作。尽管这里可以使用任意的 Qt::DropActions 的值，不过，这也需要模型实现一些函数来进行支持。例如，要允许使用 Qt::MoveAction，那么模型就必须实现 removeRows()函数。

```
//设置在拖放操作中导出的条目的数据的编码类型
QStringList StringListModel::mimeTypes() const
{
    QStringList types;
    //"application/vnd.text.list"是自定义的类型,在后面的函数中要保持一致
    types << "application/vnd.text.list";
    return types;
}
```

当在拖放操作中的数据项从模型中导出时,它们要被编码为合适的格式来对应一个或者多个 MIME 类型。这里自定义了一个类型,它仅支持纯文本类型。

```
//将拖放的数据放入 QMimeData 中
QMimeData * StringListModel::mimeData(const QModelIndexList &indexes) const
{
    QMimeData *mimeData = new QMimeData();
    QByteArray encodedData;
    QDataStream stream(&encodedData, QIODeviceBase::WriteOnly);
    foreach (const QModelIndex &index, indexes) {
        if (index.isValid()) {
            QString text = data(index, Qt::DisplayRole).toString();
            stream << text;
        }
    }
    //将数据放入 QMimeData 中
    mimeData->setData("application/vnd.text.list", encodedData);
    return mimeData;
}
```

在进行拖放操作之前,需要将数据放入到一个 QMimeData 类型的对象中。这里就是使用自定义的格式,将所有要拖拽的数据都放入了一个 QMimeData 对象中。

```
//将拖放的数据放入模型中
bool StringListModel::dropMimeData(const QMimeData *data, Qt::DropAction action,
                                   int row, int column, const QModelIndex &parent)
{
    //如果放入动作是 Qt::IgnoreAction,那么返回 true
    if (action == Qt::IgnoreAction)
        return true;
    //如果数据的格式不是指定的格式,那么返回 false
    if (!data->hasFormat("application/vnd.text.list"))
        return false;
    //因为这里是列表,只用一列,所以列大于 0 时返回 false
    if (column > 0)
        return false;
    //设置开始插入的行
    int beginRow;
    if (row != -1)
        beginRow = row;
    else if (parent.isValid())
        beginRow = parent.row();
```

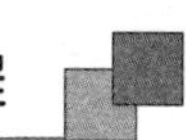

```
    else
        beginRow = rowCount(QModelIndex());
    //将数据从 QMimeData 中读取出来,然后插入到模型中
    QByteArray encodedData = data->data("application/vnd.text.list");
    QDataStream stream(&encodedData, QIODevice::ReadOnly);
    QStringList newItems;
    int rows = 0;
    while (! stream.atEnd()) {
        QString text;
        stream >> text;
        newItems << text;
        ++ rows;
    }
    insertRows(beginRow, rows, QModelIndex());
    foreach (const QString &text, newItems) {
        QModelIndex idx = index(beginRow, 0, QModelIndex());
        setData(idx, text);
        beginRow ++ ;
    }
    return true;
}
```

任何给定的模型处理放入数据的方式都依赖于它们的类型(列表、表格或者树)和向用户展现的方式。一般地,应该使用最适合模型底层数据存储的方式来容纳放入的数据。不同类型的模型会使用不同的方式来处理放入的数据。列表和表格模型只提供了一个平面结构来存储数据项,其结果是,它们可能会在当数据放入一个视图中的已经存在的项目时插入新的行(和列),或者会使用提供的数据来覆盖已经存在的项目的内容。树模型一般会在它们的底层数据存储中添加包含新的数据的子项目。

这里先判断放入的数据是否为前面自定义的类型,如果不是,则不接受;因为这里实现的是列表模型,只有一列,如果列数大于 0,那么也不接受。对于将要插入模型的数据,会根据它是否放在了一个已经存在的项目上而进行不同的处理。这里只允许在已经存在的项目之间、第一个项目之前、最后一个项目之后进行放入。在一个层次的模型中,当一个放入发生在一个项目上时,最好是在模型中插入一个新的项目作为该项目的孩子,因为这里的模型只有一层,所以没有使用这种方式。然后是对导入的数据进行编码,再将它插入到模型中。

最后还要将以前的 flags()函数的内容更改如下:

```
Qt::ItemFlags StringListModel::flags(const QModelIndex &index) const
{
    //如果该索引无效,那么只支持放入操作
    if (! index.isValid())
        return Qt::ItemIsEnabled | Qt::ItemIsDropEnabled;
    //如果该索引有效,那么既支持拖拽操作,也支持放入操作
    return QAbstractItemModel::flags(index) | Qt::ItemIsEditable
            | Qt::ItemIsDragEnabled | Qt::ItemIsDropEnabled;
}
```

模型通过 flags()函数提供合适的标志来向视图表明哪些项目可以被拖拽,哪些项

目可以接受放入。现在可以运行程序查看效果。关于这部分内容,也可以参考下 Drag and Drop Puzzle Example 示例程序,它是一个拼图游戏。

16.7 其他内容

16.7.1 代理模型

代理模型可以将一个模型中的数据进行排序或者过滤,然后提供给视图进行显示。Qt 中提供了 QSortFilterProxyModel 作为标准的代理模型来完成模型中数据的排序和过滤,如果要使用一个代理模型,则只需要为其设置源模型,然后在视图中使用该代理模型即可。下面通过一个例子来进行讲解。

(本例采用的项目源码路径:src\16\16-13\myproxymodel)新建 Qt Widgets 应用,项目名称为 myproxymodel,类名为 MainWindow,基类为 QMainWindow。完成后双击 mainwindow.ui 文件进入设计模式,向界面中拖入一个 List View、一个 Line Edit 和一个 Push Button 部件,并将 Push Button 部件的显示文本改为"过滤"。下面先进入 mainwindow.h 文件中,添加类的前置声明:

```
class QSortFilterProxyModel;
```

然后再添加一个私有对象指针:

```
QSortFilterProxyModel * filterModel;
```

下面到 mainwindow.cpp 文件中,先添加头文件包含:

```
#include <QStringListModel>
#include <QSortFilterProxyModel>
#include <QRegularExpression>
```

再在构造函数中添加如下代码:

```
QStringList list;
list << "yafei" << "yafeilinux" << "Qt" << "Qt Creator";
QStringListModel * listModel = new QStringListModel(list, this);
filterModel = new QSortFilterProxyModel(this);
//为代理模型添加源模型
filterModel ->setSourceModel(listModel);
//在视图中使用代理模型
ui ->listView ->setModel(filterModel);
```

下面进入"过滤"按钮的单击信号槽,更改如下:

```
void MainWindow::on_pushButton_clicked()
{
    QRegularExpression rx(ui ->lineEdit ->text());
    filterModel ->setFilterRegularExpression(rx);
}
```

这里将行编辑器中的文本作为正则表达式的内容,然后使用该正则表达式作为代理模型的过滤器。这样每当条件改变时,都会自动更新视图的显示。现在运行程序查

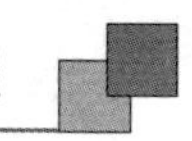

看效果。对于 QSortFilterProxyModel 的使用，可以参考 Basic Sort/Filter Model Example 和 Address Book Example 示例程序；如果想自定义代理模型，则可以参考 Custom Sort/Filter Model Example 示例程序。

16.7.2　数据-窗口映射器

数据-窗口映射器 QDataWidgetMapper 在数据模型的一个区域和一个窗口部件间提供了一个映射，这样可以实现在窗口部件上显示和编辑模型中的一行数据。下面来看一个例子。

（本例采用的项目源码路径：src\16\16-14\mymapper）新建 Qt Widgets 应用，项目名称为 mymapper，类名为 MainWindow，基类为 QMainWindow。完成后进入 mainwindow. ui 文件，往界面上拖入 Label、Line Edit 和 Push Button 等部件，最终效果如图 16－7 所示。

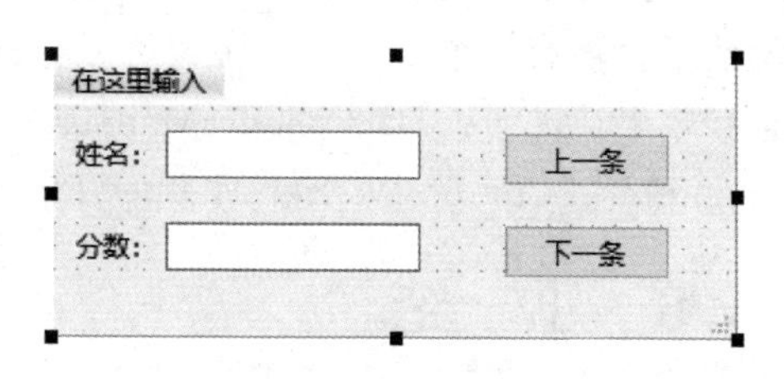

图 16－7　数据-窗口映射器界面效果

然后进入 mainwindow. h 文件，先添加类的前置声明：

```
class QDataWidgetMapper;
```

再添加一个私有对象指针：

```
QDataWidgetMapper * mapper;
```

下面再到 mainwindow. cpp 文件中，添加头文件包含：

```
#include <QDataWidgetMapper>
#include <QStandardItemModel>
```

然后在构造函数中添加如下代码：

```
QStandardItemModel * model = new QStandardItemModel(3, 2, this);
model->setItem(0, 0, new QStandardItem("xiaoming"));
model->setItem(0, 1, new QStandardItem("90"));
model->setItem(1, 0, new QStandardItem("xiaogang"));
model->setItem(1, 1, new QStandardItem("75"));
model->setItem(2, 0, new QStandardItem("xiaohong"));
model->setItem(2, 1, new QStandardItem("80"));
mapper = new QDataWidgetMapper(this);
//设置模型
mapper->setModel(model);
//设置窗口部件和模型中的列的映射
mapper->addMapping(ui->lineEdit, 0);
mapper->addMapping(ui->lineEdit_2, 1);
//显示模型中的第一行
mapper->toFirst();
```

这里创建了一个 QDataWidgetMapper 实例，然后为其设置了关联的模型，并设置了窗口部件和模型中对应列的映射，最后使用 toFirst()函数来显示模型中第一行的数

据。下面分别进入“上一条”和“下一条”按钮的单击信号槽中,更改如下:

```
void MainWindow::on_pushButton_clicked() //上一条按钮
{
    mapper->toPrevious();
}
void MainWindow::on_pushButton_2_clicked() //下一条按钮
{
    mapper->toNext();
}
```

这里分别使用了 toPrevious()函数和 toNext()函数来显示模型中上一行和下一行的数据。还有一个 toLast()函数可以显示模型中最后一行的数据。现在可以运行程序查看效果。关于 QDataWidgetMapper 类的使用,也可以参考 Simple Widget Mapper Example 和 Combo Widget Mapper Example 示例程序。

16.8 小 结

本章详细讲解了模型/视图架构中众多的概念及其应用,可以看到,模型/视图框架是一个很复杂的知识框架,初学时很难一次性掌握。读者只要记住,模型用来提供数据,视图用来显示数据,委托用来提供项目的特殊显示以及编辑器即可。对于应用程序编程,本章的内容还是非常重要的,学习完本章后,也可以看一下 Qt 中提供的 Interview 演示程序。

第 17 章 数据库和 XML

本章将讲解数据库和 XML 的相关内容。在学习数据库之前,建议读者掌握一些基本的 SQL 知识,应该可以看懂简单的 SELECT、INSERT、UPDATE 和 DELETE 等语句。虽然 Qt 中提供了不需要 SQL 知识就可以浏览和编辑数据库的接口,但是对 SQL 有基本的了解可以更好地学习相关内容。在学习 XML 部分前,也建议读者先对 XML 有一个大概的了解。

17.1 数据库简介

Qt 中的 Qt SQL 模块提供了对数据库的支持,该模块中的众多类基本上可以分为 3 层,如表 17-1 所列。

表 17-1 Qt SQL 模块的类分层

层	对应的类
用户接口层	QSqlQueryModel、QSqlTableModel 和 QSqlRelationalTableModel
SQL 接口层	QSqlDatabase、QSqlQuery、QSqlError、QSqlField、QSqlIndex 和 QSqlRecord
驱动层	QSqlDriver、QSqlDriverCreator、QSqlDriverCreatorBase、QSqlDriverPlugin 和 QSqlResult

其中,驱动层为具体的数据库和 SQL 接口层之间提供了底层的桥梁;SQL 接口层提供了对数据库的访问,其中,QSqlDatabase 类用来创建连接,QSqlQuery 类可以使用 SQL 语句来实现与数据库交互,其他几个类对该层提供了支持。用户接口层的几个类实现了将数据库中的数据链接到窗口部件上,这些类是使用第 16 章的模型/视图框架实现的,它们是更高层次的抽象,即便不熟悉 SQL 也可以操作数据库。要使用 Qt SQL 模块中的这些类,需要在项目文件(.pro 文件)中添加“QT+=sql”这一行代码。数据库部分的内容可以在帮助中查看 SQL Programming 关键字。

17.2 连接数据库

17.2.1 SQL 数据库驱动

Qt SQL 模块使用数据库驱动插件来和不同的数据库接口进行通信。由于 Qt SQL 模块的接口是独立于数据库的,所以所有数据库特定的代码都包含在这些驱动中。Qt 默认支持一些驱动,也可以添加其他驱动,Qt 中包含的驱动如表 17-2 所列。

表 17-2 Qt 中包含的数据库驱动

驱动名称	数据库
QDB2	IBM DB2(7.1 或者以上版本)
QMYSQL/MARIADB	MySQL 或者 MARIADB(5.6 或者以上版本)
QOCI	Oracle Call Interface Driver(12.1 或者以上版本)
QODBC	Open Database Connectivity(ODBC)-微软 SQL Server 和其他 ODBC 兼容数据库
QPSQL	PostgreSQL(7.3 或者以上版本)
QSQLITE	SQLite 版本 3

下面通过程序来查看当前版本的 Qt 中可用的数据库插件。(本例采用的项目源码路径:src\17\17-1\databasedriver)新建 Empty qmake Project,项目名称为 databasedriver,完成后往项目中添加新的 main.cpp 文件。下面先在 databasedriver.pro 文件中添加如下一行代码:

```
QT += sql widgets
```

完成后按下 Ctrl+S 快捷键保存该文件,然后将 main.cpp 文件的内容更改如下:

```
#include <QApplication>
#include <QSqlDatabase>
#include <QDebug>
#include <QStringList>
int main(int argc, char *argv[])
{
    QApplication a(argc, argv);
    qDebug() << "Available drivers:";
    QStringList drivers = QSqlDatabase::drivers();
    foreach(QString driver, drivers)
        qDebug() << driver;
    return a.exec();
}
```

这里使用了 QSqlDatabase 类的静态函数 drivers()获取了可用的驱动列表,然后将它们遍历输出。运行程序,在应用程序输出栏可以看到输出的结果为:QSQLITE、QODBC 和 QPSQL,表明现在仅支持这 3 个驱动。其实,也可以在 Qt 安装目录下的 plugins/sqldrivers 文件夹中看到所有的驱动插件文件。这里要重点提一下 SQLite 数

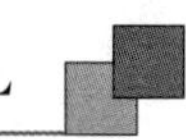

据库，它是一款轻型的文件型数据库，无需数据库服务器，主要应用于嵌入式领域，支持跨平台，而且 Qt 对它提供了很好的默认支持，所以本章后面的内容将使用该数据库为例子来讲解。关于数据库驱动的更多内容，可以参考 SQL Database Drivers 关键字对应的帮助文档，这里还列出了编译驱动器插件和编写自定义的数据库驱动的方法。

17.2.2 创建数据库连接

要想使用 QSqlQuery 或者 QSqlQueryModel 来访问数据库，那么先要创建并打开一个或者多个数据库连接。数据库连接使用连接名来定义，而不是使用数据库名，可以向相同的数据库创建多个连接。QSqlDatabase 也支持默认连接的概念，默认连接就是一个没有命名的连接。在使用 QSqlQuery 或者 QSqlQueryModel 的成员函数时需要指定一个连接名作为参数，如果没有指定，那么就会使用默认连接。如果在应用程序中只需要有一个数据库连接，那么使用默认连接是很方便的。

创建一个连接会创建了一个 QSqlDatabase 类的实例，只有调用 open() 函数后该连接才可以被使用。下面的代码片段显示了怎样创建一个默认的连接，然后打开它：

```
QSqlDatabase db = QSqlDatabase::addDatabase("QMYSQL");
db.setHostName("bigblue");
db.setDatabaseName("flightdb");
db.setUserName("acarlson");
db.setPassword("1uTbSbAs");
bool ok = db.open();
```

第一行创建了一个连接对象，最后一行打开该连接以便使用。创建了连接后还初始化了一些连接信息，包括数据库名、主机名、用户名和密码等。这里连接到了主机 bigblue 上名称为 flightdb 的 MySQL 数据库。addDatabase() 函数中的 QMYSQL 参数指定了该连接使用的数据库驱动类型。因为这里并没有指定 addDatabase() 函数的第二个参数即连接名，所以这样建立的是默认连接。下面的示例代码中创建了两个名为 first 和 second 的连接：

```
QSqlDatabase firstDB = QSqlDatabase::addDatabase("QMYSQL", "first");
QSqlDatabase secondDB = QSqlDatabase::addDatabase("QMYSQL", "second");
```

创建完连接后，可以在任何地方使用 QSqlDatabase::database() 静态函数通过连接名称获取指向数据库连接的指针；如果没有指明连接名称，则返回默认连接，例如：

```
QSqlDatabase defaultDB = QSqlDatabase::database();
QSqlDatabase firstDB = QSqlDatabase::database("first");
QSqlDatabase secondDB = QSqlDatabase::database("second");
```

要移除一个数据库连接，需要先使用 QSqlDatabase::close() 关闭数据库，然后使用静态函数 QSqlDatabase::removeDatabase() 移除该连接。

下面通过一个例子来具体看一下数据库连接的建立过程。（本例采用的项目源码路径：src\17\17-2\databasedriver）在前面的项目中添加新的 C++ 头文件，名称为 connection.h，完成后将其内容更改为：

```
#ifndef CONNECTION_H
#define CONNECTION_H
#include <QMessageBox>
#include <QSqlDatabase>
#include <QSqlQuery>
static bool createConnection()
{
    QSqlDatabase db = QSqlDatabase::addDatabase("QSQLITE");
    db.setDatabaseName(":memory:");
    if (!db.open()) {
        QMessageBox::critical(0, "Cannot open database",
            "Unable to establish a database connection.", QMessageBox::Cancel);
        return false;
    }
    QSqlQuery query;
    query.exec("create table student (id int primary key, "
               "name varchar(20))");
    query.exec("insert into student values(0, 'LiMing')");
    query.exec("insert into student values(1, 'LiuTao')");
    query.exec("insert into student values(2, 'WangHong')");
    return true;
}
#endif //CONNECTION_H
```

这个头文件中添加了一个建立连接的函数，使用这个头文件的目的主要是简化主函数中的内容。这里先创建了一个 SQLite 数据库的默认连接，设置数据库名称时使用了“:memory:”，表明这个是建立在内存中的数据库(SQLite 数据库支持内存中的临时数据库)。也就是说，该数据库只在程序运行期间有效，等程序运行结束时就会将其销毁。当然，也可以将其改为一个具体的数据库名称，比如“my.db”，这样就会在项目生成目录中创建该数据库文件。下面使用 open()函数将数据库打开，如果打开失败，则弹出提示对话框。最后使用 QSqlQuery 创建了一个 student 表，并插入了包含 id 和 name 两个字段的 3 条记录，如表 17-3 所列。其中，id 字段是 int 类型的，primary key 表明该字段是主键，不能为空，而且不能有重复的值；name 字段是 varchar 类型的，并且不大于 20 个字符。这里使用的 SQL 语句都要包含在双引号中，如果一行写不完，那么分行后，每一行都要使用两个双引号引起来。关于 QSqlQuery 的用法，将会在下一节讲到。

表 17-3　创建的 student 表

id	name
0	LiMing
1	LiuTao
2	WangHong

下面到 main.cpp 文件中，先添加头文件包含：

```
#include "connection.h"
#include <QVariant>
```

然后再更改主函数的内容为：

```
int main(int argc, char *argv[])
{
    QApplication a(argc, argv);
```

```
    //创建数据库连接
    if (! createConnection()) return 1;
    //使用QSqlQuery查询整张表
    QSqlQuery query;
    query.exec("select * from student");
    while(query.next()) {
        qDebug() << query.value(0).toInt() << query.value(1).toString();
    }
    return a.exec();
}
```

这里调用了createConnection()函数来创建数据库连接，使用QSqlQuery查询整张表并将其所有内容进行了输出。现在运行程序，可以在应用程序输出栏中看到student表格中的内容。这个例子中使用了默认连接，下面更改程序，看一下同时建立多个连接的情况。

（本例采用的项目源码路径：src\17\17-3\databasedriver）首先将connection.h文件中的创建连接的createConnection()函数的内容更改如下：

```
static bool createConnection()
{
    //创建一个数据库连接，使用"connection1"为连接名
    QSqlDatabase db1 = QSqlDatabase::addDatabase("QSQLITE", "connection1");
    db1.setDatabaseName("my1.db");
    if (! db1.open()) {
        QMessageBox::critical(0, "Cannot open database1",
            "Unable toestablish a database connection.", QMessageBox::Cancel);
        return false;
    }
    //这里要指定连接
    QSqlQuery query1(db1);
    query1.exec("create table student (id int primary key, "
              "name varchar(20))");
    query1.exec("insert into student values(0, 'LiMing')");
    query1.exec("insert into student values(1, 'LiuTao')");
    query1.exec("insert into student values(2, 'WangHong')");
    //创建另一个数据库连接，要使用不同的连接名，这里是"connection2"
    QSqlDatabase db2 = QSqlDatabase::addDatabase("QSQLITE", "connection2");
    db2.setDatabaseName("my2.db");
    if (! db2.open()) {
        QMessageBox::critical(0, "Cannot open database1",
            "Unable to establish a database connection.", QMessageBox::Cancel);
        return false;
    }
    //这里要指定连接
    QSqlQuery query2(db2);
    query2.exec("create table student (id int primary key, "
              "name varchar(20))");
    query2.exec("insert into student values(10, 'LiQiang')");
    query2.exec("insert into student values(11, 'MaLiang')");
```

```
    query2.exec("insert into student values(12, 'ZhangBin')");
    return true;
}
```

这里分别使用了 connection1 和 connection2 为连接名创建了两个连接,这两个连接分别设置了数据库名为 my1.db 和 my2.db,它们是两个数据库文件。当存在多个连接时,使用 QSqlQuery 就要指定使用的是哪个连接,这样才能在正确的数据库上进行操作。然后使用两个连接分别创立了两个 student 表,但是其中记录的内容是不同的。下面到 main.cpp 文件中分别输出这两个表中的内容,将主函数的内容更改如下:

```
int main(int argc, char * argv[])
{
    QApplication a(argc, argv);
    //创建数据库连接
    if (! createConnection()) return 1;
    //使用 QSqlQuery 查询连接 1 的整张表,先要使用连接名获取该连接
    QSqlDatabase db1 = QSqlDatabase::database("connection1");
    QSqlQuery query1(db1);
    qDebug() << "connection1:";
    query1.exec("select * from student");
    while(query1.next()) {
        qDebug() << query1.value(0).toInt() << query1.value(1).toString();
    }
    //使用 QSqlQuery 查询连接 2 的整张表
    QSqlDatabase db2 = QSqlDatabase::database("connection2");
    QSqlQuery query2(db2);
    qDebug() << "connection2:";
    query2.exec("select * from student");
    while(query2.next()) {
        qDebug() << query2.value(0).toInt() << query2.value(1).toString();
    }
    return a.exec();
}
```

这里使用了 QSqlDatabase 的 database()静态函数,通过指定连接名来获取相应的数据库连接,然后在 QSqlQuery 中使用该连接进行数据库的查询操作。现在运行程序就可以输出两个表中的内容了,而在项目生成的目录中也可以看到生成的 my1.db 和 my2.db 两个数据库文件。

17.3 执行 SQL 语句

1. 执行一个查询

QSqlQuery 类提供了一个接口,用于执行 SQL 语句和浏览查询的结果集。要执行一个 SQL 语句,则只需要简单地创建一个 QSqlQuery 对象,然后调用 QSqlQuery::exec()函数即可,例如:

```
QSqlQuery query;
query.exec("select * from student");
```

在 QSqlQuery 的构造函数中可以接收一个可选的 QSqlDatabase 对象来指定使用的是哪一个数据库连接，当没有指定连接时，则使用默认连接。如果发生了错误，那么 exec()函数会返回 false，可以使用 QSqlQuery::lastError()来获取错误信息。

2. 浏览结果集

QSqlQuery 提供了对结果集的访问，可以一次访问一条记录。当执行完 exec()函数后，QSqlQuery 的内部指针会位于第一条记录前面的位置。必须调用一次 QSqlQuery::next()函数来使其前进到第一条记录，然后可以重复使用 next()函数来访问其他的记录，直到该函数的返回值为 false。例如，可以使用以下代码来遍历一个结果集：

```
while(query.next()) {
    qDebug() << query.value(0).toInt() << query.value(1).toString();
}
```

其中，QSqlQuery::value()函数可以返回当前记录的一个字段值。比如 value(0)就是第一个字段的值，各个字段从 0 开始编号。该函数返回一个 QVariant，不同的数据库类型会自动映射为 Qt 中最接近的相应类型，这里的 toInt()和 toString()就是将 QVariant 转换为 int 和 QString 类型。Data Types for Qt - supported Database Systems 关键字对应的帮助文档中列出了所有的数据库数据类型在 Qt 中的对应类型，需要时可以参考一下。

QSqlQuery 类中提供了多个函数来实现在结果集中进行定位，比如 next()定位到下一条记录，previous()定位到前一条记录，first()定位的第一条记录，last()定位到最后一条记录，seek(n)定位到第 n 条记录。如果只需要使用 next()和 seek()来遍历结果集，那么可以在调用 exec()函数以前调用 setForwardOnly(true)，这样可以显著加快在结果集上的查询速度。当前位置可以使用 at()返回；record()函数可以返回当前指向的记录；如果数据库支持，那么可以使用 size()来返回结果集中的总行数。要判断是否一个数据库驱动支持一个给定的特性，可以使用 QSqlDriver::hasFeature()函数。下面将通过例子来看一下这些函数的使用。

(本例采用的项目源码路径：src\17\17-4\databasedriver)在源码路径为 17 - 3 的例程基础上进行更改，先在 main.cpp 文件中添加如下头文件包含：

```
#include <QSqlDriver>
#include <QSqlRecord>
#include <QSqlField>
```

然后在主函数中 exec()函数调用之前继续添加如下代码：

```
int numRows;
//先判断该数据库驱动是否支持 QuerySize 特性,如果支持,则可以使用 size()函数
//如果不支持,那么就使用其他方法来获取总行数
if (db2.driver()->hasFeature(QSqlDriver::QuerySize)) {
    qDebug() << "has feature: query size";
    numRows = query2.size();
} else {
```

```
        qDebug() << "no feature: query size";
        query2.last();
        numRows = query2.at() + 1;
    }
    qDebug() << "row number: " << numRows;
    //指向索引为 1 的记录，即第二条记录
    query2.seek(1);
    //返回当前索引值
    qDebug() << "current index: " << query2.at();
    //获取当前行的记录
    QSqlRecord record = query2.record();
    //获取记录中“id”和“name”两个字段的值
    int id = record.value("id").toInt();
    QString name = record.value("name").toString();
    qDebug() << "id: " << id << "name: " << name;
    //获取索引为 1 的字段，即第二个字段
    QSqlField field = record.field(1);
    //输出字段名和字段值，结果为“name”和“MaLiang”
    qDebug() << "second field: " << field.name()
             << "field value: " << field.value().toString();
```

使用 QSqlQuery 中的 record()函数可以返回当前指向的记录，一条记录由 QSqlRecord 来表示，可以使用 QSqlRecord 中提供的相关函数对一条记录进行操作。而 QSqlRecord 中的 field()函数可以返回当前记录的一个字段，由 QSqlField 来表示，可以使用 QSqlField 中提供的相关函数来对一个字段进行操作。现在可以运行程序查看输出结果。

3. 插入、更新和删除记录

使用 QSqlQuery 可以执行任意的 SQL 语句，下面修改前面的程序来看一下怎样插入、更新和删除记录，还会涉及数值绑定的内容，这样就可以在 SQL 语句中使用变量了。

(本例采用的项目源码路径：src\17\17-5\databasedriver)在主函数中继续添加代码：

```
query2.exec("insert into student (id, name) values (100, 'ChenYun')");
```

这样就在连接 2 的 student 表中重新插入了一条记录。如果想在同一时间插入多条记录，那么一个有效的方法就是将查询语句和真实的值分离，这可以使用占位符来完成。Qt 支持两种占位符：名称绑定和位置绑定。例如，使用名称绑定，上面这条代码就等价于下面的代码片段：

```
query2.prepare("insert into student (id, name) values (:id, :name)");
int idValue = 100;
QString nameValue = "ChenYun";
query2.bindValue(":id", idValue);
query2.bindValue(":name", nameValue);
query2.exec();
```

如果使用位置绑定，那么就等价于下面的代码片段：

```
query2.prepare("insert into student (id, name) values (?, ?)");
int idValue = 100;
QString nameValue = "ChenYun";
query2.addBindValue(idValue);
query2.addBindValue(nameValue);
query2.exec();
```

可以看到，使用这两种方法来绑定值都是很方便的，只需要注意使用的格式即可。当要插入多条记录时，只需要调用 QSqlQuery::prepare()一次，然后使用多次 bindValue()或者 addBindValue()函数来绑定需要的数据，最后调用一次 exec()函数就可以了。其实，进行多条数据插入时，还可以使用批处理进行，向程序中继续添加如下代码：

```
query2.prepare("insert into student (id, name) values (?, ?)");
QVariantList ids;
ids << 20 << 21 << 22;
query2.addBindValue(ids);
QVariantList names;
names << "xiaoming" << "xiaoliang" << "xiaogang";
query2.addBindValue(names);
if(! query2.execBatch()) qDebug() << query2.lastError();
```

这里先使用了占位符，不过每一个字段值都绑定了一个列表，最后只要调用 execBatch()函数即可。如果出现错误，则可以使用 lastError()返回错误信息。注意，要添加头文件包含：

```
#include <QSqlError>
```

注意，因为现在每次运行程序都会对外部数据库文件进行操作，第一次运行这里的代码插入完记录以后，如果再次运行程序，就会出现 QSqlError 提示，因为 id 是主键，这里再次插入相同 id 时记录就会失败。

对于记录的更新和删除，它们和插入操作是相似的，并且也可以使用占位符。继续向主函数中添加代码：

```
query2.exec("update student set name = 'xiaohong' where id = 20");        //更新
query2.exec("delete from student where id = 21");                         //删除
```

可以使用前面的方法对整个 student 表进行遍历输出，运行程序来查看数据的更改。

4. 事　务

事务可以保证一个复杂操作的原子性，即对于一个数据库操作序列，这些操作要么全部做完，要么一条也不做，它是一个不可分割的工作单位。在 Qt 中，如果底层的数据库引擎支持事务，那么 QSqlDriver::hasFeature(QSqlDriver::Transactions)会返回 true。可以使用 QSqlDatabase::transaction()来启动一个事务，然后编写一些希望在事务中执行的 SQL 语句，最后调用 QSqlDatabase::commit()提交或者 QSqlDatabase::rollback()回滚。使用事务时必须在创建查询以前就开始事务，例如：

```
QSqlDatabase::database().transaction();
QSqlQuery query;
query.exec("SELECT id FROM employee WHERE name = 'Torild Halvorsen'");
if (query.next()) {
    int employeeId = query.value(0).toInt();
    query.exec("INSERT INTO project (id, name, ownerid) "
               "VALUES (201, 'Manhattan Project', "
               + QString::number(employeeId) + ')');
}
QSqlDatabase::database().commit();
```

17.4 使用 SQL 模型类

除了 QSqlQuery,Qt 还提供了 3 个更高层的类来访问数据库,分别是 QSqlQueryModel、QSqlTableModel 和 QSqlRelationalTableModel。这 3 个类都是从 QAbstractTableModel 派生来的,可以很容易地实现将数据库中的数据在 QListView 和 QTableView 等项视图类中进行显示。使用这些类的另一个好处是,可以使编写的代码很容易适应其他数据源。例如,如果开始使用了 QSqlTableModel,而后来要改为使用 XML 文件来存储数据,这样需要做的仅是更换一个数据模型。

17.4.1 SQL 查询模型

QSqlQueryModel 提供了一个基于 SQL 查询的只读模型。下面来看一个例子。(本例采用的项目源码路径：src\17\17-6\sqlmodel)新建 Qt Widgets 项目,项目名称为 sqlmodel,类名为 MainWindow,基类为 QMainWindow。完成后,在 sqlmodel.pro 文件中添加一行代码“QT＋＝sql”,然后保存该文件。下面再往项目中添加新的C＋＋头文件,名称为 connection.h,完成后在其中添加数据库连接函数的定义：

```
#include <QMessageBox>
#include <QSqlDatabase>
#include <QSqlQuery>
static bool createConnection()
{
    QSqlDatabase db = QSqlDatabase::addDatabase("QSQLITE");
    db.setDatabaseName("my.db");
    if (!db.open()) {
        QMessageBox::critical(0, "Cannot open database1",
            "Unable to establish a database connection.", QMessageBox::Cancel);
        return false;
    }
    QSqlQuery query;
    //创建 student 表
    query.exec("create table student (id int primary key, "
                       "name varchar, course int)");
    query.exec("insert into student values(1, '李强', 11)");
    query.exec("insert into student values(2, '马亮', 11)");
```

```
    query.exec("insert into student values(3,'孙红', 12)");
    //创建 course 表
    query.exec("create table course (id int primary key, "
                    "name varchar, teacher varchar)");
    query.exec("insert into course values(10, '数学', '王老师')");
    query.exec("insert into course values(11, '英语', '张老师')");
    query.exec("insert into course values(12, '计算机', '白老师')");
    return true;
}
```

这里使用默认数据库连接创建了 student 和 course 两张表。下面再到 main.cpp 文件中，先添加头文件包含：

```
#include "connection.h"
```

然后在主函数中第一行创建 QApplication 对象的代码下面添加如下代码：

```
if (! createConnection()) return 1;
```

下面到 mainwindow.cpp 文件中，先添加头文件包含：

```
#include <QSqlQueryModel>
#include <QSqlTableModel>
#include <QSqlRelationalTableModel>
#include <QTableView>
#include <QDebug>
#include <QMessageBox>
#include <QSqlError>
```

然后在构造函数中添加如下代码：

```
QSqlQueryModel *model = new QSqlQueryModel(this);
model->setQuery("select * from student");
model->setHeaderData(0, Qt::Horizontal, tr("学号"));
model->setHeaderData(1, Qt::Horizontal, tr("姓名"));
model->setHeaderData(2, Qt::Horizontal, tr("课程"));
QTableView *view = new QTableView(this);
view->setModel(model);
setCentralWidget(view);
```

这里先创建了 QSqlQueryModel 对象，然后使用 setQuery()来执行 SQL 语句查询整张 student 表，并使用 setHeaderData()来设置显示的标头。后面创建了视图，并将 QSqlQueryModel 对象作为其要显示的模型。运行程序，查看效果。

注意，其实 QSqlQueryModel 中存储的是执行完 setQuery()函数后的结果集，所以视图中显示的是结果集的内容。QSqlQueryModel 中还提供了 columnCount()返回一条记录中字段的个数；rowCount()返回结果集中记录的条数；record()返回第 n 条记录；index()返回指定记录的指定字段的索引；clear()可以清空模型中的结果集。也可以使用它提供的 query()函数来获取 QSqlQuery 对象，这样就可以使用前面讲到的 QSqlQuery 的相关内容来操作数据库了。还要注意一点就是，如果现在又使用 setQuery()进行了新的查询，比如进行了插入操作，这时要想视图中可以显示操作后的结果，那么就必须再次查询整张表，也就是要同时执行下面两行代码：

```
model ->setQuery("insert into student values(5,'薛静', 10)");
model ->setQuery("select * from student");
```

17.4.2 SQL 表格模型

QSqlTableModel 提供了一个一次只能操作一个 SQL 表的读/写模型,它是 QSqlQuery 的更高层次的替代品,可以浏览和修改独立的 SQL 表,并且只须编写很少的代码,而且不需要了解 SQL 语法。该模型默认是可读可写的,如果想让其成为只读模型,那么可以从视图进行设置,例如:

```
view ->setEditTriggers(QAbstractItemView::NoEditTriggers);
```

下面将通过一个例子来使用该模型对数据库表进行各种操作。(本例采用的项目源码路径:src\17\17-7\sqlmodel)还在前面程序的基础上进行更改。先打开 mainwindow.ui 文件,向窗口上拖入 Label、Push Button、Line Edit 和 Table View 等部件,使用布局管理器对部件进行布局,最终效果如图 17-1 所示。

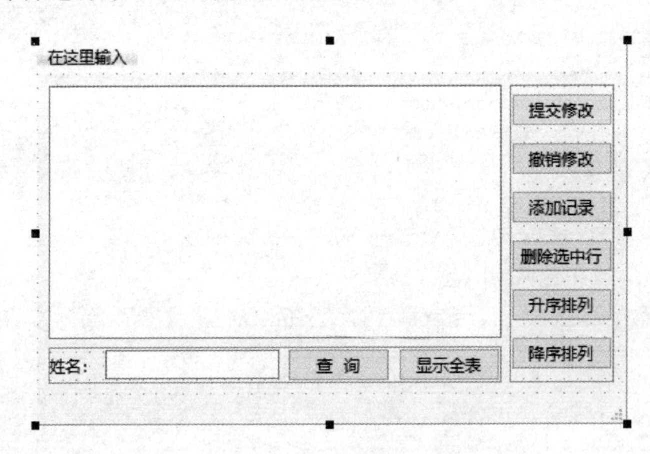

图 17-1 SQL 表格模型设计效果

下面到 mainwindow.h 文件中,添加类的前置声明:

```
class QSqlTableModel;
```

然后添加一个私有对象指针:

```
QSqlTableModel *model;
```

下面到 mainwindow.cpp 文件中,先将构造函数中在例 17-6 中添加的代码删掉,然后再添加如下代码:

```
model = new QSqlTableModel(this);
model ->setTable("student");
model ->select();
//设置编辑策略
model ->setEditStrategy(QSqlTableModel::OnManualSubmit);
ui ->tableView ->setModel(model);
```

这里创建一个 QSqlTableModel 后,只须使用 setTable()来为其指定数据库表,然

后使用 select()函数进行查询，调用这两个函数就等价于执行了“select * from student”这个 SQL 语句。这里还可以使用 setFilter()来指定查询时的条件，后面会看到这个函数的使用。在使用该模型以前，一般还要设置其编辑策略，它由 QSqlTableModel::EditStrategy 枚举类型定义，一共有 3 个值，如表 17-4 所列。用来说明当数据库中的值被编辑后，什么情况下提交修改。现在可以运行程序，则窗口中会显示 student 表的内容。

表 17-4 SQL 表格模型的编辑策略

常 量	描 述
QSqlTableModel::OnFieldChange	所有对模型的改变都会立即应用到数据库
QSqlTableModel::OnRowChange	对一条记录的改变会在用户选择另一条记录时被应用
QSqlTableModel::OnManualSubmit	所有的改变都会在模型中进行缓存，直到调用 submitAll()或者 revertAll()函数

下面来逐个实现那些按钮的功能，每当实现一个按钮的功能，都可以运行一下程序，测试该按钮的效果。下面先进入“提交修改”按钮的单击信号槽，添加如下代码：

```
void MainWindow::on_pushButton_clicked()          //提交修改按钮
{
    //开始事务操作
    model->database().transaction();
    if (model->submitAll()) {
        if(model->database().commit())           //提交
            QMessageBox::information(this, tr("tableModel"),
                                     tr("数据修改成功!"));
    } else {
        model->database().rollback();            //回滚
        QMessageBox::warning(this, tr("tableModel"),
                             tr("数据库错误: %1").arg(model->lastError().text()),
                             QMessageBox::Ok);
    }
}
```

这里使用了事务操作，如果可以使用 submitAll()将模型中的修改向数据库提交成功，那么执行 commit()；否则，进行回滚 rollback()，并提示错误信息。下面进入“撤销修改”按钮的单击信号槽，添加代码：

```
void MainWindow::on_pushButton_2_clicked() //撤销修改按钮
{
    model->revertAll();
}
```

这里只是简单调用了 revertAll()函数将模型中的修改进行恢复。现在可以运行程序，然后修改表格中的内容，如果单击“撤销修改”按钮，则所有的修改都会被恢复。但是如果是先单击了“提交修改”按钮，那么数据已经提交到了数据库，再单击“撤销修改”按钮也无法恢复了。下面再进入“查询”按钮的单击信号槽中，添加如下代码：

```
void MainWindow::on_pushButton_7_clicked() //查询按钮,进行筛选
{
    QString name = ui->lineEdit->text();
    //根据姓名进行筛选,一定要使用单引号
    model->setFilter(QString("name = '%1'").arg(name));
    model->select();
}
```

这里使用了 setFilter()函数来进行数据筛选,注意,筛选的字符串中“%1”必须用单引号括起来。现在运行程序就可以在行编辑器中输入一个姓名,然后按下“查询”按钮进行查找操作了。下面进入“显示全表”按钮的单击信号槽:

```
void MainWindow::on_pushButton_8_clicked() //显示全表按钮
{
    model->setTable("student");
    model->select();
}
```

这里再次对整张表进行了查询。下面分别进入“升序排序”和“降序排序”按钮的单击信号槽,更改如下:

```
void MainWindow::on_pushButton_5_clicked()                  //按 id 升序排列按钮
{
    model->setSort(0, Qt::AscendingOrder);                  //id 字段,即第 0 列,升序排列
    model->select();
}
void MainWindow::on_pushButton_6_clicked()                  //按 id 降序排列按钮
{
    model->setSort(0, Qt::DescendingOrder);
    model->select();
}
```

这里使用了 setSort()函数来对指定的字段进行排序。下面再进入“删除选中行”按钮的单击信号的槽,更改如下:

```
void MainWindow::on_pushButton_4_clicked()                  //删除选中行按钮
{
    int curRow = ui->tableView->currentIndex().row();       //获取选中的行
    model->removeRow(curRow);                               //删除该行
    int ok = QMessageBox::warning(this,tr("删除当前行!"),
                  tr("你确定删除当前行吗?"), QMessageBox::Yes, QMessageBox::No);
    if(ok == QMessageBox::No)
    { //如果不删除,则撤销
        model->revertAll();
    } else { //否则提交,在数据库中删除该行
        model->submitAll();
    }
}
```

这里先获取了当前行的行号,然后调用 removeRow()来删除该行,这时该行的最前面会显示“!”号。删除行时会弹出一个对话框,提示是否确定要删除该行,如果确定删除,那么就执行 submitAll()函数进行提交修改;否则,执行 revertAll()函数进行恢

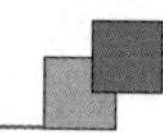

复。最后进入“添加记录”按钮单击信号的槽中，进行插入操作：

```
void MainWindow::on_pushButton_3_clicked()                    //添加记录按钮
{
    int rowNum = model->rowCount();                           //获得表的行数
    int id = 10;
    model->insertRow(rowNum);                                 //添加一行
    model->setData(model->index(rowNum,0), id);
    //model->submitAll();                                     //可以直接提交
}
```

这里实现了在表的最后添加一条新的记录，因为 id 为主键，所以必须为其提供一个 id 值。使用 insertRow()可以插入一行，使用 setData()可以为一个字段设置值。这里可以调用 submitAll()直接提交修改，如果没有直接提交修改，那么新添加的行的前面会显示“*”号，这样可以使用“提交修改”按钮来确认添加该行，或者使用“撤销修改”来取消添加该行。到这里整个程序就设计完毕了，可以运行程序，测试效果。

17.4.3　SQL 关系表格模型

QSqlRelationalTableModel 继承自 QSqlTableModel，并且对其进行了扩展，提供了对外键的支持。一个外键就是一个表中的一个字段和其他表中主键字段之间的一对一的映射。例如，student 表中的 course 字段对应的是 course 表中的 id 字段，那么就称字段 course 是一个外键。因为这里的 course 字段的值是一些数字，这样的显示很不友好，使用关系表格模型，就可以将它显示为 course 表中的 name 字段的值。下面来看一个例子。

（本例采用的项目源码路径：src\17\17-8\sqlmodel）在源码路径为 17-6 建立的例程的基础上进行修改。在 mainwindow.cpp 文件中，先删除在 17-6 中添加到构造函数中的代码，然后再添加如下代码：

```
QSqlRelationalTableModel * model = new QSqlRelationalTableModel(this);
model->setTable("student");
model->setRelation(2, QSqlRelation("course", "id", "name"));
model->select();
QTableView * view = new QTableView(this);
view->setModel(model);
setCentralWidget(view);
```

这里的 setRelation()函数用来在两个表之间创建一个关系，其中，参数“2”表示 student 表中编号为 2 的列，即第 3 个字段 course 是一个外键，它映射到了 course 表中的 id 字段，而视图需要向用户显示 course 表中的 name 字段的值。

Qt 中还提供了一个 QSqlRelationalDelegate 委托类，它可以为 QSqlRelationalTableModel 显示和编辑数据。这个委托为一个外键提供了一个 QComboBox 部件来显示所有可选的数据，这样就显得更加人性化了。使用这个委托是很简单的，先在 mainwindow.cpp 文件中添加头文件 #include <QSqlRelationalDelegate>，然后继续在构造函数中添加如下一行代码：

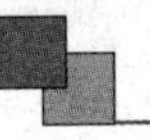


```
view ->setItemDelegate(new QSqlRelationalDelegate(view));
```

下面运行程序,效果如图 17-2 所示。

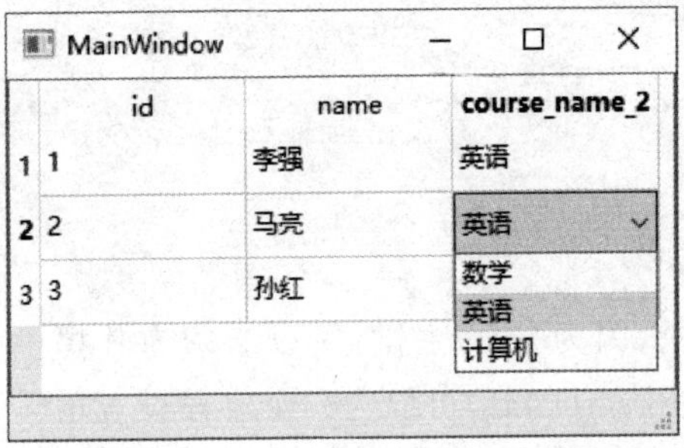

图 17-2　使用关系委托运行效果

可以根据自己的需要来选择使用哪个模型。如果熟悉 SQL 语法,且又不需要将所有数据都显示出来,那么只需要使用 QSqlQuery 就可以。QSqlTableModel 主要用来显示一个单独表格,而 QSqlQueryModel 可以用来显示任意一个结果集,如果想显示任意一个结果集,且想使其可读/写,那么建议子类化 QSqlQueryModel,然后重新实现 flags()和 setData()函数。这部分内容可以查看 Presenting Data in a Table View 关键字对应的帮助文档,也可以参考 Query Model Example 示例程序。因为这 3 个模型都是基于模型/视图框架的,所以第 16 章讲的内容在这里都可以使用,如可以使用 QDataWidgetMapper 等。

17.5　XML

XML(Extensible Markup Language,可扩展标记语言),是一种类似于 HTML 的标记语言,设计目的是用来传输数据,而不是显示数据。XML 的标签没有被预定义,用户需要在使用时自行定义。XML 是 W3C(万维网联盟)的推荐标准,相对于数据库表格的二维表示,其使用的树形结构更能表现出数据的包含关系。作为一种文本文件格式,XML 简单明了的特性使得它在信息存储和描述领域非常流行。

Qt 中提供了 Qt XML 模块来进行 XML 文档的处理,这里主要提供了两种解析方法:DOM 方法,可以进行读/写;SAX 方法(SAX 相关类已经从模块移除),可以进行读取。从 Qt 5 开始 Qt XML 模块不再提供维护,而是推荐使用 Qt Core 模块中的 QXmlStreamReader 和 QXmlStreamWriter 进行 XML 读取和写入,这是一种基于流的方法。本章会分别介绍 DOM 和基于流的方法,如果要使用 Qt XML 模块,则需要在项目文件(.pro 文件)中添加"QT+=xml"一行代码。本节内容可以在帮助中通过 XML Processing 关键字查看。

另外,Qt SVG 模块提供了 QSvgRenderer、QSvgGenerator 等类来对 SVG(一种基于 XML 的文件格式)进行读/写,这些类的使用可以参考其帮助文档,还可以查看 SVG Generator Example 和 SVG Viewer Example 示例程序。

17.5.1　使用 DOM 读取 XML 文档

DOM(Document Object Model,文档对象模型)是 W3C 的推荐标准,它提供了一个接口来访问和改变一个 XML 文件的内容和结构,可以将 XML 文档表示为一个存储

在内存中具有层次的树视图。文档本身由 QDomDocument 对象来表示，而文档树中所有的 DOM 节点都是 QDomNode 类的子类。先来看一个标准的 XML 文档：

```
<?xml version = "1.0" encoding = "UTF - 8"?>
<library>
    <book id = "01">
        <title>Qt</title>
        <author>shiming</author>
    </book>
    <book id = "02">
        <title>Linux</title>
        <author>yafei</author>
    </book>
</library>
```

每个 XML 文档都由 XML 说明（或者称为 XML 序言）开始，它是对 XML 文档处理的环境和要求的说明。例如，这里的<? xml version="1.0" encoding="UTF-8"?>，其中，xml version="1.0"表明使用的 XML 版本号，这里字母是区分大小写的；encoding="UTF-8"是使用的编码，指出文档是使用何种字符集建立的，默认值为 Unicode 编码。Qt 中使用 QDomProcessingInstruction 类来表示 XML 说明。XML 文档内容由多个元素组成，一个元素由起始标签<标签名>、终止标签</标签名>以及两个标签之间的内容组成。文档中第一个元素被称为根元素，比如这里的<library></library>，XML 文档必须有且只有一个根元素。元素的名称是区分大小写的，元素还可以嵌套，比如这里的 library、book、title 和 author 等都是元素。元素对应 QDomElement 类。元素可以包含属性，用来描述元素的相关信息，属性名和属性值在元素的起始标签中给出，格式为<元素名 属性名="属性值">，如<book id="01">，属性值必须在单引号或者双引号中。属性对应 QDomAttr 类。在元素中可以包含子元素，也可以只包含文本内容，比如这里的<title>Qt</title>中的 Qt 就是文本内容，文本内容由 QDomText 类表示。在 Qt 中，所有的 DOM 节点，比如这里的说明、元素、属性和文本等，都使用 QDomNode 来表示，然后使用对应的 isProcessingInstruction()、isElement()、isAttr()和 isText()等函数来判断是否是该类型的元素；如果是，那么就可以使用 toProcessingInstruction()、toElement()、toAttr()和 toText()等函数转换为具体的节点类型。

这里对 XML 文档格式进行了简单的介绍，只是为了让没有 XML 知识的读者可以快速学习本节的内容。如果要应用 XML，还是有必要了解一下它的基本语法内容，这个可以参考其他的书籍或者网络内容（例如，http://www.w3school.com.cn/x.asp）。下面就来使用 Qt 中的 DOM 类读取一个 XML 文档。

（本例采用的项目源码路径：src\17\17-9\myDOM1）新建控制台应用 Qt Console Application，名称为 myDOM1。完成后在 myDOM1.pro 文件中添加如下一行代码：

```
QT += xml
```

保存该文件。再到新建的项目目录中，新建记事本文本文档，然后将前面介绍的标准 XML 文档编辑进来,最后以 my. xml 为文件名保存,注意后缀要更改为“. xml”。下面到 main. cpp 文件中,将其内容更改为:

```
#include <QCoreApplication>
#include <QtXml>
int main(int argc, char * argv[])
{
    QCoreApplication a(argc, argv);
    //新建 QDomDocument 类对象,它代表一个 XML 文档
    QDomDocument doc;
    QFile file("../myDOM1/my.xml");
    if (! file.open(QIODevice::ReadOnly)) return 0;
    //将文件内容读到 doc 中
    if (! doc.setContent(&file)) {
        file.close();
        return 0;
    }
    //关闭文件
    file.close();
    //获得 doc 的第一个结点,即 XML 说明
    QDomNode firstNode = doc.firstChild();
    //输出 XML 说明,nodeName()为“xml”,nodeValue()为版本和编码信息
    qDebug() << qPrintable(firstNode.nodeName())
             << qPrintable(firstNode.nodeValue());
    //返回根元素
    QDomElement docElem = doc.documentElement();
    //返回根节点的第一个子结点
    QDomNode n = docElem.firstChild();
    //如果结点不为空,则转到下一个节点
    while(! n.isNull())
    {
        //如果结点是元素
        if (n.isElement())
        {
            //将其转换为元素
            QDomElement e = n.toElement();
            //返回元素标记和 id 属性的值
            qDebug() << qPrintable(e.tagName())
                     << qPrintable(e.attribute("id"));
            //获得元素 e 的所有子结点的列表
            QDomNodeList list = e.childNodes();
            //遍历该列表
            for(int i = 0; i < list.count(); i++)
            {
                QDomNode node = list.at(i);
                if(node.isElement())
                    qDebug() << "   " << qPrintable(node.toElement().tagName())
                             << qPrintable(node.toElement().text());
            }
        }
        //转到下一个兄弟结点
```

```
        n = n.nextSibling();
    }
    return a.exec();
}
```

这里先创建了一个QDomDocument类对象，用来代表整个XML文档。QDomDocument类提供了对文档数据最基本的访问。然后使用QFile类打开了指定的XML文件，使用QDomDocument类的setContent()函数来设置整个文档的内容，它会将XML文档的内容解析为一个DOM树，并保存在内存中，所以完成后就可以使用close()函数把文件关闭了。QDomDocument类也是QDomNode的子类，使用firstChild()函数可以获取它的第一个子节点，这里就是XML说明。使用documentElement()函数可以获得根节点，这也是访问XML文档的入口，它返回的是一个QDomElement类对象，因为这个对象也是QDomNode的子类，所以后面就可以使用QDomNode类提供的一些函数来遍历整个文档了，比如firstChild()获得第一个子节点，lastChild()获得最后一个节点，childNodes()获取该节点的所有孩子节点的一个列表，nextSibling()获取下一个兄弟节点，previousSibling()获取前一个兄弟节点。对于一个元素节点，可以使用tagName()来获取标签名，使用attribute()来获取指定的属性的值，使用text()来获取其中的文本内容。现在可以运行程序，查看一下输出结果。

17.5.2　使用DOM创建和操作XML文档

（本例采用的项目源码路径：src\17\17-10\myDOM2）新建Qt Widgets应用，名称为myDOM2，类名为MainWindow，基类为QMainWindow。完成后还是先在项目文件myDOM2.pro中添加“QT＋＝xml”来导入Qt XML模块。然后打开mainwindow.ui文件，向界面拖入Push Button、List Widget、Label和Line Edit等部件设计界面，最终效果如图17－3所示。

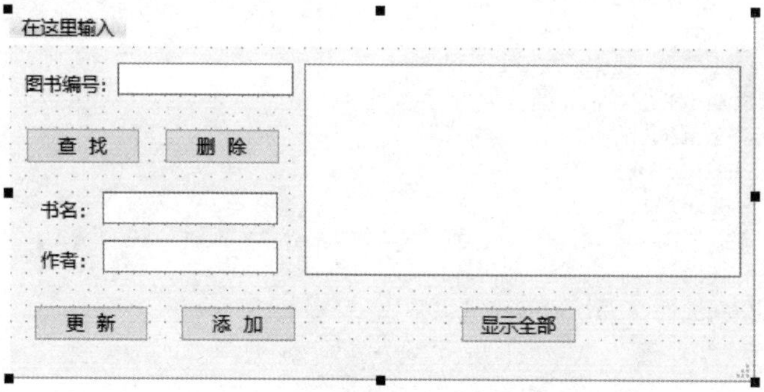

图17－3　使用DOM操作XML文档设计界面

下面到mainwindow.cpp文件中先添加头文件：

```
#include <QtXml>
#include <QFile>
```

然后在构造函数中添加代码来生成XML文件：

```
QDomDocument doc;
//添加处理指令即 XML 说明
QDomProcessingInstructioninstruction;
instruction = doc.createProcessingInstruction("xml",
                                        "version = \"1.0\" encoding = \"UTF - 8\"");
doc.appendChild(instruction);
//添加根元素
QDomElement root = doc.createElement("书库");
doc.appendChild(root);
//添加第一个图书元素及其子元素
QDomElement book = doc.createElement("图书");
QDomAttr id = doc.createAttribute("编号");
QDomElement title = doc.createElement("书名");
QDomElement author = doc.createElement("作者");
QDomText text;
id.setValue("1");
book.setAttributeNode(id);
text = doc.createTextNode("Qt");
title.appendChild(text);
text = doc.createTextNode("shiming");
author.appendChild(text);
book.appendChild(title);
book.appendChild(author);
root.appendChild(book);
//添加第二个图书元素及其子元素
book = doc.createElement("图书");
id = doc.createAttribute("编号");
title = doc.createElement("书名");
author = doc.createElement("作者");
id.setValue("2");
book.setAttributeNode(id);
text = doc.createTextNode("Linux");
title.appendChild(text);
text = doc.createTextNode("yafei");
author.appendChild(text);
book.appendChild(title);
book.appendChild(author);
root.appendChild(book);
QFile file("my.xml");
if(! file.open(QIODevice::WriteOnly | QIODevice::Truncate)) return ;
QTextStream out(&file);
//将文档保存到文件,4 为子元素缩进字符数
doc.save(out, 4);
file.close();
```

这里先使用 QDomDocument 类在内存中生成了一棵 DOM 树,然后调用 save()函数利用 QTextStream 文本流将 DOM 树保存在了文件中。生成 DOM 树时主要使用了 createElement()等函数来生成各种节点,然后使用 appendChild()将各个节点依次追加进去。现在运行程序就可以在项目生成的目录中查看到创建的 my.xml 文件了,可以直接打开它,这样默认会在浏览器中打开,也可以使用记事本等编辑器将其打开,当

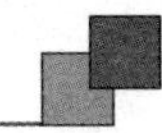

然，还可以将其拖入 Qt Creator 中，使用 Qt Creator 将其打开。下面来输出整个文档的内容。

在设计模式，转到“显示全部”按钮的单击信号的槽中，更改代码如下：

```
void MainWindow::on_pushButton_5_clicked()
{
    //先清空显示
    ui->listWidget->clear();
    QFile file("my.xml");
    if (! file.open(QIODevice::ReadOnly)) return ;
    QDomDocument doc;
    if (! doc.setContent(&file))
    {
        file.close();
        return ;
    }
    file.close();
    QDomElement docElem = doc.documentElement();
    QDomNode n = docElem.firstChild();
    while(! n.isNull())
    {
        if (n.isElement())
        {
            QDomElement e = n.toElement();
            ui->listWidget->addItem(e.tagName() + e.attribute("编号"));
            QDomNodeList list = e.childNodes();
            for (int i = 0; i < list.count(); i++ )
            {
                QDomNode node = list.at(i);
                if(node.isElement())
                ui->listWidget->addItem("   " + node.toElement().tagName()
                                        + " : " + node.toElement().text());
            }
        }
        n = n.nextSibling();
    }
}
```

这里的代码就是前面读取 XML 文档时的代码。现在运行程序，然后单击“显示全部”按钮，则会在列表部件中显示出文档中的所有内容。下面实现向文档中添加一个元素。转到“添加”按钮的单击信号的槽中，添加如下代码：

```
void MainWindow::on_pushButton_4_clicked()
{
    //先清空显示，然后显示“无法添加!”，这样如果添加失败则会显示“无法添加!”
    ui->listWidget->clear();
    ui->listWidget->addItem(tr("无法添加!"));
    QFile file("my.xml");
    if (! file.open(QIODevice::ReadOnly)) return;
    QDomDocument doc;
```

```
        if (! doc.setContent(&file))
        {
            file.close();
            return;
        }
        file.close();
        QDomElement root = doc.documentElement();
        QDomElement book = doc.createElement("图书");
        QDomAttr id = doc.createAttribute("编号");
        QDomElement title = doc.createElement("书名");
        QDomElement author = doc.createElement("作者");
        QDomText text;
        //获得了最后一个孩子结点的编号,然后加 1,便是新的编号
        QString num = root.lastChild().toElement().attribute("编号");
        int count = num.toInt() + 1;
        id.setValue(QString::number(count));
        book.setAttributeNode(id);
        text = doc.createTextNode(ui->lineEdit_2->text());
        title.appendChild(text);
        text = doc.createTextNode(ui->lineEdit_3->text());
        author.appendChild(text);
        book.appendChild(title);
        book.appendChild(author);
        root.appendChild(book);
        if(! file.open(QIODevice::WriteOnly | QIODevice::Truncate)) return ;
        QTextStream out(&file);
        doc.save(out, 4);
        file.close();
        //最后更改显示为"添加成功!"
        ui->listWidget->clear();
        ui->listWidget->addItem(tr("添加成功!"));
    }
```

向文档中添加元素的过程是这样的：先使用只读方式打开 xml 文件，然后将其解析为内存中的 DOM 树并关闭文件，再向 DOM 树中添加元素，最后使用只写方式打开 xml 文件，将 DOM 树写入到文件并关闭文件。现在运行程序，在书名和作者行编辑器中输入内容，然后按下“添加按钮”，最后按下“显示全部”按钮，就可以看到添加后的内容了。

因为查找、删除和更新内容都是对指定元素进行的，所以它们可以在一个函数中实现。下面先在 mainwindow.h 文件中添加一个 public 函数声明：

```
void doXml(const QString operate);
```

然后到 mainwindow.cpp 文件添加该函数的定义：

```
void MainWindow::doXml(const QString operate)
{
    ui->listWidget->clear();
    ui->listWidget->addItem(tr("没有找到相关内容!"));
    QFile file("my.xml");
    if (! file.open(QIODevice::ReadOnly)) return;
```

```
    QDomDocument doc;
    if (! doc.setContent(&file))
    {
        file.close();
        return ;
    }
    file.close();
    //以标签名进行查找
    QDomNodeList list = doc.elementsByTagName("图书");
    for(int i = 0; i < list.count(); i ++ )
    {
      QDomElement e = list.at(i).toElement();
        if(e.attribute("编号") == ui->lineEdit->text())
        {  //如果元素的"编号"属性值与我们所查的相同
            if (operate == "delete") {
                //如果是删除操作
                QDomElement root = doc.documentElement();
                //从根节点上删除该节点
                root.removeChild(list.at(i));
                QFile file("my.xml");
                if(! file.open(QIODevice::WriteOnly | QIODevice::Truncate))
                    return ;
                QTextStream out(&file);
                doc.save(out,4);
                file.close();
                ui->listWidget->clear();
                ui->listWidget->addItem(tr("删除成功!"));
            } else if (operate == "update") {
                //如果是更新操作
                QDomNodeList child = list.at(i).childNodes();
                //将它子节点的首个子节点(就是文本节点)的内容更新
                child.at(0).toElement().firstChild()
                        .setNodeValue(ui->lineEdit_2->text());
                child.at(1).toElement().firstChild()
                        .setNodeValue(ui->lineEdit_3->text());
                QFile file("my.xml");
                if(! file.open(QIODevice::WriteOnly | QIODevice::Truncate))
                    return ;
                QTextStream out(&file);
                doc.save(out,4);
                file.close();
                ui->listWidget->clear();
                ui->listWidget->addItem(tr("更新成功!"));
            } else if (operate == "find") {
                //如果是查找操作
                ui->listWidget->clear();
                ui->listWidget->addItem(e.tagName()
                                        + e.attribute("编号"));
                QDomNodeList list = e.childNodes();
                for(int i = 0; i < list.count(); i ++ )
```

```
                {
                    QDomNode node = list.at(i);
                    if(node.isElement())
                        ui->listWidget->addItem("   "
                                    + node.toElement().tagName() + " : "
                                    + node.toElement().text());
                }
            }
        }
    }
}
```

这里先使用 elementsByTagName()来获取了所有图书元素的列表,然后使用指定的 id 编号来获取要操作的图书元素,后面分为 3 种情况来进行处理。如果是删除操作,那么就使用 removeChild()函数来删除该元素并保存到文件;如果是更新操作,那么就使用 setNodeValue()来为其设置新的值并保存到文件;如果是查找操作,就将该元素的内容显示出来。下面分别进入“查找”按钮、“删除”按钮和“更新”按钮的单击信号槽中,更改如下:

```
void MainWindow::on_pushButton_clicked()          //查找按钮
{
    doXml("find");
}
void MainWindow::on_pushButton_2_clicked()        //删除按钮
{
    doXml("delete");
}
void MainWindow::on_pushButton_3_clicked()        //更新按钮
{
    doXml("update");
}
```

下面运行程序,在图书编号行编辑器中输入图书的编号,然后进行查找、删除和更新等操作,查看一下效果。通过这个例子可以看到,使用 DOM 可以很方便地进行 XML 文档的随机访问,这也是它最大的优点。关于 DOM 的使用,还可以参考 Qt 提供的 DOM Bookmarks Example 示例程序。

17.5.3 XML 流

从 Qt 4.3 开始引入了两个新的类来读取和写入 XML 文档: QXmlStreamReader 和 QXmlStreamWriter。QXmlStreamReader 类提供了一个快速的解析器,它通过一个简单的流 API 来读取格式良好的 XML 文档,它是作为 Qt 的 SAX 解析器的替代品的身份出现的,因为它比 SAX 解析器更快更方便。QXmlStreamReader 可以从 QIODevice 或者 QByteArray 中读取数据。流读取器的基本原理就是将 XML 文档报告为一个记号(tokens)流,这一点与 SAX 相似,而它们的不同之处在于 XML 记号被报告的方式。在 SAX 中,应用程序必须提供处理器(回调函数)来从解析器获得所谓的 XML 事件;而 QXmlStreamReader 是应用程序代码自身来驱动循环,在需要的时候可以从

读取器中一个接一个地拉出记号。这个是通过调用 readNext()函数实现的，它可以读取下一个记号，然后返回一个记号类型；它由枚举变量 QXmlStreamReader::TokenType 定义，其所有取值如表 17－5 所列。然后可以使用 isStartElement()和 text()等函数来判断这个记号是否包含需要的信息。使用这种主动拉取记号的方式的最大好处就是可以构建递归解析器，也就是可以在不同的函数或者类中来处理 XML 文档中的不同记号。

表 17－5　在 QXmlStreamReader 中的记号类型

常　量	描　述
QXmlStreamReader::NoToken	没有读到任何内容
QXmlStreamReader::Invalid	发生了一个错误，在 error()和 errorString()中报告
QXmlStreamReader::StartDocument	在 documentVersion()中报告 XML 版本号，在 documentEncoding()中指定文档的编码
QXmlStreamReader::EndDocument	报告文档结束
QXmlStreamReader::StartElement	使用 namespaceUri()和 name()来报告元素开始，可以使用 attributes()来获取属性
QXmlStreamReader::EndElement	使用 namespaceUri()和 name()来报告元素结束
QXmlStreamReader::Characters	使用 text()来报告字符，如果字符是空白，那么 isWhitespace()返回 true；如果字符源于 CDATA 部分，那么 isCDATA()返回 true
QXmlStreamReader::Comment	使用 text()报告一个注释
QXmlStreamReader::DTD	使用 text()来报告一个 DTD，符号声明在 notationDeclarations()中，实体声明在 entityDeclarations()中，具体的 DTD 声明通过 dtdName()、dtdPublicId()和 dtdSystemId()来报告
QXmlStreamReader::EntityReference	报告一个无法解析的实体引用，引用的名字由 name()获取，text()可以获取替换文本
QXmlStreamReader::ProcessingInstruction	使用 processingInstructionTarget()和 processingInstructionData()来报告一个处理指令

下面来看一个使用 QXmlStreamReader 解析 XML 文档的例子。（本例采用的项目源码路径：src\17\17-11\myxmlstream）新建控制台应用 Qt Console Application，名称为 myxmlstream，完成后到 main.cpp 文件中，将其代码更改为：

```
#include <QCoreApplication>
#include <QFile>
#include <QXmlStreamReader>
#include <QXmlStreamWriter>
#include <QDebug>
int main(int argc, char * argv[])
{
```

```
    QCoreApplication a(argc, argv);
    QFile file("../myxmlstream/my.xml");
    if (! file.open(QFile::ReadOnly | QFile::Text))
    {
        qDebug() << "Error: cannot open file";
        return 1;
    }
    QXmlStreamReader reader;
    //设置文件,这时会将流设置为初始状态
    reader.setDevice(&file);
    //如果没有读到文档结尾,而且没有出现错误
    while (! reader.atEnd()) {
        //读取下一个记号,它返回记号的类型
        QXmlStreamReader::TokenType type = reader.readNext();
        //下面便根据记号的类型来进行不同的输出
        if (type == QXmlStreamReader::StartDocument)
            qDebug() << reader.documentEncoding() << reader.documentVersion();
        if (type == QXmlStreamReader::StartElement) {
        qDebug() << "<" << reader.name() << ">";
            if (reader.attributes().hasAttribute("id"))
                qDebug() << reader.attributes().value("id");
        }
        if (type == QXmlStreamReader::EndElement)
            qDebug() << "</" << reader.name() << ">";
        if (type == QXmlStreamReader::Characters && ! reader.isWhitespace())
            qDebug() << reader.text();
    }
    //如果读取过程中出现错误,那么输出错误信息
    if (reader.hasError()) {
        qDebug() << "error: " << reader.errorString();
    }
    file.close();
    return a.exec();
}
```

可以看到,流读取器就是在一个循环中通过使用 readNext()来不断读取记号的,这里可以对不同的记号和不同的内容进行不同的处理,既可以在本函数中进行,也可以在其他函数或者其他类中进行。下面将前面源码路径为 17-9 的例程创建的 my.xml 文件复制到该项目目录中,然后运行程序查看效果。

与 QXmlStreamReader 对应的是 QXmlStreamWriter,它通过一个简单的流 API 提供了一个 XML 写入器。QXmlStreamWriter 的使用也是十分简单的,只需要调用相应的记号的写入函数来写入相关数据即可。下面通过一个例子来进行讲解。(本例采用的项目源码路径:src\17\17-12\myxmlstream)将前面主函数的内容更改如下:

```
int main(int argc, char * argv[])
{
    QCoreApplication a(argc, argv);
    QFile file("../myxmlstream/my2.xml");
    if (! file.open(QFile::WriteOnly | QFile::Text))
```

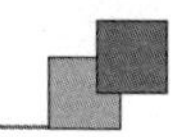

```
    {
        qDebug() << "Error: cannot open file";
        return 1;
    }
    QXmlStreamWriter stream(&file);
    stream.setAutoFormatting(true);
    stream.writeStartDocument();
    stream.writeStartElement("bookmark");
    stream.writeAttribute("href", "https://www.qt.io/");
    stream.writeTextElement("title", "Qt Home");
    stream.writeEndElement();
    stream.writeEndDocument();
    file.close();
    qDebug() << "write finished!";
    return a.exec();
}
```

这里使用了 setAutoFormatting(true)函数来自动设置格式，这样会自动换行和添加缩进。然后使用了 writeStartDocument()，该函数会自动添加首行的 XML 说明（即 <? xml version="1.0" encoding="UTF-8"? >），添加元素可以使用 writeStartElement()。注意，一定要在元素的属性、文本等添加完成后，使用 writeEndElement()来关闭前一个打开的元素。最后，使用 writeEndDocument()来完成文档的写入。现在可以运行程序，这时会在项目目录中生成一个 XML 文档。对于 QXmlStreamReader 和 QXmlStreamWriter 的使用，还可以参考一下 QXmlStream Bookmarks Example 示例程序。

17.6 小 结

数据库和 XML 在很多程序中经常用到，它们的使用也总是和数据的显示联系起来，所以学习好第 16 章的知识也是很重要的，这两章可以说是密不可分的。这一章只是讲解了数据库和 XML 最简单的应用，要深入研究，还需要去学习相关专业知识。《Qt Widgets 及 Qt Quick 开发实战精解》中的数据库管理系统实例综合应用了数据库和 XML 的知识，学习完本章可以接着学习该实例。

第 18 章

Qt 图表和数据可视化

第 16 章学习模型/视图编程时曾经提到，如果想要实现条形图或者饼状图等特殊显示方式，就要重新实现视图类。如果读者尝试过自定义视图，则会发现要想实现满意的效果是非常困难的。不过从 Qt 5.7 开始，在开源版 Qt 中可以使用 Qt Charts 模块来创建几乎所有常见的图表类型，包括折线图、曲线图、面积图、散点图、柱形图、饼状图、盒须图等，而且还提供了美观时尚的主题界面以及交互功能。同时引入的还有一个 Qt Data Visualization 数据可视化模块，它可以通过 3D 柱形图、3D 散点图、3D 曲面图等 3D 立体形式来展示数据。本章就来学习 Qt 图表和数据可视化的相关内容。

18.1　Qt 图表(Qt Charts)

Qt Charts 模块是基于 Qt 图形视图框架(详见第 11 章)的，所以生成的图表可以很容易集成到 QWidgets、QGraphicsWidget 或 QML 程序中。QChart 类用来管理不同类型的系列以及相关的图例、坐标轴等对象，QChart 继承自 QGraphicsWidget，可以很容易在 QGraphicsScene 中使用。如果要在普通的 QWidget 部件中显示图表，那么可以借助 QChartView 类。

要使用 Qt Charts 模块，则需要在安装 Qt 时选择安装 Qt Charts 组件。还需要在项目文件.pro 中添加如下代码：

```
QT += charts
```

可以在 Qt 帮助索引中通过 Qt Charts 关键字查看本节相关内容。

18.1.1　Qt 图表示例

本小节将通过一个简单的图表示例程序来讲解 Qt 图表的基本知识。(本例采用的项目源码路径：src\18\18-1\ mycharts)新建 Qt Widgets 应用，项目名称为 mycharts，基类选择 QWidget，类名保持 Widget 不变。完成后打开 mycharts.pro 文件添加一行代码：

```
QT += charts
```

保存该文件。然后打开 widget.h，先添加类的前置声明：

```
class QChartView;
```

然后再添加一个私有对象指针：

```
QChartView * view;
```

下面到 widget.cpp 文件中，添加头文件包含：

```
#include <QLineSeries>
#include <QChartView>
#include <QValueAxis>
```

然后在构造函数中添加如下代码：

```
QLineSeries *  series = new QLineSeries();
series->append(0, 0);
series->append(2, 4);
QChartView * view = new QChartView(this);
view->chart()->addSeries(series);
view->resize(400, 300);
```

现在可以先运行程序查看一下效果。这里的 QLineSeries 用来绘制折线图，它是一个线系列，通过直线将一系列的数据点进行相连。可以通过 append()函数来向系列中添加数据点，其参数为 X、Y 坐标值。因为要在 QWidget 中使用图表，所以这里使用了 QChartView，创建该类实例时会自动创建一个 QChart 对象，可以通过 chart()函数来获取关联图表的指针。其实，Qt 图表的主要功能都要由 QChart 类来完成，比如这里使用了 addSeries()来添加系列，添加完成后图表会获得系列的拥有权。

1. 使用默认坐标轴

下面继续添加代码：

```
QLineSeries *  series1 = new QLineSeries();
series1->append(0, 0);
series1->append(1, 4);
series1->append(3, 5);
view->chart()->addSeries(series1);
//设置默认坐标轴
view->chart()->createDefaultAxes();
view->setRenderHint(QPainter::Antialiasing);
```

这里向图表中添加了第 2 个线系列，然后使用 QChart 的 createDefaultAxes()生成了默认的坐标轴。注意，必须在所有系列都添加完毕后才能使用该函数生成默认坐标轴。最后调用了 QChartView 的 setRenderHint(QPainter::Antialiasing)来启用抗锯齿，这样可以使折线绘制得更平滑。可以运行程序查看效果。

2. 设置图表标题和系列名称

继续添加如下代码：

```
view->chart()->setTitle(tr("My Charts"));
view->chart()->setTitleBrush(Qt::darkYellow);
view->chart()->setTitleFont(QFont("Arial", 20));
series->setName("2020");
series1->setName("2021");
```

使用 setTitle()函数来为图表添加标题,并设置标题颜色和字体。通过使用 setName()为系列设置名称,可以使其在图例中显示出来。

3. 设置图例

下面添加代码来设置图例:

```
view->chart()->legend()->setMarkerShape(QLegend::MarkerShapeStar);
view->chart()->legend()->setBackgroundVisible(true);
view->chart()->legend()->setColor(QColor(255, 255, 255, 150));
view->chart()->legend()->setLabelColor(Qt::darkYellow);
view->chart()->legend()->setAlignment(Qt::AlignBottom);
```

可以通过 QChart::legend()函数获取图表的图例对象,图例是一个图形对象,由 QLegend 类表示,该对象无法被创建或者删除。当系列发生变化时,QChart 会更新图例的状态。默认情况下,图例附着在图表上,可以使用 QLegend::detachFromChart()将其分离从而独立于图表进行布局,这时还可以设置 setInteractive(true)来使图例通过鼠标进行移动和改变大小。另外,可以使用 setMarkerShape()设置图例标记的形状,通过 markers()获取所有标记的列表。标记由 QLegendMarker 类表示,它包含一个 icon 图标和一个标签,图标的颜色对应了系列的颜色,标签用来显示系列的名称。使用 setAlignment()可以设置图例与图表的对齐方式。使用 setShowToolTips()来设置文本被截断时是否显示工具提示。还可以使用 setBackgroundVisible(true)来显示图例背景,使用 setBrush()、setLabelBrush()、setColor()、setLabelColor()、setFont()等函数来设置图例背景及标签的画刷、颜色等。

4. 设置图表及绘图区背景

下面来为图表设置背景效果:

```
view->chart()->setBackgroundBrush(Qt::lightGray);
view->chart()->setPlotAreaBackgroundBrush(Qt::white);
view->chart()->setPlotAreaBackgroundVisible(true);
view->chart()->setBackgroundRoundness(15);
view->chart()->setDropShadowEnabled(true);
```

使用 QChart 的 setBackgroundBrush()可以设置背景画刷,默认为整个图表设置背景。还可以通过 setPlotAreaBackgroundBrush()为中间的绘图区设置背景,该背景默认是不显示的,如果需要设置该背景,则需要调用 setPlotAreaBackgroundVisible(true)。整个图表的背景默认是显示的,也可以通过 setBackgroundVisible()设置是否显示。还可以通过 setBackgroundRoundness()设置图表背景矩形的圆角弧度,使用 setDropShadowEnabled(true)来启用阴影效果。现在运行程序,效果如图 18-1 所示。

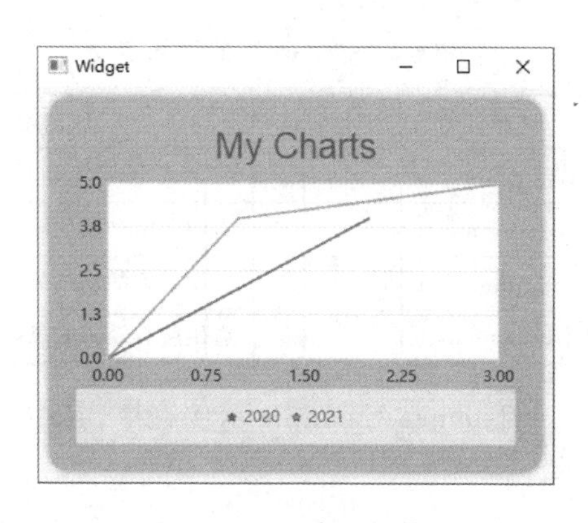

图 18-1 图表运行效果

5. 使用主题

另外，QChart 中还提供了几个现成的主题，如表 18-1 所列，可以通过 setTheme()函数进行设置，例如：

```
view->chart()->setTheme(QChart::ChartThemeBlueIcy);
```

表 18-1 QChart 中提供的主题

主 题	描 述
QChart::ChartThemeLight	默认主题，是一个浅色主题
QChart::ChartThemeBlueCerulean	天蓝色主题
QChart::ChartThemeDark	深色主题
QChart::ChartThemeBrownSand	沙褐色主题
QChart::ChartThemeBlueNcs	自然色彩系统(natural color system,NCS)蓝色主题
QChart::ChartThemeHighContrast	高对比度主题
QChart::ChartThemeBlueIcy	冰蓝色主题
QChart::ChartThemeQt	Qt 主题

6. 设置动画效果

Qt 图表还支持动画效果，可以通过 QChart 的 setAnimationOptions()函数来设置动画选项，可取的值如表 18-2 所列。如果开启了动画，则可以使用 setAnimationDuration()设置动画的持续时间，使用 setAnimationEasingCurve()来设置动画使用的缓和曲线。例如：

```
view->chart()->setAnimationOptions(QChart::AllAnimations);
view->chart()->setAnimationDuration(2000);
view->chart()->setAnimationEasingCurve(QEasingCurve(QEasingCurve::InQuad));
```

注意，运行程序前还需要添加#include <QEasingCurve>头文件包含。

表 18-2 QChart 中的动画选项

动画选项	描 述
QChart::NoAnimation	默认值,不启用动画效果
QChart::GridAxisAnimations	启用网格和轴的动画效果
QChart::SeriesAnimations	启用系列的动画效果
QChart::AllAnimations	启用所有动画效果

读者也可以参考 Chart Themes Example 示例程序,其中对所有主题效果、动画效果和图例位置进行了演示。

18.1.2 坐标轴

坐标轴用来设置一条包含刻度线、网格线和阴影的轴线,可以显示在图表的上、下、左、右等不同方向。每一个系列都可以绑定一个或多个水平和垂直坐标轴。Qt Charts 支持下面这几种坐标轴类型,它们全部继承自 QAbstractAxis 类:

- 数值坐标轴 QValueAxis:数值轴会直接向轴上添加实际的数值,该数值显示在刻度线的位置;
- 分类坐标轴 QCategoryAxis:分类轴可以使用分类标签来区分基础数据,类别范围的宽度可以自由指定,分类标签显示在刻度线之间;
- 柱形图分类坐标轴 QBarCategoryAxis:柱形图分类轴与分类轴类似,但是所有类别的范围宽度是一样的,分类标签显示在刻度线之间;
- 日期时间坐标轴 QDateTimeAxis:在标签上可以显示日期或者时间信息,日期时间可以指定显示格式;
- 对数数值坐标轴 QLogValueAxis:对数数值轴上的刻度是非线性的,它依赖于使用的数量级,轴上的每一个刻度数值都是前一个刻度数值乘以一个值;
- 颜色坐标轴 QColorAxis:可以显示指定渐变的颜色比例。

下面来看一个例子。(本例采用的项目源码路径:src\18\18-2\ myaxis)新建 Qt Widgets 应用,项目名称为 myaxis,基类选择 QWidget,类名保持 Widget 不变。完成后打开 myaxis.pro 文件添加代码“QT+=charts”,然后保存该文件。

下面到 widget.h 文件中添加类的前置声明:

```
class QChartView;
```

然后添加两个私有对象指针:

```
QChartView *view1;
QChartView *view2;
```

下面到 widget.cpp 文件中,先添加头文件包含:

```
#include <QtCharts>
```

然后在构造函数中添加如下代码:

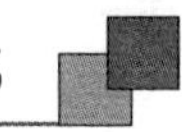

```
view1 = new QChartView(this);
view2 = new QChartView(this);
view1 ->move(10, 10);
view2 ->move(420, 10);
view1 ->resize(400, 300);
view2 ->resize(400, 300);
resize(830, 320);
view1 ->setRenderHint(QPainter::Antialiasing);
view2 ->setRenderHint(QPainter::Antialiasing);
```

这里主要是进行了初始化操作，设置了两个图表在窗口的位置，现在如果运行程序，则会发现两个图表都是空白的。下面来实现第一个图表，它将使用数值坐标轴作为横轴，对数数值坐标轴作为竖轴，先添加一个系列：

```
view1 ->chart() ->legend() ->setVisible(false);
QSplineSeries * series = new QSplineSeries;
series ->append(5, 10);
series ->append(12, 16);
series ->append(14, 64);
* series << QPointF(16, 128) << QPointF(18, 32);
view1 ->chart() ->addSeries(series);
series ->setPointsVisible(true);
series ->setLightMarker(QImage("../myaxis/star.png"));
series ->setMarkerSize(10);
series ->setPointLabelsVisible(true);
series ->setPointLabelsFormat("(@xPoint, @yPoint)");
series ->setPointLabelsColor(Qt::lightGray);
series ->setPointLabelsClipping(false);
```

这里的 QSplineSeries 继承自 QLineSeries，用来存储一些数据点绘制一条曲线，其用法与 QLineSeries 相似。而 QLineSeries 继承自 QXYSeries，其中提供了大部分的成员函数来对数据点进行设置。可以通过 append()来添加数据点，也可以使用流运算符一次性添加多个点；数据点默认是不显示的，可以通过 setPointsVisible(true)来显示数据点，数据点默认显示为一个圆点，可以使用 setMarkerSize()来设置其大小，还可以使用 setLightMarker()来设置为其他图片；数据点的标签默认也是不显示的，可以通过 setPointLabelsVisible(true)来显示，通过 setPointLabelsFormat()来设置内容显示格式，在其中可以通过@xPoint 和@yPoint 格式标记来引用数据点的坐标值；当标签在绘制区域边缘时，默认会被裁剪，可以通过设置 setPointLabelsClipping(false)来显示完整的标签。下面来添加 X 坐标轴：

```
QValueAxis * axisX = new QValueAxis;
axisX ->setRange(0, 21);
axisX ->setTickCount(6);
axisX ->setMinorTickCount(1);
axisX ->setLabelFormat("%.2f");
axisX ->setLabelsAngle(30);
axisX ->setLabelsColor(Qt::darkYellow);
```

```
view1 ->chart() ->addAxis(axisX, Qt::AlignBottom);
series ->attachAxis(axisX);
```

这里使用了数值坐标轴 QValueAxis,可以使用 setRange()来设置轴上最小值和最大值之间的范围,通过 setTickCount()来设置刻度线数量,默认值为 5,不能小于 2;还可以使用 setMinorTickCount()来设置次要刻度线的数量,就是在主要刻度线之间的网格线的数量,默认值为 0;可以使用 setLabelFormat()来设置标签格式,支持标准 C++ 库函数 printf()提供的各种格式控制符,如 d、i、o、x、X、f、F、e、E、g、G、c 等;还可以使用 setLabelsAngle()、setLabelsColor()来设置标签的角度和颜色。

设置好坐标轴以后,需要使用 QChart::addAxis()将坐标轴添加到图表中,并指明对齐方式。另外,要将一个系列与指定坐标轴进行关联,需要该系列调用 attachAxis()来附着指定的轴,一个系列只能有一个横坐标轴和一个竖坐标轴。注意,一定要在图表通过 addSeries()添加完系列以后再添加轴,顺序不能乱。现在可以运行程序查看效果。

QValueAxis 中还有一个 applyNiceNumbers()函数,可以修改刻度线的数量和范围,然后使用 1×10^n、2×10^n 或者 5×10^n 等作为刻度值,从而使轴的刻度值看起来整齐漂亮。另外,刻度线显示位置有两种设置方式,默认的是 QValueAxis::TicksFixed,就是通过取值范围和刻度线数量均匀显示;还有一种 QValueAxis::TicksDynamic 可以通过 setTickAnchor()设置基值和 setTickInterval()设置间隔来动态设置。例如:

```
axisX ->setTickType(QValueAxis::TicksDynamic);
axisX ->setTickAnchor(5);
axisX ->setTickInterval(5);
```

下面来添加 Y 坐标轴:

```
QLogValueAxis * axisY = new QLogValueAxis;
axisY ->setBase(2);
axisY ->setRange(8, 260);
axisY ->setMinorTickCount(1);
view1 ->chart() ->addAxis(axisY, Qt::AlignLeft);
series ->attachAxis(axisY);
```

这里使用了对数数值坐标轴 QLogValueAxis,需要通过 setBase()来指定对数的底数,轴上的每个刻度值都是前一个刻度值乘以底数,不需要指定刻度线数量。QLogValueAxis 和 QValueAxis 都继承自 QAbstractAxis,它们的一些用法是相似的。现在运行程序查看效果。

下面添加代码在第二个图表中添加柱形图,然后使用柱形图分类坐标轴 QBarCategoryAxis 和分类坐标轴 QCategoryAxis 分别作为横轴和竖轴,首先添加柱形图系列:

```
QBarSet * set0 = new QBarSet("Jane");
QBarSet * set1 = new QBarSet("John");
QBarSet * set2 = new QBarSet("Axel");
*set0 << 1 << 2 << 3 << 4 << 5 << 6;
*set1 << 5 << 0 << 0 << 4 << 0 << 7;
```

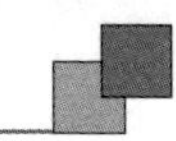

```
*set2 << 3 << 5 << 8 << 13 << 8 << 5;
QBarSeries *series1 = new QBarSeries();
series1 ->append(set0);
series1 ->append(set1);
series1 ->append(set2);
view2 ->chart() ->addSeries(series1);
```

柱形图系列由 QBarSeries 类表示，其会将数据绘制为一系列按类别分组的竖条，每个类别从添加到系列中的每个柱形集 QBarSet 中提取一条。QBarSet 作为柱形集包含了每个类别中的一个数据值，可以通过 append()来添加一个值或者值的列表，也可以使用流运算符添加。下面来添加柱形图分类坐标轴：

```
QStringList categories;
categories << "Jan" << "Feb" << "Mar" << "Apr" << "May" << "Jun";
QBarCategoryAxis *axisX1 = new QBarCategoryAxis();
axisX1 ->append(categories);
view2 ->chart() ->addAxis(axisX1, Qt::AlignBottom);
series1 ->attachAxis(axisX1);
```

柱形图分类坐标轴由 QBarCategoryAxis 表示，可以通过 append()来添加分类，类别名称会显示在刻度之间。现在可以运行程序查看效果。

与柱形图 QBarSeries 相似的还有堆积柱形图 QStackedBarSeries 和百分比堆积柱形图 QPercentBarSeries。QStackedBarSeries 会将一类柱形条堆积在一个垂直柱形条上，每个柱形集中对应分类的柱形条都作为这个垂直柱形条的一段；而 QPercentBarSeries 与 QStackedBarSeries 类似，只是所有堆积柱形条都是等长的，而其中的分段柱形会根据代表的数值在总值中的占比绘制为不同的长度。只需要将代码中 QBarSeries 替换为 QStackedBarSeries 或者 QPercentBarSeries 就可以查看另外两种柱形图的效果。与它们 3 个对应的还有 3 个水平柱形图 QHorizontalBarSeries、QHorizontalStackedBarSeries 和 QHorizontalPercentBarSeries，用法相似，这里就不再赘述。

下面来接着添加 Y 坐标轴：

```
QCategoryAxis *axisY1 = new QCategoryAxis;
axisY1 ->append("Low", 5);
axisY1 ->append("Medium", 10);
axisY1 ->append("High", 15);
view2 ->chart() ->addAxis(axisY1, Qt::AlignLeft);
series1 ->attachAxis(axisY1);
```

这里使用了分类坐标轴 QCategoryAxis，它继承自 QValueAxis。与柱形图分类坐标轴 QBarCategoryAxis 不同，QCategoryAxis 可以指定分类的宽度。可以通过 append()来添加新的类别，其中需要指定分类标签和该分类的最大值。还可以通过 setStartValue()来设置第一个分类的最小值。

本小节中通过例子详细讲解了几个坐标轴和系列的应用，对于日期时间坐标轴 QDateTimeAxis 和颜色坐标轴 QColorAxis，用起来也很简单，有需要的读者可以根据本小节知识和帮助文档直接使用。对于其他几个没有讲到的系列，散点图 QScatterS-

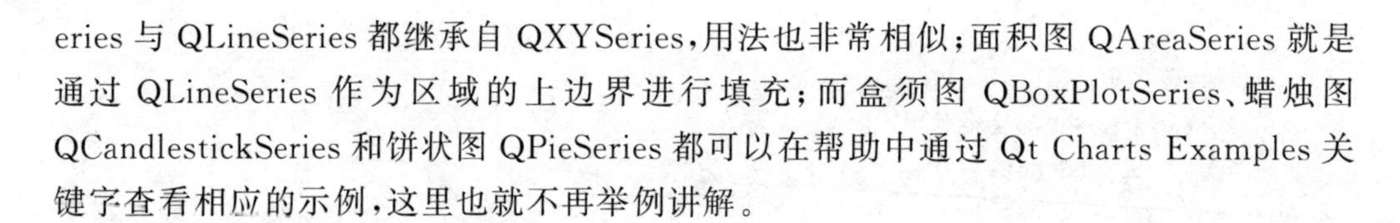
eries 与 QLineSeries 都继承自 QXYSeries,用法也非常相似;面积图 QAreaSeries 就是通过 QLineSeries 作为区域的上边界进行填充;而盒须图 QBoxPlotSeries、蜡烛图 QCandlestickSeries 和饼状图 QPieSeries 都可以在帮助中通过 Qt Charts Examples 关键字查看相应的示例,这里也就不再举例讲解。

18.1.3 使用外部数据动态创建图表

图表是用来显示数据的,前面的例子中为了演示方便都使用了现成的个别数据,但是实际编程中一般要使用第 17 章讲到的数据库或者 XML 来作为数据源提供数据。本小节将使用数据库来提供数据,通过表格和图表两种方式进行显示。Qt Charts 模块中提供了一些模型映射类,可以让各个图表使用 QAbstractItemModel 的子类作为数据源,这些类均以“ModelMapper”结尾,读者可以在帮助中的 Qt Charts C++ Classes 页面查看。使用这些映射器可以将数据模型中指定的数据全部显示到图表上,还可以随着数据模型中数据的变化而自动更新显示。除了使用这种方式,有时还希望将模型中的数据一个一个动态显示到图表上,这个可以使用定时器更新图表的绘图区域来实现。下面通过实际的例子来讲解。

(本例采用的项目源码路径: src\18\18-3\mycharts)新建 Qt Widgets 应用,项目名称为 mycharts,基类选择 QWidget,类名保持 Widget 不变。完成后打开 mycharts.pro 文件添加代码“QT += charts sql”,然后保存该文件。在项目中添加新的 C++ 头文件,名称为 connection.h,完成后将其内容更改为:

```
#ifndef CONNECTION_H
#define CONNECTION_H
#include <QMessageBox>
#include <QSqlDatabase>
#include <QSqlQuery>
static bool createConnection()
{
    QSqlDatabase db = QSqlDatabase::addDatabase("QSQLITE");
    db.setDatabaseName("my.db");
    if (!db.open()) {
        QMessageBox::critical(0, "Cannot open database1",
            "Unable to establish a database connection.", QMessageBox::Cancel);
        return false;
    }
    QSqlQuery query;
    query.exec("create table m_xy (id int primary key, "
                      "m_x int, m_y int)");
    query.exec("insert into m_xy values(0, 2, 3)");
    query.exec("insert into m_xy values(1, 5, 8)");
    query.exec("insert into m_xy values(2, 7, 4)");
    query.exec("insert into m_xy values(3, 9, 5)");
    return true;
}
#endif //CONNECTION_H
```

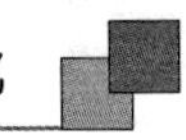

下面打开 main.cpp 文件，添加头文件包含＃include “connection.h”，然后在 main()函数的：

```
QApplication a(argc, argv);
```

代码下面添加一行代码：

```
if (! createConnection()) return 1;
```

下面到 widget.h 文件中添加类的前置声明：

```
class QSqlTableModel;
class QChartView;
class QValueAxis;
class QSplineSeries;
```

然后添加几个私有对象指针：

```
QSqlTableModel * model;
QChartView * chartView;
QValueAxis * axisX;
QSplineSeries * series;
```

下面到 widget.cpp 文件中，先添加头文件包含：

```
#include <QtSql>
#include <QtCharts>
#include <QTableView>
```

然后在构造函数中添加如下代码：

```
//初始化模型和视图
model = new QSqlTableModel(this);
model->setTable("m_xy");
model->select();
model->setHeaderData(0, Qt::Horizontal, tr("序号"));
model->setHeaderData(1, Qt::Horizontal, tr("X 轴"));
model->setHeaderData(2, Qt::Horizontal, tr("Y 轴"));
QTableView * view = new QTableView(this);
view->setModel(model);
view->resize(320, 300);
view->move(10, 10);
//设置图表视图、添加系列和轴
chartView = new QChartView(this);
chartView->resize(400, 300);
chartView->setRenderHint(QPainter::Antialiasing);
chartView->move(350, 10);
chartView->chart()->legend()->setVisible(false);
chartView->chart()->setAnimationOptions(QChart::AllAnimations);
chartView->chart()->setTheme(QChart::ChartThemeBlueIcy);
series = new QSplineSeries;
chartView->chart()->addSeries(series);
axisX = new QValueAxis;
axisX->setRange(0, 10);
axisX->setTickCount(11);
```

```
axisX ->setLabelFormat("%d");
chartView ->chart() ->addAxis(axisX, Qt::AlignBottom);
series ->attachAxis(axisX);
QValueAxis * axisY = new QValueAxis;
axisY ->setRange(0, 10);
axisY ->setTickCount(6);
axisY ->setMinorTickCount(1);
chartView ->chart() ->addAxis(axisY, Qt::AlignLeft);
series ->attachAxis(axisY);
//使用模型映射器关联模型中的数据到图表系列
QVXYModelMapper * mapper = new QVXYModelMapper(this);
mapper ->setSeries(series);
mapper ->setModel(model);
mapper ->setXColumn(1);
mapper ->setYColumn(2);
```

前面的代码主要是对模型、视图和图表的初始化,不再讲解。这里重点看下 QVXYModelMapper 类,它被称为垂直模型映射器,可以将折线图、曲线图或散点图与一个数据模型进行关联,在这个数据模型中需要包含两列数值来分别为数据点提供 X、Y 坐标。可以分别通过 setModel()和 setSeries()来设置模型和系列,然后通过 setXColumn()和 setYColumn()来指定模型中的列为 X 和 Y 坐标提供数值。这个例子中分别使用 m_xy 表中的 m_x 和 m_y 字段来为 QSplineSeries 的数据点提供 X 和 Y 坐标,表中的每一行记录都表示为一个数据点。现在可以运行程序查看效果。对应这个例子,读者也可以查看 Qt 提供的 Model Data Example 示例程序。

下面再来看一下如何为图表动态添加数据。首先将前面例子中最后添加的 QVXYModelMapper 相关代码全部注释或者删除掉。然后到 widget.h 文件中,添加类的前置声明:

```
class QTimer;
```

再添加私有成员变量:

```
int id = 0;
QTimer * timer;
```

最后添加一个私有槽声明:

```
public slots:
    void handleTimeout();
```

下面到 widget.cpp 文件中,先添加头文件包含 #include <QTimer>,然后在构造函数中添加如下代码:

```
for (int i = 0; i < 20; i ++ ) {
    int count = model ->rowCount();
    int value = model ->data(model ->index(count - 1, 1)).toInt();
    int m_x = QRandomGenerator::global() ->bounded(3) + 1 + value;
    int m_y = QRandomGenerator::global() ->bounded(10) + 1;
    model ->insertRow(count);
    model ->setData(model ->index(count, 0), count);
```

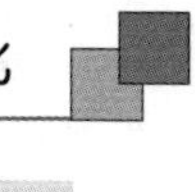

```
        model->setData(model->index(count, 1), m_x);
        model->setData(model->index(count, 2), m_y);
        model->submitAll();
    }
    model->select();
    timer = new QTimer(this);
    connect(timer, &QTimer::timeout, this, &Widget::handleTimeout);
    timer->start(2000);
```

为了演示效果更好，这里先使用代码向数据库表中添加了 20 条记录，然后开启了一个间隔 2 s 的定时器。下面添加定时器溢出信号关联的槽的实现：

```
void Widget::handleTimeout()
{
    if (id < model->rowCount()) {
        int m_x = model->data(model->index(id, 1)).toInt();
        int m_y = model->data(model->index(id, 2)).toInt();
        series->append(m_x, m_y);
        if (m_x > axisX->max() - 3) {
            int temp = model->data(model->index(id - 1, 1)).toInt();
            qreal width = chartView->chart()->plotArea().width();
            qreal dx = width / (axisX->tickCount() - 1) * (m_x - temp);
            chartView->chart()->scroll(dx, 0);
        }
        id++;
    } else timer->stop();
}
```

这里是实现动态添加数据的核心代码，其实也很简单，就是获取数据模型中的数据值添加到图表系列中，然后更新图表的显示区域，这是通过 QChart::scroll()来实现的，它可以根据指定的距离来滚动图表的可见区域。因为相邻数据点的 X 差值不同，所以每次需要根据这个差值来移动不同的距离。除了这种方式，也可以通过每次设置 X 轴的最大值/最小值来实现图表滚动显示。现在可以运行程序查看效果。对应这个例子，也可以查看 Qt 提供的 Dynamic Spline Example 示例程序。

18.2　Qt 数据可视化

Qt 数据可视化（Qt Data Visualization）模块提供了一种开发复杂、动态且需要快速响应的 3D 可视化应用的方法，擅长于对深度图或者大量快速变化的数据（如从多个传感器接收到的数据）进行可视化，一般用于对分析要求较高的行业，如学术研究或医学。该模块可以通过 3D 柱形图 Q3DBars、3D 散点图 Q3DScatter 和 3D 曲面图 Q3DSurface 等形式来展示数据，还可以实现 3D 视图和 2D 视图之间进行切换，从而最大限度利用 3D 可视化数据的价值。

要使用 Qt Data Visualization 模块，需要在安装 Qt 时选择安装 Qt Data Visualization 组件。还需要在项目文件.pro 中添加如下代码：

```
QT += datavisualization
```

可以在 Qt 帮助索引中通过 Qt Data Visualization 关键字查看本节相关内容。

18.2.1 3D 柱形图示例

Qt Data Visualization 模块中的 QAbstract3DGraph 类是所有 3D 图形的基类，它继承自 QWindow 和 QOpenGLFunctions。QAbstract3DGraph 无法直接使用，实际编程中使用的是它的 3 个子类，分别是 Q3DBars(3D 柱形图)、Q3DScatter(3D 散点图)和 Q3DSurface(3D 曲面图)。下面将通过一个例子来了解 Qt 数据可视化的相关内容，这里以 3D 柱形图(Q3DBars)为例进行讲解，Q3DScatter 和 Q3DSurface 有相似的用法，读者可以参照学习。

(本例采用的项目源码路径：src\18\18-4\my3dbars)新建空的 qmake 项目，项目名称为 my3dbars，完成后打开 my3dbars.pro 项目文件，添加如下内容：

```
QT += core gui datavisualization
greaterThan(QT_MAJOR_VERSION, 4): QT += widgets
```

然后向项目中添加新的 main.cpp 文件，修改内容如下：

```
#include <QApplication>
#include <QtDataVisualization>
int main(int argc, char * argv[])
{
    QApplicationa(argc, argv);
    Q3DBars bars;
    bars.setFlags(bars.flags() ^ Qt::FramelessWindowHint);
    bars.resize(800, 600);
    bars.rowAxis() ->setRange(0, 1);
    bars.columnAxis() ->setRange(0, 3);
}
```

这里首先创建了 Q3DBars 的一个实例，因为要将其作为顶级窗口，所以要将它默认设置的 Qt::FramelessWindowHint 窗口类型清除掉。然后通过 rowAxis()、columnAxis()来获取行和列的默认轴并设置了范围。下面继续添加代码：

```
QBar3DSeries * series = new QBar3DSeries;
QBarDataRow * data = new QBarDataRow;
QBarDataRow * data1 = new QBarDataRow;
*data << 1.0f << 3.0f << 7.5f << 5.0f ;
*data1 << 2.0f << 1.0f << 4.0f << 3.5f;
series ->dataProxy() ->addRow(data);
series ->dataProxy() ->addRow(data1);
bars.addSeries(series);
bars.show();
return a.exec();
```

QBar3DSeries 类用来管理系列的可视化元素和数据。需要通过使用数据代理 QBarDataProxy 来添加数据，可以通过 dataProxy()来获取默认的数据代理。系列中每一行的数据可以由 QBarDataRow 来指定，然后通过 QBarDataProxy 的 addRow()将

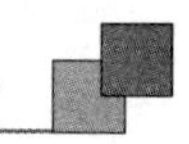

其添加到系列中。最后使用 Q3DBars 的 addSeries()将系列添加到 3D 柱形图中，并调用 show()显示。

运行程序，可以按住鼠标右键并移动鼠标来旋转场景，通过鼠标滚轮可以进行缩放。使用鼠标单击一个柱形可以将其选中并在标签中显示其数据。

1. 自定义 3D 场景

3D 场景是通过使用 Q3DScene 类实现的，场景中包含一个活动相机（使用 Q3DCamera 类实现）和一个活动光源（使用 Q3DLight 类实现）。光源始终相对于相机定位，默认情况下，灯光位置会自动跟随相机。可以通过指定相机的预设位置、旋转和缩放级别来定制相机。代码中可以使用 Q3DBars 的 scene()函数来获取 Q3DScene 实例的指针，然后使用其 activeCamera()函数获取场景中当前活动的相机。对于 Q3DCamera，可以使用 setXRotation()、setYRotation()和 setZoomLevel()等函数来设置相机的旋转和缩放，zoomLevel 的默认值为 100.0f，通过 setMinZoomLevel()可以设置缩放允许的最小值，默认为 10.0f，不能小于 1.0f；通过 setMaxZoomLevel()可以设置缩放允许的最大值，默认值为 500.0f。另外，还可以使用 setCameraPreset()来设置相机的位置，通过 Q3DCamera::CameraPreset 枚举类型提供了 20 多种预设的相机位置，读者可以在 Q3DCamera 的帮助文档中查看具体内容。

下面在“return a.exec();”代码前继续添加如下代码：

```
Q3DCamera * camera = bars.scene() ->activeCamera();
camera ->setCameraPreset(Q3DCamera::CameraPresetIsometricRightHigh);
camera ->setZoomLevel(130);
```

现在可以运行程序查看效果，然后更改这里的设置对比一下运行结果。

2. 设置轴标签和柱形标签格式

下面继续添加如下代码：

```
const QStringList rows = { "row0", "row1" };
const QStringList cols = { "col0", "col1", "col2", "col3" };
series ->dataProxy() ->setRowLabels(rows);
series ->dataProxy() ->setColumnLabels(cols);
series ->setItemLabelFormat("@rowLabel, @colLabel: @valueLabel");
```

前面使用 addRow()添加数据的时候就可以使用该函数的另外一种重载形式指定行标签，不过，也可以单独使用 QBarDataProxy 类的 setRowLabels()来为所有行添加标签，使用 setColumnLabels()来为所有列添加标签。对于 3D 柱形图中每个柱形的标签，可以使用 QBar3DSeries 的 setItemLabelFormat()来设置，其中可以使用@rowLabel、@colLabel 和@valueLabel 等格式标记，可用的格式标记如表 18－3 所列。可以运行程序查看效果。

表 18-3 QBar3DSeries 的 setItemLabelFormat()中可用的标记

标 记	描 述
@rowTitle	行坐标轴的标题
@colTitle	列坐标轴的标题
@valueTitle	数值坐标轴的标题
@rowldx	可见的行索引
@colldx	可见的列索引
@rowLabel	行坐标的标签
@colLabel	列坐标的标签
@valueLabel	数值坐标的值
@seriesName	系列名称
%<format spec>	项目数值使用指定的格式,支持标准 C++ 库函数 printf()提供的各种格式控制符,如 d、i、o、x、X、f、F、e、E、g、G、c 等

3. 设置轴标题

继续添加如下代码:

```
bars.rowAxis()->setTitle("Row");
bars.rowAxis()->setTitleVisible(true);
bars.columnAxis()->setTitle("Column");
bars.columnAxis()->setTitleVisible(true);
bars.valueAxis()->setTitle("Value");
bars.valueAxis()->setTitleVisible(true);
bars.columnAxis()->setLabelAutoRotation(60);
qDebug() << "rowAxis: " << bars.rowAxis()->orientation();          //Z 轴
qDebug() << "columnAxis: " << bars.columnAxis()->orientation();    //X 轴
qDebug() << "valueAxis: " << bars.valueAxis()->orientation();      //Y 轴
```

可以分别使用 Q3DBars 的 rowAxis()、columnAxis()和 valueAxis()来获取默认的 3 个轴，3D 柱形图的行和列坐标轴均为 QCategory3DAxis，数值坐标轴为 QValue3DAxis,这两类坐标轴都继承自 QAbstract3DAxis。轴标题默认是不显示的,可以通过 setTitleVisible(true)进行显示,使用 setTitle()来设置轴标题。前面代码使用数据代理中 setRowLabels()设置的标签,也可以通过轴的 setLabels()来设置。轴上标签也可以随着相机的移动来自动改变角度,从而尽可能朝向相机,可以使用 setLabelAutoRotation()来设置角度,其默认值为 0,就是不会自动旋转,取值范围为 0~90。另外,可以通过 orientation()来获取轴的方向,其结果由 QAbstract3DAxis::AxisOrientation 枚举类型指定,即 X 轴、Y 轴和 Z 轴。运行程序,通过输出结果可以看到,rowAxis 为 Z 轴、columnAxis 为 X 轴、valueAxis 为 Y 轴。

4. 设置 3D 项的形状

QAbstract3DSeries 中预定义了多个 3D 形状,如表 18-4 所列,可以通过 setMesh

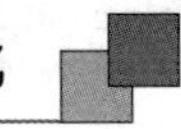

()为系列的项进行设置。还可以通过 setMeshSmooth(true)来使 3D 形状显示更平滑。继续添加如下代码：

```
series ->setMesh(QAbstract3DSeries::MeshCone);
series ->setMeshSmooth(true);
```

表 18－4　QAbstract3DSeries::Mesh 取值

常　量	描　述
QAbstract3DSeries::MeshUserDefined	用户自定义，需要通过 setUserDefinedMesh()来指定一个 Wavefront OBJ 格式的文件
QAbstract3DSeries::MeshBar	基本的矩形条
QAbstract3DSeries::MeshCube	基本的立方体
QAbstract3DSeries::MeshPyramid	四面金字塔
QAbstract3DSeries::MeshCone	基本的锥形
QAbstract3DSeries::MeshCylinder	基本的圆柱形
QAbstract3DSeries::MeshBevelBar	略有斜角的矩形条
QAbstract3DSeries::MeshBevelCube	略有斜角的立方体
QAbstract3DSeries::MeshSphere	球形
QAbstract3DSeries::MeshMinimal	三角形金字塔，只适用于 Q3DScatter
QAbstract3DSeries::MeshArrow	向上的箭头，只适用于 Q3DScatter
QAbstract3DSeries::MeshPoint	2D 点，只适用于 Q3DScatter

另外，Q3DBars 中的 setBarThickness()可以设置柱形条的宽窄，默认值为 1.0，表示宽度和深度一样；如果设置为 0.5，则表示深度是宽度的两倍。还可以使用 setBarSpacing()来设置在 X 轴、Z 轴上柱形条之间的空隙，默认值为(1.0, 1.0)。下面继续添加如下代码并运行程序查看效果：

```
bars.setBarThickness(0.6);
bars.setBarSpacing(QSizeF(3.0, 2.0));
```

还有一个 setFloorLevel()可以设置 Y 轴的水平面位置，默认值为 0，大于该值的柱形条绘制在平面上面，小于该值的柱形条绘制在平面下面。

5. 设置主题

Q3DTheme 类用来指定影响所有图形的视觉属性，Qt 提供了几个内置的主题可以直接使用，也可以在这些现成主题上进行修改。可以通过 Q3DBars 的 activeTheme()来获取主题对象，然后使用 Q3DTheme 的 setType()来设置要使用的主题类型，可以通过 Q3DTheme::Theme 关键字查看所有主题类型。另外，还可以使用 Q3DTheme 类中众多的函数来自定义主题的相关属性。继续添加如下代码：

```
bars.activeTheme() ->setType(Q3DTheme::ThemeStoneMoss);
const QList < QColor > colors = { Qt::green };
bars.activeTheme() ->setBaseColors(colors);
bars.activeTheme() ->setSingleHighlightColor(Qt::red);
```

这里使用了现成的主题,然后使用 setBaseColors()设置了 3D 柱形条的颜色,使用 setSingleHighlightColor()设置了单个 3D 柱形条被鼠标单击后的颜色。现在运行程序,效果如图 18-2 所示,其中还示意了 X、Y、Z 坐标轴的位置。

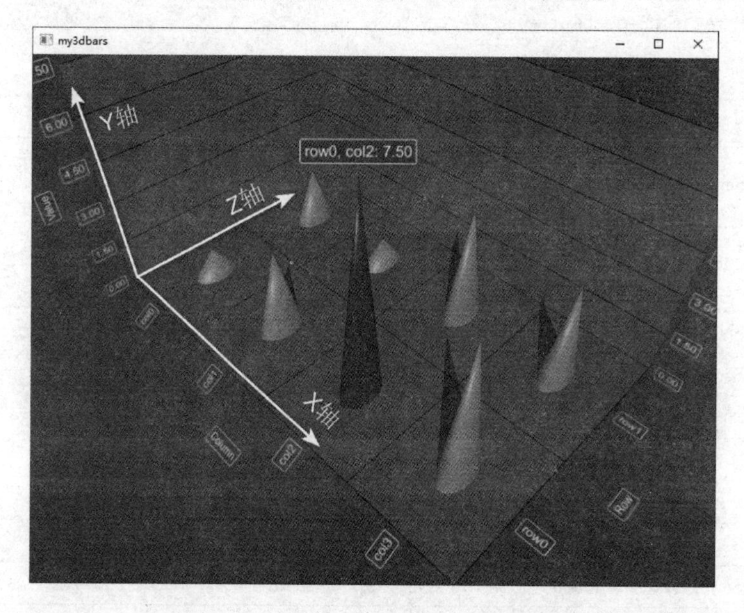

图 18-2　3D 柱形图示例程序运行效果

6. 选择模式和切片视图

所有可视化类型都支持使用鼠标、触摸和编程的方式来选择单个数据项,被选中的项会突出显示。3D 柱形图和 3D 曲面图还支持切片选择模式,可以将选中的行或列以伪 2D 图形的形式绘制在分离出来的视图中,这样可以很方便地查看单个行或列的实际值。3D 柱形图还支持在不打开切片视图的情况下突出显示所选柱形的整个行或列。通过设置选择模式,在 3D 柱形图中还支持通过单击轴标签来选择整个行或列。

可以使用 QAbstract3DGraph 的 setSelectionMode()来设置选择模式,可取的值如表 18-5 所列。

表 18-5　QAbstract3DGraph::SelectionFlag 取值

常　量	描　述
QAbstract3DGraph::SelectionNone	选择模式不可用
QAbstract3DGraph::SelectionItem	选择突出显示单个项目
QAbstract3DGraph::SelectionRow	选择突出显示单个行
QAbstract3DGraph::SelectionItemAndRow	相当于 SelectionItem | SelectionRow,使用不同颜色同时突出显示项目和行
QAbstract3DGraph::SelectionColumn	选择突出显示单个列

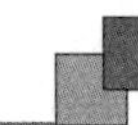

续表 18－5

常　量	描　述
QAbstract3DGraph::SelectionItemAndColumn	相当于 SelectionItem | SelectionColumn，使用不同颜色同时突出显示项目和列
QAbstract3DGraph::SelectionRowAndColumn	相当于 SelectionRow | SelectionColumn，同时突出显示行和列
QAbstract3DGraph::SelectionItemRowAndColumn	相当于 SelectionItem | SelectionRow | SelectionColumn，同时突出显示项目、行和列
QAbstract3DGraph::SelectionSlice	使用此模式会让图形自动处理切片视图，另外，还必须设置 SelectionRow 或 SelectionColumn 两者中的一个才能生效。只有 3D 柱形图和 3D 曲面图支持该模式。如果不想自动处理切片视图，那么不要设置该模式，可以使用 Q3DScene 来显示切片视图
QAbstract3DGraph::SelectionMultiSeries	同一位置的所有系列的项目都会突出显示，只有 3D 柱形图和 3D 曲面图支持该模式

要启用 2D 切片视图，只需要添加下面一行代码：

```
bars.setSelectionMode(QAbstract3DGraph::SelectionRow | QAbstract3DGraph::SelectionS-
lice);
```

这时运行程序，单击一个柱形条，则自动切换到 2D 切片视图，再次单击左上角的缩略图就可以回到 3D 柱形图界面。

18.2.2　项目模型和数据映射

前面示例中通过数据代理为 3D 柱形图添加了数据，除此之外，每种可视化类型都为 Qt 中常用的数据存储形式项目模型(QAbstractItemModel 的子类)提供了专门的代理类，例如，用于 QBar3DSeries 的 QItemModelBarDataProxy、用于 Q3DScatter 的 QItemModelScatterDataProxy 以及用于 Q3DSurface 的 QItemModelSurfaceDataP-roxy。这些代理使用起来很简单，只需要为它们指定一个包含数据的项目模型的指针，然后设置映射规则即可。数据映射是基于项目模型的角色(role)的，需要为不同可视化类型提供不同角色的数据。对于特定的可视化类型，代理也支持其他一些功能，例如，QItemModelBarDataProxy 可以将 QAbstractItemModel 的行和列直接映射到柱形图的行和列。

下面来看一个例子。(本例采用的项目源码路径：src\18\18-5\mymapping)新建 Qt Widgets 应用，项目名称设置为 mymapping，基类选择 QWidget，类名保持 Widget 不变，完成后打开 mymapping.pro 文件，添加“QT＋＝datavisualization”一行代码并保存该文件。下面进入 widget.cpp 文件，先添加头文件包含：

```
#include <QtDataVisualization>
#include <QTableWidget>
```

然后在构造函数中添加如下代码：

```
QTableWidget *tableWidget = new QTableWidget(2, 3, this);
tableWidget->resize(360, 90);
tableWidget->move(220, 10);
QStringList days;
days << "Monday" << "Tuesday" << "Wednesday";
QStringList weeks;
weeks << "week 1" << "week 2";
//Set up data        Mon   Tue   Wed
float expenses[2][3] = {{2.0f, 1.0f, 3.0f},   //week 1
                        {0.5f, 1.0f, 3.0f}};  //week 2
for (int week = 0; week < weeks.size(); week ++ ) {
    for (int day = 0; day < days.size(); day ++ ) {
        QModelIndex index = tableWidget->model()->index(week, day);
        tableWidget->model()->setData(index, expenses[week][day]);
    }
}
tableWidget->setVerticalHeaderLabels(weeks);
tableWidget->setHorizontalHeaderLabels(days);
```

这里使用了第 16 章讲到的 QTableWidget 来生成表格并保存数据，最后需要指定竖直和水平标头的标签内容。下面继续添加代码：

```
Q3DBars *graph = new Q3DBars();
QWidget *container = QWidget::createWindowContainer(graph, this);
container->resize(780, 450);
container->move(10, 120);
Q3DCamera *camera = graph->scene()->activeCamera();
camera->setCameraPreset(Q3DCamera::CameraPresetIsometricRightHigh);
graph->activeTheme()->setType(Q3DTheme::ThemeIsabelle);
```

因为所有数据可视化图形类都继承自 QWindow，所以它们无法直接作为 QWidget 的子部件，需要使用 QWidget::createWindowContainer()来创建一个 QWidget 窗口容器，从而将 QWindow 嵌入到基于 QWidget 的应用中。下面继续添加如下代码：

```
QItemModelBarDataProxy *proxy = new QItemModelBarDataProxy(tableWidget->model());
proxy->setUseModelCategories(true);
QBar3DSeries *series = new QBar3DSeries(proxy);
series->setMesh(QAbstract3DSeries::MeshPyramid);
graph->addSeries(series);
graph->setSelectionMode(QAbstract3DGraph::SelectionRow | QAbstract3DGraph::SelectionS-
lice);
```

创建 QItemModelBarDataProxy 实例时需要指定数据模型，通过 setUseModelCategories(true)可以直接使用模型中的行和列映射到 3D 柱形图的行和列，并使用 Qt::DisplayRole 指定的数据作为柱形项的数值。现在可以运行程序查看效果。对应本例，还可以参考 Qt 中的 Item Model Example 示例程序。

18.2.3　3D散点图和3D曲面图示例

前面一直以最常使用的Q3DBars为例进行讲解，下面来看一下其他数据可视化图形类的用法。

1. 3D散点图(Q3DScatter)

Q3DScatter用于创建3D散点图，它将数据呈现为一些点的集合。QScatter3DSeries和QScatterDataProxy用于将数据设置到图形以及控制图形的可视属性。可以分别通过Q3DScatter的axisX()、axisY()和axisZ()来获取3个坐标轴，它们都是QValue3DAxis数值坐标轴。下面来看一个例子。

(本例采用的项目源码路径：src\18\18-6\my3dscatter)参照前面例18-4，新建项目my3dscatter，完成后在main.cpp文件中添加如下代码：

```
Q3DScatter scatter;
scatter.setFlags(scatter.flags() ^ Qt::FramelessWindowHint);
scatter.resize(800, 600);
QScatter3DSeries * series = new QScatter3DSeries;
QScatterDataArray data;
data << QVector3D(0.5f, 0.5f, 0.5f) << QVector3D( - 0.3f, - 0.5f, - 0.4f)
     << QVector3D(0.0f, - 0.3f, 0.2f);
series ->dataProxy() ->addItems(data);
scatter.addSeries(series);
scatter.show();
```

2. 3D曲面图(Q3DSurface)

Q3DSurface用于将数据呈现为3D曲面图，QSurface3DSeries和QSurfaceDataProxy用于为图形设置数据以及控制图形的可视属性。与Q3DScatter一样，可以通过Q3DSurface的axisX()、axisY()和axisZ()来获取3个坐标轴，它们都是QValue3DAxis数值坐标轴。下面来看一个例子。

(本例采用的项目源码路径：src\18\18-7\my3dsurface)参照前面例18-4，新建项目my3dsurface，完成后在main.cpp文件中添加如下代码：

```
Q3DSurface surface;
surface.setFlags(surface.flags() ^ Qt::FramelessWindowHint);
surface.resize(800, 600);
QSurfaceDataArray * data = new QSurfaceDataArray;
QSurfaceDataRow * dataRow1 = new QSurfaceDataRow;
QSurfaceDataRow * dataRow2 = new QSurfaceDataRow;
* dataRow1 << QVector3D(0.0f, 0.1f, 0.5f) << QVector3D(1.0f, 0.5f, 0.5f);
* dataRow2 << QVector3D(0.0f, 1.8f, 1.0f) << QVector3D(1.0f, 1.2f, 1.0f);
* data << dataRow1 << dataRow2;
QSurface3DSeries * series = new QSurface3DSeries;
series ->dataProxy() ->resetArray(data);
surface.addSeries(series);
surface.show();
```

Q3DSurface还可以使用QHeightMapSurfaceDataProxy数据代理对高度图数据

进行处理,从而将高度图可视化为 3D 曲面图,显示出 3D 地形图的效果。在前面程序中继续添加如下代码:

```
Q3DSurface surface1;
surface1.setFlags(surface1.flags() ^ Qt::FramelessWindowHint);
surface1.resize(800, 600);
surface1.activeTheme() ->setType(Q3DTheme::ThemeStoneMoss);
QSurface3DSeries * series1 = new QSurface3DSeries;
QHeightMapSurfaceDataProxy * proxy =
        new QHeightMapSurfaceDataProxy("../my3dsurface/layer.png");
series1 ->setDataProxy(proxy);
series1 ->setDrawMode(QSurface3DSeries::DrawSurface);
surface1.addSeries(series1);
surface1.show();
```

可以看到,只需要使用 QHeightMapSurfaceDataProxy 指定高度图的路径即可,为了显示更清晰,一般会设置 setDrawMode(QSurface3DSeries::DrawSurface),这样只绘制曲面而不再绘制网格。现在可以运行程序查看效果。另外,读者还可以参考 Qt 提供的 Surface Example 示例程序。

18.3 小　结

本章对 Qt Charts 图表模块和 Qt Data Visualization 数据可视化模块进行了详细讲解,二者分别实现了使用 2D 图形和 3D 图形来显示数据。这两个模块既可以单独使用,也可以与前面两章内容结合,使用数据模型作为数据源。由于篇幅所限,本章示例程序中没有添加过多交互操作,读者可以自行修改程序进行相关编码,还可以参考 Qt Charts Examples 关键字和 Qt Data Visualization Examples 关键字对应文档中提供的众多示例程序。

第 5 篇　网络通信篇

第19章 网络编程

Qt中的Qt Network模块用来编写基于TCP/IP的网络程序，其中提供了较低层次的类，比如QTcpSocket、QTcpServer和QUdpSocket等，来表示低层次的网络概念；还有高层次的类，比如QNetworkRequest、QNetworkReply和QNetworkAccessManager，使用通用的协议来执行网络操作。如果要使用Qt Network模块中的类，则需要在项目文件中添加“QT+=network”一行代码。本章的内容可以在帮助中参考Network Programming with Qt关键字。《Qt Widgets及Qt Quick开发实战精解》中的局域网聊天工具实例是一个使用网络模块的综合应用实例程序，可以作为参考。

19.1 网络访问API

网络访问API是一组执行常见网络操作的类的集合。该接口在特定的操作和协议(例如，通过HTTP进行获取和发送数据)之上提供了一个抽象层，开发者只需要使用其提供的类、函数和信号即可完成操作，而不需要知道底层是如何实现的。

19.1.1 网络访问API相关类

网络访问API的核心类是网络访问管理器QNetworkAccessManager，用来协调网络操作、调度创建好的请求，并发射信号来报告进度。该类还可以对缓存和代理进行配置，并提供了相关信号。每一个应用程序只需要创建一个该类的实例即可完成相关操作。因为QNetworkAccessManager是基于QObject的，所以只能在它所属的线程中使用。

网络请求由QNetworkRequest类来表示，它包含一个URL和一些可用于修改请求的辅助信息。创建请求对象时指定的URL决定了请求使用的协议，目前支持HTTP和本地文件URLs的上传和下载。

网络请求的应答使用QNetworkReply类表示，它会在请求调度完成时由QNetworkAccessManager创建。QNetworkReply提供的信号可以用来单独监视每一个应

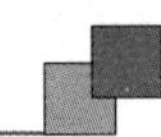

答,也可以使用 QNetworkAccessManager 的信号来实现,这样就可以丢弃对应答对象的引用。QNetworkReply 是 QIODevice 的子类,可以进行顺序访问,一旦开始读取数据,数据就不再由设备保存。每当从网络接收到更多的数据时,都会发出 readyRead()信号。

19.1.2　HTTP 通信程序示例

HTTP(HyperText Transfer Protocol,超文本传输协议)是一个客户端和服务器端之间进行请求和应答的标准。通常由 HTTP 客户端发起一个请求,建立一个到服务器指定端口(默认是 80 端口)的 TCP 连接;HTTP 服务器在指定的端口监听客户端发送过来的请求,一旦收到请求,服务器端就会向客户端发回一个应答。下面先来看一个通过网络访问 API 实现 HTTP 通信的例子。

(本例采用的项目源码路径:src\19\19-1\myhttp)新建 Qt Widgets 应用,名称为 myhttp,类名为 MainWindow,基类保持 QMainWindow 不变。完成后先在 myhttp.pro 文件中添加代码"QT += network",并保存该文件。双击 mainwindow.ui 文件进入设计模式,往界面上拖入一个 Text Browser,然后进入 mainwindow.h 文件,先添加类的前置声明:

```
class QNetworkReply;
class QNetworkAccessManager;
```

然后添加一个私有对象指针:

```
QNetworkAccessManager * manager;
```

下面再添加一个私有槽的声明:

```
private slots:
    void replyFinished(QNetworkReply * );
```

现在到 mainwindow.cpp 文件中,先添加头文件包含:

```
#include <QtNetwork>
```

然后在构造函数中添加如下代码:

```
manager = new QNetworkAccessManager(this);
connect(manager, &QNetworkAccessManager::finished,
        this, &MainWindow::replyFinished);
manager->get(QNetworkRequest(QUrl("https://www.qter.org")));
```

这里先创建了一个 QNetworkAccessManager 网络访问管理器的实例,它用来发送网络请求和接收应答。然后关联了管理器的 finished()信号和自定义的槽,每当网络应答结束时都会发射这个信号。最后使用了 get()函数来发送一个网络请求,网络请求使用 QNetworkRequest 类表示,get()函数返回一个 QNetworkReply 对象。除了 get()函数,管理器还提供了发送 HTTP POST 请求的 post()函数、HTTP PUT 请求的 put()函数以及 HTTP DELETE 请求的 deleteResource()函数。下面添加槽的定义:

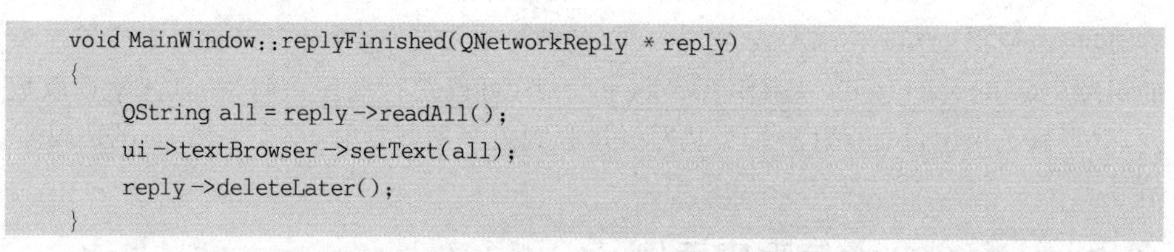

```
void MainWindow::replyFinished(QNetworkReply * reply)
{
    QString all = reply->readAll();
    ui->textBrowser->setText(all);
    reply->deleteLater();
}
```

因为 QNetworkReply 继承自 QIODevice 类,所以可以像操作一般的 I/O 设备一样来操作该类。这里使用了 readAll()函数来读取所有的应答数据,完成数据的读取后需要使用 deleteLater()来删除 replay 对象。现在可以运行程序查看效果。

下面将前面的程序进行修改,从而实现一般文件的下载,并且显示下载进度。(本例采用的项目源码路径:src\19\19-2\myhttp)先删除界面上的 Text Browser,然后拖入 Label、Line Edit、Progress Bar 和 Push Button 等部件,最终效果如图 19-1 所示。

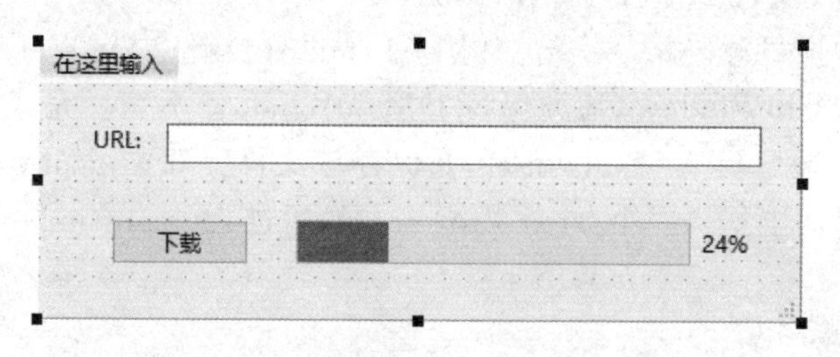

图 19-1 使用 HTTP 下载文件界面设计效果

下面到 mainwindow.h 文件中,先添加头文件和类的前置声明:

```
#include <QUrl>
class QFile;
```

然后将前面的 replyFinished(QNetworkReply *)槽声明删除掉,并添加如下私有槽声明:

```
void httpFinished();
void httpReadyRead();
void updateDataReadProgress(qint64, qint64);
```

然后再添加一个 public 函数声明:

```
void startRequest(QUrl url);
```

最后添加几个私有成员变量:

```
QNetworkReply * reply;
QUrl url;
QFile * file;
```

到 mainwindow.cpp 文件中,将前面在构造函数中添加的内容删除,然后添加如下代码:

```
manager = new QNetworkAccessManager(this);
ui->progressBar->hide();
```

将进度条设置默认不显示,这样在没有下载文件时不会显示进度条。下面将前面程序中添加的 replyFinished()函数的定义删除,然后添加新的函数的定义。先添加网

络请求函数的实现：

```
void MainWindow::startRequest(QUrl url)
{
    reply = manager ->get(QNetworkRequest(url));
    connect(reply, &QNetworkReply::readyRead, this, &MainWindow::httpReadyRead);
    connect(reply, &QNetworkReply::downloadProgress,
            this, &MainWindow::updateDataReadProgress);
    connect(reply, &QNetworkReply::finished, this, &MainWindow::httpFinished);
}
```

这里使用了get()函数来发送网络请求，然后进行了QNetworkReply对象的几个信号和自定义槽的关联。其中，readyRead()信号继承自QIODevice类，每当有新的数据可以读取时，都会发射该信号；每当网络请求的下载进度更新时都会发射download-Progress()信号，用来更新进度条；每当应答处理结束时都会发射finished()信号，该信号与前面程序中QNetworkAccessManager类的finished()信号作用相同，只不过发送者不同，参数也不同而已。下面添加几个槽的定义。

```
void MainWindow::httpReadyRead()
{
    if (file) file ->write(reply ->readAll());
}
```

这里先判断是否创建了文件，如果是，则读取返回的所有数据，然后写入到文件。该文件是在后面的“下载”按钮单击信号槽中创建并打开的。

```
void MainWindow::updateDataReadProgress(qint64 bytesRead, qint64 totalBytes)
{
    ui ->progressBar ->setMaximum(totalBytes);
    ui ->progressBar ->setValue(bytesRead);
}
```

这里设置了进度条的最大值和当前值。

```
void MainWindow::httpFinished()
{
    ui ->progressBar ->hide();
    if(file) {
        file ->close();
        delete file;
        file = 0;
    }
    reply ->deleteLater();
    reply = 0;
    QMessageBox::information(this, tr("提示"), tr("下载完成!"), QMessageBox::Ok);
}
```

完成下载后，重新隐藏进度条，然后删除file和reply对象，并弹出提示对话框。注意，需要添加#include <QMessageBox>头文件包含。下面到设计模式，转到“下载”按钮的单击信号的槽，然后添加如下代码：

```
void MainWindow::on_pushButton_clicked()
{
    url = ui->lineEdit->text();
    QFileInfo info(url.path());
    QString fileName(info.fileName());
    if (fileName.isEmpty()) fileName = "index.html";
    file = new QFile(fileName);
    if(! file->open(QIODevice::WriteOnly))
    {
        delete file;
        file = 0;
        return;
    }
    startRequest(url);
    ui->progressBar->setValue(0);
    ui->progressBar->show();
}
```

这里使用要下载的文件名创建了本地文件,然后使用输入的 url 进行了网络请求,并显示进度条。现在可以运行程序,输入一个网络文件地址,然后单击“下载”按钮将其下载到本地。对应这个例子,读者也可以参考 Qt 自带的 HTTP Example 示例程序,它的实现更加完善;还可以参考 Google Suggest Example 示例程序。

19.2 获取网络接口信息

19.2.1 QHostInfo 进行主机名查找

进行 TCP/UDP 编程时,需要先进行名称查找,将连接的主机名解析为 IP 地址,这个操作一般使用 DNS(Domain Name Service,域名服务)协议完成。IP(Internet Protocol,互联网协议)是计算机网络相互连接进行通信时使用的协议,它规定了计算机在互联网上进行通信时应当遵循的规则,有 IPV4 和 IPV6 两个版本。而 IP 地址就是给每一个连接在互联网上的主机分配的一个唯一地址,IP 协议使用这个地址来进行主机之间的信息传递。

Qt Network 模块中的 QHostInfo 类用于查找与主机名关联的 IP 地址,或者与 IP 地址关联的主机名。该类提供了两个静态便捷函数来完成查找操作,其中,lookupHost()函数异步执行,实际的工作是在单独线程中完成的,利用操作系统自身的方法完成查找,找到后会发射信号;fromName()函数可以直接通过主机名进行查找并返回结果,但是该函数在当前线程执行,所以更适合用于非 GUI 线程中,而在 GUI 线程中调用并执行查找时可能会导致用户界面冻结。

(本节采用的项目源码路径:src\19\19-3\myip)新建 Qt Widgets 应用,项目名称为 myip,类名为 MainWindow,基类保持 QMainWindow 不变。完成后先在 myip.pro 文件中添加“QT+=network”一行代码,并保存该文件。然后进入 mainwindow.cpp

文件，添加头文件包含：

```
#include <QtNetwork>
#include <QDebug>
```

然后在构造函数中添加如下代码：

```
QString localHostName = QHostInfo::localHostName();
QHostInfo info = QHostInfo::fromName(localHostName);
qDebug() << "localHostName: " << localHostName << Qt::endl
         << "IP Address: " << info.addresses();
```

这里先使用 localHostName()静态函数获取了本地主机名称，也就是自己使用的计算机名称，这个在桌面的“此电脑”图标上右击并查看其属性，则在计算机名栏中可以看到。然后使用 fromName()函数，根据主机名获取了 QHostInfo 对象，使用 QHostInfo 类的 addresses()函数可以获取与主机名相关的 IP 地址的列表，它返回的是一个 QHostAddress 对象的列表。QHostAddress 类代表了一个 IP 地址。从一个主机名获取的 IP 地址可能不止一个，不过第一个 IPv4 地址一般是本机设定的 IP 地址，这个可以在计算机“网络和 Internet”设置中查看以太网属性，然后在“IP 设置”处进行手动指定。现在运行程序查看输出结果。在有些系统上还可能出现 IPv4 和 IPv6 两种地址，要获取其中的 IPv4 地址，可以对 IP 地址列表进行遍历，下面继续添加代码：

```
const auto addresses = info.addresses();
for (const QHostAddress &address : addresses) {
    if(address.protocol() == QAbstractSocket::IPv4Protocol)
        qDebug() << address.toString();
}
```

除了使用 fromName()来获取 IP 地址，还可以使用 lookupHost()函数，它需要指定一个主机名、一个 QObject 指针和一个槽。该函数可以执行名称查找，当完成后会调用指定的 QObject 对象的槽，查找工作是在其他线程中进行的，即异步进行的不会阻塞。

下面先到 mainwindow.h 文件中添加类的前置声明：

```
class QHostInfo;
```

然后声明一个私有槽：

```
private slots:
    void lookedUp(const QHostInfo &host);
```

下面到 mainwindow.cpp 文件中添加该槽的定义：

```
void MainWindow::lookedUp(const QHostInfo &host)
{
    if (host.error() != QHostInfo::NoError) {
        qDebug() << "Lookup failed:" << host.errorString();
        return;
    }
    const auto addresses = host.addresses();
    for (const QHostAddress &address : addresses)
        qDebug() << "Found address:" << address.toString();
}
```

这里先判断是否出错,发生错误就输出错误信息并返回。如果没有问题,则遍历返回的 IP 列表并输出。下面在构造函数中添加如下一行代码:

```
QHostInfo::lookupHost("www.baidu.com", this, SLOT(lookedUp(QHostInfo)));
```

这里对百度网站的 IP 地址进行查找,查找完成后便会调用自定义的 lookedUp()槽。现在可以运行程序查看输出结果。lookupHost()函数返回一个整型 ID 值,可以调用 abortHostLookup()函数,通过这个 ID 值来终止查找。另外,还可以将这个函数中的第一个参数设置为一个 IP 地址,从而查找该 IP 地址对应的域名。

19.2.2 QNetworkInterface 获取本机网络接口信息

网络模块中还提供了 QNetworkInterface 类来获取主机的 IP 地址列表和网络接口信息。QNetworkInterface 类代表了运行当前程序的主机的网络接口。下面通过代码来看一下该类的使用。继续在构造函数中添加如下代码:

```
//获取所有网络接口的列表
const auto list = QNetworkInterface::allInterfaces();
//遍历每一个网络接口
for (const QNetworkInterface &interface : list) {
    //接口名称
    qDebug() << "Name: " << interface.name();
    //硬件地址
    qDebug() << "HardwareAddress: " << interface.hardwareAddress();
    //获取 IP 地址条目列表,每个条目包含一个 IP 地址、子网掩码和广播地址
    const auto entryList = interface.addressEntries();
    //遍历每一个 IP 地址条目
    for (const QNetworkAddressEntry &entry : entryList) {
        //IP 地址
        qDebug() << "IP Address: " << entry.ip().toString();
        //子网掩码
        qDebug() << "Netmask: " << entry.netmask().toString();
        //广播地址
        qDebug() << "Broadcast: " << entry.broadcast().toString();
    }
}
```

这里先使用 allInterfaces()函数获取主机上所有网络接口的列表,然后对这个列表进行了遍历。使用 name()函数可以获取网络接口的名称,在 Unix 系统上,这个字符串包含了接口的类型和可选的序列号,例如,eth0、lo 或者 pcn0;在 Windows 系统上,它是一个不能被用户改变的内部编号。使用 hardwareAddress()函数可以获取底层的硬件地址。函数 addressEntries()可以返回一个 QNetworkAddressEntry 对象的列表,QNetworkAddressEntry 类保存了一个网络接口支持的 IP 地址,以及与该 IP 地址相关的子网掩码和广播地址。如果只需要用获取 IP 地址,那么可以使用 QNetworkInterface 类提供的 allAddresses()函数,它要返回了所有 IP 地址的列表。现在可以运行程序查看输出的结果。

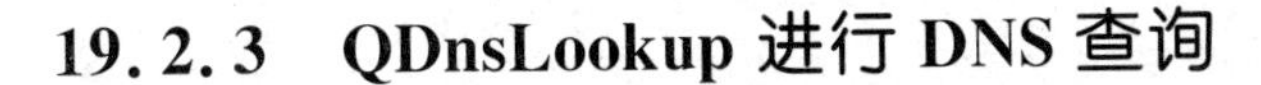

19.2.3 QDnsLookup 进行 DNS 查询

Qt 5 中引入了一个 QDnsLookup 类来进行 DNS 查询。可以先使用 setType()指定 type、setName()指定 name，然后调用 lookup()进行查询，查询完成后会发射 finished()信号，可以通过关联该信号在相应槽中处理结果。可以使用如下代码片段进行查询：

```
dns = new QDnsLookup(this);
connect(dns, SIGNAL(finished()), this, SLOT(handleServers()));
dns->setType(QDnsLookup::SRV);
dns->setName("_xmpp-client._tcp.gmail.com");
dns->lookup();
```

完成后在相应槽中进行处理：

```
void MyObject::handleServers()
{
    if (dns->error() != QDnsLookup::NoError) {
        qWarning("DNS lookup failed");
        dns->deleteLater();
        return;
    }
    const auto records = dns->serviceRecords();
    for (const QDnsServiceRecord &record : records) {...}
    dns->deleteLater();
}
```

查找的类型 type 由 QDnsLookup::Type 枚举类型指定，所有取值如表 19-1 所列。根据不同的查询类型，分别由 canonicalNameRecords()、hostAddressRecords()、mailExchangeRecords()、nameServerRecords()、pointerRecords()、serviceRecords()和 textRecords()等函数返回不同类型记录的列表。每种类型记录都对应一个类，可以通过特定类提供的函数来获取记录信息。

表 19-1 QDnsLookup 类中的查询类型

常 量	描 述	常 量	描 述
QDnsLookup::A	IPv4 地址记录	QDnsLookup::NS	名称服务器记录
QDnsLookup::AAAA	IPv6 地址记录	QDnsLookup::PTR	指针记录
QDnsLookup::ANY	任何记录	QDnsLookup::SRV	服务记录
QDnsLookup::CNAME	别名记录	QDnsLookup::TXT	文本记录
QDnsLookup::MX	邮件交换记录		

19.3 UDP

19.3.1 UDP 简介

UDP(User Datagram Protocol,用户数据报协议)是一个轻量级的、不可靠的、面向数据报的、无连接的协议,用于可靠性不是非常重要的情况下,例如,一个服务器报告一天的时间可以选择 UDP。如果一个包含时间的数据报丢失了,那么客户端可以简单地发送另外一个请求。UDP 一般分为发送端和接收端,其示意图如图 19-2 所示。

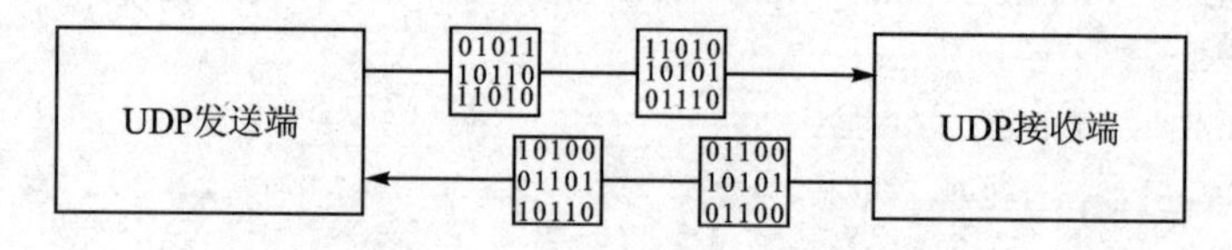

图 19-2 UDP 数据传输示意图

QUdpSocket 类用来发送和接收 UDP 数据报,继承自 QAbstractSocket。这里的 Socket 就是所谓的"套接字",简单来说,套接字就是一个 IP 地址加一个 port 端口号。其中,IP 地址指定了网络中的一台主机,而端口号指定了该主机上的一个网络程序,这样使用套接字就可以实现网络上两台主机上的两个应用程序之间的通信。

QUdpSocket 支持 IPv4 广播。广播一般用来实现网络发现协议,例如,查找网络上哪个主机拥有最多的硬盘空间,一个主机向网络中广播一个数据报,然后所有其他的主机都接收这个数据报,每一个主机接收到一个请求,然后发送应答给发送端,告知其当前的可用磁盘空间。发送端一直等待,直到它接收到所有主机的答复,然后可以选择拥有最多空闲空间的服务器来存储数据。要广播一个数据报,则只需要发送它到一个特殊的地址 QHostAddress::Broadcast(即 255.255.255.255),或者是本地网络的广播地址。下面通过一个例子来讲解一下怎样进行 UDP 编程。

19.3.2 UDP 广播程序示例

先编写发送端程序。(项目源码路径:src\19\19-4\udpsender)新建 Qt Widgets 应用,项目名称为 udpsender,基类选择 QDialog,类名设置为 Sender,完成后向 udpsender.pro 文件中添加"QT += network"一行代码,并保存该文件。到 sender.h 文件中,添加类的前置声明:

```
class QUdpSocket;
```

再添加一个私有对象指针:

```
QUdpSocket * sender;
```

下面双击 sender.ui 文件进入设计模式,向界面上拖入一个 Push Button 按钮部件,将其显示文本更改为"进行广播"。然后转到其单击信号槽,更改如下:

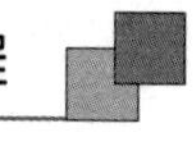

```
void Sender::on_pushButton_clicked()
{
    QByteArray datagram = "hello world!";
    sender ->writeDatagram(datagram.data(), datagram.size(),
                          QHostAddress::Broadcast, 45454);
}
```

这里调用了 writeDatagram()函数来发送数据报,该函数的原型为:

```
qint64 QUdpSocket::writeDatagram (const char * data, qint64 size,
                                  const QHostAddress & address, quint16 port )
```

它会发送 size 大小的数据报 data 到地址为 address 的主机的 port 端口,并返回成功发送的字节数;如果发送失败,则返回-1。数据报总是作为一整块写入的,它的最大大小根据平台的不同而不同。如果数据报过大,这个函数将会返回-1,而且 error()函数会返回 DatagramTooLargeError 错误信息。一般不建议发送大于 512 字节的数据报,即便被发送成功,它们很可能是在到达最终目的地以前就在 IP 层被分割了。这里使用了枚举值 QHostAddress::Broadcast 来表示广播地址,它等价于 QHostAddress("255.255.255.255")。端口号是可以随意指定的,但是一般建议使用 1 024 以上的端口号,因为 1 024 以下的端口号通常用于保留端口号(例如,FTP 使用的 21 端口),端口号最大为 65 535。需要注意的是,这里使用了端口号 45 454,那么在接收端也要使用这个端口号。

下面在 sender.cpp 文件中添加头文件 #include <QtNetwork>,然后在构造函数中添加如下一行代码:

```
sender = new QUdpSocket(this);
```

现在可以先运行一下程序。下面来添加接收端程序。

(项目源码路径:src\19\19-4\udpreceiver)新建 Qt Widgets 应用,项目名称为 udpreceiver,基类选择 QDialog,类名设置为 Receiver,完成后向 udpReceiver.pro 文件中添加"QT+=network"一行代码,并保存该文件。然后到 receiver.h 文件中,添加类的前置声明:

```
class QUdpSocket;
```

再添加一个私有对象指针:

```
QUdpSocket *receiver;
```

然后添加一个私有槽声明:

```
private slots:
    void processPendingDatagram();
```

下面双击 receiver.ui 进入设计模式,向界面上拖入一个 Label,将其显示文本更改为"等待接收数据!"。然后进入 receiver.cpp 文件中,添加头文件 #include <QtNetwork>,然后在构造函数中添加如下代码:

```
receiver = new QUdpSocket(this);
receiver ->bind(45454, QUdpSocket::ShareAddress);
connect(receiver, &QUdpSocket::readyRead,
        this, &Receiver::processPendingDatagram);
```

这里先使用 bind()函数绑定了 IP 地址和端口号,程序中使用的 bind()函数的一个重载形式,它不需要指定 IP 地址,默认支持 QHostAddress::Any 即所有的 IP 地址;其中,指定的端口号就是前面发送端使用的端口号。最后的一个参数是绑定模式,程序中使用 QUdpSocket::ShareAddress 表明允许其他的服务器绑定到相同的地址和端口上。每当有数据报到来时,QUdpSocket 都会发射 readyRead()信号,这样就可以在自定义的槽中读取数据了。下面添加该槽函数的实现代码:

```
void Receiver::processPendingDatagram()
{
    //拥有等待的数据报
    while(receiver->hasPendingDatagrams())
    {
        QByteArray datagram;
        //让 datagram 的大小为等待处理的数据报的大小,这样才能接收到完整的数据
        datagram.resize(receiver->pendingDatagramSize());
        //接收数据报,将其存放到 datagram 中
        receiver->readDatagram(datagram.data(), datagram.size());
        ui->label->setText(datagram);
    }
}
```

这里使用 hasPendingDatagrams()来判断是否还有等待读取的数据报,如果有,就将其内容读取到自定义的变量中,然后显示出来。可以使用 pendingDatagramSize()来获取当前数据报的大小,然后使用 readDatagram()函数接收不大于指定大小的数据报,并将其存储到 QByteArray 变量中。

下面先运行 udpreceiver 程序,在 Windows 系统中可能会出现"Windows 安全中心警报"对话框,选择"允许访问"即可。然后运行 udpsender 程序,并单击"进行广播"按钮,则 udpreceiver 界面上就可以显示出接收到的数据报信息了。关于 UDP 编程,还可以参考一下 Qt 自带的 Broadcast Sender Example 和 Broadcast Receiver Example 示例程序。

19.4 TCP

19.4.1 TCP 简介

TCP(Transmission Control Protocol,传输控制协议)是一个用于数据传输的低层的网络协议,多个互联网协议(包括 HTTP 和 FTP)都是基于 TCP 协议的。TCP 是一个面向数据流和连接的可靠的传输协议。QTcpSocket 类为 TCP 提供了一个接口,该类也继承自 QAbstractSocket。可以使用 QTcpSocket 来实现 POP3、SMTP 和 NNTP 等标准的网络协议,也可以实现自定义的网络协议。与 QUdpSocket 传输的数据报不同,QTcpSocket 传输的是连续的数据流,尤其适合于连续的数据传输。TCP 编程一般分为客户端和服务器端,也就是所谓的 C/S(Client/Server)模型,如图 19-3 所示。

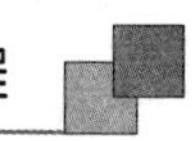

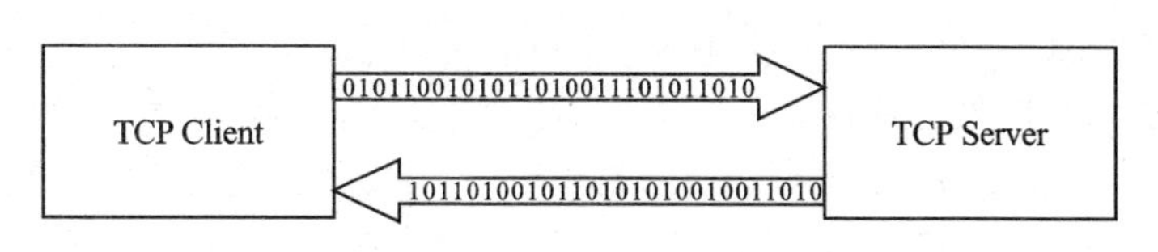

图 19-3 TCP 数据传输示意图

在任何数据传输之前，必须建立一个 TCP 连接到远程的主机和端口上。一旦连接被建立，peer（对使用 TCP 协议连接在一起的主机的通称）的 IP 地址和端口可以分别使用 QTcpSocket::peerAddress()和 QTcpSocket::peerPort()来获取。在任何时间，peer 都可以关闭连接，这样数据传输就会立即停止。QTcpSocket 是异步进行工作的，通过发射信号来报告状态改变和错误信息，就像前面介绍的 QNetworkAccessManager 一样；它依靠事件循环来检测到来的数据，并且自动刷新输出的数据。可以使用 QTcpSocket::write()来写入数据，使用 QTcpSocket::read()来读取数据。QTcpSocket 代表了两个独立的数据流：一个用来读取，一个用来写入。因为 QTcpSocket 继承自 QIODevice，所以可以使用 QTextStream 和 QDataStream。当从一个 QTcpSocket 中读取数据前，必须先调用 QTcpSocket::bytesAvailable()函数来确保已经有足够的数据可用。

如果要处理到来的 TCP 连接（例如，在一个服务器应用程序中），则可以使用 QTcpServer 类。调用 listen()进行监听，然后关联 newConnection()信号，每当有客户端连接时都会发射该信号。槽中调用 nextPendingConnection()来接收这个连接，然后使用该函数返回的 QTcpSocket 对象与客户端进行通信。

尽管 QTcpSocket 中的大多数函数都是异步工作的，其实也可以使用 QTcpSocket 来实现同步工作（例如，阻塞）。要实现阻塞行为，可以调用 QTcpSocket 的以 waitFor 开头的函数，它们会挂起调用的线程，直到一个信号被发射。例如，在调用了 QTcpSocket::connectToHost()非阻塞函数后，调用 QTcpSocket::waitForConnected()来阻塞线程，直到 connected()信号被发射。使用同步函数会使编写代码更简单，它最主要的缺点是在 waitFor 函数阻塞时事件将不再被处理；如果在一个 GUI 线程中，那么用户界面可能会被冻结。所以，一般建议只在非 GUI 线程中才使用同步套接字。

19.4.2 TCP 传输字符串示例

为了让读者更容易入门 TCP 编程，这里先讲解一个简单的例子，其实现的功能是：服务器一直监听一个端口，一旦有客户端连接请求，便建立连接，并向客户端发送一个字符串，然后客户端接收该字符串并显示出来。

先编写服务器端程序。（项目源码路径：src\19\19-5\tcpserver）新建 Qt Widgets 应用，项目名称为 tcpserver，基类选择 QDialog，类名为 Server，完成后向 tcpserver.pro 文件中添加“QT+=network”一行代码，并保存该文件。然后进入 server.ui 文件中，向界面上拖入一个 Label 部件，并更改其显示文本为“等待连接”。下面进入 server.h 文件，先添加类的前置声明：

```
class QTcpServer;
```

然后添加私有对象指针：

```
QTcpServer * tcpServer;
```

最后添加一个私有槽声明：

```
private slots:
    void sendMessage();
```

下面转到 server.cpp 文件中，先添加头文件 #include <QtNetwork>，然后在构造函数中添加如下代码：

```
tcpServer = new QTcpServer(this);
//使用了 IPv4 的本地主机地址，等价于 QHostAddress("127.0.0.1")
if (! tcpServer ->listen(QHostAddress::LocalHost, 6666)) {
    qDebug() << tcpServer ->errorString();
    close();
}
connect(tcpServer, &QTcpServer::newConnection, this, &Server::sendMessage);
```

这里调用了 QTcpServer 类的 listen()函数来监听到来的连接，这里监听了本地主机的 6666 端口，这样可以实现客户端和服务器端在同一台计算机上运行并通信，当然也可以换成其他地址。一旦有客户端连接到服务器，则发射 newConnection()信号。下面添加发送信息槽的实现代码：

```
void Server::sendMessage()
{
    //用于暂存要发送的数据
    QByteArrayblock;
    QDataStream out(&block, QIODevice::WriteOnly);
    //设置数据流的版本，客户端和服务器端使用的版本要相同
    out.setVersion(QDataStream::Qt_6_2);
    out << (quint16)0;
    out << QString("hello TCP!!!");
    out.device() ->seek(0);
    out << (quint16)(block.size() - sizeof(quint16));
    //获取已经建立的连接的套接字
    QTcpSocket * clientConnection = tcpServer ->nextPendingConnection();
    connect(clientConnection, &QTcpSocket::disconnected,
            clientConnection, &QTcpSocket::deleteLater);
    clientConnection ->write(block);
    clientConnection ->disconnectFromHost();
    //发送数据成功后，显示提示
    ui ->label ->setText(tr("发送数据成功!!!"));
}
```

这里使用了 QByteArray 对象来暂存要发送的数据，然后使用数据流将要发送的数据写入到 QByteArray 对象中。这里需要设置数据流的版本，而且客户端在接收数据时要使用相同的版本。为了在接收数据时可以接收到完整的数据，在发送数据时，一定要在最开始写入实际数据的大小信息，该大小信息占用两个字节，可以使用(quint16)0 来表示。因为在写入数据以前可能不知道实际数据的大小，所以要先在数

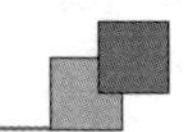

据块的最前端空留两个字节的位置，以便以后填写数据的大小信息，这就是 out <<(quint16)0 的作用。然后输入实际的数据，这里就是一个字符串。输入完实际的数据以后，使用(quint16)(block.size()－sizeof(quint16))，即数据块总大小减去数据块开头的两个字节的大小，就可以获得实际数据的大小了。这时使用 seek(0)跳转到数据块的开头，然后将获取的大小信息填写到前面空留的两个字节处。接着使用了 nextPendingConnection()函数获取了连接的套接字，使用 write()函数将 block 数据发送出去。这里还关联了套接字的 disconnected()信号和 deleteLater()槽，表明当连接断开时删除该套接字。而调用的 disconnectFromHost()函数会一直等待套接字将所有数据发送完毕，然后关闭该套接字，并发射 disconnected()信号。现在可以先运行一下程序。

可以看到，编写 TCP 服务器端程序时可以使用 QTcpServer 类，然后调用它的 listen()函数来进行监听，要对连接过来的客户端进行操作时，可以通过关联 newConnection()信号在槽中进行。可以使用 nextPendingConnection()函数来获取连接的套接字。

下面编写客户端程序。(项目源码路径：src\19\19-5\tcpclient)新建 Qt Widgets 应用，项目名称为 tcpclient，基类选择 QDialog，类名设置为 Client，完成后向 tcpclient.pro 文件中添加“QT＋＝network”一行代码，并保存该文件。然后进入 client.ui 文件中，往界面上拖入 3 个 Label，两个 Line Edit 和一个 Push Button，如图 19－4 所示。将“主机”标签后的 Line Edit 的 objectName 更改为 hostLineEdit；“端口”标签后的 Line Edit 的 objectName 更改为 portLineEdit；将“接收到的信息”标签的 objectName 更改为 messageLabel；将“连接”按钮的 objectName 更改为 connectButton。

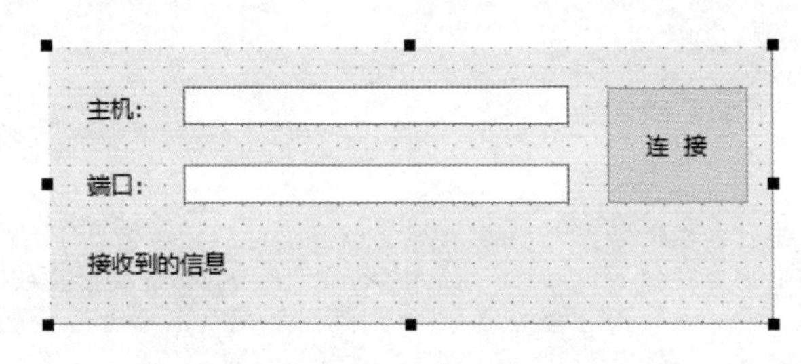

图 19－4　TCP 客户端界面设计效果

进入 client.h 文件中，先添加头文件和类的前置声明：

```
#include <QAbstractSocket>
class QTcpSocket;
```

然后添加私有成员变量：

```
QTcpSocket *tcpSocket;
QString message;
//用来存放数据的大小信息
quint16 blockSize;
```

再添加几个私有槽的声明：

```
private slots:
    void newConnect();
    void readMessage();
    void displayError(QAbstractSocket::SocketError);
```

下面转到 client.cpp 文件中,先添加头文件#include <QtNetwork>,然后在构造函数中添加如下代码:

```
tcpSocket = new QTcpSocket(this);
connect(tcpSocket, &QTcpSocket::readyRead, this, &Client::readMessage);
connect(tcpSocket, &QTcpSocket::errorOccurred, this, &Client::displayError);
```

这里关联了两个信号到自定义的槽上,当有可读的数据时会发射 readyRead()信号,当发生错误时会发射 error()信号。下面添加 newConnect()槽的定义:

```
void Client::newConnect()
{
    //初始化数据大小信息为 0
    blockSize = 0;
    //取消已有的连接
    tcpSocket ->abort();
    tcpSocket ->connectToHost(ui ->hostLineEdit ->text(),
                              ui ->portLineEdit ->text().toInt());
}
```

这个槽中先初始化了存储接收数据的大小信息的变量为 0,然后使用 abort()函数取消了当前已经存在的连接,并重置套接字。最后,调用 connectToHost()函数连接到指定主机的指定端口。下面添加读取数据的槽的定义:

```
void Client::readMessage()
{
    QDataStream in(tcpSocket);
    //设置数据流版本,这里要和服务器端相同
    in.setVersion(QDataStream::Qt_6_2);
    //如果是刚开始接收数据
    if (blockSize == 0) {
        //判断接收的数据是否大于两字节,也就是文件的大小信息所占的空间
        //如果是则保存到 blockSize 变量中,否则直接返回,继续接收数据
        if(tcpSocket ->bytesAvailable() < (int)sizeof(quint16)) return;
        in >> blockSize;
    }
    //如果没有得到全部的数据,则返回,继续接收数据
    if(tcpSocket ->bytesAvailable() < blockSize) return;
    //将接收到的数据存放到变量中
    in >> message;
    //显示接收到的数据
    ui ->messageLabel ->setText(message);
}
```

读取数据时,先读取了数据的大小信息,然后使用该大小信息来判断是否已经读取到了所有的数据。下面添加显示错误信息的槽的定义:

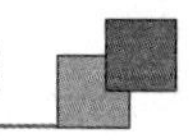

```
void Client::displayError(QAbstractSocket::SocketError)
{
    qDebug() << tcpSocket->errorString();
}
```

这里只是简单输出了错误信息。最后，从设计模式进入“连接”按钮的单击信号对应的槽，更改如下：

```
void Client::on_connectButton_clicked()
{
    newConnect();
}
```

这里只是简单调用了创建连接的函数。现在可以先运行 tcpserver 程序，然后再运行该程序，输入主机为 localhost，端口为 6666，然后单击“连接”按钮，则可以显示从服务器发送回来的字符串了。整个过程是这样的：启动服务器端，开始监听端口。客户端单击“连接”按钮，调用 newConnect()槽，然后客户端向服务器发送连接请求，这时服务器便调用 sendMessage()槽，发送字符串。客户端接收到字符串时，调用 readMessage()槽将字符串显示出来。

对应这个例子，还可以查看一下 Qt 提供的 Fortune Client Example 和 Fortune Server Example 示例程序，它们演示了怎样使用 QTcpSocket 和 QTcpServer 来编写 TCP 客户端/服务器应用程序。Blocking Fortune Client Example 示例程序演示了怎样在一个独立的线程中(没有使用事件循环)使用同步 QTcpSocket；Threaded Fortune Server Example 示例程序演示了多线程 TCP 服务器，每一个客户端都使用一个单独的线程。

19.4.3　TCP 传输文件示例

下面再来介绍一个稍微复杂点的例子，其实现了大型文件的传输，而且还可以显示传输进度。这个例子也是由客户端和服务器端组成的，这次在客户端进行数据的发送，在服务器端进行数据的接收。通过这个例子，读者应该进一步掌握对发送和接收数据的处理，可以灵活在客户端或者服务器端进行数据的发送或者接收。对应这个例子，读者也可以参考一下 Qt 自带的 loopback Example 示例程序。

先编写客户端程序。(项目源码路径：src\19\19-6\tcpclient)新建 Qt Widgets 应用，项目名称为 tcpclient，基类选择 QDialog，类名为 Client，完成后向 tcpclient.pro 文件中添加“QT＋＝network”一行代码，并保存该文件。然后进入 client.ui 文件中，往界面上拖入 3 个 Label、两个 Line Edit、两个 Push Button 和一个 Progress Bar。然后设置这些部件的属性，将“主机”后的 Line Edit 的 objectName 改为 hostLineEdit；“端口”后的 Line Edit 的 objectName 改为 portLineEdit；Progress Bar 的 objectName 改为 clientProgressBar，其 value 属性设为 0；“状态”Label 的 objetName 改为 clientStatusLabel；“打开”按钮的 objectName 改为 openButton；“发送”按钮的 objectName 改为 sendButton，最终效果如图 19－5 所示。

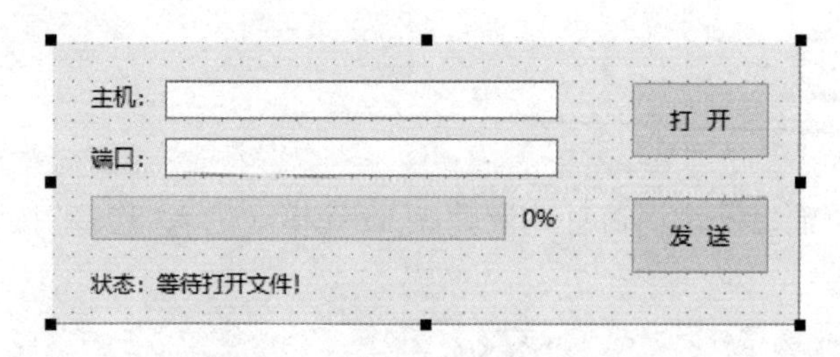

图 19-5 TCP 客户端界面设计效果

下面进入 client.h 文件中,添加头文件和类的前置声明:

```
#include <QAbstractSocket>
class QTcpSocket;
class QFile;
```

再添加几个私有成员变量:

```
QTcpSocket *tcpClient;
QFile *localFile;                  //要发送的文件
qint64 totalBytes;                 //发送数据的总大小
qint64 bytesWritten;               //已经发送数据大小
qint64 bytesToWrite;               //剩余数据大小
qint64 payloadSize;                //每次发送数据的大小
QString fileName;                  //保存文件路径
QByteArray outBlock;               //数据缓冲区,即存放每次要发送的数据块
```

然后添加几个私有槽声明:

```
private slots:
    void openFile();
    void send();
    void startTransfer();
    void updateClientProgress(qint64);
    void displayError(QAbstractSocket::SocketError);
```

再转到 client.cpp 文件中添加头文件包含:

```
#include <QtNetwork>
#include <QFileDialog>
```

然后到构造函数中添加如下代码:

```
payloadSize = 64 * 1024; //64KB
totalBytes = 0;
bytesWritten = 0;
bytesToWrite = 0;
tcpClient = new QTcpSocket(this);
//当连接服务器成功时,发出 connected()信号,开始传送文件
connect(tcpClient, &QTcpSocket::connected, this, &Client::startTransfer);
connect(tcpClient, &QTcpSocket::bytesWritten,
        this, &Client::updateClientProgress);
connect(tcpClient, &QTcpSocket::errorOccurred, this, &Client::displayError);
ui->sendButton->setEnabled(false);
```

这里只是对变量进行了初始化,然后关联了几个信号和槽。下面添加打开文件槽

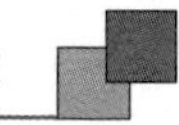

的定义：

```
void Client::openFile()
{
    fileName = QFileDialog::getOpenFileName(this);
    if (! fileName.isEmpty()) {
        ui ->sendButton ->setEnabled(true);
        ui ->clientStatusLabel ->setText(tr("打开文件 %1 成功!").arg(fileName));
    }
}
```

这里使用 QFileDialog 来打开一个本地的文件。下面添加连接到服务器槽的定义：

```
void Client::send()
{
    ui ->sendButton ->setEnabled(false);
    bytesWritten = 0;        //初始化已发送字节为 0
    ui ->clientStatusLabel ->setText(tr("连接中…"));
    tcpClient ->connectToHost(ui ->hostLineEdit ->text(),
                              ui ->portLineEdit ->text().toInt());
}
```

这里调用了 connectToHost()连接到服务器。下面来实现文件的传输，在实际的文件传输以前，需要将整个传输的数据的大小、文件名的大小、文件名等信息放在数据的开头进行传输，这里可以把它们统称为文件头结构。发送文件头结构的方法与前面例子中发送数据大小信息是相似的，只不过这里使用了 qint64 类型，它可以表示更大的数据。在 startTransfer()槽中发送文件头结构，下面来添加它的定义：

```
void Client::startTransfer()
{
    localFile = new QFile(fileName);
    if (!localFile ->open(QFile::ReadOnly)) {
        qDebug() << "client: open file error!";
        return;
    }
    //获取文件大小
    totalBytes = localFile ->size();
    QDataStream sendOut(&outBlock, QIODevice::WriteOnly);
    sendOut.setVersion(QDataStream::Qt_6_2);
    QString currentFileName = fileName.right(fileName.size()
                                             - fileName.lastIndexOf('/') - 1);
    //保留总大小信息空间、文件名大小信息空间，然后输入文件名
    sendOut << qint64(0) << qint64(0) << currentFileName;
    //这里的总大小是总大小信息、文件名大小信息、文件名和实际文件大小的总和
    totalBytes += outBlock.size();
    sendOut.device() ->seek(0);
    //返回 outBolock 的开始，用实际的大小信息代替两个 qint64(0)空间
    sendOut << totalBytes << qint64((outBlock.size() - sizeof(qint64) * 2));
    //发送完文件头结构后剩余数据的大小
    bytesToWrite = totalBytes - tcpClient ->write(outBlock);
```

```
        ui ->clientStatusLabel ->setText(tr("已连接"));
        outBlock.resize(0);
    }
```

这里总大小信息 totalBytes 是要发送的整个数据的大小,它包括了文件头结构和实际文件的大小。这个 totalBytes 要放在数据流的最开始,占用第一个 qint64(0)的空间;然后是文件名的大小,它放在 totalBytes 之后,占用第二个 qint64(0)的空间;再往后是文件名。而 outBlock 是暂存数据的,最后要将其清零,即 resize(0)。

发送完文件头结构以后就应该发送实际的文件了,这是在更新进度条槽中实现的,下面添加它的定义:

```
void Client::updateClientProgress(qint64 numBytes)
{
    //已经发送数据的大小
    bytesWritten += (int)numBytes;
    //如果已经发送了数据
    if (bytesToWrite > 0) {
        //每次发送 payloadSize 大小的数据,这里设置为 64 KB,如果剩余的数据不足 64 KB
        //就发送剩余数据的大小
        outBlock = localFile ->read(qMin(bytesToWrite, payloadSize));
        //发送完一次数据后还剩余数据的大小
        bytesToWrite -= (int)tcpClient ->write(outBlock);
        //清空发送缓冲区
        outBlock.resize(0);
    } else { //如果没有发送任何数据,则关闭文件
        localFile ->close();
    }
    //更新进度条
    float temp = (bytesWritten / 1.0) / (totalBytes / 1.0);
    int value = temp * 100;
    ui ->clientProgressBar ->setMaximum(100);
    ui ->clientProgressBar ->setValue(value);
    if(bytesWritten == totalBytes) {  //如果发送完毕
        ui ->clientStatusLabel ->setText(tr("传送文件 %1 成功").arg(fileName));
        localFile ->close();
        tcpClient ->close();
    }
}
```

发送数据是分为数据块发送的,每次发送的数据块的大小为 payloadSize 指定的大小,这里为 64 KB。如果剩余的数据不足 64 KB,则发送剩余的数据,这就是 qMin()函数的作用。每当有数据发送时就更新进度条,如果数据发送完毕,则关闭本地文件和客户端套接字。下面添加显示错误槽的定义:

```
void Client::displayError(QAbstractSocket::SocketError)
{
    qDebug() << tcpClient ->errorString();
    tcpClient ->close();
    ui ->clientProgressBar ->reset();
```

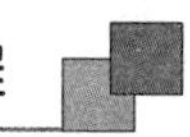

```
    ui ->clientStatusLabel ->setText(tr("客户端就绪"));
    ui ->sendButton ->setEnabled(true);
}
```

这里输出了错误信息，然后进行了一些重置工作。下面进入设计模式，然后分别进入“打开”按钮和“发送”按钮的单击信号对应的槽，更改如下：

```
void Client::on_openButton_clicked()  //打开按钮
{
    ui ->clientProgressBar ->reset();
    ui ->clientStatusLabel ->setText(tr("状态：等待打开文件!"));
    openFile();
}
void Client::on_sendButton_clicked()  //发送按钮
{
    send();
}
```

这里只是调用了相应的槽，每次打开新的文件时都清空进度条。可以先运行一下程序。

下面再来添加服务器端程序。（项目源码路径：src\19\19-6\tcpserver）新建 Qt Widgets 应用，项目名称为 tcpserver，基类选择 QDialog，类名为 Server，完成后向 tcpServer. pro 文件中添加“QT += network”一行代码，并保存该文件。然后进入 server. ui 文件中，往界面上拖入一个 Label、一个 Push Button 和一个 Progress Bar。将“服务器端”Label 的 objectName 改为 serverStatusLabel；进度条 Progress Bar 的 objectName 改为 serverProgressBar，设置其 value 属性为 0；“开始监听”按钮的 objectName 改为 startButton。最终效果如图 19 - 6 所示。

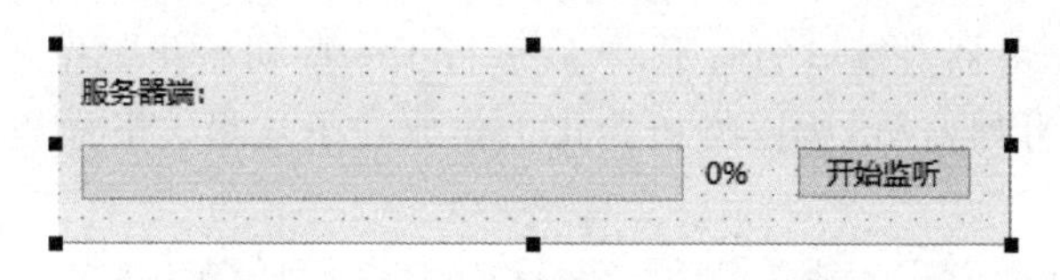

图 19 - 6　TCP 服务器端界面设计效果

下面进入 server. h 文件中，先添加头文件和类的前置声明：

```
#include <QAbstractSocket>
#include <QTcpServer>
class QTcpSocket;
class QFile;
```

然后添加几个私有成员变量：

```
QTcpServer tcpServer;
QTcpSocket * tcpServerConnection;
qint64 totalBytes;                //存放总大小信息
qint64 bytesReceived;             //已收到数据的大小
qint64 fileNameSize;              //文件名的大小信息
QString fileName;                 //存放文件名
QFile * localFile;                //本地文件
QByteArray inBlock;               //数据缓冲区
```

再声明几个私有槽：

```
private slots:
    void start();
    void acceptConnection();
    void updateServerProgress();
    void displayError(QAbstractSocket::SocketError socketError);
```

再转到 server.cpp 文件中,先添加头文件包含：

```
#include <QtNetwork>
```

然后在构造函数中添加如下代码：

```
connect(&tcpServer, &QTcpServer::newConnection, this, &Server::acceptConnection);
```

这里只是进行了信号和槽的关联。下面先来添加开启监听槽的实现：

```
void Server::start()
{
    if (!tcpServer.listen(QHostAddress::LocalHost, 6666)) {
        qDebug() << tcpServer.errorString();
        close();
        return;
    }
    ui->startButton->setEnabled(false);
    totalBytes = 0;
    bytesReceived = 0;
    fileNameSize = 0;
    ui->serverStatusLabel->setText(tr("监听"));
    ui->serverProgressBar->reset();
}
```

这里开启了服务器对端口的监听,然后进行了一些初始化工作。因为每次接收完文件后,都要重新开始监听,所以将初始化工作放在了这里。下面添加接收连接槽的实现：

```
void Server::acceptConnection()
{
    tcpServerConnection = tcpServer.nextPendingConnection();
    connect(tcpServerConnection, &QTcpSocket::readyRead,
            this, &Server::updateServerProgress);
    connect(tcpServerConnection, &QTcpSocket::errorOccurred,
            this, &Server::displayError);
    ui->serverStatusLabel->setText(tr("接受连接"));
    //关闭服务器,不再进行监听
    tcpServer.close();
}
```

这里接收了到来的连接请求并获取其套接字,然后进行了信号和槽的关联。注意,最后使用 close()函数关闭了服务器,不再监听端口。下面添加更新进度条槽的实现,文件的实际接收工作也在这个槽中进行：

```
void Server::updateServerProgress()
{
    QDataStream in(tcpServerConnection);
```

```
    in.setVersion(QDataStream::Qt_6_2);
    //如果接收到的数据小于16个字节,则保存到来的文件头结构
    if (bytesReceived <= sizeof(qint64) * 2) {
        if((tcpServerConnection->bytesAvailable() >= sizeof(qint64) * 2)
                && (fileNameSize == 0)) {
            //接收数据总大小信息和文件名大小信息
            in >> totalBytes >> fileNameSize;
            bytesReceived += sizeof(qint64) * 2;
        }
        if((tcpServerConnection->bytesAvailable() >= fileNameSize)
                && (fileNameSize != 0)) {
            //接收文件名,并建立文件
            in >> fileName;
            ui->serverStatusLabel->setText(tr("接收文件 %1 …")
                                          .arg(fileName));
            bytesReceived += fileNameSize;
            localFile = new QFile(fileName);
            if (!localFile->open(QFile::WriteOnly)) {
                qDebug() << "server: open file error!";
                return;
            }
        } else {
            return;
        }
    }
    //如果接收的数据小于总数据,那么写入文件
    if (bytesReceived < totalBytes) {
        bytesReceived += tcpServerConnection->bytesAvailable();
        inBlock = tcpServerConnection->readAll();
        localFile->write(inBlock);
        inBlock.resize(0);
    }
    float temp = (bytesReceived / 1.0) / (totalBytes / 1.0);
    int value = temp * 100;
    ui->serverProgressBar->setMaximum(100);
    ui->serverProgressBar->setValue(value);
    if (bytesReceived == totalBytes) {  //接收数据完成时
        tcpServerConnection->close();
        localFile->close();
        ui->startButton->setEnabled(true);
        ui->serverStatusLabel->setText(tr("接收文件 %1 成功!")
                                       .arg(fileName));
    }
}
```

这里先分别接收了数据总大小、文件名大小以及文件名等文件头结构的信息，然后才接收实际的文件。后面更新了进度条。如果接收完成，那么关闭套接字和本地文件，并进行提示。下面添加显示错误槽的实现：

```
void Server::displayError(QAbstractSocket::SocketError socketError)
{
    qDebug() << tcpServerConnection->errorString();
    tcpServerConnection->close();
    ui->serverProgressBar->reset();
    ui->serverStatusLabel->setText(tr("服务端就绪"));
    ui->startButton->setEnabled(true);
}
```

这里显示了错误信息,然后进行了一些设置工作。下面从设计模式转到“开始监听”按钮的单击信号槽中,更改如下:

```
void Server::on_startButton_clicked()
{
    start();
}
```

这里只是简单地调用了 start()槽。现在先运行 tcpserver 程序,单击“开始监听”按钮,然后再运行 tcpclient 程序,输入主机 localhost,端口 6666,并打开一个文件,最后单击“发送”按钮来发送文件。整个过程是这样的:服务器端单击“开始监听”按钮,调用 start()开始监听端口。然后客户端填写完主机、端口,选择好文件,单击“发送”按钮,则调用 send()连接到服务器。服务器一旦发现有连接请求,则调用 acceptConnection()获得连接的套接字,等待获取数据。而连接一旦建立,客户端套接字便发射 connected()信号,从而调用 startTransfer()来发送文件头结构。这时服务器端发现有数据到来,便更新进度条,也就是调用 updateServerProgress(),在其中获取了发送过来的数据。而在客户端,当有数据发送时,也会调用 updateClientProgress()来更新进度条,在其中将后面的数据发送出去。

19.5 小 结

本章讲述了利用 Qt 进行网络相关编程的基本内容,涉及了常用的 HTTP、UDP 和 TCP 等通信协议,每个协议都通过例子进行了简单的编程演示。Qt 的网络模块是一个很庞大的体系,还有很多内容在本章中并没用涉及,例如,网络代理 QNetworkProxy 类和涉及通信安全的 QSsl 相关类等,有需要的可以参考相关类的帮助文档。

《Qt Widgets 及 Qt Quick 开发实战精解》中的局域网聊天工具实例程序综合应用了 UDP 和 TCP 等相关内容,学习完本章可以接着去学习该实例程序。

第 20 章

进程和线程

Qt 提供了对进程和线程的支持。本章将讲述怎样在 Qt 应用程序中启动一个进程，以及几种常用的进程间通信方法。线程部分讲到了怎样编写一个多线程 Qt 应用程序以及线程同步等内容，最后详细讲解了 Qt 文档中“可重入”和“线程安全”两个术语的相关内容。

20.1 进　程

设计应用程序时，有时不希望将一个不太相关的功能集成到程序中，或者是因为该功能与当前设计的应用程序联系不大，或者是因为该功能已经可以使用现成的程序很好地实现了，这时就可以在当前的应用程序中调用外部的程序来实现该功能，这就会使用到进程。Qt 应用程序可以很容易地启动一个外部应用程序，而且 Qt 也提供了多种进程间通信的方法。

20.1.1 运行一个进程

Qt 的 QProcess 类用来启动一个外部程序并与其进行通信。要启动一个进程，可以使用 start()函数，然后将程序名称和运行这个程序所要使用的命令行参数作为该函数的参数。执行完 start()函数后，QProcess 进入 Starting 状态，当程序已经运行后，QProcess 就会进入 Running 状态并发射 started()信号。当进程退出后，QProcess 重新进入 NotRunning 状态(初始状态)并发射 finished()信号。发射的 finished()信号提供了进程的退出代码和退出状态，也可以调用 exitCode()来获取最后结束的进程的退出代码，使用 exitStatus()来获取它的退出状态。任何时间发生了错误，QProcess 都会发射 errorOccurred()信号，也可以调用 error()来查看最后发生的错误类型。使用 state()可以查看当前进程的状态。

QProcess 将一个进程视为一个顺序 I/O 设备，可以像使用 QTcpSocket 访问一个网络连接一样来读/写一个进程。可以调用 write()向进程的标准输入进行写入，调用

read()、readLine()和 getChar()等从标准输出进行读取。因为 QProcess 继承自 QIODevice,它也可以作为 QXmlReader 的数据源,或者为 QNetworkAccessManager 产生用于上传的数据。

下面来看一个启动进程的例子。(项目源码路径：src\20\20-1\myprocess)新建 Qt Widgets 应用,名称为 myprocess,类名为 MainWindow,基类保持 QMainWindow 不变。完成后双击 mainwindow.ui 文件进入设计模式,往界面上拖入一个 Push Button,并将其显示文本更改为“启动一个进程”。然后进入 mainwindow.h 文件,先添加头文件包含：

```
#include <QProcess>
```

然后添加一个私有对象指针：

```
QProcess *myProcess;
```

下面到 mainwindow.cpp 文件中,在构造函数中添加代码：

```
myProcess = new QProcess(this);
```

然后从设计模式进入“启动一个进程”按钮的单击信号槽中,更改如下：

```
void MainWindow::on_pushButton_clicked()
{
    myProcess->start("notepad.exe");
}
```

这里启动了 Windows 系统的记事本程序(即 notepad.exe,因为它在 Windows 的系统目录下,该目录已经加在系统 PATH 环境变量中,所以不需要写具体路径)。现在可以运行程序,然后单击按钮,这时会启动一个记事本。可以看到,使用 QProcess 运行一个程序是很简单的。下面使用参数来运行 Windows 的 cmd.exe 命令行提示符程序,并且使用 dir 命令作为其参数,然后读取执行完的结果。这里还对 QProcess 的一些信号进行关联,显示相关信息。下面到 mainwindow.h 文件中添加私有槽声明：

```
void showResult();
void showState(QProcess::ProcessState);
void showError();
void showFinished(int, QProcess::ExitStatus);
```

然后到 mainwindow.cpp 文件中添加头文件包含：

```
#include <QDebug>
#include <QStringEncoder>
```

再在构造函数中添加信号和槽的关联：

```
connect(myProcess, &QProcess::readyRead, this, &MainWindow::showResult);
connect(myProcess, &QProcess::stateChanged, this, &MainWindow::showState);
connect(myProcess, &QProcess::errorOccurred, this, &MainWindow::showError);
connect(myProcess, &QProcess::finished, this, &MainWindow::showFinished);
```

下面先更改“启动一个进程”按钮的单击信号槽中的代码：

```
void MainWindow::on_pushButton_clicked()
{
    QString program = "cmd.exe";
    QStringList arguments;
```

```
    arguments << "/c dir&pause";
    myProcess->start(program, arguments);
}
```

这里为start()函数指定了程序名称和命令行参数。命令行参数使用了“/c dir&pause”,这里的“/c”指定命令dir在cmd中执行,“&pause”指定运行完命令后暂停。下面添加显示运行结果的槽的定义:

```
void MainWindow::showResult()
{
    QByteArray encodedString = myProcess->readAll();
    auto toUtf16 = QStringDecoder(QStringDecoder::System);
    QString string = toUtf16(encodedString);
    qDebug() << "showResult: " << Qt::endl << string;
}
```

这里使用了readAll()函数来读取所有的运行结果,使用QStringDecoder进行了编码转换,这样才可以正常显示结果中的中文字符。下面添加显示状态变化槽的定义:

```
void MainWindow::showState(QProcess::ProcessState state)
{
    qDebug() << "showState: ";
    if (state == QProcess::NotRunning) {
        qDebug() << "Not Running";
    } else if (state == QProcess::Starting) {
        qDebug() << "Starting";
    }  else {
        qDebug() << "Running";
    }
}
```

这里只是根据不同的状态进行了不同的提示输出。下面添加显示错误槽的定义:

```
void MainWindow::showError()
{
    qDebug() << "showError: " << Qt::endl << myProcess->errorString();
}
```

这里使用errorString()来获取错误信息并将其输出。下面添加显示结束信息槽的定义:

```
void MainWindow::showFinished(int exitCode, QProcess::ExitStatus exitStatus)
{
    qDebug() << "showFinished: " << Qt::endl << exitCode << exitStatus;
}
```

这里输出了退出代码和退出状态。现在运行程序查看一下应用程序输出栏的结果信息。

QProcess也提供了一组函数,可以脱离事件循环来使用,它们会挂起调用的线程直到确定的信号被发射:

- waitForStarted()阻塞,直到进程启动;
- waitForReadyRead()阻塞,直到在当前读通道上有可读的数据;

➢ waitForBytesWritten()阻塞,直到一个有效负载数据被写入到进程;

➢ waitForFinished()阻塞,直到进程结束。

在主线程(调用 QApplication::exec()的线程)中调用这些函数可能引起用户界面的冻结。下面的代码片段演示了在没有事件循环的情况下运行 gzip 来压缩字符串"Qt rocks!":

```
QProcess gzip;
gzip.start("gzip", QStringList() << "-c");
if (! gzip.waitForStarted())
    return false;
gzip.write("Qt rocks!");
gzip.closeWriteChannel();
if (! gzip.waitForFinished())
    return false;
QByteArray result = gzip.readAll();
```

20.1.2 进程间通信

Qt 提供了多种方法在 Qt 应用程序中实现进程间通信 IPC(Inter-Process Communication)。简单介绍如下:

1. TCP/IP

跨平台的 Qt Network 模块提供了众多的类来实现网络编程。它提供了高层的类(如 QNetworkAccessManager 等)来使用指定的应用程序级协议,也提供了较低层的类(例如,QTcpSocket、QTcpServer 和 QSslSocket)来实现相关协议。

2. 本地服务器/套接字(命名管道)

Qt Network 模块还有一个 QLocalSocket 类,其提供了一个本地套接字,在 Windows 上它是一个有名管道,在 Unix 上它是一个本地域套接字。与其对应的是 QLocalServer 类,它提供了一个基于本地套接字的服务器。这两个类的使用与第 19 章的 QTcpSocket/QTcpServer 相似,这里就不再过多介绍。可以参考一下这两个类的帮助文档,也可以参考一下 Qt 提供的 Local Fortune Client Example 和 Local Fortune Server Example 示例程序。

3. 共享内存

QSharedMemory 是跨平台的共享内存类,提供了访问操作系统共享内存的实现。它允许多个线程和进程安全地访问共享内存段。此外,QSystemSemaphore 可用于控制系统的共享资源的访问以及进程间通信。

4. D-Bus

Qt D-Bus 模块是一个 Unix 库,可以使用 D-Bus 协议来实现进程间通信。它将 Qt 的信号和槽机制扩展到了 IPC 层面,允许从一个进程发射的信号关联到另一个进程的槽上。可以在帮助中查看 D-Bus 关键字,对应的文档中有其详细介绍。

5. QProcess

使用本章中讲到的 QProcess 类可以启动外部程序作为子进程并与它们进行通信。

6. 会话管理

在 Linux/X11、Windows 和 macOS 平台上,Qt 提供了对会话管理的支持。会话允许事件传播到进程,例如,当关机时通知进程或程序,从而可以执行保存文件等一些相关的操作。具体内容可以参考 Session Management 关键字。

关于 Qt 进程间通信的内容,可以参考 Qt 帮助中 Inter-Process Communication in Qt 关键字对应的文档。下面来看一个使用共享内存的例子,它实现的功能是:先将一张图片写入到共享内存段中,然后再从共享内存段读出该图片。

(项目源码路径:src\20\20-2\myIPC)新建 Qt Widgets 应用,名称为 myIPC,基类选择 QDialog,类名为 Dialog。完成后进入设计模式,向界面中放入两个 Push Button 和一个 Label 部件。将一个按钮的显示文本更改为"从文件中加载图片",将其 objectName 属性更改为 loadFromFileButton,将另一个按钮的显示文本更改为"从共享内存显示图片",将其 objectName 属性更改为 loadFromSharedMemoryButton。然后进入 dialog.h 文件,先添加头文件包含:

```
#include <QSharedMemory>
```

然后添加两个公用槽声明:

```
public slots:
    void loadFromFile();
    void loadFromMemory();
```

再添加一个私有函数声明:

```
private:
    void detach();
```

最后添加一个私有对象:

```
QSharedMemory sharedMemory;
```

下面到 dialog.cpp 文件中,先添加头文件:

```
#include <QFileDialog>
#include <QBuffer>
#include <QDebug>
```

然后在构造函数中添加如下一行代码:

```
sharedMemory.setKey("QSharedMemoryExample");
```

在使用共享内存以前,需要先为其指定一个 key,系统用它来作为底层共享内存段的标识。这个 key 可以指定为任意的字符串。下面添加从文件加载图片槽的定义:

```
void Dialog::loadFromFile()
{
    if (sharedMemory.isAttached())
        detach();
    ui->label->setText(tr("选择一个图片文件!"));
    QString fileName = QFileDialog::getOpenFileName(0, QString(), QString(),
```

```
                                         tr("Images (*.png *.jpg)"));
    QImage image;
    if (! image.load(fileName)) {
        ui->label->setText(tr("选择的文件不是图片,请选择图片文件!"));
        return;
    }
    ui->label->setPixmap(QPixmap::fromImage(image));
    //将图片加载到共享内存
    QBuffer buffer;
    buffer.open(QBuffer::ReadWrite);
    QDataStream out(&buffer);
    out << image;
    int size = buffer.size();
    if (! sharedMemory.create(size)) {
        ui->label->setText(tr("无法创建共享内存段!"));
        return;
    }
    sharedMemory.lock();
    char *to = (char *)sharedMemory.data();
    const char *from = buffer.data().data();
    memcpy(to, from, qMin(sharedMemory.size(), size));
    sharedMemory.unlock();
}
```

这里先使用 isAttached()函数判断该进程是否已经连接到共享内存段,如果是,那么就调用 detach()先将该进程与共享内存段进行分离。然后使用 QFileDialog 类打开一个图片文件,并将其显示到标签上。为了将图片加载到共享内存,这里使用了 QBuffer 来暂存图片,这样便可以获得图片的大小,还可以获得图片数据的指针。后面使用了 create()函数来创建指定大小的共享内存段,其大小的单位是字节,该函数还会自动将共享内存段连接到本进程上。创建完共享内存段以后,使用了 memcpy()函数将 buffer 对应的数据段复制到了共享内存段。在进行共享内存段的操作时,需要先进行加锁,即调用 lock()函数。等操作完成后,调用 unlock()来进行解锁。这样在同一时间,就只能有一个进程操作共享内存段了。需要说明,如果将最后一个连接在共享内存段上的进程进行分离,那么系统便会释放该共享内存段。因为现在只有一个进程连接在共享内存段上,所以不能将它们进行分离。下面添加从内存中显示图片槽的实现代码:

```
void Dialog::loadFromMemory()
{
    if (! sharedMemory.attach()) {
        ui->label->setText(tr("无法连接到共享内存段,\n"
                              "请先加载一张图片!"));
        return;
    }
    QBuffer buffer;
    QDataStream in(&buffer);
    QImage image;
```

```
    sharedMemory.lock();
    buffer.setData((char * )sharedMemory.constData(), sharedMemory.size());
    buffer.open(QBuffer::ReadOnly);
    in >> image;
    sharedMemory.unlock();
    sharedMemory.detach();
    ui->label->setPixmap(QPixmap::fromImage(image));
}
```

这里先使用 attach()函数将进程连接到共享内存段，然后使用 QBuffer 来读取内存段中的数据，完成后将其传输到 QImage 对象中供下面显示。操作共享内存段时要使用 lock()进行加锁，操作完成后使用 unlock()进行解锁。因为现在已经不需要使用共享内存了，所以调用 detach()函数将进程与共享内存段进行分离。最后将图片显示到标签中。下面添加分离函数的实现代码：

```
void Dialog::detach()
{
    if (!sharedMemory.detach())
        ui->label->setText(tr("无法从共享内存中分离!"));
}
```

这里就是调用了 QSharedMemory 的 detach()函数，如果失败，则进行提示。下面进入设计模式，分别进入两个按钮的单击信号对应的槽中，修改如下：

```
void Dialog::on_loadFromFileButton_clicked()
{
    loadFromFile();
}
void Dialog::on_loadFromSharedMemoryButton_clicked()
{
    loadFromMemory();
}
```

这里就是调用了相应的槽。现在运行两次程序(可以将源码复制一份再次在 Qt Creator 中打开然后运行)，在一个运行的实例上单击“从文件中加载图片”按钮，然后选择一张图片。在第二个运行的实例上单击“从共享内存显示图片”按钮，这时便会显示第一个实例中加载的图片。

20.2 线 程

Qt 提供了对线程的支持，这包括一组与平台无关的线程类，一个线程安全地发送事件的方式以及跨线程的信号槽的关联。多线程编程可以有效解决在不冻结一个应用程序用户界面的情况下执行一个耗时操作的问题。Qt 中提供了多种方式来实现多线程程序：

- QThread：使用低级 API 并且可以开启事件循环。后面的内容会详细介绍该类。
- QThreadPool 和 QRunnable：通过线程池重用线程。频繁地创建和销毁线程是非常耗费资源的,为了减少这种开销,可以将现有线程在新任务中重用。QThreadPool 是可重用 QThread 的集合。要在 QThreadPool 的一个线程中运行代码,首先子类化 QRunnable 且重新实现 QRunnable::run(),并创建子类的实例对象,然后使用 QThreadPool::start()将该对象放入 QThreadPool 的运行队列中;当线程可用时,QRunnable::run()中的代码将在该线程中执行。每个 Qt 应用程序都有一个全局线程池,可以通过 QThreadPool::globalInstance()访问。这个全局线程池会根据 CPU 中的内核数自动维护最佳线程数。不过,可以显式创建和管理单独的 QThreadPool。

- Qt Concurrent 模块:该模块提供了一些高级 API 来处理常见的并行计算模式:map、filter 和 reduce。与使用 QThread 和 QRunnable 不同,这些 API 从不需要使用低级线程原语,如互斥锁或信号量,而是会返回一个 QFuture 对象,该对象可用于检索函数的结果。使用 Qt Concurrent 编写的程序会根据可用的处理器内核数自动调整使用的线程数,这意味着现在编写的应用程序未来部署在多核系统上时将继续扩展。
- WorkerScript:这是个 QML 类型,允许 JavaScript 代码与 GUI 线程并行运行。

本节内容可以在帮助中通过 Thread Support in Qt 关键字查看。

20.2.1 使用 QThread 启动线程

Qt 中的 QThread 类提供了平台无关的线程。一个 QThread 代表了一个在应用程序中可以独立控制的线程,它与进程中的其他线程分享数据,但是独立执行。相对于一般的程序都是从 main()函数开始执行,QThread 从 run()函数开始执行。默认地,run()通过调用 exec()来开启事件循环并在线程内运行一个 Qt 事件循环。

QThread 可以直接实例化,也可以子类化。实例化 QThread 提供了一个并行事件循环,允许在辅助线程中调用 QObject 槽;子类化 QThread 允许在启动它的事件循环之前初始化新线程,或者在没有事件循环的情况下运行代码。

实例化创建线程的方法是使用 QObject::moveToThread()函数,例如:

```
class Worker : public QObject
{
    Q_OBJECT
public slots:
    void doWork(const QString &parameter) {
        QString result;
        /* ...一般在这里进行耗时或者阻塞操作 ... */
        emit resultReady(result);
    }
signals:
    void resultReady(const QString &result);
};
class Controller : public QObject
```

```
{
    Q_OBJECT
    QThread workerThread;
public:
    Controller() {
        Worker *worker = new Worker;
        worker->moveToThread(&workerThread);
        connect(&workerThread, &QThread::finished,
            worker, &QObject::deleteLater);
        connect(this, &Controller::operate, worker, &Worker::doWork);
        connect(worker, &Worker::resultReady,
            this, &Controller::handleResults);
        workerThread.start();
    }
    ~Controller() {
        workerThread.quit();
        workerThread.wait();
    }
public slots:
    void handleResults(const QString &);
signals:
    void operate(const QString &);
};
```

这样 Worker 的 doWork()槽中的代码就可以在单独的线程中执行，使用这种方法可以很容易地将一些费时的操作放到单独的工作线程中来完成。可以将任意线程中任意对象的任意一个信号关联到 Worker 的槽上，不同线程间的信号和槽进行关联是安全的。

另外一种更常用的方法是子类化 QThread 并且重新实现 run()函数。例如：

```
class WorkerThread : public QThread
{
    Q_OBJECT
    void run() override {
        QString result;
        /* ...一般在这里进行耗时或者阻塞操作 ... */
        emit resultReady(result);
    }
signals:
    void resultReady(const QString &s);
};
void MyObject::startWorkInAThread()
{
    WorkerThread *workerThread = new WorkerThread(this);
    connect(workerThread, &WorkerThread::resultReady,
            this, &MyObject::handleResults);
    connect(workerThread, &WorkerThread::finished,
            workerThread, &QObject::deleteLater);
    workerThread->start();
}
```

在这个示例中,线程会在 run()函数返回后退出。除非调用 exec(),不然在这个线程中不会运行任何事件循环。

重点要记住的是,QThread 实例存在于实例化它的旧线程中,而不是在调用 run()的新线程中。如果开发者希望在新线程中调用槽,则需要使用第一种 QObject::moveToThread()的方法。详细介绍可以参考后面 20.2.4 小节的内容。

下面来看一个在图形界面程序中启动线程的例子。界面上有两个按钮,一个用于开启线程,一个用于关闭该线程。(本例采用的项目源码路径:src\20\20-3\mythread)新建 Qt Widgets 应用,名称为 mythread,基类选择 QDialog,类名为 Dialog。完成后进入设计模式,向界面中放入两个 Push Button 按钮,将第一个按钮的显示文本更改为“启动线程”,将其 objectName 属性更改为 startButton;将第二个按钮的显示文本更改为“终止线程”,将其 objectName 属性更改为 stopButton,将其 enabled 属性取消选中。然后向项目中添加新的 C++ 类,类名设置为 MyThread,基类设置为 QThread。完成后进入 mythread.h 文件,修改如下:

```
#ifndef MYTHREAD_H
#define MYTHREAD_H
#include <QThread>
class MyThread : public QThread
{
    Q_OBJECT
public:
    explicit MyThread(QObject *parent = nullptr);
    void stop();
protected:
    void run() override;
private:
    volatile bool stopped;
};
#endif //MYTHREAD_H
```

这里 stopped 变量使用了 volatile 关键字,这样可以使它在任何时候都保持最新的值,从而可以避免在多个线程中访问它时出错。进入 mythread.cpp 文件中,先添加头文件 #include <QLabel>,然后将构造函数更改如下:

```
MyThread::MyThread(QObject *parent) :
    QThread(parent)
{
    stopped = false;
}
```

这里将 stopped 变量初始化为 false。下面添加 run()函数的定义:

```
void MyThread::run()
{
    qreal i = 0;
    while (!stopped) {
        qDebug() << QString("in MyThread: %1").arg(i);
        msleep(1000);
```

```
        i ++ ;
    }
    stopped = false;
}
```

这里一直判断 stopped 变量的值，只要它为 false，那么就每隔 1 秒打印一次字符串。下面添加 stop()函数的定义：

```
void MyThread::stop()
{
    stopped = true;
}
```

在 stop()函数中将 stopped 变量设置为了 true，这样便可以结束 run()函数中的循环，从 run()函数中退出，这样整个线程也就结束了。这里使用 stopped 变量来实现了线程的终止。

下面在 Dialog 类中使用自定义的线程。先到 dialog.h 文件中，添加头文件包含：

```
#include "mythread.h"
```

然后添加私有对象：

```
MyThread thread;
```

下面到设计模式，分别进入两个按钮的单击信号对应的槽，更改如下：

```
void Dialog::on_startButton_clicked()                //启动线程按钮
{
    thread.start();
    ui->startButton->setEnabled(false);
    ui->stopButton->setEnabled(true);
}
void Dialog::on_stopButton_clicked()                 //终止线程按钮
{
    if (thread.isRunning()) {
        thread.stop();
        ui->startButton->setEnabled(true);
        ui->stopButton->setEnabled(false);
    }
}
```

启动线程时调用了 start()函数，然后设置了两个按钮的状态。在终止线程时，先使用 isRunning()来判断线程是否在运行，如果是，则调用 stop()函数来终止线程，并且更改两个按钮的状态。现在运行程序，单击“启动线程”按钮，查看应用程序输出栏的输出内容，然后再按下“终止线程”按钮，可以看到已经停止输出了。

要启动一个线程，可以先创建该线程的实例，然后调用 start()函数来开始执行该线程，start()默认会调用 run()函数。另外，start()函数还有一个 QThread::Priority 类型参数，可以指定操作系统调度新创建的线程的优先级，具体效果取决于操作系统的调度策略，在不支持线程优先级的系统上（如 Linux 系统）没有效果。当从 run()函数返回后，线程便执行结束，就像应用程序离开 main()函数一样。QThread 会在开始、结束时发射 started()和 finished()信号，也可以使用 isFinished()和 isRunning()来查询线程的状态。可以使用 wait()来阻塞直到线程结束执行。每个线程都会从操作系统获得自己的堆栈,操作系统会决定堆栈的默认大小,也可以使用 setStackSize()来设置一个自定义的堆栈大小。

每一个线程都可以有自己的事件循环,通过调用 QThread::exec()函数来启动事件循环。QThread::run()的默认实现就是调用 exec(),如果子类化 QThread,那么就需要手动在 run()中调用 exec()来开启事件循环。可以通过调用 exit()或者 quit()来停止事件循环,二者不同的地方是前者拥有一个 int 类型的 returnCode 参数,quit()相当于 exit(0),而 exec()的返回值就是调用 exit()时指定的 returnCode,默认值为 0。线程中拥有一个事件循环,使它能够关联其他线程中的信号到本线程的槽上,这使用了队列关联机制,就是在使用 connect()函数进行信号和槽的关联时,将 Qt::ConnectionType 类型的参数指定为 Qt::QueuedConnection。拥有事件循环还可以使该线程能够使用需要事件循环的类,比如 QTimer 和 QTcpSocket 类等。注意,在线程中是无法使用任何界面部件类的。

在极端情况下,若要强制终止一个正在执行的线程,则可以使用 terminate()函数。但是,线程是否会被立即终止,依赖于操作系统的调度策略。可以在调用完 terminate()后调用 QThread::wait()来同步终止。使用 terminate()函数,线程可能在任何时刻被终止而无法进行一些清理工作,因此该函数是很危险的,一般不建议使用,只有在绝对必要的时候使用。

静态函数 currentThreadId()和 currentThread()可以返回当前执行线程的标识符,前者返回一个该线程的系统特定的 ID,后者返回一个 QThread 指针。QThread 也提供了多个平台无关的睡眠函数,其中,sleep()精度为秒,msleep()精度为毫秒,usleep()精度为微秒。

20.2.2 同步线程

虽然使用线程的目的是允许代码并发执行,但有时线程必须停止来等待其他线程,比如两个线程尝试同时写入同一个变量时,结果通常是不确定的。Qt 从低级原语到高级机制等不同层面提供了多种同步进程的方法,其中低级原语方式包括:

- QMutex 提供了一个互斥锁(mutex),在任何时间至多有一个线程可以获得 mutex。如果一个线程尝试获得 mutex,而此时 mutex 已经被锁住了,则这个线程将会睡眠,直到现在获得 mutex 的线程对 mutex 进行解锁为止。互斥锁经常用于对共享数据(如可以同时被多个线程访问的数据)的访问进行保护。
- QReadWriteLock 即读/写锁,与 QMutex 相似,只不过它将对共享数据的访问区分为“读”访问和“写”访问,允许多个线程同时对数据进行“读”访问。在可能的情况下使用 QReadWriteLock 代替 QMutex,可以提高多线程程序的并发度。
- QSemaphore 即信号量,是 QMutex 的一般化,用来保护一定数量的相同的资源,而互斥锁 mutex 只能保护一个资源。后面将讲述一个使用信号量实现的经典的生产者-消费者例子。

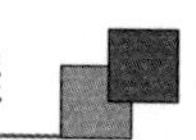

➢ QWaitCondition 即条件变量，允许一个线程在一些条件满足时唤醒其他的线程。一个或者多个线程可以被阻塞，从而等待一个 QWaitCondition 来设置用于 wakeOne()或者 wakeAll()的条件。使用 wakeOne()可以唤醒一个随机选取的等待线程，而使用 wakeAll()可以唤醒所有正在等待的线程。这个类的使用可以参考一下它的帮助文档，也可以参考 Qt 提供的 Wait Conditions Example 示例程序，它演示了如何使用 QWaitCondition 来解决生产者-消费者问题。

除了使用上面这些低级同步原语，在 Qt 中还可以使用较高层次的事件队列来同步线程。Qt 的事件系统对于线程间通信非常有用。每个线程都可以有自己的事件循环，要在另一个线程中调用槽(或任何可调用方法)，需要将调用放在目标线程的事件循环中，这样可以让目标线程在槽开始运行之前完成其当前任务，而原始线程继续并行运行。

要将调用放置在事件循环中，需要建立队列信号槽连接(将关联类型设置为 Qt::QueuedConnection)。每当信号发射时，它的参数都会被事件系统记录下来，信号接收者所在的线程将运行该槽。另外，也可以调用 QMetaObject::invokeMethod()在不使用信号的情况下实现相同的效果。注意，这两种方式都必须使用队列连接类型，因为直接连接会绕过事件系统并立即在当前线程中运行该方法。

与使用低级原语不同，使用事件系统进行线程同步时没有死锁风险。但是事件系统并不强制互斥操作，也就是说如果访问共享数据，依然必须使用低级原语进行保护。总而言之，Qt 的事件系统以及隐式共享数据结构提供了传统线程锁的替代方案。如果只使用信号和槽，线程之间不共享变量，那么多线程程序完全可以不使用低级原语。

本小节的内容可以在帮助中通过索引 Synchronizing Threads 关键字查看。

下面将讲述一个使用信号量来解决生产者-消费者问题的例子，这个例子演示了怎样使用 QSemaphore 信号量来保护对生产者线程和消费者线程共享的环形缓冲区的访问。生产者向缓冲区中写入数据，直到它到达缓冲区的终点，这时它会从起点重新开始，覆盖已经存在的数据。消费者线程读取产生的数据，并将其输出。这个例子中包括两个类：Producer 和 Consumer，它们都继承自 QThread。环形缓冲区用来在这两个类之间进行通信，保护缓冲区的信号量被设置为全局变量。

(项目源码路径：src\20\20-4\mysemaphores)新建空的 Qt 项目 Empty qmake Project，项目名称为 mysemaphores，完成后向项目中添加新的 main.cpp 文件。下面进入 main.cpp 文件，先添加头文件包含和一些变量：

```
#include <QtCore>
#include <stdio.h>
#include <stdlib.h>
#include <QDebug>
const int DataSize = 10;
const int BufferSize = 5;
char buffer[BufferSize];
QSemaphore freeBytes(BufferSize);
QSemaphore usedBytes;
```

这里 DataSize 变量的值是生产者将要产生的数据的数量,为了使这个例子尽可能简单,这里将它设置为常量。BufferSize 是环形缓冲区的大小,它比 DataSize 小,这意味着在某一时刻生产者将到达缓冲区的终点,然后从起点重新开始。

为了同步生产者和消费者,需要使用两个信号量。其中,freeBytes 信号量控制缓冲区的空闲区域(就是生产者还没有添加数据或者消费者已经进行了读取的区域),usedBytes 信号量控制已经使用了的缓冲区区域(就是生产者已经添加数据但是消费者还没有进行读取的区域)。这两个信号量一起保证了生产者永远不会在消费者前多于 BufferSize 个字节,而消费者永远不会读取生产者还没有生产的数据。freeBytes 信号量初始化为 BufferSize,因为要保证最开始整个缓冲区是空的;usedBytes 信号量初始化为 0。

下面添加生产者类,继续添加如下代码:

```
class Producer : public QThread
{
public:
    void run() override;
};
void Producer::run()
{
    for (int i = 0; i < DataSize; ++ i) {
        freeBytes.acquire();
        buffer[i % BufferSize] = "ACGT"[QRandomGenerator::global() ->bounded(4)];
        qDebug() << QString("producer: %1").arg(buffer[i % BufferSize]);
        usedBytes.release();
    }
}
```

生产者产生 DataSize 字节的数据,在它将一个字节写到环形缓冲区之前,它必须先使用 freeBytes 信号量获得一个空闲的字节。QSemaphore::acquire()函数用于获得一定数量的资源,默认获得一个资源。如果要获得的资源数目大于可用的资源数目(可以使用 available()函数获得),那么这个调用将会被阻塞,直到有足够的可用资源。然后使用随机数来随机获取 A、C、G、T 这 4 个字母中的一个,并进行了提示输出。最后生产者使用 release()函数释放了 usedBytes 信号量的一个字节。这样,空闲字节成功转换成已经被使用的字节,等待被消费者进行读取。

下面添加消费者类,继续添加如下代码:

```
class Consumer : public QThread
{
public:
    void run() override;
};
void Consumer::run()
{
    for (int i = 0; i < DataSize; ++ i) {
        usedBytes.acquire();
```

```
            qDebug() << QString("consumer: %1").arg(buffer[i % BufferSize]);
            freeBytes.release();
        }
    }
```

这里的代码与生产者是很相似的，只不过这次是获取一个已经使用的字节，然后释放一个空闲的字节。下面来添加主函数，继续添加如下代码：

```
    int main(int argc, char *argv[])
    {
        QCoreApplication app(argc, argv);
        Producer producer;
        Consumer consumer;
        producer.start();
        consumer.start();
        producer.wait();
        consumer.wait();
        return app.exec();
    }
```

这里创建了两个线程并且调用 QThread::wait()来确保程序退出以前这两个线程有时间执行完毕。下面来看一下程序的执行过程：最初，只有生产者线程可以执行，消费者线程被阻塞来等待 usedBytes 信号量被释放（它初始可用数量为 0）。一旦生产者将一个字节放入缓冲区，freeBytes 的可用大小即 freeBytes.available()返回 BufferSize－1，而 usedBytes.available()返回 1。这时可能发生两件事情：或者消费者线程读取这个字节，或者生产者线程产生第二个字节。两个线程的执行顺序是无法确定的。

现在可以运行程序，查看一下输出结果。对应这个例子，还可以查看 Qt 提供的 Semaphores Example 示例程序。

20.2.3　可重入与线程安全

查看 Qt 的帮助文档时发现，很多类的开始都写着“All functions in this class are reentrant”，或者“All functions in this class are thread-safe”。在 Qt 文档中，术语“可重入(reentrant)”和“线程安全(thread-safe)”用来标记类和函数，从而表明怎样在多线程应用程序中使用它们：

- 一个线程安全的函数可以从多个线程同时调用，即使调用使用了共享数据，因为对共享数据的所有引用都是序列化的。
- 一个可重入的函数也可以从多个线程同时调用，但前提是每次调用都使用自己的数据。

因此，一个线程安全的函数总是可重入的，但是一个可重入的函数不总是线程安全的。推而广之，如果每个线程使用一个类的不同实例，该类的成员函数可以被多个线程安全地调用，那么这个类被称为可重入的；如果即使所有的线程使用一个类的相同实例，该类的成员函数也可以被多个线程安全地调用，那么这个类被称为线程安全的。例如，QString 是可重入的，但不是线程安全的，可以同时从多个线程安全地访问 QString 的不同实例，但无法同时从多个线程安全地访问同一个 QString 实例（除非手动使用

QMutex 保护自己的访问)。

Qt 中线程安全的类和函数,主要是与线程相关的类(如 QMutex 等)和一些基础函数(如 QCoreApplication::postEvent()等)。

只有在帮助文档中标记为线程安全的 Qt 类,才可以直接被用于多线程。如果一个函数没有被标记为线程安全的或者可重入的,则它不应该被多个线程使用;如果一个类没有标记为线程安全的或者可重入的,则该类的一个特定的实例不应该被多个线程访问。

1. 可重入

C++类一般是可重入的,因为它们只访问自己的数据成员。任何线程都可以调用可重入类实例的成员函数,只要没有其他线程在同一时间调用该类的相同实例的成员函数即可。例如,下面的 Counter 类是可重入的:

```
class Counter
{
public:
    Counter() { n = 0; }
    void increment() { ++ n; }
    void decrement() { -- n; }
    int value() const { return n; }
private:
    int n;
};
```

这个类并不是线程安全的,因为如果多个线程尝试修改数据成员 n,结果便是不可预测的。这是因为++和--操作并不总是原子的(原子操作即一个操作不会被其他线程中断)。事实上,它们会被分为 3 个机器指令:第一条指令向寄存器中加载变量的值;第二条指令递增或者递减寄存器的值;第三条指令将寄存器的值存储到内存中。如果线程 A 和线程 B 同时加载了变量的旧值,然后递增它们的寄存器并存储回去,则它们相互覆盖,结果变量只递增了一次。

2. 线程安全

对于前面讲到的线程 A 和线程 B 的情况,很明显,访问应该按顺序进行:在线程 B 执行相同的操作前,线程 A 必须执行完 3 条机器指令而不能被中断,反之亦然。一个简单的方法来使类成为线程安全的,就是使用 QMutex 来保护对数据成员的所有访问:

```
class Counter
{
public:
    Counter() { n = 0; }
    void increment() { QMutexLocker locker(&mutex); ++ n; }
    void decrement() { QMutexLocker locker(&mutex); -- n; }
    int value() const { QMutexLocker locker(&mutex); returnn; }
```

```
private:
    mutable QMutex mutex;
    int n;
};
```

这里的 QMutexLocker 类在其构造函数中自动锁住 mutex，然后在析构函数进行调用时对其进行解锁。锁住 mutex 确保了不同线程的访问可以序列化进行。数据成员 mutex 使用了 mutable 限定符，是因为需要在 value()函数中对 mutex 进行加锁和解锁，而它是一个 const 函数。

20.2.4　线程和 QObject

QThread 继承自 QObject。QObject 发射信号来指示线程开始或完成执行，也提供了一些槽。QObject 可以在多线程中使用发射信号来调用其他线程中的槽，从而向其他线程中的对象发送事件。而这些实现的基础是每一个线程都允许有自己的事件循环。

1. QObject 的可重入性

QObject 是可重入的。它的大多数非 GUI 子类，如 QTimer、QTcpSocket、QUdpSocket 和 QProcess，也都是可重入的，可以在多个线程中同时使用这些类。注意，这些类是被设计为在单一的线程中进行创建和使用的，在一个线程中创建一个对象，然后在另外一个线程中调用这个对象的一个函数是无法保证一定可以工作的。需要注意 3 个约束条件：

- QObject 的子对象必须在创建它的父对象的线程中创建。这意味着，永远不要将 QThread 对象(this)作为在该线程中创建的对象的父对象(因为 QThread 对象本身是在其他线程中创建的)。
- 事件驱动对象只能在单一的线程中使用。具体来说，这条规则应用在定时器机制和网络模块中。例如，不可以在对象所在的线程 QObject::thread()以外的其他线程中启动一个定时器或者连接一个套接字。
- 必须确保在删除 QThread 对象以前删除在该线程中所创建的所有对象，可以通过在 run()函数中的栈上创建对象来保证这一点。

虽然 QObject 是可重入的，但是对于 GUI 类，尤其是 QWidget 及其所有子类，是不可重入的，它们只能在主线程中使用。QCoreApplication::exec()也必须在主线程中调用。在实际应用中，无法在主线程以外的线程中使用 GUI 类的问题可以简单地通过这样的方式来解决：将一些非常耗时的操作放在一个单独的工作线程中来进行，等该工作线程完成后将结果返回给主线程，最后由主线程将结果显示到屏幕上。Qt 中的 Mandelbrot Example 和 Blocking Fortune Client Example 示例程序都使用了这种方法，可以参考一下。

2. 每个线程的事件循环

每一个线程都可以有它自己的事件循环。初始化线程使用 QCoreApplication::

exec()来开启它的事件循环(对于独立的对话框界面程序,也可以使用 QDialog::exec()),其他的线程可以使用 QThread::exec()来开启一个事件循环,如图 20-1 所示。与 QCoreApplication 相似,QThread 提供了一个 exit(int)函数和一个 quit()槽。在一个线程中使用事件循环,使得该线程可以使用那些需要事件循环的非 GUI 类(如 QTimer、QTcpSocket 和 QProcess),也使得该线程可以关联任意一个线程的信号到一个指定线程的槽。

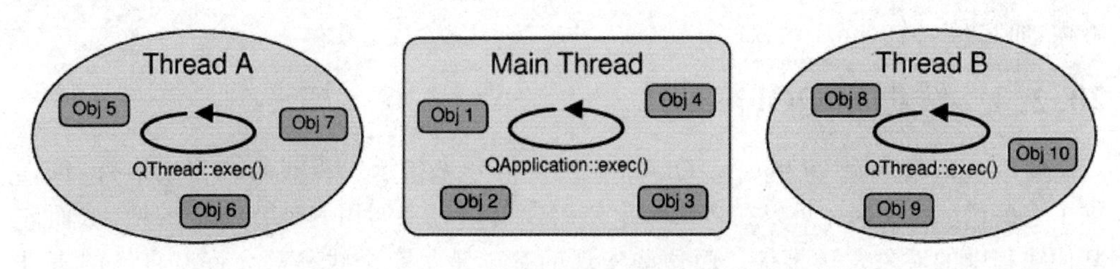

图 20-1 线程的事件循环

如果在一个线程中创建了一个 QObject 实例,那么这个 QObject 实例被称为居住在该线程(live in the thread)。发往这个对象的事件由该线程的事件循环进行调度。可以使用 QObject::thread()获得该对象所在的线程。还可以使用 QObject::moveToThread()来改变对象及其孩子所在的线程(如果该对象有父对象,那么它无法被移动)。

在其他线程(不是拥有该 QObject 对象的线程)中调用 delete 来删除(或通过其他方式访问)该 QObject 对象是不安全的,除非可以确保当前该对象没有在处理事件。可以使用 QObject::deleteLater()来代替,这样会发送一个 DeferredDelete 事件,最终该对象所在线程的事件循环将会获取该事件。默认地,拥有该 QObject 对象的线程就是创建该 QObject 对象的线程,只要没有调用过 QObject::moveToThread()函数。

如果没有运行事件循环,事件将不会传送到对象。例如,如果在一个线程中创建了一个 QTimer 对象,但是从来没有调用 exec()函数,那么 QTimer 将永远不会发射它的 timeout()信号。调用 deleteLater()也不会工作。

可以手动使用线程安全函数 QCoreApplication::postEvent()在任何时间向任何线程的任何对象发送事件。该事件将会被创建该对象的线程的事件循环自动调度。

所有的线程都支持事件过滤器,但是被监视的对象必须与监控对象在同一个线程中。相似的,QCoreApplication::sendEvent()(与 postEvent()不同)只能向调用该函数的线程中的对象分派事件。

3. 从其他线程中访问 QObject 子类

QObject 和它所有的子类都不是线程安全的,这包括了整个事件传递系统。需要时刻记着,当正在从其他线程中访问一个对象时,事件循环可能正在向这个对象传递事件。

如果调用一个没有在当前线程中的 QObject 子类的函数,而这个对象有可能获取

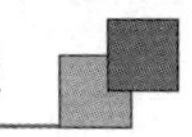

事件,那么就必须使用 mutex 来保护对这个 QObject 子类的内部数据的所有访问;否则,可能出现崩溃或者其他意外行为。

与其他对象相似,QThread 对象居住于创建该对象的线程。在 QThread 子类中提供槽一般是不安全的,除非使用 mutex 来保护成员变量。但是,可以安全地在 QThread::run()函数中发射信号,因为信号发射是线程安全的。

4. 跨线程的信号和槽

Qt 支持几种信号和槽关联类型,在第 7 章已经介绍过了,这里针对跨线程再强调一下:

- Auto Connection(默认)。如果信号发射和信号接收的对象在同一个线程,那么执行方式与 Direct Connection 相同。否则,执行方式与 Queued Connection 相同。
- Direct Connection。信号发射后槽立即被调用。槽在信号发送者的线程中执行,而接收者并非必须在同一个线程。
- Queued Connection。当控制权返回到接收者线程的事件循环后才调用槽。槽在接收者的线程中被执行。
- Blocking Queued Connection。槽的调用与 Queued Connection 相同。不同的是当前线程会阻塞直到槽返回。注意:使用这种方式关联在相同线程中的对象时会引起死锁。
- Unique Connection。执行方式与 Auto Connection 相同,只不过关联必须是唯一的。例如,如果在相同的两个对象之间,相同的信号已经关联到了相同的槽上,那么这个关联就不是唯一的,这时 connect()返回 false。

可以通过向 connect()函数传递附加的参数来指定关联类型。注意,如果接收者线程中有一个事件循环,那么当发送者与接收者在不同的线程中时,使用 Direct Connection 是不安全的,类似地,调用其他线程中的对象的任何函数也是不安全的。不过,需要明确 QObject::connect()函数本身是线程安全的。

20.3 小　结

本章主要讲解了如何创建一个多进程或者多线程的应用程序,还涉及了简单的进程间通信和线程间同步等内容。本章内容理论性较强,还有很多专业术语,如果想较好理解相关内容,读者还是需要通过实际的编码来测试验证的。

第21章

Qt WebEngine

从 Qt 5.5 开始，Qt WebKit 模块被废弃，取而代之的是 Qt WebEngine 模块。Qt WebEngine 模块提供了一个 Web 浏览器引擎，可以很容易地将万维网（World Wide Web）中的内容嵌入到 Qt 应用程序中。因为 Qt WebEngine 模块是基于 Google Chromium 项目的，而 Chromium 现在并不支持使用 MinGW 进行构建，在 Windows 平台上需要使用 VS 2017 及以后版本进行构建。所以，要想在 Windows 平台使用 Qt WebEngine 模块，需要安装 MSVC 版本的 Qt，具体安装过程可以参见附录 A。对应本章内容，可以在帮助索引中通过 Qt WebEngine Overview 关键字查看，要将以前使用 Qt WebKit 模块编写的程序改为使用 Qt WebEngine 模块，可以在帮助索引中通过 Porting from Qt WebKit to Qt WebEngine 关键字查看。

21.1 Qt WebEngine 架构

Qt WebEngine 中的功能被划分到了 3 个不同的模块：

- Qt WebEngine Widgets 模块用来创建基于 C++ Widgets 部件的 Web 程序；
- Qt WebEngine 模块用来创建基于 Qt Quick 的 Web 程序；
- Qt WebEngine Core 模块用来与 Chromium 交互。

而且网页渲染和 JavaScript 的执行从 GUI 进程分离到了 Qt WebEngine 进程（Qt WebEngine Process），其架构如图 21-1 所示。

Qt WebEngine Widgets 模块的架构如图 21-2 所示。其中，视图 View（QWebEngineView）是模块中的主要窗体类组件，可以用在各种应用中加载 Web 内容。而页面 Page（QWebEnginePage）包含在 View 中，它包含了 Web 页面的主框架，主要负责 Web 内容、浏览历史 History（QWebEngineHistory）和菜单动作 Action。View 与 Page 十分相似，它们提供了一组相同的函数。配置 Profile（QWebEngineProfile）用于区分不同的 Page，属于同一个 Web 引擎配置的所有网页都会共享设置 Settings、脚本 Script 和 Cookies。

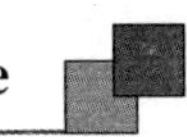

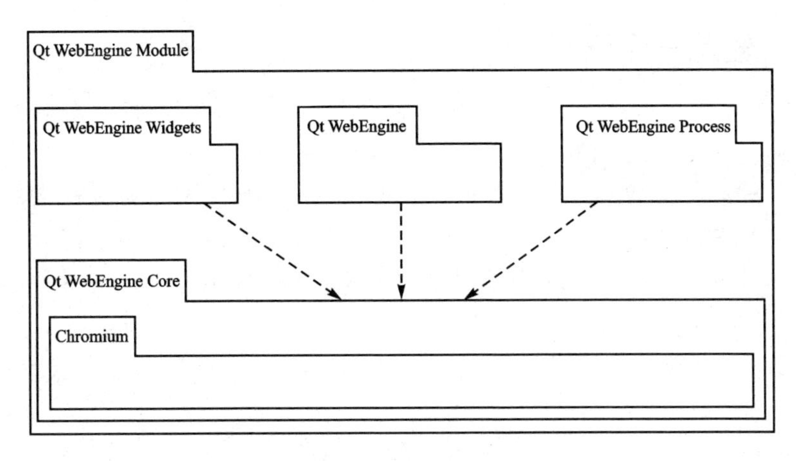

图 21－1　Qt WebEngine 架构图

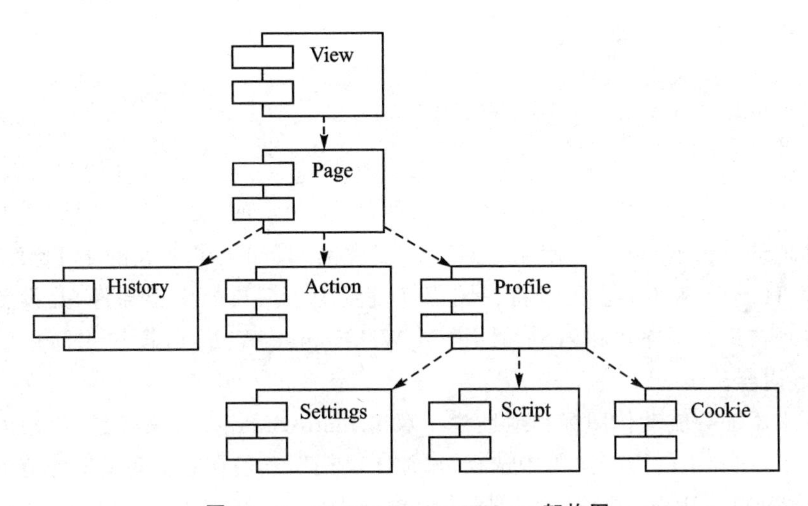

图 21－2　Qt WebEngine Widgets 架构图

Qt WebEngine Core 模块基于 Chromium 项目，Chromium 提供了自己的网络和绘图引擎，而且开发紧密结合了其所依赖的模块，因此，对于最新的 HTML5 规范，Qt WebEngine 比以前的 Qt WebKit 提供了更好的支持。虽然 Qt WebEngine 基于 Chromium，但是其中并没有包含或使用 Google Chrome 浏览器提供的服务或者加载项，关于 Chromium 和 Chrome 的详细区别可参见相关文档。

21.2　基于 Qt WebEngine Widgets 的网页浏览器

本节将介绍一个简单的网页浏览器的例子，在整个过程中还会对 Qt WebEngine Widgets 模块的各个组件做进一步的讲解。这个网页浏览器包含最基本的网页显示、导航菜单、显示网站图标、提供历史记录以及字符串查找等功能。对应本节的例子，还可以参考 Qt 提供的 WebEngine Widgets Simple Browser Example 示例程序。

21.2.1 显示一个网页

先来实现最简单地显示一个网页的功能,并添加常用的导航键。(本小节采用的项目源码路径:src\21\21-1\mywebengine)新建 Qt Widgets 应用,项目名称为 mywebengine,类名 MainWindow、基类 QMainWindow 保持不变,构建套件选择 Desktop Qt 6.2.3 MSVC2019 64 bit,完成后在 mywebengine.pro 文件中添加"QT += webenginewidgets"一行代码,并保存该文件。下面到 mainwindow.h 文件中,先添加类的前置声明:

```
class QWebEngineView;
```

然后添加一个私有对象指针:

```
QWebEngineView * view;
```

下面到 mainwindow.cpp 文件中,添加头文件包含 #include <QWebEngineView>,然后在构造函数中添加如下代码:

```
view = new QWebEngineView(this);
view ->load(QUrl("https://www.qter.org/"));
setCentralWidget(view);
resize(1200, 600);
```

这里创建了一个 QWebEngineView 部件,用于显示网页内容,然后调用 load()加载了网站地址。另外,也可以使用 setUrl()加载网站,如果是现成的 HTML 文档,可以使用 setHtml()来加载。最后将视图部件设置为主窗口的中心部件,并设置了窗口的大小。现在运行程序可以看到,使用 Qt WebEngine Widgets 模块很简单就可以显示出 Web 内容。

接下来添加导航动作图标和地址栏。双击 mainwindow.ui 文件进入设计模式,在界面上右击,在弹出的级联菜单中选择"添加工具栏",然后在右上角的对象查看器中选中该工具栏 QToolBar,并在下面的属性编辑器中将其 objectName 修改为 mainToolBar,保存该文件。

下面到 mainwindow.h 文件中,添加类的前置声明:

```
class QLineEdit;
```

然后声明几个槽函数:

```
protected slots:
    void changeLocation();                    //改变路径
    void setProgress(int);                    //更新进度
    void adjustTitle();                       //更新标题显示
    void finishLoading(bool);                 //加载完成后进行处理
```

添加私有成员变量:

```
QLineEdit * locationEdit;                     //用于实现地址栏
int progress;                                 //存储进度值
```

下面进入 mainwindow.cpp 文件中,先添加头文件包含 #include <QLineEdit>,然后在构造函数中添加如下代码:

```
progress = 0;
connect(view, &QWebEngineView::loadProgress, this, &MainWindow::setProgress);
connect(view, &QWebEngineView::titleChanged, this, &MainWindow::adjustTitle);
connect(view, &QWebEngineView::loadFinished, this, &MainWindow::finishLoading);
locationEdit = new QLineEdit(this);
locationEdit ->setText("https://www.qter.org/");
connect(locationEdit, &QLineEdit::returnPressed, this, &MainWindow::changeLocation);
//向工具栏添加动作和部件
ui ->mainToolBar ->addAction(view ->pageAction(QWebEnginePage::Back));
ui ->mainToolBar ->addAction(view ->pageAction(QWebEnginePage::Forward));
ui ->mainToolBar ->addAction(view ->pageAction(QWebEnginePage::Reload));
ui ->mainToolBar ->addAction(view ->pageAction(QWebEnginePage::Stop));
ui ->mainToolBar ->addWidget(locationEdit);
```

当 QWebEngineView 开始加载时，会发射 loadStarted()信号；而每当一个网页元素(如一张图片或一个脚本等)加载完成时，都会发射 loadProgress()信号；最后，加载全部完成后会发射 loadFinished()信号，如果加载成功，该信号的参数为 true，否则为 false。可以使用 title()来获取 HTML 文档的标题，如果标题发生了改变，则发射 titleChanged()信号。如果需要自定义上下文菜单，则可以重新实现 contextMenuEvent()，然后使用从 pageAction()获得的动作来填充菜单，在 QWebEnginePage 中通过枚举类型 QWebEnginePage::WebAction 定义了几十个常用的功能动作，比如这里添加的前进、后退等导航动作等，可以到 QWebEnginePage 类的帮助文档中进行查看。另外，这些动作还可以自定义文本和图标，关于这一点可以参考 QAction 类的帮助文档。

下面来添加几个槽的定义。首先是在行编辑器中改变站点地址后按下回车键执行的槽：

```
void MainWindow::changeLocation()
{
    QUrl url = QUrl(locationEdit ->text());
    view ->load(url);
    view ->setFocus();
}
```

这里从行编辑器中获得了站点网址，然后加载。下面添加更新加载进度槽的实现：

```
void MainWindow::setProgress(int p)
{
    progress = p;
    adjustTitle();
}
```

这里获取了当前的进度，然后调用了调整标题槽，下面添加它的定义：

```
void MainWindow::adjustTitle()
{
    if (progress < = 0 || progress > = 100) {
        setWindowTitle(view ->title());
    } else {
        setWindowTitle(QString("%1 (%2%)").arg(view ->title()).arg(progress));
```

```
    }
}
```

这里通过判断加载进度来进行标题的显示,如果正在加载,则显示加载进度;否则,直接显示标题。下面添加完成加载后的处理槽的实现:

```
void MainWindow::finishLoading(bool finished)
{
    if (finished) {
        progress = 100;
        setWindowTitle(view->title());
    } else {
        setWindowTitle("web page loading error!");
    }
}
```

这里根据是否加载成功,分别进行了不同的标题显示。现在可以运行程序,则显示 Qt 开源社区首页。可以在地址栏把地址更换为"https://www.163.com",然后按下回车键来打开网易网站的首页。还可以测试一下前进、后退等按钮的功能。

21.2.2 网站图标和网页缩放

每一个网站都有一个 Logo 图标,即所谓的 FavIcons,它一般显示在网站标题的前面。可以使用 QWebEngineView 的 iconUrl()函数返回该图标的 url,然后使用网络访问接口类来获取图标文件。(本小节采用的项目源码路径:src\21\21-2\mywebengine)继续在前面的程序中添加代码。先到 mainwindow.h 文件中,添加类的前置声明:

```
class QNetworkAccessManager;
```

然后添加一个私有对象指针:

```
QNetworkAccessManager *manager;
```

再声明两个槽:

```
void handleIconUrlChanged(const QUrl &url);
void handleIconLoaded();
```

下面到 mainwindow.cpp 文件中,先添加头文件:

```
#include <QNetworkRequest>
#include <QNetworkReply>
#include <QNetworkAccessManager>
```

然后在构造函数中添加如下代码:

```
connect(view, &QWebEngineView::iconUrlChanged,
        this, &MainWindow::handleIconUrlChanged);
manager = new QNetworkAccessManager(this);
```

每当加载的网站图标发生变化时,QWebEngineView 都会发射 iconUrlChanged()信号,这里关联该信号来获取新的图标的 url。下面添加两个槽的定义:

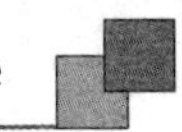

```
void MainWindow::handleIconUrlChanged(const QUrl &url)
{
    QNetworkRequest iconRequest(url);
    QNetworkReply * iconReply = manager->get(iconRequest);
    iconReply->setParent(this);
    connect(iconReply, &QNetworkReply::finished,
            this, &MainWindow::handleIconLoaded);
}
```

当从信号获取图标的 url 以后，通过 QNetworkAccessManager 调用 get()函数来获取图标文件；获取结束后，调用 handleIconLoaded()槽来对文件进行处理。

```
void MainWindow::handleIconLoaded()
{
    QIcon icon;
    QNetworkReply * iconReply = qobject_cast<QNetworkReply *>(sender());
    if (iconReply && iconReply->error() == QNetworkReply::NoError) {
        QByteArray data = iconReply->readAll();
        QPixmap pixmap;
        pixmap.loadFromData(data);
        icon.addPixmap(pixmap);
        iconReply->deleteLater();
    } else {
        icon = QIcon(QStringLiteral("../mywebengine/defaulticon.png"));
    }
    setWindowIcon(icon);
}
```

这里首先调用 sender()获取了与该槽关联的信号的发送者即 iconReply 对象，然后获取了 iconReply 中的图标数据，并使用该数据构建了 QPixmap 对象，再使用 QPixmap 对象创建了 QIcon 图标对象，最后将该图标设置为窗口的图标。如果获取图标失败，则使用默认的图片作为图标。现在运行程序可以看到，窗口左上角已经显示出网站图标了。

使用 QWebEngineView 的 setZoomFactor(qreal factor)函数可以实现网页内容的缩放，其中，factor 是缩放因子，其取值范围 0.25～5.0，即最多放大到 500%，缩小到 25%。可以使用 zoomFactor()获取现在的缩放因子。下面继续在 mainwindow.cpp 的构造函数中添加代码：

```
QAction * zoomIn = new QAction(tr("放大"));
zoomIn->setShortcut(QKeySequence(Qt::CTRL | Qt::Key_Plus));
connect(zoomIn, &QAction::triggered, this, [=]() {
    view->setZoomFactor(view->zoomFactor() + 0.1);
    ui->statusbar->showMessage(tr("缩放%1%").arg(view->zoomFactor() * 100));
});
QAction * zoomOut = new QAction(tr("缩小"));
zoomOut->setShortcut(QKeySequence(Qt::CTRL | Qt::Key_Minus));
connect(zoomOut, &QAction::triggered, this, [=]() {
    view->setZoomFactor(view->zoomFactor() - 0.1);
```

```
    ui->statusbar->showMessage(tr("缩放 %1 %").arg(view->zoomFactor() * 100));
});
QAction * resetZoom = new QAction(tr("重置"));
resetZoom->setShortcut(QKeySequence(Qt::CTRL | Qt::Key_0));
connect(resetZoom, &QAction::triggered, this, [=]() {
    view->setZoomFactor(1.0);
    ui->statusbar->showMessage(tr("缩放 %1 %").arg(view->zoomFactor() * 100));
});
ui->mainToolBar->addAction(zoomIn);
ui->mainToolBar->addAction(zoomOut);
ui->mainToolBar->addAction(resetZoom);
```

这里新建了 3 个动作：放大、缩小和重置，快捷键分别是 Ctrl＋＋、Ctrl＋－和 Ctrl＋0，对网页进行缩放后会在状态栏显示缩放信息。现在可以运行程序查看效果。

21.2.3 显示历史记录

一般浏览器都支持显示浏览过的网页的历史记录，在 Qt WebEngine Widgets 模块中，QWebEngineHistory 类用来表示 QWebEnginePage 的浏览历史。下面继续添加代码来显示网页的浏览历史。（本小节采用的项目源码路径：src\21\21-3\mywebengine）先在 mainwindow.h 文件中添加头文件包含和类的前置声明：

```
#include <QModelIndex>
class QListWidget;
```

然后声明两个槽：

```
void showHistory();                                    //显示历史记录
void gotoHistory(const QModelIndex &index);            //转到历史记录
```

再添加一个私有对象指针：

```
QListWidget * historyList;
```

该列表部件用来显示浏览历史的条目。到 mainwindow.cpp 文件中，添加头文件包含：

```
#include <QListWidget>
#include <QWebEngineHistory>
```

然后在构造函数中添加代码：

```
ui->mainToolBar->addAction(tr("历史"), this, SLOT(showHistory()));
historyList = new QListWidget;
historyList->setWindowTitle(tr("历史记录"));
historyList->setMinimumWidth(300);
connect(historyList, &QListWidget::clicked, this, &MainWindow::gotoHistory);
```

这里创建了列表部件并进行了初始化设置。现在添加显示历史记录窗口的槽的定义：

```
void MainWindow::showHistory()
{
    historyList->clear();
    const auto list = view->history()->items();
    for (const QWebEngineHistoryItem &item : list) {
```

```
        QListWidgetItem * history = new QListWidgetItem(item.title());
        historyList ->addItem(history);
    }
    historyList ->show();
}
```

使用 QWebEngineView 的 history()函数可以返回一个 QWebEngineHistory 对象,它表示了一个 QWebEnginePage 的浏览历史。QWebEngineHistory 使用了当前项的概念,将访问过的页面分为当前项、当前项以前的项目和当前项以后的项目三部分。可以分别使用 back()和 forward()函数向后或者向前进行跳转。可以使用 currentItem()来获取当前项。历史中任意的项目都可以使用 goToItem()函数指定为当前项。使用 backItems()可以获取所有可以向后浏览的项目的列表,forwardItems()可以获取所有可以向前浏览的项目的列表,而所有项目的列表可以使用 items()函数获取。所有项目的总数可以使用 count()获取,还可以使用 clear()来清空历史。历史中的一条项目由 QWebEngineHistoryItem 来表示,其中包含了页面标题 title()、页面的地址 url()、最后一次访问的时间 lastVisited()和网站图标地址 iconUrl()等属性。

下面添加单击历史记录项目的槽的实现:

```
void MainWindow::gotoHistory(const QModelIndex &index)
{
    QWebEngineHistoryItem item = view ->history() ->itemAt(index.row());
    view ->history() ->goToItem(item);
}
```

这里获取了单击的历史项目,然后使用 goToItem()指定该项目为历史中的当前项,并跳转到该项指定的页面。现在运行程序,然后在地址栏输入其他网站地址,单击"历史"按钮弹出历史记录对话框,单击其中的项目测试效果。

21.2.4 查找功能和多窗口显示

QWebEngineView 中还提供了 findText()函数来实现网页中字符串的查找和高亮显示,默认是向前查找而且不区分大小写,可以通过设置第 2 个参数 QWebEnginePage::FindFlags 修改为向后查找(QWebEnginePage::FindBackward)或者区分大小写(QWebEnginePage::FindCaseSensitively)。下面通过例子进行讲解。

(本小节采用的项目源码路径:src\21\21-4\mywebengine)先在 mainwindow.h 文件中添加一个私有对象指针:

```
QLineEdit * findEdit;
```

然后到 mainwindow.cpp 文件中,在构造函数后面添加如下代码:

```
findEdit = new QLineEdit(this);
findEdit ->setMaximumWidth(150);
ui ->mainToolBar ->addWidget(findEdit);
ui ->mainToolBar ->addAction(tr("查找"), this, [=]() {
    view ->findText(findEdit ->text());
});
```

这里创建了一个行编辑器,用于输入要查找的字符串,然后将其添加到工具栏中,后面又在工具栏中添加了一个“查找”动作。现在运行程序,然后在查找行编辑器中输入“QT”,单击“查找”按钮就可以在页面中高亮显示所有找到的字符串,多次单击“查找”按钮可以遍历所有找到的字符串。要取消查找,则只需要将 findText()参数设置为空,就是清空查找行编辑器中的内容,然后再单击“查找”按钮即可。

有些网页中的链接需要打开一个新窗口显示,要实现这个功能需要子类化 QWebEngineView,然后重新实现其中的 createWindow()函数,并在其中创建一个新的窗口。在项目中添加新的 C++ 类,类名为 WebView,基类设置为 QWebEngineView。完成后将 webview.h 的内容更改如下:

```
#ifndef WEBVIEW_H
#define WEBVIEW_H
#include <QWebEngineView>
class MainWindow;
class WebView : public QWebEngineView
{
    Q_OBJECT
public:
    WebView(QWidget *parent = nullptr);
protected:
    QWebEngineView *createWindow(QWebEnginePage::WebWindowType type) override;
private:
    MainWindow *mainWindow;
};
#endif //WEBVIEW_H
```

这里声明了 createWindow()函数并定义了一个 MainWindow 对象指针,因为在 createWindow()中要创建一个 MainWindow 对象作为新的窗口。下面将 webview.cpp 文件内容更改如下:

```
#include "webview.h"
#include "mainwindow.h"
WebView::WebView(QWidget *parent)
    : QWebEngineView(parent)
{
}
QWebEngineView *WebView::createWindow(QWebEnginePage::WebWindowType type)
{
    Q_UNUSED(type);
    mainWindow = new MainWindow(this);
    mainWindow->show();
    return mainWindow->createView();
}
```

在 createWindow()函数的定义中创建了 mainWindow 实例并进行显示,该函数有一个 QWebEnginePage::WebWindowType 枚举类型参数,该类型共包含 3 个值,分别是 QWebEnginePage::WebBrowserWindow(全新的浏览器窗口)、QWebEnginePage::WebBrowserTab(浏览器标签页)和 QWebEnginePage::WebDialog(网页对话

框)。可以在这里通过判断 type 类型显示不同的窗口,因为本例程中只有一种窗口,所以没有分别处理。该函数需要返回一个 QWebEngineView 对象指针,并在返回的 QWebEngineView 对象中显示需要打开的网页内容,这里调用了 MainWindow 类的 createView()函数,下面来添加该函数。

到 mainwindow. h 文件中将以前 QWebEngineView 类的前置声明:

```
class QWebEngineView;
```

修改为 WebView 的前置声明:

```
class WebView;
```

然后声明一个 public 函数 createView():

```
WebView * createView();
```

将对象指针:

```
QWebEngineView * view;
```

修改为:

```
WebView * view;
```

下面到 mainwindow. cpp 文件中先添加头文件包含 #include "webview. h",然后将构造函数中创建 view 对象的代码:

```
view = new QWebEngineView(this);
```

修改为:

```
view = new WebView(this);
```

下面添加 createView()函数的定义:

```
WebView * MainWindow::createView()
{
    return view;
}
```

这里只是简单返回了 MainWindow 中创建的 WebView 实例的指针。现在运行程序,单击一个链接,或者打开百度网站进行搜索,然后单击搜索到的链接,这时会打开新的窗口显示单击的网页。

21.3　小　结

本章介绍了 Qt WebEngine 模块,主要讲解了使用 Qt WebEngine Widgets 模块在 C++ Widgets 程序中实现简单的 Web 应用。因为 Qt WebEngine 本身是一个非常庞大的项目,涉及了 HTML、CSS、JavaScript 等多方面的知识,这里只是抛砖引玉,帮助初学者快速了解 Qt WebEngine 的使用方式。Qt 对 Qt WebEngine 的支持是在逐渐加强的,对于现在一些支持不太好的地方将来的版本中会进一步改善。

附录 A

安装 MSVC 版本 Qt

因为本书第 9、21 章中都使用到了 MSVC 版本的 Qt，这里对该版本 Qt 的安装设置进行简单介绍。

A. 1　安装 MSVC 版本 Qt

首先在开始菜单 Qt 程序目录下运行 Qt Maintenance Tool(或者从 Qt 安装目录下运行 MaintenanceTool. exe)，然后选择 Add or remove components 添加或移除组件(注意，有时会提示存在重大更新，必须先选择 Update components 更新组件。遵照执行即可，更新完成后再来安装组件)。选择组件时，可以直接使用最新版本，如果希望和本书使用相同版本，则可以选中右侧的 Archive 复选框后单击 Filter"筛选"按钮。然后选择 Qt 6. 2. 3 版本下的 MSVC 2019 64-bit，如附图 A - 1 所示，这里还可以看到已经

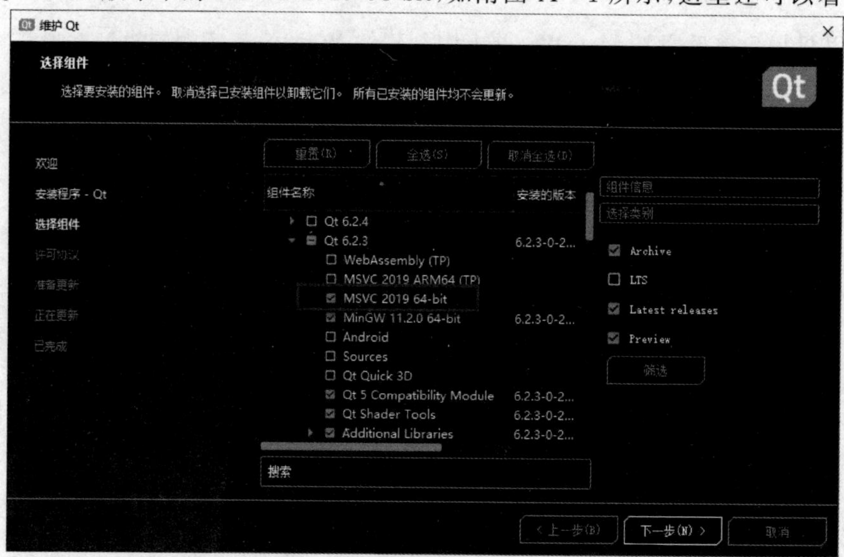

图 A - 1　安装 MSVC 版本 Qt

安装的组件。

A.2　下载并安装 VS 2019

从网上下载 Visual Studio Community 2019(也可以到 Qt 开源社区下载页面进行下载)并进行安装。安装时在工作负荷选项卡页面选择“使用 C++ 的桌面开发”一项。

A.3　使用新套件构建程序

运行 Qt Creator,然后选择“工具→选项”菜单项,在 Kits 选项卡中可以看到,已经默认识别了 Desktop Qt 6.2.3 MSVC2019 64bit 构建套件,如附图 A-2 所示。现在可以直接进行项目创建并使用该套件,不需要其他任何设置。如果读者使用更多的是 MinGW 版本的构建套件,那么可以选择该套件,然后单击右侧的 Make Default 按钮,则可以将其设置为默认的构建套件。以后创建项目时可以看到有两个构建套件可供选择,如附图 A-3 所示。

图 A-2　查看自动设置的构建套件

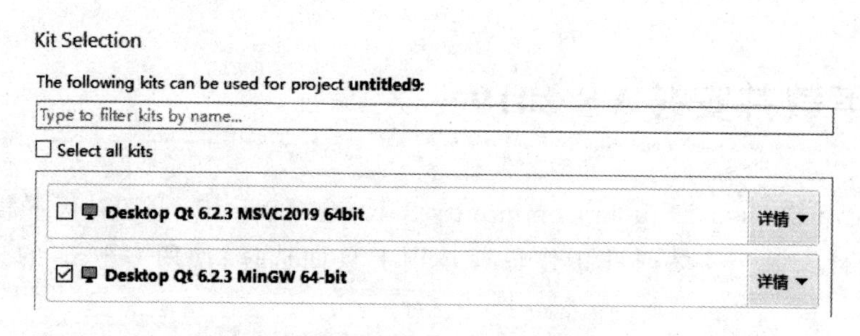

图 A-3　创建项目时选择构建套件

可以看到，这里只是使用了 VS 2019 提供的编译器，编写编译程序还是使用的 Qt Creator，所以使用这个版本来学习本书的内容不会存在差异。其实，也可以使用 VS 作为开发工具来编写编译 Qt 程序，这个可以参考相关文档，这里不再介绍。

附录 B

Qt Creator 键盘快捷键速查

➢ 一般操作的键盘快捷键：

操　作	快捷键	操　作	快捷键
打开文件或项目	Ctrl+O	新建文件或项目	Ctrl+N
在外部编辑器中打开	Alt+V,Alt+I	选择全部	Ctrl+A
删除	Delete	剪切	Ctrl+X
复制	Ctrl+C	粘贴	Ctrl+V
重做	Ctrl+Y	打印	Ctrl+P
保存	Ctrl+S	保存所有文件	Ctrl+Shift+S
关闭窗口	Ctrl+W	关闭所有文件	Ctrl+Shift+W
关闭当前文件	Ctrl+F4	返回	Alt+向左键
前进	Alt+向右建	转到行	Ctrl+L
历史中下个打开的文件	Ctrl+Shift+Tab	跳转到其他分栏	Ctrl+E,O
历史中先前打开的文件	Ctrl+Tab	定位	Ctrl+K
切换到欢迎模式	Ctrl+1	切换到编辑模式	Ctrl+2
切换到设计模式	Ctrl+3	切换到调试模式	Ctrl+4
切换到项目模式	Ctrl+5	切换到帮助模式	Ctrl+6
问题输出窗格	Alt+1	搜索结果窗格	Alt+2
应用程序输出窗格	Alt+3	其他输出窗格	Alt+相应数字
激活书签窗口	Alt+M	激活文件系统窗口	Alt+Y
激活打开文档窗口	Alt+O	最大化输出窗格	Alt+9
输出窗格中下一个条目	F6	输出窗格中上一个条目	Shift+F6
激活项目窗口	Alt+X	全屏	Ctrl+Shift+F11
显示边栏	Alt+0	撤销	Ctrl+Z
切换到编辑模式	Esc	退出 Qt Creator	Ctrl+Q

➢ 编辑相关操作的键盘快捷键：

操　作	快捷键	操　作	快捷键
选中的文字自动缩进	Ctrl+I	折叠	Ctrl+＜
展开	Ctrl+＞	当前范围触发自动补全	Ctrl+空格
复制行	Ctrl+Insert	向下复制本行	Ctrl+Alt+向下键
向上复制行	Ctrl+Alt+向上键	从剪贴板历史中粘贴	Ctrl+Shift+V
剪切行	Shift+Delete	合并行	Ctrl+J
在当前行之前插入行	Ctrl+Shift+Enter	在当前行之后插入行	Ctrl+Enter
缩小字号	Ctrl+-	增大字号	Ctrl++
重置字号	Ctrl+0	使用 Vim 风格编辑	Alt+Y，Alt+Y
分栏	Ctrl+E，2	左右分栏	Ctrl+E，3
删除所有分隔	Ctrl+E，1	删除当前分隔	Ctrl+E，0
选择全部	Ctrl+A	移到段落结尾	Ctrl+]
移到段落开头	Ctrl+[	选中到段落末尾	Ctrl+Shift+]
选中到段落开头	Ctrl+Shift+[	当前行下移	Ctrl+Shift+向下键
当前行上移	Ctrl+Shift+向上键	当前范围触发重构操作	Alt+Enter
段落重新折行	Ctrl+E，R	选择段落上移	Ctrl+U
开启文字折行	Ctrl+E，Ctrl+W	切换选中区域的注释	Ctrl+/
标示空白	Ctrl+E，Ctrl+V	调整大小(设计模式)	Ctrl+J
栅格布局(设计模式)	Ctrl+G	水平布局(设计模式)	Ctrl+H
垂直布局(设计模式)	Ctrl+L	预览(设计模式)	Alt+Shift+R
切换书签	Ctrl+M	下个书签	Ctrl+.
上个书签	Ctrl+，	取得代码片段	Alt+C，Alt+F
粘贴代码片段	Alt+C，Alt+P	搜索被使用的地方	Ctrl+Shift+U
跟踪光标位置的符号	F2	重命名光标位置符号	Ctrl+Shift+R
在声明和定义间切换	Shift+F2	打开类型层次结构	Ctrl+Shift+T
切换头/源文件	F4	选中文本改为小写	Alt+U
选中文本改为大写	Alt+Shift+U	运行检查	Ctrl+Shift+C
查找/替换	Ctrl+F	查找下一个	F3
查找前一个	Shift+F3	查找下一个(选中的)	Ctrl+F3
查找前一个(选中的)	Ctrl+Shift+F3	查找并替换	Ctrl+=
打开高级查找	Ctrl+Shift+F	录制宏	Alt+[
停止录制宏	Alt+]	播放最近的宏	Alt+R
显示 Qt Quick 工具栏	Ctrl+Alt+空格	FakeVim 中执行操作	Alt+Y，相应数字

➤ 调试相关操作的键盘快捷键：

操　作	快捷键	操　作	快捷键
开始或继续调试	F5	停止调试	Shift＋F5
单步跳过	F10	单步进入	F11
单步跳出	Shift＋F11	切换断点	F9
运行到选择的函数	Ctrl＋F6	执行到行	Ctrl＋F10
掉转方向	F12		

➤ 项目相关操作的键盘快捷键：

操　作	快捷键	操　作	快捷键
构建项目	Ctrl＋B	构建所有项目	Ctrl＋Shift＋B
新项目	Ctrl＋Shift＋N	打开项目	Ctrl＋Shift＋O
打开构建套件选择器	Ctrl＋T	运行	Ctrl＋R

➤ 帮助相关操作的键盘快捷键：

操　作	快捷键	操　作	快捷键
上下文相关帮助	F1	添加书签	Ctrl＋M
帮助模式下激活书签	Ctrl＋Shift＋B	帮助模式下激活目录	Ctrl＋Shift＋C
帮助模式下激活索引	Ctrl＋Shift＋I	帮助模式下激活搜索	Ctrl＋Shift＋/
下一页	Alt＋向右键	上一页	Alt＋向左键

注：Ctrl＋E,2 等格式的快捷键是先同时按下 Ctrl 和 E 键，释放后再按下数字键 2。

参考文献

[1] 霍亚飞,程梁. Qt 5 编程入门[M]. 2 版. 北京:北京航空航天大学出版社,2019.
[2] 布兰切特,萨墨菲尔德. C++ GUI Qt 4 编程[M]. 闫锋欣,译. 2 版. 北京:电子工业出版社,2008.
[3] 蔡志明,卢传富,李立夏,等. 精通 Qt 4 编程[M]. 北京:电子工业出版社,2008.
[4] 成洁,卢紫毅. Linux 窗口程序设计——Qt4 精彩实例分析[M]. 北京:清华大学出版社,2008.
[5] 李普曼. C++ Primer 中文版[M]. 王刚,杨巨峰,译. 5 版. 北京:电子工业出版社,2013.
[6] 王珊,萨师煊. 数据库系统概论[M]. 4 版. 北京:高等教育出版社,2006.
[7] 谢希仁. 计算机网络[M]. 5 版. 北京:电子工业出版社,2008.
[8] 施莱尔. OpenGL 编程指南[M]. 王锐,译. 8 版. 北京:机械工业出版社,2014.